土壤科学丛书
SOIL SCIENCE SERIES

土壤微生物研究原理与方法

Turang Weishengwu Yanjiu Yuanli Yu Fangfa

主 编 林先贵
编 委 （按姓氏笔画排序）
王一明 尹 睿 张华勇 张 晶 陈瑞蕊
林先贵 胡君利 贾仲君 褚海燕

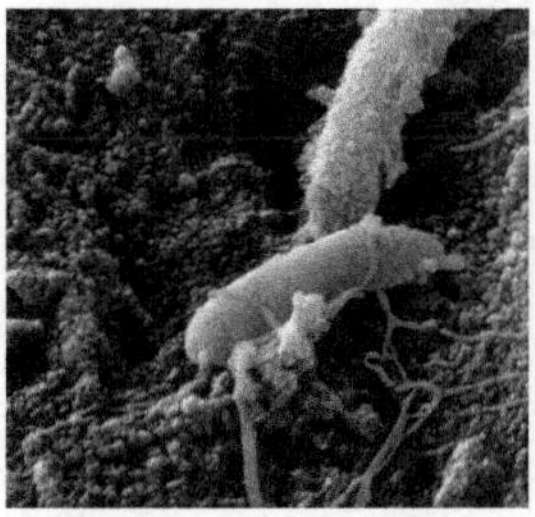
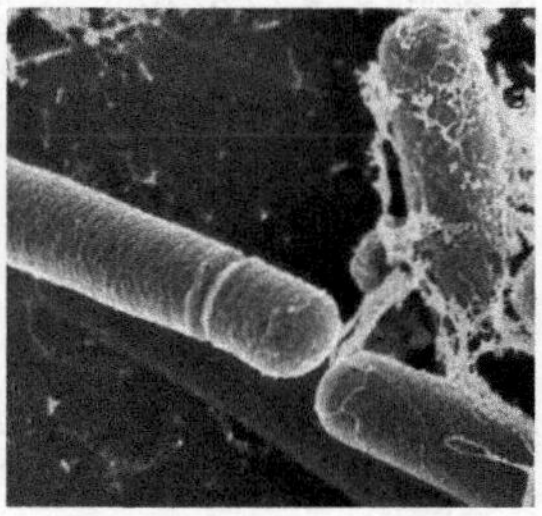

高等教育出版社·北京

内容简介

本书对土壤微生物的研究原理与方法作了比较全面、系统的介绍，涵盖了土壤微生物学的常规研究方法与新型实验技术。主要内容包括：土壤微生物学实验室的常规设置与常用仪器、实验设计与数据处理，土壤微生物的分离计数与鉴定保藏、生物量测定与多样性分析，土壤微生物过程强度与酶活性测定、原位研究与同位素技术，以及土壤微生物的应用技术等。

本书既是一本工具书，也可作为实验教学参考书，可供从事土壤学、微生物学、生态学、环境科学和农学等领域的科技工作者、研究生和本科生等参考。

图书在版编目(CIP)数据

土壤微生物研究原理与方法/林先贵主编. —北京：高等教育出版社，2010.3(2021.7重印)

ISBN 978-7-04-028407-2

Ⅰ.土… Ⅱ.林… Ⅲ.土壤微生物-研究 Ⅳ.S154.3

中国版本图书馆CIP数据核字(2009)第220822号

策划编辑 李冰祥 责任编辑 张晓晶 封面设计 张 楠 责任绘图 尹 莉
版式设计 史新薇 责任校对 刘 莉 责任印制 耿 轩

出版发行	高等教育出版社	咨询电话	400-810-0598
社 址	北京市西城区德外大街4号	网 址	http://www.hep.edu.cn
邮政编码	100120		http://www.hep.com.cn
印 刷	固安县铭成印刷有限公司	网上订购	http://www.landraco.com
开 本	787 mm×1092 mm 1/16		http://www.landraco.com.cn
印 张	27.75	版 次	2010年3月第1版
字 数	510千字	印 次	2021年7月第5次印刷
购书热线	010-58581118	定 价	58.00元

物 料 号 28407-00

序

中国科学院南京土壤研究所微生物室编著，由郝文英、李良谟主持，李振高、尹瑞玲、游长芬、顾希贤等参加编写的《土壤微生物研究法》从 1985 年初版以来，为土壤微生物工作者及高等院校从事相关学科教学和学习的师生所欢迎，起到了统一分析方法、提高分析结果互比性的作用，对推进我国土壤微生物学的发展发挥了阶段性的积极作用。该书中介绍的许多传统方法，在 20 多年以后的今天，仍然为国内外土壤微生物工作者所广泛采用。但随着微生物学科的发展，特别是微生物多样性研究方法的突破与应用，以及相关研究领域的扩大与研究内容的深入，微生物的研究已由细胞水平发展到分子水平，对土壤微生物的分析方法提出了更高的要求。为了能够适应学科发展和满足广大读者的需求，我等一直期望该书能扩容再版，以便更好地适应土壤微生物学研究和发展的需要。

我所微生物室林先贵等同志在原《土壤微生物研究法》基础上编著的这本《土壤微生物研究原理与方法》一书了却了我们的这个再版夙愿。该书不仅对原版内容作了系统的归纳和整理，而且在微生物实验室的设置上作了调整和扩充，在研究方法上作了更新和完善，同时也加强了对研究方法原理的阐述，并对土壤微生物的应用研究和数理统计方法做了更加深入的介绍。该书结构完整、内容系统、图文并茂、指导性强，具有较高的实用价值。相信该书的出版将对科研院所和高等院校广大从事土壤学、微生物学、生态学、环境科学和农学等领域的科学工作者、工程技术人员、研究生有所裨益，对土壤微生物学科及相关领域的研究和探讨起到规范和指导性的作用，同时对各级政府部门从事生态建设、环境保护、农业与农村可持续发展的领导干部也具有参考价值。

郝文英

2008 年 1 月 20 日

前　言

土壤微生物种类繁多、功能多样，不仅在土壤的形成发育、物质转化、肥力培育以及环境净化等方面起着重要作用，同时还是宇宙间最大的微生物资源库。由于土壤微生物的多样性及其功能的复杂性，深入研究难度较大，故土壤微生物学的发展始终依赖于研究方法的突破和改进。1985年，我所微生物室郝文英、李良谟、李振高、尹瑞玲、游长芬和顾希贤等同志编著出版的《土壤微生物研究法》一书，受到了广大同行和读者的欢迎，是一本指导性强的工具书，起到了规范研究的作用，对推动我国土壤微生物学的发展具有积极意义。在此，我们向为此付出辛勤劳动并取得卓越成就的老一辈致以崇高的敬意和衷心的感谢！

近20多年来，随着生物学科的蓬勃发展，微生物研究手段取得了长足进步，土壤微生物研究方法也产生了质的飞跃。生物多样性的理论与方法，特别是分子生物学技术的应用，已经开拓了土壤微生物学发展的新方向，它们与传统分析方法相互弥补、共同促进。为了全面反映土壤微生物研究方法的最新进展，我们对原书结构作了调整，对内容进行了更新、扩充和完善，并补充阐述了部分方法的原理，便于读者对研究方法有更深刻的理解。因此，我们将再版书名定为《土壤微生物研究原理与方法》，以便更好地服务于土壤微生物学的发展。

在本书的编著过程中，作者们参阅了大量文献，力求做到全面系统、简洁实用。全书共分九章：土壤微生物研究概述、实验室的设置与设备、土壤微生物的计数与分析、土壤微生物的鉴定与保藏、土壤微生物多样性的分析、土壤微生物过程的分析、土壤微生物的原位研究、土壤微生物的应用技术、实验设计与数据分析处理，另附土壤微生物研究相关资源信息。在任务分工上，林先贵主持编著，并具体负责编撰第一、二章，胡君利、尹睿、张晶、褚海燕、贾仲君、王一明、张华勇、陈瑞蕊依次负责编撰第三、四、五、六、七、八、九章和附录，张华勇还承担了插图的摹制与绘制工作。最后，全书由林先贵、胡君利负责统稿、定稿。

因受篇幅所限，本书仅列出了主要文献资料，并引用了一些原著作者的插图与照片，特此声明，并向所有著作者表示最深切的谢意。本书经中国科学院南京土壤研究所郝文英先生审阅并作序，既是为本书质量把关，也是对我们的支持与鼓励，在此表示衷心的感谢。高等教育出版社李冰祥女士对本书的策划与出版给予了支持与帮助，在此一并表示感谢。

由于编者水平有限，内容难免有疏漏之处，祈盼同行们提出宝贵意见。需要说明的是，本书中介绍的某些方法我们没有实地用过，有的用得不多，有的只在多种方法中择一二种，内容可能有不妥或错误之处，敬请读者不吝指教，共同磋商，以便再版时修正补充。

林先贵

2008 年 1 月 1 日写于南京

2009 年 1 月 1 日改于北京

目　录

第1章　土壤微生物研究概述

土壤微生物是使土壤具有生命力的主要成分，与土壤肥力及土壤健康有着密切关系，在土壤形成与发育、物质转化与能量传递等过程中发挥着重要作用，是评价土壤质量的重要指标之一，也是工业、农业、医药和环境用菌的重要来源。土壤微生物学是研究土壤中微生物的种类、数量、分布、生命活动规律及其与环境关系的基础学科，包括土壤微生物的生命活动及其对土壤肥力、植物营养和生态环境的影响，涉及微生物的形态结构、分类鉴定、生理生化和生长繁殖等微生物学基本内容，同时也包括生物化学和分子生物学等方面的一些内容。研究方法可大致分为以纯培养技术为代表的传统研究方法和以分子生物学为特色的现代研究方法。以下依次介绍土壤微生物学的研究对象和发展简史，并提出研究展望。

1.1　土壤微生物学的研究对象

土壤微生物是土壤中一切肉眼看不见或看不清楚的微小生物的总称，严格意义上应包括细菌、古菌、真菌、病毒、原生动物和显微藻类。土壤微生物学的研究对象包括森林、草原、农田、湿地和苔原等所有陆地和浅水域底部的土壤，主要研究自然、干扰或胁迫条件下土壤微生物的群落结构、种群消长、生理代谢、遗传变异、演替规律及其与土壤生态功能的关联，尤其是环境变更或管理分异条件下土壤质量的微生物学监测、评价与调控，以及土壤微生物种质资源的开发与应用。土壤是微生物生长和繁殖的天然培养基，被誉为微生物的大本营。土壤微生物资源在自然界中最为丰富多样，研究技术难度大、方法要求高，主要研究角度分为土壤微生物多样性、土壤微生物过程以及土壤微生物与环境的关系。

1.1.1　土壤微生物多样性

土壤生态系统是土壤生物与其周围环境所构成的自然综合体，生物与环境之间既相互依赖、彼此制约，同时又相互作用、往复调控。土壤微生物多样性是土壤生态系统的一个基本生命特征，指土壤生态系统中所有的微生物种类、它们拥有的基因以及这些微生物与环境之间相互作用的多样化程度。土壤微生物多样性存在于基因、物种、种群以及群落四个层面，当前研究也主要集中在物种多样性、功能多样性、结构多样性及遗传多样性四个方面。

土壤微生物的物种多样性是指土壤生态系统中微生物的物种丰富度和均一度，主要是从分类学、系统学和生物地理学角度对一定地域内物种的现状进行研究，这是微生物多样性的最直接表现形式。自然界中绝大多数的微生物种群尚未被分离培养或描述过，目前主要通过培养基最大限度地培养各种菌落，由此了解土壤中可培养的微生物种群。

土壤微生物的功能多样性是指土壤微生物群落所能执行的功能范围以及这些功能的执行过程，对自然界元素循环具有重要意义，如分解功能、营养传递功能以及促进或抑制植物生长的功能等，目前一般采用底物诱导下的代谢响应模式测算土壤微生物群落的代谢功能多样性。正是由于微生物具有多种多样的代谢方式和生理功能，因而可以适应各种不同的生态环境，并以不同的生活方式与其他生物相互作用，从而构成了地球表面丰富多彩的生态体系。

土壤微生物的结构多样性是指土壤微生物群落在细胞结构组分上的多样化程度，这是导致微生物代谢方式和生理功能多样化的直接原因。生物标记物分析法通过提取和分析用作不同类群标记性指纹的生化组分或胞外产物来获取微生物群落组成和结构多样性信息。因为不同菌群的特征谱图不同，在高度专一性基础上又具有多样性，所以标记物的组成变化能够说明微生物群落结构的变化，从而可以对土壤微生物群落进行识别和定量描述。

土壤微生物的遗传多样性是土壤微生物在基因水平上所携带的各类遗传物质和遗传信息的总和，这是微生物多样性的本质和最终反映。与高等生物相比，微生物在基因水平上的多样性更为突出，不同种群间遗传物质和基因表达具有很大差异。根据研究手段不同，微生物遗传多样性一般表现在基因组大小和基因数目的多样性、遗传物质化学组成和 DNA 序列的差异、rRNA 的基因序列差异以及由基因序列所揭示的遗传背景多样性等方面。

土壤是挖掘微生物资源的重要基地，对于人类在粮食、能源、资源和环境等方面危机的缓解具有全球性的重大意义。土壤微生物的应用研究具有巨大潜力：首先，微生物在生物圈的维持中发挥着中枢作用，是地球生物化学循环的主要推动者，可用于环境变化监控和污染治理；其次，极端环境微生物的研究可为人类了解和探索生命的策略和极限以及超常物质的开发提供资源，在生物技术领域（如开发抗菌、抗肿瘤的产品）亦极具价值；再次，微生物在高等生物的保护和生态恢复中起着重要作用，如菌根真菌可以帮助植物成功地定植在土壤中，实现目标地区的森林再造或土壤修复；最后，微生物在地球上起源早，具有独特的交叉反应且容易操作，可作为阐明生态演化和生物进化原理的模式种群。

1.1.2　土壤微生物过程

土壤是自然界物质循环的重要基地，土壤微生物是土壤中物质转化的动力，如固氮作用、硝化作用、反硝化作用、纤维素分解作用、腐殖质分解和合成作用，磷、硫、铁以及其他元素的转化等。相同的微生物种群可以行使不同的土壤功能，相同的土壤过程也可以由不同微生物种群完成。此外，土壤酶是土壤新陈代谢的重要因素，它与生活着的微生物细胞一起推动着物质转化。土壤生物化学反应几乎都是由酶驱动的，在碳、氮、硫、磷等元素的生物循环中都有土壤酶的作用。因此，了解土壤微生物的活动状况以及酶活性等，具有一定的生产实践意义。

土壤微生物过程即研究微生物的作用。目前有关土壤微生物过程强度和土壤酶的研究，日益受到广泛重视。随着分析仪器的发展，土壤微生物过程研究在分析手段上亦有所进步，虽然仍不尽完善，但仍然可以反映出土壤中所进行的生物化学过程的相对强度。当然，土壤微生物学的基本内容是研究土壤中微生物的生命活动规律，如果只研究微生物纯培养，即使能够把土壤中的微生物种类全部分离出来，也只能获得一套不能说明它们在土壤中活动规律的菌种。因此，原位研究方法是了解土壤微生物作用的生物化学过程及其强度的重要手段。

目前除进行土壤微生物的显微观察以及微生物区系特别是根际土壤的原位观测外，经常采用一些模拟装置，以便在尽可能符合自然条件的情况下进行研究。从某种意义上说，模拟体系是研究微生物转化某一特定基质或研究影响微生物活性的环境条件所必不可少的研究手段。但模拟绝不是拼凑，更不是多种微生物的混合培养，它具有自然真实性，是大自然生态系统的一个缩影，并尽可能接近自然状况下生态系统的正常结构和功能。当然，缩影方法也不是简单地把自然小样本搬到实验室研究，有时需要对某些次要环境因素做些简化或舍弃，但在主要方面仍保持高度的真实性。近年来，稳定同位素示踪技术和稳定同位素核酸探针技术在土壤微生物原位研究中有了较大的发展，这是今后一段时间的重要发展方向。

1.1.3　土壤微生物与环境的关系

土壤微生物受土壤营养状况、pH、质地、温度、水分和通气性等的影响，环境变更或管理分异会导致土壤微生物多样性及其生态功能的变化。例如，人类正面临着严峻的全球气候变化，如全球变暖、森林锐减、土地退化等等。土壤微生物在陆地生态系统元素循环中起基础作用，环境变更势必会对此造成影响。如大气 CO_2 浓度升高可能通过影响植物生长而间接影响土壤微生物，如增加根系生物量和根际沉积物、改变根系分泌物的化学组成等，进而影响土壤微生物群落，以致影响由微生物所调控的多个土壤过程；当 CO_2 浓度升高时，土壤微生物也会反过来作用于陆地生态系统的结构和功能，包括温室气体（如 CH_4、N_2O）排放等。

当然，土壤微生物也会因人类对土壤的管理利用而发生变化。例如，耕作可造成土壤团聚体的分裂和表层土壤中有机质的损耗，免耕土壤的微生物生物量和功能多样性往往高于传统耕作土壤，而轮作可能比采用单一性栽培的保护性耕作更有利于维持土壤微生物多样性及活性，并可抑制在单一栽培系统中易繁衍的有害微生物并提高农作物产量。另外，施用有机肥也可能有利于维持土壤微生物多样性及活性，施用无机肥的影响则因肥料种类、施用方式、土壤类型及利用方式等复杂因素的干扰而不同。综合而言，耕作可能会对土壤微生物造成不利影响，进而影响农业生态系统的可持续性，而施肥可能对此有调节作用。

当前，土壤污染是人类面临的重要环境问题，当各种各样的污染物进入土壤环境后，可间接地危及微生物，或进入微生物体直接产生危害。该危害既可以在物种和群落的生态水平上发生，也可以在基因和遗传的分子水平上发生，还可以在生理和代谢的细胞水平上发生。这不仅取决于土壤污染发生的类型、污染的方式以及污染物的种类、特性、浓度、时间等，也取决于土壤中微生物的群落结构、抗逆特性及其基因稳定性和易变性等。土壤是微生物的大本营，土壤污染必然会对土壤微生物及与之紧密联系的土壤生态功能造成极为严重的损害。

1.2 土壤微生物学的发展简史

土壤微生物学是 19 世纪中叶开始发展起来的一门生命科学分支学科，在 19 世纪后半叶取得了一系列令人振奋的研究成果，从多方面揭示了土壤中的部分微生物及其生态功能，并在 20 世纪初叶成为一门独立学科，这是土壤微生物经典生物学发展的黄金时代，纯培养技术是该阶段研究方法的集中代表。20 世纪后半叶，土壤微生物研究方法取得突破性进展，BIOLOG、PLFA（phospholipid fatty acid，磷脂脂肪酸）、基因指纹图谱、克隆文库、基因芯片、稳定同位素核酸探针（stable-isotope probing，SIP）和环境基因组学等新兴技术开创了土壤微生物分子生态学发展的黄金时代，分子生物学技术是该阶段研究方法的鲜明特色。

1.2.1　微生物研究方法进程

微生物学是指在细胞、分子或群体水平上研究微生物的形态构造、生理代谢、遗传变异、生态分布和分类进化等生命活动基本规律，并将其应用于工业发酵、医学卫生和生物工程等领域的科学，其基本任务是发掘、利用和改善有益微生物，控制、消灭或改造有害微生物。但在人类历史上的很长一段时间里，人们对微生物世界处于无知状态，对眼前的微生物往往表现出“视而不见、嗅而不闻、触而不觉、食而不察、得其益而不感其好、受其害而不知其恶”的愚昧状态。尽管当时的人类虽未见到微生物个体，却长期自发地与微生物打交道，并凭着经验在实践中开展利用有益微生物和防治有害微生物的活动。

回顾来看，微生物学的发展始终依赖于研究方法的突破和改进。1676 年，微生物学先驱列文虎克(A. Leeuwenhoek)用自制的单式显微镜首次观察到细菌的个体，他被认定是第一个精确描述微生物世界的人。之后，微生物学奠基人巴斯德(L. Pasteur)和细菌学奠基人科赫(R. Koch)等先后创立了一系列研究微生物的独特方法和技术，并在理论上取得了大的突破，微生物学以独立的学科形式开始形成。1897 年，毕希纳(E. Büchner)用无细胞酵母菌压榨汁中的“酒化酶”(zymase)对葡萄糖进行乙醇发酵成功，从而开创了微生物生化研究的新时代。此后，关于微生物生理和代谢的研究蓬勃开展开来，其中还掀起了寻找和研究抗生素的热潮。1953 年 4 月 25 日，沃森(J. D. Watson)和克里克(H. F. C. Crick)在英国《自然》杂志上发表关于 DNA 结构的双螺旋模型，整个生命科学领域进入了分子生物学研究的新阶段，同样也是微生物学发展史上成熟期到来的标志。

1.2.2　土壤微生物学的创立

现代土壤学奠基人之一柯斯特切夫(П. А. Костычев)在 1882—1885 年详细研究了土壤中的菌类植物，指出微生物不仅作用于有机质的分解过程，还参与了腐殖质的形成过程。1891 年，伊万诺夫斯基(D. I. Ivanovski)发表了关于土壤微生物作用的论文，系统研究了土壤微生物的数量、不含氮物质的分解、含氮物质的转化、蛋白质的再生成以及外界条件对土壤微生物活动的影响等。从 19 世纪末一直贯穿 20 世纪上半叶，土壤微生物学的发展与其主要奠基人维诺格拉德斯基(L. H. Winogradsky)关于土壤微生物学的研究是分不开的：他从 1887 年起陆续发现了硫细菌、铁细菌、硝化细菌及其化能营养特性，并首次创立了选择性无机盐培养基；1893 年，他又第一次纯化培养了厌氧性的固氮梭菌，并确定了它的固氮性能。

荷兰学者贝叶林克(M. Beijerinck)对土壤微生物学有很多贡献，他最先分离出根瘤菌和好气性的固氮菌，并且对于自生性的固氮作用进行了较深入的研究。前苏联学者奥梅梁斯基(В. Л. Омелянский)首先发现了分解纤维素的细菌，研究了纤维素分解和果胶质分解的微生物学过程，并对硝化细菌和固氮菌也进行了很多研究，他的研究工作和著作对前苏联土壤微生物学的发展起了重大的作用。美国微生物学家瓦克斯曼(S. A. Waksman)对土壤中有机质分解的微生物学原理进行了详细的研究，他于 1928 年出版的《土壤微生物学原理》(Principles of Soil Microbiology)总结了这门学科的主要成就，对土壤微生物学有很大帮助。此后，前苏联学者威廉斯(B. P. Williams)关于农学原理和土壤肥力的学说提出了土壤微生物学的研究任务，针对微生物生态学(土壤微生物群落、根际微生物及其活动等)提出了非常重要的科学理论，并创造了不少有实践意义的科学技术。

我国土壤微生物学研究起步较晚，1935 年张宪武开始对根瘤菌进行过研究，在抗日战争时期，也只有两三个单位各自做了些分离菌种和接菌的试验。从 20 世纪 40 年代到新中国成立，从事土壤微生物研究和教学活动的集中代表和奠基人为张宪武、樊庆笙、陈华癸等，他们的研究内容主要集中在根瘤菌和抗生素。新中国成立后，农业微生物学科研和应用工作有了长足的发展，研究工作主要分为以下几个方面：①土壤微生物生态学研究，研究不同土壤类型、气候条件和植被状态下的微生物生态学，研究土壤生成与发育过程中微生物的作用，并应用合理的农业技术措施来调节土壤微生物群落的活动，提高土壤肥力。②根际微生物研究，研究植物根际范围内的微生物群落，研究它们的生命活动对植物根部营养的作用，建立了合理施肥的微生物学基础。③土壤微生物种间关系研究，研究土壤微生物间的互助与对抗关系，以期能够调控它们，发挥有益微生物的作用，抑制有害微生物的作用。④微生物肥料研究，选育有效菌种，研究微生物肥料的制造和使用方法，如根瘤菌、固氮菌、磷细菌等不同功能型肥料，推广微生物肥料，提高农业产量。总体来说，我国当时的发展水平除了个别研究达到国际先进水平外，绝大多数研究与国外先进水平相比存在很大差距。

1.2.3 土壤微生物分子生态学的发展

20 世纪后半叶，土壤微生物研究方法取得突破性进展，包括以 PLFA 技术为代表的生物化学方法、以 BIOLOG 技术为代表的生理学方法(community-level physiological profiling,CLPP)和以 PCR(polymerase chain reaction,聚合酶链反应)技术为代表的分子生物学方法等。PLFA 技术通过分析微生物细胞结构稳定组分脂肪酸的种类及组成比例来考察微生物的结构多样性，BIOLOG技术根据微生物群落利用不同碳源的能力来测定微生物群落的功能多样性，但主要是分子生物学及其技术的发展为推动土壤微生物多样性研究起到了突出贡献。此外，包括环境基因组学和SIP等新兴技术的引入，为土壤微生物多样性研究开辟了新途径。

1991年，国际生物多样性合作研究计划“DIVERSITAS”揭开了全球生物多样性研究的序幕；1995年，DIVERSITAS计划新方案首次纳入了“土壤生物多样性”内容；2002年，联合国粮农组织设立了“土壤生物多样性研究议程（soil biodiversity initiative, SBI）”。至此，世界各国已陆续组织开展有关研究，如英国于1998—2004年实施的“土壤生物多样性计划”，有力推动了人们对土壤微生物多样性和关键生态学过程中土壤微生物功能的理解。我国2004年成立了国际生物多样性计划中国国家委员会（CNC - DIVERSITAS），土壤微生物多样性一直作为土壤生物多样性的主体部分开展研究。然而，基于土壤微生物学长期以来的学科积累，包括世界各国在生物多样性合作计划之前的科学探索，特别是缘于生物多样性领域研究技术的迅猛发展，土壤微生物多样性研究不仅内容上不断丰富，而且研究成果也不断充实，独具一格的理论体系和学科框架已在逐步形成和完善之中。

目前，从不同角度对土壤微生物多样性进行直接或间接研究的方法很多，但每一种方法都有其优缺点。为了获取较为全面的微生物多样性信息，在条件许可的情况下应尽可能将其中几种方法结合起来。分子生物学技术以核酸分析为主，土壤微生物DNA/RNA分析在很大程度上决定并体现了土壤微生物多样性的研究水平和发展进程，一般也称之为土壤微生物分子生态学。相关研究大致可分为以下四个步骤：土壤微生物DNA/RNA的提取与纯化、聚合酶链反应、变性处理（如电泳、酶切、转印、杂交及显影等）以及DNA/RNA的检测与测序。随着分子生物学技术的广泛应用，土壤微生物分子生态学技术已经发展形成了一个庞大的方法集群，不仅经典方法历久不衰、新型方法层出不穷，而且基于复杂样品的环境基因组学和环境转录组学技术发展迅速。整体而言，我国土壤微生物学已经进入一个紧跟国际发展前沿、赶超世界先进水平的全新时期。

1.3　土壤微生物学的研究展望

土壤微生物是全球生物多样性的重要组成部分。然而，土壤是自然环境中最为复杂的异质体系，这决定了土壤微域环境的多样化和土壤微生物的高度多样性。但长久以来，由于研究手段和关注程度的限制，人类对微生物多样性的了解比其他生物贫乏得多，而基于培养的多样性评估对单细胞的原核微生物而言尤为困难。研究指出，土壤微生物资源的绝大部分目前尚未开发，不仅是基于培养的传统研究方法对此难以推进，当前基于 rRNA 或 rDNA 的诸多新技术也只是揭示了其中很少的一部分。因此，如何改进土壤微生物纯培养技能、提升土壤环境基因组学分析方法、耦合土壤微生物多样性与生态功能、加强土壤微生物的应用技术等是当前和今后土壤微生物学领域的关键科学问题。

1.3.1 土壤微生物的分离与纯培养

人们研究各种微生物的特性，往往要先使它们处于纯培养状态，即培养物中的所有细胞只是微生物的某一个种或株。然而，自然界中各种微生物混杂生活在一起，即使只取少量样品也是许多微生物的共存群体，所以考察土壤微生物的物种丰富度和均一度极其艰巨，微生物的分离也就显得非常必要。所谓土壤微生物的分离，即指从混杂的土壤微生物群体中获得只含某一种或某一株微生物的过程。例如，显微操作分离法就是在荧光显微镜下分离单个微生物细胞，最早由 Warcup 成功地用于土壤真菌的分离，后经 Casida 改进用于细菌分离，又经 Skerman 改进用于琼脂薄膜载玻片上初长菌落单个细胞的分离，因而可以用于比较微生物细胞在自然条件与人工培养下的形态学差异。

1880 年，科赫发明微生物平板分离纯化技术，稀释涂布平板法、平板划线分离法自此成为常规方法，为微生物资源获取和学科发展做出了巨大贡献。因为纯培养对于探索微生物生命机制和开发种质资源非常重要，即使在分子生物学时代，纯培养技术也依然是人类认识微生物不可替代的基本手段。当前，通过改进传统培养方法或采用新型培养技术来提高微生物的可培养性(如寡营养细菌等)，争取更全面、准确地了解微生物细胞的生命规律及微生物群落的作用过程，进而对其进行高效的利用是土壤微生物多样性研究的一个重要目标。当然，近来发展的 PCR、16S rRNA 探针杂交技术、荧光抗体技术等也已开始用于土壤环境中某些特殊微生物的分离与鉴定，特别是对那些现在认为非可培养的微生物具有更大意义。

土壤微生物具有高度的物种多样性和遗传多样性，在生命科学世纪必将发挥持久而重要的作用。越来越多的研究表明，传统研究方法大多局限于通过人为设定的培养基和培养条件分离微生物，然后通过生物化学性状或特定表型来分析。由于培养基质和培养条件的选择性作用，不能充分反映土壤微生物群落的原始结构和生态功能。与此同时，现代研究方法长期停留在分子或基因水平上，难以实现一个完整细胞或菌株的获取，对土壤微生物个体来说仍然是一个相对间接的研究方法，只能回答环境变更或管理分异条件下土壤质量的微生物学监测与评价，不能直接服务于土壤微生物种质资源的开发与应用。因此，只有一个综合传统纯培养技术、功能分析以及分子遗传学方法的策略才能完整地描绘微生物生态系统中的个体特征，众多研究方法的有机结合是土壤微生物生态分析的必然。

1.3.2　土壤宏基因组学技术及应用

全基因组测序使鉴别和描绘一个物种的全部基因成为可能，并可获悉一些新型代谢途径和基因调控机制，认识一些病理、毒理、抗病或其他功能基因，进而可以洞察基因与物种的进化等等。特别是针对看家基因或功能基因的定量分析可以推进人类对微生物群落遗传多样性和功能多样性的理解，而微阵列技术可用于测定基因表达图谱与新型代谢途径，进而洞悉未知基因的功能信息等，这些对于了解微生物细胞对碳源、能源、电子受体等复杂条件的调控过程以及对环境变化的响应机制等均非常重要。当然，其他一些新型研究手段也可能有助于增强人们对基因进化过程及多样性调控因子的认识。

土壤宏基因组学技术即从土壤环境样品中直接提取微生物基因组 DNA(宏基因组)以建立宏基因组文库，同时结合不同的筛选技术从基因文库中筛选新的基因或生物活性物质。其中，宏基因组文库的构建为揭示新基因提供了基础，而筛选技术大致可分为基于核酸序列差异(序列驱动)、基于克隆子特殊代谢活性(功能驱动)以及基于底物诱导基因表达(substrate-induced gene-expression screening,SIGEX)三大类。但由于土壤宏基因组的复杂性，也需要进一步建立和发展高通量和高灵敏度的方法来筛选和鉴定文库中的有用基因。当然，土壤宏基因组学技术除用于新基因和生物活性物质的筛选和挖掘之外，也为研究土壤微生物复杂群落结构提供了重要工具，使土壤微生物多样性分析趋于完整和客观，也为土壤微生物纯培养技术提供可供选择的培养基资源。

然而，土壤是由不同理化梯度和间续环境条件下的各种微域构成的复杂体系。土壤微生物适宜群居在具有一定界限的微域环境里，与其他土壤生物既彼此依赖又相互作用。基于微域水平的空间分异研究显示，土壤中 80% 以上的细菌栖息在土壤稳定团聚体的微孔内，因为微孔提供了最为有利的水分与养分生长条件。所以，土壤微域结构与空间分异应是环境条件影响土壤微生物多样性的最直接因素。土壤微域即指土壤中某些在性质上与整个土体具有巨大差异的区域，包括根际、肥际等。研究发现，土壤团聚体粒级大小可以显著影响土壤 pH 及有机质的种类和数量等，进而也会影响微生物的群落结构。因此，研究环境变更或管理分异对土壤微域结构的影响以及微域环境对土壤微生物多样性的调控显得十分重要。

土壤微生物生态学的新纪元应是从土壤宏基因组的染色体库里提取系统发育以及功能演化的信息。土壤微域中的微生物基因序列及其在不同条件下的表达研究将有助于我们设计更接近自然生境的新培养技术，而生物信息学和新统计方法等将有助于我们获取多维研究的庞大数据和获悉微生物生理活动与分子分析结果之间的联结，并为深入理解土壤微生物的生态关系绘就更加全面的多样性图谱。当然，系统发育、功能基因以及原位活性等的测定均将增进我们对土壤微生物群落结构与生态功能的认识，尤其是基因测序、比较基因组学以及微阵列技术等将有助于我们理解结构与功能之间的关系以及生命或非生命物质对土壤微生物群落结构的影响。因此，基因组与环境因子之间的互作关系将是未来研究的一大主题。

1.3.3 土壤微生物多样性与功能耦合

当前，微生物学面临的最大挑战应是微生物系统发育与生态功能之间的耦合问题。如前所述，土壤微生物多样性与功能之间的联系很大程度上仍然是未知的。譬如，研究认为土壤微生物多样性可以影响生态系统的稳定性、生产力以及应对压力与扰动的恢复力，但其影响过程尚不十分明确。目前一般通过PLFA图谱与底物利用能力(BIOLOG)及酶活性联结土壤微生物的群落结构与生态功能，虽然PLFA包含了群落的全体组分，但BIOLOG只能反映少数适宜在微平板培养基上生长的微生物，即通过微生物群落对选择性培养基或刺激物的反应来测定代谢活性，所以不能反映实际状态。尽管宏基因组学通过基因序列及其特征表达提供了一些功能信息，但仍需要联合其他方法来发现和判定土壤中的功能菌群，如现在比较熟悉的氨氧化细菌、反硝化细菌、甲烷氧化菌等。

功能基因组学(functional genomics)也称后基因组学(postgenomics)，它利用结构基因组所提供的信息和产物，发展和应用新的实验手段，通过在基因组水平上全面分析基因的功能，使得生物学研究从对单一基因或蛋白质的研究转向对多个基因或蛋白质同时进行系统研究。显然，这是在基因组静态的碱基序列弄清楚之后转入对基因组动态的生物功能学研究，包括基因功能发现、基因表达及突变检测等。功能基因组学采用的经典手段包括减法杂交、差示筛选、cDNA代表差异分析以及mRNA差异显示等，但这些技术不能对基因进行全面系统的分析，迫切需要发展新技术，包括基因表达的系统分析(serial analysis of gene expression, SAGE)、cDNA微阵列(cDNA microarray)以及DNA芯片(DNA chip)等。

新方法和新技术的发展将引导我们以全新的视角审视微生物系统发育和生态功能之间的联系，土壤微生物多样性研究应不断设计和探索更加准确、简单、可视或可读性强的研究方法，并加强分子生物学不同方法之间的联结及其与传统研究方法的有机结合。此外，土壤微生物功能多样性与土壤功能关系密切，土壤微生物功能多样性是土壤功能的保证，同时也是恢复土壤功能的基础，因而应当加强对土壤微生物功能多样性和功能群的研究。迄今为止，研究较多的功能多与C、N、S等元素的物质循环和污染物降解过程相关，而其他生态过程(如P循环等)的相关功能研究结果则很少。土壤微生物研究需要将功能多样性提到更加突出的位置，在物种尺度之上也更强调功能群的划分，围绕某一土壤生态功能群开展研究正成为土壤微生物多样性研究的重要趋势。

1.3.4 土壤微生物的应用技术

从18世纪后半叶的产业革命以来，人类开始从农耕经济时代迅速进入工商经济时代，却在客观上开创了一个大规模掠夺地球资源和破坏大自然环境的时代。今天，人类面临着能源紧缺、资源耗竭、粮食危机、人口剧增、生态恶化等五大危机，而最迫切的任务就是修复已遭破坏的地球，保持人与自然的和谐相处，坚持走经济与社会协调可持续发展道路。微生物由于具有物种多样、高比面值、强转化力、低耗高产轻污染以及适合大规模培养等优点，在解决上述危机中可发挥不可替代作用。因此，现代微生物学的发展具有旺盛的生命力，特别是在分子生物学的推动下，一方面通过不断向纵深方向发展，从而开拓了许多崭新的基础学科，如微生物基因组学、生物信息学等，而且通过学科间的横向渗透、交叉、融合，正在发展出一些有旺盛生命力的交叉学科和边缘学科，而通过新技术新方法的应用以及与生产实践的紧密结合，一批新的应用性微生物学科又在形成。

土壤微生物在生态系统中起着极其重要的功能，作为一种重要的资源被长期应用于农业生产的各个领域，特别是以微生物肥料、微生物农药等为代表的新型农业技术近年来取得了长足进步。此外，微生物降解污染物的巨大潜力在控制环境污染、修复污染环境中将发挥重要作用，而其对动植物生长的促进和其他有益作用，也有助于缓解生态破坏、修复受损生态系统。例如，微生物可通过降解、共代谢、去毒等途径对有机污染物的形态或毒性产生影响，并可通过多种机制对重(类)金属产生抗性，而能对重(类)金属进行吸附、络合、沉淀和化合价转化的微生物可以用于重金属污染物的处理，还可通过产生颉颃物质等方式遏制病原微生物的滋生，达到生物防治植物病害的目的。此外，土壤微生物在土壤修复、水体治理、固废处理和空气净化等领域均有巨大的应用潜力。

第2章　实验室的设置与设备

土壤微生物学作为微生物学的一个分支，其基本任务是研究土壤微生物与其所栖环境之间的相互关系，即研究自然界各种生物和非生物因子对土壤微生物生命活动的影响以及土壤微生物对外界环境的作用等。实验室的研究工作主要涉及微生物的形态结构、分类鉴定、生理生化和生长繁殖等微生物学基本内容，以及生物化学和生理学方面的一些内容。因此，土壤微生物学实验室应能满足微生物学常规实验和一般化学工作的要求，对实验室的结构、内部设置、空间环境以及日常管理等方面都应有较严格的要求。近来，随着分子生物学技术的发展和土壤微生物分子生态学的创立，微生物学实验室的格局也在不断革新。本章依次介绍土壤微生物学实验室的设置与功能、实验室的仪器与设备、常规操作与注意事项。

2.1　实验室的设置与功能

土壤微生物学实验室从实验工作特点来看，总体上可将其分为通用实验室和专用实验室。其中，专用实验室主要针对灭菌、接种、培养、镜检、消化、洗涤和冷藏等微生物学特色实验而设置。近年来，分子生物学实验室、微生物洁净室、病原微生物实验室等现代化的专用实验室也逐渐受到重视，而且被视为许多研究工作的重点内容。这里依次介绍通用实验室、专用实验室和现代实验室。

2.1.1　通用实验室

通用实验室用于实验准备和结果读取，如配制培养基、处理土样以及对培养好的微生物进行菌落计数和生理活性测定等。实验室的陈设则因工作重点不同而有很大差异，常见的有试剂柜和存放器具或材料的柜子及宽桌面的实验台、圆凳、水和电源等。

2.1.1.1　实验台

实验台的高度应适于坐着或站着操作，一般高 76 ~ 80 cm，化学分析实验台的高度可为 85 cm 以上；宽度和长度则视实验室大小、方位及工作性质而定。实验台的桌面应表面光滑、质地结实、耐磨耐热及不受化学腐蚀，桌面既要硬实不易被划纹，又不易碰碎玻璃器皿。

2.1.1.2　试剂架

实验室墙壁上或实验台上可安装试剂架，大小和式样则因工作内容而不同，架上格局以配置合理和使用方便为原则，即按试剂用途和瓶子大小排放试剂瓶，但要使实验室整齐、美观。另外，搁板边要有翻口，以防玻璃瓶滚下摔坏，如果使用玻璃或塑料板作防护板则更好。

2.1.1.3　药品柜

根据房间大小和要求设置不同规格和式样的药品柜，通常要求将药品按性质分类放置。对于放在一起容易引起爆炸和燃烧的药品更应注意分开存放，硫酸、盐酸、硝酸等强酸及其他各类危险性物质均要求单独存放在安全的地方。

2.1.2　专用实验室

2.1.2.1　灭菌室

灭菌室主要用于分离微生物所用各种培养器具和培养基的灭菌，室内配有加压蒸汽灭菌器(灭菌锅)、干热灭菌器(烘箱)等。房间应根据灭菌锅的多少、工作量大小来确定面积，而且要求有较好的通风散热条件，另要配备专门的电源线路。因为电热灭菌锅的耗电量很大，普通的照明或动力线路很难承载，如果用煤气或热蒸汽灭菌则要进行特殊设计。灭菌锅是一种高温高压容器，操作人员须经过一定的专业技术训练后方可操作，且在操作过程中一定要认真、负责、细心，及时地检查水位、压力表、放气阀和安全阀等，观察是否正常，切莫违规操作，酿成事故。部分使用报纸等包扎的器具湿热灭菌后急需使用时可置烘箱烘干，而过滤除菌、化学灭菌和辐射灭菌等灭菌操作则依据具体情况执行，不一定在灭菌室完成。

2.1.2.2　接种室

除少量无菌操作可在接种箱中或超净工作台上进行外，应设置一间用于分离、接种及纯化菌种等无菌操作的专用实验室，要求室内空气中无杂菌，故也称无菌室。接种室应容易保持无菌状态，不宜过大、太高，在构造和使用上要求如下：①分里外两间，里间为接种间，面积 5 ~ 10 m^2，外间为缓冲间，2 ~ 3 m^2；两间门不宜对开，出入口要求装上推拉门，高度均为 2 ~ 2.5 m。②天花板要涂漆，四壁涂漆或铺瓷砖，地板要光滑，不留缝隙和积灰尘的棱角，以便擦洗和用水冲洗消毒。③在房间顶部和近地面处有空气过滤孔，门窗要双重窗、结合紧密，关闭后应与外界空气隔绝。④室内除工作台、圆凳、酒精灯、常用接种器具和必备器皿外，不宜放置过多东西。⑤接种室及其过道都要装上紫外线杀菌灯，每次工作前均须使用紫外灯照射，照射时间依紫外灯强度及其离桌面的距离而定，如 30 W 的紫外灯离桌面 1 m，照射 15 min 即可；必要时可用 50 g/L 的来苏尔(lysol)液擦洗桌面和地板及喷洒全室。⑥进入接种室要在缓冲间更换无菌工作服、帽，工作完毕应立即清理，保持整洁；操作时应严格按照无菌操作规定进行，少说话、不喧哗，以保持环境的无菌状态，提高接种成功率。

2.1.2.3 培养室

培养室用于恒温培养各种微生物，因此也称恒温室，在没有培养室的情况下可用恒温箱。恒温箱按使用特点可分为普通恒温箱、恒温恒湿箱和具有一系列温度梯度的所谓多级恒温箱，其在微生物鉴定中用于测定微生物的温度适应范围比较方便。恒温箱主要由外壳、热电丝、温度调控系统三部分组成，外壳的内壁是金属材质，外壁是金属或木制材料，中间夹有石棉等隔热材料，温度调控系统通常包括感温材料、电子继电器、水银导电表及其他方式。

恒温室是按照普通恒温箱工作原理设计、根据实际需要而放大了的恒温箱，主要用于开展批量较大或持续时间较长的培养实验。室内设有放置培养物的架子、电热器和温度控制器，通常温度调节在 25 ~ 28 ℃之间，主要要求是严密、保温性能好、安全。为了便于保温，恒温室应采用双层夹壁，夹壁之间填充锯木屑或泡沫塑料板、玻璃棉等。恒温室的空间较大，不同位置上的温度通常有所差异，可在内部安装一部空气搅拌装置。此外，夏季温度过高的地区可安装一台小型空调，以降低室内温度。为了适应各类微生物对温度的不同要求，大的恒温室还可隔成若干个小室，像多级恒温箱那样设一系列不同的温度，或按需要随意调节。恒温室若以电炉丝为热源，必须有妥善的隔热、防护措施，以免发生事故。由于碰撞、震动等原因，恒温室与恒温箱的控温装置常常会出现接触不良、失控，所以使用过程中应随时注意检修。

需要强调的是，培养过程中除了必要的观察、取样之外，应尽量避免频繁和长时间敞开箱(室)门，室温较低时尤应注意。对某些要求较严格的实验项目，要取得重复性较高的实验数据，在培养环节应考虑到可能引起温度变化的各种因素。比如，在使用空间较大又没有空气搅拌设备的恒温室时，应事先测定室内不同位置的实际温度，每次培养最好摆放在固定的位置。此外，有些微生物(真菌、放线菌)能形成分生孢子，在培养过程中，成熟的孢子很容易扩散，所以培养箱最好是专用，各类微生物分开培养。需要注意的是，有些气体(如 H_2S、福尔马林)对微生物有影响，因此，凡能产生有害气体的物品都不要放在培养箱(室)内。

2.1.2.4 镜检室

镜检室用于显微观察微生物细胞。微生物的个体很小，最小的细菌不到

1 μm，需经显微镜放大后方可观察。镜检即通过显微镜观察微生物细胞的形态结构特征等，并由此做出一些基本鉴别。镜检室内放有不同规格的光学显微镜和解剖镜，可根据需求配备摄像装置。

2.1.2.5　消化室

消化室用于测定土壤基础化学性质前的样品消化以及土壤微生物生物量浸提液的消煮等，因而需要根据试验要求配备各类消化炉，例如 C、N 等的消化就是在不同消化设备上进行的。消化室一般要求同时配有通风橱等设备，而且部分消化炉应根据要求配备温度显示和调控设施。

2.1.2.6　洗涤室

洗涤室专供清洗污物用。洗涤室内应设有较大的内衬铅皮或塑料板的水槽和放置器皿的淋洗架，架子应配格子搁板，以便于沥水。为了加热和烧水，应备有电炉、煤气灶或别的加热器。室内还需备有各种瓶刷、去污粉、肥皂和其他洗涤剂。室内的桌子台面宜宽，便于堆放器皿。

2.1.2.7　冷藏室

如需保藏较多的菌种，最好能有一专用房间，室内配置许多架子，装有降温设备。由于室内外温差大，冷藏室必须充分隔热，温度保持在 4 ℃左右。保藏的菌种可以按菌种分类或入库时间排序，而且应该有严格的包括菌种特征在内的菌库记录单，便于菌种的方便取用。

2.1.3　现代实验室

2.1.3.1　分子生物学实验室

该室专供土壤微生物分子生态学（分子生物学）实验使用，要求宽敞整洁、功能分区，并配空调设备。分子生物学实验室一般置有超净工作台、离心机、PCR 仪、电泳仪、杂交仪、单碱基突变检测系统、凝胶成像系统、冰箱和药品柜等基础设备，条件允许情况下可进一步分成 PCR 室、DNA 提取室、RNA 室、电泳及凝胶成像室、分子杂交室和离心室等专用实验室。

分子生物学实验室应依据工作需求和科研条件，量力而为地开展常规的或尖端的分子生物学实验：①基因组 DNA 分析：基因组 DNA 的提取与纯化、质粒 DNA 的提取、DNA 片段酶切、核酸浓度和纯度测定、琼脂糖凝胶电泳分离 DNA 片段及 PCR 基因扩增等；②基因表达分析：总 RNA 提取和纯化、反转录 PCR 等；③基因工程：感受态细胞的制备、DNA 的重组技术、重组 DNA 分子导入受体细胞（转化）、重组 DNA 分子扩增和鉴定等；④其他实验：包括总蛋白质提取、各类电泳检测、各类 DNA 分子标记、Southern 杂交、Northern 杂交和 PAGE 等实验。

2.1.3.2　微生物洁净室

随着高科技产业的飞速发展，应用洁净室来代替接种室的趋势已经越来越明显，所以洁净室的设计与使用也是必须关注的问题。所谓洁净室，系一种特别设计的房间，它将一定空间范围内空气中的微粒子、有害气体以及细菌等污染物排除，并将室内温度、洁净度、气体压力、气流速度、气流分布、噪音振动及照明、静电等控制在某一需求范围内。设计该类实验室的基本目的为经济、实用，净化技术要求为1万级洁净度，粒度$\leqslant 0.5\ \mu m$尘埃最大允许数$\leqslant 3.5 \times 10^5$粒/$m^3$；微生物最大允许数：浮游菌$\leqslant 100$个/$m^3$、沉降菌$\leqslant 3$个/皿。实验室配有一更室、二更室和风淋室等缓冲房间，实行人流、物流分开原则，以减少实验污染。

洁净室要求安装紫外线杀菌灯，传递窗为全不锈钢材质，机械连锁控制，内带灭菌装置。观察窗为密闭洁净窗，门为气密洁净门。洁净室入口处设置风淋室，能有效清除人体所带灰尘，减少洁净室的灰尘量，同时也起到了气闸的作用，防止不洁空气由门进入洁净区。洁净室需补给一定比例的新鲜空气，而空气需要进行充分地除菌或灭菌后才能进入各实验室以补偿排风，保证气压和工作人员需要。采用风量调节阀对不同要求洁净级别的区域进行控制，并做好对压强梯度的调节，保证气流从“清洁”区域流向“污染”区域，使室内微生物颗粒被迅速而有效地吸收并排出室外，室内相邻房间相对静压差$\geqslant 5$ Pa，相对室外静压$\geqslant 10$ Pa。

洁净室要加强日常管理和维护，室内工作人员的数量、手部的清洁消毒情况、试验操作的动作幅度，以及洁净服的材质、式样和穿戴方式等都会对房间的洁净度造成明显影响。因此，洁净室要定期进行消毒和检查环境，消毒剂也要定期交替使用。这些都是生物洁净技术中十分重要的环节。

2.1.3.3　病原微生物实验室

国家根据实验室对病原微生物的生物安全防护水平，并依照实验室生物安全国家标准的规定，将实验室分为一级、二级、三级、四级。一级对人体、动物或环境危害较低，不具有对健康成人、动植物致病的致病因子；二级对人体、动植物或环境具有中等危害或具有潜在危险的致病因子，对健康成人、动物和环境不会造成严重危害，有有效的预防和治疗措施；三级对人体、动植物或环境具有高度危险性，主要通过气溶胶使人传染上严重的甚至是致命的疾病，或对动植物和环境具有高度危害的致病因子，通常有预防治疗措施；四级对人体、动植物或环境具有高度危险性，通过气溶胶途径或其他不明途径传播，或者是未知的、危险的致病因子，没有预防治疗措施。其中一级、二级实验室不得从事高致病性病原微生物实验活动，三级、四级实验室从事高致病性病原微生物实验活动应通过国务院的审查并取得资格证书。土壤微生物研究工作涉及的主要是一级、二级实验室，一级、二级实验室所用设施、设备和材料均应符合国家相关标准和规定要求。以下就对这两级实验室的设置要求做个介绍。

一级病原微生物实验室：①无需特殊选址，可设在共用建筑物内，但应有防止节肢动物和啮齿动物进入的设计和设施，窗户开启时应使用纱窗；②布局上分实验区和非实验区，两者之间应有效分隔，实验区外应有实验所需用品储存、个人物品存放和工作人员休息的空间；③墙壁、天花板、地面应平整、不渗水、易清洁并耐化学品和消毒剂的腐蚀，实验台和橱柜应牢固稳定，实验台面能防水、耐腐蚀、耐热、易消毒；④室内应有空气和物体表面消毒的仪器和设施，室内照明应保证工作需要，并避免反光和强光；⑤室内仪器和物品的摆放合理，便于操作，并应遵循易消毒的原则，且使用的利器应盛放在固定的容器内；⑥在实验室靠近出口处应设洗手池，洗手龙头应为自动感应式、长手柄式或脚踏式，备有洗手皂液，必要时配备快速消毒洗手液；⑦在出口处应设挂衣装置，专门用于放置实验室工作服；⑧门口应有“一级生物安全防护水平实验室”标识。

二级病原微生物实验室：①可设在共用建筑内，但应相对独立，设可自动关闭、带锁的门；②门或墙上应有可视窗，实验时门应呈关闭状态，结束后应呈锁闭状态；③室内应配备根据实验项目和对象确定型号的生物安全柜，并放在气流流动少、人员走动少、离出口处较远的位置，周围留有一定空间；④当对可能产生气溶胶的感染性材料样本的操作无法在生物安全柜内进行而必须采取外部操作时，应加装负压罩；⑤在所在区域内应配备安全、计量鉴(检)定和管理均符合国家压力容器管理有关规定的高压蒸汽灭菌器，并按期检查和验证，做好记录，确保消毒效果和使用安全，使用人员应做好使用记录；⑥在室内应设有洗眼装置，必要时应设紧急喷淋；⑦应保障实验室的通风和换气，可采用自然通风，如采用机械通风，应保证有不少于每小时 3 ~ 4 次的通风换气次数；⑧应有可靠的电力供应和应急照明，保证紧急情况下基本设备的用电需要；⑨在门口应有“二级生物安全防护水平实验室”标识；⑩有特殊要求的专用实验室按其要求执行。

应加强对一级、二级病原微生物实验室的生物安全管理，防止病原体通过实验室向外围环境扩散，保护实验室工作人员和公众的健康，实验室应根据《病原微生物实验室生物安全管理条例》、《实验室生物安全通用要求》(GB 19489—2004)、《生物安全实验室建筑技术规范》(GB 50346—2004)和卫生部《人间传染的病原微生物名录》建立健全有关实验室生物安全手册、生物安全规章制度、操作规范和标准操作规程；实验室应明确工作人员的分工与责任，批准和发布实验室生物安全手册、生物危害评估等重要文件；实验室应围绕生物安全目标，针对病原微生物标本的采集、标本及菌(毒)种的运输、接收、登记、保存、实验操作、废弃物处理、实验室感染应急处置预案、安全保卫、生物安全柜和高压蒸汽灭菌器等生物安全设备的使用与维护等环节做好管理；实验室应建立相关档案，记录实验室活动情况和生物安全监督情况，对高致病性病原微生物（即《名录》中的第一、二类病原微生物）实验室活动的档案，其保存期不得少于20年；实验室应建立严格的实验室人员和项目准入制度，并有相对固定的工作人员，除辅助工作人员外，所有从事实验活动的人员都应经过培训并取得上岗资质。

2.2　实验室的仪器与器皿

2.2.1　主要仪器

土壤微生物学实验室配备的仪器很多，常见的主要有：平衡天平、分析天平、光学显微镜（附有相差、荧光和摄影装置）、干热灭菌用电烘箱、中温烘箱、小型烘箱、培养箱、冰箱（柜）、恒温水浴锅、旋转式振荡机（大、小摇床）、离心机（6 000 r/min）、超净工作台、分光光度计、pH计、真空泵、煤气灶、高压蒸汽灭菌器、细菌过滤器、往复振荡器、磁力搅拌器、凯氏定氮仪和涡旋仪等。

根据工作需要与可能，还可添置微波炉、液氮罐、CO_2罐、滚管机、厌氧培养箱、超低温冰箱、超声清洗仪、溶解氧测定仪、瓦勃呼吸仪、氢气发生仪、自动定位滴定仪、气（液）相色谱仪、电泳仪、BIOLOG仪、PCR仪、单碱基突变检测系统、凝胶成像系统和小型发酵罐等。

2.2.2　玻璃器皿

试管：有1.8 cm×18 cm、1.5 cm×15 cm和1.0 cm×10 cm等大小规格，以厚管壁的为宜。

量筒：10、50、100、250、500、1 000和2 000 mL。

烧瓶：平底和圆底两种，常用的有500 mL～1 L。

容量瓶：25、50、100、200、250、500 mL和1 L。

三角瓶：50、100、250、500 mL和1 L。

培养皿：常用的为直径9 cm，高1.5 cm。

吸管：0.1、1、5、10 mL的刻度吸管。

漏斗：常用的有直径3、6和10 cm。

注射器：5、10、20、50 mL。

试剂瓶：各种容量（白色、棕色）。

滴瓶：各种容量（白色、棕色）。

盖玻片：1.8 cm×1.8 cm，厚 0.17 mm。

载玻片：2.5 cm×7.5 cm，厚 0.10～0.13 cm。

干燥器：不同直径的普通干燥器和真空干燥器。

玻璃刮刀：直径 2 mm 的玻璃一端弯成边长 3.5～4.0 cm 的等边三角，倾斜 45°。

2.2.3　其他器具

铝锅：直径 18、20、24 和 28 cm。

移液枪：2、10、100、200、1 000 和 5 000 μL 的。

试管架：20 孔、50 孔和 100 孔等，可由金属丝编成或塑料板制成。

接种环、接种针、接种钩、接种铲：可用 500 W 电炉丝或白金丝制成，接种环的直径以 2 mm 左右为宜。

通风橱、虹吸管、酒精灯、喷灯、染色缸、洗瓶、酸桶、洗衣粉桶、淋洗架、剪刀、镊子、牛皮纸、滤纸、pH 试纸、牛角勺、铅笔、硅胶塞、粗线、碾钵、吹风机、蜡笔、托盘和筛。

2.2.4　生物安全柜

生物安全柜(biological safety cabinets,BSCs)是为操作原代培养物、菌毒株以及诊断性标本等具有感染性的实验材料时，用来保护操作者、实验室环境以及实验材料，使其避免暴露于上述操作过程中可能产生的感染性气溶胶和溅出物而设计的，是从事具有传染性微生物研究的实验室最有效、最常用的生物防护设备。

当操作液体或半流体，例如摇动、倾注、搅拌，或将液体滴加到固体表面上或另一种液体中时，均有可能产生气溶胶。在对琼脂板划线接种、用吸管接种细胞培养瓶、采用多道加样器将感染性试剂的混悬液转移到微量培养板中、对感染性物质进行匀浆及涡旋振荡、对感染性液体进行离心以及进行动物操作时，这些实验室操作都可能产生感染性气溶胶。由于肉眼无法看到直径 <5 μm 的气溶胶以及直径为 5～100 μm 的微小液滴，因此实验室工作人员通常意识不到有这样大小的颗粒在生成，并可能吸入或交叉污染工作台面的其他材料。WHO 出版的《实验室生物安全手册》中明确说明："生物安全柜可以有效减少由于气溶胶暴露所造成的实验室感染以及培养物交叉污染，生物安全柜同时也能保护工作环境"。

Ⅰ级生物安全柜是最早得到认可的，并且由于其设计简单，目前仍有使用。Ⅰ级生物安全柜能够为人员和环境提供保护，但未灭菌的房间空气通过生物安全柜正面的开口处直接吹到工作台面上，因此Ⅰ级生物安全柜对操作对象不能提供切实可行的保护。多年以来，生物安全柜的基本设计已经历了多次改进，主要的变化是在排风系统增加了高效过滤器(high efficiency particulate air filter,HEPA)。对于直径0.3 μm的颗粒，高效过滤器可以截留99.99%。高效过滤器的这种特性使得它能够有效地截留所有已知传染因子，并确保从安全柜中排出的是完全不含微生物的空气。生物安全柜设计中的第二个改进是将经HEPA过滤的空气输送到工作台面上，从而保护工作台面上的物品不受污染。这一特点通常被称为实验对象保护(product protection)。

Ⅱ级生物安全柜是最通用的生物安全柜，Ⅱ级生物安全柜在设计上不但能提供个体防护，而且能保护工作台面的物品不受房间空气的污染。Ⅱ级生物安全柜不同于Ⅰ级生物安全柜之处在于，只让经HEPA过滤的(无菌的)空气流过工作台面。Ⅱ级生物安全柜可用于操作危险度2级和3级的感染性物质，在使用正压防护服的条件下也可用于操作危险度4级的感染性物质。

Ⅲ级生物安全柜的所有接口都是“密封的”，内部始终处于负压状态(大约124.5 Pa)，用于操作危险度4级的微生物材料，可以提供最好的个体防护。Ⅲ级生物安全柜适用于三级和四级生物安全水平的实验室。

生物安全柜能同时保护操作者和环境，而超净工作台是为了保护试验对象而设计的，通过吹过工作区域的垂直或水平层流空气防止试验品或产品受到工作区域外粉尘或细菌的污染，不能用来代替生物安全柜进行工作。微生物样品一旦置于工作区域，层流空气将把带有微生物介质的空气吹向前台工作人员而产生危险。

2.3 常规操作与注意事项

微生物学实验室除了进行一般的微生物实验外，还常常涉及其他理化性质测定等，而且新型实验技术层出不穷。这里只介绍灭菌与洗涤这两类最基本的操作。

2.3.1 灭菌

灭菌指用物理或化学的方法杀死或除去培养基内或所用器皿中的一切微生物，是分离和获得微生物纯培养的必要条件。灭菌方法有加热灭菌、过滤除菌、化学灭菌和辐射灭菌等。为防止空气杂菌再次污染灭过菌的培养基或器皿，必须在盛有培养基的器皿口上塞上棉塞(现多用硅胶塞代替)，培养器皿及其他用具也都应包扎后再灭菌。

(1) 制作棉塞

用普通棉花即可，不宜用脱脂棉，因脱脂棉容易吸水而导致污染。棉塞应按器皿口径大小制作，其长度就试管来说，一般长 4 ~ 5 cm。常规制作方法：取适量棉花铺成长方形，纵向松松卷起来再对折后塞入管(或瓶)口；或将棉花铺成方形，于其中央衬以小块棉花，用左手拇指为中心制成棉芯，再由外侧棉花包入做成棉塞。棉塞制成后将 2/3 塞入容器内，1/3 露在空气中。要求松紧适当，紧贴管壁不留缝隙，以手提棉塞试管不滑落为度。正确的棉塞如图 2 - 1。为防止灭菌时棉塞受潮或进水，可在棉塞外包以牛皮纸。

(2) 包扎器皿

微生物分析用的培养皿和吸管等应先包装后灭菌。培养皿可以 8 或 10 套为一叠用报纸包装或装在铜制(或铝制)筒内，灭菌。吸管在管口 0.5 cm以下的地方塞入少许棉花，长约 1.5 cm，以防菌液吸入口中或口中细菌吹入管内，松紧程度以吹气时通气顺畅而不致下滑为准；然后将吸管尖端放在 4 ~ 5 cm 宽的长条纸的一端，与纸条约成 45°角，折叠纸条，包住吸管尖端，然后将吸管卷入纸条内，末端剩余纸条折叠打结，待灭菌。

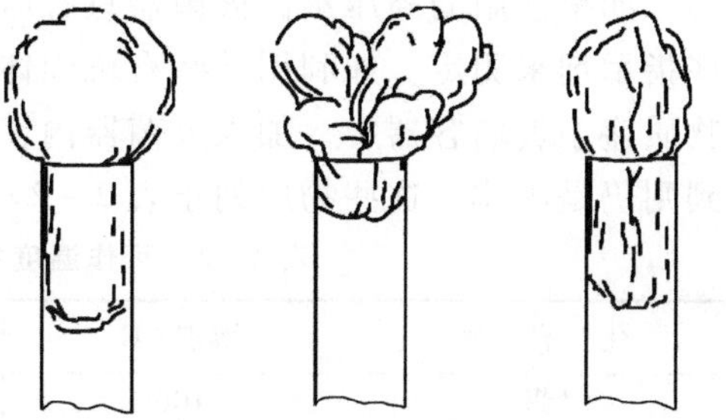

图 2 - 1　棉塞的制作

2.3.1.1　热力灭菌法

热力灭菌法(heat disinfection sterilization)是应用最早、效果可靠、使用最广泛的方法，主要利用高热能破坏微生物的蛋白质、核酸、细胞壁和细胞膜，从而达到杀菌的目的。根据加热方法不同，热力灭菌法又可分为湿热灭菌和干热灭菌。

(1) 湿热灭菌

湿热灭菌指将物品置于密闭的高压灭菌器中，利用高压饱和蒸汽、过热水喷淋等手段使微生物体中的蛋白质、核酸发生变性而杀灭微生物的方法。该法灭菌能力强，为加热灭菌中最有效、应用最广泛的灭菌方法。湿热灭菌有加压和不加压两种。加大蒸汽压力能提高蒸汽的温度，增进杀菌效果，即在密闭的高压灭菌器中，加热时水成为蒸汽，并由蒸汽将灭菌器内冷空气全部排除，随着蒸汽压力的升高，温度亦上升。温度和蒸汽压力的关系如表 2 - 1 所示。

表 2 - 1　蒸汽压力与温度的关系

压力		温度/℃	压力		温度/℃
/(磅·英寸$^{-2}$)	/(kg·cm^{-2})		/(磅·英寸$^{-2}$)	/(kg·cm^{-2})	
0	0	100.0	8	0.59	112.6
5	0.35	109.0	10	0.70	115.2
6.1	0.50	110.0	12	0.88	117.6

续表

压力 /(磅·英寸$^{-2}$)	压力 /(kg·cm^{-2})	温度/℃	压力 /(磅·英寸$^{-2}$)	压力 /(kg·cm^{-2})	温度/℃
15	1.05	121.5	25	1.76	131.0
20	1.41	126.5	30	2.11	134.6

如果使用的高压蒸汽灭菌器只有压力表而无温度计设备，其内温度可用一些指示剂来测定。如利用某些有机固体物质在一定温度下熔化的性质，将这类物质盛于玻璃容器中，加入灭菌器内，如温度达到物质熔点即熔化，如没有达到则仍是固体。这些物质列于表2-2。

表2-2　可作温度指示剂的一些化合物

化合物	熔点/℃	化合物	熔点/℃
菲	100	乙酰替苯胺	114~116
邻苯二酚	104	颠茄碱	115
氨基比林	107~109	纯硫磺(单斜硫)	119
间苯二酚	109~111	苦味酸	122
安替比林	110~113	苯甲酸(安息香酸)	121~122

可应用加压蒸汽灭菌的物品有培养基、自来水、工作服等。一般培养基在121 ℃灭菌30 min即可一次达到完全灭菌。牛乳、明胶等培养基因温度过高会变质，最好采用115 ℃灭菌15~20 min，另一些含葡萄糖等单糖的培养基宜在111~113 ℃灭菌15~20 min，以免温度过高引起糖的碳化或分解，但容器和塞子应先经过121 ℃灭菌30 min。这样灭菌的培养基，还应在恒温室放3~5 d，以保证灭菌完全后方可使用。如果对体积大或蒸汽难穿透的物品(如土壤、沙子等)灭菌时，除了将物件尽量摊开外，应将压力提高到126 ℃灭菌1 h，必要时隔日再灭菌1次。

高压灭菌器使用前，须先加适量水于灭菌器内(水过少,有蒸干而破坏灭菌器以致发生炸裂的危险;水过多,会延长沸腾时间,消耗燃料)。待灭菌物品放好后，关闭灭菌器，打开气门，加热，等灭菌器内空气排除后关上气门，继续加热至压力计读数升到所需指标后开始计算所需时间(现在一般都有自动计时设备,直接设定即可)，调节热源或安全阀来保持压力不变。到了灭菌所需时间，停止加热，待压力回到零时，打开气门，开盖取出物品。如急用，可在停止加热后微启气门放气，但切不可开得太大，以防压力突然下降而使液体冲出；通常容器内所盛培养液不超过容器容积的1/3时，从停止加热到排完蒸汽控制在6~7 min即可。

土样等灭菌时需用蛇皮袋等耐热品包装好。高压蒸汽灭菌时注意灭菌器内不要装得太满，否则会影响灭菌效果；同时，排除器内空气很重要，如果不排尽空气，即使达到预定压力，却没有达到应有的温度，影响灭菌效果。灭菌器内压力、温度和空气排除量的关系见表 2-3。

表 2-3　高压灭菌器内压力、空气排除量与温度的关系

压力/(磅·英寸$^{-2}$)	温度/℃				
	空气完全排除	空气排除 2/3	空气排除 1/2	空气排除 1/3	空气未排除
5	108.8	100	94	90	72
10	115.6	109	105	100	90
15	121.3	115	112	109	100
20	126.2	121	118	115	109
25	130.0	126	124	121	115
30	134.6	130	128	126	121

注：1 磅/英寸^2 = 6.8947×10^3 Pa

(2) 干热灭菌

干热灭菌是利用干热空气使微生物细胞内的蛋白质凝固变性而达到灭菌的目的。细胞内的蛋白质凝固性与其本身的含水量有关，在菌体受热时，环境和细胞内含水量越大，蛋白质凝固就越快，反之含水量越少，凝固就越缓慢。无水时微生物细胞内的蛋白质于 160 ℃始能凝固。因此，与湿热灭菌相比，干热灭菌所需温度要高(160～170 ℃)，时间要长(1～2 h)，但干热灭菌温度不能超过 180 ℃，否则，包器皿的纸或棉塞就会烧焦，甚至引发燃烧而酿成意外事故。烘箱内也不宜装得太满，以免影响温度的均匀上升。灭菌结束，必须待温度下降到 60 ℃以下时方可打开箱门，以防止温度骤然下降而使玻璃炸裂。像培养皿、吸管等玻璃器皿可在前述温度和时间下进行干热灭菌；将土壤进行干热灭菌时应摊成薄层，在烘箱内加热至 160～170 ℃维持 4～6 h。带橡皮塞或橡皮管的器皿不宜干热灭菌，须用高压蒸汽灭菌。接种针、镊子等金属用具可在火焰上灼烧灭菌。

(3) 间歇灭菌

各种微生物的营养体在 100 ℃下 30 min 即可被杀死，但这种条件下微生物的芽孢和孢子却不会失去生活力，间歇灭菌就是针对这一特点而设计的。间歇灭菌通常在类似蒸笼的不密闭容器中，蒸汽压力与大气压力相等，蒸汽不断散出，故又称流动蒸汽灭菌。间歇灭菌的方法是用 100 ℃、30 min 杀死培养基内杂菌的营养体，然后将这种含有芽孢和孢子的培养基在 28～30 ℃温箱内或室温下放置 24 h，使芽孢和孢子萌发成为营养体。这时再以 100 ℃处理

30 min，再放置 24 h 以上，如此连续灭菌 3 次，第 3 次蒸过后最好放 3 ~ 5 d，确保灭菌完全后使用。间歇灭菌比较麻烦，灭菌效果也较差，在没有高压蒸汽灭菌器时才采用这种方法，但对一些易受高温破坏的培养基或其中某些成分易受高温破坏，则必须采用间歇灭菌。

2.3.1.2 过滤除菌法

过滤除菌法(filtration)是用物理阻留的方法将液体或空气中的细菌除去，以达到无菌目的。对于含热不稳定性物质如抗生素、血清、维生素和糖类等的溶液，可用过滤方法得到无菌的滤液。所用滤器叫细菌过滤器，由孔径极小，能阻挡细菌通过的陶瓷、硅藻土、石棉或玻璃砂等制成，其中赛次(Seitz)滤器、烧结玻璃滤器和薄膜滤器是用得较多的细菌过滤器。为了加快过滤，可加压或减压(加压比减压的过滤效果好)，但压力差不能太大，不然过滤太快会使滤液中混入细菌以致除菌不完全。事实上，一般以抽气减压使用较广。为防止回流空气的污染，使用减压过滤时应加一空气过滤装置。当然，所有滤器装置使用前均须灭菌。

赛次滤器：由石棉、短棉绒等压制成的圆形滤板和金属制筒形漏斗配合而成。滤板对酶、病毒、噬菌体及一些多糖类和抗原物质具有吸附性。为避免这些物质被吸附，滤器可用少量 1 g/L 的明胶或蛋白胨水过滤，使滤器饱和，再过滤所需的溶液。在精密试验中，过滤前应先以蒸馏水或少量弱酸洗涤滤器，以除去滤器内碱性物质、金属阳离子等。

烧结玻璃滤器：由研磨得很细的玻璃烧结而成。规格多种，对于少量(5 ~ 100 mL)溶液的除菌宜用 5、6 号滤器，它的优点是具有较小的吸附作用，因而对溶液中物质的浓度影响较小。滤器使用以后，加热硫酸和少量硝酸钾，抽气，使有硫酸流出后放置过夜，第二天抽去其余硫酸，再用蒸馏水抽洗，直至洗去所有硫酸为止(以氯化钡检测无白色沉淀)。

微孔滤膜：是一种由纤维素酯制成的滤器。孔径有 0.025，0.05，0.1，0.22，…，12.0 μm 等各种规格，根据用途制成各种型号。除菌用的是耐高压蒸汽灭菌、孔径为 0.22 μm 的滤膜。微孔滤膜除了用于除菌外，还可用来测定液体或气体中的微生物。

2.3.1.3 化学灭菌法

有些化合物能破坏原生质，使蛋白质变性而造成微生物死亡，被称为杀菌剂。实验室常用的有质量分数为 65% 的乙醇溶液，10 g/L 的升汞、次氯酸钠盐或钙盐溶液，另还有甲醛与乳酸等熏蒸剂。在气体杀菌消毒剂中，环氧丙烷的沸点为 35 ℃，不容易汽化，可用于器皿和植物组织的灭菌，使用时较为安全，但杀菌力不如环氧乙烷。这里重点介绍广谱、高效的气体杀菌消毒剂——环氧乙烷。

环氧乙烷又称氧化乙烯，分子式为$(CH_2)_2O$，10.8 ℃时是无色透明液体(装在安瓿瓶或钢瓶内)，12 ℃以上时为气体，在空气中体积分数超过3%时遇火爆炸；对微生物的毒效作用强，可杀灭所有的微生物，广泛用于不能用热力灭菌的器械和物品。环氧乙烷的穿透力很强，可透过塑料薄膜，因此，待灭菌的物品可封于塑料薄膜中。此外，环氧乙烷易燃，对人体有害，使用时要注意安全和防护。用于糖类灭菌时，将糖冷至3～5 ℃，加体积分数为1%的环氧乙烷，在4 ℃冰箱中放置1 h，取出，于温水浴中驱除环氧乙烷，糖即已灭菌。

环氧乙烷的灭菌作用因浓度、温度和时间而异，温度高、浓度大，灭菌所需时间短；反之则长，可按条件和需要适当调节。例如，每升空气中环氧乙烷500 mg，在25 ℃时需4 h，37 ℃时只需1 h即可将枯草杆菌黑色变种(*Bacillus subtilis* var. *niger*)芽孢杀死。所以，用环氧乙烷灭菌，比较简单的方法是在容器内放置待灭菌的物品，然后按每升容积加500 mg(约0.6 mL)环氧乙烷，室温下放置4～6 h(这时切忌火种靠近容器)。为提高灭菌效果和确保安全，可在密闭容器中进行，先将容器抽空，然后倒入1/10压力的环氧乙烷，再倒入N_2或CO_2，使容器稍有负压，40 ℃下放置4 h，水泵下抽去气体，通入N_2或CO_2，开启容器，便可取出已灭菌的物品。

2.3.1.4　辐射灭菌法

紫外线、X线、γ射线在一定剂量下可以杀死微生物，常用来对某些物品进行灭菌。其中，X线和γ射线的穿透力强，对人体也有损害，需要一定的设备和防护措施，主要用在药物和食品的灭菌，其机制在于产生游离基，破坏DNA。这里着重介绍最为常见的紫外线灭菌法和新兴的^{60}Co γ射线辐照灭菌法。

(1) 紫外线灭菌法

目前最常用的辐射灭菌方法。波长为200～400 nm的紫外线具杀菌作用，以265～266 nm杀菌作用最强，这与DNA的吸收光谱范围一致。紫外线主要作用于DNA，使一条DNA链上相邻的两个胸腺嘧啶共价结合而形成二聚体，干扰DNA的复制与转录，导致细菌的变异或死亡。紫外灯发出的主要为波长253.7 nm的紫外线，紫外线的辐射功率以$mW \cdot s/cm^2$来计算，功率越大的灯效能越高。对不同的菌有不同的致死剂量，芽孢杆菌致死剂量为$12\ mW \cdot s/cm^2$。根据照度定律，照度与光源光强成正比而与距离平方成反比。在固定光源时，被照物品越远，效果越差，因此应根据被照面积、距离等因素安装紫外灯。

紫外线主要用于接种室消毒，通常一间10 m^2的房间安装30 W的紫外灯管1～2支。如将数支紫外灯安装在不同的角度，使室内各处的照度尽量均匀，消毒效果更好。室内消毒时开灯30～60 min即可。室温低于4 ℃条件下紫外线的杀菌作用很弱，室内温度过高时也易导致杀菌力下降。紫外线的穿透能力很差，几乎不能穿透固体物质，对液体的穿透力也很低。同时，灯管上的污迹影响紫外线的透过，应经常以脱脂棉蘸乙醇擦拭。紫外线对眼睛有损坏，并能引起毛发和皮肤的脱落，因此，在关闭紫外灯后方可进入室内。

(2) ^{60}Co γ 射线辐照灭菌法

一种发展较为迅速的辐射灭菌方法。该法具有穿透力强，操作简便，速度快，可在常温下进行，辐射剂量适当时不会破坏药品有效成分，无任何化学、放射残留，亦不会对人体产生伤害，且有在灭菌后较长时间内控制细菌的再增殖等优点，所以得到研究者们的关注。利用^{60}Co 释放的 γ 射线照射，使菌体蛋白质发生光解、变性，菌体内的氨基酸、核酸酶遭到破坏，菌体死亡。土壤、器械、容器、生产辅助用品、不受辐射破坏的原料及成品等均可用本法灭菌。采用辐射灭菌法灭菌的无菌产品其无菌保证水平(sterility assurance level,SAL)应$\leqslant 10^{-6}$。γ 射线辐射灭菌调控的参数主要是辐射剂量(指灭菌物品的吸收剂量)，常用的为 25 000 Gy(1 Gy = 1 J/kg)。该剂量的制定应考虑灭菌物品的适应性及可能污染的微生物最大数量及最强抗辐射力，所使用的剂量事先应验证其有效性及安全性，对最终产品、原料、某些器材应尽可能采用低辐射剂量灭菌。

需要重视的是，使用^{60}Co γ 射线进行辐照灭菌前应对被灭菌物品微生物污染的数量和抗辐射强度进行测定，以评价灭菌过程赋予该灭菌物品的无菌保证水平；灭菌时应采用适当的化学或物理方法对灭菌物品吸收的辐射剂量进行监控，以充分证实灭菌物品吸收的剂量是在规定的限度内。如采用与灭菌物品一起被辐射的放射性剂量计，剂量计要置于规定的部位。初安装的剂量计应使用标准源进行校正，并定期进行再校正。^{60}Co γ 射线辐射灭菌法验证时，除进行生物指示剂验证试验外，还应确认空载和装载时灭菌腔内辐射剂量的分布图、灭菌物品的吸收剂量及最大和最小吸收剂量的分布、灭菌物品的均一性、灭菌腔内物品的装载方式等。常用的生物指示剂为短小芽孢杆菌(*Bacillus pumilus*)孢子。

2.3.2 洗涤

微生物实验室的工作，除微生物学本身的常规分析项目外，还涉及很多有机、无机和生化分析内容。所使用的玻璃器皿数量大、种类多，要求也很严格。器皿清晰度如何，直接影响实验工作的质量。另外，微生物实验使用的器皿，难免带有某些有害于人畜和植物的病原微生物，洗刷时若处理不当就会危及人的健康和造成环境污染。因此，玻璃器皿的洗刷工作，是微生物实验室一个不可忽视的重要环节。实验用玻璃器皿的清洗工作从原则上讲，必须同时满足微生物学分析和化学分析两方面实验工作的一般要求，具体而言，洗刷好的玻璃器皿应保证没有可参加或影响化学反应的物质，保证没有微生物可利用或影响微生物生长的物质。

2.3.2.1　常用洗洁剂及其用途

常用的洗洁剂有肥皂、洗衣粉、去污粉、洗液和有机溶液等。其中，肥皂、洗衣粉、去污粉用于可用毛刷直接刷洗的器皿；对于不能采用毛刷清洁的器皿，主要采用有机溶剂(如甲苯、二甲苯、汽油等)除去污垢，或使用乙醇、乙醚、丙酮处理带水的干净仪器。

2.3.2.2　洗液配制与注意事项

强酸氧化剂洗液：称取重铬酸钾 20 g，置于 40 mL 水中加热溶解，冷却后徐徐加入 360 mL 工业用浓硫酸(绝不能把重铬酸钾水溶液加入到硫酸中)，边加边用玻璃棒小心搅拌。配好后冷却，装入瓶内，放在安全处备用。此液中重铬酸钾有很强氧化能力，去污力甚强，对玻璃侵蚀作用小。新配时呈红褐色，多次使用后氧化力渐退，变墨绿色。洗液瓶要加盖，且不宜装满，以防硫酸吸水溢出。使用时要特别小心，不要溅到皮肤和衣服上，以免灼伤。

碱性洗液：常用的有碳酸钠液(纯碱)、碳酸氢钠液(小苏打)、磷酸钠液、磷酸氢二钠液和稀的氢氧化钠液。以上各洗液中所配物质的质量分数一般在 5% 左右。碱性洗液用浸泡(煮)法，切忌操作时用手直接拿取浸泡中的物品。

2.3.2.3　洗涤方法与基本要求

微生物实验室洗刷量一般都很大，洗刷之后还要进行晾(烘)干、包装、灭菌等繁杂工作。为了保持实验室的环境，条件允许情况下最好单列一个洗涤室专用于洗刷工作。综合而言，用于常规微生物学实验的三角瓶等器皿须置洗衣粉桶浸泡后用自来水刷洗干净，用于理化、生化类实验的三角瓶、比色管等须置酸桶浸泡后用自来水刷洗干净，再用蒸馏水冲洗。在正式清洗器皿之前，有以下实验内容的必须做到：土壤悬液要集中到适当的地方处理，不可进入下水道；固体培养基须刮入洗涤用铝锅内(锅要加盖)，加热煮沸并集中到适当的地方处理。

一般的器皿，使用洗液、洗衣粉或去污粉洗净后，用自来水将洗涤剂彻底清洗干净，根据要求再用蒸馏水冲洗一二次即可。洗干净的玻璃器皿应是挂不住水珠，确切而言，应当看不到水珠，只看到器皿表面均匀的、清澈的水膜，用指示剂检验残存的水应是中性的。微生物培养皿在划除培养基后须放到洗涤用铝锅内(加水)，加热煮沸后用自来水清洗干净、晾干。培养过微生物的玻璃器皿，特别是培养过已知有害微生物的器皿，必须先经过高压蒸汽灭菌，然后按上述方法洗刷。清洗的污水、污物应集中到适当的地方，认真妥善处理。进行此类操作的人员应戴口罩和乳胶手套。工作完毕，操作人员的手应用乙醇消毒。

载玻片、盖玻片，特别是用于细菌鞭毛染色或制作显微镜照相标本的玻片，要求表面必须非常光洁，所以不能用粗糙的去污粉拿毛刷洗刷，而应先用碳酸钠洗液温水煮十几分钟，倾出洗液，在水龙头下清洗 1 ~ 2 min，加入洗衣粉添上水再煮 10 min 左右，待稍凉后，用手反复擦拭几遍(事先须用肥皂将手洗净)。然后，用自来水将手上的清洁剂冲洗掉，在流水下一片一片地冲洗玻片，边冲洗边用手擦，直到表面呈均匀水膜为止。最后，用蒸馏水冲洗一遍，把水甩净，放在纯乙醇中浸泡半小时脱水，用干净的纱布轻轻擦干，用干净滤纸或纱布包好待用。载玻片数量较多情况下，应特别注意避免操作过程中玻片相互摩擦致使表面划伤。

第3章 土壤微生物的计数与分析

土壤是最丰富和最复杂的微生物种质资源库，所含微生物不仅数量巨大，而且种类繁多。土壤微生物的计数即测定土壤中微生物的数量，常见计数方法可分为三大类：一是根据微生物在培养基上的生长情况来计算数量，称为培养计数法，主要有稀释平板法和最大或然数法；二是将土壤微生物染色后在显微镜下观察计数，称为直接镜检法，包括涂片法、琼脂膜法和膜过滤法等；三是直接将微生物从土壤中分离和提取出来后进行测定，如测定真菌的菌丝生物量等，主要有离心分离法。本章介绍土样采集方法以及针对一般微生物和厌氧微生物的培养计数测定法，并对土壤微生物区系、根际微生物、病原菌、根瘤菌和菌根真菌等的研究作了专门介绍，最后也对测定土壤微生物生物量的多种方法作了详细介绍。

3.1 土样的采集与预处理

土壤样品的采集是研究土壤微生物生态分布规律和土壤理化性质分析工作的一个重要环节，是直接关系到分析结果以及由此得出的结论是否正确的一个先决条件。因此，采集的土壤样品必须具有代表性，要能最大限度地反映其所代表区域或田块的实际情况。但是，大自然中土壤的分布情况是复杂的，且不同区域之间土壤的差异性也很大，所以土样的采集是一个较为复杂的问题。与此同时，土壤微生物的数量与土样的采集时间有很大关系，它随着季节的转换而变化，也随着雨季、旱季的变更而不同。因此，要想较全面地认识土壤微生物的生态分布规律，在一年的不同时期多次采样研究土壤微生物生态分布特征是有科学价值的。

土壤是由生命和无生命的多相物质以不同方式组合而成的复杂非均质体，含有水分、气体、生物及放射性核素等。为准确地研究土壤微生物过程，从土样采集、处理、存储直至分析的整个过程中均需要考虑温度、水分、氧气等环境条件以及储存时间等对土壤微生物区系及活性的影响，尽量避开那些可能改变土壤样品性质的因素。但是，一般采样过程是无法完全避免这些影响的，因此针对不同的测定要求可采取特殊的采样方法。如针对好氧微生物的研究，ISO 10381 国际标准提供了土样采集、处理及储存指南，讨论了如何将温度、水分、氧气等的影响减小到最低，以便在实验室中实现可重复的测定。需要指出的是，这个推荐标准只适用于好氧条件下所测试的土壤，不适用于那些需要始终保持厌氧条件的土壤。

3.1.1 准备工作

为了进行正确而规范的采样，首先应制定一个研究计划，包括目的、地点、样点数、采样方法和步骤、后处理和分析项目等，明确采样任务和要求，并注意查阅前人在同一地点或地区的研究结果，了解该地区的生物气候情况，包括地形、地貌、水文、地质、植被、农业和林业生产情况等。采样前应准备一份参照 ISO 10381 国际标准并根据研究目的而设定的采样报告表，一般要求包含以下内容：场地位置和采样确切位点，场地历史、相关细节及特征的综合描述，采样日期及时间，当时或临近取样前的天气状况（包括气温、降雨、阳光、云等），所用器械种类，样本过筛之前是否需要干燥，以及所有可能影响后续测试结果的其他因素。

试验采集的土壤样品最好具有某种便于过筛的含水量，避免雨季采土，也避免在长期（ >30 d）干旱、冰冻或淹水之后立即取样。一般情况下，应当选择未经人为扰动的区域采集样品，如果是针对田间监测而做的研究，应服从于实际的田间条件。需要强调的是，在采样时需要对土壤、生物、气候等环境因子进行调查并作记录，如地形、植被、土壤剖面形态、土壤水热状况和质地等，因此需要做好相关记录准备。此外，采样时所用的工具、塑料袋或其他装土样的容器必须事先灭菌，或先用采样区内的土样擦拭，以控制外源物质的干扰。当然，也应避免使用从土壤中吸收水分或向土壤中释放溶剂或增塑剂之类物质的容器。

3.1.2 土样采集与记录

采样前先在所确定场地上选择确切的采集位置。土壤样品一般分为两种：一是单点样品，即每个样品只采一个点，根据物理性状测定要求可分为原状土采样和扰动土采样；二是混合样品，即每个样品是由若干个相邻样点的样品混合而成，样点数目需要根据实际研究情况确定，一般只适于采集扰动型样品。为了保证所采样品的代表性，绝大多数实验要求采用多点采样混合法。目前，多点采样的样点配置方法大体上有三种：随机布点法（可采用“之”字形采样）、系统布点法（可采用“方格法”采样）和非系统布点法（分别按“X、W、N、S”字形的线段布点采样）。选择好位置后即应进行场地描述，即对取样位置进行识别及记录，如在地图上参照易于辨认的静止物体或者使用详细的地图参照，可行时应对位置进行标记以便进行比较测试或采集重复样本（让他人无需其他引导即可找到），并对土壤取样场地的植被覆盖、生物与化学品施入及意外污染等历史情况进行记录描述。

具体采样步骤如下：①除去地面植被和枯枝落叶，铲除表面1 cm左右的表土，以避免地面微生物与土样混杂；②取样深度依研究设计而定，在同一剖面中分层取样时，应在挖好剖面后，先取下层土样，然后再取上层土样，以避免上下层土样混杂；③多点采样时采集质量大致相当的土样于塑料布上，剔除石砾或植被残根等杂物，混匀后根据研究情况，可只取其中的一部分土样带回实验室。采样时需要重点注意的一个环节就是样本标记，即清楚而明确地标记样本容器，以便每个样本都可以和其取样位置相联系，而且容易识别。

3.1.3　土样运输与储存

土样从采集位点到实验室内需要经历一定时间的运输。然而，土样在运输过程中或带回实验室后，原处自然条件发生改变，并有可能遭受空气中微生物的污染，这就可能引起样品中某些微生物的消长，进而导致土壤微生物区系发生变化。所以，土样采集后应尽快置于能够自由接触空气的黑暗状态中，并采用能够将土壤含水量的改变降到最低的方式进行运输。一般条件下，如果需要保持通气，可用聚乙烯袋、铝盒、玻璃瓶等容器，但要留有空间；如果需要保持厌氧状态，则用玻璃瓶等可密封的容器；如果需要保持原状，则需采用铝盒或聚氯乙烯盒等容器。土样运输过程应做到：①尽可能保持低温环境，建议使用冰袋维持低温；②避免长期暴露于光线中，以减少藻类等在土壤表面的生长；③尽可能避免物理压实。

同理，土样储存的最基本要求是在储存时间内土壤性质不发生大的改变。至于不同类型土壤允许存放多长时间，目前还没有确切的报道，一般建议在黑暗、(4 ±2)℃并自由接触空气的条件下冷藏，因为这样可以减少细菌繁殖，维持微生物区系的稳定性，但绝不允许出现冰冻、干透或水浸。土样储存一般使用松散扎口的塑料袋或类似的物品，储存之前应该进行处理以保证稳定的有氧条件。应该注意保证不能将土样进行大批储存、彼此堆叠，以免在储存容器的底部产生厌氧条件。当然，低温也可能造成某些微生物的死亡，目前关于低温对各种微生物死亡速率的影响研究较少，尚不肯定这样确实可以保持原有微生区系不变。ISO 10381国际标准指出，样品采集后储存时间最长不能超过3个月，除非有证据表明微生物活动会得到维持。因此，总的建议是，土样采集后尽快分析，将储存时间降到最短。

3.1.4 预处理与预培养

土样分析前应剔除植物残体、较大的土壤动物及石头等，多数条件下要求过 2 mm 筛以除去小的石头、动物及植物残体，而且该过程还可促进颗粒间的气体交换，有利于保持土壤的有氧条件。然而，一些有机物质(如粗腐殖质、泥炭等)不容易过 2 mm 筛，此时应该在湿润条件下过 5 mm 筛。如果土壤因为太湿而不能过筛，通常可在室温条件下进行风干，但应不超过过筛所需的必要程度。风干时将样品摊开，条件允许时还可置于轻微流动的空气中，以促进其均匀干燥，并不停地用手指捏碎并翻动土壤以避免表面过度干燥。

根据某些研究内容的具体要求，经预处理或储存过的土壤用于实验室测试之前，应进行预培养以重建微生物的代谢平衡，并便于植物种子的萌芽及去除。预培养条件取决于研究的目的，但是应该尽可能接近测试条件。预培养的时间取决于研究目的、土壤组成、储存与预培养条件，通常 2 ~ 28 d 就足够了。

3.2 土壤微生物的分离与计数

土壤微生物种类繁多，在自然条件下大多处于休眠状态，一旦供给可利用碳源(如培养基)，一些微生物将快速生长繁殖。因此，根据培养基上所生长微生物的数量，在一定程度上可以估算土壤中微生物的数量。这种测定土壤微生物数量的方法称为培养计数法，主要包括稀释平板法和最大或然数法，此外还有土粒法。当然，还有一些通过显微镜观察直接计数的方法，如直接镜检法和琼脂膜法等。

3.2.1 培养基

营养是生命活动的物质基础和新陈代谢的起点。微生物和其他所有生物一样，在营养要求上有着高度的统一性，即在元素水平上都需 20 种左右同样种类和需要量的元素，而在营养要素水平上则都有相似的六个大类，包括碳源、氮源、能源、生长因子、无机盐和水。培养基就是按照微生物生长的需要，由不同的营养物质组合配制而成的营养基质。由于各类微生物对营养条件的需求不尽相同，需要根据其对营养元素的要求选择适当配方。表 3 - 1 示设计培养基的主要原则与方法。

表 3－1　设计培养基的主要原则与方法

内　容		要　点
原则	目的明确	培养何菌，研究或生产，菌体、主流或次生代谢产物，代谢产物 C/N 比
	营养协调	各营养物性质适宜，各营养物含量比例恰当，C/N 比适中
	理化适宜	pH 适宜，渗透压、水活度、氧化－还原势合适
	经济节约	对大众生产而言，以粗代精、以简代繁、以廉代贵等
方法	生态模拟	先尝试用天然基质作一初级培养基，再不断改进、提高
	参阅文献	大量收集文献，参考其中菌种和内容相近的培养基
	精心设计	利用数学(优选法、正交试验法)等工具提高工作效率
	试验比较	先定性再定量，先小试再中试、大试，先实验室规模再扩大到工厂化生产

3.2.1.1　培养基的制备与储存

培养各类微生物常用培养基配方见附录一。确定所需培养基的容量后，按配方称取化学药品和其他原料，逐一加入水中溶解(有时需要加温溶解)。最好先加无机药品，后加有机药品，难溶解物质可先单独溶解后再加入。易受高温破坏的药品应单独配制过滤灭菌，临用前加入培养基中。牛肉膏可放在小烧杯或表面皿中称量，用热水溶解后倒入大烧杯；也可放在称量纸上称量，随后放入热水中，使牛肉膏与称量纸分离，立即取出纸片。蛋白胨极易吸潮，故称量时要迅速。琼脂应在溶液煮沸后加入，一般在容器下面垫以石棉网煮沸至熔化，以免烧焦，煮沸后宜开锅搅拌以防糊防溢，琼脂熔化后要补足因蒸发失去的水分到所需的总体积。

由于不同种类微生物对培养基酸度的要求各不相同，培养基配制后一般需测试并调节 pH，即待配方中各成分全部溶解后，根据所培养微生物对酸度的要求而加以调节。其中，对要求保持在中性以上的培养基，可加入 $CaCO_3$ 或其他缓冲性物质，凡加入这类缓冲性物质者可不必测试培养基的 pH；对于酸性培养基(要求 pH5 以下者)，灭菌前可不加酸调节，须在灭菌后临用前加入或先将酸加入培养皿中，然后注入熔化的培养基，以免在高温和酸性条件下琼脂水解而导致琼脂软化或完全失去凝固力。

为便于培养观察，培养基分装前应进行过滤，液体培养基可用滤纸过滤，固体培养基可用 4 层纱布趁热过滤，供一般使用的培养基可省略这一步骤。培养基通过漏斗或虹吸管分装于三角瓶或试管中(图 3－1)，分装时应防止其黏附在瓶口或管口，灭菌前塞上硅胶塞或铜铝管帽。在分装量方面，三角瓶以不超过容积 1/2 为宜，固体培养基约为试管高度的 1/5，灭菌后制成斜面；半固体培养基以试管高度的 1/3 为宜，灭菌后垂直待凝。应根据不同的灭菌对象，采用不同的灭菌方法，一般培养基常用高压蒸汽灭菌，121 ℃ 30 min 即可。

欲制作琼脂斜面，则在培养基灭菌后，趁热将试管置于木棒上，使试管成30°倾斜(图3－2)，斜面总长度以不超过试管长度的1/3为宜，凝固后保存备用。

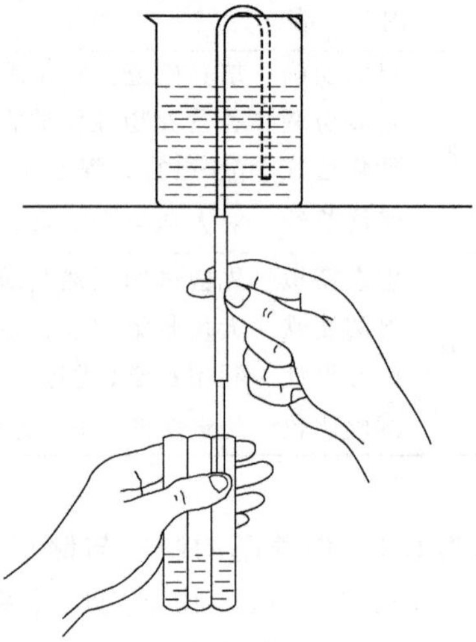

图3－1 培养基的分装

培养基储存不当往往会因污染、脱水、光照等影响而变质，因此最好是现配现用。如果是必须储存，也应放在阴暗、低温、低湿而清洁的地方。如果使用棉塞，对塞棉塞的要求及新棉塞的制作法详见本书2.3.1，对于用过的旧棉塞最好经灭菌后再使用，凡因受潮发硬或染菌严重的旧棉塞不能再用。试管斜面培养基因灭菌时棉塞受潮，容易引起棉塞和培养基污染，因此，新配制的培养基斜面最好置恒温室数天，使棉塞上面的冷凝水蒸发后再储存备用。三角瓶或其他容器装的培养基在灭菌前最好用牛皮纸包扎瓶口，以防灰尘落于棉塞或瓶口而引起污染，同时也能减少水分蒸发。培养基中如果含有染料等对光敏感的物质，要特别注意避光保存，尤其要避免阳光直接长时间照射。

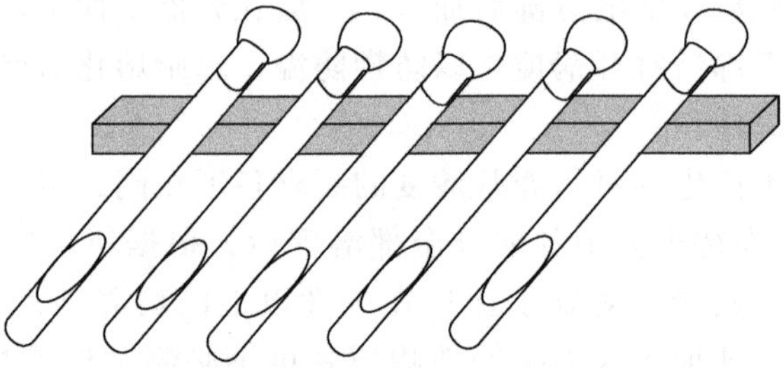

图3－2 斜面的摆法

3.2.1.2 培养基的成分与分类

迄今为止，没有任何一种培养基能够完全适合土壤中存在的所有微生物，人们对各种微生物的营养需求仍然了解甚浅，对培养基成分的确定仍然存在一定盲目性。优良的培养基应具备下列条件：①含有满足培养微生物生长所需要的营养物质。②这些物质要有合适的比例。③要有合适的pH和一定的缓冲能力。④有一定的氧化还原电位和合适的渗透压。⑤合适的物理性能(如透明度、固化性等)。现在采用的培养基只是经过比较之后，相对来说，出现的微生物数量和种类较多或选择性较好而已。各个实验室通常都有自己所习惯采用的培养基，但在研究土壤微生物区系时最好统一起来，以便于资料的汇集和对比。一般培养基应含有供微生物生长和繁殖利用的主要成分，如表 3－2 所示，常规分类方法如表 3－3 所示。

表 3－2　一般培养基的主要成分

成　分	说　明
水	所有生活的细胞都需要水，有时用自来水即可，有时必须用蒸馏水或去离子水
氮化物	组成细胞蛋白质的主要成分，分有机氮和无机氮两类。常用的有机氮有蛋白胨、肉浸汁、氨基酸等，无机氮化物有铵盐、硝酸盐等，此外还有气态氮
碳化物	为异养微生物生命活动提供能源，如各种糖类、淀粉、醇类、纤维素等
无机盐类	钠、钾、镁、铁、硫酸盐和磷酸盐等，后两种盐类还兼有缓冲作用
凝固剂	固体培养基用，培养异养微生物常采用琼脂，分离某些自养微生物采用硅胶
其他	微量元素及生长素等

表 3－3　一般培养基的常规分类

基准	类型	说　明
成分来源	自然培养基	主要成分是组成复杂的自然物，植物性的有马铃薯、麦芽、酵母膏等，动物性的有如蛋白胨、牛肉膏、肉汤等。这些自然物的化学成分不完全了解，每次所用原料的成分也不完全一致
	合成培养基	由已知成分的化学药品配制而成，可精确掌握各成分的性质和数量。一般用于研究微生物的形态、营养代谢、分类鉴定、菌种选育和遗传分析等
	半合成培养基	以天然有机物作为营养来源的同时适当补充一些成分已知的化学药品，应用广泛，常用的有马铃薯葡萄糖培养基等
物理状态	固体培养基	加有凝固剂(如琼脂)，如一般细菌、放线菌、真菌的培养基
	液体培养基	不加凝固剂，如培养硝化、反硝化、硫化、反硫化细菌、某些固氮菌和纤维分解菌等生理群的培养基
	半固体培养基	少量凝固剂，常用于细菌运动特征观察、菌种保存以及噬菌体的分离纯化与制备等，如添加琼脂的质量分数一般为 0.2%～0.7%

续表

基准	类型	说明
培养功能	基础培养基	如牛肉膏蛋白胨琼脂培养基，其中包括一般腐生性细菌所需的营养成分，并可作为一些特殊培养基的基础成分
	选择培养基	在培养基中加入或除去某些营养物质以阻止一般异养微生物的生长，而只能满足某一类群或某一种微生物的生长，例如无氮培养基上只能供固氮菌生长；也可通过改变培养基的pH以提高其选择性，如pH 5.0 ~ 5.5的培养基对真菌有选择性，而中性及微碱性的培养基则对细菌和放线菌发育更有利；还有在培养基中加染料或抗生素抑制某些菌的生长以提高培养基的选择性；也可根据某些种对碳源或氮源的选择性来制定培养基
	加富培养基	在培养基中加入某种物质或缺少某些成分对土壤中为数较少的某些种或某类微生物生长特别有利，通过加富培养富集这种或这类微生物，使之成为数量较多、生命活动旺盛的种类
	鉴别培养基	加有特殊代谢产物的指示剂，使不同菌种的雷同菌落呈不同颜色，供检查微生物的个别生理特性用的培养基，如细菌鉴定时采用乙酰甲基甲醇试验和甲基红试验中所用的培养基等
适用种类	细菌培养基	常用有牛肉膏蛋白胨培养基、营养肉汤和营养琼脂培养基
	放线菌培养基	常用有高氏Ⅰ号培养基
	酵母菌培养基	常用有马铃薯蔗糖培养基和麦芽汁培养基
	霉菌培养基	常用有马铃薯蔗糖培养基、豆芽汁葡萄糖(或蔗糖)琼脂培养基和查氏培养基等

此外，近些年来商品化的干燥培养基、成品培养基发展迅速，但由于生产工艺和技术设备相对比较落后，质控手段尚不够健全，市场监管也比较薄弱，这些都影响到培养基的质量。因此，培养基的采购必须保证质量，在选购前应对供应厂商的资质进行评估，首选有产品认证、质量体系认证、计量认证的厂家或知名品牌，并索取有关资质证明材料和产品合格证明材料，建立供应厂商档案，定期对供应厂商的质量保证能力进行跟踪验证。因此，进货时需向厂家索取该批产品的质控资料，并将此纳入微生物实验室对培养基进行质控的基本内容。

3.2.2　一般微生物的分离与计数

微生物的分离培养是传统微生物学研究工作中最为重要的环节之一，至今仍为一种不可替代的技术手段。土壤微生物的计数方法很多，但各有利弊，且所有方法都有一定局限性。目前最为常见的是稀释平板法和最大或然数法，有时也会采用土粒法。稀释平板法作为研究土壤微生物的基本方法被长期广泛应用，但该法的一个最重要的缺陷是将土壤中的大部分微生物给遗漏了。因此，不少研究者先后提出了若干使用显微镜直接观察和计数的方法，以期得到关于土壤微生物在自然条件下的真实状况，所以这里也一并介绍直接镜检法和琼脂膜法。

3.2.2.1　稀释平板法

稀释平板法是一种测定土壤中活微生物数量的最常用方法，其基本原理是：土壤微生物经分散处理成为单个细胞后，在固体培养基上由单个细胞生长繁殖并形成一个菌落，因而可以根据形成的菌落数来计算微生物的数量。本方法基于这样一个假设：当已知质量的土壤在适量的溶液中搅拌的时候，微生物细胞与土粒分开，并在平板上生长为分散的菌落。因为土壤中微生物的数量很多，一般仅取少量样品制成土壤悬液并稀释，使培养皿中发育的菌落可以很好地分散开来。

稀释平板法操作简便，可以同时分离到较多种类的微生物，但一般来说最适用于菌体大小和质量都差不多的类群（如细菌和酵母菌），并非对所有微生物类群都同样适用。例如，放线菌和真菌因菌体不同部分的大小和质量相差较大，如菌丝、孢子和其他孢子器等质量大小均有较大差异，用此法所得菌落多数从孢子发育而来，与菌丝发育而成的菌落不能区分。此外，此法的干扰因素也较多，各实验室对操作程序的每一细节都应有详尽的规定，以便于实验结果之间的相互比较。

操作步骤：称取 10 g 新鲜土样，加入盛 100 mL 无菌水的 500 mL 三角瓶中，振荡 10 min，使土样均匀地分散在稀释液中成为土壤悬液；吸取 1 mL 土悬液到 9 mL 无菌水中，按 10 倍法依次稀释，通常稀释到 10^{-6}。在每次吸取土悬液时，所用的吸管在稀释液中反复吸入吹出悬液 3 ~ 5 次，使管壁吸附部分饱和以减少因管壁吸附而造成的误差，并使悬液进一步分散。根据土样中微生物的数量选择适当稀释倍数的悬液接种，一般真菌采用 $10^{-3} \sim 10^{-1}$，放线菌用 $10^{-5} \sim 10^{-3}$，细菌用 $10^{-6} \sim 10^{-4}$，各重复 4 次。在称取土样的同时，另称取 5 g 土样于洁净铝盒中，105 ℃烘 8 h，置干燥器中冷却（一般要求 30 min 以上），称干重后计算土壤含水量。

土壤悬液的接种一般采用涂布法：先于已灭菌培养皿中倾注 18 mL 左右培

养基，凝固后，用 1 mL 无菌吸管吸取一定稀释度的土壤悬液，加 0.05 mL(约 1 滴)于培养基表面，然后立即用玻璃刮刀将悬液均匀地涂抹于培养基表面。用同一支吸管接种同一样本不同稀释度的悬液时，应从高稀释度开始，然后依次接种较低稀释度的悬液。分离细菌时，为了避免由于某些细菌菌落扩散造成误差，待倒入的培养基凝固后，将培养皿微启，倒置于 60 ~ 70 ℃烘箱中烘 15 ~20 min，待培养基表面冷凝水烘干后，用同法涂抹土壤悬液。分离芽孢杆菌时，应事先将样品中的无芽孢细菌杀死，所以要预先选取适当稀释度的土壤悬液于 75 ~80 ℃水浴中煮 15 min，然后再按上法接种。根据实验需要，有时也采用混菌法：吸取 1 mL 悬液于直径为 9 cm 的已灭菌培养皿中，然后倾注已熔化并冷至 45 ℃的培养基约 15 mL，与培养皿中的土悬液充分混匀，待凝固后倒置于 28 ~30 ℃恒温箱(室)中培养。

接种了土壤悬液的培养皿倒置培养一定时间(细菌 2 ~3 d,真菌 3 ~5 d,放线菌 5 ~7 d)后取出，细菌和放线菌选菌落数在 20 ~200 之间的培养皿，真菌选菌落数在 10 ~100 的培养皿，被扩散性细菌或真菌菌落占据琼脂表面 15% 的培养皿应该剔除，因为它们抑制了其他菌落的正常发育，造成计数误差。这个方法可能会对土壤中实际存在的微生物数量估计过低，主要是由以下原因造成误差：①土壤悬液中有的菌成群聚集在一起或附在土粒上未被分散，有的细菌在操作过程中被吸附在管壁上，所以平板上形成的菌落数比实际菌落数低；②培养基或培养条件有较高选择性，有的孢子在这种条件下不能发芽形成肉眼可见的菌落，而且稀释液可能杀死某些微生物，以致相当一部分微生物不能正常发育形成菌落。

结果计算：

$$涂布法：菌数=\frac{菌落平均数\times稀释倍数\times20\times鲜土重}{干土重}，单位\ CFU/g$$

$$混菌法：菌数=\frac{菌落平均数\times稀释倍数\times鲜土重}{干土重}，单位\ CFU/g$$

3.2.2.2 最大或然数法

最大或然数法是实验中对具特殊生理功能的细菌进行计数时最常用的方法之一，如硝化菌、反硝化菌、固氮菌、硫化菌、反硫化菌和纤维素分解菌等，其基本原理是：假设被测定的微生物在稀释液中均匀分布，并在试管中全部存活，随着稀释倍数的加大，稀释液中微生物的数量将越来越少，直到将某一稀释度的土壤稀释液接种到培养基上培养后，没有或很少出现微生物，故可根据没有出现细菌的最低稀释度和出现菌落的最高稀释度计算土样中微生物的数量。

操作步骤：同稀释平板法制备土壤悬液，然后根据所测定类群在土壤中的大概数量选择 5 个相连的稀释度，将不同的稀释度悬液分别接种至不同培养基的试管中，每管接悬液 1 mL，每一稀释度重复 3 ~ 5 管(重复越多,结果越精确)，28 ℃培养 7 ~ 21 d(根据研究对象而定)，根据各生理群的生长或反应，分别记录结果。

结果判读时，根据各稀释系列试管中有无待测微生物生长或其生理反应的正或负得出数量指标，并在相应的最大或然数法测数统计表中查出细菌近似值。应用此法时，在稀释系列中必须最后一个稀释度所有重复都没有微生物生长。确定数量指标时，一般取稀释系列中所有重复都有生长(或呈正反应)的最高稀释度为数量指标的第一位数字。如表 3 – 4 所示，数量指标为 542，由表查得近似值为 25。

表 3 – 4　数量指标读数示意表

稀　释　度	10^{-1}	10^{-2}	10^{-3}	10^{-4}	10^{-5}
生长情况	+ + + + +	+ + + + +	+ + + + –	+ + – – –	– – – – –
读数	5	5	4	2	0

如果在所有试管都有微生物生长的稀释度之后仍有三个数字，如表 3 – 5 所示，则将数量指标最后一个数字加到前一个数字上，即 544，由表查得近似值为 35。

表 3 – 5　数量指标读数示意表

稀　释　度	10^{-1}	10^{-2}	10^{-3}	10^{-4}	10^{-5}
生长情况	+ + + + +	+ + + + –	+ + – – –	+ + – – –	– – – – –
读数	5	4	2	2	0

结果计算：

$$菌数 = \frac{近似值 \times 数量指标首位稀释倍数 \times 鲜土重}{干土重}，单位\ MPN/g$$

3.2.2.3　土粒法

对于土壤中某些数量较少的微生物，可将土粒接种在选择性培养基上来进行分离计数，如好氧自生固氮菌、纤维素分解菌及其他种类的微生物等，其基本原理是：在适于某一微生物生理群生长的固体培养基上，含有这一生理群的土样围绕着土粒发育形成菌落，根据这些颗粒在试样中的百分数即可以求得其相对含量。

操作步骤：取少量土样加无菌水调成糊状，用粗细适当的圆头玻璃棒蘸糊状土样，点在已凝固的选择性平板上，置于 28 ℃恒温培养一段时间后，观察微生物的生长情况，结果以有菌生长的点数占总点数的百分含量表示。

结果计算：

$$菌量 = \frac{有菌生长的点数}{总点数} \times 100\%$$

3.2.2.4 镜检计数法

将已知体积的土壤稀释液涂布在一定面积的显微镜载玻片上，用赤癣红(erythrosine)或孟加拉红(rose bengal)染色后，在油镜下观察计数：凡呈粉红色或红色的为细菌，呈黄色、浅粉红色或不着色的为惰性有机质，矿物颗粒也不着色。由于在制备土壤悬液时破坏了土体的自然状态，得到的显微图并不能反映微生物在土壤中的空间分布状态。另外，此法有时难以将活菌与死菌、细菌与惰性颗粒区别开来。

材料试剂：

1）光学显微镜、刻有 0.1 mm 刻度的台式测微尺、刻度值 0.01 mL 刻度的移液管。

2）蒸汽水浴(用烧杯亦可)及铁丝支架，使载玻片平放在蒸汽浴上或烧杯上。

3）固定溶液：10 mL 0.4 g/L 的琼脂溶液或 0.15 g/L 的明胶(二者选一)，灭菌或临时配制。

4）孟加拉红酚染液：1.0 g 孟加拉红和 0.3 g $CaCl_2$ 加入 100 mL 50 g/L 的酚水溶液内。

5）赤癣红染液：赤癣红 10 g，酚酸 50 g，水 950 mL。

6）400 g/L 的醋酸溶液。

操作步骤：

1）称取 1 g 土壤放入 10 mL 固定溶液内，将土壤悬液充分振荡 4 ~ 5 min 后，制得 1:10 悬浊液，静置 1 min，使较大的颗粒沉降。每个供试土样设 4 个重复。

2）在光滑、无伤痕的洁净载玻片的中央部位精确地划出两个正方形小格，每格面积为 1 cm^2，用灭菌的移液管吸取 10^{-1} 悬浊液于方格内，将 0.01 mL悬浊液均匀地涂布在 1 cm^2 范围内，置沸水浴上蒸干。

3）将载玻片浸入 400 g/L 的醋酸溶液内 2 min，用水冲去载玻片上的醋酸，然后加孟加拉红或赤癣红染液，置沸水浴上热染 8 min。边蒸边加染液，以防染液蒸干。

4）用镜台测微尺测量接物油镜的视野直径，计算视野面积，求出每平方厘米内有多少视野。在每平方厘米内随机选择 10 个视野，数出出现的细菌数目，求出平均值。每平方厘米用 0.01 mL 的 10^{-1} 土壤稀释液涂布，稀释倍数为 1 000。

结果计算：

1）视野面积 = $\pi \times$ 视野半径^2，单位 mm^2。如目镜直径为 0.163 mm，则半径为 0.081 5 mm，视野面积 = $3.141\,6 \times 0.081\,5^2 = 0.020\,9(mm^2)$。

2）平方厘米视野数：因为 $1\ cm^2 = 100\ mm^2$，则 $100 \div 0.020\,9 = 4\,784$（个/$cm^2$）。

3）土壤细菌数量的计算：

$$菌数 = \frac{视野菌数 \times 平方厘米视野数 \times 稀释倍数 \times 鲜土重}{干土重}，单位个/g$$

3.2.2.5　琼脂膜法

1948 年，Jones 和 Mollison 提出，将一定量土壤放在琼脂内做成均匀的悬液，取一滴悬液放在血细胞计数板内，凝固成薄片后，将薄片取出放在载玻片上，晾干，染色镜检。从已知的显微镜视野体积和稀释度，即可求出土壤中微生物的数量。

材料试剂：

1）无菌水、质量分数为 95% 的乙醇溶液、15 g/L 的琼脂溶液。

2）15 mL 的瓷坩埚、10 cm 长的玻璃棒、5 mL 刻度吸管、100 mL 灭菌烧瓶。

3）天平、载玻片、盖玻片、显微镜、镜台测微尺和深 0.01 cm 的血细胞计数板。

4）苯胺蓝染液：由 15 mL 50 g/L 的酚水溶液、4 mL 10 g/L 的苯胺蓝水溶液和 4 mL 冰醋酸混合而成，过滤备用。

操作步骤：

1）准确称取相当于 2.5 g 或 3.0 g 干土的样品，放入事先烧灼冷却后的小坩埚内，加入 5 mL 灭菌水，用灭过菌的小玻棒搅匀制得悬浊液，然后倒入干燥的、灭过菌的 100 mL 烧瓶内，较重的沙粒会留在坩埚内；再往坩埚内倒入 5 mL 无菌水，使坩埚内的沉淀再悬浊，悬液亦倒入上述烧瓶内。

2）将烧瓶置 42～45 ℃ 水浴数分钟，加入 42～45 ℃ 的琼脂溶液 40 mL，使总体积为 50 mL。然后用力摇动土壤－琼脂悬液 2～3 min，使其沉淀 5 s；立即用吸管吸取 2 滴悬液至血细胞计数板内，在凝固前盖上盖玻片。

3）琼脂凝固 30 min 后，将血细胞计数板泡在冷却的无菌蒸馏水内，滑动去除盖玻片，轻轻摇动使琼脂薄膜脱落，用一干净的载玻片捞起水中的薄膜，将其小心地放在载玻片上，待其缓缓干燥。干燥过程中应注意勿使其被尘埃所玷污。

4）将干燥的琼脂片浸在苯胺蓝染液内 1 h，用水冲洗，晾干后镜检。在油镜下随机取 20 个视野，计算每个视野中菌数的平均值。

结果计算：

$$每毫升视野数 = \frac{1}{\pi \times 视野半径^2 \times 视野深度}$$

$$菌数 = 视野菌数 \times 每毫升视野数 \times \frac{土壤悬液毫升数}{干土重}，单位个/g$$

例：50 mL 琼脂悬液内含 2.5 g 干土，在油镜下计数，视野直径为0.016 cm，平均每个视野有 12 个细菌，则

$$菌数 = 12 \times \frac{1}{3.1416 \times 0.008^2 \times 0.01} \times \frac{50}{2.5} = 1.2 \times 10^8(个/g)$$

3.2.3 厌氧微生物的分离与计数

厌氧微生物与好氧微生物的根本差别在于二者的呼吸机制不同。好氧微生物将氧作为生物氧化作用的最终受氢体，只有在有氧条件下才能生活；而厌氧微生物则以葡萄糖的氧化物作为受氢体，只能在无氧条件下进行无氧呼吸，有氧时反而对其有毒害作用。因此，在分离和培养厌氧微生物时必须为其提供这两个条件。厌氧细菌的常用培养基见附录一中的异养厌氧细菌培养基。近来，随着厌氧培养箱(或厌氧操作箱)的推广应用，厌氧微生物的分离与计数在实验设备允许条件下变得方便和容易起来。这里着重介绍几种常用的传统厌氧培养方法。

3.2.3.1 充氮厌氧培养法

用真空泵抽去真空干燥器中的空气，用 N_2、CO_2 或 H_2 代替。在真空干燥器中培养严格厌氧细菌，可得表面菌落。

操作步骤：将接种了不同稀释度土壤悬液的琼脂平板或试管置真空干燥器中。同时在干燥器中放入盛有美蓝氧化还原指示剂的试管(或小三角瓶)，以检验干燥器内是否确为无氧状态。若美蓝指示剂为无色则表示已经无氧，如果指示剂呈蓝色则表示仍有氧存在。在干燥器口加封闭油膏，盖紧，进行抽气和换气。将盛 N_2 或 H_2 的钢瓶与真空干燥器及气体抽换装置连接(图 3-3)。先将真空干燥器出口活塞(2)打开，关闭活塞(3)，打开活塞(1)，使真空干燥器、压力表、气体干燥塔与真空泵联通，然后进行抽气，使气压下降至0.02~0.05 大气压时，先关闭活塞(1)，再停止抽气。小心转动活塞(3)或钢瓶减压阀，使 H_2 或 N_2 缓缓流经洗气瓶进入真空干燥器(注意放气勿过猛)，充气到0.8~0.9 大气压，将活塞(3)或钢瓶减压阀关闭，开动真空泵抽气，然后打开活塞(1)。抽气到 0.02~0.05 大气压后再行灌气。如此反复 2~3 次。最后一次将真空干燥器内气压加到略小于一个大气压。关闭真空干燥器活塞(2)。取下干燥器并用螺旋皮管夹将其管口夹紧，以免漏气。真空干燥器置 28~30 ℃恒温室(箱)培养 10~14 d，待培养基表面长出单个菌落后，即可由真空干燥

器取出培养皿，计算菌落数或挑菌转接斜面。

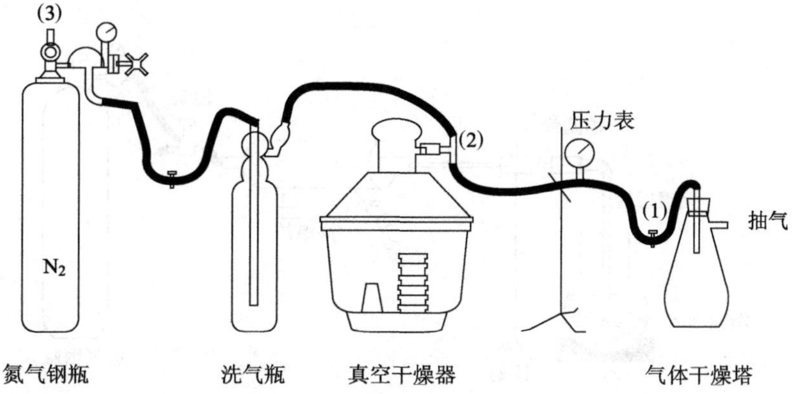

图 3－3　充氮气厌氧培养装置

3.2.3.2　焦性没食子酸吸氧法

一种化学方法，利用焦性没食子酸在碱性溶液中能吸收游离氧来创造厌氧条件。每克焦性没食子酸在过量碱液中能吸收 100 mL 空气中的氧。其吸氧变化如下：

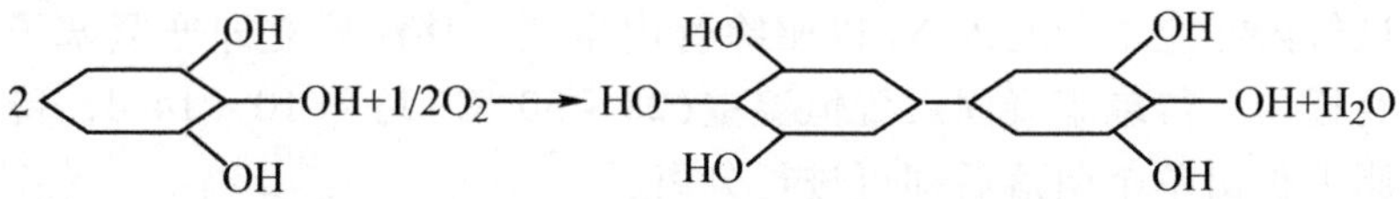

操作步骤：首先配制美蓝氧化还原指示剂：0.006 mol/L NaOH 溶液、0.15 g/L 的美蓝溶液、60 g/L 的葡萄糖溶液等量混合，加热使美蓝褪色。然后按 1 g 焦性没食子酸能吸收 100 mL 空气中的氧气来计算，根据厌氧培养容器的体积加入适量焦性没食子酸，并按焦性没食子酸的 10 倍量加入 100 g/L 的 NaOH 溶液，立即将培养皿(或试管培养物)和加热褪色后的美蓝氧化还原指示剂放入大试管(或真空干燥器)中，盖紧密封，使勿漏气(图 3－4)。最后置 28～30 ℃恒温培养。其余步骤与 3.2.3.1 充氮厌氧培养法叙述的完全相同。

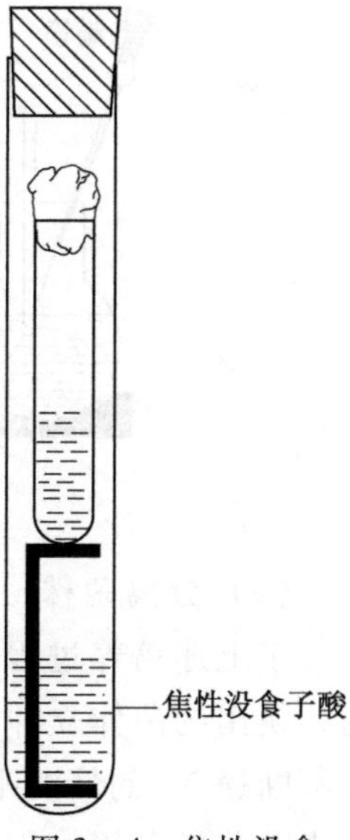

图 3－4　焦性没食子酸吸氧法

3.2.3.3　专性厌氧细菌的分离法

在分离专性厌氧细菌时，要求所有操作过程尽可能少接触空气，方法如下：

(1) 培养基的制备

按分离的对象配制培养基，且培养基应除去其中的溶解氧，如图 3 – 5 所示，于调配过程不断通入经过高温炉去除了残余 O_2 的 N_2。

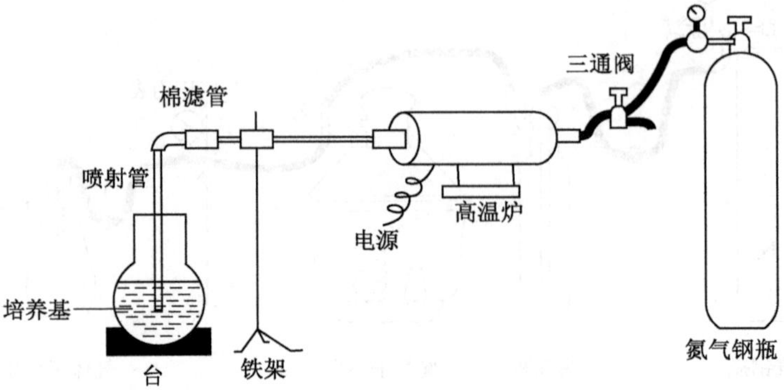

图 3 – 5 专性厌氧菌培养基的制备

(2) 培养基加入待分离悬浊液的方法

配制好的培养基注入待测液时仍要避免接触空气，如图 3 – 6 所示，边通 N_2 于盛有培养基的圆底烧瓶中，边用滴管(使用前进行干热灭菌，180 ℃ 30 min)将培养基移入含有 1 mL 适当稀释度待测悬液的试管中，在培养基移注过程该试管内亦应不断通入 N_2 以驱除管内空气。移注后立即塞紧塞子，将管中内含物摇匀，待琼脂凝固后置恒温室(28 ~ 30 ℃)培养 10 ~ 14 d，待管壁附着的琼脂上长出单个菌落后即可进行分离。

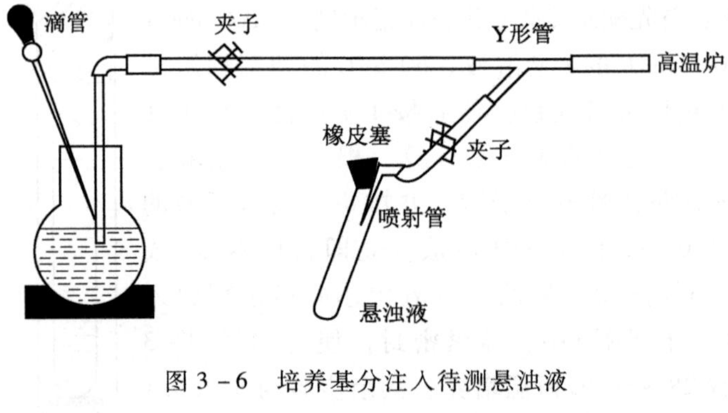

图 3 – 6 培养基分注入待测悬浊液

(3) 分离菌株

于上述培养过程长出菌落的培养管中，边通入不含 O_2 的 N_2 边用铂金丝挑菌，挑出的菌体立即接种到斜面培养基上。接种时，被移植的斜面琼脂管亦处在不断通 N_2 的情况下进行(图 3 – 7)。移接后立即用橡皮塞塞紧斜面试管，待长出菌苔后备用。

此外，Hungate 滚管技术利用除氧铜柱来制备高纯氮，并用高纯氮驱除小

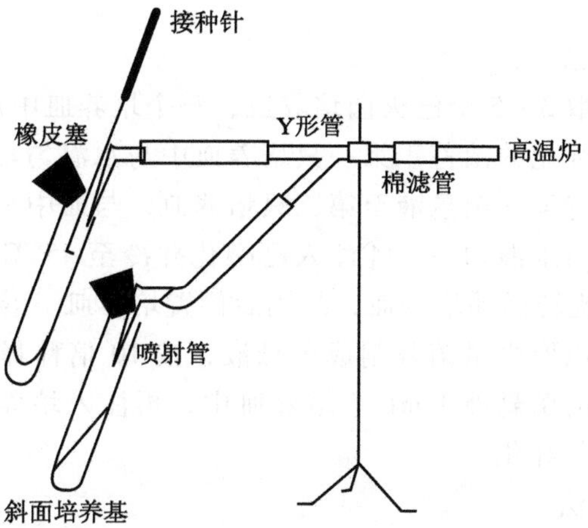

图 3－7　专性厌氧菌的分离

环境中的空气，使培养基的配制、分装、灭菌和储存，以及菌种的分离、观察、移种、培养和保藏等过程始终处于高度无氧状态，从而保证了严格厌氧菌的存活。用这种方法制备成的培养基称为预还原无氧灭菌培养基(pre-reduced anaerobically sterilized medium,PRAS 培养基)。在进行产甲烷菌等严格厌氧菌的分离时，可用 Hungate 的“无氧操作”把菌液稀释，并接种到熔化后的 PRAS 琼脂培养基中，然后将此试管用异丁基胶塞严密塞住后平放，置冰浴中均匀滚动，使含菌培养基布满在试管的内表面上，犹如好氧菌在培养皿平板表面一样，最后长出许多单菌落。

3.2.4　土壤微生物的纯化与培养

在土壤微生物的分离研究中，特别是在筛选某些功能菌株时，往往需要在分离的基础上实现菌株的纯培养，即把在选择性琼脂平板上或其他基质上生长出来的菌落分别转接到相应琼脂斜面上去，使混杂在一起的微生物得以分离成纯的培养物，然后加以培养甚至规模化生产。

3.2.4.1　微生物的纯化

在土壤微生物的分离过程中，有可能产生以下不理想情况：因土粒分散不匀，菌落拥挤而混杂；因各单独菌落的扩展而相混；因产孢多的菌落孢子飞散以致其他菌落受到污染；因操作不当等原因以致转接于琼脂斜面上的培养物不纯。因此，微生物的分离应特别注意以下几点：①确定适当的培养条件和培养时间；②选择单独的菌落；③转接时宜在菌落边缘挑取少量菌苔移入琼脂斜面，尽量不带入原来的基质；④在培养过程中不要翻动培养皿，以免抖落孢子造成菌落之间的污染。如果发现斜面培养物不纯，根据污染情况，可以选用下列方法进行纯化。

（1）稀释平板法

操作步骤：①取3～5个已灭菌培养皿，每个培养皿中加入约0.1 mL无菌水。②挑取少量待纯化的菌苔于第一只培养皿中与水混匀。③从第一支培养皿中用接种环取一环待纯化菌悬液至第二只培养皿，与皿中水混合后，再取一环至第三只培养皿中与水混匀……④注入已融化并冷至45 ℃左右的适当的培养基约15 mL，平行旋转摇动培养皿，凝固后倒置培养皿。⑤取单独菌落移入琼脂斜面培养。也可以取少量菌苔制成菌悬液，按10倍稀释梯度在试管中稀释后，选一定稀释度的菌悬液1 mL于培养皿中，再注入培养基，混匀，凝固后倒置培养，如此进行纯化。

（2）平板划线法

操作步骤：①在培养皿中注入适当的培养基。②用沾有少量待纯化培养物的接种环在已凝固的培养基表面轻轻划线（以不划破琼脂为度），划线方式主要有以下两种：按图3－8A在琼脂表面轻轻划第1区的三条线（注意接种环与平板表面成20°～30°角），将培养皿转动90°，烧接种环，连着1区第三条线1－c划第二区的2－a，然后单划2－b、2－c，再将培养皿转90°，烧接种环，连着2－c划第3区的3－a，然后单独划3－b、3－c；或按图3－8B在琼脂表面划4～5条线为第1区，培养皿转动70°，烧接种环，与1区交叉划4～5条线为第2区，依法划第3、4区。③培养一定时间后，挑取单个菌落转接于琼脂斜面。

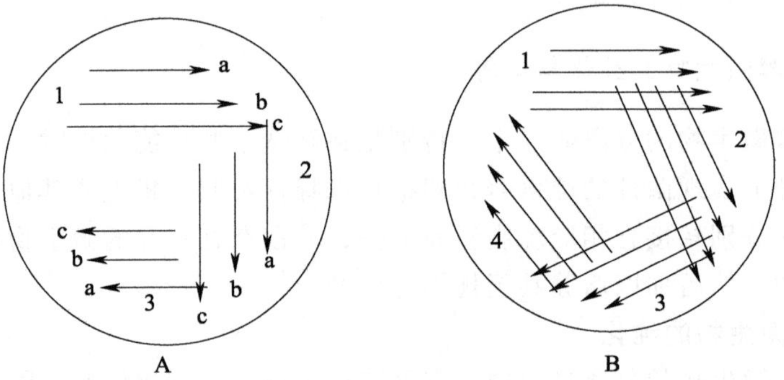

图3－8 平板划线法

（3）选择培养法

操作步骤：①在选择性高的培养基中加染料或其他化学药剂以抑制某些菌的生长。例如，分离纯化放线菌时可在培养基中加重铬酸钾（100 mg/L）以抑制细菌和霉菌生长。又如，一定浓度的结晶紫（10 mg/L）能抑制革兰氏阳性细菌生长，在分离或纯化被革兰氏阳性细菌污染的菌种时，可在培养基中加入一定量的结晶紫；由结晶紫水溶液和柠檬铋铵水溶液作用而生成铋紫，对革兰氏阳性细菌的抑制作用较结晶紫大；煌绿、孔雀绿也可作为抑菌剂使用。②在培养基中加入抗生素。由于各种抗生素的抗菌谱不同，可根据菌种污染的情况选用不同的抗生素。如在分离纯化放线菌时，可在培养基中加一定浓度(50 mg/L)的抑霉菌素或放线酮以抑制霉菌生长；分离霉菌或放线菌时加链霉素(30 mg/L)、金霉素(2 mg/L)等以抑制细菌生长。③用调节培养基 pH 的办法控制某些菌的生长。在生长最适 pH 和可适 pH 范围相差大的菌相污染时可用此法纯化。如霉菌受细菌污染时，可在大约 15 mL 左右培养基中加 250 g/L 的乳酸溶液 1～2 滴以抑制细菌生长。④用加热预处理来纯化芽孢杆菌，方法与芽孢杆菌分离法相同。

(4) 单胞分离法

在显微镜直接观察下利用特殊器械(如单胞分离器、小滴培养法和墨汁点滴法等)取一个单独的真菌孢子或细菌细胞进行培养。此法所得纯株是比较可靠的，有特殊要求时可采用这种方法纯化。

操作步骤：①用蜡笔在有机载玻片(75 mm×25 mm,3 mm 厚,玻片一面刻有一个 5 mm^2 的格子)边缘划线条以阻止矿物油流失。②于玻片表面扩散灭菌矿油层(0.5～1 mL)。③稀释培养 18～24 h 的细菌样品。④用灭菌毛细管(内径 2 mm,外径 3.5 mm,长 150 mm,加棉塞,其锐孔直径约 50 μm)吸入少量菌悬液，并加最低压力，把微泡(50 μm)排到油层内。在 3.5×(或 5×)物镜下观察排出微泡的过程。⑤在 40×物镜下寻找所期望的微泡，并用灭菌的毛细管取含有单个细菌的微泡，在培养皿琼脂平板上划线，培养后形成微小菌落。

3.2.4.2 微生物的接种

在无菌条件下，用接种环或接种针等把微生物转接到培养基或其他基质上称为接种。以微生物的纯培养物作为基本材料的研究必须采用无菌操作以保证供试菌株不受其他微生物的污染。实验人员必须加强“无菌”、“安全”观念，严格遵守以下三大规则：①接种微生物须在无菌室或超净工作台上完成，所有器具必须经过严格灭菌后方可使用。②保持实验场所和器具的整洁，实验人员进入无菌室要穿清洁的工作服，不得带入非必需物品。操作过程中减少走动或交谈，以免引起灰尘或微生物孢子的扩散污染。③每次操作完毕，应及时清理干净，器具物归原处，废弃物带出无菌室外并根据要求灭菌处理。根据实验目的的不同，接种方式可分为划线法、穿刺法和点接法等。

(1) 划线法

用左手斜握(也可管底在掌心)菌种管和待转接的培养基斜面试管(图 3-9)，将接种环或接种针用火焰灭菌，即垂直于酒精灯火焰上，使接种环自顶端直至整条灼烧后再将接种环在火焰上通过几次。用右手小指与无名指相

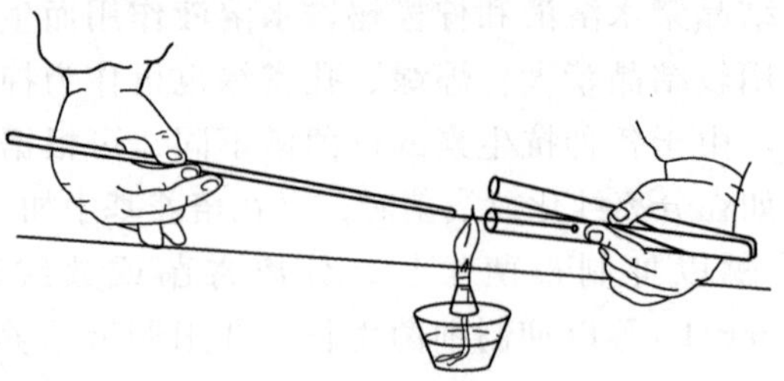

图 3-9 斜面划线接种示意图

夹，或用右手小指和无名指与手掌相夹拔出棉塞，并将管口迅速通过火焰 2～3 次，以 45°角斜持于灯焰附近。将灭菌的接种环伸入菌种管内，在管壁上碰一下以降低温度，再取出少量菌体(勿使菌环碰到管壁和管口及其他外面的物品,也勿使接种环再通过火焰)放入待接种试管内培养基斜面上，自斜面底端以直线或曲线上拖。注意勿将斜面划破。接种完毕，将试管口再通过火焰 2～3 次，塞好棉塞(如在接种过程碰到物体,应在火焰上烧去表面棉绒)，置于试管架，接种环再在火焰上灼烧灭菌。

(2) 穿刺法

这是由斜面接种到固体深层培养基的方法(图 3-10)。操作过程基本同前，即用接种针(必须十分挺直)取出少量菌苔，自固体深层培养基中心垂直刺入直到管底，然后轻轻退出。这样可使接种线整齐，便于观察菌的培养特征。

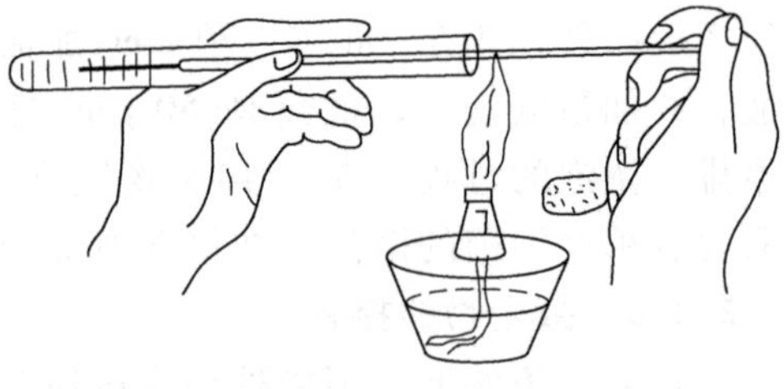

图 3-10 穿刺接种示意图

(3) 点接法

对于铺展快的微生物，如真菌，多采用此法，即用接种针挑取少量菌丝(或孢子)移植于斜面中央或培养基平板上。由于霉菌孢子易飞扬，也可先配成孢子悬浮液，再进行点接。

3.2.4.3 微生物的培养

微生物的生长活动对温度的变化往往比较敏感，只有在适当的温度范围内才能正常生长、繁殖，所以微生物实验室都有用于培养各种微生物的恒温箱与恒温室。当然，在培养特定微生物时，最好不要盲目照搬现有方法，而应通过试验摸索合适的培养方法。接种微生物后的固体培养基一般需倒置培养，液体培养基则根据研究目的和研究对象的不同，在具体的培养方法上存在较大差别。这里依次介绍的有静置培养法、富集培养法、连续培养法、表面培养法和沉没培养法等。

（1）静置培养法

静置培养法指接种后液体培养物处于静止不动状态的一种培养方法。为了保证通气，多采用浅层培养(可用搪瓷盘和扁瓶等培养容器)，以增进液体与空气的接触面积，加大氧气在水中的溶解和扩散。浅层液体培养占地面积较大，在生产上应用不多。

（2）富集培养法

富集培养法又称增殖培养、加富培养，即利用不同微生物生命活动特点的不同，人为地提供一些特定的环境条件，使仅适应于该条件的微生物旺盛生长，从而使其数量上占优势，更利于分离出特定的微生物。富集的条件可根据所需分离微生物的特点，从物理、化学、生物及综合因素等多方面进行选择，如温度、pH、紫外线、高压、光照、氧气和营养等。当然，分离到的菌株是否符合生产上或研究工作的要求，还必须进行性能测定和复筛才能决定取舍。

（3）连续培养法

此法是根据培养体系中微生物的生长速率为养分浓度所控制的原理，在连续培养系统(图 3－11)中不断地供给新鲜养分和排出老菌液，以致培养的微生物可较长时间维持在对数生长阶段。

该法可随时提供对数生长期的细胞，并可通过控制供给培养基质使培养体处于极缓慢的生长阶段，供研究其代谢生理，而且在发酵工业上可提高发酵率和自动化水平，减少动力消耗并提高产品质量。根据试验要求配制培养液，置于容量较大的下口瓶 A 中(图 3－11)，灭菌。培养基经控制流速的微型液体转子流量计 B，流入生长室 C。调节流量计的流速，从而自动控制产生细胞的速率，使之等于由虹吸溢出口 D 溢出损失细胞的速度。随时可由溢出口取出样品供分析研究。

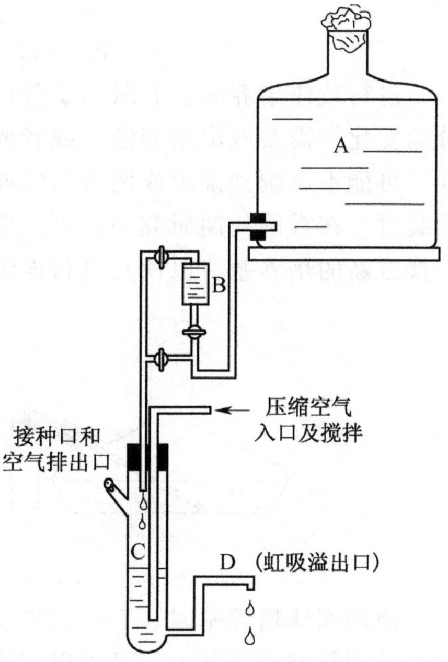

图 3－11　连续培养系统

（4）表面培养法

表面培养法指微生物在液体或固体培养基表面生长繁殖的方法，广泛应用于培养好氧微生物，如琼脂斜面培养、琼脂平板分离或细胞计数的平板培养法等。表面培养法繁殖的微生物细胞多半是重叠生长的，直接与培养基相接触的细胞与在此细胞上再次长出的细胞会有所不同。因此，每个细胞之间的生长环境未必相同。从上到下逐渐形成缺氧环境，而上面的细胞又得通过下面的细胞或细胞间隙来摄取营养。目前，大规模表面培养技术还存在困难，所以在发酵等试验中应用较少，但在霉菌培养上广泛采用，尤其在需求大量通气的情况下(如形成孢子等)更是如此。

进行表面培养时，培养基的深度对微生物的生长和生理活性有影响，所以容器最好不要太深。接种后随着菌的生长，一部分细菌在表面形成一层皮膜，霉菌则发生气生菌丝孢子柄分化，菌丝层也增厚，称为菌盖。在液体培养基中，如菌盖较结实，则可以缓慢地搅拌菌盖下的液体或通气，以加速该菌代谢产物的扩散和改善营养供给，加强它们的生长和生理活动。一般而言，增大培养基的表面积可以提高培养效率，例如采用各种培养皿、盘子和曲盘等，但这些口径较大的容器往往容易污染杂菌，故除用一般的三角瓶外，还设计出弗氏三角瓶和鲁氏三角瓶(图 3 - 12)。另外，还可以采用载玻片培养法来观察生长繁殖中的细胞。

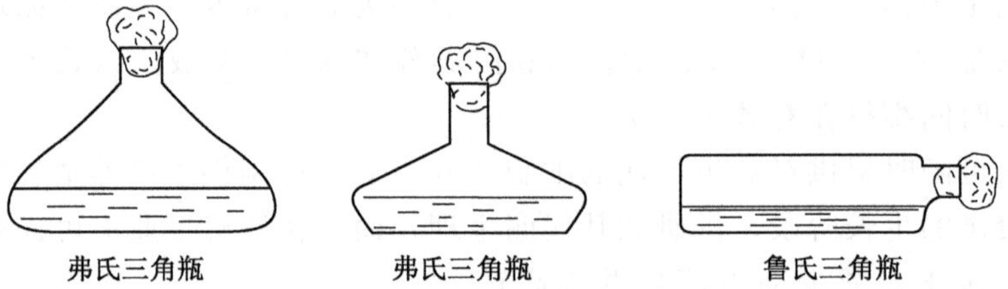

图 3 - 12　表面培养三角瓶

进行液体培养时，有时为了分析培养过程中微生物的代谢产物或培养基成分的变化，需要取出培养液，或者要加进试验物质或同位素化合物等，就必须在尽可能不影响到菌膜或菌盖的情况下取样或加物，此时即可采用图 3 - 13 所示装置。在霉菌代谢研究中，可以取出菌盖下面的培养基，再加进另外的底物而换成新的培养基，以使其进行连续发酵，称之为菌盖培养法。

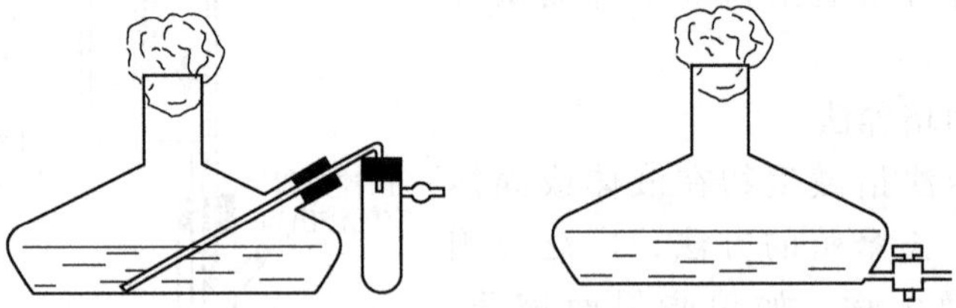

图 3 - 13　取样三角瓶

使用固体培养基时，不可能更换一部分培养基，但用玻璃纸培养法可以把细胞转到新鲜培养基上，又可以在培养过程中加进某种试验物质。为了避免灭菌时玻璃纸缩小，可将与玻璃纸大小相同、数量相同的滤纸经水浸泡后，把湿润滤纸与玻璃纸交互重叠在玻璃板上，盖上玻璃板，装入容器中进行蒸汽灭菌。将已经灭过菌的玻璃纸或滤纸紧贴在琼脂培养基表面，中间不留空隙，然后在上面接种，就可随时取出玻璃纸上的菌体移到另外的培养基上。需要注意的是，有时玻璃纸的渗透性不佳，可能阻碍菌体对培养基成分的吸收。

（5）沉没培养法

沉没培养法是一种在深层的液体中进行发酵的培养方法，又称深层培养法，有时也称液体培养法，适用于好氧微生物。操作时通过振荡培养或将无菌空气通入容器中不断搅拌，使微生物与氧气充分接触而迅速繁殖。沉没培养法占地面积小，省劳动力，产量高，产品质量稳定，适合于机械化和自动化生产。

（a）摇瓶培养

摇瓶培养是一种广泛用于菌种筛选、实验室大规模发酵试验（生产工艺的改良和工艺参数的优化）、种子培养等的振荡培养技术。通常以特定生长条件下的培养物接种，也可用于孢子接种；发酵容器通常为三角瓶，也有特殊类型的烧瓶或试管；培养设备主要有旋转式摇床和往复式摇床两种类型，其中以旋转式最为常用。摇瓶振荡培养的目的在于改善活细胞的氧气和营养物供给，这是进行深层发酵的开始。就一特定微生物而言，振荡培养时存在最佳培养基配方和最佳培养基容量。不同的微生物细胞或孢子接种浓度对试验的成功极为重要，且均存在一最适浓度。

操作步骤：取 500 mL 三角瓶装 100 mL 培养基，用 8 层纱布包扎瓶口，再加牛皮纸包扎，0.1 MPa 灭菌 20 min。将成熟的菌种斜面在无菌条件下注入 10 mL 无菌水，振荡成细胞或孢子悬浮液（浓度约为 8×10^6 个/mL）。待发酵培养基灭菌后冷却到 30 ℃时，分别将微生物细胞或孢子悬浮液接入三角瓶中，接种量为 2 mL，每个菌种各接 3 瓶，标好记号。置旋转式摇床（30 ℃、160 r/min）培养 4～6 d。

（b）发酵罐培养

发酵罐培养是一种借助发酵罐这种特殊反应器来实现微生物快速生长繁殖的沉没培养技术，可以大量生产微生物细胞和代谢产物。发酵罐通常是圆筒状的容器（装液量约为罐容量的 60%），配备有控制器和各种电极，可以自动地调控试验所需要的培养条件，有的是恒温槽和搅拌器被固定的，也有的是温度调节系统和搅拌系统与发酵罐主体可以分开的，后者可用高压灭菌锅灭菌，但容积较小。实验室使用的小型发酵罐的容积可从 1 L 至数百升，生产上使用的发酵罐容积大。一般来说，10 L 以下用耐压玻璃制作罐体，10 L 以上用不锈钢板或钢板制作罐体。

发酵罐的上盖可以取下，其上一般有接种口、空气进出口、消泡剂或各种酸碱溶液注入口、各种检测仪表和插入孔。罐内有搅拌桨叶、挡板、空气分布管，外面装有温度调节器、空气流量计、空气过滤器，必要时还可连接 pH 调节器和消泡装置。发酵罐根据反应是否需要氧气，可分为通气发酵罐和厌氧发酵罐。

操作步骤：

1）准备与灭菌：将培养槽内部清洗干净后加盖并固定，除空气出入口外全部封闭，由蒸汽发生器经空气过滤器向罐内通加热蒸汽，并使其由空气出入口排出，保持 110～115 ℃约 1 h，其间适时将空气出入口以外的其他各种口、孔打开排气，以彻底灭菌。培养槽灭菌后将已用高压灭菌器灭菌的培养基由接种口加入。如果培养槽可以直接用高压锅进行灭菌，则可将配好的培养基装入槽内，在空气出口处加上棉塞，放进高压灭菌锅内，于 121 ℃灭菌 15 min。

2）确定培养条件：通入的空气从空压机经空气滤器而成无菌空气，再由空气分布管送入已灭菌的培养槽内，将恒温槽或温度调节器调至所需的培养温度，再将搅拌速度、空气流量调至确定值。

3）连接控制装置：将 pH 电极、消泡电极、氧电极等调整后，用乙醇消毒并与培养槽连接。如果它们能耐热，则最好直接装到罐上，按第一步操作进行灭菌。再将酸碱液、消泡剂等注入管直接连接到各自的注入口。

4）接种与培养：调节至培养温度后，将培养好的培养液由接种口接入罐内。接种时要在接种口的周围放上浸有乙醇的棉花，点火，以产生上升的气流来防止杂菌污染。接种量大体上是培养液的百分之几或比浊计能测定的最小值。

5）取样：开始培养后，为了解培养过程中的情况，要不断取样。取样时要关闭排气口，使罐内处于加压状态。打开取样口，培养液即可自行流出。但是，在第二次取样时，必须注意将残留在取样管内的残液放干净后再行取样。

3.3 土壤微生物区系的分析

土壤是微生物的大本营，土壤微生物区系指特定土壤生态系统中生活的微生物的数量和组成状况，是反映土壤微生物生态特征的重要指标。由于在不同气候地带、不同土壤类型、不同季节条件以及不同农业措施等的影响下，微生物的数量组成是不同的。因此，了解不同土壤生态系统中微生物区系的动态变化及挖掘所需的土壤微生物资源，与了解土壤基本理化性质一样，具有重要的现实意义。目前，关于土壤微生物区系的分析研究主要包括两个方面的内容：主要类群微生物的分离与计数、功能微生物的分离与计数。下面分别予以介绍。

3.3.1　主要类群微生物的分离与计数

主要针对通常意义上的“三大菌”（细菌、放线菌与真菌）的分离与计数。

3.3.1.1　好氧细菌的分离与计数

土壤细菌是一类单细胞、无完整细胞核的生物，是土壤微生物中数量最多的一个类群。细菌菌体通常很小，直径为 0.2 ~ 0.5 μm，长度约几微米，生物量并不高。土壤细菌的种类和生理作用也极其复杂，在土壤有机碳氮转化过程中起着巨大作用。测定土壤细菌的数量通常采用平板培养法，采用牛肉膏蛋白胨琼脂培养基(又称营养琼脂培养基)，一般认为这种培养基上发育的细菌数量最多，配方参见附录。若分离芽孢杆菌，采用牛肉膏蛋白胨加麦芽汁琼脂培养基，在这种培养基上芽孢杆菌的菌落不扩展，而且菌落特征比较典型和稳定，如有足够的经验，可以将土壤中常见的几种芽孢杆菌直接鉴别到种。

3.3.1.2　放线菌的分离与计数

土壤放线菌是指生活在土壤中呈丝状单细胞的革兰氏阳性原核微生物。放线菌在土壤中的分布也很广，其数量仅次于细菌，通常是细菌数量的 1% ~ 10%，但生物量与细菌接近。放线菌也积极参与土壤中不含氮及含氮有机化合物的分解作用，且有多种放线菌能产生抗生素物质。因此，放线菌与土壤肥力、有机质转化和植物病害防治有着更密切的关系，也是土壤微生物研究中不可忽视的一部分内容。土壤放线菌数量的测定一般也采用平板培养法，采用改良高氏Ⅰ号培养基，配方参见附录。临用时在每 300 mL 培养基中加 1 mL 30 g/L的重铬酸钾溶液(重铬酸钾的最终质量浓度为 100 mg/L)，以抑制细菌和霉菌的生长。

3.3.1.3　丝状真菌的分离与计数

土壤真菌是指生活在土壤中，菌体呈分支丝状(少数菌丝不发达或缺乏菌丝)、具真正细胞核的一类微生物，为化能有机营养型。由于具有强盛的酶系统，真菌分解复杂有机物质的能力特别强，是参与土壤中有机质分解过程的主要成员之一。真菌不仅能引起纤维素及其类似化合物的分解作用，同时也能分解含氮的蛋白质类化合物而释放出氨气。土壤中真菌数量一般为 2×10^5 ~ 10×10^5 个繁殖体/g，虽然数量比细菌少，但真菌菌丝长、菌体远比细菌大，在没有开垦的土壤中，真菌的数量并不一定比细菌少。据测定，每克表土中真菌菌丝体长度为 10 ~ 100 m，每公顷表土中真菌菌体质量可达 500 ~ 5 000 kg。研究发现，丝状真菌数量的多少可反映土壤肥力及通气状况。测定土壤丝状真菌的数量一般也采用平板培养法，采用马丁培养基，配方参见附录。为了抑制大部分细菌及放线菌的生长，每 1 L 培养基溶液中应加 3.3 mL 10 g/L 的孟加拉红水溶液，临用时每 100 mL 培养基中再加 0.3 mL 10 g/L 的链霉素溶液(链霉素的最终质量浓度为 30 mg/L）。

3.3.2 主要功能微生物的测定

土壤中存在着固氮细菌、氨化细菌、硝化细菌、反硝化细菌等微生物生理群以及纤维分解细菌等降解性微生物，它们在土壤养分元素循环和污染物降解转化中起着重要作用。因此，测定和分离土壤中各种功能微生物对土壤微生物资源的利用与开发具有重要意义。

3.3.2.1 好氧自生固氮菌的测定

固氮微生物具有固定大气氮素的能力，使气态氮转变为植物可利用的形态，这对土壤氮素积累及植物氮素营养具有重要意义。了解它们在土壤中的数量以及活动强度，对研究土壤氮素循环具有十分重要的作用。土壤中的自生固氮微生物包括好氧自生固氮菌和厌氧自生固氮菌、固氮藻类以及其他一些固定少量氮素的放线菌和真菌等，其中，好氧自生固氮菌和厌氧自生固氮菌的固氮能力较大。

（1）平板培养法

采用瓦克斯曼（Waksman）77 号培养基或阿须贝（Ashby）无氮琼脂培养基，配方参见附录。用上述培养基制成平板，取一定稀释度（如 10^{-3} ~ 10^{-1}）的土壤悬液 0.05 mL，滴加到琼脂培养基的表面，用玻璃刮刀刮匀后，28 ℃培养 7 d，参见 3.2.2.1“稀释平板法”计算结果。此培养基上生长的自生固氮菌的菌落特征是：微微突起，呈黏液状，表面光滑或具有皱纹，有时还呈褐色，不透明，埋藏菌落呈三角形或菱形。镜检细胞肥大，常呈“8”字形，且具荚膜。需要注意的是，必须将它们与微嗜氮的微生物加以识别，并最好用化学方法测定其固氮量。

（2）最大或然数法

采用不加琼脂的阿须贝培养基，配方参见附录。分装培养基，每支试管（1.8 cm×18 cm）5 mL，贴管内壁放一滤纸条，一半浸入培养基内，一半露于空气中，121 ℃下灭菌 30 min。选取 4 个稀释度（如 10^{-4} ~ 10^{-1}）的土壤悬液，每一稀释度接种 4 支试管，每管接种 1 mL，另取 4 支培养基接无菌水作对照。28 ℃培养 7 d，如滤纸上出现褐色菌落，则表示有自生固氮菌生长。按附录中《最大或然数法测数统计表》得出数量指标和菌的近似值，参见 3.2.2.2“最大或然数法”计算结果。如需对好氧自生固氮菌进一步分离与纯化，可吸取 1 mL 培养物加入新鲜固氮菌培养液中再培养，必要时可反复两次进行富集培养。吸取该培养液 0.05 mL，加入到平板上，涂匀，28 ℃培养 7 d，观察菌落生长情况，并纯化单菌落。

3.3.2.2　厌氧自生固氮菌的测定

采用厌氧自生固氮菌培养基，配方参见附录。分装培养基，每支试管(1.8 cm×18 cm)15 mL(深层培养，以造成厌氧条件)，再倒放一杜氏发酵管，121 ℃灭菌30 min。选取4个稀释度(如10^{-7}~10^{-4})的土壤悬液，每一稀释度接种4支试管，每管接种1 mL，另取4支培养基接无菌水作对照。28 ℃培养5 d，观察气泡及丁酸的形成，并可进行镜检，以观察菌体。按附录中《最大或然数法测数统计表》得出数量指标和菌的近似值，参见3.2.2.2“最大或然数法”计算结果。

3.3.2.3　氨化细菌的测定

氨化细菌是土壤氨化作用的参与者，即将土壤中的有机氮转化为氨气。该生物学过程使植物不能利用的有机氮化合物转化为可给态氮，为植物及一些自养和异养微生物的繁殖与活动创造了良好的营养条件，因而具有重要分析意义。

(1) 平板培养法

采用牛肉膏蛋白胨琼脂培养基(测定细菌总数)，配方参见附录。操作步骤参见3.2.2.1“稀释平板法”，其上生长的好氧细菌，均属氨化细菌。

(2) 最大或然数法

奈氏试剂(Nessler's reagent)：溶解2 g KI于5 mL蒸馏水中，加入HgI_2小粒至溶解饱和为止(32 g)；将12.4 g KOH溶于约40 mL蒸馏水中，然后倒入HgI_2溶液中，加水至100 mL。

采用蛋白胨氨化培养基，配方参见附录。将培养基在普通滤纸上过滤，装入试管(1.8 cm×18 cm)，每管5 mL，121 ℃灭菌30 min。选取4个稀释度(如10^{-9}~10^{-6})的土壤悬液，每一稀释度接种4支试管，每管接种1 mL，另取4支培养基接种无菌水作对照。28 ℃培养3、5 d后分别进行检查，根据培养基的混浊度、菌膜、沉淀、气味和颜色等变化来判断氨化细菌的有无(与对照管比较)；第7 d用奈氏试剂定性测试有无氨的产生。从培养试管中吸取1或2滴培养液于白瓷板穴中，加入1或2滴奈氏试剂后如出现棕红色或浅褐色沉淀，即表示培养基内有氨的产生。按附录中《最大或然数法测数统计表》得出数量指标和菌的近似值，参见3.2.2.2“最大或然数法”计算结果。

3.3.2.4　硝化细菌的测定

土壤中氨化作用所产生的氨，通过硝化细菌的活动(硝化作用)氧化为硝酸，再与土壤中的金属离子作用形成硝酸盐。因此，土壤中硝化细菌的存在与活动，对土壤肥力以及植物营养有着重要的意义。氨氧化为硝酸，第一阶段是氨氧化为亚硝酸，由亚硝化细菌(氨氧化细菌)完成；第二阶段是亚硝酸氧化为硝酸，由硝酸化细菌(亚硝酸氧化细菌)完成，两者统称为硝化细菌。因为土壤中硝化作用的第一阶段是限制步骤，所以一般只测定参与第一阶段的亚硝化细菌的数量。

(1) 亚硝化细菌数量的测定

格利斯试剂(Griess reagent)：A 液，0.5 g 对氨基苯磺酸加到 150 mL 200 g/L 的乙酸溶液中；B 液，1 g α－萘胺加到 20 mL 蒸馏水和 150 mL 200 g/L 的乙酸溶液中。

采用氨氧化细菌(亚硝化细菌)培养基，配方参见附录。将培养基在普通滤纸上过滤，装入试管(1.8 cm×18 cm)，每管 5 mL，121 ℃灭菌 30 min。选取 6 个稀释度(如 $10^{-7}\sim10^{-2}$)的土壤悬液，每一稀释度接种 4 支试管，每管接种 1 mL，另取 4 支培养基接种无菌水作对照。28 ℃培养 14 d，吸取培养液 5 滴于白瓷板穴中，依次加入格利斯试剂 A 液、B 液 1 或 2 滴，如有亚硝酸(NO_2^-)存在，则呈红色，表示有亚硝化细菌存在。按附录中《最大或然数法测数统计表》得出数量指标和菌的近似值，参见 3.2.2.2 “最大或然数法”计算结果。如需对亚硝化细菌进一步分离与纯化，可吸取 1 mL 培养物加入新鲜的亚硝化细菌培养液中再培养，必要时可反复两次进行富集培养。吸取浓缩 10 倍的该细菌培养液 2 mL，加入到经紫外线消毒的硅胶板上，涂匀，置于 40 ℃温箱中干燥至平板表面无积水，然后将经富集培养的样品进行悬液接种培养。14 d 后可观察菌落的生长情况。

(2) 硝酸化细菌数量的测定

二苯胺试剂：0.5 g 无色二苯胺溶于 20 mL 蒸馏水及 100 mL 浓硫酸中。

采用硝酸化细菌培养基，配方参见附录。将培养基在普通滤纸上过滤，装入试管(1.8 cm×18 cm)，每管 5 mL，121 ℃灭菌 30 min。选取 5 个稀释度(如 $10^{-6}\sim10^{-2}$)的土壤悬液，每一稀释度接种 4 支试管，每管接种 1 mL，另取 4 支培养基接种无菌水作对照。28 ℃培养 14 d，吸取培养液 5 滴于白瓷板穴中，加入 1 或 2 滴二苯胺试剂，如呈蓝色，则表示已有亚硝酸氧化为硝酸(NO_3^-)，说明有硝酸化细菌的存在。按附录中《最大或然数法测数统计表》得出数量指标和菌的近似值，参见 3.2.2.2 “最大或然数法”计算结果。如需对硝酸化细菌进一步分离与纯化，可吸取 1 mL 培养物加入新鲜的硝酸化细菌培养液中再培养，必要时可反复两次进行富集培养。吸取浓缩 10 倍的硝酸化细菌培养液 2 mL，加入到经紫外线消毒的硅胶板上，涂匀，置于 40 ℃温箱中干燥至平板表面无积水，然后将经富集培养的样品进行悬液接种培养。14 d 后可观察菌落的生长情况。

3.3.2.5 反硝化细菌的测定

土壤中硝化作用所积累的硝酸盐可经不同途径还原，包括同化还原和异化还原，产物包括亚硝酸、氧化氮、氧化亚氮、氮气和氨。广义的反硝化作用包括硝酸盐的各类还原作用，而狭义的反硝化作用(呼吸性反硝化作用)特指呼吸性的还原作用(产生气态氮的过程)，即脱氮作用。反硝化细菌在厌氧条件下以 NO_3^- 或 NO_2^- 代替 O_2 作为最终电子受体，将其还原为亚硝酸、氨或氮气等。土壤中的反硝化细菌不属于一个特定类群，多为兼性细菌，数量测定一般采用最大或然数法。

采用反硝化细菌培养基，配方参见附录。每支试管(1.8 cm × 18 cm)装入 9 mL 培养基(深层培养,以造成厌氧条件)，倒放入一杜氏发酵管，121 ℃灭菌 30 min。选取 5 个稀释度(如 10^{-7} ~ 10^{-3})的土壤悬液，每一稀释度接种 4 支试管，每管接种 1 mL，另取 4 支培养基接种无菌水作对照。28 ℃培养 14 d，如有细菌生长，一般培养液变浊，有时甚至有气泡出现。吸取 1 或 2 滴培养液于白瓷板穴中，加入 1 或 2 滴奈氏试剂后出现棕红色或浅褐色沉淀，即表示培养基内有氨产生；同时用格利斯试剂和二苯胺分别检查是否有亚硝酸和硝酸的存在。按附录中《最大或然数法测数统计表》得出数量指标和菌的近似值，参见 3.2.2.2 "最大或然数法" 计算结果。如需对反硝化细菌进一步分离与纯化，可吸取 1 mL 培养物加入新鲜的反硝化细菌培养液中再培养，必要时可反复两次进行富集培养。吸取浓缩 10 倍的反硝化细菌培养液 2 mL，加入到经紫外线消毒的硅胶板上，涂匀，置于 40 ℃温箱中干燥至平板表面无积水，然后将经富集培养的样品进行悬液接种厌氧培养。14 d 后可观察菌落的生长情况。

3.3.2.6　纤维素分解菌的测定

土壤中植物残体的分解主要是由微生物进行的，它们在自然界碳素循环中有着重要作用，而且其分布与土壤性状、土壤肥力有着密切的关系。纤维素约占植物组织的 50%，因此，测定土壤中纤维素分解菌的数量是十分必要的。纤维素分解菌有好氧与厌氧之分：土壤中纤维素的分解作用主要是由好氧性分解菌进行的，包括细菌、真菌与放线菌的某些类群均具有较强的纤维素分解能力；在厌氧条件下，分解纤维素的微生物主要是一些产孢杆菌，如奥氏纤维素芽孢杆菌等。

(1) 好氧纤维素分解菌

(a) 平板培养法

采用赫奇逊(Hutchinson)培养基，配方参见附录。将已融化的培养基倒入培养皿，凝固后在琼脂平板表面放一张无淀粉滤纸(滤纸处理法:用 10 g/L 的醋酸浸泡 24 h,用碘液检查确无淀粉后,再用 20 g/L 的苏打水冲洗至中性,晾干)，用刮刀涂抹滤纸表面使其紧贴在琼脂表面。取一定稀释度(如 10^{-3} ~ 10^{-1})的土壤悬液 0.05 mL 于冷凝的平板培养基上，用玻璃刮刀使其均匀涂抹于培养基的表面，然后用灭菌的镊子夹取灭过菌的直径与培养皿等大的滤纸，覆盖于培养基上，再用干净灭菌的玻璃刮刀压平，置于盛有水的干燥器中，28 ℃保湿培养 14 d 后取出，计算黏液菌、弧菌、真菌和放线菌的数量。参见

3.2.2.1“稀释平板法”计算结果。如需对好氧纤维素分解菌进一步分离与纯化，可采用划线法纯化单菌落。

(b) 最大或然数法

采用不加琼脂的赫奇逊培养基，配方参见附录。每支试管(1.8 cm×18 cm)分装培养基5 mL，贴管内壁放一滤纸条(普通滤纸剪成5 cm×0.7 cm的条状，若呈酸性，先在加有1或2滴浓碱液的自来水溶液中浸泡4~5 h，取出后用自来水冲洗，烘干)，一半浸入培养液内，一半露于空气中，121 ℃灭菌30 min。取5个稀释度(如10^{-5}~10^{-1})的土壤悬液接种，每个稀释度重复4管，每管接种1.0 mL，另取4支培养基接种无菌水作对照。在接入土壤稀释液时，需经过露于液面的滤纸条流入培养基中。28 ℃培养14 d，检查各试管滤纸条上细菌菌落的出现及滤纸变薄、断裂、色素产生情况。按附录中《最大或然数法测数统计表》得出数量指标和菌的近似值，参见3.2.2.2“最大或然数法”计算结果。

(2) 厌氧纤维素分解菌

采用厌氧纤维素分解菌培养基，配方参见附录。取培养基10~15 mL装于试管中，并插入1 cm×10 cm滤纸条一条或加入切成2 mm×2 mm大小滤纸片0.05 g，121 ℃灭菌30 min。取5个稀释度(如10^{-5}~10^{-1})的土壤悬液接种，每个稀释度重复4管，每管接种1.0 mL，另取4支培养基接种无菌水作对照，28 ℃培养。加滤纸条者培养14 d后取出检查各试管中滤纸上的溶解区以及菌落或色斑情况，以判别有无厌氧分解菌；加滤纸片者培养一个月后取出振荡观察纸屑腐烂情况。按附录中《最大或然数法测数统计表》得出数量指标和菌的近似值，参见3.2.2.2“最大或然数法”计算结果。如需继续分离纯化，可用纤维素琼脂培养基，稀释平板法接种，经厌氧培养，可得到厌氧纤维分解菌的纯培养物。

3.3.2.7 光合细菌的测定

光合细菌是地球上出现最早、自然界中普遍存在、具有原始光能合成体系的原核生物，是一类以光作为能源，在厌氧光照或好氧黑暗条件下利用自然界中的有机物、硫化物、氨等作为供氢体兼碳源而进行不放氧光合作用的细菌，是一类没有形成芽孢能力的革兰氏阴性菌，因具有细菌叶绿素和类胡萝卜素等光合色素而呈现一定颜色。光合细菌一般生长在湖底土、河流底土、海底土和水稻土等生境中，由红硫菌科(着色菌科，又称红色或紫色硫细菌)、绿菌科(又称绿硫细菌)、红螺菌科(又称红色或紫色非硫细菌)和绿色屈挠菌科(又称滑行丝状绿色硫细菌)四个科组成。前两个科的光合细菌均为厌氧光合细菌，但红硫菌科细菌的硫磺颗粒在细胞内，而绿菌科细菌的硫磺颗粒却在胞外，两者都能以CO_2作为唯一或主要的碳源，以H_2S作为光合反应的供氢体，能源来自日光，属光能自养型；后两个科的光合细菌都能利用各种有机碳化合物为碳源和光合反应的供氢体，能源来自日光，属光能异养型。其中，红螺菌科细菌在有机污水治理、光合细菌饲料蛋白、天然色素以及光合细菌产氢等方面具有广泛的应用前景。

光合细菌培养基配方参见附录，此以红螺菌科为例介绍固体石蜡双层培养法。吸取一定稀释梯度的土壤悬液 0.1 mL 加入到灭菌的培养皿中，再加入 20 mL 处于 40 ~ 45 ℃的固体培养基(尚未凝固)，均匀摇晃使得菌液和培养基充分混合。等固体培养基凝固后，再往上面倒上 55 ~ 60 ℃的熔化了的固体石蜡，缓慢地水平摇动培养皿，使得石蜡均匀地覆盖在固体培养基的上面，特别要注意培养基的边缘。等固体石蜡凝固后，倒置培养皿，2 400 lx 光照培养 15 d 后，参见 3.2.2.1 "稀释平板法" 计算结果。如需对光合细菌进一步分离与纯化，可采用焦性没食子酸法进行厌氧平板培养。把干燥器内的空气用真空泵减压到 1/3，再通入无菌的氢气，进行气体置换造成厌氧条件，然后用焦性没食子酸除去残余的氧气。把悬液和琼脂培养基混匀后装入已灭菌的细玻璃管中凝固，把玻璃管口两端用橡皮塞塞紧后进行光照培养。在无菌条件下推出凝固琼脂，或打碎玻璃管，将分离到的不同形态菌株进行反复纯化，直到在显微镜下观察菌体形态基本一致，纯化工作才结束。

3.3.2.8　产甲烷菌的测定

大气甲烷是引起全球气候变暖的主要因素之一。大气中的甲烷几乎有一半来自于富含有机物的缺氧、多水的水田土壤、沼泽、湿地、水底淤泥等厌氧生境的生物过程。这些甲烷在厌氧生境中由产甲烷菌形成以后，经土壤和水层逸散入大气。因此，产甲烷菌对自然界碳素循环起着重要作用。

产甲烷菌培养基配方参见附录，操作步骤如下：将熔化好的固体培养基装入培养管中，将培养管排列于 45 ~ 50 ℃的水浴锅中，每一处理排列 7 或 8 支，列前放一支组分相同但缺少琼脂的液体培养基。每支培养管有 5 mL 培养液，用 1 mL 注射器分别加入 10 g/L 的硫化钠和 50 g/L 的碳酸氢钠混合试剂、青霉素液各 0.1 mL。把相应基质的富集培养物在旋涡混合器上将富集絮状物打散。用 1 mL 灭菌注射器以氮气流洗去氧后，吸取 0.1 mL 富集培养物，迅速注入加有同一基质的液体培养基中，此管立即在旋涡混合器上混匀，然后依次同法稀释，每次稀释后均匀混合。稀释程度视富集培养物中产生甲烷细菌的数量而定，以最后 2 或 3 个稀释度的培养管中出现 10 个以下单菌落为宜。在滚管机水槽中加入冰块和冷水，使滚管过程中水温保持较低温度，以便培养管中琼脂培养基迅速凝固。启动滚管机，把已接入的富集培养物琼脂培养基的培养管平稳放在滚轴与支托点之间，任意均匀转动。待琼脂培养基在培养管内壁凝固成为均匀透明的琼脂薄膜为止。如无滚管机也可在一瓷盘中加水、冰块和少量氯化钠以降低温度，用手滚动进行。30 ℃培养 10 d 后，参见 3.2.2.1 "稀释平板法”计算结果。以厌氧操作技术挑取滚管菌落，培养后再进行厌氧滚管分离，多次反复直至纯培养物，并进行荧光显微镜检。

3.3.2.9　硫化细菌的测定

硫是所有生命体生长的必需组分。植物和微生物的主要硫素养料是硫酸盐，它们通过吸收硫酸盐合成有机硫化物，这是自然界硫素的有机质化过程。同时，生物体内的有机硫化物也可以硫化氢的状态释放出来，然后转化为游离的硫或硫酸盐。所有这些过程都是由微生物来进行的。土壤中的硫磺细菌和硫化细菌能将蛋白质分解时形成的硫化氢氧化成硫磺或硫酸，这种作用就是硫化作用。因此，测定土壤中硫化细菌的数量及其作用强度有很大意义。

采用硫化细菌培养基，配方参见附录。每支试管(1.8 cm × 18 cm)分装培养基5 mL，121 ℃灭菌30 min。用6个稀释度(如10^{-6} ~ 10^{-1})的土壤悬液接种，每个稀释度8支试管，每管0.5 mL，另取8支接种无菌水作对照。28 ℃培养15 d、30 d时检查结果，每次检查用一组稀释度的4个重复进行。检查时每管滴入10 g/L的氯化钡溶液2滴，如有白色沉淀，表明有SO_4^{2-}存在，证明有硫化细菌进行硫化作用，即$BaCl_2 + SO_4^{2-} \longrightarrow BaSO_4\downarrow + 2Cl^-$。按附录中《最大或然数法测数统计表》得出数量指标和菌的近似值，参见3.2.2.2“最大或然数法”计算结果。如需对硫化细菌进一步分离与纯化，可吸取1 mL培养物加入到新鲜硫化细菌培养液中富集培养。吸取硫化细菌培养液0.05 mL，加入到平板上，涂匀，28 ℃培养7 d后可观察菌落的生长情况，并纯化单菌落，再经简单染色、油镜观察。

3.3.2.10　反硫化细菌的测定

采用反硫化细菌培养基，配方参见附录。每支试管(1.8 cm × 18 cm)分装培养基5 mL，121 ℃灭菌30 min。用7个稀释度(如10^{-7} ~ 10^{-1})的土壤悬液接种，每个稀释度重复4管，每管接种0.5 mL，另取4支培养基接种无菌水作对照。28 ℃培养14 d，添加50 g/L的柠檬酸铁溶液1或2滴，观察试管底部及管壁是否形成黑色沉淀，如有则证明有反硫化作用。按附录中《最大或然数法测数统计表》得出数量指标和菌的近似值，参见3.2.2.2“最大或然数法”计算结果。如需对反硫化细菌进一步分离与纯化，吸取1 mL培养物加入新鲜反硫化细菌培养液中富集培养。吸取硫化细菌培养液0.05 mL，加入到平板上，涂匀，28 ℃培养7 d后可观察菌落生长情况，并纯化单菌落，再经简单染色、油镜观察。

3.3.2.11　磷细菌的测定

土壤中的磷素有20%~80%是以有机物质状态存在于植物残体、微生物体内，必须经过微生物对有机磷化物的分解作用才能转变为简单的、植物可吸收的磷化物(主要是磷酸盐)。有些细菌能产生有机酸或无机酸，加强了土壤中某些难溶性磷酸盐(如磷酸钙)的溶解性，从而提高了土壤中可给性磷素的含量。因此，测定这一类群微生物的数量，对了解土壤中磷素的转化有重要的现实意义。一般磷细菌的测定是采用最大或然数法，但为获取菌种资源，可采用稀释平板法。

(1) 有机磷细菌

40 g/L 的钼酸铵试剂：18 g 化学纯钼酸铵结晶溶于 420 mL 蒸馏水中，渐渐加入 30 mL 浓硫酸，充分振荡，使结晶完全溶解，保存在棕色玻璃瓶中待用。

还原剂：15 g 化学纯亚硫酸氢钠($NaHSO_3$)溶于 250 mL 蒸馏水中，加入 1.5 g 亚硫酸钠(Na_2SO_3)和 1，2，4 - 氨基萘酚磺酸[$C_{10}H_5(OH)(NH_2)(SO_3H)$]，使之完全溶解后，用蒸馏水稀释至 500 mL。如溶液浑浊，可用滤纸过滤，保存于棕色瓶中。

采用蒙金娜有机磷培养基，配方参见附录。每支试管(1.8 cm × 18 cm)分装培养基 5 mL，121 ℃灭菌 30 min。用 4 个稀释度(如 $10^{-7} \sim 10^{-4}$)的土壤悬液接种，每个稀释度的悬液重复 4 管，每管接土壤悬液 1.0 mL，另取 4 支培养基接种无菌水作对照。28 ℃培养 5 d 后，加 40 g/L 的钼酸铵试剂 2 mL 于试管中，在沸水浴中加热 2 min。取出后加入还原剂 1 mL，有磷酸时呈蓝色反应。按附录中《最大或然数法测数统计表》得出数量指标和菌的近似值，参见 3.2.2.2 “最大或然数法” 计算结果。如需对有机磷细菌进一步分离与纯化，可吸取 1 mL 培养物加入新鲜的有机磷细菌培养液中富集培养。吸取硫化细菌培养液 0.05 mL，加入到平板上，涂匀，28 ℃培养 7 d 后可观察菌落的生长情况，并纯化单菌落。

(2) 无机磷细菌

采用磷酸三钙无机磷培养基，配方参见附录。采用平板分离法，取三个稀释度(如 $10^{-6} \sim 10^{-4}$)的土壤悬液，接种量为 1.0 mL，28 ℃培养 7 d，计算具有透明圈的菌落数及细菌菌落总数，参见 3.2.2.1 “稀释平板法” 计算结果。可以透明圈的大小作为产酸解磷能力强弱的指标。

3.3.2.12　钾细菌的测定

钾细菌又称硅酸盐细菌，具有分解土壤中铝硅酸盐和转化钾及其他灰分元素成为植物可吸收态营养的能力。钾细菌不但能分解含钾的长石、云母、玻璃和磷灰石等矿物，释放出有效态钾，并能从空气中摄取氮素，因而是研发微生物肥料的重要材料。测定土壤中硅酸盐细菌的数量一般采用稀释平板法。

采用硅酸盐培养基，配方参见附录。将 2 个稀释度(如 10^{-4}、10^{-3})的土壤悬液 1 mL 接种于灭菌的培养皿中，然后倾入上述冷至 45 ℃左右的培养基约 12 mL，充分摇匀，待冷却凝固后，倒置，28 ℃培养 4 d，选择大型、透明凸起如玻璃珠状、黏着而有弹性的菌落计数，参见 3. 2. 2. 1 “稀释平板法” 计算结果。如需对钾细菌进一步分离与纯化，对上述菌落进行划线，28 ℃培养 4 d 后可观察菌落的生长情况。

3. 3. 2. 13　铁细菌的测定

铁是植物生长和大部分微生物发育所必需的元素之一。土壤中铁的形态主要为氧化铁及其水化物，以及各种简单的亚铁化合物。土壤中游离的高铁和亚铁的比例决定于土壤的氧化还原状态。这种氧化还原变化不只是化学反应，铁细菌在好氧或微好氧条件下能氧化亚铁(Fe^{2+})为高铁(Fe^{3+})，从中获得能量，即 $4FeCO_3 + O_2 + 6H_2O \longrightarrow 4Fe(OH)_3 + 4CO_2$，能量起着很重要的作用，尤其是对水稻土或潜育土。因此，测定土壤中铁细菌的数量对进一步认识土壤中的氧化还原过程和研究土壤腐蚀作用有着重要意义。测定土壤中铁细菌的数量一般采用最大或然数法。

采用铁细菌培养基，配方参见附录。分装于 100 mL 已灭菌的量筒或大试管中，每管 10 mL，121 ℃灭菌 30 min。将 7 个稀释度(如 $10^{-7} \sim 10^{-1}$)的土壤悬液接种，每管接 1 mL，每个稀释度重复 4 次。28 ℃培养 10 d，观察试管培养基颜色，凡产生褐色或黑色沉淀且原培养基中棕色消失变为透明状者，表明有铁细菌存在。按附录中《最大或然数法测数统计表》得出菌的数量指标和近似值，参见 3. 2. 2. 2 “最大或然数法” 计算结果。如需对铁细菌进一步分离与纯化，可吸取 1 mL 培养物加入新鲜的铁细菌培养液中富集培养，然后平板划线，纯化单菌落。

3. 4　根际微生物的分析

1904 年，德国微生物学家希尔特纳(L. Hiltner)提出了 “根际” 的概念：根系周围、受根系生长影响的土体。通常把土壤与根接触的区域称为根际，它是土壤 - 植物生态系统物质交换的活跃界面，也是微生物发育的一个特殊生境。不同植物甚至同一植物的不同生育期，其根系分泌物都影响着根系周围微生物的发育。根际微生物既包括抑制植物生长的有害微生物，又包括促进植物生长的有益微生物。植物根系周围土壤中微生物的数量和种类与根外土壤不同，且往往超过根外土壤。根际和根外土壤中微生物的比值又称为根际效应，通常用 R/S 值来表示。

在根际微生态系统中，土壤、植物和微生物三者之间相互影响，关系密切。不同的土壤及植物由于其理化性质的不同(如近根区植物细胞脱落、根系分泌物、CO_2、O_2、pH、水及氧化还原电位 E_h 等)对根际微生物产生显著影响，而不同的根际微生物由于其生理活性及代谢产物的不同也将对土壤肥力及植物营养产生积极或消极的作用。根际微生物的研究主要是探索它们三者之间的复杂关系，通过对根际微生物的数量、组成及其动态的调查，以了解微生物的作用及其活动规律。

3.4.1 根际微生物的分离

明确根际分区，做好样品采集，然后可依次分离根际微生物与根面微生物。

3.4.1.1 根际分区与样品采集

由于根际并非一个界限分明的区域，要精确区分根际的范围是很困难的。自田间或盆栽内挖取带完整根系的土块(大小依根系范围而定)，同时采集同一块田无作物的相同深度耕层土壤或不种作物的盆栽土壤作为根外对照土。根据试验要求，可结合土类、施肥、作物及生育期、作物健壮与否等条件进行采样。把土块用硫酸纸包好，带回实验室，争取当天进行微生物分析。不同工作者采用的方法和名称有所不同，通常分为根际及根面两个区域。

根际微生物系指紧密附着于根际的土壤颗粒中的微生物，当抖动植物根时，这些土粒并不脱落，把带有这些土粒的根系在无菌水中振荡一定时间后才能被洗下。在操作时应控制抖动的力度及时间。研究水稻根际微生物时，可先用水冲去根上大部分土，然后在无菌水中轻轻晃洗 2 次，此时根上保留一薄层土，再把根浸在无菌水中振荡后分离培养获得根际微生物。

根面微生物系指紧贴于活根表面，甚至进入根表皮组织中的微生物，只有在加入一定量的摩擦剂(如石英砂)的水中经振荡后才被洗下。或把经过根际微生物分析后的根放在研钵内磨碎后制成悬液，或直接将此根剪成一定长度的小段，置培养基上培养后可获得根面微生物。

3.4.1.2 分离方法

目前分离根际微生物的方法主要是洗涤法，可以进行根际微生物的数量、组成测定及分离鉴定，但看不到根部不同区域内微生物的分布状况。有学者采用埋片法或印片法进行根际微生物研究，即把玻片埋入土中与植物根相接触，于不同时期把玻片取出，染色镜检观察生长的根对特殊微生物发育的影响；若用电子显微镜对小麦根际的超薄切片进行检查，能看到微生物区系、根与土壤之间的空间关系。这些观察为微生物占领根部，从根释放有机物，从土壤扩散营养物至根的途径等过程提供初步资料，具体方法详见 7.1.2 有关内容。以下重点介绍洗涤法。

先把附着于根上的多余土抖掉，然后把紧密附着于根上的土粒悬浮于一定容积的稀释液中，按稀释平板法分离，即得根际微生物。再将经过洗涤的根转移至含有摩擦剂的无菌水中经过振荡后，进行稀释平板分离，即得根面微生物。细菌的分离计数可用土壤浸出液琼脂培养基(配方详见附录),或根据研究目的采用其他选择性培养基。土壤浸出液的制备:加 1 L 水至 1 000 g 肥土中,混合,室温下浸 24 h 后加压(126 ℃)灭菌 20 min,加 0.5 g $CaCO_3$ 过滤,即得土壤浸出液。

操作步骤:

1) 将带根土块用小刀把根外大部分土块除去(如土块太干,可先把土块放在盛有适量无菌水的浅盘内浸泡数分钟,使其软化后再除去),再将根系自土块中取出,轻轻抖动除去松散地附在根上的土粒。

2) 称取 10 g 根系,置盛 100 mL 无菌水的三角瓶中,振荡 15 min,以洗下的土制成土悬液。用无菌镊子取出根系,用无菌滤纸吸干,称根重,洗涤前后的质量差为根际土的质量。

3) 将洗去根际土的根系在无菌水中再洗一次,取出,用无菌滤纸吸干,用无菌剪刀剪成小段,称取 5 g 根段在无菌研钵中磨碎,然后将碎根全部洗入盛有 50 mL 无菌水(内有 5 g 石英砂)的三角瓶中,再振荡 5 min 即得根面菌悬液。

4) 称取 10 g 根外对照土,置盛有 100 mL 无菌水的三角瓶中,振荡 15 min 制成根外土悬液。

5) 将上述悬液分别制成一系列的稀释液(10^{-2} ~ 10^{-8}),再按稀释平板法分别从稀释液取样,接种培养,计数。如置于厌氧条件下培养,则可得厌氧菌。

3.4.2 根际优势菌的分群

根际及根面上的微生物组成是复杂的,在对其数量有了一定认识之后,应对它们进行纯培养及种的分群,因此从根际及根面的优势菌着手是适宜的。以在最高稀释度平板上出现的 5 ~ 10 个菌落作为根际及根面的优势菌。为了掌握合适的稀释度,可用血细胞计数板测第一个稀释液中的细菌概数,然后再作稀释平板分离。将分离所得优势菌移植于土壤浸出液琼脂斜面上,并进行编号、纯化,然后分别进行革兰氏染色及形态观察。

3.4.2.1 营养型的区分

分别在下列培养基中进行培养观察,以判定各菌对营养的需求并依此归为不同营养型。

1) Ashby 或其他无氮培养基:配方见附录好氧自生固氮菌培养基。

2) 基础培养基:配方见附录基础培养基。

3) 氨基酸培养基:基础培养基按 4 g/L 的标准添加酪氨酸。

4) 生长素培养基:基础培养基 + 若干成分,配方见附录生长素培养基。

5）氨基酸 + 生长素培养基：基础培养基 + 上列3）、4）中的氨基酸及生长素。

6）酵母浸液培养基：1 L基础培养基 + 1 g酵母浸膏。

7）土壤浸液培养基：750 mL基础培养基 + 250 mL土浸液。

8）酵母膏 + 土浸液培养基：1 L土浸液培养基 + 1 g酵母浸膏。

3.4.2.2　细菌形态及营养型区分标准

根据镜检和生长浊度观察，确定其形态及营养类型。细菌的营养类型则可按照微生物在3.4.2.1各培养基中的生长浊度，分为：①可能固氮的菌。②需求简单的菌。③需求氨基酸的菌。④需求生长素的菌。⑤需求氨基酸及生长素的菌。⑥需求酵母膏中未鉴定物的菌。⑦需求土浸液中未鉴定物的菌。⑧需求酵母膏及土浸液中均未鉴定物的菌。细菌的形态类型如表3－6所示。

表3－6　细菌形态类型

类　型	形　态	革兰氏染色	类　型	形　态	革兰氏染色
1	短杆	+	5	球杆	+
2	短杆	－	6	球菌	+ 或 －
3	短杆	不定	7	无芽孢长杆菌	
4	短杆至球杆		8	芽孢杆菌	

此外，根据工作要求可对优势菌株进行进一步的鉴定及生理活性（如固氮、溶磷）测定等，也可以进行它们对作物幼苗有无刺激作用以及对其他微生物有无颉颃作用等项研究。

3.4.3　根瘤菌与病原菌的检测

土壤中有多种微生物可以由植物根部入侵并寄生在植物体内或与其共生。为了确定这些微生物的种类、形态、生理和生态特性及其入侵机制等，必须采集适当植物组织材料经过表面灭菌后，用选择性培养基分离它们的纯培养物。植物材料选取时应根据研究目的区分要点：分离豆科或非豆科植物根瘤菌时要选择生长健壮、瘤多、瘤大的植株，取主根上大而色泽红的鲜瘤；分离植物组织内病原菌时要以新近发病的植株、器官或组织作为分离材料，以减少异养菌污染。以下分别介绍植物根系组织中病原菌的分离和豆科植物根瘤中根瘤菌的分离。

3.4.3.1　植物根系组织中病原菌的分离

能够引起植物生病的寄生物很多，其中真菌引起的土传病害最为普遍。人们熟悉的农作物如稻、麦、棉、蔬菜以及果树等，大多容易受真菌感染而发生病害。植物感染疾病的第一步是致病菌和寄主之间的外界接触，寄生真菌可以通过植物体表面的伤口、自然孔口处和直接侵入等三种方式进入植物体。当寄生真菌成功地侵入寄主植物后，其能否在寄主体内生活取决于寄主能否产生抗性。寄生菌感染寄主后并非一概造成寄主植物的组织解体，而是干扰其正常的生长和生理活动，如营养、水分、矿物质的吸收、运输及呼吸等。而且，寄生菌感染寄主后对植物某一生理过程的干扰将会同时改变其他生理过程，并最终对植物体产生深远的影响。用水充分洗去组织表面的泥土或杂质，再用质量分数为65%的乙醇溶液浸泡2～3 s，利用乙醇表面张力小、易铺展的特点，除去组织表面的气泡，或者在表面消毒剂中加少量吐温20等表面铺展剂，使消毒剂易与植物组织直接接触。

常用的组织表面消毒剂：

（1）升汞（$HgCl_2$）

最常用的剧毒表面消毒剂，通常采用1 g/L的$HgCl_2$水溶液。配方如下：升汞1 g，浓盐酸2.5 mL，水1 L。有时配成浓的原液（升汞20 g、浓盐酸100 mL）储存，用时稀释200倍。盐酸的作用是增加升汞溶解度以防止沉淀的产生，并增强杀菌力。由于升汞溶液无色、无味而又剧毒，通常在溶液中加数滴染料以便识别。表面灭菌所需时间因材料而不同，30 s～30 min不等，通常为3～5 min，材料经表面灭菌后必须用无菌水换洗3～4次以除去组织表面残留的升汞。

（2）漂白粉

配方如下：漂白粉10 g，水140 mL，配制后过滤使用。漂白粉加水溶解后放出的新生氯具有强烈的杀菌作用。$Ca(ClO)_2 + H_2O \longrightarrow Ca(OH)_2 + Cl_2 + 1/2O_2$。因新生氯易挥发，应在临用前配制，而且其残毒不大，灭菌后可不再用灭菌水洗。此外，次氯酸钠（NaClO）也可利用其新生氯杀菌。次氯酸钠中活性氯含量一般不少于5.2%，通常采用1∶3～1∶5次氯酸钠水溶液稀释液作表面灭菌用，稀释后立即使用，灭菌后的植物组织也可不必再用无菌水洗。

（3）其他类型

10 g/L的苯酚溶液、50 g/L的福尔马林溶液、30 g/L的过氧化氢溶液、1 g/L的氰化汞溶液、20 g/L的高锰酸钾溶液和1 g/L的硝酸银溶液等。灭菌时间因植物组织的大小、老嫩而异，幼嫩组织若在消毒剂中浸泡时间过长则可能杀死组织内欲分离的病原菌，因此，安全的办法是不用药剂消毒，而用灭菌水换洗8～9次，以除去表面附着的杂菌。较大的材料或表面组织坚硬的材料可将乙醇涂在组织表面，然后在火焰上烧着乙醇，灼热灭菌。

（4）一些沸点低、易汽化的药剂

如沸点10.8 ℃，杀菌作用很强，但使用不安全的环氧乙烷；沸点35 ℃，杀菌效果不及环氧乙烷，但使用安全的环氧丙烷等。这类消毒剂是利用汽化后的气态分子接触杀菌，杀菌作用比较缓慢，所需时间因浓度和温度而异。处理后的材料经抽气或其他办法，待被材料吸附的药剂逸散后方可进行分离。

常见的分离方法：

（1）组织分离法

取经过表面灭菌的组织少许，置琼脂平板上培养。长出菌落后，在菌落边缘挑取少量菌体移植于琼脂斜面上，在一定温度下培养后获得所分离的培养物。

（2）稀释平板分离法

此法主要用于分离细菌、酵母菌或产孢子多的真菌。分离组织内细菌时，将经过表面灭菌的植物组织放在灭菌培养皿内，用镊子挤压，取其汁液用稀释平板法或划线法分离单个菌落。若分离组织表面产孢多的真菌时，可将孢子用无菌水洗下，再用上述方法分离，即可获得纯培养物。

（3）蔗糖浓度梯度分离法

在植物根部组织内可能含有不止一种微生物，而欲分离的菌在一般琼脂平板上生长缓慢的情况下，稀释平板法往往难以分离得到目的物。有人用不同浓度的蔗糖溶液制成蔗糖浓度梯度柱，加含有微生物的悬液于其上，离心后密度不同的微生物沉降在蔗糖柱不同深度而分离开来，分层取样后在平板上培养获得纯培养物。

一种可供参考的方法流程如下：①取新鲜植物组织0.25 g，用水洗去泥土。②在50 mL 300 g/L的次氯酸钠水溶液（活性氯的质量浓度为52.5 g/L加1滴吐温20作为表面扩散剂）中灭菌15 min。③用灭菌水换洗2次，挤碎，加适量灭菌水研碎后，用玻璃棉过滤。将过滤液取出加灭菌水至10 mL，制成菌悬液待用。④离心管用质量分数为95%的乙醇溶液灭菌后风干，用加热灭菌的蔗糖溶液制成梯度浓度的蔗糖柱：依次顺管壁徐徐加入600 g/L与450 g/L的各3 mL、300 g/L的6 mL。⑤加2 mL菌悬液于蔗糖柱上部，加溶液或悬液时注意勿使各层溶液相混，4 ℃、100 000*g*超高速离心。⑥用虹吸法或穿刺法分层取8个不同梯度溶液各1 mL，分放在选择性培养基琼脂平板上，培养后分离单个菌落获得纯的培养物。

3.4.3.2　豆科植物根瘤中根瘤菌的分离

根瘤是根瘤菌与豆科植物的共生固氮组织，具有很强的固氮能力。能参与结瘤的细菌有根瘤菌（*Rhizobium*）、固氮根瘤菌（*Azorhizobium*）和缓慢根瘤菌（*Bradyrhizobium*），其中只有固氮根瘤菌能在热带豆科植物茎上结瘤，并以游离生活状态利用氮气进行生长。缓慢根瘤菌的感染和结瘤过程与根瘤菌基本类似，只是生长相对比较缓慢。豆科植物根系在适当的条件下分泌特异趋化物质，吸引土壤中进行自生异养生活的根瘤菌进入根际，侵入根毛并形成根瘤，进而产生固氮活力。这种互惠共生关系具有严格的特异性，这与根瘤菌在根毛上具有特异结合位点有关。另外，根瘤菌、蓝细菌和放线菌还能与非豆科植物形成根瘤，并在其中进行固氮。目前已发现能形成根瘤的非豆科植物100余种，可进行放线菌、弗兰克氏菌和联合固氮菌等内生菌的分离研究。

豆科根瘤的形态、大小、数量和分布，与豆科植物种类及其生长时间、入侵菌系和环境条件有关。花生、大豆、绿豆等的根瘤多呈圆形，苕子、豌豆、苜蓿等的根瘤多呈鸡冠形、长枣形、生姜状。有效菌系形成的有效根瘤较大，多分布于主根及根系上部，表面微红色，用刀片切开可见红色浆液；而无效菌系形成的根瘤较小，分布于主侧根上，表面色青，切面无红色浆液。根瘤菌的分离方法：①取豆科植物根系并用水冲洗干净，选择主根上发育健壮、饱满的根瘤，用剪刀将根瘤剪下(连一段根)，放入培养皿中，加入质量分数为95%的乙醇溶液浸5 min，以利表面灭菌和排除根瘤表面气泡；用镊子夹取根瘤放入另一培养皿中(装有1 g/L升汞溶液若干)，再浸5 min。②取出根瘤放入无菌培养皿中，倒入适量无菌水，轻轻振荡后，微启皿盖从培养皿缝隙中倒掉洗涤水，再加无菌水反复洗涤5~6次，至药剂洗净为止。③用经乙醇灼烧过的玻璃棒或镊子挤破根瘤，将破开那面在平板培养基上划线分离，或于培养皿中倒入无菌水约1.0 mL，与根瘤汁混匀，制成根瘤菌悬液，稀释菌悬液(10^{-1}和10^{-2})，按稀释平板法进行分离，28 ℃下培养2~4 d后取出平板，观察菌落生长情况。④待菌落长成后，选择发育良好的根瘤菌，涂片、革兰氏染色、镜检细胞形态及纯度。若菌落不纯，按上述方法进行再纯化。

3.4.4 丛枝菌根真菌的分析

菌根是指土壤真菌侵染植物营养根后所形成的共生体，其在自然界中普遍存在，主要分为外生菌根(ectomycorrhizas, ECM)、内生菌根(endomycorrhizas, EM)及内外生菌根(ecotoendomycorrhizas, EEM)。外生菌根是由ECM真菌菌丝体侵染寄主植物尚未木栓化的吸收根形成的，菌丝体不进入细胞内部，而仅在根表面和细胞壁之间延伸生长；在植物吸收根表面形成一层由ECM真菌的菌丝体紧密交织而成的菌套，菌套表面可见许多外延菌丝；在根系表层细胞间隙形成类似网络状的结构，即“哈氏网”。形成外生菌根的根系肥大而粗短，分支或不分支，并具有一定的特殊形状和颜色，顶端不具根冠，也没有根毛，用肉眼就很容易发现。外生菌根颜色主要决定于ECM真菌种类的颜色，有时也会随着寄主植物种类和环境条件的不同而变化。外生菌根的形状因寄主植物种类和ECM真菌的不同差异很大，根据这些形态解剖特征，可以判断和辨别外生菌根的种类。

在内生菌根中，以丛枝菌根(arbuscular mycorrhiza, AM)分布最广。多年来，许多学者试图将 AM 真菌在人工培养基上单独培养，然至今未获成功。到目前为止，通常仍采用从土中回收的办法来收集和计算该类真菌在土壤中的繁殖体，并以清洗和染色的办法对植物根系的 AM 真菌侵染情况作定量分析。AM 真菌的繁殖体包括厚垣孢子(或非结合孢子)、土生泡囊或菌丝及受侵染的根段等多种形式。这些繁殖体可统称为混合接种物，而从土中单独提取出来的孢子则为较纯的接种物。用混合接种物较用孢子单独接种可获得比较快和较为可靠的再侵染，但用提取的孢子作为接种物，则可以根据孢子形态明确接种物的种类和孢子的活力，也可以定量接种。因此，对繁殖体的回收计数和采用哪种类型的接种物等应按研究的要求选择适当方法。现将常见测定指标和常用方法分述如下。

3.4.4.1　侵染率的测定

AM 真菌的侵染部位主要在幼嫩根端，不能在分生组织内定殖，多半在根尖以上 0.5 ~ 1 cm 处侵染根部皮层组织，在皮层组织细胞间或细胞内发育。因 AM 真菌首先从根端幼嫩部分入侵、发育，取根时力求完整，尽量不要弄断，多年生植物尽量选择新鲜的细根，一年生植物以 4 ~ 6 周为宜。用自来水把根样上的土洗干净，每个根系可在 4 ~ 5 个部位取下端幼根作为样品。一年中任何时间都可以收集根样，而且不一定要立即处理观察。取 2 g 左右的鲜重分别保存于盛有 FAA 溶液(即甲醛、醋酸、质量分数为 50% 的乙醇溶液按 90∶5∶5 的体积比混合)的塑料瓶中备用。

先把根系用清水冲洗干净并放入特制的小塑料盒(或试管)里，用 100 g/L 的 KOH 溶液浸泡根样，隔水煮沸 1 h；倾去 KOH，用水冲洗至不呈棕色为止，加碱性 H_2O_2(3 mL NH_4OH + 30 mL 质量分数为 10% 的 H_2O_2 溶液 + 567 mL 水，用时配制)浸 10 ~ 20 min 或至根脱色(老而粗大并有色的根，加 10 倍于根体积的 H_2O_2 浸 10 ~ 60 min)，用水洗去 H_2O_2，再用 100 g/L 的 HCl 浸 3 ~ 4 min。然后进行染色，常用的有曲利苯蓝染色与酸性品红染色两种方法，此外还有锥蓝染色法(因酚有毒，近年来多改用前两个方法)。根据供试植物根的老嫩程度不同，清洗和热染时间可有所长短。染色后在显微镜下观测 100 条 0.5 ~ 1.0 cm 长的根段。

曲利苯蓝染色法：加曲利苯蓝染色液(乳酸 300 mL，曲利苯蓝 0.65 g，甘油 300 mL，用水定容至 1 L)隔水煮沸 15 min；倒去染色液，水洗；置于培养皿中，镜检。镜检方法：根经过处理染色后，在 10 × 20 显微镜或 40 ~ 100 倍解剖镜(30 ~ 50 倍)下观察菌丝、孢囊、丛枝等菌根结构对根部皮层组织的侵染情况。

酸性品红染色法：加 0.1 g/L 的酸性品红乳酸液(乳酸 874 mL，甘油 63 mL，水 63 mL，酸性品红 0.1 g)于 121 ℃下加压热染 10 min 或于通风橱内慢煮，于

90 ℃下染 10 ~ 60 min。取出根放在培养皿中，用不加酸性品红的乳酸液脱色(脱色在 30 min 以内真菌结构被染的颜色不减，而根组织颜色变得更淡)后，镜检。

锥蓝染色法：在用 KOH 清洗根段后，水洗至用稀 HCl 检测无气泡产生为止。然后用锥蓝乳酸甘油酚(酚 11.2 mL，甘油 10 mL，蒸馏水 8.8 mL，锥蓝 0.02 g)热染 10 min，并以乳酸甘油酚作浮载剂。

$$\text{结果计算：AM 真菌侵染率} = \frac{\text{被侵染根段数}}{\text{总根段数}} \times 100\%$$

3.4.4.2 球囊霉素的测定

球囊霉素(glomalin)是指一种由 AM 真菌产生的含金属离子的特殊糖蛋白，近来逐渐被研究人员所重视。球囊霉素根据提取的难易程度可分为易提取球囊霉素(easily extractable glomalin，EEG)和总球囊霉素(total glomalin，TG)。易提取球囊霉素指 1 g 土加入 8 mL pH7.0 的 20 mmol/L 柠檬酸钠，121 ℃、30 min(高压灭菌条件)所能获取的球囊霉素，总球囊霉素指 1 g 土加入 8 mL pH8.0 的 50 mmol/L 柠檬酸钠，121 ℃、90 min 所能提取的球囊霉素的最大值。紧接着高压处理之后，以 3 220*g* 速度离心 15 ~ 20 min，倾出上清液，4 ℃保存备测；如果提取总球囊霉素，下层沉淀(土粒)需用相同体积的新鲜提取液反复悬浮、提取，直至上清液无色，每次提取的单独测定。显然，总球囊霉素提取方法不能从土壤中提取出所有的球囊霉素，故准确的名称是可提取总球囊霉素(total extractable glomalin，TEG)。

目前测定球囊霉素的方法有 Bradford 反应和与单克隆抗体 MAb32B11(用 *Glomus intraradices* 的破碎孢子作为抗原制备的抗体)的酶联免疫反应(enzyme-linked immunosorbent assay，ELISA)两种。Bradford 反应采用 96 孔平底微板，使用与球囊霉素具有相近相对分子质量的牛血清蛋白作为参照蛋白，每孔盛 50 μL Bio - Rad 显色试剂(Bio - Rad 500 - 0006)和 200 μL 标准溶液或经磷酸盐缓冲液稀释的土壤提取液(相当于含 1 ~ 5 μg 标准牛血清蛋白)，测定在 590 nm 处的吸光率，标准与样品各重复 4 次。该方法简单、快速、可重复，检测的是所有相对分子质量大于 3 000 的蛋白质，但基于一个假设：提取过程已使球囊霉素之外的所有蛋白全部变性，可通过 AM 真菌菌丝与土壤提取物的 SDS - PAGE 图谱的相似性得出推断。然而，该假设近来已被提出疑义，而且 Bradford 试剂可与那些与球囊霉素同时提取出来的多酚或腐殖酸发生反应，学者因此认为这些应为“Bradford 反应物”(Bradford-reactive substances，BRS)，组分分馏程序比较麻烦。

与此相比，ELISA 反应的特异性比较突出，但可能会因降解或干扰而低估球囊霉素含量。首先，吸取 50 μL 经磷酸盐缓冲液稀释的土壤提取液于聚氯乙烯微平板的 U 形孔中(4 个重复), 38 ℃干燥; 然后, 每孔添加 250 μL 含 20 g/L 的脱脂牛奶的磷酸盐缓冲液, 静置 30 min; 再后, 添加 50 μL MAb32B11、维生素 H 标记的 IgM 抗体、链霉菌抗生素蛋白 - 过氧化物酶(streptavidin peroxidase,SP)的混合稀释液, 置旋转摇床上培养 1 h。每个步骤后使用吐温 20 磷酸盐缓冲液清洗 3 次, 最后 1 步加洗 1 次。培养物与 Bio - Rad horseradish 过氧化物酶试剂盒(Bio - Rad172 - 1064)反应显色, 在 405 nm 处读数。标准曲线的范围是每孔 0.005 ~ 0.04 μg 球囊霉素, 每个用于 ELISA 反应的样品最好用磷酸盐缓冲液稀释到每孔约含 0.023 μg 球囊霉素。需要说明的是, TG 和 EEG 与 MAb32B11 发生免疫反应(immunoreactive,IR)的部分分别称为免疫反应性总球囊霉素(immunoreactive TG,IRTG)与免疫反应性易提取球囊霉素(immunoreactive EEG,IREEG)。

3.4.4.3　丛枝菌根真菌孢子的分离

(1) 湿筛倾析法

取土壤 25 g 或 50 g 用水浸泡 15 ~ 30 min, 搅拌, 使土壤散开, 沉降 15 ~ 30 min; 将悬液慢慢通过一叠不同筛孔的筛子(40 目—60 目—240 目), 沉降的土粒再用水悬浮倒置在上述筛子上, 反复操作 4 ~ 5 次; 用自来水冲洗筛子; 用清水继续冲洗各筛面的筛出物, 直至没有土壤微粒为止。用清洁的洗瓶分别将各筛面上滞留的筛出物轻轻地洗入洁净的培养皿内, 培养皿内的筛出物除了有相应孔径的沙粒和杂物外, 就是不同直径的 AM 真菌孢子; 将含有筛出物的培养皿放在双目解剖镜(体视镜)下观察, 用吸管分别将相同形态的孢子, 逐个移入小玻璃瓶内, 或放在滤纸上。如此挑取的 AM 真菌孢子可用 PVLG 和 PVLG + Melzer's(1∶1)作为浮载剂把孢子裱糊于载玻片上, 在显微镜下观察孢子的大小、颜色、壁式结构和连孢菌丝等特征, 参考 Schenk 等的鉴定手册以及 INVAM(http://invam.cag.wvu.edu)和 IBG 提供的一些图片对 AM 真菌进行分类鉴定。

(2) 蔗糖离心法

将采集的土壤样品分别混匀, 称取 100 g 放入容器中, 用清水浸泡 20 ~ 30 min。用孔径 800 ~ 55 μm 洁净的土壤筛分层重叠放置, 小孔径在最底层, 并使筛面适当倾斜。用玻璃棒搅拌土壤浸泡液, 静置, 待大的石砾或杂物沉积在容器底部, 将上层的土壤悬浮液慢慢地倒入最上一层的土壤筛内, 最好集中在一小范围内倾倒过筛, 以保证筛出的孢子尽量集中, 减少损失。将用清水冲洗的筛出物, 装入离心管内, 加水至 1/2 处离心。除去水面杂物及上清液, 有时上清液中含有较轻的孢子, 应先检查后再弃。保留下部沉淀物, 加 2 mol/L 的蔗糖溶液至离心管的 1/2, 再离心 1 ~ 2 min。离心后 AM 真菌的孢子多浮于液体表面。因此, 可分别将上清液倒入放有滤纸的最小孔径的筛网上, 用清水仔细冲洗糖液，即可获得孢子。此外，在离心管中配制由蔗糖、甘油等不同密度媒质溶液组成的不同浓度梯度柱，通过离心使不同密度的 AM 真菌孢子分别析离在不同梯度浓度的界面上，从而达到分离出不同孢子的目的。

3.4.4.4 繁殖体的定量测定

（1）菌丝量测定法

取湿土 5 g 混匀置于烧杯中，过 60～240 目筛子至无碎片杂屑(4～5 次)，过滤物移至培养皿中，用曲利苯蓝染色 30 min 左右，再过 240 目筛子，并均匀洗到 9 cm 滤纸上，滤纸滤水后平整放入等大培养皿中，在目镜中标有直线的显微镜下观察与该直线交叉的菌丝数(50 个视野)，并测定土壤含水量。

结果计算：

$$菌丝量=\frac{\pi\times菌丝数\times\dfrac{培养皿面积}{2\times视野直径\times视野总数}}{干土重}，单位\ mm/g$$

（2）孢子计数法

按 AM 真菌孢子筛选方法制备悬液，但土样的体积须以其干重校正，以便换算为每克干土中的孢子数。对孢子数量多的土样可于 100 mL 量筒中加土悬液 5 mL、水 90 mL，剧烈摇动 20 s，静置 1 min，待大颗粒沉降后将上部悬液倾入三角瓶中；再加水浸提量筒内残渣，将两次的倾出液合并，静置 45 s 后倾入第二只三角瓶中，通过 44 μm 筛。将筛上碎屑转入线虫计数皿(或玻片)上，然后在解剖镜或低倍显微镜下镜检计数。对每克土中孢子数约 20(或以上)者，如比较盆钵培养中孢子数时，可采用平板法，即加 1 g 土于 9 mL 蒸馏水中，剧烈振荡后立即取 1 mL 于培养皿内 9 cm 直径的滤纸平板上。在解剖镜下计数或待风干后计数。在计数过程中，孢子果和丛生孢子按照 1 个孢子计算。

（3）生物测定法

测定原理同“最大或然数法”。称取供试土样 1 g、灭菌河沙 1 kg，混匀，即为 10^3 稀释倍数接种物，装入单胞培养管(每管 70 g)中。然后取 10^3 稀释倍数接种物 35 g，加入灭菌河沙 315 g 中，混匀即为 10^4 稀释倍数接种物，按此法稀释至 10^8 稀释倍数接种物，取 10 g 菌剂测含水量。播种三叶草或绿豆，加体积分数为 20%～30% 的 Hoagland 营养液，50 d 后取根系清洗、染色，在 40× 解剖镜下，依次逐管观察根部侵染状况。按附录中《最大或然数法测数统计表》得出菌的数量指标和近似值，计算繁殖体数。

结果计算：

$$繁殖体数=\frac{近似值\times数量指标首位稀释倍数\times鲜土重}{干土重}，单位个/g$$

3.5　土壤微生物生物量的测定

土壤微生物生物量是指土壤中个体体积小于 5 000 μm^3 的活微生物总量，包括土壤微生物生物量碳、氮、磷、硫等，其中以碳最为关注，氮次之。微生物生物量的测定除了用分离培养法或直接镜检法测算土壤微生物的数量，然后根据各类微生物的密度折算为菌体质量外，最常用的方法是用生物化学方法，包括测定微生物细胞体降解产生 CO_2 的量或菌体中某种组分的量等来计算微生物生物量，如氯仿熏蒸法、腺苷三磷酸(ATP)测定法、几丁质含量换算法以及磷脂脂肪酸分析法等。其中，磷脂脂肪酸分析法根据不同微生物类群细胞膜上含有不同的磷脂脂肪酸，而且它的含量与微生物生物量具有一定的比例关系，因此可以通过测定各类磷脂脂肪酸的含量，从而获得相应微生物类群的生物量。磷脂脂肪酸图谱分析的具体方法将在 4.1.3.3 和 5.3.2 中予以专门介绍，这里重点介绍氯仿熏蒸法等。

3.5.1　氯仿熏蒸法

氯仿熏蒸法是目前使用最广泛的测定方法。因为市售氯仿含有少量(质量分数为 5% ~10%)的乙醇作为稳定剂，若被土壤吸附会影响结果，所以需要纯化。排除方法如下：在分析纯氯仿中加入 5% 体积的浓硫酸，在分液漏斗中充分摇动 1 min，慢慢放出底层氯仿于烧杯中，如此洗涤 3 次，再用水洗 5 次，用无水碳酸钾吸水，蒸馏，加无水碳酸钾置暗处保存(可保存数周)。

3.5.1.1　土壤微生物生物量碳

土壤微生物生物量碳虽然只占土壤有机碳的 1%~4%，但占微生物干物质的 40%~45%，是反映土壤微生物生物量大小的最重要指标，也是土壤有效养分重要的源和汇，其容量受环境条件以及施肥、耕作、栽培等农艺措施的影响。氯仿熏蒸法根据操作步骤的不同又可分为熏蒸培养法(fumigation-incubation method,FI)和熏蒸浸提法(fumigation-extraction method,FE)，因为熏蒸浸提法所获土壤浸提液可以使用碳自动分析仪测定，并可同时用于土壤微生物生物量氮的测定，而且实验耗时相对较短，测定方便，因而在目前使用得最多。

(1) 熏蒸培养法

基本原理：土样经氯仿熏蒸后加入一定量新鲜土壤再培养，原土样中被杀死的微生物被新加入土壤中的微生物按一定比例矿化而释放出 CO_2，因而可以根据熏蒸土壤与未熏蒸土壤在一定培养期内释放的 CO_2 差值以及矿化比率 K 估算土壤微生物生物量碳。

操作步骤：

1）土样过 6.35 mm 筛，称 250 g 于 400 mL 烧杯中，置于直径 31 cm 的真空干燥器内，干燥器内放有一只盛蒸馏水的 50 mL 烧杯和一张悬在盖上的湿滤纸条，以保湿，并有一只盛 50 mL 去乙醇精馏氯仿和一些玻璃珠的 100 mL 烧杯。盖好干燥器后抽气至氯仿剧烈沸腾，关闭活塞，25 ℃暗室培养 18 ~24 h。

2）打开干燥器，取出湿滤纸和盛氯仿的烧杯后，在水泵下抽气，以排出被土壤吸附的氯仿，每抽 3 min 后打开干燥器使氯仿散发，如此反复 3 次；然后再在真空泵下抽真空，开盖，连续反复 3 次，即足可排除被土吸附的氯仿。

3）取 250 g 未熏蒸土样为对照，分别加入 1 g 新鲜土样，充分混匀，调水至最大持水量的 55%，置 3.75 L 带螺纹盖的大口瓶（瓶口直径 11.4 cm，瓶内有盛 20 mL 蒸馏水的 50 mL 烧杯和 100 mL 1 mol/L NaOH 的 250 mL 烧杯各一只）中，盖紧瓶盖，25 ℃培养 10 d。

4）取出盛 NaOH 烧杯，转移到 250 mL 容量瓶中加蒸馏水定容，吸 25 mL 于 150 mL 三角瓶中，以 1 moL/L HCl 调 pH 至 10，再用 0.05 mol/L HCl 调 pH 至 8.3，并滴定至 pH3.7，记下从 8.3 至 3.7 所耗 HCl 体积。

结果计算：

$$土壤微生物生物量碳\ B=\frac{X-Y}{K}$$

式中：X、Y 分别是熏蒸土与对照土释放出的 CO_2 量，由所消耗 HCl 体积计算 NaOH 溶液中吸收的 CO_2 量。K 是常数，系根据从土壤中分离到的各类代表性微生物的纯培养物，测得其矿化率而求得的平均值，一般取 $K=0.411$ 计算。

注意事项：

最大的测定误差来源是熏蒸剂穿透土壤的程度和熏蒸后是否将熏蒸剂驱除干净。黏重、紧实的土壤较难穿透，宜先用 2 mm 孔径的筛子过筛。培养容器如不密封，发生气体交换也会影响测定结果，因此螺盖内应垫以橡皮。土样用量和培养容器可根据条件改变，CO_2 还可用电导法、呼吸计、气相色谱和红外分析仪等测定。

（2）熏蒸浸提法

基本原理：新鲜土壤经氯仿熏蒸（24 h）后，被杀死的土壤微生物生物量能够以一定比例被 0.5 mol/L K_2SO_4 溶液提取出来并可被定量测定，根据熏蒸土壤与未熏蒸土壤测定的有机碳量的差值和提取效率（或转换系数）估计土壤微生物生物量碳。

操作步骤：

1）取适量新鲜土样置于培养皿中，将培养皿放入真空干燥器中，同时将一装有 30 ~50 mL 去乙醇氯仿的小烧杯放入干燥器中。在干燥器的封口处均匀涂抹 2 号或 3 号真空油，然后接通真空泵，抽至氯仿沸腾 1 ~2 min，将活塞关闭，将干燥器放入一恒温培养箱中，在 25～28 ℃下暗室培养 24 h。

2）在做土样熏蒸的同时，另取对照土样置于 100 mL 的可密封的塑料瓶中，每个土样 20.00 g，重复 2～3 次；同时测定土壤含水量。取出干燥器，移去氯仿（倒入已用氯仿瓶中），用真空泵抽去残余氯仿，如上述进行土样称取和水分测定。土样称取完毕后，每瓶加入 0.5 mol/L K_2SO_4 溶液 50 mL，密封后置于往复式振荡机上振荡 30 min，然后用滤纸过滤，将滤液置于 50 mL 磨口三角瓶中，尽快测定。

① 容量分析法

吸取 5 mL 滤液于 100 mL 磨口三角瓶中，加入 0.312 5 mol/L $K_2Cr_2O_7$ 溶液 2 mL，最后加入 7 mL 浓硫酸；同时设置 2～3 个空白（5 mL 的 0.5 mol/L K_2SO_4，加 0.312 5 mol/L $K_2Cr_2O_7$ 溶液 2 mL，加 7 mL 浓硫酸）；接上冷凝管，在电热板上微沸 2 h（从沸腾开始计时），冷却 30 min 后，用 25 mL 蒸馏水冲洗冷凝管，取下三角瓶加塞备用。注意，水溶液与酸的比例为 1∶1，如果吸取 10 mL 滤液、加 4 mL 0.312 5 mol/L $K_2Cr_2O_7$，则需加 14 mL 浓硫酸。每个样品加滴邻菲罗啉 2 滴，用 0.05 mol/L $FeSO_4$ 滴定样品由橙红色经靛蓝到终点土黄（浅棕黄色），记录 $FeSO_4$ 消耗量。如滴定样品的量小于空白用量的 1/3，应重做。

试剂配制：

1）0.312 5 mol/L $K_2Cr_2O_7$ 标准溶液：取 $K_2Cr_2O_7$ 置于 105 ℃下烘 2 h，称取 15.324 g 溶解于蒸馏水中，并定容至 1 L。

2）0.05 mol/L $FeSO_4$ 溶液：称取 19.6 g $FeSO_4 \cdot (NH_4)_2SO_4 \cdot 6H_2O$（或 13.90 g $FeSO_4 \cdot 7H_2O$）溶于 500 mL 蒸馏水中，加 20 mL 浓硫酸，用蒸馏水稀释至 1 L。

3）邻菲罗啉指示剂：称取 1.485 g 邻菲罗啉和 0.695 g $FeSO_4 \cdot 7H_2O$ 溶解于 100 mL 蒸馏水中。

4）0.5 mol/L K_2SO_4 溶液：称取 87 g K_2SO_4 溶于 1 L 蒸馏水中。

5）0.05 mol/L $FeSO_4$ 的标定：吸取 10 mL 0.100 0 mol/L $K_2Cr_2O_7$ 于 100 mL 三角瓶中，加入 2.5 mL 的浓 H_2SO_4，加 2 滴邻菲罗啉指示剂，如上用 0.05 mol/L $FeSO_4$ 滴定，计算 $FeSO_4$ 的精确浓度。每次使用时须重新标定。

计算公式：

$$E_C = \frac{(V_0 - V_S) \times c_{FeSO_4} \times \frac{12}{4} \times 1.08 \times 1\,000 \times \frac{50}{10}}{W_S}，单位\ mg/kg$$

式中：E_C 为有机碳量，V_0、V_S 分别是滴定空白和土样所耗 $FeSO_4$ 溶液体积，c_{FeSO_4}为 $FeSO_4$ 溶液浓度，12 为碳摩尔质量（g），1.08 为氧化校正系数，1 000

为千克转化为克，50/10 为 50 mL 提取液中吸取 10 mL，W_S 为干土重。

结果计算：

土壤微生物生物量碳 $B_C = (E_C^{CHCl_3} - E_C^{CK}) \times 2.64$，单位 mg/kg

② 仪器分析法

取 10.00 mL 滤液于 40 mL 样品瓶中(注意解冻的滤液在取样前应均匀)，加 10 mL 六偏磷酸钠(pH2.0)，于碳自动分析仪(Phoenix 8000)上测定有机碳含量。

工作曲线：

分别吸取 0、2.00、4.00、6.00、8.00、10.00 mL 邻苯二甲酸氢钾标准溶液(碳含量为 1 g/L)于 100 mL 容量瓶中，去离子水定容，即得 0、20、40、60、80、100 mg/L 系列标准碳溶液，按上述方法测定。

结果计算：

土壤微生物生物量碳 $B_C = (E_C^{CHCl_3} - E_C^{CK}) \times 2.2$，单位 mg/kg

3.5.1.2 土壤微生物生物量氮

土壤微生物生物量氮一般占土壤全氮的 2%~7%，是土壤中有机-无机态氮转化的一个关键环节。自测定土壤微生物生物量碳的熏蒸法建立之后，相继出现了测定土壤微生物生物量氮的熏蒸法，包括熏蒸培养法、熏蒸浸提法(含全氮测定法与茚三酮比色法)。这里重点介绍的是熏蒸浸提——全氮测定法，熏蒸浸提过程同 3.5.1.1 熏蒸浸提法。

分析步骤：

吸取 10 mL 滤液于消煮管中，加入 $K_2SO_4-CuSO_4-Se$ 混合催化剂 1.08 g(同时也可以加 0.2 g 的定氮合金以还原硝态氮)，加入 4 mL 浓硫酸；同时设置 2~3 个空白(10 mL 的 0.5 mol/L K_2SO_4，加入 $K_2SO_4-CuSO_4-Se$ 混合催化剂 1.08 g，加入 4 mL 浓硫酸)；最好放置过夜，次日在消煮炉中先低温消化(约 150 ℃，以去除水分)，再高温消化(320 ℃)至澄清后再放置 2~3 h。然后，用半微量蒸馏法测定氮含量。

计算公式：

$$E_N = \frac{(V_S - V_0) \times c_{H_2SO_4} \times 14 \times 1\,000 \times \frac{50}{10}}{W_S}，单位 mg/kg$$

式中：E_N 为全氮量，V_0 为滴定空白所耗 H_2SO_4 溶液体积，V_S 为滴定土样所耗 H_2SO_4 溶液体积，$c_{H_2SO_4}$ 为 H_2SO_4 溶液浓度，14 为氮摩尔质量(g)，1 000 为千克转化为克，50/10 为 50 mL 提取液中吸取 10 mL，W_S 为干土重。

结果计算：

土壤微生物生物量氮 $B_N = (E_N^{CHCl_3} - E_N^{CK}) \times 1.85$，单位 mg/kg

3.5.1.3　土壤微生物生物量磷

土壤微生物生物量磷是指土壤中所有活微生物所含有的磷，通常占微生物干物质的1.4%~4.7%，是土壤磷库和植物磷素营养的重要来源。早在1960年，Brirch就报道了土壤经氯仿熏蒸处理后会释放出大量的磷，这部分磷主要来自土壤微生物。此后，随着土壤微生物生物量碳、氮测定方法的建立，熏蒸提取法也应用于土壤微生物生物量磷的研究。目前的测定方法主要有熏蒸提取——全磷测定法和无机磷测定法两种，下面将依次予以介绍。

（1）熏蒸提取——全磷测定法

基本原理：新鲜土壤经氯仿熏蒸后，被杀死的土壤微生物生物量磷被0.5 mol/L $NaHCO_3$ 溶液定量地提取出来，经 $HClO_4-H_2SO_4$ 消煮，溶液中的正磷酸在一定酸度条件下、经钼锑抗混合试剂作用与钼酸络合形成磷钼杂多酸，磷钼蓝比色法可以测定提取液中全磷含量。根据熏蒸土壤与未熏蒸土壤测定有机磷量的差值及转换系数，从而计算土壤微生物生物量磷。

试剂配制：

1）无乙醇氯仿($CHCl_3$)。

2）分析纯 $HClO_4$(700 ~720 g/L)。

3）2.5 mol/L H_2SO_4 溶液：量70.0 mL浓硫酸，用去离子水稀释至500 mL。

4）0.5 mol/L $NaHCO_3$ 浸提液：溶解 $NaHCO_3$ 42.0 g于800 mL水中，以0.5 mol/L NaOH溶液调节pH至8.5，再用去离子水稀释至1 L。此溶液曝于空气中因失去 CO_2 而使pH增高，可于液面加一层矿物油保存之。此溶液储存于塑料瓶中比玻璃瓶中容易保存，若储存超过1个月，应检查pH是否改变。

5）钼锑抗试剂：①5 g/L酒石酸氧锑钾溶液：取0.5 g酒石酸氧锑钾 $K(SbO)C_4H_4O_6$，溶于100 mL水中。②钼酸铵-硫酸溶液：取10 g钼酸铵 $(NH_4)_6Mo_7O_{24}\cdot 4H_2O$，溶于450 mL水中，缓慢加入153 mL浓 H_2SO_4，边加边搅。再将上述溶液①加入到溶液②中，加水至1 L，充分摇匀，储于棕色试剂瓶中，此为钼锑混合液。临用前(当天)，称取左旋抗坏血酸($C_6H_8O_5$,化学纯)1.5 g，溶于100 mL钼锑混合液中，混匀，此即为钼锑抗试剂。有效期24 h，如保藏冰箱中则有效期较长。此试剂中 H_2SO_4 为5.5 mol/L(H^+)，钼酸铵为10 g/L，酒石酸氧锑钾为0.5 g/L，抗坏血酸为1.5 g/L。

6）磷标准溶液：称取105 ℃烘箱中烘干的 KH_2PO_4 0.219 5 g，溶于400 mL水中，加5 mL浓 H_2SO_4(防长霉菌,可使溶液长期保存)，转入1 L容量瓶中，加水至刻度，此溶液为50 mg/L磷标准溶液。吸取上述磷标准溶液25 mL，用去离子水稀释定容至250 mL，即得5 mg/L磷标准溶液(此溶液不宜久存)。

操作步骤：

1）称取新鲜土壤(相当于干土5.0 g)3份分别放入3个25 mL小烧杯中。

将烧杯放入真空干燥器中，并放置盛有约 10 mL 无乙醇氯仿的 15 mL 烧杯 2 或 3 只，烧杯内放入少量防暴沸玻璃珠，干燥器底部加入少量水以保持容器湿度。盖上真空干燥器盖子，用真空泵抽真空，使氯仿沸腾 5 min。关闭真空干燥器阀门，于 25 ℃黑暗条件下培养 24 h。

2）熏蒸结束后，打开真空干燥器阀门(应听到空气进入的声音,否则熏蒸不完全,重做)，取出盛有氯仿(可重复利用)和稀 NaOH 溶液的小烧杯，清洁干燥器，反复抽真空(5 或 6 次,每次 3 min,每次抽真空后最好完全打开干燥器盖子)，直到土壤无氯仿味道为止。同时，另称取 3 份土壤，置于另一干燥器中为不熏蒸对照处理。

3）从干燥器中取出盛有熏蒸和未熏蒸土样，将土样完全转移到 200 mL 聚乙烯提取瓶中，加入 100 mL 0.5 mol/L $NaHCO_3$ 浸提液(土水比为 1:20)，300 r/min 振荡 30 min，用慢速定量滤纸过滤。同时做 3 个无土壤基质空白。土壤浸出液最好立即分析，或 -20 ℃冷冻保存(但使用前需要解冻摇匀)。

4）吸取 15.0 mL 上述浸出液于 100 mL 消化管中，缓慢加入 1 mL 330 g/L 的硫酸溶液，放置 4 h。为了防止消化过程中磷的损失，加入 1.0 g 硫酸钾和 0.5 mL 饱和硫酸镁溶液及少量防暴沸颗粒。加入 0.2 mL H_2O_2，置于油浴中消化 30 min。根据颜色深度再加入 1 ~ 3 滴 H_2O_2 消化 30 min，继续加热浓缩至 2 ~ 3 mL，彻底排除 H_2O_2 和 $HClO_4$。然后加入 20 mL 去离子水煮沸溶解沉淀物，冷却后定容至 100 mL。

5）吸取 5 mL 消化液(以含 P 在 20 ~ 30 μg 为最好)，注入 25 mL 容量瓶中，用水稀释至 20 mL，加入 4 mL 混合显色剂，再加水定容，摇匀。显色完全(约 30 min)后，在 882 nm 波长处进行比色，以空白液的透光率为 100(或吸光度为 0)，读出测定溶液的透光度或吸收值。

工作曲线：

准确吸取 5 mg/L 磷标准溶液 0、0.5、1、2、3、4、5 mL，分别放入 25 mL容量瓶中，加水至约 20 mL，然后加钼锑抗试剂 4 mL，最后用水定容至 25 mL。30 min 后开始比色，比色液的磷浓度分别为 0、0.1、0.2、0.4、0.6、0.8 和 1.0 mg/L。

结果计算：

土壤微生物生物量磷 $B_P = \frac{E_{Pt}}{K_P}$，单位 mg/kg

式中：E_{Pt} 为熏蒸和未熏蒸土壤的差值；K_P 为转换系数，取值为 0.4。

（2）熏蒸提取——无机磷测定法

土壤熏蒸处理所释放出来的磷大部分为无机磷，可被 0.5 mol / L $NaHCO_3$ 等提取剂提取，而且熏蒸和未熏蒸土壤之间无机磷的差别，能够反映土壤微生物生物量磷的高低，于是建立了土壤微生物生物量磷的熏蒸提取——无机磷测定法。

基本原理：新鲜土壤经氯仿熏蒸后，采用 0.5 mol/L $NaHCO_3$ 溶液提取被杀死的土壤微生物生物量磷，可用磷钼蓝比色法测定提取液中全磷含量。根据熏蒸土壤与未熏蒸土壤测定有机磷量的差值和转换系数（K_P）以及外加无机磷的回收率（R_{Pi}）作为校正系数，从而估算土壤微生物生物量磷。

试剂配制：

1）无乙醇氯仿（$CHCl_3$）。

2）0.5 mol/L 碳酸氢钠浸提液：取 $NaHCO_3$ 42.0 g 溶于 800 mL 水中，以 0.5 mol/L NaOH 溶液调节 pH 至 8.5，再用去离子水稀释至 1 L。此溶液曝于空气中因失去 CO_2 而使 pH 增高，可于液面加一层矿物油保存。此溶液储存于塑料瓶中比在玻璃瓶中容易保存，若储存超过 1 个月，应检查 pH 是否改变。

3）250 mL 磷酸二氢钾溶液：称取 1.098 4 g KH_2PO_4（称量前 105 ℃烘 2～3 h），溶于去离子水并定容至 1 L。

4）钼锑抗试剂：同“全磷测定法”。

5）磷标准液：同“全磷测定法”。

操作步骤：

1）熏蒸过程同“全磷测定法”。

2）从干燥器中取出熏蒸和未熏蒸土样，将土样完全转移到 250 mL 聚乙烯提取瓶中，加入 100 mL 0.5 mol /L $NaHCO_3$ 浸提液（土水比为 1∶20），300 r/min 振荡 30 min，用慢速定量滤纸过滤。同时做 3 个无土壤基质空白。土壤浸出液最好立即分析，或 −20 ℃冷冻保存（但使用前需要解冻摇匀）。

3）另称取经前处理相当于干土 5.0 g 土样 3 份，分别放入 3 个 200 mL 聚乙烯提取瓶中，加入 0.5 mL 250 mol /L KH_2PO_4 溶液，再加入 100 mL 0.5 mol/L $NaHCO_3$ 浸提液，同上进行提取。用于测定外加正磷酸盐态无机磷的回收率（R_{Pi}），以校正土壤对熏蒸处理所释放出来的微生物生物量磷的吸附和固定。土壤浸出液也立即分析，或 −20 ℃冷冻保存（但使用前需要解冻摇匀）。

4）吸取 10 mL 浸出液于 25 mL 容量瓶中，加入适量 1.0 mol/L HCl 溶液进行中和，HCl 溶液的加入量通常为提取液体积的 1/2，放置 4 h 并间隙振荡，以排除溶液中的 CO_2。补充去离子水至 20 mL，加入 4 mL 混合显色剂，再加水定容，摇匀。显色完全（约 30 min）后，在 882 nm 波长处进行比色。

工作曲线：

准确吸取 5 mg/L 磷标准溶液 0、0.5、1、2、3、4、5 mL 分别放入 25 mL 容量瓶中，加水至约 20 mL，然后加钼锑抗试剂 4 mL，最后用水定容至 25 mL。30 min 后比色。各瓶比色液磷的含量分别为 0、0.1、0.2、0.4、0.6、

0.8 和 1.0 mg/L。

结果计算：

土壤微生物生物量磷 $B_P = \frac{E_{Pt}}{K_P \times R_{Pi}}$，单位 mg/kg

式中：E_{Pt}为熏蒸和未熏蒸土壤的差值；R_{Pi} = [（外加 KH_2PO_4 溶液土壤的测定值 - 未熏蒸土壤的测定值）/25] × 100%；K_P 为转换系数，取值为 0.4。

3.5.1.4 土壤微生物生物量硫

土壤微生物生物量硫是指土壤中所有活体微生物含有的硫的总量，是土壤有机硫的组成部分，是植物硫素营养的源和库。因此，分析土壤微生物生物量硫的含量及其周转，对土壤硫素循环及有效性的利用等都具有重要意义。在土壤微生物生物量磷的熏蒸提取法基础上，建立了土壤微生物生物量硫的熏蒸提取法。

基本原理：新鲜土壤经氯仿熏蒸后(24 h)，采用 0.01 mol/L $CaCl_2$ 溶液提取杀死的土壤微生物生物量硫，消化后用离子色谱法测定提取液中全硫含量。根据熏蒸土壤与未熏蒸土壤测定有机硫量的差值及转换系数(K_S)，从而估算土壤微生物生物量硫。

试剂配制：

1）无乙醇氯仿($CHCl_3$)。

2）0.01 mol/L 氯化钙溶液：称取 1.110 g 分析纯无水氯化钙(称前 105 ℃烘 2 ~ 3 h)，溶于去离子水并定容至 1 L。

3）1 mol/L HCl 溶液：吸取 83.5 mL 分析纯盐酸，用去离子水定容至 1 L。

4）0.001 7 mol/L 碳酸氢钠溶液：称取 0.142 8 g 分析纯碳酸氢钠(称前 105 ℃烘 2 ~ 3 h)，溶于去离子水并定容至 1 L。

5）0.001 8 mol/L 碳酸钠溶液：称取 0.190 8 g 分析纯碳酸钠(称前 105 ℃烘 2 ~ 3 h)，溶于去离子水并定容至 1 L。

6）0.012 5 mol/L 硫酸溶液：吸取 6.8 mL 分析纯硫酸并用色谱纯水稀释至 1 L，得到 0.125 mol/L 硫酸溶液。然后稀释 10 倍，得 0.012 5 mol/L 硫酸溶液。

操作步骤：

1）熏蒸过程同“土壤微生物生物量磷”，新鲜土壤称取量相当于干土 10 g。

2）从干燥器中取出熏蒸和未熏蒸土样，将土样完全转移到 250 mL 聚乙烯提取瓶中，加入 20 mL 0.01 mol/L $CaCl_2$ 溶液(土水比为 1∶2)，300 r/min 振荡 30 min，3 000 r/min 离心 5 min，用定量滤纸过滤。同时做 3 个无土壤的基质空白。土壤浸出液最好立即分析，或 -20 ℃冷冻保存(使用前解冻摇匀)。

3）吸取 4.00 mL 提取液于 10 mL 消化管中，加入 1 mL 质量分数为 30%

的 H_2O_2 溶液，然后置于160 ℃沙浴消化5 h，再加入0.5 mL H_2O_2 和0.2 mL 1 mol/L HCl溶液，继续消化15～20 h，直至溶液清亮。冷却后，用色谱纯水定容至8.00 mL，再用硝酸纤维膜(孔径0.45 μm)过滤。

4）消化液中硫含量采用离子色谱仪测定，色谱柱为HPLC AS_4A，洗脱液为0.001 8 mol/L Na_2CO_3 溶液和0.001 7 mol/L $NaHCO_3$ 溶液混合液，流速为3 mL/min，抗干扰剂为0.012 5 mol/L硫酸溶液。

结果计算：

$$土壤微生物生物量硫\ B_S = \frac{E_S}{K_S}，单位\ mg/kg$$

式中：E_S 为熏蒸和未熏蒸土壤的差值；K_S 为转换系数，取值为0.31。

3.5.2　底物诱导呼吸法

Anderson和Domsh(1978)研究发现，新鲜土壤中添加易分解底物进行培养时，在培养初期底物的分解速率与土壤微生物生物量呈正相关关系。因此，他们提出根据添加易分解底物在培养初期的分解速率来估算土壤微生物生物量，即通常所说的底物诱导呼吸法(substrate induce respiration,SIR)。

基本原理：本方法的基本假设是土壤中不同类群微生物对加入基质的最初反应是一致的，并以熏蒸提取法测定微生物生物量碳为参考，将诱导呼吸 CO_2 量转化为土壤微生物生物量。

试剂配制：

1）葡萄糖粉剂：葡萄糖与滑石粉按1∶4比例(质量比)混合，研磨，保存于广口瓶中备用。

2）抗生素－葡萄糖粉剂：取一定量的放线菌酮和链霉素，分别或一起与葡萄糖粉剂混合均匀，根据用量，制成系列抗生素含量的粉剂。

(1）诱导呼吸量测定

称取小于2 mm新鲜土壤(相当于干土20.0 g)3份分别放入3个250 mL磨口三角瓶中，加入葡萄糖粉剂(6 mg/g土)，30 min后，用密封胶密封三角瓶，置于25 ℃下培养2 h。用注射器从三角瓶中抽取5 mL气体样品，采用气相色谱仪测定样品中 CO_2 含量。计算 CO_2 释放量，即为诱导呼吸量，以单位干土(g)、单位时间(h)释放的 CO_2 量(μL)来表示。土壤微生物生物量碳计算式如下：

$$土壤微生物生物量碳\ B_C = 15 \times SIR，单位\ mg/kg$$

式中：15为SIR转换为微生物生物量碳的系数。

(2）细菌和真菌生物量测定

利用葡萄糖等易利用的基质诱发微生物代谢活性，并分别抑制细菌和真菌的代谢来测定其呼吸释放 CO_2 速率，分别计算真菌和细菌的生物量。

称取新鲜土壤(相当于干土 20.0 g)3 份分别放入 3 个 250 mL 磨口三角瓶中，加入一系列浓度的抗生素 - 葡萄糖粉剂(6 mg/g 土)，每个浓度重复三次。30 min 后，密封三角瓶，置于 25 ℃下培养 2 h。用注射器从三角瓶中抽取 5 mL气体样品，采用气相色谱仪测定样品中 CO_2 量。计算单位时间、单位质量土壤的 CO_2 释放量，当 CO_2 释放量不随抗生素浓度增加而变化时，即为抗生素最适用量。

再取等量的土壤 3 份，同时放入三角瓶中，分别加入葡萄糖(6 mg/g 土)、链霉素 - 葡萄糖粉剂、放线菌酮 - 葡萄糖粉剂和放线菌酮 - 链霉素 - 葡萄糖粉剂，每个处理重复三次。25 ℃培养 30 min 后，每间隔 2 h 取样测定 CO_2 释放量，同时计算诱导呼吸量，根据下式计算细菌和真菌生物量占土壤微生物生物量的比例：

$$\text{细菌生物量所占比例}=\frac{a-b}{a-d}\times 100\%$$

$$\text{真菌生物量所占比例}=\frac{a-c}{a-d}\times 100\%$$

式中：a 为仅加入葡萄糖处理的土壤 CO_2 释放速度，b 为加入链霉素 - 葡萄糖粉剂处理的土壤 CO_2 释放速度，c 为加入放线菌酮 - 葡萄糖粉剂处理的土壤 CO_2 释放速度，d 为加入放线菌酮 - 链霉素 - 葡萄糖粉剂处理的土壤 CO_2 释放速度。

如果上式中，$a-[(a-b)+(a-c)]>d\pm 5\%$，表示抗生素不能选择性地抑制诱导呼吸作用，测定结果便失去意义。

3.5.3 腺苷三磷酸测定法

腺苷三磷酸(ATP)存在于所有活细胞中，是能量的“储存库”和“传递者”，土壤中的 ATP 含量是土壤生命的有效指标。活微生物细胞中 ATP 的含量是相对稳定的，每个细胞含 $1\times 10^{-10}\sim 4\times 10^{-10}$ μg；当细胞死亡后，它从细胞中释出，即易于被分解。因此，可以通过测定土壤的 ATP 含量作为土壤总生物量的定量指标。此法灵敏度高，但受土壤磷含量等因素的影响。

基本原理：土壤中 ATP 含量的测定是通过荧光反应机制进行的，该反应除了需要荧光素、荧光素酶、氧及镁盐外，还需要 ATP，同时发光强度又与 ATP 含量成正比关系，其反应过程可用下式表示：

$$\text{荧光素} + O_2 + \text{ATP} \xrightarrow{\text{荧光素酶、}Mg^{2+}} \text{氧化型荧光素} + \text{ADP} + PO_4^{3-}$$

使用适当的提取剂从土壤中提取 ATP，然后用分光光度计测定其引发荧光素 - 荧光素酶反应的强度，经换算可得微生物生物量。

试剂配制：

1）缓冲液：31.2 g $Na_2HAsO_4 \cdot 7H_2O$ 溶于 800 mL 蒸馏水中，加入 10 mL 0.2 mol/L EDTA（四钠盐）。再加入 100 mL 含 2.46 g $MgSO_4 \cdot 7H_2O$ 溶液（0.1 mol/L），然后用 1 mol/L H_2SO_4 调至 pH7.4，最后稀释至 1 L。此溶液含 0.1 mol/L 砷酸盐，10 mmol/L Mg^{2+} 和 2 mmol/L EDTA 溶液。

2）ATP 标准溶液(0.1 mmol/L)：称 6.23 mg ATP(2 钠盐,4 分子水)溶于 1 L 水中，－15 ℃保存，紫外线吸收法进行标定(259 nm,pH7.0 时 Ac = 15.4×10^3)。

3）提取剂 A：81.6 g 三氯醋酸和 89.6 g $Na_2HPO_4 \cdot 12H_2O$，溶于 600 mL 水中。加入 100 mL 含 25.8 g 二甲基双吡啶二氯化物(1,1′－dimethyl－4,4′－bipyridylium dichloride)溶液，稀释至 1 L，则得含 0.5 mol/L 三氯醋酸，0.25 mol/L磷酸盐，0.1 mol/L 二甲基双吡啶二氯化物溶液。此溶液 pH1.6，溶液保存于－15 ℃备用。可采用的抽提剂系统有 0.3 mol/L H_2SO_4，三羟甲基缓冲液，0.5 mol/L $NaHCO_3$－$CHCl_3$，HCOOH，$HClO_3$。

4）提取剂 B：5 mL 0.1 mmol/L ATP 溶液用抽提剂 A 稀释至 1 L，－15 ℃保存。

5）荧光素酶混合液：1.3 mg 荧光素酶在 0 ℃下溶解于 0.25 mL 缓冲液中，间隙摇动，2 h 后再加入 5 mL 缓冲液，用 0.45 μm 滤膜过滤，5 ℃下只能存放 3～5 h。用前加入等量的 D－荧光素溶液(250 μg/mL，－15 ℃可保存数天)，于冷处吸取该溶液以减少背景值。

操作步骤：

称取 4 份新鲜土样(过 2 mm 筛)，每份含相当于 2.5 g 干土。置于 50 mL 聚乙烯离心管中，冰浴。然后在 1 和 3 离心管中加入 25 mL 提取剂 A，在 2 和 4 离心管中加入 25 mL 提取剂 B，超声波振荡分散 1 min，冰浴冷却 5 min，过滤(沃特曼 4 号滤纸)或冷冻离心(3 000*g*,1 min)。将滤液或上清液快速干冻，保存于－15 ℃备用。在此条件下保存 6 周，ATP 的含量没有变化。对于碳酸盐土壤，可先把土壤 pH 调至 2.0。有机质含量高的土壤(＞5%)，可取 0.5～1.0 g土壤。于 25 mL 体积的酸洗过干燥的闪烁计数皿中，加入 5 mL 缓冲液，50 μL 抽提液，100 μL 荧光素酶液。盖上盖，摇匀。将闪烁计数皿置于 Packard Medol 3175 液体闪烁能谱计上，求出读数。每一样品重复 3 次。

标准曲线的绘制：于 25 mL 闪烁计数皿中加入 5 mL 砷酸盐缓冲液，50 μL 抽提剂 A，100 μL 荧光素酶液，50 μL 砷酸盐－ATP 溶液(取 0.1 mmol/L ATP 标准溶液,用砷酸盐缓冲液稀释,分别配制含 0、1.5、2.5、5.0、10.0、25.0、40.0 和 50.0 mg/L ATP 的溶液,用时配制)。然后置于液体闪烁能谱计上，求出读数，作图。ATP 含量在 1～25 mg/L 范围内呈线性关系。

结果计算：

$$ATP含量 = 6.89 \times \frac{a}{W_S \times (a-b)}，单位 mg/kg$$

式中：a 为新鲜土(含干土 W_S(g)) 用25 mL抽提剂A制成的样品测出的ATP含量(mg/kg)，b 为新鲜土(含干土 W_S(g))用25 mL抽提剂B制成的样品测出的ATP含量(mg/kg)；6.89为25 mL提取剂B中加入的已知ATP-Na_2含量(μg)。

3.5.4 土壤麦角甾醇分析法

麦角甾醇(24β-甲基胆甾-5,7,*trans*22-trien-3β-酚)是真菌和藻类等微生物细胞膜双层结构的重要组成成分，大部分以游离态存在于细胞膜磷脂层中，少量的通过酯键与脂肪酸结合。由于只有真菌和藻类细胞才能合成麦角甾醇，因此一些学者提出用麦角甾醇含量来估算土壤真菌生物量大小的指标。

基本原理：本方法是基于新鲜土壤经有机溶剂浸提，浸提液经皂化、萃取和干燥后，得到的麦角甾醇采用液相色谱仪测定，同时用外加麦角甾醇的回收率进行校正，根据麦角甾醇含量估算土壤真菌生物量。

试剂配制：

1）色谱纯甲醇、乙醇、乙烷、KOH。

2）麦角甾醇标准系列溶液：将浓度为100 mg/L麦角甾醇标准溶液，用甲醇依次稀释至浓度为0、2.5、5.0、10.0、20.0、30和40 mg/L麦角甾醇标准系列溶液。麦角甾醇溶液见光易分解，应在用前配制。

操作步骤：

1）浸提：称取新鲜土壤(相当于干土25.0 g)3份分别放入3个250 mL离心瓶中，加入120 mL 5 ℃的甲醇，在冰浴中超声波处理3 min。将离心瓶在冰浴中冷却15 min，并在0 ℃下6 000 r/min离心15 min。

2）皂化：吸取100 mL离心后的上清液于250 mL磨口圆底烧瓶中，加入20 mL乙醇和10 g KOH，在水浴器中回流反应1 h(90 ℃)。反应结束后将样液冷却至5 ℃，全部转移到250 mL分液漏斗中，用25 mL色谱纯水洗涤。

3）萃取：加入60 mL乙烷于上述经洗涤后的溶液中，剧烈摇动100次左右。静置几分钟使溶液分层，下层甲醇溶液放入三角瓶中，上层乙烷溶液转移到干燥洁净的磨口圆底烧瓶中。将上述甲醇溶液再放入分液漏斗中，再加入60 mL乙烷，同上进行萃取，共三次。所有乙烷溶液均收集到250 mL磨口圆底烧瓶中，在28 ℃下用旋转蒸发器干燥。

4）回收：称取新鲜土壤(相当于干土25.0 g)3份，加入1.50 mL 100 mg/L麦角甾醇标准溶液，同上浸提、皂化、萃取和干燥，用于测定麦角甾醇回收率。

5）分析：经干燥的麦角甾醇浸提物立即溶于1.0 mL甲醇中，在微热条件下再无损地转移到5.0 mL容量瓶中，用甲醇定容，立即测定，或转移于塑料瓶中 -20 ℃保存。用100 μL微量注射器吸取麦角甾醇标准溶液和麦角甾醇样液，于HPLC上测定，用质量分数为98%的甲醇做流动相，流速为2.0 mL/min，压力为10.35 MPa，麦角甾醇在色谱柱内的滞留时间为6.5 ~ 7.0 min。

结果计算：

$$土壤麦角甾醇含量 = \frac{P \times \rho \times V}{m \times R}，单位 mg/kg$$

式中：P为样品吸收峰值(mm)，ρ为单位吸收峰相应的麦角甾醇浓度(mg/ L)，V为测定时进样体积(5 mL)，m为干土重(g)，R为外加麦角甾醇的回收率。

3.5.5　土壤几丁质分析法

几丁质是真菌细胞壁的常见组分，处于细胞壁的内层部位，靠近质膜，与真菌形态及分隔形成等相关，是研究真菌形态的重要生化指标之一。真菌中的几丁质为α-几丁质，其糖链相互呈反向平行排列，还原末端出现邻近两个长链的对侧末端。此外，几丁质也存在于一些绿藻和硅藻及昆虫和甲虫类动物之中。分析土壤几丁质的方法有多种，大部分方法都要求将几丁质与其他氨基糖分离，分析过程涉及多步纯化及衍生化等步骤，比较费时、费力、操作困难，相对而言其中纸层析方法简单易行，尽管敏感度较低，但完全可以用于土壤几丁质分析。

基本原理：新鲜土壤经盐酸浸提，调节浸提液酸度、干燥后，采用丁醇+嘧啶+冰乙酸+水混合液纸上层析，得到的葡萄糖胺与茚三酮呈显色反应，500 mL比色测定葡萄糖胺含量。同时用外加葡萄糖胺的回收率进行校正，根据葡萄糖胺含量估算土壤真菌生物量。几丁质含量换算法就是根据真菌细胞壁的几丁质经水解形成聚氨基葡糖、再经脱氨基并与三氯化铁反应后可以比色测定其葡萄糖胺含量，进而换算成真菌的生物量。

试剂配制：

1）6 mol/L HCl：将498 mL浓HCl用去离子水稀释至1 L。

2）0.4 mol/L NaOH：称取16.0 g NaOH溶于1 L去离子水。

3）茚三酮溶液：1 g茚三酮($C_9H_6O_4$)溶于少量去离子水，100 mg乙酸镉[$(C_2H_3O_2)_2Cd$]溶于少量去离子水，二者混合后，加入5 mL冰乙酸和100 mL丙酮，去离子水总用量为10 mL。

4）葡萄糖胺标准溶液：1 g D-(+)葡萄糖胺($C_6H_{13}NO_5$)，溶于去离子水并定容至1 L，再稀释至0、20、40、80、160、320和640 mg/L葡萄糖胺标准溶液。

操作步骤：

1）浸提：称 <2 mm 新鲜土壤2.50 g 于50 mL 三角瓶中，加入10 mL 6 mol/L HCl 溶液，通入氮气后，105 ℃水解8 h，冷却后用玻璃纤维过滤器过滤。

2）浓缩：将滤液全部转移到圆底烧瓶中，40 ℃下用旋转蒸发器彻底干燥后，溶于20 mL 去离子水中。用0.4 mol/L 氢氧化钠溶液调节 pH 至6.6～6.8，2 000*g* 离心 10 min。上清液干燥后，再溶于3 mL 甲醇，离心，上清液先经空气干燥，再用旋转蒸发器彻底干燥。干燥物溶于水，转移定容至100 mL。

3）层析：吸取一定量的上述溶液两份，分别加到2 cm 的沃特曼1号滤纸上，用丁醇+嘧啶+冰乙酸+水(体积比为60∶40∶3∶30)混合液作为溶剂进行纸上层析，48 h 后将滤纸进行干燥，再浸入茚三酮溶液里，一起置于盛有浓 H_2SO_4 的干燥器里，黑暗条件下4～5 d 后切下葡萄糖胺斑块，用4 mL 甲醇将其洗涤，于500 nm 比色测定。同时，在对应的相同位置切下同样面积的滤纸，同上进行洗涤，作为空白对照。为检查葡萄糖胺斑块的均一性，在滤纸的第二个方向用嘧啶+水(体积比为4∶1)作为溶液进行层析。

4）为校正浸提过程中葡萄糖胺的损失，可在土壤中加入葡萄糖胺50 μg/g，浸提和分析同上。同时做葡萄糖胺标准工作曲线。

结果计算：

$$\text{土壤葡萄糖胺(几丁质)含量} = \frac{D \times G \times V \times f}{m}\text{，单位 mg/kg}$$

式中：D 为光密度，G 为单位光密度葡萄糖胺质量浓度，V 为比色体积(mL)，f 为稀释倍数，m 为干土重(g)。

第4章 土壤微生物的鉴定与保藏

土壤微生物研究除了常规的计数分析工作之外，一些基础性或应用性的研究还需要对分离纯化后的菌株进行鉴定。土壤微生物的鉴定工作是与分类研究紧密相连的，本章首先简要介绍微生物的分类单元、命名原则等基础知识，然后重点介绍土壤微生物的鉴定方法。此外，不少研究过程还需要筛选突变菌株，或根据需求对菌株进行定向诱变或改造，因此本章还专门介绍了菌种的选育与改造方法。当然，菌种资源保藏是微生物应用研究的另一个重要环节，同时保藏过程中也可能会出现各种菌种退化问题，因此本章对菌种保藏与复壮的一些方法也作了介绍。

4.1 土壤微生物的分类与鉴定

微生物分类学的三大任务是：①分类：收集大量描述微生物个体(物种)的文献资料，经科学的归纳和理性的思考，整理成科学的分类系统，这是一个从个别到一般或从具体到抽象的认识过程。②鉴定：详细观察和描述一个未知名称的纯种微生物的各种性状特征，然后查找现有的分类系统，以达到对其知名、辨类的目的，这是一个从一般到特殊或从抽象到具体的认识过程。③命名：命名是为新发现的微生物确定一个新学名的工作，是在详细观察和描述某一菌种，并查找现有权威性分类鉴定手册进行鉴定时，发现这是一种以往未经记载的新种，然后按国际命名法规对该新种给予一个新学名，并及时在权威刊物上发表。当前，以微生物的亲缘关系和进化规律为分类依据的现代微生物分类学或微生物系统学正在逐步取代以表型特征为主要分类依据的经典微生物分类学。

4.1.1 土壤微生物的分类

自19世纪中叶对微生物研究的逐步深入起，至今还没有一个分类系统能真正达到科学、公认和基本稳定的水平。在原核生物分类系统中，目前有三个比较全面和应用较广的细菌分类系统，即美国布瑞德(R. S. Breed)等人主持编写的《伯杰氏（系统）细菌学鉴定手册》、苏联克拉西里尼科夫(Н. А. Красильникров)著的《细菌和放线菌的鉴定》和法国普雷沃(B. Prèvot)著的《细菌分类学》。这三个分类系统中以《伯杰氏细菌学鉴定手册》最具权威性，它把原核生物分成古菌和细菌两个界，前者包括2门、5组、8纲、11目、17科、63属，共208个种，后者则包括16门、26组、27纲、62目、163科、814属，共4 727个种。因此，截至2000年，《伯杰氏细菌学鉴定手册》所记载过的原核生物共有4 935种。

原核生物细菌、古菌两界的主要纲可表解如下：

细菌界
- （1）产液菌门
  - 产液菌纲
  - 热袍菌纲、热脱硫杆菌纲
- （2）异细菌门
  - 异常球菌纲
  - 栖热菌纲
- （3）产金色菌门：产金色菌纲
- （4）热微菌门
  - 绿屈挠菌纲
  - 热微菌纲
- （5）蓝细菌门：原绿蓝细菌纲
- （6）绿菌门：绿菌纲
- （7）阮细菌门
  - 红螺菌纲
  - 奈瑟氏球菌纲
  - 发酵细菌纲
  - 土细菌纲
  - 弯曲杆菌纲
- （8）厚壁菌门
  - 梭菌纲
  - 柔膜菌纲
  - 芽孢杆菌纲
  - 放线细菌纲
- （9）缺壁菌门：浮霉菌纲
- （10）螺旋体门：螺旋体纲
- （11）丝状杆菌门：丝状杆菌纲
- （12）拟杆菌门：拟杆菌纲
- （13）黄杆菌门：黄杆菌纲
- （14）鞘氨醇杆菌门：鞘氨醇杆菌纲
- （15）梭杆菌门：梭杆菌纲
- （16）疣微菌门：疣微菌纲

- 古菌界
  - （1）泉古生菌门：热变形菌纲、硫化叶菌纲
  - （2）广古生菌门
    - 甲烷杆菌纲、甲烷球菌纲
    - 盐杆菌纲
    - 热源体纲
    - 热球菌纲、甲烷嗜热菌纲

真核生物中的菌物界有7万至9万个种。目前使用比较广泛的分类系统是Ainsworth和Bisby的《安·贝氏菌物词典》，其第7版（1983）的两门五亚门系统是学术界最熟悉的真菌分类系统。1995年出版的第8版则将真核生物域分为原生动物界、假菌界和真菌界。《安·贝氏菌物词典》第7版、第8版分别表解如下。

第7版（1983）：

- 菌物界
  - 黏菌门
  - 真菌门
    - 鞭毛菌亚门
      - 壶菌纲
      - 丝壶菌纲
      - 卵菌纲
    - 接合菌亚门
      - 接合菌纲
      - 毛菌纲
    - 子囊菌亚门：无纲，直接分37目
    - 担子菌亚门
      - 层菌纲
      - 腹菌纲
      - 锈菌纲
      - 黑粉菌纲
    - 半知菌亚门
      - 腔孢菌纲
      - 丝孢菌纲

第8版（1995）：

- 真核生物域
  - 原生动物界
    - 集孢黏菌门
    - 网柱黏菌门
    - 黏菌门
    - 肿根菌门
  - 假菌界
    - 丝壶菌门
    - 网黏菌门
    - 卵菌门
  - 真菌界
    - 子囊菌门
    - 担子菌门
    - 壶菌门
    - 接合菌门
    - 有丝孢真菌类

真核生物是一大类进化程度高、细胞内含有细胞核以及线粒体等多种细胞

器的生物，其中营自养生活的种类细胞内还含有叶绿体。真核微生物主要包括属于植物界的藻类、属于动物界的原生动物和属于菌物界的真菌等微小生物。与分类地位相应的是，真核生物在一系列生物学特性上均与原核生物有着明显的不同。表4-1即示细菌、古菌与真核生物的主要差异。

表4-1 细菌、古菌与真核生物的比较

比较项目	细菌	古菌	真核生物
核膜	无	无	有
细胞壁中胞壁酸	有	无	无
膜脂结构	由酯键连接	由酯键连接	由酯键连接
核糖体	70S	70S	80S
起始子 tRNA	甲酰甲硫氨酸	甲硫氨酸	甲硫氨酸
操纵子	有	有	无
mRNA 的帽化和 poly(A)尾	无	无	有
二羟尿嘧啶	一般有	无(仅一个例外)	一般有
质粒	有	有	罕见
核糖体对白喉毒素	不敏感	敏感	敏感
RNA 聚合酶	1种 (含4亚基)	几种 (每种含8~12亚基)	3种 (每种含12~14亚基)
对氯霉素、链霉素、卡那霉素	敏感	不敏感	不敏感
对茴香霉素	不敏感	敏感	敏感
对多烯类抗生素	不敏感 (支原体例外)	不敏感	敏感
产甲烷	不能	部分能	不能
S^0 还原成 H_2S	部分能	部分能	不能
生物固氮	部分能	部分能	不能
叶绿素光合作用	部分有	无	部分有

4.1.1.1 微生物的分类单位与命名方法

微生物与动物和植物的分类一样，在种以上的系统分类单元也是分成七级，分类单位依次分为界(kingdom)、门(phylum,词尾是-phyta)或部(division)、纲(class,词尾是-mycetes)、目(order,词尾是-ales)、科(family,词尾是-aceae)、属(genus)、种(species)。种是基本分类单位，是同种微生物的总和，是一大群表型和生理特征高度相似、亲缘关系极其接近、与同属内其他种有着明显差异的菌种的总称，一般以一个活的典型菌株作代表，即模式种。

微生物种的命名方法采用林奈(C. Linnaeus)的生物分类双名法，由两个拉丁词或拉丁化词组成学名，前一个是属名(首字母大写)，后一个是种名。种名一般是由菌的形态、功能等特征或发现者的名字、地名或寄主属名而来。有时在种名后还附有命名者的姓名，以免发生同物异名或同名异物之类的误解。有时属名或种名也用地名来表示。若是新种，在学名之后加 n. sp. 和新种名称；若是变种则加 var. 和变种的名称；若是种名尚未确定可在属名后加 sp.(单数)或 spp.(复数)表示。亚种或变种通常用三名法书写，即由属名、种名加词和亚种或变种名组成。

将具有经过选择的某些主要特征相同的种，类集起来称为属。每一个属具有哪些特征是一个有争论的问题。一般来说，属名是描述菌的形态或生理特征的，如双球菌属(*Diplococcus*)、镰刀菌属(*Fusarium*)、乳酸杆菌(*Lactobacillus*)和链球菌属(*Streptococcus*)等。在含种较多的属中，又按特征更相近的种组成属与种之间的某些单位，如组(section)、亚属(subgenus)等。科是纲与属之间的一个单位，每一个科由一个或几个相近的属组成，科名往往由模式属名而来。分科的原则因菌类不同而异，如真菌分科主要按照产孢器官的排列方式及产孢器官外被组织进行区分。在科与属之间又可分亚科(subfamily)、族(tribe)和亚族(subtribe)，这除在某些较大的科中有时使用外，一般很少被采用。某些主要特征相近的科又组成目、亚目，并依次组成纲、亚纲等单位。

种以下又可分为群(group 或 series)、亚种(subspecies)、变种(variety)、型(form 或 type)、小种(race)、品系或菌株(strain)等。以下介绍几个常见的种下分类单元：①变种，在自然界分离得到的纯种，除个别特征不同于典型种(而这个特征又是明显和稳定的)外，其余特征与典型种完全一致者称为变种。②型，同种微生物的不同类型，彼此之间的区别不及变种那样显著，一般按特定的生存条件而区分，如血清型、溶菌型、适应型等。③小种，由实验室或自然界所获得的稳定的变异型，具有特殊的适应性或致病性，但在分类特征上与原种无显著差异。④菌株(品系，病毒的毒株)，是微生物学中广泛应用的一个术语，实际上不是一个分类单位，系指在自然界分离到的每一个纯种，在某些细微特征上彼此可能有所不同。因此，用同种但不同来源的纯种进行研究，其结果往往不完全一样。

如上所述，菌株是任何由一个独立分离的单细胞(或单个病毒粒)繁殖而成的纯遗传型群体及其一切后代，由此可知：①菌株是一个物种内部遗传多态性的客观反映，其数目几乎是无数的；②菌株强调遗传型纯的谱系；③菌株相当于克隆；④某菌株一旦发生自发突变或人工诱变，新突变株应冠以新的菌株名称；⑤菌株名称可由分离人任意用字母、符号或(和)编号表示。由于每一个微生物的种是由无数的菌株所组成，同一菌种的不同菌株间除主要分类鉴定性状相同外，在其他许多生化性状、遗传性状、生态性状和与生产相关的代谢产物产量性状上往往会有很大差异。因此，在科学研究、发酵生产、菌种保藏、选种育种、学术交流和论文发表时，在书写某微生物学名的同时，一定要在其后写上菌株名。

4.1.1.2 细菌、放线菌和真菌的分类原则

土壤微生物研究中通常意义上的“三大菌”，即指细菌、放线菌和真菌。需要强调的是，放线菌属于细菌范畴，它们是一类呈丝状生长、以孢子繁殖的革兰氏阳性细菌。由于放线菌的细胞一般呈分支丝状，过去曾认为它是“介于细菌与真菌之间的微生物”。鉴于放线菌形态结构的特殊性及其在土壤生态系统中所发挥的特殊功能，这里仍把放线菌从细菌中单列出来，与细菌、真菌放在一起讨论。

由于三类菌在系统发育阶段上不一样，菌体结构截然不同，分类依据和原则也完全不同。有关分类的专著和鉴定手册很多，但其分类原则大致可分为两类：一类是编目式的，即根据一个或数个特征，人为地进行归纳，编成系统检索表，如《伯杰氏细菌学鉴定手册》即属这一类；另一类是综合各类微生物系统发育的资料建立自然的分类系统，如《细菌和放线菌的鉴定》和大多数真菌分类的专著均属这一类。然而，由于微生物种系发育的资料不全，研究工作者的见解又不一致，往往在分类鉴定中发生意见分歧，甚至同一种微生物采用不同的分类系统也可能被划为不同的种、属，甚至不同的科和目。因此，微生物鉴定是一项细致复杂的工作，鉴定时必须仔细推敲，必要时还应将标准菌种和待鉴定的菌种进行平行试验比较，参考多方面的资料才能达到准确命名的目的。

三类菌的异同点如下：

1) 在培养特征上，细菌呈透明或不透明的黏液状；真菌则呈丝状毛绒状；放线菌介于两者之间，丝状体比较紧密，表面有粉状孢子或光秃不产孢子，菌落较硬，不透明。

2) 从菌体结构上看，细菌为单细胞，以简单裂殖方式繁殖，每一个细胞即为一个菌体；放线菌也是单细胞，但呈有分支的丝状体，产孢丝裂殖形成孢子；真菌除少数低等的为单细胞外，大部分是多细胞的，产孢结构多种多样，因种类而异，具无性和有性两种繁殖方式。

3) 细菌和放线菌的细胞不形成真正的细胞核，核的组分主要是由脱氧核糖核酸(DNA)的小纤维构成，没有核膜，属于原核生物；真菌细胞结构较为完善，有细胞核、核仁、核膜等，属于真核生物。

4）细菌和放线菌的细胞壁是由黏多糖构成的黏复合体；真菌的细胞壁由纤维素、几丁质构成。

5）细菌的直径为 1 μm 左右，放线菌的菌丝和孢子的直径为 0.2 ~ 1.2 μm，两者细胞的大小近似；而真菌的菌丝与孢子则比放线菌大好几倍。

6）细菌和放线菌均易受噬菌体感染，噬菌体的形状多为蝌蚪形；而真菌的噬菌体为球形或杆形，近似高等动植物的病毒。

7）对抗生素的敏感性：凡是对细菌有抑制作用的抗生素对放线菌也有效；而能抑制真菌的抗生素，则往往对细菌和放线菌无效。

8）游动放线菌中某些菌的鞭毛外形和性质基本上与细菌的鞭毛相似，而与真菌的鞭毛不同。

9）用遗传变异的方法证明放线菌、诺卡氏菌、分枝杆菌与丙酸菌、乳酸菌、微球菌、链球菌的关系也较密切，所以诺卡氏菌是分枝杆菌与放线菌的中间型；分枝杆菌是原放线菌和革兰氏阴性细菌的过渡型。

4.1.2　微生物的传统鉴定方法

微生物鉴定就是根据微生物形态和培养特征，按一定的分类系统和检索方法确定其在分类学上的位置，并给予科学的名称。鉴定方法大体可分成两大类：一类是经典、定性和以表型为主要指标的方法，包括描述微生物的细胞、菌落形态以及各种生理生化特征；另一类是现代、定量和以遗传型为主要指标的方法，包括细胞化学组分的分析，尤其是核酸和基因组的分析以及蛋白质组的分析等。传统的微生物鉴定主要是依据微生物个体或菌落的形态特征、生长特征、生理生化反应特征以及血清学反应、对噬菌体敏感性等表型特征，通过查阅分类检索表而确定被检菌的属种。以下先依次介绍土壤细菌、放线菌和真菌的传统鉴定方法，土壤中常见细菌、放线菌与真菌的检索表参见附录。

4.1.2.1　土壤细菌的鉴定

细菌是一群由原生质组成的形体微小、只能在显微镜下才能观察到的单细胞有机体，行二分裂繁殖，细胞核结构不完善，且分散于原生质内，属原核生物。由于细菌菌体很小，结构简单，单从形态构造上的异同很难达到鉴定的目的。因此细菌分类学除形态特征之外，更重要的是应用培养性状、生理生化特性以及生态条件等作为综合的分类依据。对于动植物寄生菌，还需检验其致病性。有的菌有时还用血清反应和噬菌体敏感性等特殊试验作为种、亚种或型的鉴别依据。

细菌鉴定的经典指标表解如下：

- 经典鉴定指标
  - 形态
    - 个体：细胞形态、大小、排列、运动性、特殊构造和染色反应等
    - 群体：菌落形态，在半固体或液体培养基中的生长状态
  - 生理、生化反应
    - 营养要求：能源、碳源、氮源、生长因子等
    - 酶：产酶种类和反应特性等
    - 代谢产物：种类、产量、颜色和显色反应等
    - 对药物的敏感性
  - 生长特性：生长温度，与氧、pH、渗透压的关系，寄主种类，与寄主关系等生活史，有性繁殖情况
  - 血清学反应
  - 对噬菌体的敏感性
  - 其他

鉴定程序：

1）从自然界分离获得的菌株，应尽快进行鉴定，以免在人工培养条件下发生变异。开始鉴定之前，一般用营养琼脂平板划线法，根据平板上出现单菌落的形态、折光特性以及革兰氏染色反应等检查菌株的纯度。如果菌株不纯，则需反复用划线法或稀释法加以纯化。

2）染色、镜检确定该菌株是否生成芽孢：对于某些不生成芽孢但怀疑其为芽孢菌的菌株，需接种至生孢培养基内，以进一步确定。

3）在确定其革兰氏反应和是否可以生成芽孢之后，分别进行以下试验：①革兰氏阳性芽孢杆菌，测定和氧的关系、接触酶以及葡萄糖产酸与否等项目。②革兰氏阳性无芽孢杆菌，抗酸染色，镜检菌体有无分支，是否使葡萄糖发酵产酸，对于产酸菌再用纸层析法检查所产的是否为乳酸，并观察菌体在不同培养时间的形态变化。③革兰氏阴性无芽孢杆菌，进行葡萄糖氧化发酵、氧化酶、接触酶、鞭毛染色及色素等试验。④菌体形态是球形者用固体及液体培养基培养，观察幼龄菌体形态，细胞排列，不应有杆状菌，在无氮培养基上生长对糖的利用及产物等。

4）根据以上各项试验，有些菌大致可鉴定到属，或可判断此菌属于哪一大类群。然后全面考察这一大类群内各属之间的异同，选择几个突出的鉴别特征，继续鉴定到属。最后，再按检索表上各种之间的异同，进一步鉴定到种。

5）进行鉴定试验时最好同时用特征明确的已知菌作为对照。取得试验结果后进行检索分类。

鉴定方法：

（1）细菌的形态、大小及运动

细菌的基本形态有球状、杆状和螺旋状三大类，这些形状之间又有许多过渡类型。根据它们的排列方式，球菌又分为单球菌、双球菌、四联球菌、八叠球菌、链球菌和葡萄球菌；杆菌又分为单杆菌（长杆菌、短杆菌）、双杆菌和链

杆菌。菌体两端有的呈平截状，有的稍圆，有的略尖，有的膨大；螺旋菌又分为弧菌和螺旋状菌。有些细菌还有荚膜、鞭毛或芽孢等特殊构造，所以研究细菌形态不仅要观察其外部形状、测定其大小，而且还要研究其内部构造。

(Ⅰ) 细菌形态的观察

由于细菌形体很小，通常为无色半透明，且折光率强，所以必须经过染色以后才能在光学显微镜下观察其形状、大小及细胞结构等。细菌的形态明显受环境条件(如培养的温度、时间和培养基成分等)的影响，一般处于幼龄及生长条件适宜时，细菌形态正常、整齐，表现其特定的形态。所以观察细菌形态应在一定的培养条件下选择适当菌龄的菌株进行。

(a) 染料

分天然染料和人工染料两大类，目前主要采用人工染料。大部分染料是带色的有机酸类和碱类，难溶于水，易溶于有机溶剂。为使其易溶于水，通常制成其盐类。染料一般又有碱性、酸性和中性三类。酸性染料的离子带负电荷，如伊红、刚果红、苯胺黑、苦味酸等；碱性染料的离子带正电荷，如美蓝、结晶紫、碱性复红、番红和孔雀绿等；中性染料是前两者的结合物又称复合染料，如伊红美蓝等。由于细菌的等电点较低，在 pH2 ~ 5 之间，原生质带负电荷，易与阳离子染料相结合，因此在细菌学上常用碱性染料。

(b) 染色方法

微生物的染色及形态结构的观察是微生物学实验中重要的基本技术。因为微生物(尤其是细菌)细胞小而透明，当把细菌悬浮于水滴内，用光学显微镜观察时，由于菌体和背景没有显著的明暗差，难以看清它们的形态，更不易识别其结构，因而用普通光学显微镜观察细菌时往往要先将细菌染色，借助于颜色的反衬作用，更清楚地观察到细菌的形态及其某些细胞结构。为了研究微生物的形态特征和鉴别不同类群的微生物，常见的染色方法主要有单染色、革兰氏染色、芽孢染色、荚膜染色、鞭毛染色和拟核染色等。

(ⅰ) 单染色

单染色是微生物工作中常用的普通染色法，只用一种染色液使菌体着色，所有苯胺类染料都可用来作单染色。这里以吕氏(Loeffler)美蓝染色液为例。

染色剂：

1) A 液：0.3 g 美蓝(methylene blue,也称次甲基蓝、甲烯蓝、亚甲蓝)溶于 30 mL 质量分数为 95% 的乙醇溶液中。

2) B 液：100 mL 0.1 g/L 的 KOH 水溶液。

将两液混合备用。

操作步骤：

1) 涂片：取干净载玻片，将其一面在火焰上微微加热，除去油脂。冷却后，加一小滴无菌水或新鲜蒸馏水于载玻片上，用灼热灭菌并冷却后的接种环按无菌操作蘸取少许菌苔与水混合涂成均匀的薄层。若是液体培养物，即可直接取菌液涂片。自然晾干或微微加热干燥。

2）固定：将涂有细菌的一面向上，迅速通过火焰 2 ~ 3 次，其目的在于杀死细菌并使菌体蛋白在载玻片上凝固及改变它对染料的通透性，利于着色。但不要在火焰上烘烤，以免菌体变形。

3）染色：加染液 1 ~ 2 滴涂于涂片上，染色约 1 min。

4）水洗：倾去染液，斜置载玻片，用细流水轻轻冲洗至流水变清为止。

5）干燥：自然晾干或用吸水纸轻压以吸去载玻片上水分，但注意勿将菌体擦掉。玻片晾干后即可镜检。

（ii）负染色

负染色是指背景着色，从而衬托出不着色的细胞，故又称背景染色法，可以观察相对处于自然状态下的细胞形态。常用的染料有墨汁、刚果红和水溶性苯胺黑等。由于死细胞可被酸性染料着色，所以也有人用于区分死细胞和活细胞。

染色剂：

1）A 液：20 g/L 的刚果红水溶液。

2）B 液：质量分数为 1% 的 HCl 乙醇溶液。

操作步骤：

将一滴刚果红溶液与一滴菌悬液于载玻片上混合，涂成薄层，不加热固定，待其自然风干后加一滴 HCl 乙醇溶液。再次风干后镜检，细胞无色，背景呈蓝色。

（iii）革兰氏染色

革兰氏染色是细菌学中一个重要的鉴别染色法，其染色原理有各种学说。革兰氏反应不同的细菌其细胞壁结构不同，因而对结晶紫 - 碘复合物的渗透性不同。也有人认为细菌体内是否有核糖核酸镁盐是导致革兰氏反应不同的原因。总之，若细胞被结晶紫初染时染上的紫色不能被乙醇脱色者为革兰氏阳性菌；若被乙醇脱色而复染时又染上红色者为革兰氏阴性细菌。也有些不稳定类型。该染色法也可用于观察细菌个体形状、排列、大小，芽孢有无及其形状、大小和着生位置等。

染色剂：

1）A 液：赫尔克（Hucker）氏结晶紫液。①甲液：结晶紫 2 g，质量分数为 95% 的乙醇溶液 20 mL；②乙液：草酸胺 0. 8 g，蒸馏水 80 mL。将甲、乙两液混合，静置 48 h 后使用。

2）B 液：卢戈（Lugol）氏碘液。碘（I_2）片 1 g，碘化钾（KI）2 g，蒸馏水

300 mL。先将碘化钾溶于 5 ~ 10 mL 水中，再加入碘，待全溶后，加水至 300 mL。

3）C 液：脱色液。质量分数为 95% 的乙醇溶液。

4）D 液：复染液。番红液，取 25 g/L 的番红（safrani，又称番红花红，沙黄）乙醇溶液 20 mL，加入蒸馏水 80 mL，混合均匀。

操作步骤：

1）取 18 ~ 20 h 的幼龄菌涂片，并以已知菌同时涂片作为对照。涂片要薄而均匀，否则菌体群集往往呈现假阳性。

2）滴结晶紫液于涂片上，染色约 1 min，用水冲洗。

3）用媒染剂（增强细菌和染料亲和力的碘液）冲去残水，并覆盖 1 min，水洗。

4）倾斜载玻片，尽量减少玻片上残留的水分，流滴质量分数为 95% 的乙醇溶液脱色 20 ~ 30 s，至无紫色褪下时立即用水缓缓冲洗。脱色时间不可过长，以免呈现假阴性。

5）用番红液复染 1 ~ 2 min，使已脱色的细胞重新着色，便于鉴别观察。水洗，待干，镜检。

6）用油镜观察单独分散的菌体，呈蓝紫色者为革兰氏阳性（G^+），红色者为革兰氏阴性（G^-）。

（ⅳ）鞭毛染色

细菌鞭毛是非常纤细的原生质丝，由原生质向胞壁外穿出，引长作波状弯曲，可以收缩，是细菌的运动器官。它的特点是全长宽度一致，直径 0.02 ~ 0.03 μm，只能用电子显微镜或在暗视野下才能见到。在光学显微镜下，只有采用不稳定的胶体溶液作媒染剂，才能把鞭毛显示出来。由于菌龄较长的细菌鞭毛容易脱落，所以作鞭毛染色是用在短期内经多次反复移植的新鲜培养物。细菌鞭毛的数目与在菌体上着生的位置因种类不同而异，有单生鞭毛、丛生鞭毛或周生鞭毛（图 4 - 1）。细菌有无鞭毛及其着生状态是分类学上的一个重要指标。

染色剂：

1）A 液：单宁酸（鞣酸）5 g，氯化铁（$FeCl_3$）1.5 g，质量分数为 15% 的甲醛溶液 2 mL，10 g/L 的氢氧化钠（NaOH）溶液 1 mL，蒸馏水 100 mL。

2）B 液：硝酸银（$AgNO_3$）2 g，蒸馏水 100 mL。

待 $AgNO_3$ 溶解后，取出 10 mL 备用，向剩余 90 mL $AgNO_3$ 溶液中滴入浓 NH_4OH 至形成浓厚沉淀，再继续滴加到沉淀刚溶解时，再将备用的 10 mL $AgNO_3$ 慢慢边滴边摇，至出现的薄雾能稳定为止。如雾重，则银盐沉淀析出，不宜使用。因该染色液不稳定，以在配制 4 h 内使用为宜，最多不得超过 2 d。

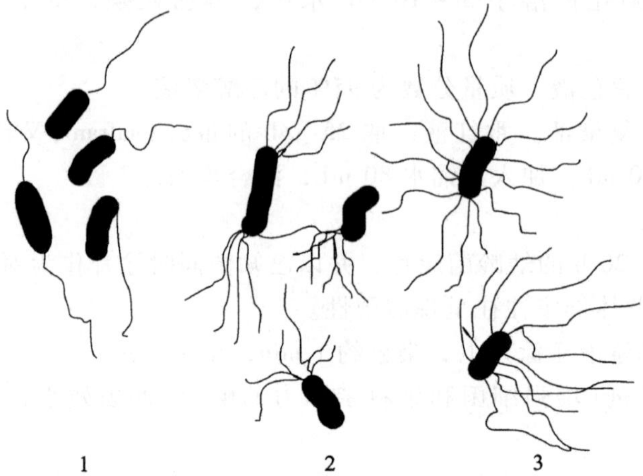

图 4－1 细菌鞭毛的类型

1. 单生 2. 丛生 3. 周生

载玻片的准备：

选择光滑无伤痕的载玻片，先用无渣粒的洗涤剂溶液煮沸，冷后用清水冲洗，再放入浓洗液中浸泡 2～3 h，取出后用清水清洗，再用蒸馏水洗净、沥干，浸于质量分数为 95% 的乙醇溶液中备用。使用时用镊子夹取并通过火焰烧去乙醇，冷却后即可涂片。洗净的载玻片应该是滴上水滴后立即均匀地扩散开来。

操作步骤：

1）将待染菌移植在新配制的营养琼脂斜面上，培养 16～24 h。如所用菌种久未移接，最好在斜面上每天移接一次，连续移接 2～3 次后使用。

2）在载玻片的上端和中间各加一滴蒸馏水，用接种环蘸取少许菌苔在上端水滴中轻沾几下，再用接种环后部把中间水滴向上推，使与上端水滴相接，然后将载玻片稍倾斜，使菌液随水滴缓缓流向另一端，再平放，风干。

3）在涂片上滴加 A 液，染 3～5 min 后用蒸馏水充分冲洗。沥干或用 B 液冲去残水后再加 B 液染色，否则染片的背景混杂。用 B 液染 30～60 s，在酒精灯上微微加热，使其稍冒气而不干，用蒸馏水冲洗，风干。

4）镜检：菌体为褐色，鞭毛为深褐色。

注意：因鞭毛很脆且易脱落，操作时动作要轻。

（V）芽孢染色

某些细菌生长到一定阶段，于细胞内形成一个圆形、圆柱形或椭圆形的孢子，称为芽孢。能否形成芽孢以及芽孢的形状、位置及大小也是细菌分类的重要依据。因芽孢于细胞中的位置不同，而使菌体呈鼓槌状、梭状或棍棒状，有的芽孢并不膨大，因而菌体仍为杆状(图 4－2)。

细菌的芽孢具有不易渗透的厚壁，折光性强，着色、褪色均较困难。在用革兰氏染色时细胞呈紫或红色而芽孢不着色，游离的芽孢只有胞壁微着紫色或红色圈。而用芽孢染色法则可使细胞与芽孢分别呈现不同颜色，便于观察。现介绍苯酚复红染色法——抗酸染色法，它既是芽孢染色的方法之一，又是鉴别分枝杆菌属细菌的重要染色法。

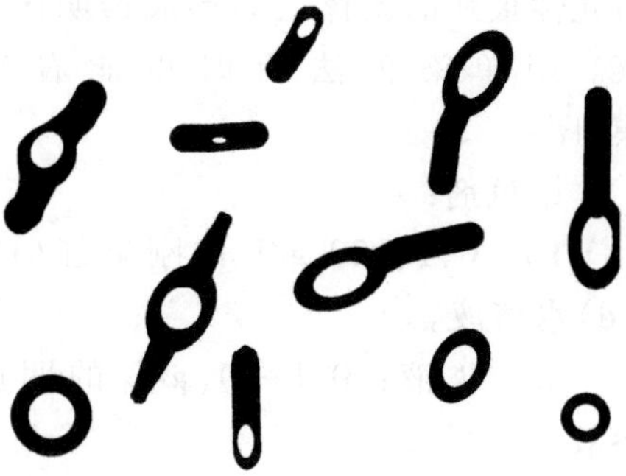

图 4－2　细菌的芽孢

染色剂：

1）齐氏(Ziehl)苯酚－品红溶液。①甲液：碱性品红(basic fuchsine) 0.3 g，质量分数为 95% 的乙醇溶液 10 mL；②乙液：苯酚 5 g，蒸馏水 95 mL。将甲乙两液混合。

2）酸性乙醇溶液。浓盐酸 3.0 mL，质量分数为 95% 的乙醇溶液 100 mL，混匀。

3）吕氏美蓝液：见单染色。

操作步骤：

1）将经过固定的涂片放在水浴上(烧杯中盛水加热也可以)缓缓加热，在涂片上不断滴加苯酚－品红溶液，使染液冒气而不沸腾，如此热染 5 min。或取浓菌液 2～3 滴与大体等量的苯酚－品红溶液混合于试管中，置沸水浴中煮 10 min(用夹子夹住试管在酒精灯上加热近沸腾也行，但管口勿对着人，注意安全)。再按常规涂片。

2）涂片冷却后，用酸性乙醇脱色至红色洗脱为止，用流水缓缓冲洗。

3）用吕氏美蓝液染 2～3 min，水洗。

4）干后镜检，芽孢为红色，菌体为蓝色。

如用于抗酸染色，则抗酸性细菌菌体呈红色，即抗酸染色阳性；非抗酸性细菌菌体呈蓝色。

(ⅵ) 荚膜染色

荚膜是由细菌胞壁分泌并聚积在细胞壁外的多糖类衍生物(糊精)、糖蛋白或多肽等的一层松散的黏质，没有明显的边缘，与染料的结合力很弱，不易着色。

荚膜渗透性较好，染料可透过荚膜，使菌体着色而在菌体周围呈现一浅色或无色透明圈，即为荚膜。荚膜的大小往往超过菌体细胞本身，有时荚膜不仅围绕着一个细胞，且围绕着许多细胞而形成菌胶团。具有荚膜的细菌在含碳量高、含氮量较低的培养基上容易形成较厚的荚膜。可用负染色法使暗色背景与折光性很强的菌体之间形成透明区而观察。用单染色法有时也能看到荚膜(图 4－3)。

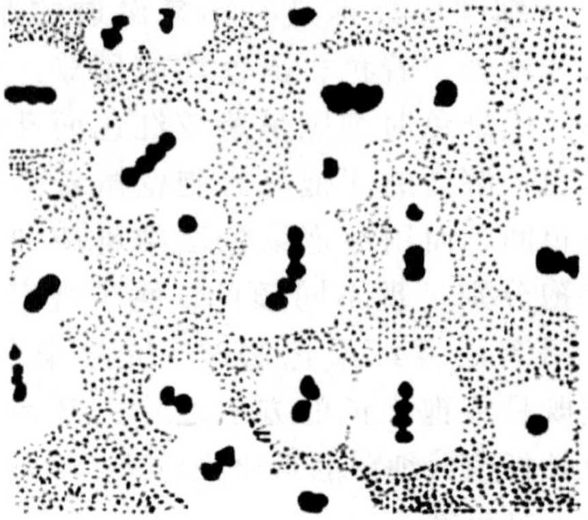

图 4－3 细菌的荚膜

染色剂:

1) A 液: 20 g/L 的刚果红(Congo red)水溶液。

2) B 液: 0.1 ~ 1 g/L 的明胶水溶液。

3) C 液: 10 g/L 的 HCl 溶液。

4) D 液: 吕氏美蓝液, 见单染色。

操作步骤:

1) 将刚果红液和明胶溶液各一滴滴于载玻片上。

2) 用接种环各挑取少许菌龄不同的菌苔于载玻片上与两滴溶液混匀, 风干, 切勿加热固定以防荚膜收缩变形。

3) 滴加 10 g/L 的 HCl 溶液冲洗, 使涂片呈蓝色, 再用水洗去盐酸。

4) 用美蓝液复染 1 min, 干后镜检。菌体蓝色, 荚膜无色, 背景蓝紫色。

(ⅶ) 细胞壁染色

细胞壁是细胞表面的一层较为坚韧而富有弹性的薄膜, 所以当原生质收缩后仍不失去它固有的形态; 而在低渗透压溶液中细胞会膨大, 它对菌体细胞具有一定的保护作用。细胞壁的化学组成很复杂, 而主要成分是肽聚糖(peptidoglycan), 它对染料的结合力很弱, 用特殊染色或经化学物质处理后方能在光学显微镜下看到, 但细胞壁常较原生质的着色浅。也可用磷钼酸处理涂片, 再经甲基绿染色, 使细胞壁形成单独着色的复合物。

染色剂:

1) A 液: 10 g/L 的磷钼酸水溶液。

2) B 液: 10 g/L 的甲基绿水溶液。

操作步骤:

1) 用培养 24 h 的斜面菌苔涂成厚片。

2) 稍干后, 在室温约 20 ℃下浸入媒染剂磷钼酸液中 3 ~5 min。

3) 用 10 g/L 的甲基绿液染色 3 ~5 min, 水洗。

4) 风干后镜检, 细胞壁呈绿色, 细胞质无色。

(ⅷ) 晶体染色

芽孢杆菌中如苏云金杆菌、青虫菌、杀螟杆菌等, 具有伴随芽孢而产生的斜方形、菱形或正方形晶体，又称伴胞晶体。这种晶体是多肽类的毒素，能杀死鳞翅目的幼虫。该晶体可用复红染料染色后观察。其大小因菌种而不同，或因培养基中蛋白质成分的多少而异，而且大多在培养8～12 h后形成。一般在琼脂培养基上培养48 h即可经染色观察伴胞晶体（图4-4）。

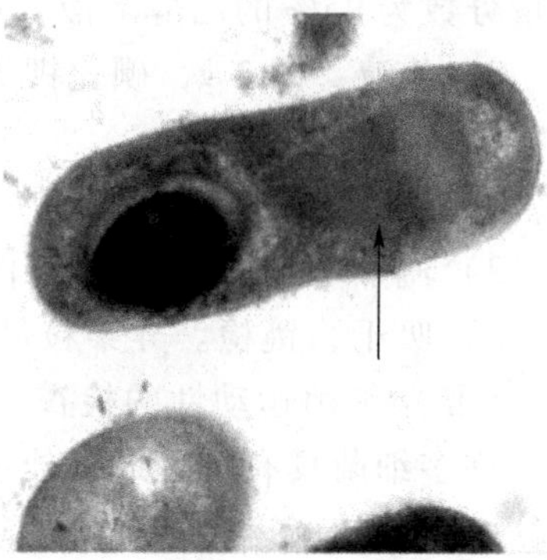

图4-4　苏云金杆菌的伴胞晶体

染色剂：

苯酚-品红溶液：碱性品红0.1 g，质量分数为95%的乙醇溶液10 mL，30 g/L的苯酚水溶液90 mL。

操作步骤：

1）滴苯酚-品红液于涂片染色1 min，水洗。

2）风干或吸干，镜检。红色菱形状为晶体，红色圈状为游离芽孢。

（ⅸ）类脂粒染色

细菌体内常贮藏有类脂物质，如聚β-羟基丁酸（poly-β-hydroxybutyric acid），一般在高碳低氮的环境中更易形成。用革兰氏染色时此类物质不着色，而易被误认为空胞。但若用脂溶性染料染色，则可将其与细胞内的空胞相区别。

染色剂：

1）A液（染色剂）：苏丹黑B（Sudan black B）0.3 g溶于质量分数为65%的乙醇溶液100 mL，混匀，过夜备用。

2）B液（褪色剂）：二甲苯。

3）C液（复染剂）：5 g/L的番红水溶液，见革兰氏染色。

操作步骤：

1）滴3 g/L的苏丹黑液于涂片上，染色10 min。水洗，吸干。

2）用二甲苯冲洗涂片至无黑色素洗脱。

3）用5 g/L的番红溶液复染1～2 min，水洗。

4）干后镜检。蓝黑色为类脂粒，红色为菌体其他部分。

（ⅹ）异染粒染色

异染粒又名捩转菌素（volutin），是细菌细胞中储存的蛋白质颗粒，它随着菌龄的增加而变大，易被蓝色染料（如甲苯胺蓝、甲基蓝）染色而呈红色或紫红色，不呈现蓝色，因此称异染颗粒。如用吕氏美蓝单染5 min，异染粒呈深蓝色，菌体呈淡蓝色。也可用以下阿氏（Albert）异染粒染色法。

染色剂：

1）A 液：甲苯胺蓝(toluidine blue)0.15 g，孔雀绿 0.2 g，冰醋酸 1 mL，质量分数为 95% 的乙醇溶液 2 mL，蒸馏水 100 mL。

2）B 液：碘 2 g，碘化钾 3 g，蒸馏水 300 mL。

操作步骤：

1）滴 A 液于涂片染色 5 min 后倾去。

2）滴加 B 液冲去 A 液，再染 1 min，水洗。

3）吸干，镜检。异染粒呈黑色，细胞体呈暗绿或浅绿色。

（Ⅱ）细菌运动性的检查

许多细菌具有鞭毛或其他运动器官帮助运动，其能否运动也是分类鉴定的特征之一。细菌运动又分真运动和布朗运动两种。真运动指具有鞭毛的细菌由一处游向另一处，或向不同方向游动，有的直行游动，有的翻滚前进。布朗运动即分子运动，是细菌由于水分子的撞击而在一定位置上的颤动，不发生位移或只随水流方向移动，这都不是真正的运动。因此要特别注意观察运动性弱的菌，因为这些细菌的运动往往易与布朗运动相混淆。观察细菌运动一般采用悬滴法、压滴法(水浸片法)、半固体穿刺法和暗视野显微镜法。最常用的是以悬滴法或压滴法制备的载玻片在暗视野、相差或油镜下观察。

（a）悬滴法

1）在厚度为 100 ~ 170 μm 的盖玻片中央加一滴培养 18 ~ 24 h 的菌液。

2）在凹玻片的凹穴周围或盖玻片四角涂上少量凡士林(图 4 – 5)。

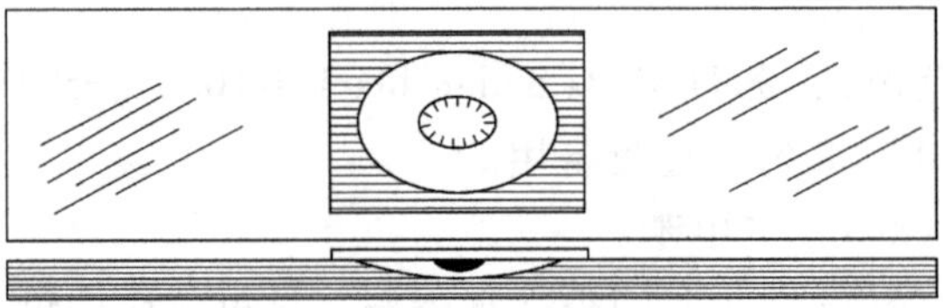

图 4 – 5　悬滴法

3）将滴有菌液的盖玻片迅速反转，轻轻地使液滴悬于载玻片凹穴上方(勿让菌液流散)，略按盖玻片使凡士林密封边缘，以固定盖玻片及防漏防挥发。

4）用低倍镜确定部位后改用油镜，下降聚光器，缩小光圈，在略暗光源下观察。

（b）压滴法

1）在载玻片上滴无菌水，用接种环在培养 18 ~ 24 h 的斜面上沾少许菌苔于水滴处制成菌悬液或直接滴加菌液。

2）在上面轻轻加盖玻片(勿留气泡)，可用普通高倍镜、相差显微镜的高倍相差镜头或相差油镜观察。

细菌的运动与温度有关，室温过低时最好在 30 ℃温箱中预热后再制片观察。此外，做菌悬滴时，水滴量应适当。水量过少，可能使原来运动的菌不运动；水过多，则盖玻片浮动或挤出玻片而影响镜检。若观察到菌体向一个方向流动，应注意可能是由于水过多菌体随水流动，需静止片刻再观察。

（c）半固体穿刺法

1）可结合葡萄糖氧化发酵试验观察运动性，也可用营养琼脂培养基，但琼脂用量依琼脂情况减至 3 ~ 6 g/L，使试管斜放时琼脂不流动、而在手上轻敲即破为宜。每试管分装培养基高 4 ~ 5 cm，经灭菌直立冷却后备用。

2）用接种针穿刺接种，适温培养 2 ~ 3 d，进行观察，如不明显可延至 5 ~ 6 d 再观察。菌的运动性可透过光目测，能运动的菌沿穿刺线向外有明显的扩散带。

另一种检查方法是在培养皿中做软琼脂，在中央接一小滴菌液。如果细菌是运动的，它将从中央游出，通过连续的细胞分裂，扩散生长区域将覆盖整个平板。

（Ⅲ）细菌大小的测定

细菌的大小也是形态鉴定的主要特征之一。测量细菌大小可借助于电子显微镜或目镜测微尺在光学显微镜下直接进行，并以微米（μm）为测量单位。球菌以直径，杆菌与螺旋菌（一般测量其弯曲形长度，而不是其真正的长度）以长 × 宽来衡量。由于细菌个体大小有差异，以及所用固定和染色的方法不同，测定结果可能不大一样，所以有关细菌个体大小的记载，常是平均值或代表性数值。影响细菌形态变化的因素，同样也影响细菌的大小。一般幼龄细菌比成熟的或老年的细菌要大。另外，培养基中渗透压增加也会引起细胞变小。

（2）细菌的培养性状

培养性状指细菌群体在培养基上的形态和生长习性。由于各种细菌在某一鉴定培养基上都能产生固有的菌落形态和生长特征，除鉴定需要外，对检查菌株纯度，认识及管理菌株等都很重要，因此，不可不注意观察细菌的培养性状。

（Ⅰ）平板菌落特征

1）将营养琼脂熔化后凉至不烫手就可倾入培养皿，每皿（直径 9 cm）15 ~ 20 mL，凝固后成琼脂平板，待平板表面无水珠后方可使用。

2）用接种环沾少量菌苔或菌液在平板上划线或将菌液稀释后滴在平板表面，然后用刮刀涂抹均匀，适温培养使其生长出单个菌落。

3）适温培养 3 ~ 7 d。由于菌落的形状、大小不仅决定于组成菌落的细胞结构和生长行为，而且也受其邻近菌落及培养基厚薄的影响，相互靠近的菌落较小，分散开的菌落较大；长在薄培养基上的菌落较小，长在厚培养基上的菌落较大，所以要注意观察分布疏密适中的单菌落形态：大小与形状、表面（光滑、粗糙、皱纹、同心环和辐射状等）、隆起（凹、凸、平）、边缘（光滑、锯齿状、波浪状、纤维状等）、硬度和透明度等（图 4－6）。

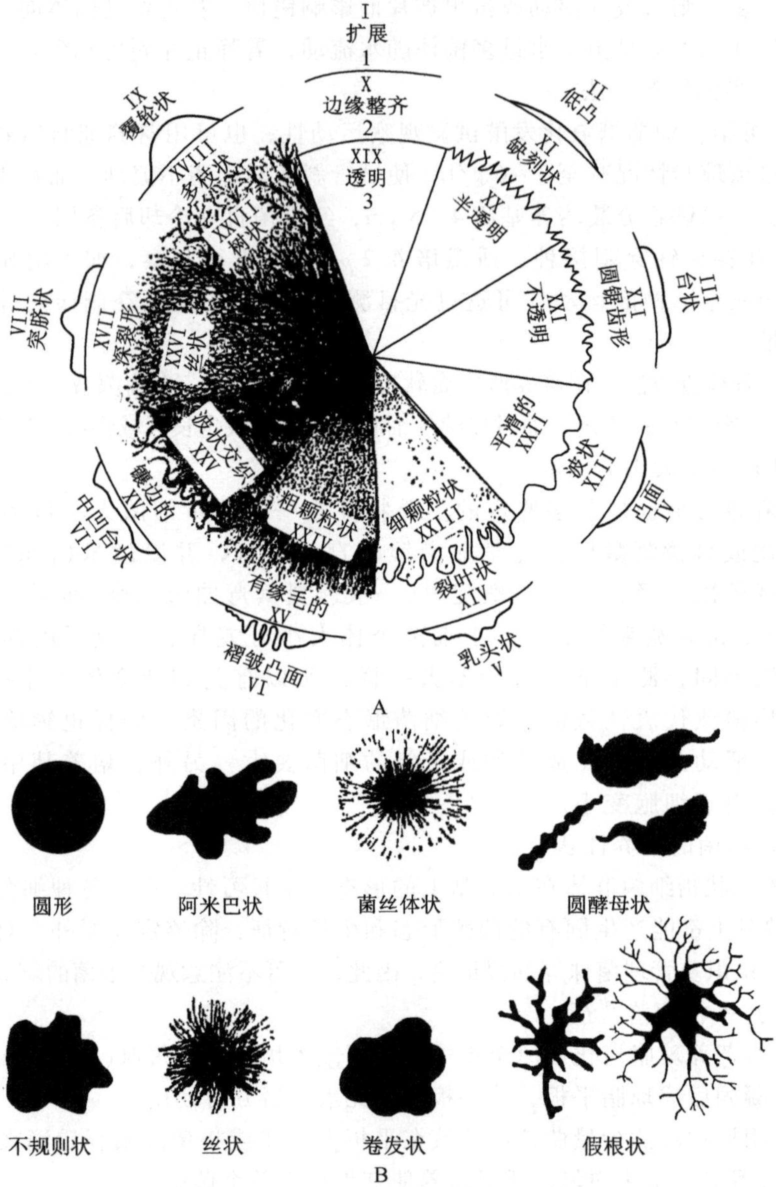

图 4－6　细菌菌落

A. 细菌菌落的描述　B. 细菌菌落的形状

1. 菌落表面　2. 菌落边缘　3. 菌落内部构造

（Ⅱ）斜面菌苔特征

1）用小接种环沾少许菌液在营养琼脂斜面上，由下而上拉一直线，适温培养。注意在移植前，斜面切勿平放，否则底部凝结水倒流表面，划线培养后菌苔随水扩散，以至菌苔特征不典型。

2）一般培养1～7 d内观察并记载以下各项：生长量(良好、微弱、不生长等)、生长型(丝状、小刺状、念珠状、扩散状、假根状、树状和薄膜状等)(图4－7)、光泽、菌苔与培养基颜色、气味和黏度等。

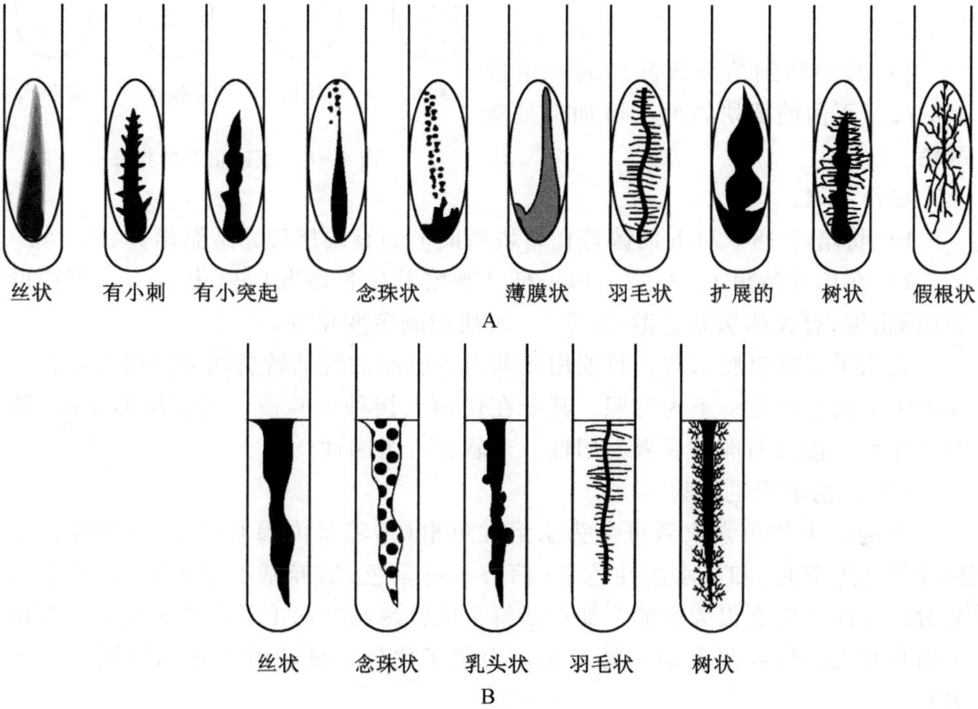

图4－7　琼脂培养

A. 琼脂斜面划线培养特征　B. 琼脂穿刺生长特征

（Ⅲ）培养液中生长特征

1）将配好的牛肉膏蛋白胨培养液经过滤澄清后，121 ℃灭菌20 min。

2）取少量菌体接入培养液中，适温静置培养1～7 d，观察培养物的混浊(整个培养液呈混浊状态，并均匀一致)、沉淀(絮状、黏液状、颗粒状、块状等)、结膜(液面呈薄膜或厚膜，有的沿试管壁长一圈)、气泡和气味等(图4－8)。

（Ⅳ）马铃薯块上的生长特征

培养基制备：

1）选取较好的马铃薯（薯肉为白色，至少颜色一致），洗净去皮，泡在清水中。用刀切成长3.5～4.0 cm、宽0.5 cm的楔形薯块斜面或用直径1 cm左右的打孔器打成圆柱状，再对角切成两个斜面，立即泡在水中，否则易氧化变色。

2）为防止薯块干燥，先在试管底部放一团吸饱水分的湿棉花，再将薯块粗端向下，放入试管中，塞上棉塞，常规灭菌。

3）为中和细菌分解淀粉而产生过多的酸，灭菌前薯块斜面上可加少量碳酸钙。

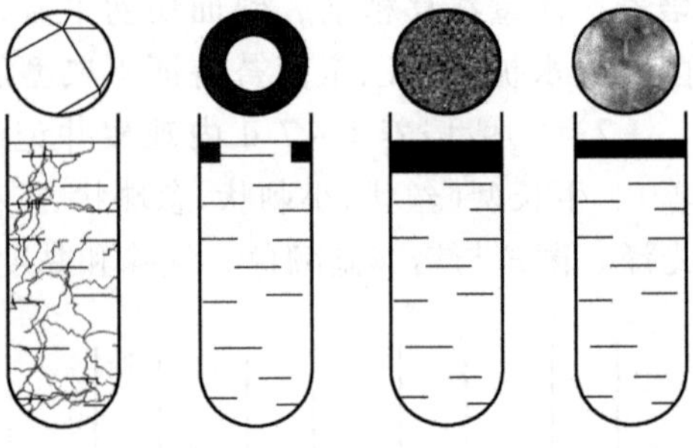

图4－8　液体培养的特征

操作步骤：

1）将培养18～24 h的菌苔在薯块斜面上划直线接种，适温培养。

2）在培养后第1、3、7、14、21 d观察其生长情况（好、中、差），菌苔形态（稠密度，有无褶皱及扩散、色素）、薯块的颜色变化等。

若用于观察果胶水解，只要用无菌刀将洗净的鲜马铃薯切成适当大小，一块用无菌接种针扎一下为对照，其余在切面上接种试验菌，适温培养2 d。如对照完整，接种斜面软腐者为阳性，未软腐者为阴性。

（Ⅴ）色素产生试验

细菌产生的色素大致可分为水溶性色素（培养基内渗有颜色，有的能在紫外线下产生荧光）和非水溶性色素（菌苔本身呈色，培养基不呈色）。培养基成分对色素的产生有很大影响，如在新鲜牛肉汁琼脂斜面上易产生荧光；而在用牛肉膏制成的培养基上则不易产生。为便于比较，试验时最好选用同一种培养基。

下面是鉴定假单胞产色菌的常用培养基，A用于观察水溶性非荧光色素，B用于观察荧光色素（一般情况下可以两用）。荧光色素只有在紫外线下是可见色素。

培养基（121 ℃灭菌20 min）：

成　分	金氏A	金氏B
蛋白胨	20 g	20 g
硫酸钾（K_2SO_4）	10 g	—
氯化镁（$MgCl_2$）	1.4 g	—
磷酸氢二钾（K_2HPO_4）	—	1.5 g

续表

成　分	金氏 A	金氏 B
硫酸镁($MgSO_4 \cdot 7H_2O$)	—	1.5 g
甘油	10 g	10 g
水洗琼脂	20 g	20 g
蒸馏水	1 L	1 L
pH	7.5	7.5

操作步骤：

1）将幼龄菌种接入上述斜面培养基，适温培养，在第1、3、5、7、14 d分别观察一次。

2）观察时，最好将菌苔刮出，用黑(白)纸作背景在自然光下目测培养基颜色；用紫外灯检查荧光色素。

若培养基中添加葡萄糖(质量浓度为10~20 g/L)，有些细菌更易于产生色素。

(3）细菌的生理生化反应

由于各种细菌生理特性不同，而产生的代谢物也不一样，常规鉴定中常做的生理生化试验如下。

(Ⅰ）氧化酶试验

氧化酶又称细胞色素氧化酶，它和细胞色素a、b和c等构成氧化酶系，参与生物的氧化作用。在有细胞色素和细胞色素氧化酶存在时，加入α-萘酚和二甲基对苯撑二胺(*p* - aminodimethylaniline hydrochloride,或称对氨基二甲基苯胺)后即形成吲哚酚蓝，反应式如下：

$$\text{二甲基对苯撑二胺} + \alpha - \text{萘酚} \longrightarrow \text{吲哚酚蓝} + 4H^+ + 4e$$

试剂配制：

1）10 g/L的二甲基对苯撑二胺水溶液，于棕色瓶中置冰箱保存。因该溶液极易氧化，保存时间不得超过两周，如溶液转为红褐色则不能使用。

2）10 g/L的α-萘酚、质量分数为95%的乙醇溶液。

操作步骤：

1）取滤纸一张置培养皿内，滴上二甲基对苯撑二胺液(或滴上两种试剂等量混合液)，滴入量以使滤纸湿润为度。如加得过湿有碍菌苔与空气接触，延长呈色时间则易造成假阴性。

2）用白金耳勺(铁、镍等金属可催化二甲基对苯撑二胺呈红色，不宜用这些金属制的接种环)挑取 18～24 h 的菌苔，涂抹在滤纸上，如呈玫瑰红(或蓝色)为阳性，在 1 min 以后显色者仍按阴性处理。

3）也可制成氧化酶试纸。将滤纸用 10 g/L 的二甲基对苯撑二胺溶液浸湿，风干后剪成纸条，放在有橡皮塞的试管中置冰箱密闭保存。使用时，用白金耳勺取菌苔直接在纸条上涂抹。判别过程同上。

（Ⅱ）接触酶试验

接触酶又称过氧化氢酶，是一种以正铁血红蛋白作为辅基的酶，能分解过氧化氢为水和氧。其反应式如下：

$$2H_2O_2 \xrightarrow{\text{接触酶}} 2H_2O + O_2\uparrow$$

一般好氧细菌与兼性厌氧细菌(某些链球菌、乳酸杆菌等除外)都能产生接触酶，而厌氧细菌不产生接触酶，接触酶试验是区别好氧和厌氧菌的方法之一。

培养基：

1）常规营养琼脂培养基(不可含有血红蛋白或红细胞，以免产生假阳性结果)。

2）在鉴定乳酸菌时，培养基中应加入葡萄糖(质量浓度为 10 g/L)。乳酸菌在无糖培养基上生长时，可能产生一种“假过氧化氢酶”的非血红蛋白的过氧化氢酶。

操作步骤：

1）接种试验菌，适温培养 18～24 h。

2）将质量分数为 3% 的 H_2O_2 溶液滴于斜面菌苔上(或涂有菌苔的载玻片上)，静置 1～3 min 后，如有气泡产生即为阳性。

（Ⅲ）葡萄糖氧化发酵试验

细菌从糖类产酸并不均是发酵性产酸，也并非都是不需要分子氧作为最终受氢体。以分子氧为最终受氢体的细菌产酸量较少，且常常被培养基中的蛋白胨分解时所产生的氨中和，而显示不产酸。为此，可以用含低有机氮培养基来鉴别细菌从糖产酸是氧化性的还是发酵性的。一般以葡萄糖为代表，也可用该基础培养基测定细菌从其他糖或醇类产酸的特性。这已广泛用于细菌分类鉴定。

基础培养基：

蛋白胨 2 g，NaCl 5 g，K_2HPO_4 0.2 g，琼脂(水洗)5～6 g，10 g/L 的溴麝香草酚蓝水溶液 3 mL，蒸馏水 1 L，调节 pH 至 7.0～7.2，每试管分装高 4～5 cm，121 ℃灭菌 20 min。

使用时将培养基在沸水中熔化，再把经过过滤灭菌的糖液加到试管中，使其质量浓度达到 10 g/L，摇匀，直立冷却后备用。也可把等量的葡萄糖直接加入培养基中，110 ℃灭菌 20 min。

操作步骤：

1）将培养 18 ~ 24 h 的幼龄菌体穿刺接种于上述培养基中，每株接 4 支。培养基在使用前于沸水中熔化后迅速用冷水冷却，凝固后立即使用，以排除因培养基中有空气而影响结果。

2）2 支用灭菌的凡士林（与液体石蜡各半混匀）注入试管（0.5 ~ 1.0 cm 厚）以隔绝空气为闭管，另 2 支不封油为开管。同时还要有不接种的开、闭管作为对照。若接种后 24 h 内进行观察，也可不用凡士林封管。置 30 ℃培养，在第 1、2、4、7、14 d 各观察一次。

3）观察结果。氧化产酸：仅开管产酸变黄，而且培养基上层产酸变色部分不超过 1 cm；48 h 后，氧化作用强的菌也只有半管左右因产酸变色；氧化能力弱的菌往往在 1 ~ 2 d 时，上部产碱变蓝，以后才稍因产酸而变黄。发酵产酸：开管及闭管均产酸，沿穿刺线先产酸变色，发酵作用强的菌培养 24 h 内可因产酸而全管变色。如产气，则在琼脂柱内产生气泡。

（Ⅳ）糖（醇）发酵试验

细菌具有各种酶系统，在厌氧条件下能分解糖类，产生各种有机酸（乳酸、醋酸、丙酸等）、气体（甲烷、二氧化碳、氢气等）和其他产物。细菌种类不同对各种糖（表 4 - 2）的分解能力各异，因此这是鉴别细菌种类的一项重要依据。

表 4 - 2　用以发酵的糖、醇和糖苷的种类

类别	亚类	种类
糖类	单糖	五碳糖——阿拉伯糖、木糖、鼠李糖等 六碳糖——葡萄糖、果糖、半乳糖、甘露糖等
	双糖	还原糖——乳糖、麦芽糖等，非还原糖——蔗糖、纤维二糖、海藻糖等
	三糖	棉子糖、松三糖等
	多糖	淀粉、糊精、纤维素、菊糖、肝糖等
醇类		如乙醇、甘油、甘露醇、山梨醇、卫茅醇、肌醇和清凉茶醇等
糖苷类		如水杨苷、七叶苷、松苷等

酸的产生可根据培养基中溴麝香草酚蓝（pH7.6 ~ 6.0 由蓝变黄）或溴甲酚紫（pH6.8 ~ 5.2 由紫变黄）等指示剂的颜色改变来确定。产气可由发酵管气泡的产生予以证实。发酵管有两种，杜氏管（Durhan tube）气泡集中在小管顶端；艾氏管（Einhorn tube）气泡集中在封闭端的顶部，且气体量可由刻度显示。细菌鉴定一般只需定性就行了，所以通常用小型的杜氏管，操作简单，又节省糖

液(图 4－9)。

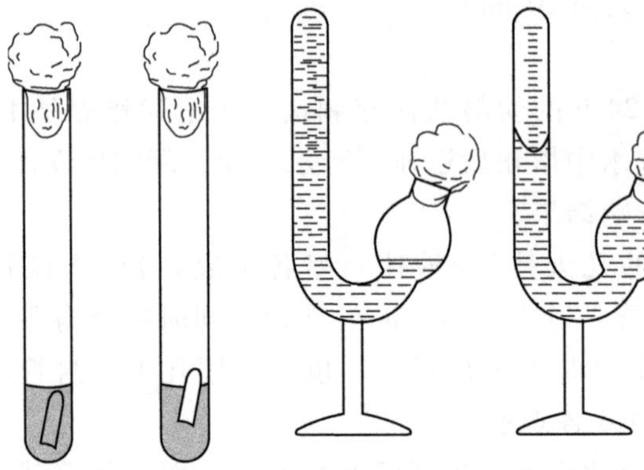

图 4－9 发酵管

培养基：

一般常以牛肉膏蛋白胨为基础培养液，pH7.6，每 1 L 加入 16 g/L 的溴麝香草酚蓝水溶液 1 mL 至培养液呈蓝绿色，定量分装培养液于烧杯中，分别在烧杯中按 10 g/L 标准加入糖或醇类，并分别装入试管中，每管装入培养液的高度为 4～5 cm，再在试管内加入倒置的杜氏小玻管[0.4 cm×(2.0～2.5)cm]一支。灭菌后小管内因空气排除而充满培养液(灭菌前必须将灭菌锅内冷空气排净,否则小管内会残留气泡)，110 ℃灭菌 20 min；或将糖液单独过滤灭菌，然后以无菌操作把糖液按量加入已高温灭菌的基础培养液中。配好后最好及时使用，以免存放时间长杜氏小管中出现气泡。

操作步骤：

1) 将试验菌分别接入上述培养液中，30 ℃培养 48～72 h，另以不接种者作对照。

2) 如产酸则培养液 pH 下降而变黄色。如产气，则必先产酸，并在杜氏小管顶端出现气泡。

3) 结果记录：以“＋”表示产酸，“○”表示产气，“⊕”表示产酸产气，“－”表示无变化，“碱”表示产碱。

(Ⅴ) 乙酰甲基甲醇(V－P)试验

本试验与甲基红试验都是为了测定细菌发酵葡萄糖的变化。某些细菌在糖代谢过程中分解葡萄糖产生丙酮酸，丙酮酸脱羧后生成活性乙醛，后者再与丙酮酸或乙醛化合成中性的乙酰甲基甲醇，其在碱性条件下被氧化为二乙酰，它与蛋白胨中氨基酸的胍基作用后产生红色化合物，即为 V－P 试验阳性。其过程大致如下：

$$C_6H_{12}O_6(葡萄糖) \longrightarrow 2CH_3COCOOH(丙酮酸) + 4H$$

$$2CH_3COCOOH(丙酮酸) \longrightarrow CH_3COCHOHCH_3(乙酰甲基甲醇) + 2CO_2$$

$$CH_3COCHOHCH_3(乙酰甲基甲醇) \xrightarrow[+KOH]{2H} CH_3COCOCH_3(二乙酰)$$

$$CH_3COCOCH_3 + 2NH = C(NH_2)_2(胍) \longrightarrow 2NH = C(N = CH_2)_2(红色) + 2H_2O + 2H$$

培养基：

蛋白胨 5 g，葡萄糖 5 g，K_2HPO_4(或 NaCl)5 g，水 1 L，调节 pH 至 7.0～7.2，每试管分装 4～5 mL，110 ℃灭菌 20 min。

试剂配制：

1）A 液：50 g/L 的 α－萘酚无水乙醇溶液，该液易氧化，只能随配随用。或用 3 g/L 的肌酸水溶液(也可不配成溶液，直接使用)。

2）B 液：400 g/L 的 NaOH 溶液。

操作步骤：

1）将试验菌接种于上述培养液中，适温培养 2、4、6 d(如为阴性可适当延长时间)。

2）取培养液 1 mL 加 1 mL NaOH 溶液和 0.5 mL α－萘酚液(或用 0.5～1 mg 肌酸)，用力振荡，15～30 min 后观察其颜色变化。红色为阳性，黄色为阴性。

(Ⅵ) 甲基红(M－R)试验

某些细菌在分解葡萄糖产生丙酮酸后，进一步分解为甲酸、乙酸和乳酸等，使培养液呈酸性，用甲基红指示剂(pH4.4～4.6，红色－黄色)测定培养液，若呈红色，则为甲基红阳性。如产生的是中性物质，则无此反应。

培养基：

同乙酰甲基甲醇(V－P)试验。若试验菌属芽孢杆菌属，则以 NaCl 代替 K_2HPO_4，以防因 K_2HPO_4 有缓冲作用，妨碍 pH 的降低。

试剂配制：

甲基红 0.1 g，质量分数为 95% 的乙醇溶液 300 mL，蒸馏水 200 mL。

操作步骤：

1）接种培养同 V－P 试验。

2）在培养液中加 1～2 滴甲基红试剂，如呈红色为阳性，黄色为阴性。

3）适温培养。若试验菌为肠道细菌要求 37 ℃培养 4 d，再行测定。

(Ⅶ) 淀粉水解试验

细菌如产生淀粉酶(胞外酶)，则将培养基中的淀粉水解为糊精或糖。淀粉水解后，遇碘不再呈蓝色反应。

培养基：

常用营养琼脂培养基按 2 g/L 浓度标准加可溶性淀粉。配制时先将淀粉用少量水调成糊状，再加入琼脂已熔化的培养基中，以免焦底。

试剂：卢戈氏碘液（见革兰氏染色）。

操作步骤：

1）将上述培养基倾入培养皿中，待凝固。

2）用接种环取少量菌苔在此琼脂平板上划线或点植，适温培养 2～7 d。

3）打开皿盖，滴加碘液于菌落上，如菌落周围为蓝色，表示未水解；如菌落周围或菌落下方有无色透明圈，或呈红紫色，证明淀粉已被水解。透明圈的大小说明淀粉酶活力的强度。

（Ⅷ）纤维素分解试验

选一适当的培养基，加入纤维素（滤纸或纤维素粉）作为细菌的唯一碳源，观察其能否生长以及纤维素分解情况，以示有无纤维素酶。

培养基：

1）试管法：胨水基础培养液：蛋白胨 5 g，NaCl 5 g，水 1 L。调节 pH 至 7.0～7.2，每试管分装 5 mL，并在管内加入 0.8 cm×7 cm 的滤纸条（事先经去淀粉、去酸处理，见 3.3.2.6 纤维素分解菌的测定），121 ℃灭菌 20 min。

2）平板法：培养皿底层为 20 g/L 的琼脂溶液 15 mL，上层为上述基础培养液 5 mL（含 8～15 g/L 的纤维素粉、15 g/L 的琼脂）。

操作步骤：

1）试管法：取斜面菌苔少许接种于试管培养液内，并以不接种者为对照。适温培养 5～15 d，其中滤纸折断、变薄或溃散者为阳性，滤纸无变化者为阴性。

2）平板法：在双层平板上，每皿可点接 6 个菌，同时应设接种不含纤维素的培养基为对照。经适温培养后，观察菌落四周有无透明圈，如有则为阳性。

（Ⅸ）明胶液化试验

明胶是一种动物性蛋白质，可由细菌蛋白酶（胞外酶）的水解作用，使其分子变小，从而导致明胶由原来的固态变为液态，即所谓明胶液化，即使在 20 ℃以下也不再凝固。能够以细菌是否使明胶液化来表示其有无分解蛋白质的能力。常用的有穿刺法和平板法。

培养基：

1）明胶培养基：蛋白胨 5 g，明胶 120 g，水 1 L，pH7.2～7.4。

2）明胶琼脂培养基：明胶 4 g，牛肉膏 3 g，蛋白胨 5 g，琼脂 15 g，水 1 L，pH7.0～7.2。

配制时先将烧杯中水加热，近沸腾时再加入其他药品和明胶，边加热边搅拌(防止粘底,烧杯破裂)，待熔化后，调节 pH，每试管分装 5 mL 或装三角瓶，115 ℃灭菌 20 min。明胶用量决定于质量，以能在 20 ℃凝固成稳定的凝块为宜，夏天可适当增加用量。

操作步骤：

(a) 穿刺法

1) 将 18 ~24 h 的幼龄菌体穿刺接种于上述培养基中，并以不接种者为对照，于 20 ℃培养。

2) 分别在第 2、4、7、14、30 d 取出，在室温 20 ℃以下时观察菌的生长情况和培养基是否液化及其液化形状。试管中液化形状有火山口状、芜菁状、漏斗状、囊状和层状(图 4 -10)。20 ℃条件下不长的菌株可置于 30 ℃培养，观察时先取出置冰箱中降温，待同时放入的对照管中明胶凝固后一并取出观察。

3) 若长菌，明胶表面无凹陷，凝块稳定，则为明胶液化阴性；若明胶凝块部分或全部在 20 ℃以下变为可流动的液体，则为明胶液化阳性；若明胶未液化，但明胶表面菌苔下出现凹陷(用对照管比较,培养过久明胶失水也会出现凹陷)，这是轻度液化，仍为阳性。此法仅适用于能在 22 ℃以下生长的细菌。

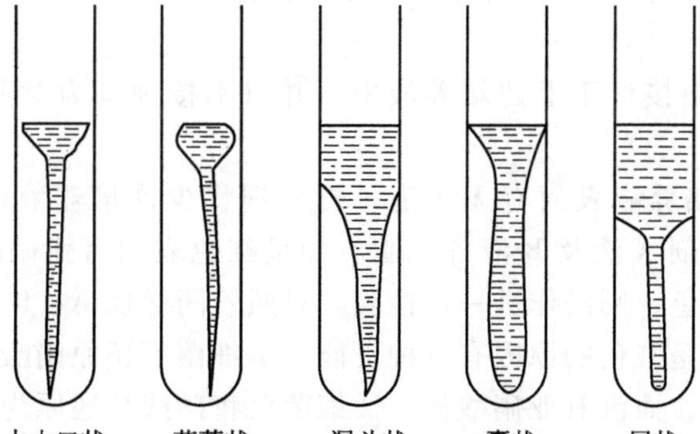

图 4 -10　明胶穿刺液化的形态

(b) 平板法

1) 将明胶琼脂培养基制成平板。

2) 取少量菌苔于平板上划线或点植，28 ~30 ℃培养 2 ~3 d。

3) 打开皿盖，倾注 8 ~10 mL 酸性升汞溶液(升汞 15 g,浓 HCl 20 mL,蒸馏水 100 mL,混合均匀)淹没平面。若菌苔周围出现清晰透明圈，说明该菌分解明胶；如不液化，则形成白色不透明沉淀。此法灵敏度较高。

（X）硝酸还原试验

本试验是测定细菌是否具有还原硝酸盐为亚硝酸盐、氨或氮的作用。在下列培养基中培养后用格利斯试剂，或再用二苯胺试剂、奈氏试剂测定有无硝酸还原后的生成物产生。硝酸盐还原过程如下式：

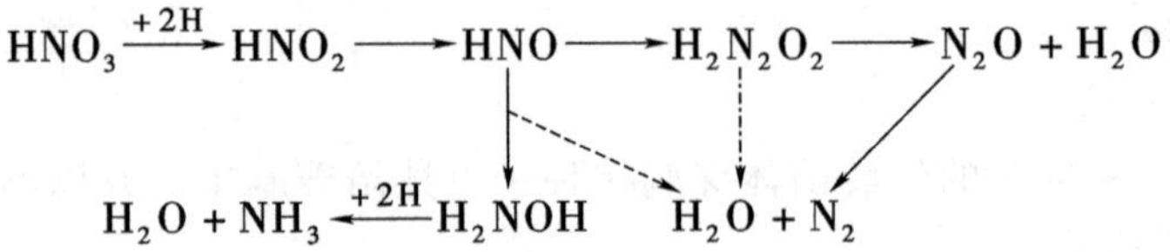

从反应式所示，亚硝酸盐可能是最终产物，也可能是一系列反应的中间产物。

亚硝酸和格利斯试剂的反应如下：

$$对氨基苯磺酸 + 亚硝酸 \longrightarrow 对重氮苯磺酸 + 2H_2O$$

$$对重氮苯磺酸 + \alpha - 萘胺 \longrightarrow N - \alpha - 萘胺偶氮苯磺酸（红色）$$

培养基：

牛肉膏 3 g，蛋白胨 5 g，KNO_3 1 g，水 1 L，pH7.0～7.6，每试管分装4～5 mL，于 121 ℃灭菌 20 min。

试剂：

1）格利斯试剂见 3.3.2 亚硝化细菌的测定。

2）二苯胺试剂见 3.3.2 硝酸化细菌的测定。

操作步骤：

1）将试验菌接种于上述培养液中，并以不接种者为对照，适温培养 1、3、5 d。

2）先观察培养液表面有无气泡，再分别将少许培养液倒入比色盘小穴中，加格利斯试剂 A 液及 B 液各一滴。如呈红色表示有亚硝酸盐存在，即为阳性；如不呈红色，则需作进一步检验。对照管同样加 A、B 液各一滴。用格利斯试剂检验不呈红色的原因有三种可能：①细菌不还原硝酸盐，则培养液中存在的是硝酸盐，而没有亚硝酸盐。②细菌已将硝酸盐还原为亚硝酸盐，并继续分解为游离氨或氮，以致培养液中不存在硝酸盐或亚硝酸盐。③细菌接种量过少，或培养时间不够，还原作用尚未开始。

3）如果遇到格利斯试剂反应为阴性时，可用下列试验证明硝酸盐是否还原。①在培养液中加少许锌粉，再加格利斯试剂 A、B 两液，如呈红色，示有硝酸盐存在。②在培养液中加 1～2 滴二苯胺试剂，如呈深蓝色，则表示有硝酸盐存在，同时格利斯试剂反应为阴性，说明菌株不进行硝酸盐还原作用。如不呈深蓝色，又不呈玫瑰红色，表示硝酸盐已还原为 NH_3 或 N_2，这可观察培养管有无气泡出现来检验，同时用奈氏试剂检验 NH_3

的产生。

（Ⅺ）产氨试验

某些细菌具有脱氨酶，能使氨基酸脱去氨基，生成氨和各种酸类。氨与奈氏试剂作用产生黄或棕红色沉淀。其反应式如下：

$2(HgI_2 \cdot 2KI) + 3KOH + NH_3 \longrightarrow NH_2Hg_2OI$（黄色碘化氧双汞铵）$+ 7KI + 2H_2O$

或 $2(HgI_2 \cdot 2KI) + KOH + NH_3 \longrightarrow NH_2Hg_2I_3$（棕红色碘化双汞铵）$+ 5KI + H_2O$

培养基：

5 g/L 的蛋白胨液（不含游离氨方可使用，事先可用奈氏试剂检查），pH7.2。分装试管，121 ℃灭菌 20 min。

试剂：

奈氏试剂见 3.3.2 氨化细菌的测定。

操作步骤：

1）接种试验菌于适温培养 1、3、5 d，并有不接种的空白对照。

2）取培养液少许，加 1～2 滴奈氏试剂，如出现黄或褐色沉淀，示有氨存在。

（Ⅻ）硫化氢产生试验

某些细菌能分解含硫氨基酸（如胱氨酸和半胱氨酸）产生 H_2S。而 H_2S 遇铅盐（或铁盐），形成黑色的硫化铅（或硫化铁）沉淀物。其反应式如下：

$CH_2SHCHNH_2COOH$（半胱氨酸）$+ H_2O \longrightarrow CH_3COCOOH + H_2S\uparrow + NH_3$

$H_2S + Pb(CH_3COO)_2$（醋酸铅）$\longrightarrow PbS\downarrow$（硫化铅，黑色）$+ 2CH_3COOH$

培养基：

蛋白胨 10 g，胱氨酸 0.1 g，Na_2SO_4 0.1 g，蒸馏水 1 L，pH7.0～7.4。每试管分装 4～5 mL，110 ℃灭菌 20 min。

另将滤纸剪成 0.5～1 cm 宽的纸条，长度根据试管与培养液高度而定。用 50～100 g/L 的醋酸铅溶液浸透，取出晾干，放培养皿中高压灭菌，再烘干备用。

操作步骤：

1）培养液接种后，用无菌镊子夹取一条醋酸铅滤纸条，借助棉塞悬挂于试管中培养液液面之上，下端接近液面但不可触及液面。

2）同时以不接种的空白及已知呈阴性反应的菌为对照。适温培养。

3）培养 3、7、14 d 观察。纸条变黑者为阳性，不变者为阴性（图 4－11）。

（ⅩⅢ）吲哚（indole）产生试验

有些细菌含有色氨酸酶，能将蛋白胨中的色氨酸分解为吲哚（靛基质）。吲哚与对二甲基氨基苯甲醛作用产生红色的玫瑰吲哚。如加过锰酸钾饱和液或过硫酸钾液等氧化剂，可促进反应。其反应式如下：

色氨酸 + H_2O ⟶ 吲哚 + NH_3 + $CH_3COCOOH$

2 吲哚 + 对二甲基氨基苯甲醛 ⟶ 玫瑰吲哚 + H_2O

培养基：

10 g/L 的胰胨水溶液，pH7.2～7.6，每管分装 5 mL，110 ℃灭菌 30 min。

试剂：

对二甲基氨基苯甲醛（*p* - dimethylaminobenzaldehyde）2 g，质量分数为 95% 的乙醇溶液 190 mL，浓盐酸 40 mL。

操作步骤：

1）培养液接种试验菌后适温培养。

2）取培养 2～7 d 的培养液，沿管壁缓缓加入 3～5 mm 高的吲哚试剂，液层界面现红色表示产生吲哚，即为阳性。

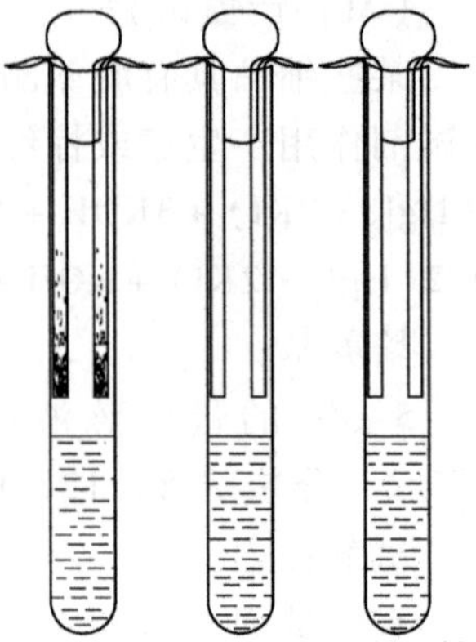

图 4－11　硫化氢的产生

3）若颜色不明显，可先加乙醚 4～5 滴（或二甲苯 1 mL），充分摇动，静置片刻，待乙醚层浮于液面后，再加吲哚试剂。如有吲哚存在，则被提取到乙醚层中，显色较为明显（加入试剂后不可再动摇，否则被混合，红色不明显）。

使用不同牌号的胰胨（或蛋白胨）时，产生吲哚的阳性率不一致，最好使用同一牌号的胰胨。此外，培养液中加入微量的色氨酸，可加强吲哚的阳性率。

（XIV）石蕊牛奶实验

牛奶通常含有乳糖、酪蛋白、无机盐及生长素等。细菌对牛奶的利用主要是指对乳糖及酪蛋白的分解作用。牛奶中常加石蕊作为酸碱和氧化还原指示剂（在中性时呈淡紫色，酸性时呈红色，碱性时呈蓝色，被还原时，则自下而上全部或部分褪色），借此识别各种反应：

反应	特征（在下述五种情况下，石蕊均可复原）
产酸	细菌发酵乳糖，使石蕊变红
产碱	细菌分解酪蛋白产生碱性物质，使石蕊变蓝
胨化	细菌分泌蛋白酶，酪蛋白被水解，使牛奶变清（注意石蕊呈红色或蓝色或无色）
酸凝	细菌发酵乳糖产酸量很高时，使牛奶凝固，石蕊常呈蓝色或紫色，或不变色
还原	细菌生长旺盛，使培养基氧化还原电位降低，石蕊褪色

培养基：

1）脱脂牛奶的制备：新鲜牛奶脱脂见 4.2.2 冷冻干燥保藏法，也可用脱脂奶粉 100 g 溶于 1 L 水中代替。

2）石蕊溶液的配制：石蕊 2.5 g，蒸馏水 100 mL。将石蕊浸泡在蒸馏水中过夜或更长时间，研磨后，再煮沸 1 min，溶解后过滤备用。

3）石蕊牛奶的配制：以新鲜牛奶不用调节 pH 者为最佳，如果脱脂后牛奶偏酸，可用 1 mol/L NaOH 调节至 pH7.0，再按下列比例混合：脱脂牛奶 100 mL，25 g/L 的石蕊液 4 mL。混合后颜色以呈丁香花紫色（淡紫偏蓝）为宜，每试管装 4～5 mL，110 ℃灭菌 30 min。

操作步骤：

1）将试验菌接种于石蕊牛奶试管中，另取不接种者为对照，适温培养。

2）培养 1、3、5、7、14 及 30 d 观察酸碱反应、酸凝、胨化和还原等，各反应特征如前所述。

（XV）尿素水解试验

有些细菌产生脲酶，能分解尿素为氨和二氧化碳，培养基的 pH 因此而升高，可根据培养基中酚红指示剂颜色的变化，判断尿素是否水解。其反应式如下：

$$CO(NH_2)_2 + 2H_2O \longrightarrow (NH_4)_2CO_3 \longrightarrow 2NH_3\uparrow + CO_2\uparrow + H_2O$$

培养基：

15 g/L 的营养琼脂培养基，pH 调至 7。

操作步骤：

1）将上述琼脂熔化后，每 1 L 加酚红 0.012 g（或 2 g/L 酚红水溶液 6 mL），再加灭菌的尿素 20 g，使培养基呈黄色或微带粉红。冷至 45 ℃，制成平板。

2）将试验菌点植在平板上。每个平板可同时点植数种菌，点植时菌量应稍大。同时以已知菌和未接种培养物为对照。

3）适温培养 2、4 h 后进行观察，在接种点周围出现红色圈，即为阳性，培养基颜色不变者为阴性。如结果为阴性，则需连续观察 4 d。

（XVI）3－酮基乳糖产生试验

本试验主要用于鉴别土壤杆菌（*Agrobacterium*），该菌通常能氧化非还原性的乳糖为有还原性的 3－酮基乳糖。

培养基：

乳糖 10 g，酵母膏 1 g，琼脂 20 g，蒸馏水 1 L。pH7.0～7.2，分装三角瓶，110 ℃灭菌 30 min。

试剂：

本尼迪克特（Benedict）试剂：$CuSO_4 \cdot 5H_2O$ 17.3 g，无水 Na_2CO_3 100 g，$Na_3C_6H_5O_7 \cdot 2H_2O$ 173 g，加蒸馏水至 1 L。

将碳酸钠和柠檬酸钠溶于 600 mL 蒸馏水中，过滤并加水至 850 mL。将硫酸铜溶于 100 mL 蒸馏水中并加水至 150 mL，然后将它边搅拌边缓缓加入前一溶液中。

操作步骤：

1）将培养基倒入培养皿内制成琼脂平板。

2）取一环菌苔点种在平板上，适温培养 2 d 生长成明显菌落。

3）在平板上注入上述试剂，室温放置 30 ~ 60 min，如菌落周围有黄褐色沉淀，表示有 3 - 酮基乳糖产生，为阳性，无变化者为阴性。

（ⅩⅦ）苯丙氨酸脱氨酶测定

苯丙氨酸氧化脱氨形成苯丙酮酸，苯丙酮酸遇三氯化铁呈蓝绿色。

（a）方法 1

试剂：

1）2 ~ 5 g/L 的 L - 苯丙氨酸溶液。

2）生理盐水或 pH6.8 的甲、乙混合缓冲液：①甲液：0.2 mol/L 的 KH_2PO_4(27.2 g/L)溶液 50 mL；②乙液：0.2 mol/L 的 Na_2CO_3(8 g/L)溶液 23.6 mL。

3）330 g/L 的 $FeCl_3$ 溶液。

操作步骤：

1）将试验菌接种在营养琼脂斜面上，适温培养 24 h。

2）在每支空试管中加 4 滴 L - 苯丙氨酸溶液和 4 滴生理盐水（或混合缓冲液）。

3）将菌苔刮入上述试管中制成浓菌液，并设不加菌液者为空白对照，变形杆菌为阳性对照。

4）搅拌 10 min 或置室温 15 ~ 20 min，每管加入 1 ~ 2 滴 $FeCl_3$ 液，如立即呈绿色为阳性，不变色为阴性。

（b）方法 2（用于肠杆菌科的细菌）

培养基：

酵母膏 3 g，L - 苯丙氨酸 1 g，Na_2HPO_4 1 g，NaCl 5 g，琼脂 12 g，蒸馏水 1 L，pH7.0，分装试管，121 ℃灭菌 10 min，摆成长斜面。

试剂：

100 g/L 的 $FeCl_3$ 溶液。

操作步骤：

1）将试验菌接种于新鲜斜面（量大些），37 ℃培养 4、18 ~ 24 h 测定。

2）加 4 ~ 5 滴 $FeCl_3$ 溶液于斜面上，若斜面和冷凝水显绿色者为阳性。

（ⅩⅧ）碳源的利用

细菌能否利用某些含碳化合物作为唯一碳源，可作为分类鉴定的特征。用于测定的底物种类很多，有糖类、醇类、各种有机酸类和氨基酸类、胺类等。底物可用过滤灭菌或 110 ℃ 灭菌 20 min 后加到已灭菌的基础培养基中。因菌种不同，可拟定相应的基础培养基。以下介绍一种无机氮基础培养基，供参考。

培养基：

$(NH_4)_2SO_4$ 2.0 g，$NaH_2PO_4 \cdot H_2O$ 0.5 g，K_2HPO_4 0.5 g，$MgSO_4 \cdot 7H_2O$ 0.2 g，$CaCl_2 \cdot 2H_2O$ 0.1 g，蒸馏水 1 L。pH6.5 ±0.1，如用固体培养基，则另加 10 ~20 g/L 的琼脂，加含碳化合物浓度为 0.03 mol/L。

操作步骤：

1）用接种针蘸取菌悬液接入培养液中(平板培养皿用接种环点种)，适温培养 2、5、7、14 d，每一个试验菌都需接种未加含碳化合物的基础培养基作为对照。

2）观察时，试验菌在含碳化合物培养基中的生长明显超过基础培养基者为阳性，否则为阴性。若两种培养基上生长情况无明显差别，可在同一培养基上连续移种三次，如生长差别仍不明显，则按阴性处理。

（XIX）柠檬酸盐生长试验

由于细菌利用柠檬酸盐的能力不同，因此能否在以柠檬酸盐为唯一碳源的培养基上生长可用于判断该菌能否利用柠檬酸盐。当细菌利用柠檬酸盐时，将其分解成碱性的碳酸盐，使培养基中酚红指示剂(pH6.8 ~8.4，黄—红)由淡粉红色变为玫瑰红色，以此识别。

培养基：

柠檬酸钠 5 g，$NH_4H_2PO_4$ 1 g，NaCl 5 g，$MgSO_4 \cdot 7H_2O$ 0.2 g，$K_2HPO_4 \cdot 3H_2O$ 1 g，酵母膏 1 g，5 g/L 酚红溶液 3 mL，琼脂(使用前需要用水浸泡洗去杂质)20 g，蒸馏水 1 L。分装试管，其量以能摆高底柱斜面为宜，121 ℃ 灭菌 20 min。

操作步骤：

1）将试验菌在斜面上划线接种，适温培养 3 ~5 d。

2）该菌能利用柠檬酸盐，则可在此斜面上生长并将培养基由原来的淡粉红色变为玫瑰红色，此为阳性，颜色不变者为阴性。

（XX）氰化钾试验

氰化钾是呼吸链末端抑制剂。能否在含氰化钾培养基中生长，是鉴别肠杆菌科中各属的常规试验项目。

培养基：

蛋白胨 3 g，KH_2PO_4 0.225 g，NaCl 5 g，$Na_2HPO_4 \cdot 2H_2O$ 5.64 g，蒸馏水 1 L。pH7.4 ~7.6，121 ℃ 灭菌 20 min。冷却后加 5 g/L 的 KCN 水溶液 15 mL，

无菌条件下分装于灭菌小试管，每管 1 mL。另有不加 KCN 的对照管。

操作步骤：

1）用幼龄菌接种测定管和对照管。

2）37 ℃培养 1 ~ 2 d，测定管中生长者为阳性；测定管中未生长，而对照管中生长者为阴性。

3）如测定管和对照管中均未生长，说明培养基成分不合适，应另选适当培养基进行测定。

4）氰化钾为剧毒药品，试验完毕应在各试管中加几粒 $FeSO_4$ 和 200 g/L 的 KOH 溶液 0.5 mL 去毒后，再按常规洗涤。

(4) 细菌的生态条件

细菌的生命活动，除营养条件之外，对其他生活条件也有一定要求，如温度、pH、需氧性和耐盐性等。不同种的细菌对生态条件的反应各不一样，生态条件适宜时，细菌能正常生长发育；反之，其生长受到抑制，或引起变异，甚至死亡。

（Ⅰ）生长温度试验

细菌生长时都有相适应的温度范围，在开始分离时所采用的温度不一定是其最适温度。而以时间最短、生长量最多时的温度为最适温度；能够生长的最低或最高温度为最低或最高生长温度。因此最适温度的测定，不仅是鉴定工作，而且在生产上也有其应用价值。按细菌对温度的适应性，可分为三种类型（表 4 – 3）。

表 4 – 3 细菌生长的温度范围

类 型	最低温度/ ℃	最适温度/ ℃	最高温度/ ℃
低温	0	10 ~ 15	20 ~ 30
中温	5	25 ~ 37	45 ~ 50
高温	30	45 ~ 55	60 ~ 75

为突出温度对细菌生长的影响，应选择其最适培养基和最适培养方法。

培养基：

一般采用牛肉膏蛋白胨培养液，调节 pH 至 7.2 ~ 7.4，先 110 ℃灭菌 30 min，静置后取上清液分装于透明度好的试管中，再高压灭菌一次。培养液中不得有沉淀。

操作步骤：

1）将试验菌接种于上述培养基中，适温培养 18 ~ 24 h，即成菌液。如用固体培养，则制成菌悬液。

2）用直径 0.5 mm 的接种针蘸取菌液（接种针浸湿深度 1.0 ~ 1.5 cm，接种量力求一致）接入培养基中，并与对照一起置于特制试管架上，分别（次）在 0、8、20、28 和 37 ℃，甚至 55 ~ 65 ℃恒温水浴中（水浴液面应高于培养物液面）培养 2、4、7 d 观察。将经过标定的温度计插入盛有培养液的试管中。

3）与未接种的对照管比较，目测生长情况，如混浊度、沉淀物、悬浮物（包括环状和膜等）。一般以生长良好（+ +）、生长差（+）、可疑（±）、不生长（-）四级记载。

（Ⅱ）致死温度试验

在一定条件下，一定时间内（通常 10 min）杀死全部菌体的最低温度界限称为致死温度。

培养基：同上。

操作步骤：

1）将已接种的菌液管放入不同温度的水浴锅中，待温度达到 55、60 ℃时，开始计时，维持 10 min，立即将菌液管取出放入冷水中迅速冷却。

2）将经上述处理过的和未处理过的菌液移至营养琼脂斜面上或培养液中，适温培养 2 d。

3）观察生长情况，如 60 ℃以上无菌生长，55 ℃有菌生长，则说明该菌的致死温度在 55 ~ 60 ℃之间，可进一步测定在此范围内的准确致死温度。

（Ⅲ）氢离子浓度试验

氢离子浓度（以 pH 表示）直接影响细菌的酶活性。细菌在一定的 pH 环境中生长最好，称其为最适 pH。当 pH 高于或低于一定限度时，就不能生长，这一从最高到最低的范围，称为它的 pH 适应范围。某种细菌在其他环境条件固定时，其生长的 pH 范围也是固定的，故可作为一个鉴定指标。

本试验与温度试验相似，应选择最适培养基，接种量一致，菌龄在 18 ~ 24 h，于最适温度培养 3 ~ 7 d，观察培养液的混浊情况，记录生长的标准相同。

培养液配制后，分成数份，每份用稀 HCl 或 NaOH 根据试验要求，调节成不同的 pH（如 4.0，4.5，5.0，5.5，…，9.0 等），分装试管，灭菌后分别抽样测 pH，应以此 pH 为准。

（Ⅳ）耐盐性试验

培养基内糖、盐浓度等对细菌都产生一定的渗透压。由于不同菌的耐盐性不一样，在较高渗透压下，有些菌能生长，有些菌被抑制，故常以此作为鉴定特征。

操作步骤：

在上述牛肉膏 - 蛋白胨培养液中分别加入不同量的 NaCl，如 50、70、

100、150 g/L 等浓度标准制成渗透压不同的培养液。按前法接种后经适温培养 3 ~ 7 d，与对照管目测比较其生长情况，判断其对不同渗透压的耐受性。

（V）需氧性测定

氧对细菌繁殖及生理影响很大，根据各种细菌对氧的要求不同，可分为好氧菌、厌氧菌、兼性厌氧菌及微好氧菌。通常采用深层琼脂法或琼脂穿刺法测试游离氧对细菌生长发育的影响，也可用抽气减氧培养法测定。

培养基：

1）培养基 1：蛋白胨 10 g，酵母膏 5 g，葡萄糖 1 g，琼脂 15 g，水 1 L。pH7.0，每试管分装 8 ~ 10 mL，121 ℃灭菌 20 min。

2）培养基 2：酪素水解物(trypticase)20 g，巯基醋酸钠(sodium thioglycollate)2 g，甲醛次硫酸钠(sodium formaldehyde sulfoxylate)1 g，NaCl 5 g，琼脂 15 g，蒸馏水 1 L。pH7.2，每试管分装 8 ~ 10 mL，121 ℃灭菌 20 min。

操作步骤：

1）深层琼脂法：将培养基放在沸水浴锅中加热熔化，冷至 50 ℃左右时，用接种环取菌体少许接入培养基内，轻轻摇动使其分布均匀后，立即置冷水中使培养基凝固，30 ℃培养 2 ~ 3 d 进行观察。

2）琼脂穿刺法：将培养基融化并冷至 50 ℃左右时，用接种针取少许菌体或用一小接种环(外径 1.5 mm)的营养肉汤培养物，对试管底部作垂直穿刺接种(切勿搅动培养基)后，小心地置冷水中冷却凝固。30 ℃培养 3 ~ 7 d，观察细菌生长情况及部位。

3）抽气培养法：将接种后的斜面试管置于干燥器内，抽气至一定程度，然后将干燥器置适温下培养，看它是否生长。

4）结果记载(图 4 - 12)：

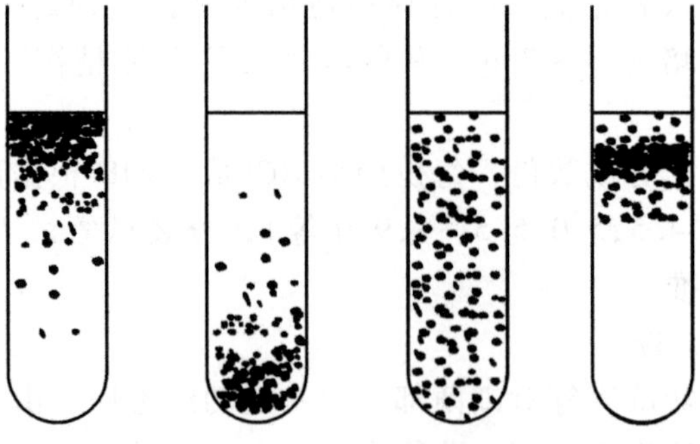

图 4 - 12 细菌与氧气的关系示意图

专性好氧菌：只生长在培养基表面。

专性厌氧菌：只生长在培养基底部。

兼性厌氧菌：生长在培养基表面及整个深部。

微好氧菌：生长在培养基的中上部，约近表面 4 mm 处。

4.1.2.2　土壤放线菌的鉴定

放线菌是呈单细胞分支状的革兰氏阳性细菌，直径 0.2 ~ 1.2 μm。除少数放线菌科和原小单胞菌属以外，菌丝很少分隔。放线菌菌丝常密集成崎岖、褶皱、皮革等状的菌落。生长在基质内部的称为基内菌丝体（或营养菌丝体），生长在基质表面、暴露于空气中的称为气生菌丝体（或二级菌丝体）。气生菌丝发育到一定阶段，在其顶端形成直的或螺旋形的孢子丝。基内菌丝体和孢子丝产生不同的色素，这些色素成为链霉菌属划分种群的重要依据。孢子丝成熟后散落成单个孢子，不同种类放线菌的孢子有球形、椭圆形、杆状、柱状和瓜子形等，其外壁有光滑、粗糙、瘤状、带刺（有粗、细、长、短之分）或毛发状等。放线菌菌丝体分裂的方向和孢子着生的情况是划分科、属的重要依据。如菌丝体向四面八方分裂、呈立体形细胞者为嗜皮菌科（Dermatophilaceae），孢子呈长链者为链霉菌科（Streptomycetaceae），孢子丝形状多种多样为链霉菌属（*Streptomyces*），除孢子丝外还能形成菌核者为钦氏菌属（*Chainia*）。寡胞菌科则是以孢子多少、气生菌丝体有无和基内菌丝体是否断裂划分属，如每一个孢子梗上着生一个孢子是小单孢菌属（*Micromonospora*），着生两个孢子的谓之双孢菌属（*Microbispora*）；如果孢子梗上着生一个孢子，但基内菌丝体有横隔断裂者为原小单孢菌属（*Promicromonospora*）。

鉴定方法：

一般以形态、培养特征为主要依据，以生理生化特征如碳源利用情况与抗菌谱为辅。

（1）形态特征

放线菌形态观察，一般采用盖片法和插片法（图 4 - 13）。

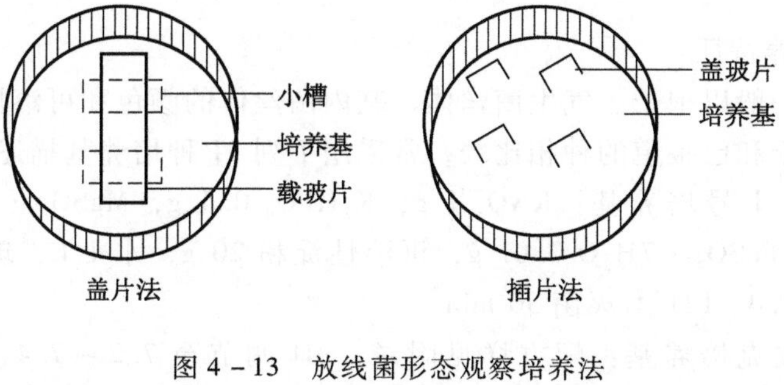

图 4 - 13　放线菌形态观察培养法

显微制片观察的一般方法：首先将配制好的培养基倒入培养皿中，待凝固后，用解剖刀或镊子将培养基挖出两道小槽。然后用接种针将供试菌移接在槽边。把灭菌的载玻片盖在两道小槽上。如用插片法则将灭菌的盖玻片斜插入培养基，供试菌种接种在盖玻片与培养基交界处。将上述培养皿于 28 ℃保温培养。培养一定时间后（因各菌株生长快慢不等），取出玻片，用 1 g/L 的美蓝溶液染色，镜检，记录：①菌丝体在 15 h～4 d 内是否出现横隔并断裂成杆状；②菌丝体之间有无孢器（pycnidium），孢器瓶状、筒状、掌状或叶片状；③菌丝体是否产生孢子丝，孢子丝上孢子的多寡；④孢子丝的形状、长短、直形、波曲形或螺旋形（紧螺旋或松螺旋）；⑤孢子的排列方式，交替或轮生；⑥孢子的形状：球形、卵圆形、长圆形或柱形，并用测微尺量孢子的大小；⑦在电镜下观察孢子表面结构。

电镜标本制备的一般方法：首先培养菌丝体，将待观察的菌株在 28 ℃下培养 7～10 d 或 20 d。然后制备载样铜网膜。铜网使用前先要进行预处理。载样铜网视所用膜的种类不同，采用不同溶剂处理。如用火棉胶膜时，则用醋酸异戊酯浸泡 12～24 h。如用聚乙烯甲醛（formvar）膜时，铜网用氯仿浸漂若干小时。不锈钢网除用上述溶剂处理外，可用浓硫酸浸漂 2 min。水冲洗数次，最后用蒸馏水洗净。铜网处理好后就可以进行制膜。将洗净的铜网放在装有蒸馏水的培养皿内，加一滴质量分数为 2% 的火棉胶（以醋酸异戊酯为溶剂），1～2 min 后待膜形成，吸去培养皿内的水，在无灰尘条件下过夜，待膜干后备用（Formvar 膜要在 60 ℃烘箱内烘 2～3 h）。膜制好后要进行喷碳，即把载有火棉胶的铜网喷一层碳。然后贴印菌丝体，将喷过碳的载有火棉胶的铜网（膜面向下）贴印在气生菌丝体上，点样的铜网放在铺有滤纸的培养皿中，待铜网膜上的样品干后，先在低倍光学显微镜下，挑选膜完整、菌体均匀分布（最好在铜网的每一小格内有菌体或孢子 5～10 个）的铜网再度喷碳后在电镜下观察。如观察带鞭毛的孢囊孢子时，则需要将菌体一小块移入无菌水中，2～3 h 后，当镜检发现孢囊孢子已由孢囊内释放出来，即可将悬液滴在铜网上，铜网放在铺有滤纸的培养皿中，待铜网上的样品干后用铬粉投影（20°角），然后在电镜下观察。

（2） 培养特征

放线菌一般以孢子、气生菌丝体、基内菌丝体的颜色和可溶性色素为培养特征。为便于和已报道的种相比较，常采用下列 11 种培养基描述其培养特征。

1） 高氏 Ⅰ 号培养基：KNO_3 1 g，K_2HPO_4 0.5 g，$MgSO_4 \cdot 7H_2O$ 0.5 g，NaCl 0.5 g，$FeSO_4 \cdot 7H_2O$ 0.01 g，可溶性淀粉 20 g，水 1 L，琼脂 15 g。调 pH 至 7.2～7.4，121 ℃灭菌 30 min。

2） 查彼克培养基：配方详见附录，pH 调节至 7.2～7.4，110 ℃灭菌 30 min。

3） 克氏 Ⅰ 号培养基：KNO_3 1 g，K_2HPO_4 1 g，$MgCO_3$ 0.3 g，NaCl 0.2 g，

$FeSO_4 \cdot 7H_2O$ 0.001 g，$CaCO_3$ 0.5 g，葡萄糖 20 g，琼脂 15 g，水 1 L。调 pH 至 7.2 ~ 7.4，110 ℃灭菌 30 min。

4）葡萄糖天冬素琼脂：葡萄糖 10 g，天冬素 0.5 g，K_2HPO_4 0.5 g，水 1 L，琼脂 15 g，调 pH 至 7.2 ~ 7.4，110 ℃灭菌 30 min。

5）马铃薯块：去皮马铃薯，削成斜面装入试管内，底部放一点棉花，加水使棉花湿润，然后将马铃薯块放在试管内的棉花上，121 ℃灭菌 30 min。

6）葡萄糖酵母膏琼脂培养基：葡萄糖 10 g，酵母膏 10 g，琼脂 15 g，水 1 L。调 pH 至 7.2 ~ 7.4，110 ℃灭菌 30 min。

7）燕麦粉琼脂培养基：称取燕麦粉 20 g，用自来水蒸或煮 20 min，粗布过滤，滤液用自来水补足至 1 L，加迹量盐溶液 1 mL。用 NaOH 调 pH 至 7.2，加入琼脂 18 g，121 ℃灭菌 30 min。迹量盐溶液配方：$FeSO_4 \cdot 7H_2O$ 0.1 g，$MnCl_2 \cdot 4H_2O$ 0.1 g，$ZnSO_4 \cdot 7H_2O$ 0.1 g，蒸馏水 100 mL。

8）淀粉铵琼脂培养基：配方详见附录，调 pH 至 7.2 ~ 7.4，121 ℃灭菌 30 min。

9）苹果酸钙琼脂培养基：葡萄糖 20 g，K_2HPO_4 0.5 g，苹果酸钙 10 g，NH_4Cl 0.5 g，水 1 L，琼脂 15 g。调 pH 至 7.2 ~ 7.4，110 ℃灭菌 30 min。

10）酪氨酸琼脂培养基：甘油 15 g，$FeSO_4 \cdot 7H_2O$ 0.01 g，L－酪氨酸 0.5 g，迹量盐溶液 1mL，L－天冬素 1 g，K_2HPO_4 0.5 g，$MgSO_4 \cdot 7H_2O$ 0.5 g，NaCl 0.5 g，水 1 L，琼脂 20 g。调 pH 至 7.2 ~ 7.4，121 ℃灭菌 30 min。

11）甘油天冬素琼脂培养基：天冬素 1 g，甘油 10 g，K_2HPO_4 1 g，迹量盐溶液 1 mL，水 1 L，调 pH 至 7.0 ~ 7.4，110 ℃灭菌 30 min。迹量盐溶液配方同上。

（3）生理试验

以各种菌对某些物质的生理生化反应来比较不同种类放线菌的酶功能及其活性，作为分类鉴定的依据。

（Ⅰ）明胶液化

培养基：

蛋白胨 5 g，葡萄糖 20 g，明胶 200 g，水 1 L，间歇灭菌。

操作步骤：

将供试菌接种在明胶表面，28 ℃培养，经 5、10、20 及 30 d 各观察一次。观察前将试管放入低于 20 ℃条件下冷却 20 ~ 30 min，待未接种的对照试管中明胶凝固后观察记录。冷却后如明胶不液化仍为固态者，表示无蛋白酶水解作用，明胶呈液态者表示有液化作用。

（Ⅱ）牛奶凝固与胨化

培养基：

取新鲜牛奶，按0.2 g/L的浓度标准加入$CaCO_3$，放离心机中，于4 000 r/min离心30 min，除去表面油脂，分装试管，每管装3~5 mL，加棉塞，间歇灭菌。

操作步骤：

接种后28 ℃培养，3、6、10、20及30 d分别取出观察一次。如有凝块出现表示有凝乳酶作用。凝固后有液体出现，液体与凝块分开(牛奶透明或半透明)表示有蛋白酶作用。一般是先凝固后胨化，但有时也有相反情况，因此要多次观察。

(Ⅲ) 淀粉水解

培养基：

可溶性淀粉10 g，$MgCO_3$ 1 g，K_2HPO_4 0.3 g，KNO_3 1 g，NaCl 0.5 g，琼脂15 g，蒸馏水1 L，调pH至7.2，121 ℃灭菌30 min。

操作步骤：

将培养基倒入培养皿中，待凝固后采用点接法接种，28 ℃培养10~20 d后，往培养基表面倒入碘液，如有淀粉酶产生，菌落周围因已将淀粉变为糊精或吸收利用，遇到碘液不变为蓝色，却形成透明圈，圈的大小表示淀粉酶产生的强弱。

(Ⅳ) 纤维素水解

培养基：

$MgSO_4 \cdot 7H_2O$ 0.5 g，NaCl 0.5 g，K_2HPO_4 0.5 g，KNO_3 1 g，蒸馏水1 L，滤纸条5 cm×0.8 cm，调pH至7.2，121 ℃灭菌30 min。培养基分装试管后，每管插一滤纸条，使其一半浸入培养基中，一半暴露于管内空气中。滤纸处理方法详见3.3.2.6纤维素分解菌的测定。

操作步骤：

将菌种分别接种于试管中已浸湿的滤纸条上(接种时勿将原菌种培养基带入)。保温培养30 d后，观察其是否能在滤纸上生长和滤纸被分解的情况，以判断纤维素酶作用的有无和强弱。

(Ⅴ) 硫化氢的产生

培养基：

蛋白胨10 g，柠檬酸铁0.5 g，琼脂15 g，蒸馏水1 L。调pH至7.2，110 ℃灭菌30 min。

操作步骤：

以有无黑色硫化铁产生，作为H_2S产生的依据。详见细菌鉴定中同项试验。

(Ⅵ) 不同碳源的利用

基础培养基：

$(NH_4)_2SO_4$ 2. 64 g，$CuSO_4 \cdot 5H_2O$ 0. 006 4 g，KH_2PO_4 2. 38 g，$FeSO_4 \cdot 7H_2O$ 0. 001 1 g，K_2HPO_4 5. 65 g，$MnCl_2 \cdot 4H_2O$ 0. 007 9 g，$MgSO_4 \cdot 7H_2O$ 1. 00 g，$ZnSO_4 \cdot 7H_2O$ 0. 001 5 g，蒸馏水 1 L，琼脂 20 g。121 ℃灭菌 30 min。

将 D－葡萄糖、L－阿拉伯糖、D－木糖、D－果糖、鼠李糖、蔗糖、棉籽糖、I－肌醇及甘露醇等，放置紫外线下灭菌 2 ~4 h 后，按 10 g/L 的浓度标准分别加入已融化的基础培养基中，混匀，待糖溶解后，倒入 20 g/L 的水洗琼脂平板上，凝固，备用。

操作步骤：

将装有已凝固培养基的培养皿底部划线分区，并标明菌号（图 4－14），在各小区中分别接入不同菌株（最好用孢子悬液）。培养 7 ~14 d 后观察，如有菌落生长，表示能利用这种碳源，反之则不能利用。

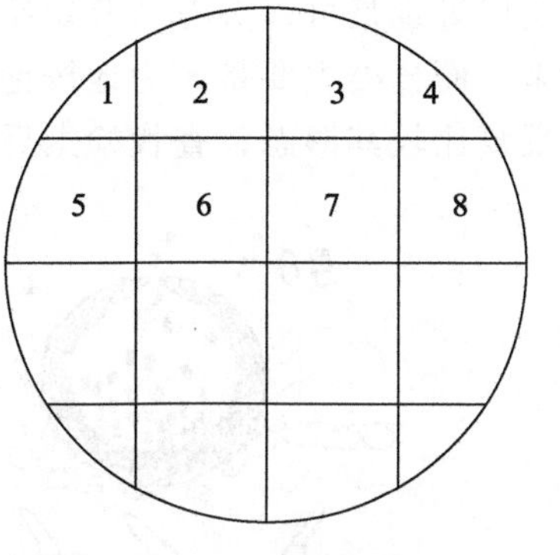

图 4－14　碳源利用示意图

（Ⅶ）抗菌谱测定

链霉菌在确定条件下能产生一定种类的抗生素，抗菌谱在鉴定菌种上也有重要参考作用。

培养基：

1）产生抗菌物质的培养基：黄豆饼粉浸汁琼脂：蛋白胨 3 g，葡萄糖 2. 5 g，$CaCO_3$ 2 g，黄豆饼粉浸汁原液 1 L（黄豆粉 10 g,在清水中煮沸 30 min,过滤稀释至 1 L），琼脂 20 g，调 pH 至 7. 2 ~7. 4，121 ℃灭菌 30 min。

2）试抗菌培养基：①牛肉浸汁琼脂培养基：蛋白胨 10 g，NaCl 5 g，牛肉汁 1 L，琼脂 20 g。调 pH 至 7. 2 ~7. 4，121 ℃灭菌 30 min。②马铃薯浸汁琼脂培养基：马铃薯浸汁 1 L（去皮马铃薯 200 g,切成小块,置 1 L 水中煮 30 min,过滤,滤液加水至 1 L），葡萄糖 10 g，琼脂 20 g。110 ℃灭菌 30 min。

操作步骤：

1）将供试菌种悬液接种至黄豆饼粉琼脂表面，用刮刀涂匀，置 28 ℃培养 6 ~7 d。将长有待测菌的琼脂，用直径 6 mm 或 10 mm 的玻璃管或钢管切成块，备用。

2）培养各种试抗菌：革兰氏阳性细菌如金黄色葡萄球菌、枯草芽孢杆菌等，革兰氏阴性细菌如大肠杆菌等，真菌如白色假丝酵母、产金青霉等。不同种类试抗菌采用不同培养基（细菌用牛肉浸汁培养基,真菌用马铃薯浸汁琼脂）。

3）采用双层法测定：①将熔化的 20 g/L 的水洗琼脂溶液作为底层培养基倒入灭过菌的培养皿或木框中，凝固，备用。②将混有试抗菌的上层培养基倒在底层培养基上，凝固，备用。③将已挖好的待测菌琼脂块，放在上层培养基上，28 ℃或37 ℃(细菌)恒温培养。④培养1或2 d以后，观察待测菌株琼脂块周围抑菌圈的大小。

4.1.2.3 土壤真菌的鉴定

真菌的繁殖方式复杂，除可借菌丝碎片增殖外，往往以各种无性或有性孢子繁殖。不同种类的真菌，其产孢器官的性质、孢子着生的方式、孢子的排列和形态、大小等都有很大的差异，这些都是鉴定真菌中极为重要的依据(图4－15,图4－16)。此外，真菌的子囊果及子囊子实层、担子果及担子子实层等也是可以参考的鉴定指标(图4－17,图4－18)。土壤中半知菌种类极多，而分类主要是人为地按孢子着生和形态特征区分，故在鉴定时多含混，应反复比较其形态，查找检索后加以定名。

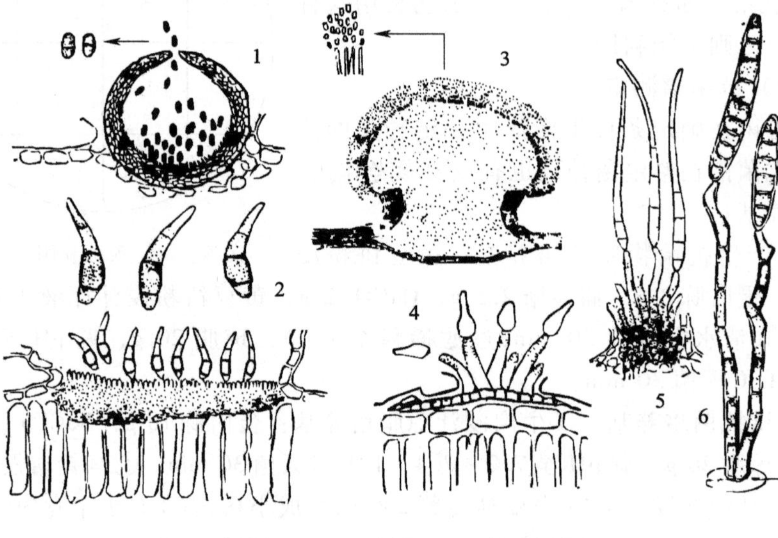

图4－15 真菌的分生孢子

1. 分生孢子器及分生孢子 2. 分生孢子盘及分生孢子
3. 分生孢子堆及分生孢子 4～6. 分生孢子梗及分生孢子

真菌的菌体除藻状菌中的某些种和酵母菌为单细胞外，绝大部分真菌的菌体为细丝状，即菌丝。菌丝呈管状，大多数种类的真菌菌丝体内具有分隔。而藻状菌的菌丝体虽然也很发达，但却无分隔，只在少数比较高等的藻状菌中或某些种类的老菌丝中，或者只是在产生生殖器官或受到机械损伤时才产生分隔。菌丝有无分隔是真菌鉴定中首先要注意的一个特征(图4－19)。菌丝或无色透明，或呈棕色、暗褐色、黑色，或呈现各种鲜艳的颜色，有的还能分泌色素于菌丝体外，显微鉴定时主要以无色透明还是呈暗色(棕色、褐色、深灰和深橄榄色)为依据。菌丝分支或不分支，生长稀疏或致密；或交织成网状、絮

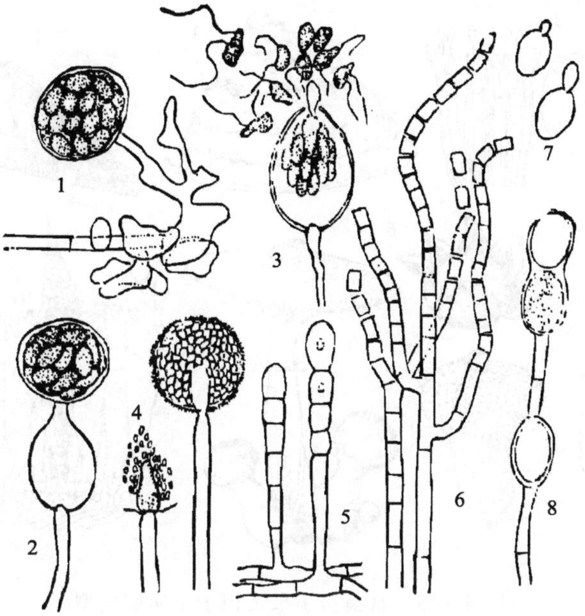

图 4 – 16　真菌的无性孢子

1，2. 泡囊　3. 游动孢子囊及游动孢子　4. 孢囊及孢囊孢子　5，6. 粉孢子　7. 芽孢子　8. 厚垣孢子

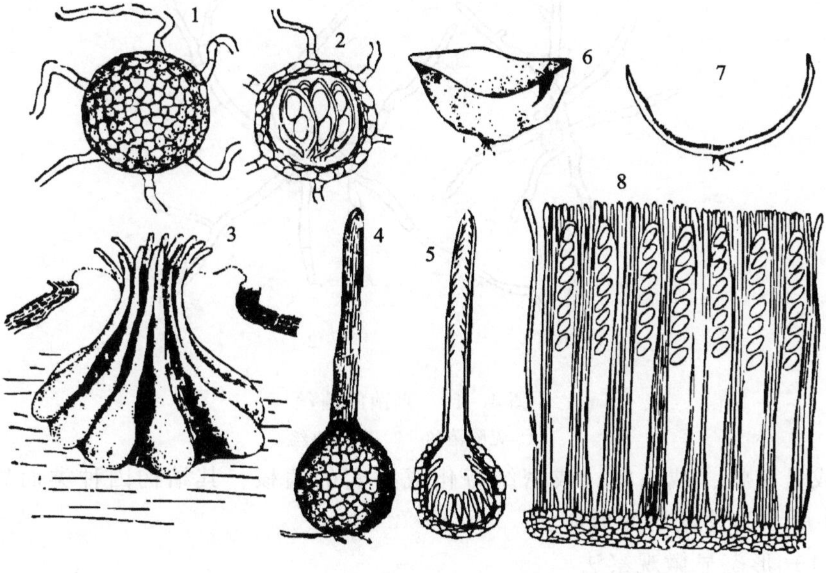

图 4 – 17　真菌子囊果及子囊子实层

1，2. 闭囊壳及其剖面　3. 聚颈子囊壳

4，5. 子囊壳及其剖面　6，7. 子囊盘及剖面　8. 子囊子实层

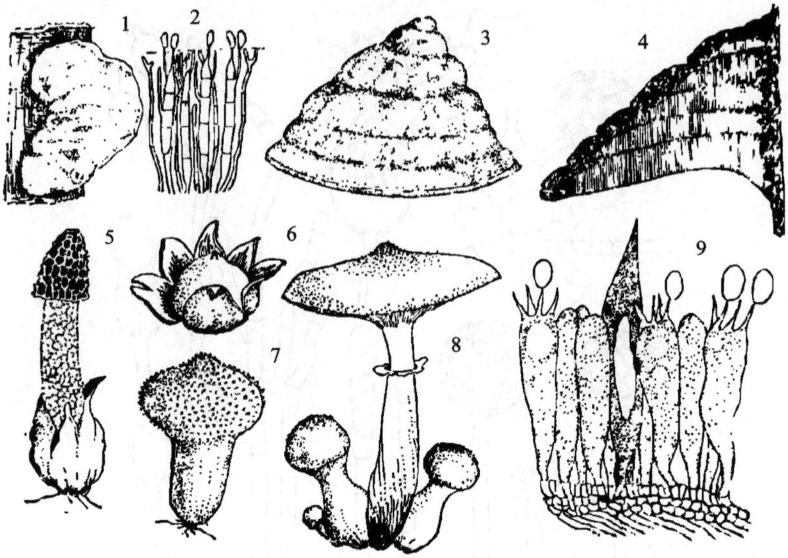

图 4-18 真菌担子果及担子子实层类型

1，2. 木耳及担子子实层 3，4. 多孔菌子实体及剖面

5. 鬼笔菌 6. 地星 7. 马勃 8. 伞菌子实体 9. 担子子实层

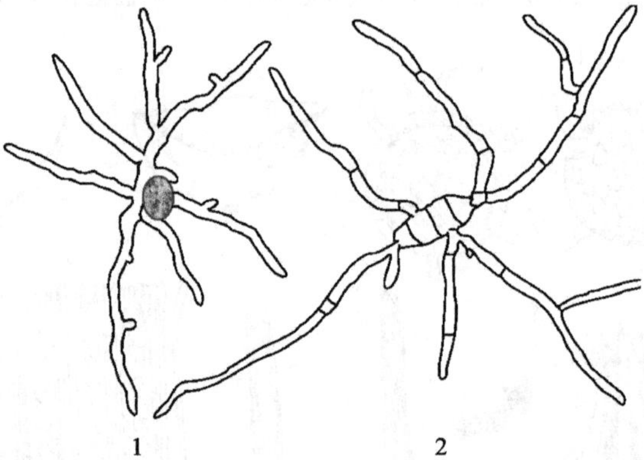

图 4-19 真菌的菌丝

1. 无隔菌丝 2. 有隔菌丝

状，或呈束状、绒毛状；或密结特化成坚实的菌核，其结构因种类而异。图 4-20 所示为菌丝的变形体。

（1）形态显微观察法

（Ⅰ）制片方法

制片时必须注意保持菌体的完整，常用制片方法有直接制片法、载玻片培养法和盖玻片培养法。

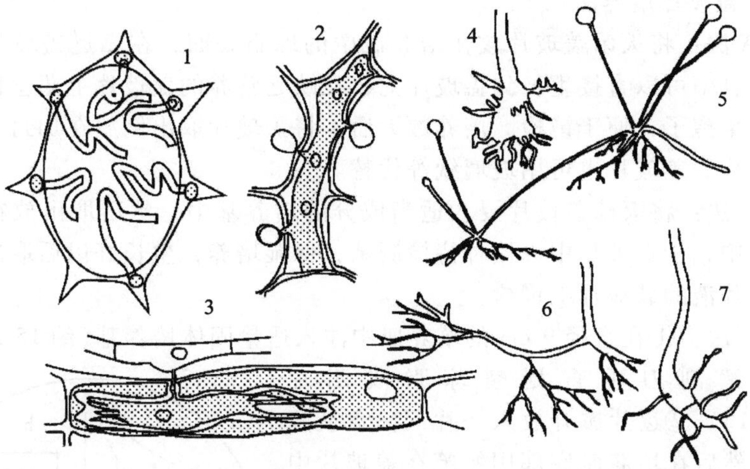

图 4－20　真菌菌丝的变形体
1～3. 吸器　4～7. 假根

（a）直接制片法

1）于载玻片中央滴一滴封片液。

2）在带菌材料或人工培养的菌落边缘取少许产孢组织放在载玻片上的封片液中，并用解剖针小心地将菌丝分散。

3）在被检物上加盖玻片，注意勿使产生气泡。此片即可在显微镜下观察。

4）产孢子多的菌种如青霉（*Penicillium*）、曲霉（*Aspergillus*）、木霉（*Trichoderma*）等，往往因孢子过多而看不清楚分生孢子梗，因此，这类菌种制片时，应先用乙醇和水冲洗后再加封片液。

（b）载玻片培养法

对于产生小而易碎的孢子梗的真菌，用上法制片难以获得完整而清楚的载片标本，为此可采用载玻片培养法或其他方法。

1）载玻片及盖玻片预先灭菌（干热、湿热或火焰灭菌均可）。

2）取 10 mL 固体培养基注入培养皿中，凝固后用解剖刀切取约 1 cm × 1 cm 的培养基放在载玻片中央（或用接种环蘸培养基滴于载玻片上）。

3）在培养基块四周接种少量待检菌丝或孢子。

4）覆盖玻片于琼脂块上，轻轻加压使其紧贴于琼脂块上，但盖玻片与载玻片间留有少许空隙。

5）为防止培养过程中琼脂干燥，可在培养皿中放一张滤纸，加 2～3 mL 水或 200 g/L 的甘油溶液，将载玻片放入保湿培养。随时将玻片取出在低倍镜下观察，待孢子长出后可在载玻片与盖玻片之间加封片液，直接在高倍镜下观察，或将盖玻片取下倒放在另一玻片上加封片液镜检。

（c）盖玻片培养法

1）A法：将灭菌盖玻片放在培养皿中的琼脂表面，在靠近盖玻片处接种待检菌，真菌可以直接生长到盖玻片上，在缺乏营养的盖玻片上菌丝稀疏，且易产生分生孢子，便于镜检。培养数天后，将盖玻片取出倒放在加封片液的载玻片上镜检。盖玻片也可用玻璃纸等代替。

2）B法：将灭菌盖玻片浸入适当成分的培养基中，然后取出放在空的灭菌培养皿中，于盖玻片中央接种待检测菌，保湿培养，生长好以后取出，倒放在滴加封片液的载玻片上镜检。

3）C法：①在直径9 cm的培养皿中注入适量固体培养基(约15 mL)，凝固后用解剖刀垂直划裂琼脂成四片(图4-21)。②逐片掀开放入一片灭菌盖玻片(如a)，然后在培养皿底部用蜡笔在盖玻片中央画一小方格(约6 mm^2)(如b)。③打开培养皿将小方格中琼脂挖掉，在挖空的方格四周接种(如c)，菌落向四周伸展时，一部分菌丝长到盖玻片上。④通过盖玻片对角划裂琼脂，取出盖玻片(如d)倒放在滴加封片液的载玻片上镜检。

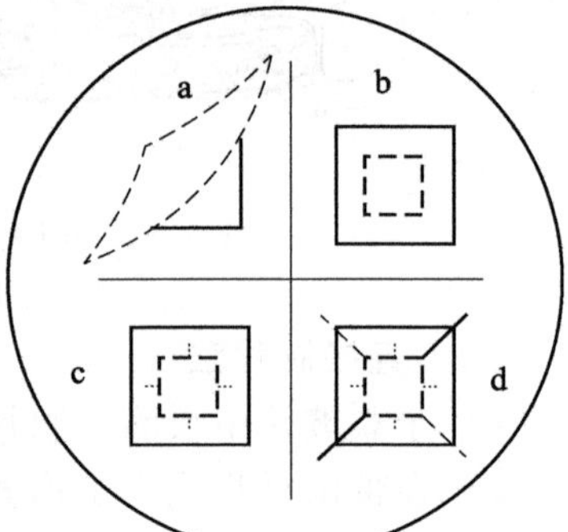

图4-21 盖玻片培养法

（Ⅱ）玻片标本的封片与染色

（a）封片剂

常用的封片剂有下列几种：

1）水：水是临时镜检玻片常用的封片剂，用新鲜自来水、蒸馏水均可。缺点是：①易蒸发、干得快，不便于长时间观察。②由于渗透压小的关系，被检物易吸水膨胀而变形。

2）乳酸甘油酚：迄今为止仍被广泛采用并且公认为是最好的封片剂。配方：酚20 g，乳酸20 g，甘油40 g，水20 mL，储存于棕色瓶内备用。优点是：含有大量甘油，不易挥发，用此液封片可以保存较长时间；含有酚，有防腐作用，用此液制作的标本，不被其他杂菌污染，便于封固成永久玻片标本；可维持一定的渗透压，可以避免细胞因吸水涨裂。缺点是：折光系数为1.45，与真菌菌丝极为相近，因此被检物难以受到精确的观察和测量；见光后变为棕色，用此液封固的标本时间长了以后也被染上棕色，对鉴定有干扰；可使真菌菌丝体的某些成分溶解，以结晶或油脂状物存于菌丝外；可引起细胞中原生质皱缩而使孢子或其他结构变形，但菌丝细胞壁并不受破坏。可预先用乙醇固定的方法克服原生质皱缩的问题。

3）液体石蜡(原液)也可用作封片剂，其优点是可以防止子囊外壁溶解。

4）甘油(100 ~ 200 g/L)。

(b) 染色

真菌孢子或菌丝本身是否有色是分类鉴定中的一个重要依据，例如半知菌纲中的丛梗孢目根据孢子或菌丝是否有色又分为丛梗孢科和暗梗孢科。因此，在没有分科之前不宜染色。对于菌体极小或孢子表面有特殊的花纹不经染色就看不清楚的标本，可在分科以后染色。常用的方法是将染料加在封片液中结合使用。如：

1）棉蓝(cotton blue)0.05 g，乳酸甘油酚 100 mL。

2）荚竹桃红(ploxine)0.5 g，乳酸甘油酚 100 mL。

3）伊红(eosin)0.5 g，甘油(100 ~ 200 g/L)100 mL。

4）100 g/L 的氨水中按 1 g/L 的浓度标准溶入的伊红，染色使细胞壁及分隔着红色。

5）酸性复红(acid fuchsin)0.1 g，无水乳酸 100 mL，染细胞壁。

6）墨汁直接封片可将透明的孢子外壁或孢子的附属丝等衬托出来。

(c) 封固

在用乳酸甘油酚封片的盖玻片四周可以涂各种封固剂，制成永久玻片以便长期保存。常用的封固剂有化妆用的指甲油、硝基清漆及其他水溶胶等。操作时应注意滴加适量封片液，当盖玻片盖上去的时候，封片液恰好铺展到盖玻片的边缘，勿使其溢出至盖玻片之外的载玻片上，否则就不能封固。也可用加拿大胶、冷杉胶等取代封片液直接封固。但制片中易产生气泡，且费时较多。

(Ⅲ) 镜检

一般镜检使用放大 1 000 倍的生物显微镜，采用正常透射光就可以了。如果在观察细微的或透明的结构(如孢子表面的纹饰，菌丝外壁结构或孢子器的附属丝等)时，可以采用暗视野集光器或相差用具。镜检时要特别注意产孢器官性质、孢子着生方式、形状、结构和排列，以及孢子的大小等(图 4－22)。

(2) 培养特征观察法

除显微特征外，真菌的培养特征，菌落生长速度，菌落的颜色、表面结构、质地，菌落边缘形状、高度，培养基颜色的变化、渗出物和气味等也是鉴定真菌的重要依据。为观察菌落特征，通常采用平板培养，在琼脂平板表面点植 1 ~ 3 个菌落，培养 4、7、10、14 d 后记载生长速度和菌落特征。由于同种真菌菌落外观、生长速度等因培养基成分不同而有差异，因此需要固定一种或几种培养基。常用的培养基有查氏琼脂、麦芽汁(7 Brix)或马铃薯蔗糖琼脂等。

(a) 点植培养法

1）选用上述培养基倾入直径 9 cm 培养皿中(每皿约 15 mL)，凝固后即成平板。

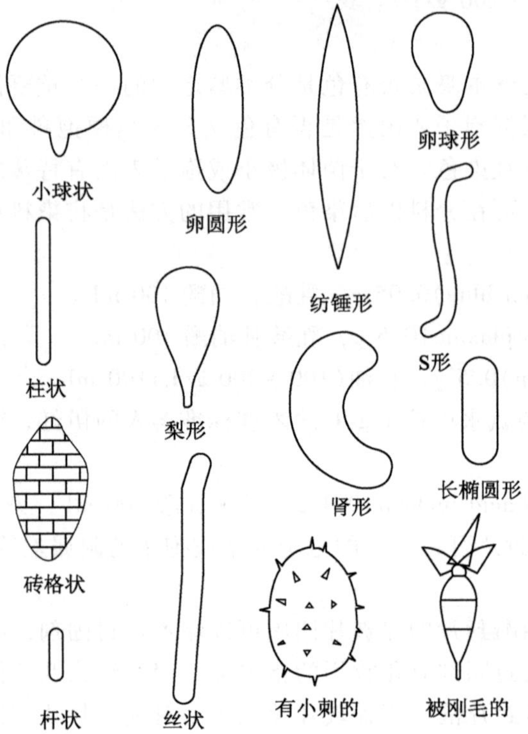

图 4-22 真菌孢子的形态

2）将培养皿倒置，揭开皿底，挑取少量待检菌种的孢子或菌丝点植于平板上。每一平板点植 1～3 点，25 ℃恒温倒置培养。

（b）菌落特征的观察和记载

1）生长速度：培养一定天数后测量菌落直径，分生长极慢、慢、中等、快四级。

2）菌落颜色：分别记载菌落表面和底部菌丝的颜色和菌落背面的颜色及变化。

3）菌落表面：平滑或有皱纹，致密或疏松，有无同心环或辐射状沟纹等。

4）菌落结构：菌落外观似毡状、簇生或束状、羊毛状、绳索状、粉粒状、明胶状或皮革状等。

5）菌落边缘：全缘、锯齿状、树枝状、纤毛状等。

6）菌落高度：菌落扁平、丘状隆起、陷没、菌落中心部分凸起或凹陷。

7）培养基颜色变化：颜色的变化包括菌丝覆盖部分及扩散到菌落以外的部分。

8）渗出物：有的真菌菌落表面渗出液滴，记载有无液滴渗出，数量多少及颜色。

9）气味：无味、霉味、土味、芳香味等。

4.1.3　微生物自动化鉴定系统

在微生物鉴定工作中，以测定表型指标为基础的经典方法用得较多，但程序较为繁琐，费时费力。随着生物化学、遗传学、分子生物学、计算机科学和生物信息学等相关学科的发展，目前已形成了一套现代分析技术体系，主要包括微生物核酸分析和细胞化学分析等，常见的有 DNA 中 GC 含量的测定、DNA－DNA(或 rRNA)杂交分析、16S rRNA 序列分析等。随着科学技术的发展，自动化的快速鉴定系统的应用为微生物鉴定提供了有力工具，它们已经成为新的发展趋势。

微生物自动化鉴定系统的工作原理因不同的仪器和系统而异。数码鉴定技术采用商品化和标准化的配套鉴定仪器和数据库，通过对未知菌进行有关生化试验并将生化反应结果转换成数字(编码)，查阅检索本或数据库，可快速准确地对数百种常见分离菌进行自动分析鉴定，得到细菌名称。其基本原理是计算并比较数据库内每个细菌条目对应系统中每个生化反应出现的频率总和，即指通过数学的编码技术将细菌的生化反应模式转换成数学模式，给每种细菌的反应模式赋予一组数码，建立数据库或编成检索本。数值分类法与传统分类法的比较如表 4－4 所示。

表 4－4　数值分类法与传统分类法的比较

比 较 项 目	传统分类法	数值分类法
分类原则	所用特征有主次之分	所用特征不分主次
鉴定项目	较少	大量(50 至 100 个以上)
数据整理	人工统计	计算机运算
检索方法	使用双歧检索表	根据相关系数大小
确定种属	主要特征相同为同属 次要特征相同为同种	相关系数小者为同属 相关系数大者为同种

随着计算机技术的进步，微生物的自动鉴定过程已变得越来越容易。目前，常见的微生物自动鉴定系统有 API 细菌数值鉴定系统、BIOLOG 鉴定系统和磷脂脂肪酸鉴定系统等。这里选取这三种方法予以介绍。

4.1.3.1　API 细菌数值鉴定系统

法国生物梅里埃公司生产的 API(analytic products INC)细菌数值分类分析鉴定系统，主要部分是 API 试剂条及检索工具，有些反应还需使用添加试剂。

其基本原理是不同细菌对底物的反应不同，这也是生化反应鉴定的基础，而试验结果的准确度取决于鉴定系统配套培养基的制备方法、培养物浓度、孵育条件和结果判定等。大多数鉴定系统采用细菌分解底物后反应液中 pH 的变化，色原性或荧光原性底物的酶解，测定挥发或不挥发酸，或识别是否生长等方法来分析鉴定细菌。该鉴定系统外形呈长形卡片状，24 cm × 24 cm，其上整齐地排列着 20 个塑料小扁管，管口（称“小杯”）开在卡面上。各管内放有适量糖类等营养物干粉（有标签注明）和反应产物的显色剂。每张卡片都有薄膜保护，以防杂菌污染。API 试剂条由透明的 PVC 材料制成，不同的试剂条有不同数量的反应杯，每个反应杯内包被有相应的干燥生化基质。目前约有 1 000 种生化反应，可鉴定的细菌大于 550 种。

常见的生化反应有以下 5 类：

1） 发酵试验

糖类与酸的分解代谢试验，通过 pH 变化引起酸碱指示剂颜色的改变来判断结果。如葡萄糖、乳糖、甘露糖、蔗糖、甘露醇、肌醇和山梨醇等。

2） 同化试验

根据待测菌能否利用反应杯中的单一糖类作为碳源而得以生长来判断。如葡萄糖、阿拉伯糖、甘露糖、甘露醇、*N*－乙酰葡糖胺、葵酸、乙二酸和苹果酸等。

3） 发酵或同化抑制试验

根据待测菌是否受到反应杯中特异抑制物的抑制而不能进行分解代谢或不能生长来判断。

4） 酶试验

根据待测菌含有相应的酶分解底物，通过显色反应来判断。如碱性磷酸酶、氧化酶、β－半乳糖苷酶、赖氨酸脱羧酶、鸟氨酸脱羧酶、色氨酸脱羧酶和吲哚产生酶等。

5） 其他生化反应

如七叶苷、明胶、硝酸盐还原等。

添加试剂：

某些试验在孵育完成后需添加试剂才能进行判断。如吲哚试验需添加 IND 或 James 试剂，V－P 试验需添加 VP1、VP2 试剂，硝酸盐还原试验需添加 NIT1、NIT2 试剂，色氨酸脱羧酶试验需添加 TDA 试剂等。

操作步骤：

撕开盖膜，把待测的浓度合适的细菌悬液用无菌滴管一一加入小试管中（每管约 0.1 mL）。经 24 ~ 48 h 保温后，将 20 个小管的显色反应分别记录在表格中。另外再补做若干其他指标，包括细胞形态、大小、运动性、产色素、溶血性、过氧化氢酶、有无芽孢和革兰氏染色反应等，就可按结果进行编码、查检索表，最后获得鉴定结果。

计算步骤：

1）出现频率(概率)计算：将记录成阳性或阴性结果转换成出现频率：①对阳性特征，除以100即得。②对阴性特征，除以100的商被1减去即可。③说明：对“0”和“1”，因这2个数太超量，为了使结果不出现过小或过大，而分别用相似值0.01和0.99值代替。

2）在每一个分类单位中，将所有测定项目的出现频率相乘，得出总出现频率。

3）将每个分类菌群中的所有菌的总出现频率相加，除以一个分类单位的总出现频率，乘以100，即得鉴定百分率(id%)。

4）在每个菌群中，再按id%值大小顺序重新排列。将未知菌单次总发生频率除以最典型反应模式单次总发生频率，得到模式频率T值，代表个体与总体的近似值。T值越接近1，个体与总体越接近，鉴定价值越大。按id%大小排序，相邻两项的id%之比为R，代表着首选条目与次选条目的差距，差距越大，价值越大。如果id%≥80%，参考T值及R值可作出鉴定。

检索步骤：

检索工具包括生化反应检索手册或APILAB Plus分析软件。不同的试剂条采用相应的生化反应检索手册进行检索，如API 20E试剂条的检索结果应使用API 20E生化反应检索手册进行检索。APILAB Plus分析软件较生化反应检索手册更全面、详尽，能判断很多非典型鉴定模式，而且对软件的不断升级保证了用户拥有API数据库的最新版本。在编码检索本中，检索数据谱得出的结果有以下几种形式：

1）有此数码谱：①有一个或几个菌名条目及相应的鉴定值(id%和T值)。②对鉴定结果好坏的评价，如“最佳”等。③用小括号列出关键的生化结果及阳性百分率。④有时，鉴定结果不佳或有多条菌名条目，需进一步补充试验项目才能得出良好的鉴定结果。⑤指出某些注意要点，需用“推测性鉴定”，并将此菌送至参考实验室；需用“血清学鉴定”，做进一步的证实等。

2）无此数码谱：可能有以下原因：①此生化谱太不典型。②不能接受，鉴定值低(id%＜80.0%)。③可疑。需进一步确认是否纯培养，重新鉴定，可与供应商技术服务部联系。

结果解释：

1）如果排序第一的细菌id%≥80.0%，则可将该菌鉴定在此条目中，并按id%值的大小对鉴定的可信度作出评价。id%≥99.9%和T≥0.75为最佳的鉴定；id%在99.9%~98.9%之间，T≥0.5为很好的鉴定；id%在90.0%~98.9%之间，T≥0.25为好的鉴定；id%在80.0%~90.0%之间为可接受的鉴定。

2）如果第一条目的 id% < 80.0%，则将前 2 个条目的 id% 加在一起，若仍不足 80.0，则将前 3 个 id% 相加。若 ≥80.0%，则有 2 种可能：①为同种细菌，可能是不同生物型。②为同一菌属的不同种。如果相加的几个条目既不属于同一种，又不属于同一属，在评价中会指出“补充生化反应”的项目及阳性反应率，可通过这些生化反应将几种菌区分开来。若前 3 个条目的和 < 80.0%，则为不可接受的结果。

4.1.3.2　BIOLOG 鉴定系统

美国 ATC 公司生产的 BIOLOG 仪器外形构造较复杂，除检测用的分光光度计和电子计算机外，关键部件是一块有 96 孔的微生物培养板，其中 95 孔中各加有不同的发酵性碳源、培养基干粉和氧化－还原指示剂，另一孔为清水对照。鉴定前先把待检纯种微生物制成适当浓度的悬液，利用 8 通道移液器定量接种到 96 孔板，然后根据细菌对糖、醇、酸、酯、胺和大分子聚合物等 95 种碳源的利用情况进行鉴定。其基本原理是微生物利用碳源进行呼吸时，会将四唑类氧化还原染料从无色还原成紫色，从而在鉴定微孔板上形成该菌株特征性的反应模式或指纹图谱，再结合有关的计算机分析软件和已有的菌种资料即可得到某些微生物的分类鉴定结果，对一般细菌的鉴定可以精确到种，有些甚至精确到种以下的分类单元，如不同的生化变种。目前，BIOLOG 鉴定系统可鉴定 1 140 种微生物，包括几乎全部人类的病原菌，190 种动物病原菌、植物病原菌以及与土壤有关的细菌和酵母菌等。

鉴定步骤：

（1）分离纯化

分离纯化是微生物鉴定的首要条件，采用常规操作方法即可，如培养液稀释、平板划线、试管斜面等。BIOLOG 公司提供各种培养基，但价格比自行配制成本高，所以，可以根据实际情况决定是否购买 BIOLOG 公司的培养基。培养基的营养决定微生物的代谢趋势，而 BIOLOG 的数据库是用其特有的培养基建立的，所以欲得到最佳的鉴定结果，建议至少在接种前一步使用厂家提供的培养基。对于那些 BIOLOG 的培养基上筛选不到的微生物，其很可能未包含在 BIOLOG 的数据库中。

（2）平板扩大培养

把纯种菌株接种到相应的培养基上进行平板扩大培养，利用玻棒挑取分离较好的菌落在制备好的平板上划线，根据所鉴定微生物的习性恒温培养，对已经纯化的菌株进行革兰氏染色，主要分为阳性球菌、阳性杆菌、阳性芽孢杆菌、阴性肠道菌和阴性非肠道菌。

（3）制备菌悬液

用接种棒在培养后的平板上挑取菌落，将沾有菌落的接种棒小心插入一支已灭菌干试管(20 mm × 150 mm)，先沿试管内壁旋转几圈，将菌落转至试管内壁，然后用接种棒上下划动，并转动试管，将菌落均匀分散。取一支无菌吸管，移取 3 ~ 5 mL GN/GP – IF 均匀混合，洗下后应该可以看到均匀的牛奶状悬浊液。剩余 GN/GP – IF 接种液移入试管中，混合均匀，注意挑取菌落时勿带起培养基。

（4）调整浊度

BIOLOG 的鉴定原理与氧含量关系较大，而菌悬液的浓度又决定了氧的含量，而且其数据库是在一定的菌悬液浓度下建立的，为获得准确的鉴定结果，务必严格控制接种菌悬液的浊度。调整浊度前先校正浊度仪。将装 GN/GP – IF 空白液的试管外壁擦干净，置于浊度计中，调整指针至 100% T。用 GP – Rod SB 标准浊度检查浊度仪的准确性，读数应该为 28% ±3%。采用干管技术分散菌落，再将装有菌悬液的试管外壁擦干净，置于浊度计。若浊度偏高，继续加 GN/GP – IF 接种液，直至达到要求的浊度；若浊度偏低，需重新分散菌落，直至达到标准浊度。

（5）接种培养

将调整好浊度的菌悬液倒入“V”型加样槽中，用移液枪注入 BIOLOG 鉴定板中，培养过程中，为防止水分蒸发，应将微孔鉴定板放在一带盖塑料盒中，底部垫一湿毛巾保湿，培养时间和温度随鉴定的微生物种类的不同而不同，一般 37 ℃下培养 4 ~ 24 h。此板经分光光度计检测后，通过计算机自动统计即可鉴定为何种菌。

利用 BIOLOG 鉴定微生物步骤总览见表 4 – 5。

表 4 – 5　利用 BIOLOG 鉴定微生物步骤总览

项　目	好氧菌					厌氧菌	酵母菌	丝状真菌
	革兰氏阴性菌		革兰氏阳性菌					
	Oxi + /TSI = K/K 或 K/A^w	Oxi – /TSI = A/A 或 K/A	GN – FAS	GP – COC-CUS	GP – Rod SB	AN	YT	FF
培养基	BUG + B/ TSA + B	BUG + B/ TSA + B	CHOC	BUG + B	BUG + M + T	BUA + B	BUY	20 g/L ME
培养环境	Air	Air	体积分数为 6.5% 的 CO_2	Air	Air	ANA	Air	Air
培养温度/ ℃	30	35 ~ 37	35 ~ 37	30	30	35 ~ 37	26	26
接种液	GN/GP – IF	GN/GP – IF + T	GN/GP – IF + T	GN/GP – IF + T	GN/GP – IF	AN – IF	水	FF – IF

续表

项目	好氧菌					厌氧菌	酵母菌	丝状真菌
	革兰氏阴性菌			革兰氏阳性菌				
	Oxi + /TSI = K/K 或 K/A^w	Oxi − /TSI = A/A 或 K/A	GN − FAS	GP − COC-CUS	GP − Rod SB	AN	YT	FF
菌液浊度	52% T	61% T	20% T	20% T	28% T	65% T	47% T	75% T
微孔板	GN2	GN2	GN2	GP2	GP2	AN	YT	FF
接种量/μL	150	150	150	150	150	100	100	100
培养时间/h	4~6，16~24	4~6，16~24	4~6，16~24	4~6，16~24	20~24	20~24	24，48，72	24，48，72，96

注：

(a) 革兰氏染色确定菌株的革兰氏属性，或观察菌落外部形态或用显微镜观察菌株形态确定是酵母还是丝状真菌，是球菌还是杆菌。如果是革兰氏阴性菌，氧化酶阳性或氧化酶阴性但三糖铁实验为K/K或K/A^{w}则为非肠道菌(GN－NENT)，氧化酶阴性以及三糖铁实验为A/A或K/A则为肠道菌(GN－ENT)。如果菌株需要在巧克力培养基上或需要体积分数为6.5%的CO_2培养，且在BUG＋B培养基上生长非常差，形成针尖大小菌落，可以认为是苛生菌(GN－FAS)。

(b) 好氧菌培养基BIOLOG universal growth(BUG)、厌氧菌培养基BIOLOG universal anaerobe(BUA)，一般会在培养基中按2.5 g/L的浓度标准添加麦芽糖(M)或添加5%体积分数的羊血(B)。

(c) TSA(胰蛋白胨大豆琼脂)，其中的蛋白胨是经胰酶处理的大豆蛋白和酪蛋白，TSA培养基中含5%体积分数的脱纤羊血，提供额外的营养。

(d) GN/GP－IF(Gram-negative/Gram-positive inoculating fluid)接种液是经灭菌的溶液，它由各种组分组成，以保证微生物生长的渗透压，并使接种的微生物达到良好的乳化分散效果，以保证接种的均一性。每管含19 mL接种液。

(e) GP－Rod SB标准液(BIOLOG GP－Rod SB turbidity standard)。浊度标准液GP－Rod SB为28% T，管规格为20 mm×150 mm，与浊度计的检测孔相匹配。

(f) FAS，苛生菌，指需要在巧克力培养基或需CO_2的微生物，以及在BUG＋B上形成的菌落小于1 mm的微生物。

(g) 对于GN－NENT，如果A1孔阳性，则需在接种液中加巯基乙酸钠。

(h) 对于GP－COCCUS、GP－Rod，如果A1孔阳性，需在接种液中加巯基乙酸钠和水杨酸钠。

(i) TSI反应：用于观察细菌对糖的利用和硫化氢(变黑)的产生。该培养基含有乳糖、蔗糖和葡萄糖的比例为10∶10∶1，对于只能利用葡萄糖的细菌，葡萄糖被分解产酸可使斜面变黄，因其量少，生成的少量酸，接触空气而氧化，加之细菌利用培养基中含氮物质，生成碱性产物，故使斜面后来又变红，底部由于是在厌氧状态下，酸类不被氧化，所以仍保持黄色。而发酵乳糖的细菌(*E. coli*)则产生大量的酸，使整个培养基呈现黄色。如培养基接种后产生黑色沉淀，是因为某些细菌能分解含硫氨基酸，生成硫化氢，硫化氢和培养基中的铁盐反应，生成黑色的硫化亚铁沉淀。K/K—整支试管斜面红色；K/A^w—斜面表面红色，底部淡黄色；A/A—整支试管黄色，K/A—斜面表面淡红色，中部和底部黄色。

(j) 如果发现厌氧菌是革兰氏阴性杆菌，必须做卡那霉素药敏试验。如果抑菌圈大于10 mm，则说明该菌对卡那霉素敏感，可能为梭菌。如果无抑菌圈或抑菌圈小于10 mm，则说明该菌对卡那霉素不敏感，可能为拟杆菌和普雷沃菌。接种拟杆菌和普雷沃菌时，鉴定板从铝箔袋中取出，立即接种，接种过程不能超过5 min，接种10 min后再放入厌氧罐。而接种其他厌氧菌时，鉴定板从铝箔袋中取出，暴露20 min再接种，接种过程不能超过5 min，接种10 min后再放入厌氧罐。

获取结果：

培养结束后，将鉴定板放在 BIOLOG MicroStation 读数仪的支架上，按照仪器说明进行操作，读数仪扫描鉴定板后，结果即显示在电脑屏幕上：白色圆点代表阴性结果，紫色圆点代表阳性结果，白色和绿色各半代表边界值。如果鉴定结果与数据库匹配良好，将在绿色状态条上显示鉴定结果，如果某孔与标准数据库不匹配，会以“+”表示。如果不可靠，结果栏为黄色，显示“NO ID”，但仍按可能性从大到小在滚动栏中列出最可能的 10 个结果。每个结果均显示三种重要参数，即可能性(probability,PROB)、相似性(similarity,SIM)和位距(distance,DIS)。DIS 和 SIM 是最重要的两个值，DIS 值表示测试结果与数据库相应的数据条的匹配程度，DIS 越小，表示匹配结果越好，DIS 越大，表示是这种结果的可能性越小。SIM 值在培养 4～6 h 时应 ≥0.75，培养 16～24 h 时应 ≥0.50。SIM 值越接近 1.00，鉴定结果的可靠性越高。当 SIM 值 <0.50，但鉴定结果中属名相同的结果的 SIM 值之和 >0.50 时，自动给出的鉴定结果为属名。

4.1.3.3　磷脂脂肪酸鉴定系统

磷脂脂肪酸(phospholipid fatty acid,PLFA)是几乎所有活体细胞膜的主要成分，含量相对恒定，且不受质粒损失或增加的影响。不同微生物体细胞膜中磷脂脂肪酸的含量和结构具有种属特征或与其分类位置密切相关，能够标志某一类或某种特定微生物的存在。脂肪酸结构种类多样，对环境因素敏感，它既是菌株基因组差异的外在表现，同时也反映了菌株对外界环境条件的不同反应。

美国 MIDI 公司依据自 20 世纪 60 年代以来对微生物细胞脂肪酸的研究经验，开发了根据微生物中特定短链脂肪酸(C9～C20)的种类和含量进行鉴定和分析的 SHERLOCK® 微生物鉴定系统(图 4－23)，可以操控 Agilent 公司的气相色谱，通过对气相色谱获得的短链脂肪酸的种类和含量的图谱进行比对快速准确地对微生物种类进行鉴定。该系统包括三组资料库，包括好氧菌(1 500 株菌种)、厌氧菌(800 株菌种)、酵母菌(300 株菌种)，共约 2 600 种，并且可随时升级。

该系统的特点为：①迄今为止微生物鉴定系统中最大的菌库；②全细胞的脂肪酸抽提便利，使用常规试剂，成本低廉；③纯培养后只需微量样品即可进行抽提和分析；④气相色谱在分析大量样品时全自动，速度快，精度高；⑤脱氧核糖核酸库(DNA libraries)通过细菌的 16S rRNA 或真菌/酵母菌的 18S rRNA 测序结果与 SHERLOCK DNA 软件库中进行比对，并且将 DNA 与脂肪酸结果合并成一份整合性报告。

仪器设备：

1）仪器：气相色谱、MIDI 软件数据库、氮吹仪、固相萃取装置、通风橱、离心机、离心管(Teflon 盖子)、试管(Teflon 衬垫)、移液管、SPE 硅胶柱(6 mL)、高纯氮气、一次性吸管和水浴锅。

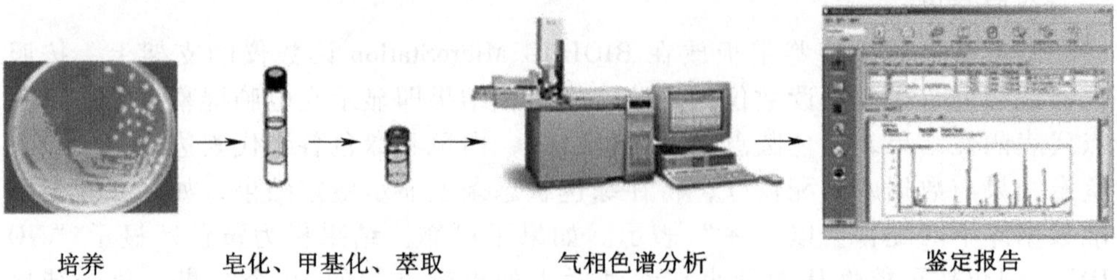

图 4－23　SHERLOCK® 微生物鉴定过程

2）试剂：①微生物培养基；②皂化试剂（试剂 1）：含氢氧化钠 45 g，甲醇（色谱纯）150 mL，重蒸水 150 mL；③甲基化试剂（试剂 2）：含 6 mol/L HCl 325 mL，甲醇（色谱纯）275 mL；④萃取溶剂（试剂 3）：含正己烷（色谱纯）200 mL，甲基叔丁醚（色谱纯）200 mL；⑤碱洗涤溶剂（试剂 4）：含氢氧化钠 10.8 g，重蒸水 900 mL；⑥饱和氯化钠溶液。

操作步骤：

1）获菌：选择合适培养基培养微生物，并用 4 mm 接种环从培养皿中转移一满环微生物至玻璃试管。一般采用四区划线法分离菌落，第三区为最佳获菌区。

2）皂化：注入（1.0 ± 0.1）mL 试剂 1，旋紧盖子，振荡试管 5～10 s，然后放入沸水浴中，5 min 后，从沸腾的水中移开试管，稍微冷却后振荡试管5～10 s，再把试管放回水浴中 25 min。

3）甲基化：开盖加入（2.0 ± 0.1）mL 试剂 2，旋紧盖子，振荡试管 5～10 s。放入 80 ℃水浴加热试管 10 min 后，取出并快速使试管冷却至室温。

4）萃取：加入（1.25 ± 0.1）mL 试剂 3，旋紧盖子，放在试管混匀器上旋转 10 min。打开试管盖，利用干净的吸管去除下层。

5）碱洗涤：加入（32.0 ± 0.1）mL 试剂 4，旋紧盖子，在混匀器上旋转 5 min。2 000 r/min 离心 3 min 使液体分层（滴入饱和氯化钠溶液有利于样品分层）。然后打开试管盖子，利用干净的吸管移出上层至干净的 GC 样品瓶，盖紧样品瓶盖，用气相色谱分析脂肪酸甲酯。

结果获取：

通过皂化、甲基化、萃取、碱洗涤等步骤，将样品中的脂肪酸转化成脂肪酸甲酯，通过气相色谱等仪器分析，得到样品的脂肪酸甲酯（FAME）图谱，根据图谱中的脂肪酸甲酯的多样性，利用相关数据库和相关计算机分析软件，鉴定样品中微生物的种类。

4.2　菌种的选育与保藏

菌种是进行微生物学研究和应用的基本材料，也是重要的生物资源。良好的菌种是微生物应用于生产实践的基础，在应用微生物进行各种生产活动时，首先遇到的是选种的问题，要挑选出符合需要的菌种。优良的菌种虽然可以根据有关信息向菌种保藏机构、工厂或科研单位直接索取，但是更多的时候需要根据所需菌种的形态、生理、生态和工艺特点的要求，从自然界特定的生态环境中以特定的方法分离出新菌株。不少研究过程还需要筛选突变菌株，或根据需求对菌株进行定向诱变或改造。然而，从自然界分离获得的纯培养物或人工选育的特殊菌种，若在人工条件下保存不当，则易被杂菌或粉螨污染，或性状衰退，甚至死亡。因此，为了恢复或提高菌种的优良特性，使其更适合科研和生产需求，就应设法进行菌种的改造和复壮，这就是微生物育种工作的任务。

4.2.1　菌种的选育与改造

从自然界直接分离的菌种，一般而言其目标功能往往是比较低的，不能达到生产的要求，因此要根据菌种的形态、生理、遗传上的特点改良菌种。以微生物的自然变异为基础的自然选育的概率并不高，因为微生物自然变异率太小，仅为 10^{-10} ~ 10^{-6}。为了提高选育效率，目前往往采用利用物理和化学因素进行诱发突变，或者利用杂交、转化、转导以及基因工程、原生质体融合等现代生物技术手段进行遗传改造的方法来获取优良的菌株。

4.2.1.1　筛选突变菌株

以微生物的自然变异为基础，筛选符合目的需求的自然突变菌株。

（1）形态、色素、酶活和颉颃性等变异菌株的筛选

形态和色素的变异容易被发现，在某一特定培养基上挑选形态不同的菌落，显然是有益的，但诱变后生理生化方面的变异不容易直接辨认，可设法在培养皿中直接测定透明圈的大小，初步指示酶活力的强弱；也可将待测菌直接接到已加有检测菌的平板皿上，根据抑菌圈的大小与菌落直径的比值来进行初筛。

（2）发酵特性变异菌株的筛选

（a）摇瓶法

实验室常用的液体培养方法，在生产上一般用做“种子”培养。选取诱变处理后分离获得的外观正常健壮、孢子丰盛的菌落，接入液体培养基中进行摇瓶培养，然后测定菌株的发酵能力，结合观察培养液的颜色、泡沫、发酵周期等。这是目前抗生素菌种选育中应用最多的方法。

（b）扁瓶法

实验室用固体培养基培养微生物，也可直接用于生产。所需设备较为简单，产品质量易于保证，缺点是要用大量的琼脂作凝固剂。为了充分利用固体

培养基的展布面积，可选用特制的扁瓶（如克氏瓶，图 4－24），要求瓶口径 2～3 cm，并能耐高温灭菌。操作步骤：①将配好的培养基加热熔化，趁热注入克氏瓶，一般装量为克氏瓶总容量的1/5左右，以平放后布满“瓶底”（厚 3～5 mm为好），塞上棉塞灭菌。②培养基灭菌后趁热将克氏瓶平放，使培养基在克氏瓶底部凝固成薄层。③用菌液接种，每瓶接种菌液 2～5 mL，并作水平晃动，使菌液在培养基平板上均匀展开。④扁瓶平放在 28～30 ℃下保温培养，待培养基表面长满菌苔，加入少量无菌水，可刮取菌苔（或连同培养基一起）拌入吸附剂制成菌剂。

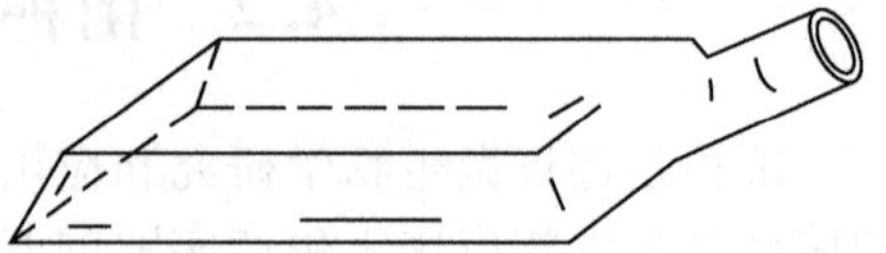

图 4－24　克氏瓶示意图

（3）营养缺陷型变异菌株的筛选

营养缺陷型是指菌株失去对某些培养物质的合成能力，只有当基本培养基中补充所需营养物质时才能生长，是另一类生理生化方面的变异。筛选营养缺陷型菌株包括淘汰野生型、检出缺陷型、鉴定缺陷型三个环节，这里分别予以介绍。

（a）淘汰野生型

营养突变株的百分比较低，所以需要有选择性地除去细菌群落中的野生型菌株，提高营养缺陷型细菌所占的比例，以便于分离，这一过程也被称为浓缩。

1）抗生素浓缩法：青霉素和制霉菌素分别能抑制细菌和真菌正在增殖的菌体细胞壁的合成，使其解体，但对不再进行增殖的细胞不起作用。所以经诱变处理后的营养缺陷型细菌在含有抗生素的基本培养基中不能增殖，不被杀死，从而可以浓缩营养缺陷型菌株。

2）菌丝过滤法：野生型的放线菌或真菌的孢子能在基本培养基中萌发长出菌丝，而缺陷型孢子则不会萌发。将诱变处理过的孢子悬浮液在基本培养基中振荡培养一定时间后，用灭菌脱脂棉或滤纸过滤，继续培养，重复几次，可去掉大部分野生型菌体所萌发的菌丝，而发生变异的孢子留在滤液中起到浓缩作用。

（b）检出缺陷型

1）逐个鉴定法：将细菌涂培养皿，然后将出现的菌落按一定的排列次序逐个点种，一个含有基本培养基，另一个含有完全培养基。经培养后如果发现在完全培养基上出现菌落，而基本培养基上不出现菌落，即为一个营养缺陷型。

2）夹层培养法：先在培养皿上倒一层不含菌的基本培养基，待凝固后加上一层含菌的基本培养基，待凝固后再加上一层不含菌的基本培养基，培养 24 h 后，在培养皿底部用记号笔在菌落点处标记并加上一层不含菌的完全培养基，再经培养后出现的小菌落多数是营养缺陷型。两层不含菌的培养基的作用是把菌夹在中间，以免菌落中的细菌移动或被完全培养基所冲散，此法适用各种微生物的检查，但选择效率不高，并且用小铲或接种针挑菌很不方便。

3）限量补充培养法：将细胞接种在含 0.1 g/L 或更少蛋白胨的基本培养基上。野生型将迅速长成较大的菌落，而缺陷型缓慢长成小菌落，可以识别检出。如果只需要某一种氨基酸的缺陷型，可在基本培养基上加入单一物质，所需补充的物质的量最好用已经选出的缺陷型来测定，此法适用于细菌，对酵母菌效果不太好。为了保证分离效果，所用琼脂须纯净，并防止菌落过分扩散。①琼脂洗涤的方法：将市售琼脂在低于 45 ℃的热水中浸洗1～2 次，去掉可溶性杂质、无机盐、生长素和色素等，然后用自来水冲洗 2 或 3 次，直至颜色变白为止，拧干，用质量分数为 95% 的乙醇溶液浸泡过夜，次日取出，拧干乙醇溶液，将洗净的琼脂放在两层纱布间，铺成薄层，晾干备用。②防止菌落扩散的方法：为防止细菌和真菌菌落扩散，琼脂平皿不能太湿，倒平皿时琼脂温度不宜太高，倒入后放置一定时间，待表面水分蒸发后使用；皿盖内放浸有甘油的滤纸，可吸去部分水分；在培养基中加入山梨糖，可抑制链孢霉类菌落生长，加硫酸十二酯钠和去氧胆酸钠，可抑制曲霉、木霉菌落的扩散。

（c）鉴定缺陷型

营养缺陷型以氨基酸缺陷型居多，测定缺哪一种氨基酸的方法有以下三种：

1）方法一：生长谱法是最常用的方法。将待测菌涂在基本培养基平皿上，并将平皿划分为若干区域，在培养基表面每个区域的中央放少量的各种氨基酸，经培养后，观察到其中一个区域中出现浑浊生长圈，说明只有这一种氨基酸能满足这一营养缺陷型的要求；如有需要两种氨基酸的菌，则可在这两类氨基酸扩散圈的交叉处观察到双凸透镜状的生长区域，如图 4－25 所示。配制无机培养基时，添加的氨基酸的浓度见表 4－6。

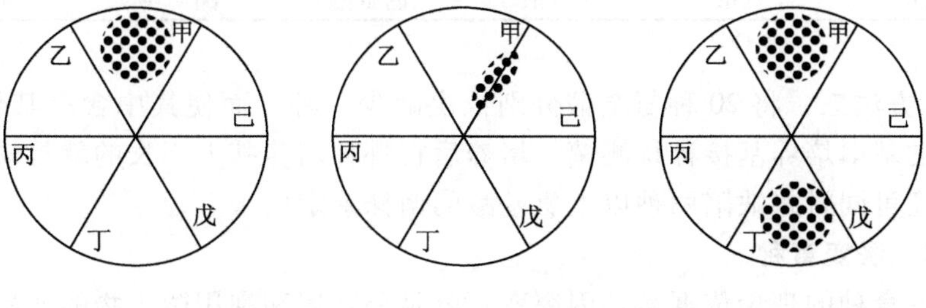

图 4－25　鉴定营养缺陷型的生长谱法

表 4-6 营养缺陷型筛选培养基中氨基酸的添加浓度

氨基酸 /(mg·L^{-1})	细菌	放线菌	真菌	氨基酸 /(mg·L^{-1})	细菌	放线菌	真菌
赖氨酸	10	50	70	天冬氨酸	10	50	70
精氨酸	10	50	20	丙氨酸	10	50	40
甲硫氨酸	10	50	70	甘氨酸	10	50	40
胱氨酸	50	50	120	丝氨酸	10	50	50
亮氨酸	10	50	70	羟脯氨酸	10	50	70
异亮氨酸	10	50	70	组氨酸	10	70	80
缬氨酸	10	50	60	苏氨酸	20	50	60
苯丙氨酸	10	50	80	谷氨酸	10	50	90
酪氨酸	10	50	90	脯氨酸	10	50	60
色氨酸	10	50	100				

2）方法二：将20种氨基酸按顺序排列，纵横分别组合9组，把它们分别加到基本培养基中，1～5组每组含有四种氨基酸，6～9组每组含有五种氨基酸，每种氨基酸同时存在两组中(表4-7)。将待测细菌接种到每组平皿上，如仅在某纵横两组交叉处有生长圈，根据表4-7对比，就可查到是哪种氨基酸缺陷型。也可用滤纸片分别吸取各组氨基酸溶液，贴在已有待测菌液的基本培养基平皿上，如果被测定的菌株是缺一种氨基酸的营养缺陷型，则在贴附的几个滤纸片中，有两片周围将出现一个生长圈，便可测出是哪种氨基酸缺陷型。

表 4-7 氨基酸不同组合表

	第1组	第2组	第3组	第4组	第5组
第6组	丙氨酸	精氨酸	天冬酰胺	天冬氨酸	半胱氨酸
第7组	谷氨酸	谷氨酰胺	甘氨酸	组氨酸	异亮氨酸
第8组	亮氨酸	赖氨酸	甲硫氨酸	苯丙氨酸	脯氨酸
第9组	丝氨酸	苏氨酸	色氨酸	酪氨酸	缬氨酸

3）方法三：将20种氨基酸分别依次缺少一种，而使其中含有其他19种氨基酸的基本培养基接种待测菌，培养后在哪种培养基上不长的就是缺哪种氨基酸，还可同时将缺陷两种以上氨基酸的菌株鉴定出来。

4.2.1.2 诱变育种

诱变育种的理论依据是基因突变，就是要掌握和利用微生物的变异性，通过人工诱发变异，从中选育出优良菌种、变种或新种。因此，微生物诱变育种工作和有关的理论研究具有重要意义。经诱变剂处理的菌液，一般细胞致死

95%~99%，在生产上有的采用致死 70%~80%，甚至 30%~70%。存活的菌有三种情况：正变型变异——某一生产性状的质量提高了，负变型变异——某一性状降低了，稳定型——没有什么变化。最后，从存活的菌落中把最好的正变型菌株筛选出来。

（1）出发菌株

用来进行诱变试验的菌株，一般以已经生产选育过的菌株作为出发菌株进行诱变处理，收效较快，并且用分散的细胞进行处理，以便于均匀接触诱变因素，因此，处理时最好将细菌制成悬浮状态。

（a）菌龄

菌龄一般采用细菌生长最旺盛的对数期；放线菌和真菌的孢子刚成熟时最好，变异率和重复性都较好。

（b）菌悬液浓度

通常处理细菌或放线菌的浓度约 10^8 个/mL；真菌孢子或酵母菌细胞悬液的浓度以 10^6 个/mL 左右为宜。悬液中的细胞数，最好将不同浓度菌液用于平板活菌计数并同时测定光密度，在一定范围内两者呈直线关系，以后每次只需测定光密度就可从图上查出每毫升所含活菌数。

（c）菌悬液的配制方法

用物理诱变因素处理时一般可用生理盐水配制，用化学诱变因素处理时应考虑到药物变化会使菌液 pH 发生改变或处理时间特别长时，须采用缓冲液配制。

（2）诱变剂

诱变剂是能引起微生物变异的因素的总称。诱变剂种类很多，基本上可分为如下三种：

（a）物理诱变剂

物理诱变剂最常用的是波长为 200~300 nm 的紫外线和波长为 0.1~1 nm 的 X 线，以及 ^{60}Co、快中子等。通常将制成的菌种孢子悬液装入容器，直接在诱变剂下照射一定时间，经过稀释，再进行分离培养。要求装置菌液的容器应符合诱变剂的穿透力，如紫外线只能穿透石英玻璃，用一般玻璃培养皿，需敞开皿盖处理。用 X 线或 ^{60}Co 处理，最好用有机玻璃制成的容器，也可把孢子悬液涂布在琼脂培养基表面，经过照射处理后，直接进行培养。

（b）化学诱变剂

化学诱变剂根据作用机制分为两类：①通过代谢作用掺入 DNA 分子中而引起变异；②首先和 DNA 直接发生化学反应，再通过细胞代谢作用完成碱基对的转换过程而引起变异，多数属于这一类。最常用的有氮芥盐酸盐、亚硝酸、硫酸二乙酯、氯化钾、乙烯亚胺、甲醛、过氧化氢和放线菌素 K 等。使用方法如下：①与稀释的菌液相混合，待处理到一定程度后，加入中止化学反应的试剂，停止诱变剂的作用。也可以在处理后用稀释法、过滤法或离心洗涤法，把诱变剂的浓度减小到不引起作用的程度，然后取一定量进行分离培养。②把一定浓度的诱变剂与琼脂培养基相混合，制成平板，表面接种被处理的菌液，或把诱变剂、基本培养基和菌液一起混合制成平板，直接培养。

（c）生物诱变剂

生物诱变剂主要指噬菌体。使用上与化学诱变剂基本相似，即将噬菌体与菌液相混合，制成平板，或在菌株的摇瓶培养中加入噬菌体，直至菌株自溶结束，再将溶解液进行平板分离培养，分离出残存的活菌。

（3）诱变育种方法

这里依次介绍的是物理诱变处理、化学诱变处理、其他诱变处理和复合诱变处理。

（Ⅰ）物理诱变处理

（a）紫外线（UV）

由于DNA强烈吸收紫外线，引起DNA结构型的变化，如DNA与蛋白质的交联和形成的嘧啶水合物等，但主要是嘧啶二聚体的形成，使DNA分子构型扭曲，影响正常复制和转录，以致死亡或突变。

操作步骤：

1）一般采用15 W紫外线灯管，波长253.7 nm。照射前，先打开紫外灯预热20～30 min，使光波稳定。

2）取一定量的菌液（不宜过多、过浓）放在培养皿中，平放在距离灯管30 cm处，照射时打开培养皿盖，同时打开电磁搅拌器（或振动培养皿装置），使菌体得到均匀照射20 s～20 min。一般微生物营养体3～5 min即可死亡；芽孢约10 min可死亡；抗生素产生菌30 s～2 min死亡。一般照射后菌体细胞的存活率在5%以下为宜。

3）照射在暗室或红光条件下进行，照射后也应把培养皿放在暗处培养，因为日光对紫外线具有光复活作用。

（b）X线和γ射线

X线和γ射线都是高能电磁波，在与原子或分子直接碰撞时，把全部或部分能量传递给原子而产生高能量的次级电子，产生电离作用，能引起点突变，也会造成染色体断裂，结果导致染色体倒位、缺损、重组或其他形式的畸形变化。

操作步骤：

1）一般常用的诱变剂量是使微生物产生90%～99.9%死亡时的剂量。各类微生物对X线和γ射线的辐射敏感程度差异很大，如X线使抗辐射小球菌致死90%需要750 krad，使假单胞杆菌属致死90%所需剂量应小于2 krad。

2）照射时一般用菌悬液，也可用长在平板皿上的菌落，如在有氧条件下照射，则可增加照射效应。

（c）快中子

中子是原子核的组成部分，是不带电荷的粒子，可以从回旋加速器、静电加速器或原子反应堆中产生。中子又分快中子和慢中子，慢中子的反应一般不具有生物学的特殊性。快中子的生物学效应是由中子穿过物质时把原子核中的质子打出来所造成的，具有较大的电离密度，能更多地引起基因突变和染色体畸变。据报道从 10 ~ 30 krad 快中子处理取得了显著的诱变效应，而且快中子在产生正突变方面特别有效。国内曾用回旋加速器产生快中子诱变“九二〇”产生菌，所用快中子强度为 $2.5\times(10^6 \sim 10^8)$ 个/($cm^2 \cdot s$)，照射时间为 15 ~ 30 min，加速粒子用的是氘核，产生较好效果。

操作步骤：

采用菌悬液或长在平板上的菌落进行快中子处理，剂量为 10 ~ 150 krad。

（Ⅱ）化学诱变处理

（a）亚硝酸（HNO_2）

亚硝酸盐在酸性溶液中就成为亚硝酸，可使 DNA 中的鸟嘌呤、胞嘧啶、腺嘌呤脱去氨基而分别成为黄嘌呤、尿嘧啶和次黄嘌呤。这些产物使碱基对发生交换，同时引起突变。亚硝酸盐使用安全、方便，诱变效果也较好。

试剂准备：

1）1 mol/L 乙酸缓冲液（pH4.6）：A 液：11.55 mL 冰乙酸用蒸馏水配成 1 L；B 液：27.29 g 乙酸钠（$CH_3COONa \cdot 3H_2O$）加蒸馏水配成 1 L。25 mL A 液 +24.5 mL B 液 +50 mL 蒸馏水，调节 pH 为 4.6（一般混合即成）。

2）亚硝酸溶液：称取 34.5 mg 亚硝酸钠，在处理前加入 10 mL 0.1 mol/L 乙酸缓冲液中生成亚硝酸，最终浓度为 0.05 mol/L。

3）0.07 mol/L Na_2HPO_4 溶液（pH8.6）：称取 9.94 g Na_2HPO_4 溶于 1 L 蒸馏水。以上三种试剂使用前均需灭菌。

4）8.5 g/L 的无菌生理盐水。

操作步骤：

细菌的处理方法：

1）从细菌斜面上挑取一环菌体接入 5 mL 牛肉膏蛋白胨培养液中，37 ℃振荡培养到对数期。

2）将菌悬液离心（3 000 ~ 3 500 r/min，10 min），弃去上清液，打匀沉淀，加入 5 mL 生理盐水，洗菌体一次。

3）再离心，弃上清液，打匀沉淀，加入 1 mL 0.05 mol/L 的亚硝酸溶液，37 ℃水浴处理若干分钟（如 5 min）。

4）取出后加入 9 mL 0.07 mol/L pH8.6 的 Na_2HPO_4 溶液中止反应，或直

接稀释涂平板。

真菌的处理方法：

1）取新鲜真菌斜面，加无菌水若干毫升（10^6 个孢子/mL），刮下孢子，充分振荡均匀。

2）取孢子悬浮液 0.5 mL，加入 0.5 mL 0.05 mol/L 的亚硝酸溶液，充分摇匀后，使亚硝酸的最终浓度为 0.025 mol/L。

3）在 27 ℃水浴中保温若干分钟（如 10 min）后加入 9 mL 的 0.07 mol/L pH8.6 的 Na_2HPO_4 溶液中止反应。

4）稀释涂平板。

（b）氮芥

氮芥是一种极易挥发的油状物，其盐酸盐是白色粉末，通常使氮芥盐酸盐与碳酸氢钠发生反应，释放出氮芥子气，与细胞反应引起染色体畸变。氮芥对人体有毒，应注意安全操作。

试剂准备：

1）活化剂：称取碳酸氢钠 68 mg，加入蒸馏水 10 mL 灭菌。

2）解毒剂：称取碳酸氢钠 68 mg，甘氨酸 60 mg，溶于 100 mL 蒸馏水中灭菌。

3）称取 10 mg 氮芥盐酸盐，放入一只灭菌的小瓶中，再加入灭菌蒸馏水 2 mL，使每毫升溶液中约含有 5 mg 氮芥盐酸盐。

操作步骤：

1）吸取 1 mg 孢子悬浮液于一灭菌小瓶中，再加入 0.6 mL 活化剂（碳酸氢钠溶液）和 0.4 mL 氮芥溶液，此时氮芥的作用浓度为 1 mg/mL，塞紧瓶塞，摇匀。

2）加入氮芥溶液 30 s 后开始计算时间，达到所需时间（先做预备实验确定），用 1 mL 注射器吸取 0.1～9.9 mL 解毒剂，中止氮芥作用。

3）稀释涂平板。

氮芥盐酸盐在碳酸氢钠缓冲液中呈游离状态的反应式为

$$(ClCH_2CH_2)_2NH \cdot HCl + NaHCO_3 \longrightarrow (ClCH_2CH_2)_2NH$$

解毒的反应式为

$$(ClCH_2CH_2)_2NH - CH_2NH_2—COOH + NaHCO_3 \longrightarrow$$
$$(HOOCCH_2NHCH_2CH_2)_2NH + NaCl + CO_2\uparrow + H_2O$$

（c）乙烯亚胺（C_2H_5N）

乙烯亚胺是无色液体，挥发性强，具有强腐蚀作用，剧毒，易燃，需要避光密封，低温保存，操作时要注意安全。它的效应与氮芥相似，它的作用是使碱基起烷化作用。采用高浓度，短时间效果较好。

操作步骤：

1）取乙烯亚胺0.5 mL到50 mL容量瓶中，加蒸馏水到50 mL使成1∶100稀释液。再从中取1 mL加入9 mL蒸馏水成1∶1 000稀释液。

2）在灭菌的小瓶中加入孢子悬浮液或菌悬液1 mL，蒸馏水3 mL和1∶1 000的乙烯亚胺稀释液1 mL，用橡皮塞盖紧。此时乙烯亚胺的处理浓度为1∶5 000。

3）在室温或低温（一般处理孢子时温度为28 ℃）下处理一定时间（如30 min左右）后，加几颗结晶硫代硫酸钠使作用中止，然后涂平板。

（d）甲基磺酸乙酯（乙基磺酸甲烷，EMS）

处理细菌或真菌孢子时药物一般用0.1～0.4 mol/L的浓度。

试剂准备：

1）0.1 mol/L的磷酸缓冲液。

2）10 mol/L甲基磺酸乙酯溶液。

操作步骤：

细菌的处理方法：

1）将在肉汤中培养到对数期的菌液1 mL离心，洗涤，以0.1 mol/L pH7.0磷酸缓冲液制成菌悬液10 mL。

2）加入0.1 mL的甲基磺酸乙酯溶液（原液约10 mol/L）30 ℃处理若干分钟（如30～60 min）。

3）离心，弃上清液，洗涤2次，稀释涂平板。

真菌的处理方法：

1）用0.1 mol/L pH7.0磷酸缓冲液制成10^6个/mL浓度的孢子悬浮液。

2）取10 mL孢子悬浮液，加入0.15 mL甲基磺酸乙酯溶液（最终浓度为0.15 mol/L），30 ℃静置保温若干小时（如3～6 h）。

3）离心，弃去上清液，洗涤，稀释涂平板。

（e）硫酸二乙酯（DES）

硫酸二乙酯作用较弱，采用低浓度（0.2～1.0 mol/L）长时间处理，才能得到良好的诱变处理。

试剂准备：

1）0.1 mol/L磷酸缓冲液。

2）10 g/L的硫酸二乙酯溶液。

3）250 g/L的硫代硫酸钠溶液。

操作步骤：

1）将细菌接种到肉汤培养液中，37 ℃培养至对数生长期。

2）将菌液离心（3 000 r/min，10 min），弃上清液，用无菌水洗涤两次，加入10 mL 0.1 mol/L pH7.0磷酸缓冲液制成菌悬液。

3）取4 mL菌悬液加到16 mL上述缓冲液中，加入硫酸二乙酯0.2 mL，振荡培养 30 ~ 60 min。

4）直接稀释或加入 0.5 mL 硫代硫酸钠溶液中止反应后稀释涂平板；或取 1 mL 硫代硫酸钠溶液加入 10 ~ 20 mL 培养液中，过夜后，再稀释涂平板。

（f）*N* - 甲基 - *N′* - 硝基 - *N* - 亚硝基胍（MNNG 或 NTG）

一种有强烈致癌作用的超诱变剂，操作时要注意安全。在适宜条件下，可得到较高的突变率。它常被用来筛选生产某些氨基酸或核苷酸之类的营养缺陷型菌株。可见光下，NTG 会放出 NO，由土黄色变为黄绿色，故应避光保存。当 NTG 在 pH 为 5.0 ~ 5.5 条件下会形成 HNO_2（本身是诱变剂），在碱性条件下会形成重氮甲烷（diazomethane，CH_2N_2），烷化 DNA 发生突变。在 pH 高于 6.0 时，两者均不产生，此时的诱变效应为 NTG 本身对蛋白质体引起的变化所致。

试剂准备：

1）1 ~ 10 mg/mL 浓度的硝基胍溶液：称取一定量的 NTG 溶于丙酮，现用现配。

2）pH6.0 的三羟甲基氨基甲烷 - 缩苹果酸（tris - maleic acid，TM）缓冲液。

3）pH6.0 的磷酸缓冲液。

操作步骤：

1）取对数生长期的细菌离心洗涤，用 pH6.0 的 TM 溶液或磷酸缓冲液稀释成 5×10^8 个/mL 菌悬液。

2）取一灭菌小瓶，加入菌悬液 2 mL，并加入 NTG 溶液，使最终浓度为 0.1 ~ 1.0 mg/mL（加入量根据预备实验确定）。

3）恒温培养一定时间（如 37 ℃，30 min），直接稀释涂平板，或将处理液用培养液稀释 10 ~ 20 倍，培养过夜后再稀释涂平板。

注意：使用过的一切器皿必须用饱和的 NaOH 液消毒后，才能洗涤。

（g）氯化锂（LiCl）

氯化锂是溶于水、易潮解的白色结晶，处理时一般需将琼脂培养基冷却到 50 ~ 60 ℃时再加，加入量为 3 ~ 5 g/L，倒平板，涂布细菌或孢子，恒温培养即可。

（h）秋水仙碱（$C_{22}H_{25}NO_6$）

秋水仙碱的作用主要是破坏有丝分裂过程中纺锤体的形成，因此，有可能导致多倍体的形成，因而扩大了变异范围。一般用 0.1 ~ 2 g/L 的溶液。

操作步骤：

1）将孢子先在培养基中培养数小时，使孢子活化，然后加入秋水仙碱溶液，使最终浓度为 500 μg/mL（适宜浓度根据预备实验确定）。

2）继续振荡 1 h，然后分离培养。

3）或将秋水仙碱直接加入到琼脂培养基中，用菌悬液或孢子悬液涂布平板，培养后进行分离。

几种化学诱变剂的常用浓度、处理时间列表4-8。

表4-8　几种化学诱变剂的常用浓度、处理时间

名　称	诱变剂浓度	处理时间/min	缓冲液	中止反应方法
亚硝酸(HNO_2)	0.01~0.1 mol/L	5~10	pH4.6，1 mol/L 乙酸缓冲液	pH8.6，0.07 mol/L Na_2HPO_4
甲基磺酸乙酯(乙基磺酸甲烷，EMS)	0.05~0.5 mol/L	10~60 孢子3~6 h	pH7.0，0.1 mol/L 磷酸缓冲液	硫代硫酸钠或大量稀释
硫酸二乙酯(DES)	5~10 mL/L 1 mL/L	15~30 孢子18~24 h	pH7.0，0.1 mol/L 磷酸缓冲液	硫代硫酸钠或大量稀释
N-甲基-*N'*-硝基-*N*-亚硝基胍(NTG)	0.1~1.0 mg/mL， 孢子3 mg/mL	15~60 孢子90~120 h	pH6.0，1 mol/L 磷酸或乙酸缓冲液或TM缓冲液	大量稀释
氮芥	0.1~1.0 mg/mL	5~10	碳酸氢钠	甘氨酸或稀释
乙烯亚胺(C_2H_5N)	1∶1 000~1∶10 000	30~60		稀释
氯化锂(LiCl)	3~5 g/L	加入培养基中，在生长过程中诱变		稀释
秋水仙碱($C_{22}H_{25}NO_6$)	0.1~2 g/L	数小时或在生长过程中诱变		稀释

(Ⅲ) 其他诱变处理

(a) 噬菌体

噬菌体作为一种诱变因素，特别是溶原性噬菌体，因为它是一种遗传信息的传递者，在对噬菌体敏感的工业微生物选育中起到一定的作用。据报道，经过噬菌体处理后生长出来的单菌之间抗生素产量变异有显著增加。但由于噬菌体能引起转导作用，对其作用机制尚存不同看法。

(b) 抗生素

1) 丝裂霉素C($C_{15}H_{18}N_4O_5$)：一种抗癌药物，可以抑制DNA的合成。该药物要避光保存，处理剂量一般为5~29 μg/mL，处理时可直接加入培养基中，或加到孢子悬液中处理一定时间后再稀释分离。

2) 放线菌素K：一种红褐色晶体，在水中溶解度较小。一般在处理前先称好样品，加入一定量的水在摇床上振荡12~24 h便成溶液。处理剂量一般为1~10 μg/mL，处理时可加在培养基中，使菌体在生长过程中受到处理，或与菌悬液混合处理。

(Ⅳ) 复合诱变处理

在诱变选育中可利用复合因素的处理来提高诱变效应，现简单介绍下列方式：

1）两种或两种以上的诱变因素同时使用，国内有很多成功的经验，如在紫外线照射后用氯化锂、乙烯亚胺和亚硝酸等复合处理抗生素产生菌，常会得到较好的效果。

2）同一种诱变因素连续重复使用，即经过一次处理后，将处理后的菌液进行培养繁殖后，再进行处理，反复数次后，最后进行分离筛选。

3）先后用两种或两种以上诱变因素进行交替处理：如对糖化菌先后以 ^{60}Co照射 1 h，再用 2 g/L 的乙烯亚胺溶液处理 30 min、10 g/L 的硫酸二乙酯溶液处理 30 min 后，得到诱变菌株，其糖化率提高了 15%。

各种诱变因素都有各自特殊的作用位点，通过复合处理可扩大诱变幅度，一般先用一二个较弱的，再用强的比较好。因此，究竟如何选择诱变剂的复合处理，应根据特定菌株的特性及在实践基础上的经验来决定。

（V）药物处理注意事项

1）化学诱变剂大多有毒甚至有致癌作用，应注意防护，不能直接用口吸取，并避免直接与皮肤接触或污染衣服。

2）需满足细胞的生理等条件，采用固定培养条件下得到的细胞以利于获得更好的重复性和提高工作效率。

3）采用灭菌玻璃珠把细胞打碎，霉菌可加表面活性剂（如 3 g/L 的吐温 80），再用灭菌脱脂棉过滤，使芽孢或孢子尽量分散，以便均匀地接受诱变剂的作用，提高诱变效果。

4）应将菌液和诱变剂分别预热到一定温度，然后混合，并开始计时。掌握一定的温度和时间，一般温度越高，时间越长，杀死和诱变作用越快。

5）处理结束后，一般采用大量稀释的方法或用解毒剂中止药物作用，为此，处理前应做预备实验，测定中止作用所需的稀释倍数；或用甘氨酸解除氮芥作用，提高 pH 中止亚硝酸作用，用硫代硫酸钠中和甲基磺酸乙酯或乙烯亚胺的作用等。

6）由于诱变后的突变菌株有一个表型延迟过程，因此，药物作用中止后，最好将诱变后的细胞悬液先接种在完全培养基上培养一段时间（通常一夜，不宜过长），再进行平板分离，分别挑取各种表型菌落，可以得到更多的变异菌株。

4.2.1.3 遗传育种

基因工程是指在基因水平上的遗传工程（图 4－26），它是用人为方法将所需要的某一供体生物的遗传物质——DNA 大分子提取出来，在离体条件下用适当的工具酶进行切割后，把它与作为载体的 DNA 分子连接起来，然后与载体一起导入某一更易生长、繁殖的受体细胞中，以让外源遗传物质在其中

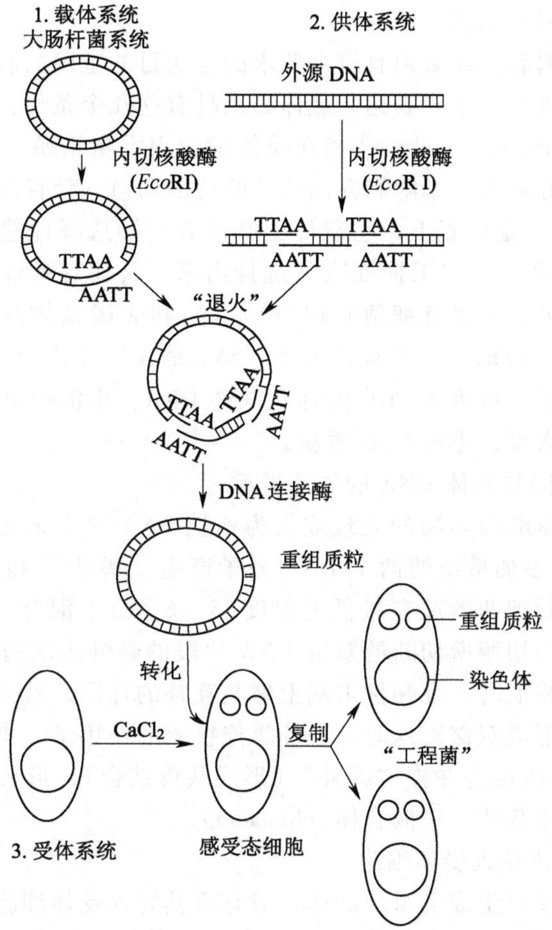

图 4－26　基因工程的主要原理和操作步骤示意图

"安家落户"，进行正常的复制和表达，从而获得新物种的一种崭新的育种技术。遗传标记是遗传育种工作中对目标基因进行鉴定、定位和选择的重要工具，基因工程是人们在分子生物学理论指导下的一种自觉的、能像工程一样可事先设计和控制的育种新技术，是人工的、离体的、分子水平上的一种遗传重组新技术，是一种可完成超远杂交的育种新技术，因而必然是一种最新的、最有前途的定向育种新技术。

（1） 目的基因的取得

在进行基因工程操作时，首先必须取得有生产意义的目的基因，一般有三条途径：①从适当的供体细胞（各种动植物及微生物均可选用）的 DNA 中分离。②通过反转录酶的作用由 mRNA 合成 cDNA（complementary DNA，即互补 DNA）。③由化学方法合成特定功能的基因。

（2）优良载体的选择

有了目的基因后，还必须有符合要求的运送目的基因的载体，以便把它运载到受体细胞中进行增殖和表达。载体必须具有这几个条件：①是一个有自我复制能力的复制子(replicon)；②能在受体细胞内大量增殖，即有较高的复制率；③载体上最好只有一个限制性内切核酸酶的切口，使目的基因能固定地整合到载体 DNA 的一定位置上；④载体上必须有一种选择性遗传标记，以便及时把少数“工程菌”或“工程细胞”选择出来。目前有条件作为载体的，对原核受体细胞来说，主要有细菌质粒(松弛型)和 λ 噬菌体两类。对真核细胞来说，主要有 SV_{40}病毒。在正常情况下，SV_{40}是在猴体内繁殖的小型 DNA 病毒，有一相对分子质量为 3×10^6 的环状双链 DNA，也能感染人和许多动物细胞。对植物细胞来说，主要是 Ti 质粒。

（3）目的基因与载体 DNA 的体外重组

采用限制性核酸内切酶的处理或人为地把 DNA 的 3′末端加上 poly(A)或 poly(T)，就可使参加重组的两个 DNA 分子产生“榫头”和“铆眼”似的互补黏性末端。然后把两者放在较低的温度(5～6 ℃)下混合“退火”。由于每一种限制性核酸内切酶所切断的双链 DNA 片段的黏性末端有相同的核苷酸组分，所以当两者相混时，凡黏性末端上碱基互补的片段，就会因氢键的作用而彼此吸引，重新形成双链。这时，在外界连接酶的作用下，供体的目的基因就与载体的 DNA 片段接合并被“缝补”(形成共价结合)，形成一个完整的有复制能力的环状重组载体——嵌合体(chimaera)。

（4）重组载体导入受体细胞

上述在体外反应生成的重组载体，只有将其导入受体细胞后，才能使其基因扩增和表达。受体细胞可以是微生物细胞，也可以是动物或植物细胞。在所有受体细胞中，目前使用最广泛的还是微生物——*E. coli*。当然，另外两种微生物 *Bacillus subtilis*(枯草杆菌)和 *Saccharomyces cerevisiae*(酿酒酵母)也正被越来越多地用作基因工程中的受体。把重组载体 DNA 分子引入受体细胞的方法很多，若以重组质粒作载体时，可以用转化的手段；若以病毒 DNA 作为重组载体时，则要用感染的方法。现以转化为例来加以说明。

在一般情况下，*E. coli* 是不发生转化的。后来发现，$CaCl_2$ 能促进 *E. coli* 对质粒 DNA 或 λ－DNA 的吸收，从而发展出目前常用的 $CaCl_2$ 转化法。采用这种方法，一种最广泛使用的 pBR322 质粒(松弛型,具有四环素和氨苄青霉素抗性基因,并具有许多便于应用的限制位点)的转化率可达到每微克 DNA $10^5\sim10^7$ 转化子。转化以后，质粒 DNA 可在受体细胞内复制和表达抗药性标记，使转化细胞能在抗生素培养基上生存，因而可以检出它们。在理想情况下，上述这种重组载体进入受体细胞后，能通过自主复制而得到大量扩增，从而使受体细胞表达出供体基因所提供的部分遗传性状，于是，这一受体细胞就成了“工程菌”。

4.2.2　菌种的保藏与复壮

从自然界分离筛选得到的优良微生物菌种经过长期的人工培养和保藏，将引起原有的某些优良性状衰退。菌种保藏的目的就是采用各种方法，尽可能保持菌种的活力，防止死亡；保持菌种纯度，防止污染；保持原有的性状，防止退化。

4.2.2.1　菌种保藏方法

由于微生物种类很多，现有的保藏方法也多种多样，每种方法都有不同程度的局限或缺点，但无论哪种方法，其基本原理不外乎是根据微生物的生理和生化特性，一般多利用它们的芽孢或是分生孢子等休眠体，人为地创造一个有利于细胞休眠的良好环境，即以低温、干燥、避光、缺氧、缺乏营养、添加保护剂或酸度中和剂等条件(特别是低温)，在某种程度上抑制微生物的代谢作用，使其生命活动处于休眠状态，从而达到延长保藏时间的目的。一个较好的保藏菌种方法，首先要求能长期保持菌种的原有优良性状不变，同时也应考虑到方法本身的经济、简便。以下仅就细菌、放线菌及真菌等类群的常用保存方法，分别予以阐述。

- 菌种保藏法
  - 生活态——传代培养保藏法
    - 连续在培养基上(内)移种
    - 连续在活宿主上(内)移种
  - 休眠态
    - 干法
      - 藏在玻璃管内
        - 滴入小试管再放入大试管干燥器中
        - 封入安瓿
          - 菌液直接真空干燥法(又称 L－干燥法)
          - 冷冻真空干燥法
      - 吸附在合适的载体上
        - 细粒状载体
          - 土壤
          - 沙粒
          - 土壤＋沙粒
        - 球块状载体
          - 硅胶
          - 瓷球
        - 薄片状载体
          - 滤纸片
          - 明胶小片(滴在蜡纸板上干燥而成)
          - 血清蛋白小片(滴在聚乙烯薄膜上干燥而成)
        - 有机基质
          - 曲料
          - 麦粒
    - 湿法
      - 半固体琼脂柱
      - 液体介质
        - 蒸馏水
        - 糖液
        - 其他悬液
      - 固体斜面

(1) 斜面传代保藏法

本法是将菌种定期在斜面上转接，待生长丰满后置于低温或室温保存。适用于各类微生物的保存，方法简单，使用便捷。但菌种经常在营养丰富的培养基上转接，易发生变异和退化，也易被污染，保存时间短。如在室温下保存，则保存时间更短。

1）将生长丰满的斜面菌种置 4 ℃左右冰箱中保存。温度不宜太低，否则斜面培养基结冰脱水，加速菌种死亡或特性衰退。

2）按不同菌类每隔一段时间(一般细菌 2 个月,放线菌 3 个月,芽孢细菌、酵母菌和霉菌 3 ~ 6 个月)重新转管培养一次。如保存时温度高，则间隔的时间要短。

一般每株菌应保存相继的三代培养物，以便于对照。

（2）矿物油封藏法

此法是将矿物油(液体石蜡)覆盖于菌种斜面或穿刺培养物上，简便易行，保护性能好，既可以防止培养基水分蒸发，又能隔绝空气而使代谢速度降低。除石油微生物外，酵母菌、霉菌、细菌、放线菌、担子菌和半知菌类等都可以用此法保藏，现已成为国外某些较大菌库保藏菌种的常规方法。其缺点是，培养管需始终直立，给储运和移种带来不便，也给洗涤、清除油管带来麻烦。

1）取矿物油分装于三角瓶中，加棉塞，121 ℃灭菌 2 ~ 3 次，每次 30 min。灭菌后，因有水汽进入而浑浊，需在 40 ℃温箱中或室温下放些时候，待水汽蒸发，矿物油复原为无色透明。

2）将灭菌矿物油移接在空白斜面上，28 ~ 30 ℃培养 2 ~ 3 d，查无菌落生长方可使用。

3）将菌种斜面朝下(斜面适当短些,便于省油)，用无菌吸管吸取或直接注入无菌矿物油，油面应高出斜面顶端(若穿刺培养,则要高于琼脂培养基表面)1 ~ 1.5 cm，棉塞和管口用纸包好。直立于低温干燥处保存。

4）使用时，直接从斜面上(或倒去矿物油后)挑取少许菌体，先在试管内壁上触一下，沥去过多的矿物油，再移植于新鲜斜面。开始移种有油，生长迟缓，连续移接几次便恢复正常生长，培养后即可应用。

保藏期间应及时补充培养基露出液面部分的无菌矿物油。

（3）固体曲保藏法

这是根据我国传统制曲经验改进后的方法，又称麸皮法，适用于产孢子多的霉菌。本法设备简单，取材容易，适宜推广应用。

1）称取定量的麸皮(或去壳玉米、小米)，加水拌匀，一般按麸皮∶水 = 1∶(0.8 ~ 1.5)的量加入水分(各菌对水分要求不同,可适当增减)。分装于试管内，约 1.5 cm 高，不要紧压，加棉塞后灭菌。

2）将菌种接入冷却的麸皮管中，适温培养至孢子长满后，取出麸皮管放

入装有 $CaCl_2$ 等吸湿剂的干燥器内，室温干燥后，置 20 ℃以下或用蜡封口低温保存。

3）使用时，用接种针挑取少量带菌麸皮，移到新鲜斜面上培养即可。

（4）沙土保藏法

将干孢子或孢子悬液注入无菌的沙土管中予以保存。其优点是不需要加入培养基，保存期长，不易退化，是当前生产上应用最广的方法，但不宜用于保存营养体，适用于保存芽孢细菌、有孢子的放线菌和霉菌等。

1）取河沙过 60～80 孔筛，除去粗粒，放容器中，用质量分数为 10% 的 HCl 溶液浸泡 2～4 h 或煮沸 30 min，除去有机质。倒去盐酸，用流水冲洗至中性，烘干或晒干。最好再用磁铁吸去沙中的铁质。

2）取深层瘦黄土（不含有机质），加水泡洗数次至中性，烘干碾碎，过 100 孔筛，除去粗粒。

3）按质量比沙∶土＝1∶1 或 6∶4 掺和均匀，装入指形管中，每管约 1 cm 高（1 g 左右），加棉塞，126 ℃灭菌 1 h。取少许灭菌后的沙土放入牛肉膏蛋白胨培养液中培养，检查灭菌效果，保证灭菌完全后待用。

4）吸取 3～5 mL 无菌水，注入菌种管内，用接种环将孢子洗下制成悬液，用无菌吸管各吸取约 0.5 mL 加入每一沙土管中，或加入量以湿润沙土达 2/3 高度为宜。然后把沙土管放入盛有吸湿剂的干燥器内，抽气干燥至“拍之即散”为止。也可用接种环挑取 3～4 环干孢子直接拌入沙土管中或将部分沙土倒入斜面孢子上，用接种环挑动沙土在斜面上轻轻摩擦，以吸附孢子，然后回接到原沙土管中，置干燥器内，让其自然干燥。但由于操作时间长，染菌机会多，需特别注意无菌操作。

5）制好的沙土管放入装有吸湿剂的干燥器或大试管内，加橡皮塞，用蜡严封，置阴凉干燥或冰箱中保存。

6）使用时，挑取少量混有孢子的沙土涂抹在斜面上培养即可。原沙土管仍可继续保存。

此外，也有全用黄沙或石英砂不经处理，灭菌后直接使用。

（5）土壤培养保藏法

以土壤作培养基培养后干燥，然后保藏。此法主要适用于保藏形成孢子的霉菌、放线菌、芽孢细菌、根瘤菌与菌根真菌等。

1）取肥沃壤质果（菜）园土，风干，粉碎，过 24 孔筛，每试管分装 3～5 g，121 ℃灭菌 1 h，每天 1 次，3～4 次。

2）将无菌水或稀释的培养液加入装土的试管内，使土壤含水量约为最大持水量的 60%。

3）接入预先培养好的细胞或菌丝，经培养后，肉眼可见菌体增殖时，把试管置干燥器中干燥，然后放低温处保存。

（6）蒸馏水保藏法

此法是将菌体悬浮在蒸馏水中进行保藏。方法简单，适用于酵母菌、细菌、放线菌和真菌的保存。

1）每试管装入 5 mL 蒸馏水，塞好棉塞，121 ℃灭菌 30 min。

2）用接种环取一环已培养好的细胞移入无菌蒸馏水中制成悬液，或在斜面培养物上加入 6 ~7 mL 无菌蒸馏水制成悬液，然后移至试管中。

3）将棉塞改成已灭菌的橡皮塞(用螺旋盖的管更佳)或密封后于 10 ℃或室温下保存。使用时，从保藏悬液中移出一环于培养基上培养即可。

据报道，此法保藏腐霉、疫霉和植物病原菌等可达 2 年以上。具体方法是：从真菌菌落生长边缘切取约 60 mm^3 琼脂一小块置于蒸馏水中，室温保藏。用时移出琼脂块在合适的培养基上培养即可。

（7）冷冻干燥保藏法

此法又称冻结真空干燥法或低压冻干法，均指液体样品在冻结状态下升华其中水分，最后达到干燥。据文献记载，除不产孢子的真菌外，适用于保存各类微生物。其优点是保存时间长，一般可达 10 年以上；存活率高，变异小，安瓿管体积小，便于大量保藏。经不断改进，是目前较理想的保藏方法。但操作麻烦，设备昂贵，推广应用尚有一定困难。

1）选用外径为 6 ~8 mm、壁厚 0.6 ~1.2 mm、长不小于 100 mm、质地合适的中性玻璃管，洗净烘干。放入印有菌号、制作日期的标签(距管底约 10 mm)，塞好棉塞，用纸包好，121 ℃灭菌 30 min，备用。关于安瓿管的形状和标签形式可参考图 4 -27。

2）将牛奶煮沸后冷却，去掉表层油脂，这样反复几次后，用脱脂棉过滤或用 3 000 r/min 离心脱脂。

3）将脱脂牛奶于 110 ℃灭菌 1 ~2 次，每次 30 min。

4）在无菌条件下，将灭菌牛奶倒入已培养好的菌种管内，用接种环轻轻洗下细胞或孢子制成浓厚的菌悬液。注意勿使琼脂斜面破碎或产生较多的气泡。

5）将菌悬液及时用无菌长滴管加入上述灭过菌的安瓿管底部，每管装入量为 0.05 ~0.2 mL。

6）把安瓿管放在盛有干冰或质量分数为 95% 的乙醇溶液的容器中，置冰箱过夜或低温冰箱(-40 ~ -35 ℃)冷冻约 10 h。待安瓿管中菌悬液充分冻结后，从冰箱中取出整个容器，将安瓿管外部的棉塞剪去，并将管内的棉塞推至管口下方，再通过乳胶管把各安瓿连接于总管的侧管上，而总管通过厚壁橡皮管与三通玻管连接，玻管一端接在盛有吸湿剂五氧化二磷(每 10 支安瓿管约

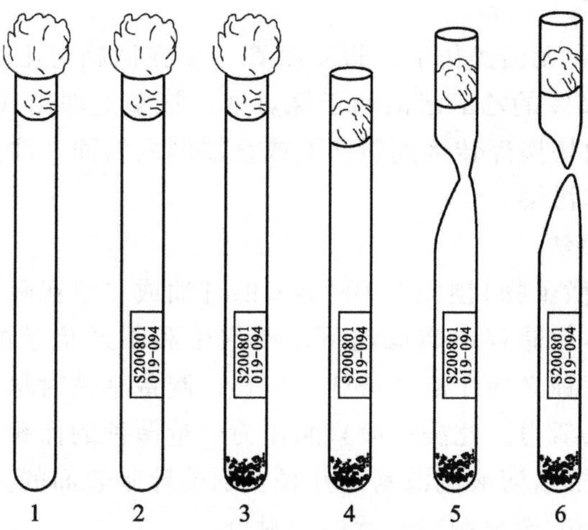

图 4－27　安瓿管的处理

从左到右：1. 安瓿管→2. 安放标签→3. 加菌悬液→4. 干燥和密封前将棉塞推向管内的位置→5. 拉细颈→6. 熔封

用 10 g）的瓶上，该瓶的另一端接在真空泵上。三通下管的另一端与真空表相连，进行抽气。见图 4－28。

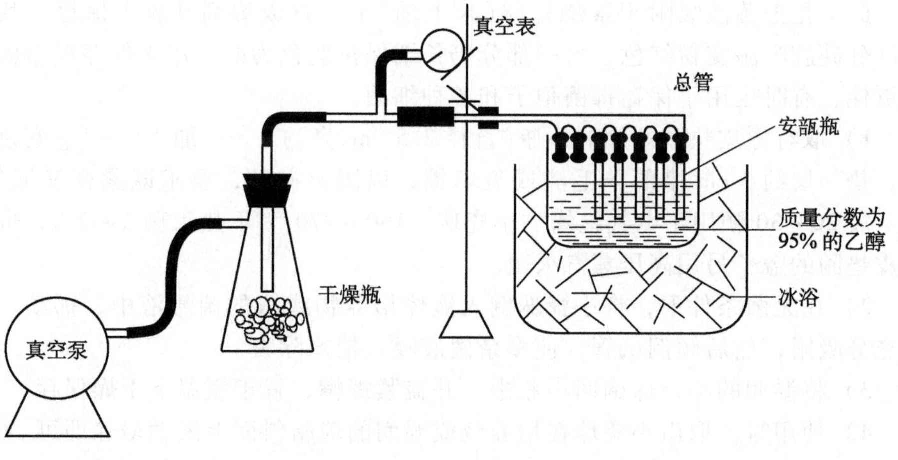

图 4－28　真空冷冻干燥装置

7）当抽气达汞柱 0.2～0.3 mm 时，每隔 1～2 h 逐渐升温，但注意勿使管内的温度超过 30 ℃，一般 7～8 h 即可干燥，此时悬液呈白色块状，稍一振动即脱离管壁。

8）样品干燥后，取下安瓿管，并用酒精喷灯或煤气灯火焰把安瓿管上部烧熔拉一细颈，然后再连接于原侧管上，室温抽空，从细颈处熔封，置冰箱或在室温避光处保存。

9）使用前，在无菌操作下，将安瓿管一端在酒精灯上烧热，用无菌吸管吸取质量分数为75%的乙醇溶液滴于烧热处，管壁上即出现裂纹，敲去一端，用接种针将牛奶菌块捣碎转接到斜面上或直接倒入斜面。注意开启时要防止空气冲入，以免引起污染。

（8）液氮保藏法

真菌（或其他微生物）预先在100 g/L的甘油或二甲亚砜保护剂中利用控制冰冻技术处理，然后储存在超低温下，产孢子和不产孢子的真菌可保藏许多年。但保藏前的菌种必须在最适条件下生长，制备悬液时尽量避免使菌体受机械损伤，以防失去活力。此法一般只能作为少量菌种的保藏用。

1）用甘油蒸馏水溶液淹没斜面并轻轻刮落琼脂表面的孢子或菌丝碎片。

2）吸取0.5 mL至灭菌安瓿管中，封口。

3）将安瓿管置于液氮冷冻器内1 h。冷冻速率为每分钟降低1 ℃，使样品冻结到 -35 ℃，其后冻结温度则勿需控制，迅速降低温度至 -196 ℃，储存。

4）用时取出安瓿管放在30 ℃水浴中，然后打开移植。

（9）素瓷珠保藏法

此法是把菌液吸附于素烧瓷球（未上釉）上，置吸湿剂硅胶上保存。其中以部分硅胶吸湿变粉红色，另一部分仍长期保持蓝色为好。用来保存根瘤菌效果更佳，有时也用于保存霉菌孢子和各种细菌。

1）取有橡皮垫圈螺帽的小瓶（直径2.5 cm，高约6 cm）加入3～4 g变色硅胶，垫一层约1 cm厚的羊毛渣或玻璃棉，以固定硅胶，要求既紧密又通气。其上放20～30颗用于电气绝缘的小瓷珠。160～170 ℃干热灭菌1～2 h，带有橡皮垫圈的盖子另用高压蒸汽灭菌。

2）在无菌条件下，将小瓷珠倒入液体培养物或浓的菌悬液中，摇动，使其充分吸附，然后倾倒试管，使多余菌液吸入棉塞除去。

3）将湿润的小瓷珠倒回小瓶中，并盖紧螺帽，置于室温下干燥保存。

4）使用时，取出小瓷珠在培养液或湿润的琼脂斜面上滚动培养即可。

（10）琼脂穿刺保藏法

此法又称半固体琼脂法，即将细菌用穿刺法接种到含6 g/L的琼脂柱状培养基（高度相当于试管长度的1/3）内，30 ℃培养24 h后，用纸包扎好或用浸有石蜡的软木塞代替棉塞塞紧或将试管口熔封，放冰箱或室温下保存。也是一种行之有效的保存无芽孢细菌的简易保藏方法。

菌种保藏方法比较：

保藏菌种的方法很多，在使用时要根据具体情况因地制宜选用，并在掌握菌种保藏原理的基础上，通过实践，不断加以改进和完善，从而创造出更多更好的保藏菌种的方法，使微生物在工农业中发挥更大的效益。使用上述各种方法保存菌种，除斜面传代法外，不同菌种一般都可以保存一年到几十年，现总结于表 4－9。

表 4－9　菌种保藏方法比较

保藏方法		适用菌种	保存期限
斜面	室温	各类微生物(除病毒外)	细菌、酵母菌 2 个月 放线菌、霉菌 3～4 个月
	冰箱		细菌、酵母菌 3～4 月 放线菌、霉菌 6 个月
矿物油		各类微生物(除石油微生物外)	1～5 年
固体油		产孢子的霉菌，酵母菌	1～数年
沙土管		芽孢细菌，放线菌，产孢子的霉菌	1～10 年
土壤		细菌，放线菌，霉菌	2～6 年
蒸馏水		细菌，放线菌，酵母菌，霉菌	1～6 年
冷冻干燥		各类微生物	10～数 10 年
液氮		霉菌，噬菌体	3～9 年
素瓷珠		细菌，产孢子的霉菌	1 年以上
琼脂穿刺		细菌	1 年左右

菌种保藏注意事项：

1）必须保证培养基、器皿等彻底消毒和严格的无菌操作。

2）对保存的纯种应在新鲜斜面培养基上长到丰满，但培养温度要求比适温低一点，如霉菌可在 18～20 ℃培养，酵母菌在 25 ℃以下为好。培养时间也不宜过长，一般生长近达高峰即可。

3）保存用培养基不宜太丰富，一般含有机氮多，少含或不含糖分，总糖量不超过 20 g/L，以适应菌种的相对稳定。使用时将菌种移接到保存前所用的同一种培养基上，效果更好。

4）在保藏过程中，经常检查存放的房间、冰箱等的温度和湿度，注意防霉及螨的污染。由于环境潮湿或冰箱电源时开时停，干湿交替，往往引起管壁和棉塞上的水汽凝集而导致霉滋生，又因微生物散发出的气味引诱了螨(体长 0.2～0.3 mm)，它会通过棉塞进入试管内蚕食菌体，甚至钻到培养基内吃基内菌丝，繁殖扩散很快，极易感染邻近菌种。

如遇到螨的污染可采用下列方法防治：

1）将橡皮塞浸泡在质量分数为95%的乙醇溶液中消毒15 min，在无菌操作下，换去原菌种管口的棉塞。若用螺旋塞或硅氧海绵塞，则既可减少污染机会，又可防止培养基干燥。

2）将菌种管口的棉塞放入由质量分数为95%的乙醇溶液95 mL（帮助渗透）、升汞0.5 g、甘油5 mL（防止升汞在乙醇蒸发后形成结晶）及微量结晶紫（标志）配成的药液中浸湿，然后保存，注意勿使药液接触培养物。

3）在菌种柜或培养箱中放一瓶含有大量芳香类物质，如拖拉机挥发油或用二甲苯、萘及对位二氯苯防螨，但这些药物也能破坏真菌的正常生长，造成变异。

4）取25 mL黏着剂（明胶20 g，$CuSO_4 \cdot 5H_2O$ 2 g，蒸馏水100 mL）倒在培养皿中凝固。棉塞用火烧过后推入管内至不露出管口为止，趁管口烧热在黏着剂中浸一下，立即将管口压在半张卷烟纸上封口（卷烟纸可先用氧化丙烯或其他方法灭菌），烧去多余的卷烟纸。这样，空气可以通过，而螨不能通过。

由于螨在5～8 ℃便停止活动，因此用低温保藏方法也可防除它。

5）保藏期间应定期检查菌种存活率。由于孢子随保存时间的延长而减少，使用时要相应加大接种量，或在菌种管内倾注少量无菌水或培养液，经培养，促使孢子萌发，然后再行移植。

6）菌种保存到一定时候，需要斜面传代一次，然后再行保藏处理，但一般不轻易更换保藏方法。在某些情况下，不能只采用一种方法保存，必须同时采用多种方法。对每株菌要尽可能多保存一些，贴上标签，做好记录，以备查考。同时，选择一个通风干燥、低温洁净的贮藏菌种的场所极为重要，以防意外或污染造成损失。

4.2.2.2 菌种退化与复壮

在生物进化的历史长河中，遗传性的变异是绝对的，而它的稳定性却是相对的；退化性的变异是大量的，而进化性的变异却是个别的。菌种退化是发生在细胞群体中的一个由量变到质变的逐步演变过程，在了解菌种退化的实质后，就有可能提出防止退化和进行菌种复壮的对策了。

（1）常见的菌种退化现象

1）生活力变弱：菌种在接种培养后，生长缓慢，菌苔变薄，典型性状渐少出现。如“5406”菌苔不呈粉红色而渐变白色。

2）繁殖力减弱：真菌或放线菌赖以繁殖的孢子生长不整齐或明显渐少，甚至不能形成。如庆丰链霉菌，在斜面上多次移植后，孢子就变得很少；现在生产“九二〇”的赤霉菌根本就不产生孢子。

3）代谢能力降低：代谢能力降低如发酵菌株的发酵能力降低，代谢产物减少；杀螟杆菌的伴胞晶体显著减少，毒力衰退；根瘤菌入侵豆科作物根部形成根瘤的能力下降；固氮菌的固氮效率变弱等。

（2）常用的菌种复壮措施

1）纯化分离：纯化分离可采用划线法或稀释平板法分离，选取单菌落进行纯化，把退化菌种中的一部分仍保持优良性状的单细胞分离出来，加以选择，扩大繁殖，可恢复原来菌株的优良特性。

2）寄主复壮：对寄生性的退化菌株，通过接种到相应的昆虫或植物寄主上重复分离，可提高菌种的活力和寄生性。对将退化的菌种杀虫剂喷洒在昆虫的食物上喂幼虫，在 25 ℃下培养 14 ~ 20 h，待虫体发病致死，从虫体内取出体液重新分离菌株，反复 4 或 5 次，可提高菌株的致病杀虫能力。又如对引起大豆菟丝子致病死亡的“鲁保一号”真菌，进行复壮时，先把菟丝子在试管中做无菌栽培，待长出幼芽后，接入退化菌种，使菟丝子发病，出现橘红色病斑，再经分离纯化，反复 2 或 3 次，可获得复壮的优良菌株。

3）改变培养条件：改变培养条件最常用的是改变营养成分、酸碱度或培养温度等。如对生产“5406”抗生菌肥的细黄链霉菌（*Streptomyces microflavus*）的复壮，可取 10%~40% 的苜蓿根，洗净切片，加水煮沸 30 min，滤液中再按 20 g/L 的浓度标准添加蔗糖和琼脂，或用 0.1%~0.2% 田菁种子，打碎煮汁，滤液中加入蔗糖和琼脂，制成菌株复壮培养基，接种退化菌种，培养 4 ~ 5 d，菌丝生长迅速，孢子层丰满，并出现粉红色孢子；又如生产蛋白酶的栖土霉菌（*Aspergillus terricola*），把培养温度提高到 33 ~ 34 ℃后，就能恢复产生孢子的能力。

4）控制传代次数：沙土管或斜面菌种的移植以 2 或 3 代为宜，移植次数过多，菌种易退化。将退化的菌种进行单菌落分离，再重新保藏，以控制传代次数。

第5章 土壤微生物多样性的分析

土壤生态系统中所有的微生物种类、它们拥有的基因以及这些微生物与环境之间相互作用的多样化程度被称为土壤微生物多样性，包括物种多样性、功能多样性、结构多样性及遗传多样性等不同层面，这些研究对于缓解人类在粮食、能源、资源和环境等方面的危机均有着全球性的重大意义。当前，土壤微生物多样性领域的传统分析方法已经很难满足人类对微生物资源研究和开发的需要，而以BIOLOG、PLFA和PCR等技术为代表的生理学、生物化学和分子生物学方法被广泛应用于土壤微生物的群落结构和功能活性研究。为了获取更为全面的微生物多样性信息，建议在条件许可的情况下，尽可能将其中的多种方法结合起来使用。

5.1 微生物的物种多样性分析

土壤微生物的物种多样性是指土壤生态系统中微生物的物种丰富度和均一度，这是微生物多样性的最直接表现形式。长期以来，有关微生物的物种多样性研究是通过分离培养来实现的，着重研究的是一些与人类关系最为密切的微生物种类，通过培养基最大限度地培养各种菌落，由此了解土壤中可培养的微生物种群。然而，绝大多数微生物种群尚不能实现纯培养，有时需要直接通过碱基测序方法获取微生物的系统发育信息，由于该方法不受培养限制，越来越受到研究人员的重视。第三、四章已经详细介绍了土壤微生物的分离、纯化、鉴定方法，这些均属于物种多样性研究范畴，这里不再赘述；有关土壤微生物分子生态学的研究方法将在5.4中详细介绍，这里仅介绍一些新近发展的培养技术与改进措施。

5.1.1 改进培养措施

基于培养的传统研究方法，由于培养基质和培养条件等原因而存在一定的局限性。在进行常规培养时，有些微生物由于不能适应被改变的生活条件而死亡，另一些则通过产生孢子进入休眠状态或改变细胞形态，进入维持一定代谢活性但不生长繁殖的“活的非可培养状态”，这是由于人们对微生物生长条件及其规律的认识严重不足而采取了偏离微生物实际生长情况的培养条件所造成的，有些是目前技术手段的限制，有些是人类认识水平的不足。举个简单的例子，琼脂对某些微生物具有毒性作用，如果采用无害且凝结作用较好的替代物质(例如古兰糖胶)作为培养基固化剂，就可以增强这些微生物的可培养性(Janssen *et al.* ,2002)。所以，人们应在实验实践的基础上，不断地对现有培养基质或培养条件进行改进。以下分别从改变营养基质、添加信号分子以及突破限制因子三个方面予以介绍。

(1) 改变营养基质

常规培养方法往往使用高浓度营养基质，但有时候反而不利于微生物的生长，适当降低浓度则可以减弱这种不利影响。因为土壤中本来可被利用的营养物质极度匮乏，多数处于“贫营养”状态，使用高浓度的营养基质就是将寡营养微生物迅速置于富营养状态，微生物初期的快速生长会产生大量的过氧化物、超氧化物和羟基自由基等“毒性氧物质”，该类物质的快速、过量积累会破坏细胞内膜结构，导致细胞死亡，从而表现出微生物的难培养性。有研究发现，低浓度基质培养基培养出的细菌在数量和种类上均高于高浓度基质培养基，但浓度过低时也会使培养出的微生物数量反而下降。事实上，营养基质浓度最好与微生物自然生长环境相近，例如，辅以少量生长因子的土壤浸提液作为培养基可以很好地培养土壤微生物。

如上所述，毒性氧对微生物的生长具有很大不利影响，减少微生物代谢过程或生命活动以外过程产生的毒性氧，可以避免微生物在短时间内受到高强度的毒性作用。例如，由于多聚物只有被水解为小分子物质时才能被微生物利用，所以以多聚物为碳源能有效减缓毒性氧释放的速度。同时，为了减少来源于微生物生命活动以外各种过程(如高压灭菌)产生的毒性氧，可在培养过程中加入具有毒性氧降解能力的物质，如过氧化氢酶、丙酮酸钠和 α - 酮戊二酸等过氧化氢降解物和抗氧化剂二硫代二丙酸等，其中丙酮酸钠对微生物可培养性恢复的效果最好，且具有稳定、低廉等优点。另外，充足的氧气有时也是产生毒性氧的原因之一，减少培养环境中的氧分压也可以减弱毒性氧的影响。

(2) 添加信号分子

由于实验室无法模拟自然界的真实环境条件，土壤微生物之间的相互关系在被简化了的培养条件下被忽略，包括种间的偏利共生关系、互惠共生关系以及群体感应等，微生物因为缺乏必需的生长因子和信号分子而死亡，也表现出“难培养性”。如果在培养基中加入微生物相互作用的信号分子就可以简单模拟微生物间的相互作用，满足一些微生物的生长繁殖要求。例如，加入酰基碳链长度各异的氮酰高丝氨酸内酯均能有效提高细菌的可培养性，而另一种与革兰氏阴性细菌多种基因调控有关的信号分子 cAMP 能够促使更多的细菌得到培养。例如，藤黄微球菌能分泌一种促进复活因子(resuscitation promoting factor, RPF)，可有效促进多种处于休眠期的革兰氏阳性细菌复苏。据同源性分析结果表明，RPF 存在于多种革兰氏阳性菌中，因而推测原核生物中可能广泛存在该类物质，可以考虑在培养基中加入不同类型的 RPF 来提高土壤微生物的可培养性。

(3) 突破限制因子

1) 延长培养时间：在常规培养条件下，一些生长缓慢的微生物容易被忽视。例如，生存于贫营养环境中的微生物尽管能够在低浓度营养条件下生长，但有些微生物生长速度极为缓慢，在常规设定的培养周期内(如 1 周)没有长成肉眼可见的菌落就被遗弃。因此，对"寡营养菌"的培养，可适当延长培养时间，使其能长至肉眼可见的尺度。当然，培养时间不能无限增长，因为培养时间越长，对培养环境的无菌要求就越高。

2) 分散微生物细胞：自然界中很多微生物聚集生长，形成"絮体"或"颗粒"等，致使其内部的微生物不易被培养。如果对"絮体"和"颗粒"进行适度的超声处理，即将细胞分散再进行培养，则可以使更多的微生物接触培养基而得到培养(Janssen *et al.* ,2002)。

3) 供应新型电子供体和受体：不同微生物的代谢过程不同，对反应底物的要求也不尽相同，供应微生物需要的特有底物则有助于新陈代谢反应的进行及微生物的正常生长。大量研究表明，将新型的电子供体和受体应用到微生物培养中，能够发现生理型未知的微生物。

5.1.2　新型培养技术

由于微生物群落及其生存环境的复杂性，试图提高微生物的可培养性不能局限于一种或几种方法，而应综合采用多种有效的方法，同时不仅要在改进培养基质上做尝试，而且更要在培养技术上不断进行摸索。近年来，伴随着学科的交叉与理念的创新，一些新型培养技术也逐渐被人们认可。当然，在发展微生物培养技术同时，应注意结合分子生物学技术，使两类方法相辅相成，更好地提高微生物的可培养性。以下介绍一些可供参考的新型培养技术。

(1) 超稀释法与高通量法

Button 等(1993)从概率论的角度提出超稀释法，即当把环境样品中的微生物群体稀释至痕量时，样品中的寡营养微生物可以不受少数几种优势微生物竞争作用的干扰，被培养的可能性大大提高。Connon 和 Giovannoni(2002)在此基础上提出高通量法，即将样品稀释至痕量后采用小体积 48 孔细胞培养板分离培养微生物，有效地提高了可培养性和工作效率。后来，Rappe 等(2002)又结合荧光原位杂交技术，根据从培养板各孔中针对性地检测某一分支细菌的存在，进而在较短时间内实现对目标微生物的大量培养。然而，超稀释法和高通量法成功的原因恰恰是制约其进一步发展的障碍，因为在样品稀释、微生物间的不利作用被削弱的同时，有利作用也被削弱。当微生物被极度稀释、初始接种量很小时，一些微生物分泌的代谢产物也被稀释，其他关联微生物细胞由于缺乏这些必需的代谢产物，生长就会受到抑制。另外，缺少种间的共生关系和群体效应，很多微生物仍不可培养。

(2) 细胞包囊法与扩散盒法

细胞包囊法是将土壤样品中的微生物先进行类似超稀释法的极度稀释过程，然后进行乳化，此时部分微生物形成了仅含单个细胞的胶状微滴，最后将胶状微滴装入层析柱内，使培养液连续通过层析柱进行流态培养。层析柱进口端用 0.1 μm 滤膜封住，防止细菌的进入而污染层析柱；出口端用 8 μm 滤膜封住，允许培养产生的细胞随培养液流出(Zengler *et al.*, 2002)。该方法的特点是让微生物在开放式培养液中生长，使培养环境接近于微生物的自然生长环境，能够很好地提高微生物的可培养性，但成本较高，不利于普及使用。

扩散盒法采用的扩散盒由一个环状的不锈钢垫圈和两侧胶连的 0.1 μm 滤膜组成，滤膜只能允许培养环境中的化学物质通过而不能让细胞通过(Kaeberlein *et al.*,2002)。该方法首先被应用于海洋微生物研究：将底泥样品置于扩散盒内的半固体培养基中，然后将扩散盒置于鱼缸底部的天然海洋底泥上，往鱼缸内加入天然海水并保证扩散盒内存有一定空气供微生物生长，培养时使天然海水循环流动，并不断注入新鲜海水，培养 1 周后培养基上可产生大量微型菌落，数目高达接种微生物的 40%。这种方法由于化学物质可以自由穿过薄膜，保证了微生物群落间作用的存在，能较大程度地模拟微生物所处的自然环境，提高微生物的可培养性。可以改进并采用土壤浸提液等来培养土壤微生物，但该法的主要不足是操作比较繁琐。

(3) 序列引导分离技术

序列引导分离技术(sequence-guiding isolation)是根据微生物基因组中特定基因的特异性序列，设计引物或杂交探针，以培养物中目标序列存在和变化情况为标准，来指导对微生物最优培养条件的选择，培养出新的微生物。为了减少分离细菌的工作量、节省时间，用 PCR 作为监测手段来确定目标细菌是否得到培养。当细菌在固体培养基上长出菌落后，用缓冲液冲洗培养基表面，提取冲洗液中细菌的 DNA，根据 16S rDNA 扩增情况判断目标细菌的存在与否，并继续用 PCR 方法监测目标细菌直至分离得到纯菌株(Stevenson *et al.*,2004)。

分子原位杂交技术可以对推断目标微生物的代谢方式和营养需求提供帮助，极大地节省工作时间，操作也很简便，仅需要一种特异性的探针，显示了在微生物培养时引入分子生物学技术作为引导的优势和力量(Breznak,2002)。

5.2 微生物的功能多样性分析

土壤微生物的功能多样性主要是指土壤微生物群落所能执行的功能范围以及这些功能的执行过程，如分解功能、营养传递功能以及促进或抑制植物生长的功能等。微生物在生态系统中的最大作用在于其分解功能，它们分解着动物、植物和微生物的残体以及各种复杂有机物质，吸收某些分解产物，最终将有机物分解成简单的无机物，这些无机物又可以被初级生产者利用，再次参与物质循环。目前，土壤微生物功能多样性研究主要基于群落生理学水平，其中又以 BIOLOG 碳素利用法使用最为普遍，而基于功能基因组学的研究也已发展成为一种新的趋势。

5.2.1 BIOLOG 碳素利用法

BIOLOG 方法采用底物诱导下的代谢响应模式测算土壤微生物群落的代谢功能多样性，由美国 BIOLOG 公司于 1989 年开发成功，最初应用于纯种微生物的鉴定，1991 年开始应用于土壤微生物群落功能多样性研究，目前以使用 BIOLOG ECO 板最为实惠而受欢迎。该方法中土壤微生物细胞利用 31 种碳源进行代谢，以代谢过程产生的酶与四唑类显色物质(如 TTC、TV)发生颜色反应的浊度差异为基础，运用独有的显型排列技术分析土壤微生物的代谢特征指纹图谱，反映不同环境条件引起的土壤微生物群落变化，因而也可用于土壤微生物群落结构变化指示。

BIOLOG 法的优点有：①灵敏度高，分辨力强；②无需分离培养纯种微生物，可最大限度地保留微生物群落原有的代谢特征；③测定简便，数据的读取与记录可以由计算机辅助完成；④可以连续监测微生物的变化，并可大批量分析。缺点有：①主要依赖于群体生理活性，特别是脱氢酶活性，不能检测到休眠群体，也不能检测到那些不能利用 BIOLOG 碳源底物的群体；②如果不能很好地解释一个区系中微生物种类的相互作用如何影响底物的利用情况，很难把这些变化同种类变化联系起来；③测定的是微生物在与野外环境完全不同的溶液中的代谢活性，因此也不能确定它的结果能否反映土壤区系的实际代谢情况(郑华等,2004)。

操作步骤：

称取 KH_2PO_4 2.654 g、K_2HPO_4 6.962 g，加蒸馏水至 1 L，调 pH7.0 得

0.05 mol/L 磷酸缓冲液，灭菌。称取 10 g 新鲜土样于 90 mL 磷酸缓冲液中，70 r/min 左右振荡 30 min，按 10 倍稀释法制成 10^{-3} 土壤稀释液，倒入已灭菌的 V 型槽中；使用 8 通道移液器上从 V 型槽移取接种液，向 BIOLOG 微孔板的每个微孔注入 150 μL 稀释液，25 ℃条件下培养 7 d，每隔 12 h 用 BIOLOG 读板仪测定吸光值(590 nm)。土壤稀释倍数应根据土壤微生物数量调整。

结果分析：

BIOLOG 系统读数后自动生成的文件为 *.D4C 格式，应转成 *.TXT 格式后再导入 Excel 软件中进行数据处理。微生物整体活性指标采用微平板每孔颜色平均变化率(average well color development, AWCD)来描述，可以评判微生物群落对碳源利用的总能力；Shannon、Simpson 和 McIntosh 等三种多样性指数被用于计算土壤微生物碳源利用多样性，分别评估群落中物种的丰富度、最常见物种的优势度以及物种的均一性。另外，还可以通过主成分分析(principle component analysis, PCA)将不同样品的多元向量变换为互不相关的主分向量(PC1、PC2 和 PC3 等为主分向量)，在其空间中可用点的位置直观地反映出不同微生物群落的代谢特征。

平均吸光度 *AWCD*

$$AWCD = \frac{\sum (A_i - A_{A1})}{31}$$

式中：A_i 为第 i 孔的吸光值，A_{A1} 为 A_1 孔的吸光值，$A_i - A_{A1}$ 为负值时则归 0。

Shannon 指数 H'

$$H' = -\sum P_i \cdot \ln(P_i)$$

式中：P_i 为第 i 孔的相对吸光值与整个平板相对吸光值总和的比率。

Simpson 指数 D

$$D = 1 - \sum (P_i)^2$$

式中：P_i 为第 i 孔的相对吸光值与整个平板相对吸光值总和的比率。

McIntosh 指数 U

$$U = \sqrt{(\sum n_i^2)}$$

式中：n_i 是第 i 孔的相对吸光值。

McIntosh 均匀度 E

$$E = \frac{N - U}{N - N/\sqrt{S}}$$

式中：N 是相对吸光值总和，S 为发生颜色变化的孔的数目。

5.2.2　功能基因组学研究

土壤微生物功能与土壤生态功能之间存在着密切的联系，微生物功能多样性变化能直接反映土壤生态系统受到各种环境因子影响的状况，作为土壤微生物功能标记物，编码相关酶的功能基因成为了解微生物功能多样性信息与土壤功能之间关系的纽带，并成为微生物多样性研究的又一新的领域。尽管环境基因组学通过基因序列及其特征表达提供了一些功能信息，但仍需要联合其他方法来发现和判定土壤中的功能菌群，诸如现在已经比较熟悉的产甲烷古菌和氨氧化细菌等。

随着分子生物学技术的发展，应用先进的分子系统学、cDNA 微阵列(microarray)、功能基因组学(functional genomics)和原位活性检测技术等从宏基因组文库中发掘基因组进化的功能信息，进而探索微生物与土壤功能之间的关系，成为我们评价土壤质量与功能的新切入点。目前研究较多的是与土壤地球化学物质循环、污染物降解等密切相关的功能基因，如土壤中与氮循环密切相关的功能基因主要有以下几种(表 5 -1)。

表 5 -1　土壤氮循环中主要的功能基因列表

基因名称	编码蛋白质	催化途径	在氮循环中作用
nifH	固氮酶铁蛋白	$N_2 \rightarrow NH_4^+$	固氮作用
amoA	氨单加氧酶	$NH_4^+ \rightarrow NO_2^-$	硝化作用
nxrA	亚硝酸盐氧化酶	$NO_2^- \rightarrow NO_3^-$	硝化作用
narG	膜靠硝酸盐还原酶	$NO_3^- \rightarrow NO_2^-$	反硝化作用
napA	可溶性细胞质硝酸盐还原酶	$NO_3^- \rightarrow NO_2^-$	反硝化作用
nirK	含铜离子的亚硝酸盐还原酶	$NO_2^- \rightarrow NO$	反硝化作用
nirS	含细胞色素 cd1 的亚硝酸盐还原酶	$NO_2^- \rightarrow NO$	反硝化作用
norB	一氧化氮还原酶	$NO \rightarrow N_2O$	反硝化作用
nosZ	氧化亚氮还原酶	$N_2O \rightarrow N_2$	反硝化作用

功能基因组学也称后基因组学(postgenomics)，它利用结构基因组所提供的信息和产物，发展和应用新的实验手段，通过在基因组或系统水平上全面分析基因的功能，使得生物学研究从对单一基因或蛋白质的研究转向对多个基因或蛋白质同时进行系统研究。显然，这是在基因组静态的碱基序列弄清楚之后转入对基因组动态的生物功能学研究，包括基因功能发现、基因表达分析及突变检测等。功能基因组学采用的经典手段包括减法杂交、差示筛选、cDNA 代表差异分析以及 mRNA 差异显示等，但这些技术不能对基因进行全面系统的分析，因而迫切需要发展新技术，包括基因表达的系统分析(serial analysis of gene expression,SAGE)、cDNA 微阵列、基因芯片(gene chip)等(Gentry *et al.*, 2006)。目前，土壤微生物功能基因组学研究尚处于起步阶段，而且又与土壤微生物遗传多样性和原位研究等内容紧密联系在一起，这里不予展开介绍。

5.3　微生物的结构多样性分析

土壤微生物结构多样性是指土壤微生物群落在细胞结构组分上的多样化程度，这是导致微生物代谢方式和生理功能多样化的直接原因。目前一般使用生物标记物(biomarker)来定量描述土壤微生物的群落结构组成。生物标记物通常是指微生物细胞的生化组分，特定结构的标记物可以标志特定类型的微生物，其总量通常又与相应生物量呈正相关，生物标记物的组成模式(种类、数量和相对比例)因而可以用于估测微生物的群落结构。生物标记物法通过提取和分析用作不同类群标记物的生化组分或胞外产物来获取微生物群落组成和结构多样性信息，目前应用较多的有醌指纹(quinones profiling)法和脂肪酸(fatty acid)谱图法等。

5.3.1　醌指纹法

呼吸醌广泛存在于微生物的细胞膜中，是细胞膜的组成成分，在电子传递链中起重要作用。由于醌含量与土壤微生物生物量呈良好的线性关系，因而可用作微生物生物量的标记。呼吸醌主要有两类：泛醌(ubiquinone, UQ)即辅酶 Q 和甲基萘醌(menaquinone, MK)即维生素 K。在类(UQ、MK)的基础上，醌还可以进一步依据侧链含异戊二烯单元的数目和使双键饱和的氢原子数进行区分。每一种微生物都含有一种优势醌，不同微生物含有不同种类和分子结构的醌，醌的多样性可定量表征微生物多样性，醌谱图的变化可表征群落结构的变化。醌指纹法具有简单快速的特点，近几年来广泛用于各种环境微生物样品的分析，是一种可靠的分析方法。然而，醌指纹法也存在一定的局限性，它不能反映具体哪个属或哪个种的变化(Hu *et al.*, 2001; 胡洪营等, 2002)。

材料准备：

1）氯仿: 甲醇 = 2:1 混合液，20 和 100 g/L 的乙醚溶液(溶剂为正己烷)，正己烷、丙酮。

2）硅胶(颗粒大小 55 ~ 105 μm)、沃特曼 2 号滤纸、Sep - Pak 柱(10 mm × 20 mm)。

3）50 mL 离心管、100 mL 锥形瓶、细颈瓶和旋转蒸发仪。

操作步骤：

1）取 5 g 土样于 50 mL 离心管中，加入 10 mL 纯化水和 20 mL 氯仿/甲醇混合液。振荡 10 min，7 000 r/min 离心 10 min，去掉上层水相，中层和下层

(包括土样和氯仿/甲醇混合液)用沃特曼 2 号滤纸过滤，滤液收集到细颈瓶中；过滤剩余物和滤纸放在 100 mL 锥形瓶中，经脱水处理后用氯仿/甲醇混合液提取 3 次(每次 30 mL,振荡 15 min)，每次的提取液均收集在细颈瓶中。粗提液中包括脂类混合物和非脂类物质。

2）粗提液再次用正己烷提取，旋转蒸发至近干(<40 ℃)，转移到 50 mL 离心管中，加入 10 mL 水溶解，用 20 mL 正己烷提取两次(每次振荡 5 min)，提取液通过 Sep - Pak 硅胶柱(填充量为 600 mg)分离，5 mL 滤液通过滤柱，流速 24 mL/min，甲基萘醌用 20 mL 20 g/L 的乙醚溶液洗脱，泛醌用 20 mL 100 g/L 的乙醚溶液洗脱。甲基萘醌和泛醌洗脱液分别蒸发至干，用丙酮溶解，使用 HPLC 测定醌的类型和含量。

用醌指纹法描述微生物群落参数有：醌的类型和不同类型的数目、优势醌及其摩尔分数、总的泛醌和总的甲基萘醌的摩尔分数之比、醌的多样性和均一性、醌的总量等。对两个不同的群落，由上述分析所得数据可以计算出另一个参数——非相似性指数(D)，用于定量比较两个群落结构的差异。

结果计算：

非相似性指数 $$D_{(i,j)} = \frac{1}{2}\sum |f_{ki} - f_{kj}|$$

式中：f_{ki}和f_{kj}分别代表某一种醌(k)在群落 i 和 j 中的摩尔分数。

5.3.2 脂肪酸谱图法

磷脂类化合物存在于生物的细胞膜中，不同微生物体往往具有不同的磷脂脂肪酸组成和含量水平，生物细胞一旦死亡，其中的磷脂类化合物就会马上消失，极性脂类(磷脂)和中性脂类(甘油二酯)可分别作为活性和非活性生物量的标记物，所以从微生物细胞中提取的脂肪类生化组分是重要的生物量标记物。更重要的是，脂类的分解产物具有不同分子结构的混合长链脂肪酸，携带了微生物的类型信息，其组成模式因而可作为种群组成的标记。由于脂肪酸谱图法对微生物的分类水平不能到种，而且土壤中不同微生物种属之间脂肪酸组成的重叠以及外来生物污染也会影响脂肪酸谱图法对种群结构解析的可靠性。目前最常用的脂肪酸谱图法是磷脂脂肪酸(phospholipid fatty acid,PLFA)分析法(表5 -2)，在具体分析过程上还存在不少差异，以下介绍最为常见的脂肪酸甲酯(fatty acid methyl ester,FAME)谱图法。

PLFA 是构成活体细胞膜的重要组分，含量能达到细胞干重的 5%，周转速率快且随细胞死亡而迅速降解。不同类群的微生物能通过不同生化途径合成不同的 PLFA，部分 PLFA 总是固定出现在同一类群的微生物中，而在其他类群的微生物中很少出现，所以这些相对稳定出现的 PLFA 就可以作为相应类群微生物的标记物来指示其变化，从而可以对土壤微生物群落结构进行识别和定量描述。脂肪酸经甲酯化后形成脂肪酸甲酯(FAMEs)，它们又可分为羟基取代的 FAMEs、酯连接羟基取代的 FAMEs、非酯连接羟基取代的 FAMEs、饱和 FAMEs、单不饱和 FAMEs、酯连接多聚不饱和 FAMEs 及非酯连接不饱和 FAMEs。脂肪酸甲酯(FAME)谱图法首先利用有机溶剂将土壤微生物中的磷脂脂肪酸浸提出来，然后进行分离纯化，最后利用标记脂肪酸，通过气相色谱(GC)或 GC－MS 等仪器分析方法，与 MIDI 系统数据库比对，得到土壤微生物的磷脂脂肪酸组成图谱，进而得到一个群落中不同脂肪酸的含量和种类(Biobertson and Klug,1995;Wilke *et al.*,2004;颜慧等,2006;王曙光等,2004)。

表 5－2　表征微生物的 PLFA

微生物类型	磷脂脂肪酸标记
细菌	含有以酯链与甘油相连的饱和或单不饱和脂肪酸(如 15:0、i15:0、a15:0、16:0、i16:0、16:1ω5、16:1ω9、16:1ω7t、17:0、i17:0、a17:0、cy17:0、18:1ω5、18:1ω7、18:1ω7t、i19:0、a19:0 和 cy19:0)
革兰氏阳性菌	含有多种分支脂肪酸
革兰氏阴性菌	含有多种羟基脂肪酸
厌氧细菌	cy17:0、cy19:0
好氧细菌	16:1ω7、16:1ω7t、18:1ω7t
硫酸盐还原细菌	10Me16:0、i17:1ω7、17:1ω6
甲烷氧化菌	16:1ω8c、16:1ω8t、16:1ω5c、18:1ω8c、18:18t、18:1ω6c
嗜压/嗜冷细菌	20:5、20:6
黄杆菌	i17:1ω7
芽孢杆菌	各种支链脂肪酸
放线菌	10Me16:0、10Me17:0、10Me18:0 等
真菌	含有特有的磷脂脂肪酸(18:1ω9、18:2ω6、18:3ω6、18:3ω3)
蓝细菌	含有多不饱和脂肪酸(如 18:2ω6)
微藻类	16:3ω3
原生动物	20:3ω6、20:4ω6
脱硫细菌	cy18:0(ω7,8)
硫细菌	i17:1ω5、10Me18:1ω6、11Me18:1ω6
脱硫弧菌	i17:1ω7c、i15:1ω7c、i19:1ω7c
脱硫叶菌	17:1ω6、15:1

注：i、a、cy 和 Me 分别表示异、反异、环丙基和甲基分支脂肪酸；ω、c 和 t 分别表示脂肪端、顺式空间构造和反式空间构造。

材料准备：

1）固相萃取装置、通风橱、高纯氮气、氮吹仪、水浴锅、气相色谱和

MIDI 软件数据库。

2）离心机、离心管（Teflon 盖子）、试管（Teflon 衬垫）、移液管、吸管和 SPE 硅胶柱(6 mL)。

3）柠檬酸缓冲液：柠檬酸 3.75 g，柠檬酸钠 4.41 g，用蒸馏水定容至 100 mL。

4）甲醇、氯仿、盐酸、丙酮、氢氧化钠、正己烷和甲基叔丁基醚（HPLC 级）。

5）试剂 1：皂化试剂——NaOH 45 mg，HPLC 级甲醇 150 mL，蒸馏水 150 mL。

试剂 2：甲基化作用试剂——6 mol/L HCl 溶液 325 mL，甲醇 275 mL。

试剂 3：抽提溶剂——HPLC 级正己烷 200 mL，HPLC 级甲基叔丁基醚 200 mL。

试剂 4：洗脱液——NaOH 10.8 mg，蒸馏水 900 mL。

操作步骤：

1）称取 2 g 新鲜土壤于 50 mL 离心管中，加入 12 mL 提取液（甲醇∶氯仿∶柠檬酸缓冲液 = 2∶1∶0.8 = 6.3∶3.2∶2.5 mL）（在加入过程中有机无机试剂会发生分层,建议分别加入），涡旋振荡 1 min，室温下往复振荡 2 h，静置 10 min。室温下 5 000 r/min 离心 10 min，上清液转入分液漏斗。

2）再加 10 mL 提取液于离心管（甲醇∶氯仿∶柠檬酸缓冲液 = 2∶1∶0.8 = 5.3∶2.6∶2.1 mL），涡旋振荡 1 min，室温下往复振荡 30 min，静置 10 min。室温下 5 000 r/min 离心 10 min，上清液转入分液漏斗。两次上清液合并。

3）分液漏斗中加入氯仿和柠檬酸缓冲液各 5.8 mL，振荡 1 min，静置 1 h，将下层转入另一收集管，50 ℃水浴、氮气吹干。然后加入 2 mL 氯仿，50 ℃水浴、氮气吹干，－20 ℃保存。

4）把硅胶柱放置在固相萃取装置上，用 5 mL 氯仿预洗脱柱子后，向收集管中加 3 × 0.5 mL 氯仿溶解样品，并转移到 SPE 萃取柱中，分 3 次加入 20 mL 丙酮，弃掉洗脱液。再分 2 次加入甲醇 12 mL，收集含 PLFA 的洗脱液，50 ℃水浴、氮气吹干。

5）皂化：加入 1 mL 试剂 1，涡旋振荡 5 ~ 10 s，盖紧盖子，置沸水浴中 5 min，然后振荡 5 ~ 10 s，再置于沸水浴中 25 min，取出后用自来水冷却。

6）甲基化：加入 2 mL 试剂 2，涡旋振荡 5 ~ 10 s。盖紧盖子于(80 ± 1)℃加热保温(10 ± 1) min。用自来水冷却。

7）萃取：分 3 次加入 9 mL 试剂 3，振荡以提取 PLFA 甲酯（振荡 10 min）。用滴管吸取上层正己烷相于另一干净试管，注意不要吸入杂质层和下层水相。

8）碱洗涤：加入(3.0 ± 0.21) mL 试剂 4（NaOH：水 = 10.8 g：900 mL），盖紧盖子，温和地旋转振荡试管 5 min，2 000 r/min 离心 3 min。转移上层溶液，浓缩收集液至适当体积，将 PLFA 甲酯转移到自动上样器小瓶中，分析测定。

PLFA 操作流程图可见图 5－1。

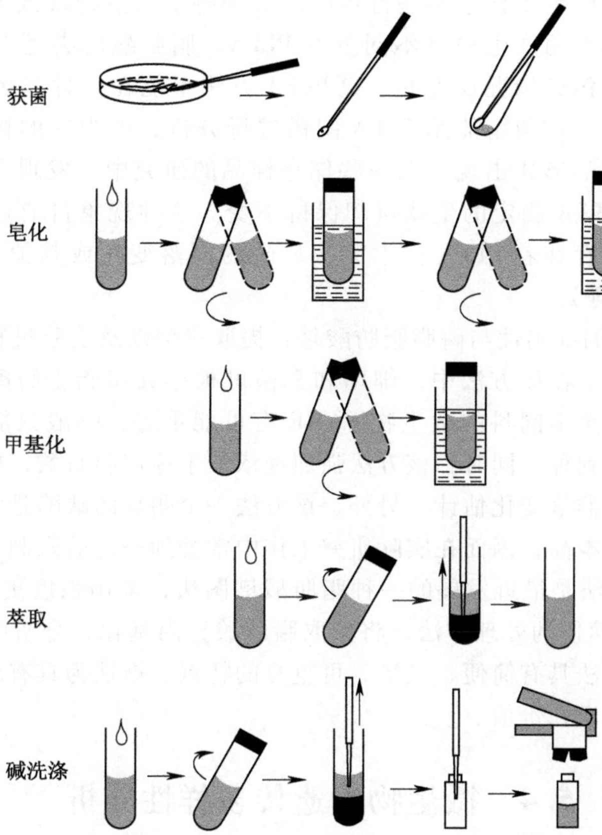

图 5－1　PLFA 主要操作步骤（MIDI Inc. 2002）

注意事项：

1）整个提取过程应尽量在避光、低温（< 35 ℃）条件下完成：硅胶应绝对避免与水等强极性介质接触，使用前应在 120 ℃活化 2 h。盛放磷脂的玻璃器皿应用质量分数为 10% 的 HCl 溶液浸泡后，于 450 ℃烘 4 h 或 400 ℃过夜去除磷脂污染。甲醇与土壤比例至关重要，会影响 PLFA 提取效率。

2）缓冲液与相应 pH：如用酸性柠檬酸代替中性磷酸盐缓冲液提取酸性有机质土壤，可提高磷脂回收率且避免无机磷污染；又如，C_{14} ~ C_{20} PLFAs 在没有其他成分保护时会氧化而迅速降解，提高酸度可延迟衰败。

PLFA 方法的优点有：①可以直接提取原位土壤微生物群落的脂肪酸，可避免由培养和直接计数方法引起的问题。②与传统方法相比，能更精确地测定微生物的生物量，相对容易且能快速处理大量样品。③PLFA 图谱包含了磷脂结构的详细信息，可利用这些信息研究微生物群落结构和微生物的代谢条件。缺点有：①尚未确立土样中所有生物的特征脂肪酸，并且在很多情况下，还无法完全确定土样中某些特定脂肪酸和特定微生物或微生物群落的对应关系。细菌和真菌产生完全不同量的 PLFA，脂肪酸的类型及含量可能随生长条件和环境污染情况而变化。②PLFA 方法不能在菌种和菌株水平鉴别出微生物的种类，古菌不能用 PLFA 图谱进行分析，因为它的极性脂质是以醚而不是以酯键的形式出现。在一些储存样品的研究中，发现平板计数结果稳定增加，而 PLFA 测定的生物量却保持不变。这种现象目前还没有令人满意的解释，可能存在着 PLFA 技术无法反映的群落变化或其他现象(如数量增加、生理变化等)。

FAME 分析的准确性与磷脂脂肪酸是否提取完全以及实验过程是否造成污染等有很大关系。在该方法中，细菌和真菌可根据其磷脂脂肪酸的组成来鉴别，但不同属甚至不同科的微生物 FAME 有可能重叠，一般只能鉴定到微生物属，不能鉴定到种，同时，该方法强烈地依赖于标记脂肪酸，标记脂肪酸变化可导致错误的群落变化估计。另外，该方法一个明显的缺陷是实验条件要求高，耗时长，成本高，因而在实际研究工作中常受到一定的限制。脂肪酸异丙酯(FAPEs)谱图法是最近发展的一种脂肪酸谱图法，采用强度更低的试剂(酸性异丙醇)和更简便的处理方法，将提取脂肪酸异丙基化，分析的对象是脂肪酸异丙酯，该方法具有简便、灵敏、可重复的特点，被认为具有应用于分析微生物种群结构的潜在价值。

5.4 微生物的遗传多样性分析

土壤微生物的遗传多样性是指土壤微生物在基因水平上所携带的各类遗传物质和遗传信息的总和，这是微生物多样性的本质和最终反映。遗传标记是与目标性状紧连锁、共分离的可遗传标识，是目的基因的直接或间接标记形式，主要有形态标记、细胞标记、生化标记和分子标记等类型，其中 DNA 分子标记是指生物基因组 DNA 经限制性内切酶酶切、聚合酶链反应扩增或两者结合等措施处理后，电泳检测到的反映基因组某种变异特征的特异性 DNA 片段。与高等生物相比，微生物在基因水平上的多样性更为突出，不同种群间的遗传物质和基因表达具有很大的差异。

分子标记具有许多优点：①直接反映DNA分子水平上的变异，既不受环境的影响，也不受基因表达与否的限制，为研究工作提供了极大的便利；②分子标记的等位位点变异水平比表型标记丰富得多，即多态性很高，以致无需专门创造特殊的遗传材料；③数量极大，几乎是无限制的，遍及整个基因组；④对生物体通常没有不良影响，也不影响生物性状的表现，即表现为"中性"；⑤多数分子标记表现为共显性，能分辨所有的基因型。分子标记的所有这些特性，奠定了它具有广泛应用性的基础。1974年，限制性片段长度多态性(restriction fragment length polymorphism, RFLP)标记作为第一代DNA分子生物标记问世并最早用于构建遗传图谱，它主要通过限制性内切酶酶切和杂交技术揭示DNA多态性。1985年，Kary Mulis在Cetus公司发明了体外复制和扩增DNA的聚合酶链反应(polymerase chain reaction, PCR)技术，这是目前最为常用的分子生物学技术，受到许多学者的青睐与推崇。

依据研究手段不同，这里将土壤微生物的遗传多样性分析方法分为基于杂交的分析方法和基于PCR的分析方法两个大类。然而，这些方法基本上都需要从土壤样品中提取核酸。所谓核酸提取，就是利用核酸和蛋白质对提取过程中各种试剂不同的反应和溶解性来达到分离的目的。由于PCR的模板可以是DNA，也可以是RNA，例如反转录PCR (reverse transcription - PCR, RT - PCR)方法就是利用反转录酶将土壤中的mRNA反转录为cDNA后进行研究。所以，根据研究需求的差异，土壤微生物的核酸提取可以是总DNA或总RNA的提取。以下分别予以介绍。

(1) 土壤总DNA的提取

从土壤中提取DNA的方法可分为直接法和间接法两大类。直接法采用液氮研磨、超声波或机械破碎等物理方法或添加变性剂SDS、CTAB、PVP及溶菌酶等化学方法，将细胞中的DNA游离释放出来后进行提取；间接法通过改进人工分离培养基的特异性和培养条件来分离纯化土壤微生物，然后提取纯DNA，但该方法的微生物多样性信息受到影响。目前大多研究采用直接溶解法，其中Tris饱和酚/氯仿有机提取法是最经典的方法，适合于绝大多数生物样本的DNA提取。由于沉淀得到的DNA通常含有腐殖质酸和酚类化合物等杂质，会影响DNA的纯度，纯化DNA方法有电泳法、分子筛法、氯化铯密度梯度离心法、羟基磷灰石柱法、选择沉淀法、玻璃珠吸附法以及商品试剂盒纯化方法。

表5-3为五种提取土壤总DNA方法的比较(Bourrain *et al.*, 1999; Martin - Laurent *et al.*, 2001; Zhou *et al.*, 1996; Gabor *et al.*, 2003; LaMontagne *et al.*, 2002)。

表 5-3 五种提取土壤总 DNA 方法比较

方法	样品量	流程
Bourrain 法	1 g	加入 0.5 mL TENP 缓冲液(50 mmol/L Tris,20 mmol/L EDTA · Na_2,100 mmol/L NaCl,0.01g/mL PVP,pH10.0)悬浮土样，-70 ℃、65 ℃反复冻融 3 次，10 000 r/min 离心 10 min，取上清液。将土样沉淀重悬于 1.5 mL 的溶菌酶溶液(0.15 mol/L NaCl,0.1 mol/L EDTA · Na_2,15 mg/mL 溶菌酶,pH8.0)中，37 ℃温浴 2 h 后，加入 1.5 mL 100 g/L SDS(0.1 mol/L NaCl,0.5 mol/L Tris,100 g/L SDS,pH8.0)，混匀 10 min，10 000 r/min 离心 10 min，取上清液。用等体积苯酚:氯仿:异戊醇和氯仿:异戊醇各抽提 1 次，水相中加入 40 mL 3 mol/L 乙酸铵和 3 mL 无水乙醇，-20 ℃沉淀 DNA 1 h，12 000 r/min 离心 10 min 收集 DNA 沉淀，100 μL TE 溶解
Martin - Laurent 法	0.5 g	加入 1 g 酸洗石英砂，再加入 3 mL DNA 提取液(100 mmol/L Tris,100 mmol/L EDTA · Na_2,100 mmol/L NaCl,10 g/L PVP,20 g/L SDS,pH8.0)，混匀，在摇床上 250 r/min 振荡 2 h。4 ℃ 13 500 r/min 离心 10 min，取上清液，用等体积苯酚:氯仿:异戊醇和氯仿:异戊醇各抽提 1 次，水相中加入 1/10 体积 5 mol/L 乙酸钠和 1 倍体积冰预冷的异丙醇，4 ℃沉淀 DNA 1 h，13 000 r/min 离心 10 min 收集 DNA 沉淀，用 100 μL TE 溶解
Tiedje 法	3 g	加入 6 mL DNA 提取液(100 mmol/L Tris,100 mmol/L EDTA,100 mmol/L 磷酸钠,1.5 mol/L NaCl,10 g/L CTAB,pH8.0)，20 μL 蛋白酶 K(20 mg/mL)和 500 μL 溶菌酶(0.15 mol/L NaCl,0.1 mol/L EDTA · Na_2,15 mg/mL 溶菌酶,pH8.0)，37 ℃水浴 2 h。加入 1 mL 200 g/L SDS，65 ℃水浴过夜。加入 1/3 倍体积饱和 NaCl，剧烈振荡，12 000 r/min 离心 10 min。取上清液，用等体积苯酚:氯仿:异戊醇和氯仿:异戊醇各抽提 1 次，水相中加入等体积 TE，再加 0.6 倍体积的异丙醇室温沉淀 DNA 2 h，12 000 r/min 离心 10 min 收集 DNA 沉淀，用 200 μL TE 溶解
Janssen 法	30 g	加入 100 mL 匀质缓冲液(100 mmol/L Tris,100 mmol/L EDTA · Na_2,1 g/L SDS,10 g/L CTAB,pH8.0)，用高速粉碎机匀质 3 次，再在摇床上振荡 1 h，3 200 r/min 离心 10 min 收集上清液，重复此操作两次。将 3 次上清液混合，4 ℃，12 000 r/min 离心 30 min，收集微生物细胞沉淀。用 150 mL 1 g/L 焦磷酸钠(4 ℃预冷)和 100 mL 洗涤缓冲液(0.33 mol/L Tris,1 mmol/L EDTA · Na_2,pH8.0)分别洗涤菌体沉淀，12 000 r/min 10 min 离心。将菌体沉淀重悬于 8 mL 裂解缓冲液(100 mmol/L Tris,100 mmol/L EDTA · Na_2,1.5 mol/L NaCl,10 g/L CTAB,pH8.0)中，并加入 160 μL 溶菌酶(50 mg/mL)和 40 μL 蛋白酶 K(10 mg/mL)，37 ℃水浴 30 min。加入 1 mL 200 g/L SDS，65 ℃水浴 2 h。8 500 r/min 离心 10 min，收集上清液。用等体积苯酚:氯仿:异戊醇和氯仿:异戊醇各抽提 1 次，水相中加入 0.6 倍体积的异丙醇室温沉淀 DNA 2 h(或过夜)，12 000 r/min离心 10 min 收集 DNA 沉淀，用 200 μL TE 溶解

续表

方　法	样品量	流　程
Reddy 法	0.6 g	加入 5 mL 磷酸缓冲液(0.12 mol/L 磷酸钠缓冲液 pH8.0, 0.5 mol/L EDTA · Na_2)洗涤土样, 12 000 r/min 离心 10 min, 去上清液, 如此反复洗涤 3 次。加入 3 mL 裂解缓冲液(0.15 mol/L Tris,15 g/L CTAB,3 mmol/L EDTA · Na_2,1.1 mol/L NaCl,pH8.0)和 500 μL 溶菌酶(20 mg/mL), 重悬土样沉淀, 37 ℃水浴 2 h。加入 15 μL 蛋白酶 K(20 mg/mL), 37 ℃水浴 0.5 h。加入 125 μL 200 g/L SDS 和 0.15 g PVPP, 65 ℃水浴 2 h。4 000 r/min离心 10 min, 取上清, 用等体积酚∶氯仿∶异戊醇抽提 2 次, 再用氯仿∶异戊醇抽提 1 次。加入 1/3 体积的 400 g/L PEG8000, 使 PEG8000 的终浓度为 10%(并使 NaCl 浓度在 0.8 ~ 1 mol/L 范围内), 4 ℃沉淀 DNA 2 h, 12 000 r/min 离心 10 min 收集 DNA 沉淀, 用 200 μL TE 溶解

(a) 手工提取方法

材料准备:

1) 冷冻离心机、核酸电泳仪、核酸定量分析仪、移液器、涡旋仪和摇床。

2) 提取缓冲液: 100 mmol/L Tris + 100 mmol/L EDTA + 1.5 mol/L NaCl, pH8.0。

3) TE 溶液: 10 mmol/L Tris + 1 mmol/L EDTA, pH8.0。

4) Tris 饱和酚、氯仿/异戊醇(24∶1)混合液、100 mg/mL 溶菌酶、200 g/L SDS、8 mol/L KAc、500 g/L PEG6000、5 mol/L NaCl、3 mol/L NaAc、冰箱预冷的质量分数为 65% 的乙醇与异丙醇溶液。

操作步骤:

1) 称取 0.5 ~ 1 g 土样, 加 900 μL 提取缓冲液, 涡旋 5 min; 加 50 μL 100 mg/mL 溶菌酶旋匀, 37 ℃下 200 r/min 摇荡 30 min; 加 100 μL 200 g/L SDS, 旋匀, 65 ℃温浴 30 min; 降至室温, 20 ℃下 8 000 r/min 离心 10 min, 取上清液加 0.2 倍体积 8 mol/L KAc, 冰浴 10 min; 4 ℃下 14 000 r/min 离心 20 min, 取上清液加 0.5 倍体积 500 g/L PEG6000 和 0.1 倍体积 5 mol/L NaCl, 混匀, 4 ℃放置 2 ~ 3 h; 4 ℃下 14 000 r/min 离心 20 min, 弃上清液, 加 500 μL 质量分数为 65% 的乙醇溶液洗涤沉淀。

2) 室温干燥后, 加 700 μL TE 溶解核酸, 再加等体积的酚、氯仿、异戊醇混合液(25∶24∶1), 轻颠倒混匀, 室温下 12 000 r/min 离心 10 min; 取水相, 加等体积的氯仿、异戊醇混合液(24∶1), 轻颠倒混匀, 室温下 12 000 r/min 离心 10 min; 再取水相, 加 0.1 倍体积 3 mol/L NaAc 和 0.6 倍体积异丙醇, 室温或4 ℃沉淀2 h；4 ℃下14 000 r/min离心20 min，弃上清液，加质量分数为65%的乙醇溶液洗涤沉淀；4 ℃下14 000 r/min离心10 min，干燥后加50 μL TE，-20 ℃保存备用。

（b）试剂盒提取方法

土壤DNA提取试剂盒是根据土壤情况而设计的提取试剂组合，在提取上往往更加便捷，成功率和稳定性也高，在研究中应用广泛，并开发了许多产品。以下以目前最具代表性的Fast DNA Pro Soil - Direct Kit试剂盒为例介绍提取方法。

1）加土壤样品（≤0.5 g）到裂解基体E管，再分别加入978 μL磷酸缓冲液（pH8.0）和122 μL MT缓冲液，固定于FastPrep™ FP120核酸提取仪中，在速度选项数值为5.5下运行30 s后，将裂解基体E管在14 000*g*离心30 s。

2）将上清液转移到干净的2 mL收集管，加入250 μL PPS试剂，用手振荡10次。在14 000*g*离心5 min，使沉淀物成颗粒状；将上清液转移到干净的2.0 mL收集管，加1 mL结合基体混合液到上清液，置于涡旋仪上或者用手颠倒2 min，使DNA结合到吸附基质上。

3）将收集管放在架上并静置3 min，使硅吸附基质沉淀；小心地取出500 μL上清液，避免扰动沉淀的结合基体，弃上清液，在剩余的上清液中重新悬浮结合基体。

4）转移大约600 μL的混合液到过滤管中，在14 000*g*离心1 min。倒空收集管并将剩余的上清液加到过滤管，再次离心并倒空收集管；加500 μL SEWS - M到过滤管，14 000*g*离心1 min。倒出滤液，重新将过滤管放在收集管上。

5）在14 000*g*离心2 min，甩干吸附剂上残留的SEWS - M洗液。振荡并拧紧瓶盖在室温下保存。取下过滤管，置于试剂盒附带的干净收集管上，室温下风干过滤管5 min。加50 μL DES，用移液管枪头轻轻地搅动滤膜上的吸附基质（涡旋/手指轻弹），来重新悬浮硅吸附基质，以有效地洗脱DNA。

6）14 000*g*离心1 min，将洗脱的DNA转移到收集管中，-20 ℃保存。

（2）土壤总RNA的提取

土壤总RNA分析有助于我们检测到土壤中活跃代谢的主要微生物功能群，研究微生物代谢活性与微生物多样性之间的关系。土壤总RNA的提取对操作要求比较高，所用的玻璃器皿和塑料器皿要用1 g/L的焦碳酸二乙酯（DEPC）溶液浸泡过夜，所用溶液和水也要用1 g/L的DEPC溶液37 ℃浸泡过夜后再灭菌。操作过程的局部空间（例如超净工作台内）也要用1 g/L的DEPC溶液喷雾处理，试验全过程佩戴口罩和手套，以保证不被唾液和汗液中的RNA酶污染。用来做总RNA提取的土壤样品要求最好是采集后立即提取总RNA，也可以冻干、-20 ℃或-80 ℃保存(Sessitsch *et al.*,2002)。目前，土壤总RNA的提取主要是Felske法、Fleming法、Chang法以及Bürgmann法(Felske *et al.*, 1996;Fleming *et al.*,1998;Chang *et al.*,1993;Bürgmann *et al.*,2003)，各法比较见表5-4。

表5-4　提取土壤总RNA方法比较

方　法	流　程
Felske法	2 g鲜土+10 g玻璃珠(0.1 mm)+10 mL TPM缓冲液，玻璃珠剧烈振荡；离心去细胞残体和土壤颗粒；用超速离心100 000*g* 2 h沉淀核酸，用酚沉淀蛋白质；接着用乙醇沉淀RNA，DNase消化；进一步用自制的Spin Column纯化
Fleming法	2.7 g鲜土+4 g玻璃珠(0.1 mm)+20 mL水，玻璃珠剧烈振荡；加提取缓冲液，酚和氯仿，60 ℃加热，离心；上清液再次用氯仿洗涤，离心；用异丙醇沉淀，DNase消化；再次用酚/氯仿提取，乙醇沉淀RNA；进一步用自制的Spin Column纯化
Chang法	0.25 g鲜土+1 mL提取缓冲液(20 g/L CTAB,20 g/L PVP K30,100 mmol/L Tris-HCl,pH8.0,25 mmol/L EDTA,pH8.0,0.5 g/L亚精胺)+β-巯基乙醇；液氮冻，加钢珠(5 mm)研磨，加0.3 g玻璃珠(0.1 mm)剧烈振荡；用氯仿2次抽提，去除细胞残体土壤颗粒和蛋白质；用10 mol/L LiCl沉淀RNA；再次用氯仿抽提，乙醇沉淀RNA，DNase消化，进一步用自制的Spin Column纯化
Bürgmann法	0.5 g鲜土+1.25 mL提取缓冲液+0.75 g硅化玻璃珠(0.1 mm)，剧烈振荡；分别用酚/氯仿/异戊醇抽提，离心2次；用200 g/L聚乙二醇+2.5 mol/L NaCl沉淀RNA，DNase消化；用异戊醇抽提2次，用异丙醇沉淀RNA

这里介绍一种通用的Fast RNA Pro Soil-Direct Kit试剂盒快速提取RNA的方法，步骤如下：

1）称0.5~1.0 g土样到含有裂解基体E的紫色样品管中；加入1 mL RNA pro™土壤裂解液到上述管中。颠倒数次，使土壤和土壤裂解液充分混合。将管子放入FastPrep®仪器中，设置为6.0，剧烈振荡40 s；室温下，≥14 000*g*离心5 min；将上清液转移到新的离心管中。

2）在新的离心管中加入750 μL的酚∶氯仿(1∶1)，并涡旋10 s；室温放置5 min；4 ℃，≥14 000*g*离心5 min；将上层水相移到新的离心管，不要扰动下层；加入200 μL抑制剂去除溶液，上下颠倒5次以充分混匀；室温下，

≥14 000g 离心 5 min；将上层液体移到新的离心管中。

3）加入660 μL 冰冻的100%异丙醇到样品中，上下颠倒5次，然后放置在 -20 ℃ 30 min 或过夜；4 ℃下，≥14 000g 离心 15 min，弃上清液；用500 μL 冷冻的质量分数为65%的乙醇溶液（用 DEPC - H_2O 配制）仔细洗涤沉积物；去除乙醇，在室温下风干沉积物5 min。

4）加入200 μL DEPC - H_2O 到离心管中，并混匀；加入600 μL 的 RNA 结合基体混合液和10 μL RNA 基体泥到离心管中；室温下，在摇床上、振荡器上或者反复颠倒5 min，离心10 s以沉淀 RNA 结合基体吸附上 RNA，弃上清液。

5）用500 μL 制备好的 RNA 基体洗脱混合液完全混匀 RNA 结合基体吸附上 RNA；离心10 s以沉淀 RNA 结合基体吸附上 RNA，弃上清液，再次离心10 s，用洗液管（枪头吸）仔细去除残余的洗脱溶液；室温下风干5 min。

6）向离心管中加入50 μL DEPC - H_2O，通过涡旋充分混匀 RNA 基体，室温放置5 min以洗脱 RNA，并用手指反复轻弹离心管底部使其混匀；离心10 s，将含有洗脱后的 RNA 的上清液转移到新的离心管中；再次加入50 μL DEPC - H_2O，通过涡旋充分混匀 RNA 基体。

7）室温放置5 min以洗脱RNA，并用手指反复轻弹离心管底部使其混匀；离心10 s，将含有洗脱后的 RNA 的上清液转移到新的离心管中，保证 RNA 终体积在100 μL；提取出来的 RNA 立即反转录成 cDNA，用于进一步遗传多样性和定量分析研究。

5.4.1 基于杂交的分析方法

杂交是常用的土壤微生物遗传多样性分析检测手段。如发展快速的基因芯片技术，用于研究功能基因在土壤等环境中的表达，它在一微小支持物（硅片、玻片等）上集成大量已知的核苷酸序列作为特异性探针，与标记的样品进行杂交，通过随后的杂交信号检测对靶分子进行定性与定量分析。由于灵敏度所限，多数基因芯片分析需要对被检测的靶分子进行 PCR 扩增。靶分子标记主要有荧光或同位素标记；对于检测细胞内 mRNA 表达水平的芯片，需要将提取的 RNA 进行反转录，并加入偶联有标记物的 dNTP 对靶基因标记。基因芯片技术需要的样品量少并具有定量的特性，不同种群同一功能组的所有多态性基因序列都可以作为探针构建在芯片上。然而对低丰度样品分析时，芯片杂交反应的灵敏度不够，虽然 PCR 技术的运用增强了基因芯片检测灵敏性，但要考虑到 PCR 本身存在的偏差。由于芯片杂交信号的信息庞大，监测速度仍有待于提高（钟文辉等，2009）。另外，如何从背景干扰中获取杂交信息并提高杂交特异性也是亟待解决的问题。

此外，荧光原位杂交(fluorescence in situ hybridization,FISH)技术通过荧光标记的特异寡聚核苷酸探针与土壤基因组中的 DNA 分子进行杂交来检测特异微生物种群的存在及丰度，肽核酸(peptide nucleic acids,PNA)杂交技术则是通过荧光标记的多肽探针与土壤中 DNA 的原位杂交来检测特异微生物，限制性片段长度多态性(restriction fragment length polymorphism,RFLP)技术利用放射性标记的探针杂交(Southern 杂交)显示特定的 DNA 片段。这些都是目前比较常见且应用较广的杂交分析手段，以下就依次介绍 FISH、PNA 和 RFLP 三项技术。

5.4.1.1　荧光原位杂交技术(FISH)

基本原理：微生物细胞在脱水后，根据 DNA 碱基配对原则，在不改变其结构和分布格局的情况下与渗透到细胞结构内具有荧光标记的寡核苷酸探针在一定温度下进行定位杂交，只有与探针碱基对完全互补的 RNA 序列才能与探针发生杂交，经荧光素(FITC)标记的特异性抗体在荧光显微镜下，可清晰地描述出与 DNA 靶的结合部位，从而使该菌体在荧光显微镜下发出荧光。

以下先介绍 FISH 技术的探针和靶序列(Zarda *et al.*,1997;邢德峰等，2003)。

(1) FISH 探针

探针是方法成功与否的关键，必须具有较好的特异性、灵敏性和组织渗透性。最常用的寡核苷酸探针长度一般是 15 ~ 30 bp，探针过长组织渗透性就差，探针过短易于渗透后结合到靶序列，但比较难被标记。探针的荧光标记分为直接标记和间接标记：

(a) 间接标记

用标记物(地高辛、生物素)标记的 dUTP(biotin - dUTP)通过缺口平移法标记探针，杂交后再用耦联荧光素的抗生物素抗体检测，通过几轮抗生物素蛋白 - 荧光素、生物素化的抗 - 抗生物素蛋白、抗生物素蛋白 - 荧光素的一系列处理，可放大信号，检测小至 500 bp 的靶序列。常用的荧光体有荧光素(fluorescein,表 5 - 5)、四甲基若丹明(tetramethylrhodamine)等，但更多使用羰花青(如 CY3 或 CY5)，因为羰花青大大提高了 FISH 的灵敏度。

(b) 直接标记

通过荧光素直接与探针核苷或磷酸戊糖架共价结合，或缺口平移法标记探针时掺入荧光素核苷三磷酸标记探针。探针杂交后经过简单冲洗就可镜检，省去了间接标记的探针杂交后繁琐的检测步骤，但不能像间接标记的探针那样进行多步骤信号放大，因而不如间接标记的探针灵敏，但靶序列较大时(数百 kb)，还是比较可靠，且探针标记种数不受高亲和力配基能力限制。

表 5－5 FISH 方法中常使用的荧光素

荧 光 素	激发光波长/nm	发射光波长/nm	颜 色
AMCA	351	450	红色
FITC	492	528	绿色
FluoX	488	520	绿色
TRITC	557	576	红色
Texas	578	600	红色
CY3	550	570	橙色/红色
CY5	651	674	红外

（2）FISH 技术的靶序列

FISH 技术常用的目标分子 rRNA，通常将它作为 FISH 检测的靶序列。大部分 FISH 探针的靶序列为 16S rRNA，因为它在活性微生物体内具有较高拷贝数，分布广泛、功能稳定，而且它在系统发育上具有适当的保守性。另外，也有将 23S rRNA 或 16S rRNA 和 23S rRNA 基因间隔区作为靶序列的。根据待测微生物体内 16S rRNA 中的某段特异性序列，设计相应的寡核苷酸探针（表 5－6，表 5－7），就可实现对目标微生物的原位检测，而选取在分子遗传性质上保守性不同的特异序列，就可在不同水平（如科、属、种等）上进行检测。如今因特网上的公用数据库包括了绝大部分已培养微生物的 16S rRNA 序列和许多直接从环境中得到的微生物 DNA 序列。

表 5－6 常用的寡核苷酸探针

探 针	序列（5′→3′）	目标位置 16S rRNA	特 异 种 属
Univ1392	ACGGGCGGTGTGTAC	1 392～1 406	通用探针
Eub338	GCTGCCTCCCGTAGGAGT	338～355	细菌
Alphalb	CGTTCGTTCTGAGCCAG	19～35	α－变型菌亚纲
Beta42a	GCCTTCCCACTTCGTTT	23S 1 027～1 043	β－变型菌亚纲
Gam42A	GCCTTCCCACATCGTTT	23S 1 027～1 043	γ－变型菌亚纲
CF319A	TGGTCCGTGTCTCAGTAC	319～336	CFB 门
HGC69a	TGTAGTTACCACCGCCGT	1 901～1 918	高 G＋C DNA 含量 G^+ 菌

材料准备：

1）仪器：相差荧光显微镜，恒温水浴锅，杂交炉，CCD 数码式摄像系统，配有绿光、红光和 UV（紫外线）滤光片。

2）试剂：磷酸盐缓冲液（PBS），质量分数为 50%、80%、98% 的乙醇溶液，40 g/L 的聚甲醛溶液（将 65 mL 灭菌水加热至 60 ℃左右，加入 4 g 聚合甲醛，加入 1 滴 2 mol/L NaOH，搅匀，冷却至 4 ℃左右，加入 33 mL 3×PBS，用

6 mol/L HCl 调节溶液 pH7.2,用 0.2 μm 的滤芯过滤溶液)，Vectabond 处理的载片涂层溶液，100 g/L SDS，去离子 N－甲酰苯胺，含探针的杂交缓冲液(NaCl 0.9 mol/L,pH7.2 的 Tris－HCl 20 mmol/L,SDS 0.1 g/L,N－甲酰苯胺,探针 1 μmol/L)，2×杂交缓冲液(NaCl 105.8 g,pH7.2 的1 mol/L Tris－HCl 40 μL)，100 g/L 阻断剂(罗氏诊断公司,德国)，10 mg/L DAPI，甘油/PBS 溶液(Citifluor 公司,英国)。

表 5－7　FISH 检测硝化细菌常用探针

探　针	序列(5′→3′)	目标位置 16S rRNA	特异种属
NEU23a	CCCCTCTGCTGCACTCTA	653～670	氨氧化菌
Nb1000	TGCGACCGGTCATGG	1 000～1 010	*Nitrobacter hamburgensis*、*Nitrobacter winogradsdyi*、*Nitrobacter* sp.
NIT3	CCTGTGCTCCATGCTCCG	1 035～1 048	*Nitrobacter* sp.
CNIT3	CCTGTGCTCCAGGCTCCG	1 035～1 048	NIT3 竞争性探针
NSO190	CGATCCCCTGCTTTTCTCC	190～208	氨氧化菌
NSO1225	CGCCATTGTATTACGTGTGA	1 225～1 244	氨氧化菌
Nsm156	TATTAGCACATCTTTCGAT	156～174	NEU + *Nitrosomonas*
Nsv443	CCGTGACCGTTTCGTTCCG	444～462	*Nitrosospira briensis*、*Nitrosovibrio tenuis*、*Nitrosolobus multiformis*
CTE	TTCCATCCCCCTCTGCCC	659～676	*Coamonastestosteroni*、*Leptothriz discophara*、*Leptothriz relaticves*
S－*－Ntspa－1026－s－A－18	AGCACGCTGGTATTGCTA	1 026～1 043	

操作步骤：

1）样品预处理：革兰氏阳性细菌用质量分数为 50% 的乙醇溶液，革兰氏阴性细菌用 40 g/L 的多聚甲醛溶液处理，再以磷酸盐缓冲液洗脱 2 次，悬浮于等体积的磷酸盐缓冲液与质量分数为 98% 乙醇溶液的混合液中，储存于－20 ℃备用。土壤样品处理过程如下：1 mL 土壤样品悬液于 2 mL 离心管中，15 000 r/min，4 ℃条件下离心 10 min，去上清液。加入 1 mL 1×PBS，充分混匀后，相同条件下离心，去上清液。重复离心 2 次。加入 1 mL 质量分数为 4% 的聚甲醛固定液，用振荡器充分混合。在 4 ℃条件下保存 5 h 或过夜。离心，去上清液重复离心 1 次。加 0.5 mL 质量分数为 98% 的乙醇溶液和 0.5 mL 1×PBS，混匀，可以直接用于下一步实验的涂布或 -20 ℃保存数月。

2）样品固定：将固定样品溶液中悬浮颗粒的浓度稀释至最终 VSS 浓度为 300 mg/L，用超声波搅拌器将细胞充分分散，根据 Slide 盒中空的大小取 8 μL 或 30 μL 固定样品悬液，均匀涂布在孔中，放置 15 min 左右，自然干燥，干燥后的 Slide 分别在质量分数为 50%、80% 和 98% 的乙醇溶液中各脱水 3 min，放置 5 ~ 10 min，自然干燥。

3）预杂交：在一个有盖小塑料盒内放入一张叠好的 3 mm 厚的纸，将其用杂交缓冲液浸湿，在杂交炉中保温至 46 ℃。将 15 μL（小孔）或 60 μL（大孔）滴入 Slide 的孔中。将 Slide 移入小塑料盒中，盖好，放入杂交炉中，46 ℃下，预杂交 1 ~ 2 h。

4）杂交与清洗：杂交缓冲液（10 pmol/μL）：探针 = 10∶1（或 10∶0.5）。从杂交炉中取出预先杂交过的 Slide，将预先杂交缓冲液倒掉，在孔中迅速加入 15 μL（小孔）或 60 μL（大孔）含有探针的杂交缓冲液。再将 Slide 放回小塑料盒中，在 46 ℃下杂交 3 ~ 10 h。将杂交后的 Slide 取出，在已经升温至 48 ℃的相应杂交缓冲液中沥一下，竖直放入盛有杂交缓冲液的玻璃容器中，48 ℃下保温 20 min。用蒸馏水冲洗 Slide 正反面，甩干水珠，晾干。在孔中加入 8 μL（小孔）或 60 μL（大孔）10 mg/L DAPI，静置 5 min。同样用蒸馏水冲洗 Slide 正反面，甩干水珠，晾干。

5）观察：在孔中滴入 10 ~ 20 μL Slow Fade Kit，盖上盖玻片，在荧光显微镜下进行观察，记录结果并进行分析。

注意事项：

FISH 技术具有以下特点：①操作简易、快速，从收集标本到得到结果只要 1 ~ 2 d 时间；②采用生物素、荧光素等标记的探针比用放射性同位素标记探针更为安全；③探针标记后稳定，一般可使用 2 年左右；④灵敏度高，应用不同的探针可以显示出某一染色体、染色体片段和单拷贝序列；⑤可在染色体中期相和间期相上观察结果；⑥可以同时检测两种以上 DNA 的三维结构，制备出染色体的光谱核型，使全染色体的自动分析得以实现；⑦可用多种显色；⑧特别适用于易位、微小缺失和插入等染色体畸变的分析。

在应用 FISH 技术过程中也会出现一些问题，影响正常结果，如出现假阳性、假阴性结果。

1）假阳性结果：FISH 技术应用最显著的问题是微生物的自身荧光。许多霉菌和酵母菌，如铜绿假单胞菌属、军团菌属、蓝细菌和古菌如产甲烷菌等一些细菌中存在这样的荧光特性，这降低了信噪比，同时也掩盖了特异的荧光信号。此外，微生物的培养基、固定方法和封闭剂对荧光的信号强度均有很大的影响。有学者认为使用狭窄波段的滤镜和信号放大系统能降低自身背景荧光。

对白色念珠菌的研究显示，随着固定条件和激发光波长的改变，自身荧光也随之改变。因此，对信号的解释需要谨慎。

2）假阴性结果：主要是由于探针渗透性不足导致的，常发生在革兰氏阳性菌的研究中。造成假阴性结果的原因主要有以下几个方面：

① 特异性低：FISH 的精确性和可靠性很大程度上依赖其探针特异性。在每次的实验中，阳性对照及与待检菌株相近的有几个碱基误配的阴性对照是必需的。对于苛养菌和难以培养的微生物，利用斑点印迹杂交方法来检查其特异性是很有帮助的。探针的特异性和灵敏性也取决于杂交条件，杂交和洗脱温度、变性剂的浓度等都要进行优化。在一定温度范围内提高杂交温度可以提高探针特异性；杂交时间过短会造成探针结合不完全，杂交时间过长会增加非特异性着色，杂交洗脱液中 NaCl 浓度过高可降低探针的特异性。

② 低 rRNA 丰度：虽然大多数细菌含有高的 rRNA 丰度，但是 rRNA 丰度变异不仅仅发生在种属间，亦发生在同一菌不同生长阶段，休眠、代谢不活跃、生长缓慢的细菌含有低的 rRNA 丰度，这将导致低强度信号或假阴性结果，为检测低生长速率的细菌，推荐使用类似 CY3 的高强度荧光染料。

③ 信号衰减：许多荧光信号一旦被激发后，几秒钟或几分钟后就迅速衰减。为克服此类难题，可选择窄波段的荧光滤光片、信号稳定荧光染料及抗衰减荧光媒介油。

5.4.1.2　肽核酸探针杂交技术(PNA)

PNA 探针是一种不带电荷的 DNA 类似物，其主链骨架是由重复的 *N* -(2 - 氨基乙基)甘氨酸以酰胺键聚合而成，碱基通过亚甲基连接到 PNA 分子的主链上。PNA 分子骨架上所携带的碱基能与互补的核酸分子杂交，而且这种杂交与相应的 DNA 分子杂交相比结合力及专一性都较高。例如，PNA 探针结构较 DNA 探针简单，穿透力强，可直接检测金黄色葡萄球菌而不需酶的预处理。

由于 PNA 与 DNA 分子间没有电荷排斥力，使其杂交形成双螺旋结构的热稳定性高，这种杂交的结合强度和稳定性与盐度无关。PNA 是由碱基侧链和聚酰胺主链骨架构成，所以它不易被核酸酶和蛋白酶识别从而降解。PNA 探针的最大优势是能够接近位于 rRNA 高级结构区域中的特异靶序列，极大提高了 PNA - FISH 检测的灵敏性，而 DNA 探针不具备这一特性(Lehtola *et al.*, 2006;Chandler *et al.*,2000)。

DNA 与 PNA 结构差异见图 5 - 2。

材料准备：

1）仪器：相差荧光显微镜，恒温水浴锅，杂交炉，CCD 数码式摄像系统(配有绿光、红光和 UV 滤光片)。

2）试剂：高盐缓冲液（0.2 mol/L 磷酸钠，0.1 mol/L EDTA，2.5 g/L SDS，pH8.0），低盐缓冲液（0.05 × 高盐缓冲液）。

操作步骤：

1）DNA 提取。

2）分别合成 DNA 寡核苷酸探针 Gbc.1400r（5′ - 生物素 - PEG - PEG - GGACCAATCGACTCCGT），含有两个聚乙二醇连接体以及（5′ - 生物素 - OOOO - GGACCAATCGACTCCCGT）和 Gbc 夹子（5′ - 生物素 - OOO - JJTTTJJ - OOO - CCTTTTCC），其中 O 代表 9 - 微疏水间隔区 8 - 氨基 -3，6 - 二氧杂辛酸，J 代表类异胞嘧啶。该探针溶解在质量分数为 0.1% 的三氟醋酸中，冻干成 150 pmol 或15 000 pmol。

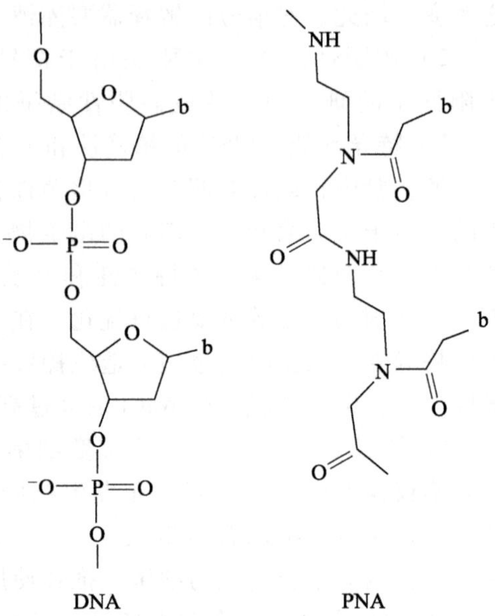

图 5 - 2 DNA 与 PNA 结构差异

3）冻干的 PNA 探针（150 pmol）或 3 μL DNA 探针（50 pmol/μL）室温条件下在高盐缓冲液（0.2 mol/L 磷酸钠，0.1 mol/L EDTA，2.5 g/L SDS，pH8.0）或低盐缓冲液（0.05 × 高盐缓冲液）中重悬 20 min。

4）在探针溶液中加 4 μL 靶标 DNA（1 ~ 100 ng）或 16S rRNA（1 ng），混合液用沸水浴加热变性 5 min。变性的 DNA - 探针溶液在冰上迅速冷冻，然后在 55 ℃温浴 10 min，静置 4 h 或过夜。

5）向杂交混合液加入 0.6 mg 包被了抗生蛋白链菌素的顺磁性颗粒，接着用 0.5 × SSC（20 × SSC：3 mol/L NaCl，0.3 mol/L 柠檬酸三钠 · $2H_2O$，pH7.0）洗脱 10 min，室温下在间歇混合过程生物素标记的杂交体被捕获。

6）磁珠在室温条件下用 0.5 mL 0.5 × SSC 洗脱 3 次，靶标 DNA（或 RNA）用 50 μL 水在 90 ℃洗脱 2 次，每次 2 min。洗脱液冻干后重悬在 100 μL 水中，进行结果分析。可进一步做 PCR 扩增和其他实验。

5.4.1.3 限制性片段长度多态性分析（RFLP）

RFLP 是指基因型之间限制性片段长度的差异，这种差异是由限制性酶切位点上碱基的插入、缺失、重排或点突变所引起的。RFLP 标记就是依据不同基因型之间内切酶位点的碱基插入、缺失、重组或突变，利用限制内切酶消化基因组 DNA 时，会产生大小不同的 DNA 片段，电泳后通过 Southem 印迹杂交，将这些大小不同的 DNA 片段转移到硝酸纤维膜或尼龙膜上，然后用特异的探针进行杂交，最后通过放射性自显影或其他显色技术显示杂交结果，从而揭示出 DNA 的多态性。

操作步骤：

1）DNA 提取。

2）限制性内切酶酶切 DNA，凝胶电泳分开 DNA 片段，把片段转移到滤膜上。

3）利用放射性标记的探针杂交显示特定的 DNA 片段（Southern 杂交）和结果分析。杂交探针的制备主要有以下几种方法。

① 应用寡核苷酸探针从基因文库中分离相应的基因片段作为专一性基因探针。

② 利用不同种生物的基因同源性，筛选研究对象基因文库，分离相应的基因片段作为探针。

③ 用免疫学方法提纯特异性 mRNA 制备专一性基因探针等。

注意事项：

RFLP 标记作为 DNA 水平上的遗传标记，有其独特的优点：①无表型效应，RFLPs 检测不受环境条件、表达组织的影响；②共显性，即 RFLPs 标记座位的等位基因之间呈共显性，因此可以通过电泳、杂交后显示的带型直接区分纯合与杂合基因型，提供整个标记座位完全的遗传信息；③非等位的 RFLP 之间不存在上位互作效应，因此互不干扰；④可利用的探针较多，可以检测到很多遗传位点；⑤可重复性高，结果稳定可靠；⑥RFLPs 标记普遍存在于各种生物的基因组中，只要选用特异的探针或限制性内切酶，将产生足够的 RFLP；⑦与核酸序列分析相比，可省去序列分析中许多繁琐工序。

与此同时，RFLPs 标记也有其不足之处：①对 DNA 质量要求高，需求量大（5～10 μg）；②实验操作过程仍然复杂繁琐；③RFLP 标记一次只能检测一个多态位点，多态信息含量低，一般只有 0.2 左右，且大多数 RFLP 表现为 2 态或 3 态，杂合率低于 50%；④RFLP 受限制性内切酶的类型制约，只有选用一定的限制性内切酶，某个位点才可能表现出多态性；⑤制备检测 RFLP 标记的探针步骤繁琐，程序较多，如用于 RFLP 标记的 DNA 探针是某个编码基因的时候，一般在制备探针前就必须先分离该编码基因，这对探测 RFLP 的多态性造成了麻烦；⑥具有放射性，对人体易造成伤害。尽管当前美国 RBL 公司的 Biotin 系统、英国 Amersham 公司的 ECL 系统已研制出了非放射性同位素标记技术，但由于受其检测周期长，价格昂贵、检测方法繁琐、成功率低等因素的影响与限制，该技术的推广仍然受到影响。

PCR 技术的出现使生命科学研究领域掀起了一股革命浪潮，同时也使多态性的检测更为直接、快速。PCR－RFLP 技术就是在此基础上建立和发展起来的，其基本原理和步骤是先用一对特定引物扩增基因组 DNA 从而获得特定 DNA 片段，然后用相应的限制性内切酶对该扩增片段直接进行酶切，再用电泳技术检测分析其多态性。该技术与 RFLP 技术相比具有如下优点：①对基因组 DNA 质量要求较低，需求量较小；②实验操作过程相对简单；③不需要克隆基因作探针；④不依赖 Southern 杂交技术等。因此，当前 PCR－RFLP 技术的应用更为广泛。

5.4.2 基于 PCR 的分析方法

当前，基于 PCR 的分析方法是土壤微生物遗传多样性分析检测技术的最主要形式。它们大致可分为以下三个步骤：

1）核酸的提取与纯化：提取核酸时往往伴有腐殖质、多糖、蛋白质类等杂质，这会极大地影响后续 PCR 过程中有关酶的活性以及结果的真实性和稳定性。

2）PCR：PCR 技术能快速特异性扩增任何已知序列，并能将 pg 水平的 DNA 混合物中的目的基因扩增到 ng、μg、mg 级的特异性 DNA 片段。

3）特定处理与分析检测：目前最为常见的有电泳和酶切技术等，如 DGGE（denaturing gradient gel electrophoresis，变性梯度凝胶电泳）与 TGGE（temperature gradient gel electrophoresis，温度梯度凝胶电泳）依据双链 DNA 片段熔解行为的不同分离 PCR 产物中长度相同但序列不同的 DNA 标记片段；SSCP（single strand conformation polymorphism，单链构象多态性）方法根据 DNA 片段核苷酸组成不同造成的单链构象差异导致电泳时产生特异性的谱带。RISA（ribosomal intergenic spacer analysis，核糖体基因间区分析）利用 ITS（rRNA internal transcribed spacer，rRNA 转录间区）的长度特异性及其混合物在电泳图谱中的长度多态性进行微生物多样性研究；RAPD（random amplified polymorphic DNA，随机扩增多态性 DNA）方法根据电泳后多态性片段的特点检测同源和异源等位基因的存在。AFLP（amplification fragment length polymorphism，扩增片段长度多态性）则是结合了 RFLP 和 RAPD 的技术优点、基于 PCR 扩增基因组 DNA 限制性片段的分子指纹技术；T－RFLP（terminal restriction fragment length polymorphism，末端限制性片段长度多态性）方法利用标记引物特异性扩增 DNA 片段、再经酶切检测末端限制性片段的多态性。

由于变性处理方法很多、发展很快，这里不可能一一详尽列举，仅介绍一些常见的或常用的分析方法。在具体介绍这些方法之前，首先介绍它们的共同步骤——PCR。DNA 的半保留复制是生物进化和传代的重要途径，PCR 是一种用于放大特定 DNA 片段的分子生物学技术，可看做生物体外的特殊 DNA 复制。近年来，PCR 技术根据研究需求不断改进。以下分别介绍 PCR 的引物设计、基本流程及其改进技术。

（1）PCR 引物设计

PCR 的引物设计是为了找到一对合适的核苷酸片段，使其能有效地扩增模板 DNA 序列。有时需要根据一段氨基酸序列反推到 DNA 来设计引物，由于大多数氨基酸(20 种常见结构氨基酸中的 18 种)的遗传密码不只一种，故由氨基酸序列反推 DNA 序列时，会遇到部分碱基的不确定性，这样设计并合成的引物实际上是多个序列的混合物，它们的序列组成大部分相同，但在某些位点有所变化，称之为简并引物。遗传密码规则因物种或细胞亚结构的不同而异，比如在线粒体内的遗传密码与细胞核是不一样的。在专门的引物设计软件中，“Oligo” 是最著名的，它的使用并不十分复杂，而且它的引物分析功能非常强大。此外，“Premier” 可以针对模板 DNA 的来源以相应的遗传密码规则转换 DNA 和氨基酸序列。

软件的引物设计功能主要体现在两个方面：首先是引物分析评价功能，只有少数商业版软件能够做到，如“Oligo” 等；其次是引物的自动搜索功能，各种软件在这方面的侧重点不同，因此自动搜索的结果也不尽相同，使用比较方便的有 “Premier” 和 “Oligo”，其他软件如 “Vector NTI Suit”、“DNASIS”、“OMIGA” 和 “DNASTAR” 等也都带有引物自动搜索功能。要想得到效果很好的引物，在自动搜索的基础上还要辅以人工分析，或者将 “Oligo” 和 “Premier” 软件合并使用，以 “Premier” 进行自动搜索，以 “Oligo” 进行分析评价，如此可快速设计出成功率很高的引物(Martin *et al.*,1985)。

引物设计的具体方法参照所采用软件的说明书执行。当上下游引物全选好以后，需要对引物进行评价，并根据评价对引物进行修改，重点如下：

1）二聚体(dimer)，尤其是 3′端二聚体形成的可能性：引物二聚体有可能是上游或下游引物自身形成，也可能是在上下游引物之间形成交联二聚体(cross dimer)。二聚体形成的能值越高，越不符合要求。一般的检测(非克隆)性 PCR，对引物位置、产物大小要求较低，应尽可能选取不形成二聚体或其能值较低的引物。

2）发夹结构(hairpin)：发夹结构与二聚体相同，其能值越低越好。一般来说，这两项结构的能值以不超过 4.5 为好。当然，在设计克隆目的的 PCR 引物时，引物两端一般都添加酶切位点，必然存在发夹结构，而且能值不会太低。这种 PCR 需要通过灵活调控退火温度以达到最好效果，对引物的发夹结构的检测就不应要求太高。

3）GC 含量：以 45%~55% 为宜。有一些模板本身的 GC 含量偏低或偏高，导致引物的 GC 含量不能被控制在上述范围内，这时应尽量使上下游引物的 GC 含量以及 T_m 值保持接近，以有利于退火温度的选择。

4）错配位点检测：查看引物在非目的位点引发 PCR 反应的可能性，如果引物在错配位点的引发效率比较高，就可能出现假阳性的 PCR 结果。一般错配引发效率以不超过 100 为好，但对于特定的模板序列，还应结合比较其在正确位点的引发效率。如果两者相差很大，比如在正确位点的引发效率为 450 以上，而在错误位点的引发效率为 130，那么这对引物也是可以接受的。

基本原则与注意要点：

1）引物与非特异扩增序列的同源性不要超过 70% 或有连续 8 个互补碱基同源。

2）某些引物无效的主要原因是引物重复区 DNA 二级结构的影响，选择扩增片段时最好避开二级结构区域。用有关软件可以预测 mRNA 的稳定二级结构，有助于选择模板。实验表明，待扩区域自由能（ΔG^0）< 58.61 kJ/mol 时，扩增往往不能成功。若不能避开这一区域时，用 7 – deaza – 2′ – 脱氧 GTP 取代 dGTP 对扩增的成功是有帮助的。

3）寡核苷酸引物长度为 15 ~ 30 bp，一般为 20 ~ 27 bp。引物的有效长度：$L_n = 2(G + C) + (A + T)$，L_n 值不能 >38，因为 >38 时，最适延伸温度会超过 *Taq* DNA 聚合酶的最适温度（74 ℃），不能保证产物的特异性。

4）(G + C)% 一般为 40% ~ 60%。其 T_m 值是寡核苷酸的解链温度，即在一定盐浓度条件下，50% 寡核苷酸双链解链的温度（称有效启动温度），一般高于 T_m 值 5 ~ 10 ℃。若按公式 $T_m = 4(G + C) + 2(A + T)$ 估计引物的 T_m 值，则有效引物的 T_m 为 55 ~ 80 ℃，其 T_m 值最好接近 72 ℃以使复性条件最佳。

5）四种碱基的分布最好是随机的，不要有聚嘌呤或聚嘧啶的存在。尤其 3′端不应超过三个连续的 G 或 C，这样会使引物在 G + C 富集序列区错误引发。

6）引物自身不应存在互补序列，否则引物自身会折叠成发夹状结构影响引物本身复性。这种二级结构会因空间位阻而影响引物与模板的复性结合。若用人工判断，引物自身连续互补碱基不能大于 3 bp。

7）两引物之间不应有互补性，尤应避免 3′端的互补重叠以防引物二聚体的形成。一对引物间不应多于 4 个连续碱基的同源性或互补性。

8）引物的延伸是从 3′端开始的，不能进行任何修饰，也不能形成任何二级结构，除在特殊的 PCR（AS – PCR）反应中，引物 3′端不能发生错配。

9）引物的 5′端限定着 PCR 产物的长度，对扩增特异性影响不大，可以被修饰而不影响扩增的特异性。引物 5′端修饰包括：加酶切位点，标记生物素、荧光素、地高辛、Eu^{3+} 等，引入蛋白质结合 DNA 序列，引入突变位点、插入与缺失突变序列和引入一启动子序列等。

值得一提的是，各种模板的引物设计难度不一。有的模板本身条件比较困难，例如 GC 含量偏高或偏低，导致找不到各种指标都十分合适的引物；以克隆为目的的 PCR 产物，由于其序列相对固定，引物设计的选择自由度较低。在这种情况只能退而求其次，尽量满足所需条件。

（2）PCR 基本流程

DNA 模板首先在高温(93 ~ 94 ℃)下变性，双链解链成单链，当温度降低时，人工合成的两个寡核苷酸引物在合适的复性温度下分别与目的基因两侧的两条单链互补结合，在 DNA 聚合酶作用下，随着温度的缓慢提升，引物逐渐延伸，两条引物之间的区域被合成，完成一个循环，然后 DNA 再次被变性，进入下一个循环，这样周而复始，30 个循环左右目标 DNA 可扩增 10^6 ~ 10^9 倍。PCR 由变性—退火—延伸三个基本反应步骤构成：①模板 DNA 的变性：经加热至 94 ℃左右一定时间后，使模板 DNA 双链或经 PCR 扩增形成的双链 DNA 解离，使之成为单链，以便它与引物结合，为下轮反应作准备；②模板 DNA 与引物的退火(复性)：模板 DNA 经加热变性成单链后，温度降至 55 ℃左右，引物与模板 DNA 单链的互补序列配对结合；③引物的延伸：DNA 模板 - 引物结合物在 *Taq* DNA 聚合酶的作用下，以 dNTP 为反应原料，靶序列为模板，按碱基互补配对与半保留复制原理，合成一条新的与模板 DNA 链互补的半保留复制链，重复变性—退火—延伸三过程，就可获得更多的“半保留复制链”，而且这种新链又可成为下次循环的模板(图 5 - 3)。每完成一个循环需 2 ~ 4 min，2 ~ 3 h 就能将目的基因扩增放大几百万倍。

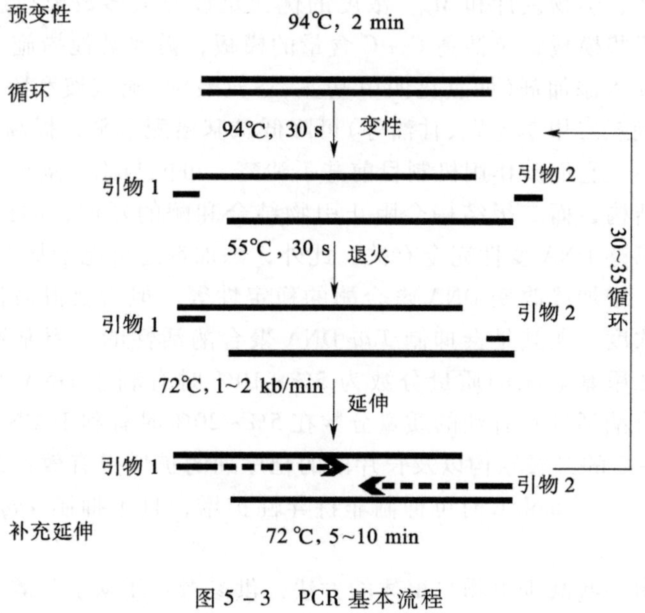

图 5 - 3　PCR 基本流程

变性、退火、延伸的温度与时间等对 PCR 的特异性影响非常大。变性温度取决于模板及 PCR 产物双链 DNA 中的 G + C 含量，G + C 比率越高，DNA 变性温度也就越高。变性时间与双链 DNA 长度有关，DNA 分子越长，特定温度下使双链 DNA 分子完全分离所需时间就越长。退火温度和时间取决于引物的碱基组成、长度和浓度，引物长度越短、G + C 的比率越低，所需的退火温度就越低。但退火温度越低，反应的特异性就越差。确定退火温度后，退火时间可加以适当控制，过短会导致延伸失败，过长会增加引物与模板间的非特异性结合。延伸温度取决于 DNA 聚合酶的最适温度，一般与聚合酶最适温度接近。延伸时间取决于待扩增 DNA 片段的长度，最适温度下，核苷酸的掺入速率一般为每秒 30 ~ 100 个核苷酸，延伸时间过长会导致非特异性扩增出现。

用于 PCR 的引物很多(见附录)，现以 341F - GC 和 907R 为例，具体介绍该方法。正向引物 341F - GC (5′ - CGCCCGCCGCGCGGCGGGCGGGGCGGGGGCAC GGGGGGCCTACGGGAGGCAGCAG - 3′)，反向引物 907R(5′ - CCGTCAATTCCTTT GAGTTT - 3′)。扩增反应体系(50 μL)：10 × PCR 缓冲液(含 25 mmol/L Mg^{2+})5 μL，dNTP(2.5 mmol/L)1.5 μL，正反向引物(含 20 mmol/L)各 2 μL，*Taq* DNA 聚合酶(5 U/μL)，模板 1 μL，ddH_2O 补至 50 μL。反应参数：94 ℃预变性 5 min，94 ℃变性 1 min，50 ℃退火 1 min，72 ℃延伸 30 s，30 个循环后，72 ℃延伸 10 min。PCR 产物用 10 g/L 琼脂糖凝胶电泳检测，以 DNA 分子质量标准(Marker)为参照。

退火温度、引物设计和 Mg^{2+} 浓度的优化足以对大多数模板进行高特异性的扩增，但某些模板，包括高 G + C 含量的模板，需要其他措施。据报道，向 PCR 体系中加入添加剂(如氯化四甲基氨、谷氨酸钾、硫酸铵和除垢剂等)和助溶剂(如甲酰胺、二甲基亚砜、甘油等)可降低碱基错配水平，提高富含 G + C 模板的扩增效率。它们的作用机制目前并不清楚，可能与添加剂可以消除引物和模板的二级结构，而二级结构会阻止引物结合和酶的延伸，因此可降低 DNA 解链温度使双链 DNA 变性完全有关。此外，添加剂还可能增加 DNA 复性时的特异性配对，增加或改变 DNA 聚合酶的稳定性等。但为获得最佳结果，应注意添加剂的浓度，尤其是会抑制 *Taq* DNA 聚合酶活性的二甲基亚砜、甲酰胺和甘油。如二甲基亚砜的质量分数为 5% ~ 10% 时有利于 DNA 变性，但抑制 *Taq* DNA 聚合酶活性；甘油的质量分数在 5% ~ 20% 时有利于 DNA 的复性，尤其对富含 G + C 的二级结构以及长片段的靶序列的扩增更有效；氯化四甲基氨含量为 10^{-5} ~ 10^{-4} mol/L 时可抑制非特异性扩增，且不抑制 *Taq* DNA 聚合酶活性。

这里介绍一些减少引物二聚体的方法，供参考：①从引物着手，重新设计引物；②模板浓度过小，适当加大模板量；③*Taq* 酶、引物、Mg^{2+} 浓度可能过高，可降低浓度；④取上下游引物混合后，在 100 ℃下的沸水中煮 5 min，然后迅速拿出至冰块上瞬时冷却，这时再加入反应体系当中，引物二聚体就会消失；⑤所配混合物中按 50 g/L 的浓度标准加甘油或 DMSO，可以增强特异性；⑥PCR 反应体系的配制在冰上进行，最后加 *Taq* 酶；降低退火温度后有条带，则应逐渐提高温度，若提高温度的同时产物量减少，则考虑增加 Mg^{2+} 浓度。

(3) PCR 改进技术

PCR 的特异性对达到试验目的非常重要，有时在反应体系、反应程序都没有问题的情况下仍达不到特异性要求，这时可采取一些策略来增加反应的特异性。例如，嵌套 PCR 通过设计外侧与内侧两对引物对含有靶序列的 DNA 片段进行两次 PCR 扩增，多重 PCR 则是在同一反应体系里使用两对以上引物同时扩增 DNA 模板的多个核酸片段；递减 PCR 通过在 PCR 的前几个循环使用严谨的退火条件来提高扩增特异性，热启动 PCR 则在 PCR 仪达到变性温度前通过抑制一种基本成分延迟 DNA 合成来提高特异性。以下对常见的改进措施分别进行介绍。

(a) 嵌套 PCR(nest - PCR)

嵌套 PCR 通过设计"外侧"、"内侧"两对引物进行两次 PCR 扩增，外侧引物的互补序列在模板的外侧，内侧引物的互补序列在同一模板的外侧引物的内侧。先用一对外侧引物扩增含有目的靶序列的较大的 DNA 序列，然后用另一对内侧引物以第一次 PCR 扩增产物为模板扩增，使目的靶序列得到第二次扩增，从而获取目的靶序列。使用嵌套引物进行连续多轮扩增可以提高特异性和灵敏度。两套引物的 T_m 和浓度均不相同，外部引物的 T_m 比内部引物的高，而外部引物的浓度往往比内部引物的低。这样，在早期循环阶段，选择比较高的融合温度，致使内部引物不能融合配对，而外部引物在此温度下能与模板特异性结合，并先扩增出较长的 DNA 片段。经过 15 ~ 20 次循环后，外部引物已基本耗尽，加之其浓度本身就比内部引物低几倍，这时选择进入晚期循环的较低融合温度时，主要是内部引物与模板特异性结合，可扩增出大量的内部较短的 DNA 片段。嵌套 PCR 降低了扩增多个靶位点的可能性，因为同两套引物都互补的靶序列很少。而使用同样的引物对进行总数相同的循环(30 ~ 40)会扩增非特异性靶位点。嵌套 PCR 可以增加有限量靶序列的灵敏度，并且提高了 PCR(如 5′RACE)的特异性。

(b) 多重 PCR(multiplex PCR)

多重 PCR 又称复合 PCR，它是在同一个 PCR 反应体系里加上两对或两对以上引物，以同一 DNA 模板同时扩增出多个核酸片段，其反应原理、反应试剂和操作过程与一般 PCR 相同。由于多重 PCR 要求在同一反应体系中进行多个位点的特异性扩增，因而技术难度增大，一个理想的多重 PCR 反应体系，并非单一PCR的简单混合，需要针对目标产物，进行全面分析、反复试验，建立适宜的反应体系和反应条件。多重PCR的技术要领主要包括目的片段选择、引物设计、复性温度和时间、延伸温度和时间、各反应成分的用量等。多重PCR是多个目的片段的扩增，要求目的片段必须具有高度特异性，才能保证基因检测的准确性。此外，各个目的片段之间需具有明显的长度差异，以利于鉴别。引物的设计是PCR反应成败的关键，对多重PCR尤其重要。多重PCR包含多对引物，各个引物必须高度特异，避免非特异性扩增；不同引物对之间互补的碱基不能太多，否则引物之间相互缠绕，严重影响反应结果。复性温度与时间取决于引物的长度、碱基组成及其浓度，还有目的片段的长度。在多重PCR反应中，不同目的片段、不同引物所要求的复性温度各不相同，这种差异是影响多重PCR特异性的较重要因素。综合各个解链温度 T_m，在 T_m 允许范围内，选择较高的复性温度以减少引物与模板间的非特异性结合。复性时间略微延长，以使引物与模板间完全结合。多重PCR延伸反应的时间要根据待扩增片段的长度而定，延伸时间不宜过长，否则会导致非特异性扩增带的出现。反应体系中各个反应成分也需要进行调整，适当增大模板DNA、引物、聚合酶、dNTP的用量，调整缓冲液组分，以获得最佳扩增效果。

(c) 递减PCR(touchdown PCR)

PCR中引物的退火温度决定了退火的特异性，温度越高特异性越强，但过高则不能实现引物和模板的结合，而过低会产生大量非特异性产物。因此进行PCR时需要寻找合适的退火温度。递减PCR通过在PCR的前几个循环使用严谨的退火条件来提高特异性，开始时先设定一个比较高的退火温度(比估算的 T_m 高大约5 ℃)，然后每个循环降低1~2 ℃，直到退火温度低于 T_m 5 ℃后，每个循环的退火温度保持不变直到结束。这样在起初的几个循环中，特异性扩增序列相对非特异性序列可以多扩增若干倍，从而减轻非特异性扩增对结果的干扰，在刚下降到特异性结合可以进行的最高温度时可以达到最高的特异性。只有同源性最高的目的模板会被扩增。这些产物在随后的循环中继续扩增，并会将扩增的非特异性产物排挤出去。该方法可省去多次试验最佳退火温度的工作。此外，递减PCR还可与简并引物结合使用，用来推出一段已知肽链的氨基酸序列所对应的DNA碱基序列。

(d) 热启动PCR(hotstart PCR)

尽管 *Taq* DNA聚合酶的最佳延伸温度在72 ℃，但聚合酶在室温仍然有活性。因此，在进行PCR反应配制过程中，以及在热循环刚开始，保持温度低于退火温度时会产生非特异性的产物，这些非特异性的产物一旦形成，就会被有效扩增。限制 *Taq* DNA聚合酶活性的常用方法是在冰上配制PCR反应液，并将其置于预热的PCR仪。这种方法虽然简单便宜，但不能完全抑制酶的活性，因此不能完全消除非特异性产物的扩增。热启动PCR通过抑制一种基本成分来延迟DNA合成，直到PCR仪达到变性温度，包括延缓加入聚合酶在内的大部分手工热启动方法都十分繁琐，其他方法如使用蜡防护层将一种基本成分(Mg^{2+}或酶)包裹起来，或将反应成分(如模板和缓冲液)物理隔离开，在热循环时因蜡熔化而把各种成分释放出来并混合在一起。然而，蜡防护层法也像手动热启动方法一样比较繁琐，易于污染，不适用于高通量应用。Hotstart *Taq* DNA聚合酶具有热启动性能，使用简单方便，适合于高通量应用。在用于引物设计的位点因为遗传元件的定位而受限时，如定点突变、表达克隆，或用于DNA工程的遗传元件的构建和操作，热启动PCR尤为有效。

（4）实时荧光定量PCR

在土壤微生物生态学研究中，量化土壤微生物群落的组成、确定群落的优势类群或生理类群的丰度是非常必要的。作为一种核酸定量分析手段，实时荧光定量PCR(real-time Q-PCR)通过引入荧光化学物质实时检测PCR进程中每一个循环产物的荧光信号，进而实现对起始模板的定性及定量分析，包括相对定量和绝对定量。相对定量指的是在一定样本中靶序列相对于另一参照样本的量的变化，绝对定量指的是用已知的标准曲线来推算未知的样本的量。以下依次介绍的是标准曲线相对定量法、比较Ct相对定量法以及标准曲线绝对定量法。

（a）标准曲线相对定量法

此方法中量的表达是相对于某个参照物的量而言的，标准曲线相对比较容易制备，只需知道所用标准品的相对稀释度即可。因为样本的靶序列的量来自于标准曲线，最终必须除以参照物的量，即参照物是1的样本，其他的样本为参照物的n倍。为了标准化加入反应体系的RNA或DNA的量，往往在反应中同时扩增一内源控制物，如在基因表达研究中，内源控制物常为一些看家基因。

（b）比较Ct相对定量法

此法与上一方法的不同之处在于其运用了数学公式来计算相对量，前提是假设每个循环增加一倍的产物数量，用在PCR反应的指数期得到的Ct值来反映起始模板的量，一个循环(Ct=1)的不同相当于起始模板数两倍的差异。因为此法以靶基因内源控制物的扩增效率基本一致为前提，所以效率的偏移将影响实际拷贝数的估计。

（c）标准曲线绝对定量法

此方法与标准曲线相对定量法的不同之处在于其标准品的量是预先可知的，可根据260 nm的吸光度和DNA或RNA的相对分子质量来换算确定其拷贝数。质粒DNA和体外转入的RNA常用于绝对定量标准品的制备。

目前，实时荧光定量 PCR 检测技术主要有 SYBR Green Ⅰ检测和 Taqman 探针检测。

（a）SYBR Green Ⅰ检测

SYBR Green Ⅰ是一种只与双链 DNA 小沟结合的具有绿色激发波长的染料，当与 DNA 双链结合时发出荧光，当 DNA 解链成为单链时，它从链上释放出来，这时荧光信号急剧减落。SYBR Green Ⅰ的最大吸收波长约为 497 nm，最大发射波长约为 520 nm，通过测量升高温度后荧光的变化可以帮助降低非特异产物的影响。它的优点是不必因为模板不同而特别定制，设计的程序通用性好，而且价格相对较低；缺点主要是由引物二聚体、单链二级结构以及错误的扩增产物引起的假阳性会影响定量的精确性。由解链曲线来分析产物的均一性有助于分析由 SYBR Green Ⅰ得到的定量结果。

（b）Taqman 探针检测

在 PCR 体系中加入一个荧光标记 Taqman 水解探针，5′端标记报告基团 FAM(6－羧基荧光素)，3′端标记淬灭基团 TAMRA(6－羧基四甲基丹诺明)，探针结构完整时，3′淬灭基团抑制 5′荧光基团的荧光发射。由于 *Taq* 酶 5′→3′外切核酸酶活性，当 PCR 合成的新链移动到探针结合位置时，探针被 *Taq* 酶切断，完整性遭到破坏，能量传递结构亦被破坏，5′端 FAM 荧光报告基团的荧光信号被释放出来。因此，模板每复制一次，就有一个探针被切断，同时伴有一个荧光信号的释放，荧光信号与产物有一对一的对应关系，并随着产物的增加而不断增强；当荧光信号增强到某一阈值(根据信号基线的平均值和平均标准差，计算出以 99.7% 的置信度大于平均值的荧光值，即为阈值，图 5－4)，此时的循环次数即循环阈值 Ct(cycle threshold)；该循环参数 Ct 和 PCR 体系中

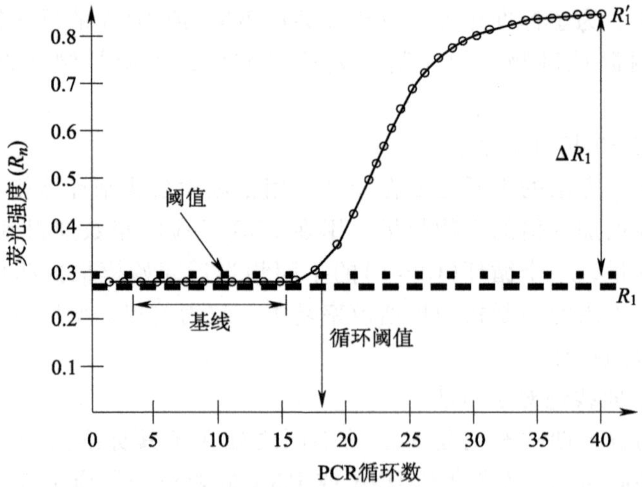

图 5－4　实时荧光定量 PCR 示意图

起始模板数的对数之间有严格的线性关系，利用不同的标准模板扩增的 Ct 值和标准模板数经对数拟合作图，制成标准曲线，再根据待测样品的 Ct 值可以准确地确定起始模板的数量。

实时荧光定量 PCR 具有高精确度、高特异性、高灵敏性、实时性和污染少等无可比拟的优点：①精确性：由于 PCR 的平台效应，传统 PCR 不能进行精确定量，而实时荧光定量 PCR 不受扩增效率和试剂损耗的影响，利用扩增进入指数增长期的 Ct 值来定量起始模板量。②特异性：荧光探针针对靶序列设计，相当于 PCR 的过程自动完成了 Southern 杂交，具有高特异性。③灵敏性：光谱技术和计算机技术的联合使用大大提高了检测的灵敏度，甚至可以检测到单拷贝的基因。④安全、快速性：在一个全封闭状态下实现扩增和产物分析，降低了溴化乙锭的污染，可以同时检测多个样品，有效减少劳动量。⑤动态性：可以实时监测反应进程(Zhang *et al.*,2006;Sharma *et al.*,2007)。

实时荧光定量 PCR 技术的一些缺点也是不可回避的。例如，需要特殊而昂贵的热循环仪和试剂，需要进行条件的最优化研究，操作时要考虑同源和异源 DNA 背景、寡核苷酸杂交特异性、Taqman 探针比例、细胞裂解效率、mRNA 的部分降解、SYBR Green Ⅰ 的浓度大小及 PCR 产物的长度大小等影响因素，这些都会引起反应定量的偏差(张晶等,2005)。另外，标准曲线的制作可能也会存在一定的问题，例如在定量一些不可培养微生物时，可能要用质粒 DNA 的拷贝数来换算才能得到某一微生物种类的丰度，其中的准确性也是值得探讨的问题之一。

5.4.2.1　克隆文库法

16S rDNA 是环境基因组中重要的生物标记物，用 PCR 方法把土壤中所有的 16S rDNA 分子放在文库中的每一个克隆里，再通过测序比对，就可以知道每一个克隆中带有的 16S rDNA 分子属于哪一种微生物，整个文库测序比对得到的结果反映了土壤微生物群落的组成。构建 16S rDNA 克隆文库的一般步骤是：首先用土壤总 DNA 进行 16S rDNA PCR 扩增，得到土壤样品中不同微生物 16S rDNA 的混合产物，接着将纯化后的 PCR 产物与载体连接，然后通过 TA 克隆技术将 16S rDNA 转移到大肠杆菌中，筛选阳性克隆，建立 16S rDNA 克隆文库。

材料准备：

1）仪器：PCR 仪，恒温水浴锅，超净台，核酸浓度测定仪，紫外凝胶成像系统，气浴摇床，电泳仪，离心机，移液枪，离心管等。

2）材料：16S rDNA 扩增产物，大肠杆菌(*E. coli* DH5α)。

3）试剂：①0.1 g/L 氨苄青霉素(Amp)，0.22 μm 微孔滤膜过滤除菌。②$CaCl_2$，取 0.111 g $CaCl_2$ 溶于 1 mL 去离子水中，制成 100 mmol/L 的溶液，

高温灭菌备用。③IPTG，1 g IPTG 溶于 2 mL 蒸馏水，0.22 μm 微孔滤膜过滤除菌，-20 ℃保存。④X-gal，0.1 g X-gal 溶于 2 mL *N*, *N*-二甲基甲酰胺(DMF)，存于 -20 ℃。⑤pGEM-T 载体试剂盒，包括 pGEM-T 载体、T_4 DNA 连接酶、快速连接缓冲液等。⑥LB 培养基：蛋白胨 10 g，酵母提取物 5 g，NaCl 10 g，琼脂粉 15 g，先用 800 mL 蒸馏水溶解，pH 调至 7.0 补足 1 L，121 ℃高压灭菌 20 min。⑦含 Amp 的 LB 培养基：将配好的 LB 平板培养基高压灭菌后冷却至 60 ℃左右，加入 Amp 储存液(50 mg/mL 水溶液)，终浓度为 50 μg/mL，摇匀后倒平板。

操作步骤：

1）TA 克隆：测定 PCR 产物浓度，根据 pGEM-T 载体说明书将纯化后的 PCR 产物与 pGEM-T 载体在一定的反应体系中进行连接，16S rDNA 片段的数量与基因载体的数量之比为 0.5~1，整个连接体系如表 5-8 所示，混匀后，16 ℃下连接 12 h。

表 5-8 TA 克隆连接体系

pGEM-T 载体	插入目的 DNA 片段	T_4 DNA 连接酶	连接缓冲液	无菌水
1 μL(0.03 pmol)	0.1~0.3 pmol	1 μL	5 μL	补足 10 μL

2）转化：在 100 μL 感受态细胞中加入不超过 10 μL 的 PCR 连接产物，混匀后置于冰上 30 min。将上述转化混合液迅速放入 42 ℃水浴 90 s 进行热休克，然后迅速冰浴 2 min。加入 900 μL LB 培养基，轻柔混匀后转入试管中，于 37 ℃温和振荡 1 h，使抗性基因得到表达。将上述转化液涂布于含 Amp 和 X-gal 的 LB 平板上，37 ℃培养 12~16 h。此时部分未携带目的基因的菌落为蓝色，再将其放入 4 ℃下 10~12 h，以使绝大多数不携带目的基因的菌落都转变为蓝色，从而获得所需要的携带目的基因的阳性克隆，即白色菌落。

3）阳性克隆的筛选：在 37 ℃培养 16~20 h 的转化平板上挑取一定数量的带有插入片段的白色克隆，转到新的含 Amp 和 X-gal 的 LB 平板上，并给每个克隆编号，37 ℃培养 16~20 h，再通过菌体 PCR 的方法用 pGEM-T 载体通用引物 SP6(5′-ATTTAGGTgACACTATAGAA-3′)和 T7(5′-TAATACGACTCACT ATA GGG-3′)来扩增阳性克隆子中插入的 16S rDNA 插入片段，检测插入片段的大小，如果片段大小与理论值相符，则鉴定为阳性克隆。用无菌牙签挑取少量菌体重悬于 20 μL 无菌蒸馏水中，然后在沸水中煮沸 10 min，立即置于冰上 5 min，4 ℃、10 000*g* 离心 5 min，立即置于冰上，使用时取 1.5 μL上清液作模板。

4）PCR 产物酶切分型：对已经通过验证的阳性克隆进行 PCR，扩增目标插入片段，然后选择合适的限制性内切酶 *Taq* Ⅰ、*Hif* Ⅰ 进行酶切，酶切产物使用 20 g/L 的琼脂糖凝胶或 80 g/L 的聚丙烯酰胺凝胶电泳分析。

5）克隆文库的分析：每个酶切分型的结果作为一个 OTU，以此绘制克隆文库的 rarefaction 曲线，以及计算克隆文库的库容 C。

① 绘制 rarefaction 曲线。统计每个 OTU 有多少个克隆，然后用 Analytic Rarefaction 软件绘制（http://www.uga.edu/strata/software/software.html）。

② 计算文库的库容：

$$C = 1 - \frac{n_1}{N}$$

式中：N 代表 16S rDNA 克隆文库总克隆数，n_1 代表在文库中仅出现过一次的 OTU 数量。很显然库容 C 如果很高或者达到 100%，可以说明库容已经足够。同时，我们要考虑所建的 16S rDNA 文库中的克隆或者 OTU 的相对比例是否与环境中对应的微生物的丰度一致。由于克隆建库过程存在 PCR 的偏好性扩增、克隆过程中也存在偏好性，而且不同的基因组当中 rDNA 的拷贝数不同以及微生物在不同生理状态下基因组的拷贝数也不同等原因，16S rDNA 文库中克隆或者 OTU 的相对比例不能与土壤中对应的微生物的丰度严格对应。但是，将整个 16S rDNA 文库作为整体的时候，可以认为其中的克隆或者 OTU 的比例具有半定量的性质。常用的绘制 Rank – abundance 曲线的方法是将克隆文库中所有 OTU 对它们在文库中的比例做柱状图并按比例从高到低排列。

③ Shannon – Wiener 指数的计算公式为：

$$H' = -\sum_{i=1}^{S} P_i \ln P_i,\ P_i = \frac{n_i}{N}$$

式中：S 为 16S rDNA 的 RFLP 总类型，n_i 为第 i 种 16S rDNA 的 RFLP 变异类型克隆数，N 为总克隆数。

Simpson 指数的计算公式为：

$$D = 1 - \sum_{i=1}^{S} P_i^2$$

Margalef 物种丰富度指数的计算公式为：

$$d_{MS} = \frac{S-1}{\ln N}$$

式中：S 为群落中物种总数，也即物种丰富度。

均匀度指数的计算公式为：

$$E = \frac{H'}{H_{max}}$$

注意事项：

1）PCR扩增过程容易产生各种假象（包括嵌合体、突变体、异源双链体等），减少PCR扩增的循环数（不超过25个循环）并提高延伸的时间（不少于2 min），有助于减少假象。建议在PCR扩增后再进行一次复原条件（recondition）PCR，可以有效减少异源双链体。

2）PCR产物连接时，连接液需要在冰上融化，连接反应时间可以适当延长，以提高连接效果。

3）基因转化的操作必须严格按无菌操作要求进行，以防染菌。转化过程除特殊要求外，其他操作一律在冰水浴中进行。

4）在做“蓝白斑筛选”时，在4 ℃放置2～3 h，会使蓝白斑的差别更明显。

5）PCR验证阳性克隆时，菌要挑得少一些，否则会抑制PCR反应。

5.4.2.2 变性梯度凝胶电泳（DGGE）

双链DNA分子中AT碱基之间有两个氢键，GC碱基之间有三个氢键连接，AT碱基对对变性剂的耐受性要低于GC碱基对。由于四个碱基的组成和排列差异，使不同序列的双链DNA分子具有不同的解链温度。DGGE依据双链DNA片段熔解行为的不同分离PCR产物中长度相同但序列不同的DNA标记片段。当双链DNA分子在含有梯度变性剂（尿素和甲酰胺）的聚丙烯酰胺凝胶中进行电泳时，因其解链的速度和程度与序列密切相关，迁移速度也随解链程度的增大而减小，结果导致不同序列DNA片段滞留于凝胶的不同位置，同样长度但序列不同的DNA片段因而能够区分开来。理论上只要选择的电泳条件如变性剂梯度、电泳时间、电压等足够精细，仅有一个碱基差异的DNA片段都可被分开（Nakatsu *et al.*,2000）。

根据变性梯度的方向和电泳方向是否一致，可将DGGE分为垂直DGGE和平行DGGE两种形式：垂直DGGE的变性梯度方向与电泳方向垂直，可用于优化样品的分离条件，也可用于分析PCR产物的组成；平行DGGE的变性梯度方向与电泳方向一致，可用于同时分析多个样品。DGGE的基本过程是：①从土壤样品中提取基因组DNA；②利用PCR技术，使目标基因组DNA得到扩增；③将扩增后的产物加到含变性剂的聚丙烯酰胺凝胶中，电泳，部分解链的双链DNA片段分离，形成不同的单链DNA谱带；④割带回收DNA，测定不同DNA谱带的碱基序列，同基因文库中的16S rDNA序列比较，确定微生物的种属。

材料准备：

1）仪器设备：PCR仪、电泳仪、凝胶成像系统、核酸浓度测定仪、台式离心机、离心管、移液枪及Dcode™基因突变检测系统。

2）试剂：上下游引物（20 pmol/μL），10×PCR缓冲液（含25 mmol/L

Mg^{2+})，*Taq* DNA 聚合酶(TaKaRa Ex *Taq* 酶)，dNTP(2.5 mmol/L)，灭菌的去离子水(ddH_2O)，10 g/L 琼脂糖。

3）电泳：丙烯酰胺、甲叉双丙烯酰胺、尿素、1×TAE 缓冲液、去离子甲酰胺、TEMED、100 g/L 过硫酸铵、上样缓冲液(0.8 g/L 溴酚蓝、0.8 g/L 二甲苯青、甘油的体积分数为 30%)和 SYBR Green Ⅰ 染料。

操作步骤：

1）采用 Dcode™ 基因突变检测系统(Bio－Rad, USA)对 PCR 产物进行分离：使用梯度胶制备装置，制备变性剂浓度从 35%～60%（100% 变性剂为 7 mol/L 的尿素和质量分数为 40% 的去离子甲酰胺的混合物）的 80 g/L 聚丙烯酰胺凝胶，变性剂浓度从胶上方向下方递增。待胶完全凝固后，将胶板移至已加热 60 ℃缓冲液的电泳槽内，每个加样孔中加入 PCR 产物(含体积分数占 10% 的上样缓冲液)20～25 μL，60 ℃下 200 V 电泳 5 h。电泳完毕后，将凝胶置于 1/1 000 稀释的 SYBR Green Ⅰ 核酸染料中染色 20～30 min，并使用紫外凝胶成像系统观察并拍照。

2）凝胶回收和 DNA 测序：用洁净的刀片将含有目的 DNA 片段的凝胶切下，将胶条放入 1.5 mL 的微型离心管中，向离心管中加入 2～3 倍体积的去离子水浸泡过夜。在以其为模板重新 PCR 后再 DGGE 分离，直至在 DGGE 中出现单一条带后，重新用不带 GC 夹的引物进行 PCR 扩增，将扩增产物连接至载体后，转化到 *Escherichia coli* DH5α，将重组子进行测序，将测序结果递交给基因数据库(http://www.ncbi.nlm.nih.gov/web/Genbank)后，获得访问序列号和基因数据库的检索结果。许多期刊在文章发表之前需要在文章中有序列的登录号，并且要求文章发表后序列可以被读者索取。通过测序可以获得大量的核酸序列，需要使用有关生物学软件搜索同源序列，并构建系统发育树。以下介绍一些常用软件及其操作过程：

① BLAST：目前应用最广泛的序列相似性搜索工具，即在数据库中查找某一个序列的同源性序列，将待研究序列与 DNA 或蛋白质序列库进行比较，找出与此序列相似的已知序列。BLAST 对序列格式的要求是常见的 FASTA 格式，即第一行是描述行，第一个字符必须是“>”字符；随后的行是序列本身，一般每行序列不要超过 80 个字符，回车符不会影响程序对序列连续性的读法。目前在因特网上有许多在线的 BLAST 程序，用于查找各大数据库中与用户提交的序列同源的序列。BLAST 程序可进一步分为几个不同的程序：提交蛋白质序列、在蛋白质序列数据库中查序列的 blastp，提交核酸序列、在核酸序列数据库中查找同源序列的 blastn 和 tblastx，提交核酸序列、在蛋白质序列数据库中查找同源序列的 blastx，以及提交蛋白质序列、在核酸序列数据库中查找同源序列的 tblastn。通常通过在线方式或 E－mail 方式提交序列，得到

查询结果。如需离线使用，可下载 BLAST 程序与相应数据库，安装后即可使用。

② CLUSTAL：一种广泛使用的多序列比对程序，CLUSTALX 在 Windows 系统下运行，而 CLUSTALW 运行于 DOS 系统。CLUSTAL 是一种渐进的比对方法，比对过程中先对所有序列进行两两比对，相似性程度较高的序列先进行比对，并计算它们的相似性分值；然后根据相似性分值将它们分成若干组，并在每组之间进行比对，计算相似性分值；根据相似性分值继续分组比对，直至得到最终比对结果。CLUSTAL 软件的输入格式也为 FASTA 格式文件，比对结果也称联配或对排，比对的目的是判断两个序列之间是否具有足够的相似性，从而判断两者之间是否具有同源性。多序列比对是将待研究序列加入到一组与之同源但来自不同物种的序列中进行多序列同时比较，以确定该序列与其他序列间的同源性大小；或用于描述一组序列之间的相似性关系，以便了解一个基因家族的基本特征，寻找 motif(保守区域)，或描述一个同源基因之间的亲缘关系的远近，应用于分子进化分析。

③ DNAMAN：一种普遍使用的核酸序列分析软件，功能强大，使用方便。主要功能：以不同形式显示序列，DNA 序列的限制性酶切位点分析，DNA 序列比对分析，序列同源性分析，画质粒模式图。

④ Sequin：一种用于向 Genbank 提交序列的软件，适用于大量序列的提交。Sequin 程序能方便地编辑和处理复杂注释，并包含一系列内建的检查函数来提高序列的质量保证。它还被设计用于提交来自系统进化、种群和突变研究的序列，可以加入比对的数据。Sequin 除了用于编辑和修改序列数据记录，还可以用于序列的分析，任何以 FASTA 或 ASN.1 格式序列为输入数据的序列分析程序都可以整合到 Sequin 程序下。Sequin 的相关网址是：http://www.ncbi.nlm.nih.gov/Sequin/。

⑤ BankIt：适合于提交少量序列，而不适合大量序列或较大长度的序列以及 EST 序列和 GSS 序列。它的特点是比较方便，是一系列表单，包括联络信息、发布要求、引用参考信息、序列来源信息以及序列本身的信息等。用户提交序列后，通过电子邮件收到自动生成的数据条目、Genbank 的新序列编号以及注释完成后完整的数据记录。用户还可以在 BankIt 页面下修改已经发布序列的信息。BankIt 的网址是：http://www.ncbi.nlm.nih.gov/BankIt。

⑥ MEGA：美国宾夕法尼亚州立大学 Masatoshi Nei 开发的分子进化遗传学软件，主要功能是计算碱基组成、转换、颠换比率、群组内、群组间核苷酸多样度和遗传距离，并以不同的算法如 MP(maximum parsimony)、ML(maximum likelihood)和 NJ(neighbor joining)等绘出各种进化树图。除此之外，可以进行序列比对，然后对序列特征进行分析(定义群组、定义功能域以及突出显示序

列的保守位点、可变位点和简约信息位点等)。另外，MEGA 具有一定的兼容性，分析结果可采用 Paup 或者 Phylip 几种常用进化分析格式输出。

系统发育也称种系发生、系统发生，是指生物形成或进化的历史。系统发育研究的结果常以系统发育树表示，用它描述物种之间的进化关系。在分子水平上进行系统发育分析，所得结果更加科学、可靠。系统发育树多为一种二叉树，由一系列节点和分支组成，其中每个节点代表一个分类单元(物种或序列)，而节点之间的连线代表物种之间的进化关系。一个完整的分子系统发生树分析主要分三个步骤：

1) 对所分析的多序列目标进行比对，产生距离数据，为建立系统发育树提供依据。

2) 构建系统发育树：构建方法分为两大类，一类是基于距离的构建方法，利用所有物种或分类单元间的进化距离，依据一定的原则及算法构建系统发育树。基本思路是：列出所有可能的序列对，计算序列之间的遗传距离，选出相似程度比较大或非常相关的序列对，利用遗传距离预测进化关系。这类方法包括除权配对法(unweighted pair group method with arithmetic mean, UPGMAM)和邻位相连法(neighbor joining, NJ)。另一类方法是基于离散特征的构建方法，利用的是具有离散特征状态的数据，如 DNA 序列中特定位点的核苷酸，着重分析分类单位或序列(如核苷酸位点)间每个特征的进化关系。这类方法包括最大简约法(maximum parsimony, MP)和最大似然法(maximum likelihood, ML)。对相似性和距离数据，在重建系统发育树时只能利用距离法。离散特征数据可通过适当的方法转换成距离数据，因此，对这类数据建树时，既可以用距离法，也可以用离散特征法。一般来说，UPGMAM 法假设在进化过程中所有核苷酸/氨基酸都有相同的变异率，也就是存在着一个分子钟。这种算法得到的进化树相对来说不是很准确，现在已经很少使用。邻位相连法是一个经常被使用的算法，它构建的进化树相对准确，而且计算快捷，其缺点是序列上的所有位点都被同等对待，而且，所分析序列的进化距离不能太大。最大简约法适用于符合以下条件的多序列：所要比较序列的碱基差别小，对比序列上的每一个碱基有近似相等的变异率，没有过多的颠换/转换的倾向，所检验序列的碱基数目较多(大于几千个碱基)，用最大似然法分析序列则不需以上的诸多条件，但是此种方法计算极其耗时。如分析的序列较多，计算过程可能耗时数天之久。

3) 评估系统发育树：对于所构建的系统发育树，统计分析的误差可能会影响所建树的可靠性。为了检验构建好的进化树的可靠性，需要进行统计可靠性检验，通常构建过程要随机地进行成百上千次，只有以大概率(70%)出现的分支点才是可靠的。常用的方法是 Bootstraping 法，它从整个序列的碱基或氨基酸中任意选取一半，剩下的一半序列随机补齐组成一个新的序列。这样，一个序列就可以变成许多序列，一个多序列组也就可以变成许多个多序列组，每个多序列组都可以生成一个进化树，按照多数规则(majority-rule)就会得到一个最“逼真”的进化树。到目前为止，在进行系统发生的推断分析中，最重要的因素不是进行系统发生推断所采用的方法，而是输入数据的质量。即使是最复杂的系统发生推断方法也不能校正输入数据的错误。从尽可能多的角度观察数据，提高输入数据质量，是获得可靠系统发育树的前提，主要包括四种方法：除权配对法、邻位相连法、最大简约法和最大似然法。采用这些方法构建系统进化树后，比较它们所建立进化树的一致性，特别是各分支点的出现概率。通常如果不同方法(ML、MP和NJ)构建的系统树基本一致，并且相同的分支点出现概率都大于50%，即可认为该系统树较为可靠地反映了所分析序列之间的遗传进化关系。

注意事项：

DGGE一般只能分析500至1 000 bp以下的DNA片段，因此得到的有关系统进化的信息比较少。在研究复杂土壤生态系统时，其中的微生物种类很多，但DGGE图谱一般只有一二十个条带，这些条带反映的是群落中的优势菌群，一般只有在总的微生物群落中占1%以上的种群才能被检测出来，群落中的弱势种群不能被检测到。为了降低分析群落多样性的复杂度，一种方法是先根据GC含量的不同，将基因组总DNA分成各个部分，再分别PCR-DGGE分析。另一个方法是使用类群特异性引物对基因组总DNA进行PCR扩增，再用于DGGE分析。此外，有些细菌含有多操纵子，DGGE能将其在PCR时形成的不同序列分离开，这样会导致高估土壤中微生物的多样性。

5.4.2.3 单链构象多态性分析(SSCP)

单链DNA片段呈复杂的空间折叠构象，这种立体结构主要由其内部碱基配对等分子内相互作用力来维持。SSCP基于序列不同DNA单链片段的空间构象差异，其在非变性聚丙烯酰胺凝胶电泳中的位置不同，且表现出不同序列单链电泳迁移频率的差异，据此判断有无突变存在。对于一段DNA来说，其单链具有特定的空间构象，这种空间构象的形成与该段DNA的碱基序列有关，当这段DNA发生突变时，碱基序列发生变化，空间构象亦随之改变。研究发现，不同空间构象的DNA单链在中性聚丙烯酰胺凝胶电泳中的迁移速率不同，同一段单链DNA的这种空间构象变化及电泳迁移的改变即可说明其是否发生突变。因此，可用经PCR扩增的DNA片段变性成单链，然后在中性胶中电泳，即可检出有无突变，从而反映土壤样品中微生物的遗传多样性。SSCP的基本过程：①PCR扩增靶DNA；②将特异的PCR产物变性，而后快速复性，使之成为具有一定空间结构的单链DNA分子；③将适量的单链DNA进行非变性聚丙烯酰胺凝胶电泳；④最后通过放射自显影、银染或溴化乙锭显色分析结果。若发现单链 DNA 带迁移率与正常对照的相比发生改变，就可以判定该链构象发生改变，进而推断该 DNA 片段中有碱基突变。

材料准备：

1）仪器：电泳仪、高速离心机、恒温水浴锅、移液器、Dcode™基因突变检测系统和凝胶成像系统。

2）试剂：丙烯酰胺、甲叉双丙烯酰胺、去离子水、尿素、Tris、EDTA、冰乙酸、甲酰胺、溴酚蓝、石蜡油、溴化乙锭、1×TBE 缓冲液、2 g/L 的 $AgNO_3$ 溶液、SYBR Green Ⅰ核酸染料和 PCR 产物。

操作步骤：

1）制胶：按表 5－9 制备所需的聚丙烯酰胺胶液，将梳子插入模子，从梳子一端加入胶，当胶液快到梳齿时，使模子向加胶端倾斜，继续慢慢加胶，边加边放平模子以防止气泡形成，室温放置 1 h 使之凝固。然后拔掉梳子，顶部加入 1×TBE 缓冲液封闭。

表 5－9　DNA 片段长度使用的丙烯酰胺浓度

DNA 片段长度（核苷酸）	丙烯酰胺/($g \cdot L^{-1}$)	DNA 片段长度（核苷酸）	丙烯酰胺/($g \cdot L^{-1}$)
1 000～700 bp	35	500～200 bp	80
700～500 bp	50	200 bp	120

2）电泳：取 10 μL PCR 产物，加入 10 μL 变性剂（质量分数为 95% 的甲酰胺溶液，10 mmol/L EDTA，0.2 g/L 溴酚蓝）、30 μL 石蜡油，煮沸 5 min，取出立刻放入冰浴中 2 min 以上，然后将水相全部上样，10～15 ℃下电泳：开始在 300 V 电压下电泳 5 min，然后在 120 V 电泳 8 h。

3）取下凝胶，浸在含有 1/1 000 稀释度的 SYBR 核酸染料中染色 20 min，紫外灯下观察拍照。也可采用银染法：将 PAGE 板用去离子水洗 2 次，浸入质量分数为 10% 的乙醇和 0.5% 的冰乙酸混合溶液中固定 6 min，用去离子水洗 2 次，再浸入 2 g/L 的 $AgNO_3$ 溶液中 10 min；用去离子水洗 3～5 次，然后浸入 15 g/L 的 NaOH 和 4 g/L 的甲醛混合溶液中显色 7 min。最后，用 7.5 g/L 的 Na_2CO_3 溶液终止反应。

注意事项：

SSCP 是检测基因中点突变的一种快速、简便、灵敏的方法，可以检测各种点突变，包括短核苷酸序列的缺失或插入，可用于多个标本的筛查，成为基因诊断研究的一个有力工具。但应用时应注意以下问题：

1）重复性：一般 SSCP 图谱是两条单链 DNA 带，但有时某 DNA 片段可能只呈现一条 ssDNA 带，或者三条以上，这主要是由于两条单链 DNA 之间存在相似的立体构象。有时三条以上的 SSCP 图谱是由于野生型 DNA 片段和突变型 DNA 片段共同存在的结果。影响重复性的主要因素为电泳的电压和温度，这两个条件保持不变，SSCP 图谱可保持良好的重复性。

2）电压和温度：为了使单链 DNA 保持稳定的立体构象，SSCP 应在较低温度下（一般 10～15 ℃）进行。除环境温度外，电压过高也是引起电泳温度升高的主要原因，在没有冷却装置的电泳槽上进行 SSCP 时，开始 5 min 应用较高电压（250 V 以上），以后则用 100 V 左右电压，因为开始的高电压可以使不同立体构象的单链 DNA 初步分离，而凝胶的温度不会升高，随后的低电压电泳可以使之进一步分离。在实验中应根据具体条件确定电泳电压。

3）点突变位置：点突变在 DNA 和 RNA 中的位置对 SSCP 检测率的影响取决于该位置对维持立体构象作用的大小，而不是仅仅取决于点突变在 DNA 链上的位置。有研究认为，点突变在 DNA 链中部要比在近端容易被 SSCP 检测出来。

4）敏感性：SSCP 对小于 300 bp 的 DNA 片段敏感性达 90%～99%，一般认为随着 DNA 片段的增大，其敏感性降低。多数报道认为，扩增片段以100～200 bp 最为敏感。

5）结果判断：由于 SSCP 分析中非变性 PAGE 电泳不是根据单链 DNA 分子和带电量的大小来分离，而是以单链 DNA 片段空间构象的立体位阻大小来实现的，这种分离不能反映相对分子质量的大小。有时正常链和突变链的迁移率很接近，很难看出两者之间的差别。因此，一般要求电泳长度在 16 至 18 cm 以上，以检测限（指突变 DNA 片段与正常 DNA 片段可分辨的电泳距离差的最小值）为指标来判定结果，大于检测限则判定链的迁移率有改变，说明该 DNA 序列有变化，反之亦然。

5.4.2.4　核糖体基因间区分析（RISA）

16S～23S 的基因间区可能编码 tRNAs，在长度和核酸序列上都显示出高度的异质性，可以用来比较与不同土壤微环境密切相关的微生物群落结构的差异。RISA 就是利用 rRNA 转录间区（internal transcribed spacer，ITS）的长度特异性及其混合物在电泳图谱中的长度多态性进行微生物多样性和群落组成研究（Fisher and Triplett，1999）。

材料准备：

1）仪器：电泳仪、高速离心机、恒温水浴锅、移液器、ABI PRISM 310 型遗传分析仪和凝胶成像系统。

2）试剂：丙烯酰胺、甲叉双丙烯酰胺、去离子水、尿素、Tris、EDTA、冰乙酸、甲酰胺、溴酚蓝、石蜡油、溴化乙锭和 1×TBE 缓冲液，荧光标记的正向特异性引物，反向特异性引物，限制性内切酶等。

操作步骤：

1）PCR扩增：反应体系为50 μL，10×PCR缓冲液5 μL，2.5 mmol/L $MgCl_2$，牛血清清蛋白500 mg/mL，200 mmol/L dNTP，上下游引物各400 mmol/L，2.5 U *Taq* 聚合酶，大约350 ng模板DNA。引物为通用16S rRNA基因引物1406f(5′-TGYACACACCGCCCGT-3′)和细菌特异性23S rRNA的基因引物23Sr(5′-GGGTTBCCCCATTCGG-3′)，引物1406f的5′端用6-羧基二乙酸荧光素(FAM)标记。反应参数为94 ℃预变性2 min，94 ℃变性15 s，55 ℃退火15 s，72 ℃延伸45 s，30个循环，72 ℃延伸2 min。反应产物用10 g/L琼脂糖凝胶电泳检测。

2）片段分析：取PCR产物1～2 μL与20 μL甲酰胺、1 μL内标物LI20500混合后，于95 ℃保持2 min，冰上冷却2 min，然后放入ABI PRISM 310型遗传分析仪进行片段分析。

3）数据分析：所得数据用GeneScan软件分析Sorenson's指数。

$$Cs=\frac{2j}{a+b}$$

式中：j是A和B两个样品中相同片段的数量，a和b指A和B两个样品的片段总数。Cs值为成对相似性系数，为0暗示两个样品完全不同，为1暗示两个样品完全相同。

5.4.2.5　随机扩增多态性DNA分析(RAPD)

RAPD技术应用短的任意序列引物(通常10 bp)在非严格的条件下进行PCR，使得基因组的许多位点同时得以扩增，然后通过凝胶电泳分析PCR产物，检测基因多个位点的多态性。一些表型上不能反映的遗传物质的细微变化都可以通过RAPD技术显示出来。目前，RAPD技术已被广泛应用于物种多样性分类、基因鉴别和系统发育分析(Sharma *et al.*,2008)。

材料准备：

1）仪器：模板DNA，PCR仪，紫外凝胶成像系统，电泳槽，电泳仪，离心机等。

2）试剂：溴酚蓝，溴化乙锭，琼脂糖，*Taq* 酶，dNTP，随机引物等。

操作步骤：

1）DNA提取：RAPD对DNA提取的质量要求不是太高，一般通过酚和氯仿混合液即可提取。模板需要量少，5～25 ng就可观察到多态性条带。

2）PCR扩增：需要对反应混合物中各组分的浓度、变性时间、退火温度及时间、循环次数等一一进行摸索，以便找到最佳的反应体系。例如，有人曾采用25 μL反应体系，其中包括5 ng土壤DNA样品、20 pmol随机引物、1.5 U *Taq* 酶、3.0 mmol/L $MgCl_2$和0.2 mmol/L dNTP，反应缓冲液用Promega

配套产品。PCR 扩增反应进程如下：94 ℃预变性 3 min，然后 40 个循环，每个循环包括：94 ℃变性 1 min，36 ℃退火 40 s，72 ℃延伸 1.5 min，结束后 72 ℃再延伸 7 min，4 ℃保存。

3）琼脂糖凝胶电泳：扩增结束后，取 10 μL 扩增后的 DNA 样品，与适量的加样缓冲液于封口膜上混合，用 10 μL 移液器将样品加入样品孔内。盖上电泳槽盖，接通电源，在 18 g/L 的琼脂糖凝胶上电泳。当溴酚蓝泳动至整个凝胶片的 3/4 处时，停止电泳，取出凝胶，经染色后置凝胶成像系统下观察并拍照。

4）结果分析：利用 Labwork 凝胶分析系统及 Sicon Image 图像分析软件对 PCR 产物的电泳图谱进行分析。通过底片上的 RAPD 指纹信息，分析统计各处理 DNA 的 RAPD 条带数及条带的灰度(范围 0～255，0 为灰度最小，255 为灰度最大)。由于底片上 RAPD 条带的灰度与其含量呈比例关系，用条带灰度的大小来代替每个 RAPD 条带的扩增量，并计算群落 DNA 序列的多样性指数、丰富度指数及均匀度指数。

由于采用的是随机引物，每次扩增反应相当于对整个群落的 DNA 序列做一次随机取样，扩增的 RAPD 条带的数量可以代表群落 DNA 序列的丰富度指数(S)，这是以假设土壤微生物群落的 DNA 所扩增的 RAPD 条带对群落序列丰富度指数的计算等效为前提的，但实际是有差别的，需要对丰富度指数做一修正。如果一个试验包括 5 种处理的土样，在所有处理均能扩增的 RAPD 条带和只在其中几个处理扩增的条带对其丰富度指数的计算有所不同，需要对其做修正统计。5 种处理均扩增出的条带对丰富度指数贡献最小做 0 计，仅在一个群落中扩增的条带贡献最大做 1 计，而在二、三个群落扩增的条带则分别做 3/4 和 2/4 计。

群落 DNA 序列多样性可采用 Shannon－Weiner 指数及其均匀度指数来表示，Shannon－Weiner 指数及其均匀度指数由下式计算：

$$D_{sh} = -\sum P_i \ln P_i = -\sum\left(\frac{N_i}{N}\right)\ln\left(\frac{N_i}{N}\right),\quad J_{sh} = \frac{D_{sh}}{\ln S}$$

式中：D_{sh}为 Shannon－Weiner 指数，J_{sh}为均匀度指数，N_i 为第 i 个 RAPD 条带的扩增量，N 为 RAPD 条带的扩增总量($N=\sum N_i$)，S 为群落 DNA 序列丰富度指数，D_{sh}最小值为 0，最大值为 $\ln S$。

土壤微生物群落 DNA 序列的相似系数表示群落之间 DNA 序列差异的信息，计算如下：

$$S_{XY} = \frac{2N_{XY}}{N_X + N_Y}$$

式中：S_{XY}为土壤 X 和土壤 Y 之间的 DNA 序列相似系数，N_{XY}为土壤 X 和土壤

Y 共有的扩增条带，N_X 为土壤 X 扩增条带数，N_Y 为土壤 Y 扩增条带数。

5.4.2.6　扩增片段长度多态性分析(AFLP)

AFLP 是在 RFLP 和 RAPD 的基础上发展起来的一项 DNA 指纹技术，该方法同时结合了 RFLP 技术的可靠性、RAPD 的便捷性，被广泛应用于基因研究的各个领域。现已用于重要基因定位、遗传图谱构建、遗传多样性分析、分子标记辅助育种、生物系统分类及基因突变损伤检测等领域。AFLP 技术简单、稳定可靠、谱带丰富且清晰可辨。

基因组 DNA 先用限制性内切酶切割，一种是罕见内切酶，一种是常用内切酶，然后将双连接头连接到 DNA 片段的末端，接头序列和相邻的限制性位点序列作为引物结合位点进行 PCR 扩增，扩增产物在变性聚丙烯酰胺凝胶上电泳分离，通过放射性同位素、银染或荧光检测后可显示其多态性丰富的 DNA 指纹图谱。三个主要过程：①模板的制备。②片段的扩增。③聚丙烯酰胺变性胶电泳分离检测。引物的设计对 AFLP 的成功与否至关重要。引物的设计主要取决于人工接头的设计，接头为双链的寡核苷酸，其设计遵循随机引物的设计原则，应避免自身配对并具有合适的 G、C 含量(Vos *et al.*,1995)。

材料准备：

1）仪器：水浴锅，PCR 反应仪，高压电泳仪，测序电泳槽，微量移液器，X 线片。

2）试剂：5 × RL^+ 缓冲液，50 mmol/L Tris · HAc(pH7.5)，50 mmol/L $Mg(Ac)_2$，250 mmol/L KAc，25 mmol/L DTT，250 ng/mL BSA，*Eco*RⅠ(Pharmacia)，*Mse*Ⅰ(N. E. biolabs)，*Mse*Ⅰ接头，*Eco*RⅠ接头，10 mmol/L ATP，T4 DNA 连接酶，$\gamma^{32}P$ – ATP，T4 激酶(Pharmacia 10 U/μL)，10 × T4 缓冲液，250 mmol/L Tris · HCl (pH7.5)，10 mmol/L $MgCl_2$，50 mmol/L DTT，5 mmol/L 亚精胺(3HCl – form)，10 × PCR 缓冲液，*Taq* 聚合酶，5 mmol/L dNTP，TE 溶液，甲酰胺，EDTA(乙二胺四乙酸)，100 g/L 过硫酸铵，尿素，TEMED(*N*,*N*,*N*′,*N*′ – 四甲基乙二胺)，丙烯酰胺，*N*,*N*′ – 甲叉双丙烯酰胺,溴酚蓝。

操作步骤：

1）基因组 DNA 的酶切：0.1 ~ 0.5 μg DNA，5 单位 *Eco*R Ⅰ，5 单位 *Mse* Ⅰ，8 μL 5 × RL^+ 缓冲液，加无菌水至 40 μL，37 ℃保温 1 h 或 1 h 以上。

2）人工接头的连接：①*Mse* Ⅰ 接头。5′ – GACGATGAGTCCTGAG – 3′,3′ – TACTCAGGACTCAT – 5′。取 16 μg(约 3 000 pmol)上链(16 mer)和 14 μg(约 3 000 pmol)下链(14 mer)，并加无菌蒸馏水至 60 μL，这样便获得了浓度为 50 pmol/μL 的 *Mse* Ⅰ 接头。②*Eco*R Ⅰ 接头。5′ – biotine – CTCGTAGACTGCGTACC – 3′,3′ – CAT CTGACGCATGGTTAA – 5′。取 1.7 μg(约 300 pmol)上链(17 mer)和 1.8 μg(约 300 pmol)下链(18 mer)，并加无菌蒸馏水至 60 μL，

这样便获得了浓度为 5 pmol/μL 的生物素标记的 *Eco*R Ⅰ 接头。③连接体系。在上述基因组 DNA 酶切产物中加入 10 μL 下列混合物：1 μL *Eco*R Ⅰ 接头(5 pmol)，1.0 μL *Mse* Ⅰ 接头(50 pmol)，1 μL 10 mmol/L ATP，2 μL 5 × RL^+ 缓冲液，1 单位 T4 DNA 连接酶，加无菌蒸馏水至 10 μL，37 ℃保温3 h或以上。

3）生物素标记的 DNA 片段的选择：用 100 μL 2 × STEX 溶液清洗 10 μL 小珠，然后将小珠加到上述 DNA 溶液中使得其终体积为 100 μL。在室温中轻摇 30 min，使得生物素标记的 DNA 与小珠充分结合。用磁铁收集小珠，先用 100 μL 1 × STEX 清洗，然后用 100 μL STEX 溶液悬浮在一个新的小塑料管中。接着再用 100 μL STEX 清洗 2 次，最后使之悬浮在 200 μL TE 溶液中，4 ℃保存备用。

4）一步 AFLP：①引物的标记。10 μL $\gamma^{32}P$ – ATP(10 mCi/μL≈3 000 Ci/mmol,ATP 66 pmol)，5 μL 10 × T4 缓冲液，1 μL T4 激酶，14 μL H_2O，共 40 μL 含^{32}P 的反应混合物，之后加入 10 μL AFLP 引物(50 ng/μL)，37 ℃保温 30 min 或以上，最后 70 ℃10 min 使 T4 激酶失活。^{32}P 标记引物的终浓度为 10 ng/μL。② AFLP 反应混合物的制备。引物和 dNTPs 混合物(50 μL 用 10 次)——5 μL ^{32}P 标记的 AFLP 引物 1(10 ng/μL)、6 μL 未标记的 AFLP 引物 2(50 ng/μL)、8 μL 5 mmol/μL dNTPs、31 μL H_2O。*Taq* 聚合酶/缓冲液混合物(100 μL 用 10 次)——20 μL 10 × PCR 缓冲液、0. 8 μL *Taq* 聚合酶(5 U/μL, Perkin Elmer)、79. 2 μL H_2O。AFLP 反应混合物——5 μL 模板 DNA(从 200 μL 悬浮的小珠中吸取)、5 μL 引物/dNTP 混合物、10 μL *Taq* 聚合酶/缓冲液混合物。③PCR 扩增。94 ℃变性 30 s，65 ℃复性 30 s，72 ℃延伸 60 s。一个循环后，在循环数为 2 ~13 时，使复性的温度降低 0. 7 ℃，在循环数为 14 ~36 时，按下列条件进行 PCR 扩增：94 ℃变性 30 s，50 ℃复性 30 s，72 ℃延伸 60 s。

5）二步 AFLP：当引物选择碱基数为三个或以上，扩增反应分为两个步骤：预扩增和扩增。①预扩增(50 μL 用 10 次)——5 μL 未标记的 AFLP 引物 1(50 ng/μL)、6 μL 未标记的 AFLP 引物 2(50 ng/μL)、8 μL 5 mmol/L dNTPs、31 μL H_2O。*Taq* 聚合酶/缓冲液混合物(100 μL 用 10 次)——20 μL 10 × PCR 缓冲液、0. 8 μL *Taq* 聚合酶(5 U/μL)、79. 2 μL H_2O。PCR 反应物——5 μL 模板 DNA(从 200 mL 悬浮的小珠中吸取)、5 μL 引物/dNTP 混合物、10 μL *Taq* 聚合酶/缓冲液混合物。预扩增条件同一步法中③扩增反应。②扩增：预扩增的产物用 TE 溶液稀释 20 倍，取 5 mL 稀释进行 AFLP 反应，方法同一步法。

6）聚丙烯酰胺凝胶电泳分析：①5% 变性胶。在 100 mL 胶溶液(50 g/L

丙烯酰胺/N,N′－甲叉双丙烯酰胺(20∶1)、7.5 mol/L 尿素、0.5×TBE) 中加入 500 μL 100 g/L 过硫酸铵、100 μL TEMED 即可。②胶板及灌胶。灌胶后聚合 2 h 以上，备用。③样品。上述 AFLP 反应产物与 20 mL 等体积的甲酰胺溶液(质量分数为 98% 的甲酰胺溶液、10 mmol/L EDTA pH8.0、溴酚蓝、二甲苯蓝)混合，90 ℃ 3 min 后立即置于冰上冷却。④上样。每个样品上样量为 2 mL。⑤电泳。⑥X 线片曝光。

注意事项：

1）可以采用的限制性内切酶有多种，包括 *Eco*R Ⅰ、*Hin*d Ⅲ、*Pst* Ⅰ、*Bgl* Ⅱ、*Xba* Ⅰ、*Taq* Ⅰ、*Mse* Ⅰ等。由于真核生物中 A、T 的丰度较高，*Mse* Ⅰ(识别序列为 TTAA)比其他内切酶可以产生分布均匀的较小片段，因此是一种较理想的多切点酶。应用 *Eco*R Ⅰ或其他切点数较少的酶，效果相差不大，但 *Eco*R Ⅰ较便宜。

2）分析时要确保 DNA 完全酶切，当 DNA 不完全酶切时，反映的并不是真实的多态性，所以实验时 DNA 纯度及内切酶的质量要求较高。

3）AFLP 标记是典型的孟德尔方式遗传，大多数扩增片段与基因组的单一位置相对应，所以 AFLP 标记可用于作为遗传图谱和物理图谱的位标。

4）对模板浓度的变化不敏感，典型的 AFLP 分析每次反映的产物经变性 PAGE 胶电泳后测到的谱带在 50～100 条之间。

5）需要同位素或非同位素标记引物，必须具有放射性同位素操作的防护措施及配套设备。

6）是一项专利技术，分析试剂盒价格偏高，扩增产物可以通过银染法来检测。

5.4.2.7　末端限制性片段长度多态性分析(T－RFLP)

T－RFLP 是根据比较基因组学的原理选取一段具有系统标记特征的 DNA 序列作为目标分析序列。从原理上讲，微生物群落中任何具有特异性的 DNA 片段都可以作为目标分析序列，包括微生物核糖体小亚基(SSU)16S rRNA(原核生物)和 18S rRNA(真核生物)的基因序列；产甲烷古菌的编码甲基辅酶 M 还原酶的 *mcrA* 基因序列、编码氨单加氧酶的 *amoA* 基因序列等等。由于微生物 16S rRNA 和 18S rRNA 在系统分类学和进化研究中的特殊地位，16S rRNA 和 18S rRNA 是最常用的微生物群落结构与系统进化分析对象，但是微生物功能基因的特异性保守序列也日益得到重视和被广泛采用。

利用 T－RFLP 分析微生物群落时，首先根据微生物群落的特点以及分析目的确定目标 DNA 片段，根据目标基因序列上的保守区域设计一对合适的引物，其中一个引物的 5′末端用荧光物质标记，常用荧光物质有 HEX、TET、6－FAM 等。提取土壤样品微生物群落的总 DNA，以其为模板进行 PCR 扩增，所得到的 PCR 产物的一端就带有这种荧光标记，然后将 PCR 产物用合适的限制性内切酶进行消化，一般选用酶切位点为 4 bp 的限制性内切酶。由于在不同细菌的扩增片段内存在核苷酸序列的差异，酶切位点就会存在差异，酶切后就会产生很多不同长度的限制性片段。消化产物用自动测序仪进行测定，只有末端带有荧光性标记的片段(terminal restriction fragment,T－RF)或者称为操作分类单元(operational taxonomic unit,OTU)才能被检测到。因为不同长度的末端限制性片段必然代表不同的细菌，通过检测这些末端标记的片段就可以反映微生物群落组成情况。这种方法还可以进行定量分析，在基因扫描图谱上，每个峰面积占总峰面积的百分数代表这个末端限制性片段的相对数量(Lukow *et al.*, 2000;余素林等,2006)。

材料准备：

1）仪器：电泳仪、高速离心机、恒温水浴锅、移液器、ABI PRISM 310 型遗传分析仪、凝胶成像系统。

2）试剂：丙烯酰胺、甲叉双丙烯酰胺、去离子水、尿素、Tris 、EDTA、冰乙酸、甲酰胺、溴酚蓝、石蜡油、溴化乙锭、1×TBE 缓冲液、荧光标记的特异性正向引物、特异性反向引物、限制性内切酶等。

操作步骤：

1）提取 DNA，设计 1～2 对通用引物(主要根据 16S rRNA 的基因)进行 PCR 扩增(正向引物 5′端荧光标记)，纯化产物。

2）取 2 μL 扩增产物，加入 1 μL *Hae*Ⅲ、2 μL 缓冲液和 15 μL 无菌超纯水，使反应体系为 20 μL，37 ℃酶切 1 h，每组酶切产物中只有一条片段末端标记了荧光。

3）将 2 μL 酶切产物、12 μL 甲酰胺、0.4 μL 内标物 LⅠ2－500 混合后，95 ℃保持 2 min，冰上冷却 5 min，然后放入 ABI PRISM 310 型遗传分析仪进行片段分析。

4）结果分析：峰对应的横坐标代表了 T－RF 的片段长度，是根据该 T－RF 与标准样品中长度已知的 DNA 片段在电泳中的位置进行比较后计算得到的；峰对应的纵坐标代表含有荧光物质 T－RF 的荧光强度的总和。每个峰可以作为一个 OTU 来进行分析，那么 T－RFLP 图谱中就包含以下信息：

(a) 物种丰度(richness)：S＝显著峰的总数，粗略认为每个峰对应一个不同物种。

(b) 多样性指数：通过以上 T－RFLP 图谱，可以计算 Shannon－Weiner 指数：$H = -\sum p_i \ln p_i$ 或 Simpson 指数 $D = 1 - \sum p_i^2$，其中 p_i 表示某个峰的峰高占总峰高的比例。

(c) 物种均匀度(evenness)：$E = \frac{H'}{H_{max}}$，其中 $H_{max} = \ln S$。

土壤微生物群落通常都非常复杂，具有很高的多样性，表现在 T-RFLP 图谱上就是具有数量相当多的显著峰，一般用人工或简单直观的方法来进行数据解析极为困难。因此，T-RFLP 图谱的准确分析要利用一些统计学方法和生物数学中的许多专门算法，这些算法包括：冗余分析(redundancy analysis)、聚类分析(cluster analysis)、自组织神经网络分析(self-organizing map neural networks,SOMs)和主成分分析(principal component analysis,PCA)等等，而具体的运算可以用一些专门的商业软件来完成。

局限性：

1) T-RFLP 是基于 PCR 扩增技术，摆脱不了这类技术共同的缺陷，例如群落中不同菌种 DNA 的差异性扩增，以及目标 DNA 在菌种间拷贝数的差异等，造成分析结果难以准确反映自然群落的多样性以及物种间的相对丰度信息。

2) 该指纹印记技术只检测带荧光标记的末端限制性片段，从理论上讲，T-RFLP 图谱中每个 T-RF 有可能不只对应一个菌种，这样造成对群落多样性的低估。

3) 酶切后 T-RF 的长度分布也会造成对复杂群落多样性的低估，因为测序仪检测 500 bp 以上的 T-RF 精度不够，对于更长的片段，检测分辨率明显下降。

4) 实验过程影响因素众多，使得 T-RFLP 图谱的解析存在一定的不确定性，比如 DNA 提取方法、PCR 中的参数设置及限制性内切酶等的选择都可能直接对最终的 T-RFLP 图谱产生影响。

第6章　土壤微生物过程的分析

土壤是自然界物质循环的重要基地，而土壤微生物是土壤中物质转化(如氨化作用、硝化作用、反硝化作用、固氮作用、纤维素分解作用、腐殖质分解和合成作用，以及磷、硫、铁等元素的转化等)的动力，同时又以自己的生命活动产物来丰富土壤有机部分，于是土壤中的矿物质、有机质和生物构成了特殊的无机-有机-生物复合体。因为土壤生物化学反应主要是酶促反应，所以了解土壤微生物的活动状况以及土壤酶活性具有一定的生产实践指导意义。近来，土壤微生物作用下的生物化学过程强度和酶活性研究日益受到重视，研究手段和技术设备亦不断改进，虽不尽完善，但仍可以表征出土壤中所进行的生物化学过程的相对强度。

6.1　土壤碳转化作用

6.1.1　土壤呼吸作用

土壤呼吸是通过土壤微生物对凋落物和土壤有机质的分解以及土壤动物与植物根系的呼吸，从土壤中释放 CO_2 的生态系统过程。土壤呼吸作用是土壤中能够产生 CO_2 的所有代谢活性的总和，一般以微生物的呼吸作用(CO_2 的释放量为强度指标)来衡量土壤微生物的总体活性。土壤呼吸作用发生的 CO_2，可用电导法、比色法、容量法、质量法、比浊法、滴定法、仪器分析法、检压法和气体分析法进行测定。这里重点介绍容量法和气相色谱法。

6.1.1.1　密闭静置培养法

基本原理：利用一定浓度的 KOH(或 NaOH)溶液吸收土壤呼吸作用释放出的 CO_2，根据 KOH 溶液的消耗量计算出 CO_2 的含量。其主要反应式如下：

$$CO_2 + 2KOH \longrightarrow K_2CO_3 + H_2O$$

$$K_2CO_3 + KOH + 2HCl \longrightarrow KHCO_3 + 2KCl + H_2O\ (pH8.3)$$

$$KHCO_3 + HCl \longrightarrow KCl + H_2CO_3\ (pH3.8)$$

主要试剂：1 mol/L KOH、2 mol/L $BaCl_2$、0.05 mol/L HCl、5 g/L 的酚酞溶液（称酚酞 0.5 g 溶于 100 mL 质量分数为 95% 的乙醇溶液中）。

操作步骤：实验装置如图 6-1 所示。

1）称 50 g 土（I）于 250 mL 的锥形瓶（H）中，将土壤加水湿润到最大持水量的 70%。锥形瓶口塞有橡皮塞，其中央装有一只烧碱石棉过滤器（F），滤器装有橡皮塞（K）和旋塞（G）。

2）锥形瓶旁熔接有一只 50 mL 圆底试管（C），试管用橡皮塞塞紧，塞子上穿过一根口径 15 mm、长 15 cm 的注射针（B）。在针（B）的一端套上一只橡皮帽（A），于针尖套上一段不长的聚氯乙烯管（E），该管要能达到侧管（C）圆底的最底部。

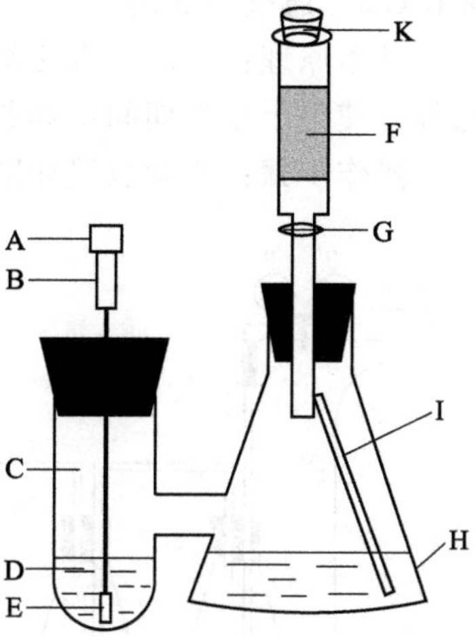

图 6-1　土壤呼吸作用密闭静置培养装置

3）取下橡皮帽换上盛有 0.1 mol/L KOH 溶液的刻度注射器，拔出滤器上的橡皮塞（K），打开旋塞（G），通过注射针（B）将 10 mL 0.1 mol/L 碱液（D）注入试管（C），关闭旋塞（G），拔掉注射器，然后将橡皮帽（A）和滤器上的橡皮塞（K）重新放回原来的位置上。

4）培育过程中土壤产生的 CO_2 便吸收在碱液中，取样分析时，与加液相反的步骤取回碱液，测定其中吸收的 CO_2，同时设不加土壤的对照。

5）用不含 CO_2 的蒸馏水洗涤试管（C），将取出的 KOH 溶液与洗涤水合并置于 50 mL 的三角瓶中，瓶内先放入 1 mL 2 mol/L $BaCl_2$ 溶液，以酚酞溶液作指示剂，用 0.05 mol/L HCl 滴定剩余的 KOH，滴定终点刚好由微红变为无色。

结果计算：

1）碱吸收液中的 H_2CO_3 量（m）= 碱浓度 × 加碱量 − 酸浓度 × 滴定耗酸量。

2）H_2CO_3 量中的 CO_2 量（m'）$= \frac{m \times 44}{62}$（g）。

3）将 m' 换算成体积（V）$= \frac{m'}{44} \times 22.4 \times 1\,000$（mL）。

4）产生的 CO_2 净量 $= V - V_{CK}$。

注意事项：

须使备用的碱液和洗涤用水不混杂 CO_2，宜将二者储存在一只始终装有烧碱石棉滤器和注射针的大玻璃瓶里。采用这种装置，就可在较长时间里间隔一定时间测定土壤释放的 CO_2 量，而不受空气中 CO_2 的干扰。可是本法在长期培养中，会造成饱和 CO_2 分压，使 CO_2 的释放受阻，甚至停滞，测定值偏低。需作长期培养时，建议采用下面介绍的方法。

6.1.1.2 通气培养法

基本原理：与前一方法基本相同，不同的是在土壤培育过程需要连续不断通气，使整个培养期间培养瓶内的含氧量保持相对稳定的水平。

操作步骤：实验装置如图 6－2 所示。

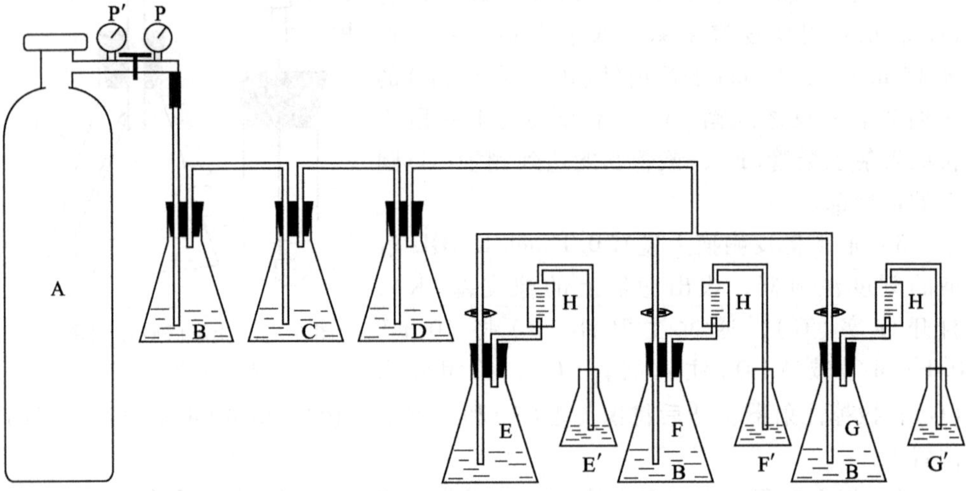

图 6－2 土壤呼吸作用通气培养装置

1）通过气体钢瓶向各培养瓶供应均匀而连续的空气，可用微型玻璃转子气体流量计控制。

2）在压缩气钢瓶（A）和培养瓶（E、F、G）之间依次装有高压表（P′）、减压阀、低压表（P），以及一连串的洗气瓶，这些瓶内装有 1 mol/L NaOH（B 和 C），用来去除空气中的 CO_2；还装有新近煮沸的去 CO_2 蒸馏水（D），使得无 CO_2 的空气进入培养瓶之前有一定的湿度。

3）按试验要求在培养瓶内土样中加入不同浓度的农药或葡萄糖（培养瓶内也可盛不同类型的土壤），并调节水分至土壤最大持水量的 60%。称量土、水、瓶的总重，以便按试验需要定期补足损耗的水分。

4）将培养瓶内发生的 CO_2 吸收在另一只盛有一定量标准浓度 KOH 溶液和指示剂的 50 mL 三角瓶（E′、F′、G′）里，按要求定期取出三角瓶进行测定。此时通气不要停止，以防空气中 CO_2 进入土样瓶内。

5）CO_2 的测定步骤、所用试剂以及结果的计算与前一方法相同。

6.1.1.3　气相色谱法

密封在注射器(或气瓶、气袋等容器)内的气体样品可用气相色谱仪分析其 CO_2 或 O_2(或其他痕量气体)浓度，因为该法可以分离样品中的各种成分，当气体样品注入气流中后，流经填充柱或开管柱(如不锈钢聚苯乙烯 - N 柱)，有一个热导检测器(超声检测器更敏感)垂直串联安装在柱子上，根据气体样品中不同分子成分流动速度的快慢不同，按一定顺序离开色谱柱，即达到分离的目的。

实验培养装置如图 6 - 3 所示，盖子上装有橡胶塞以便用注射器取样。在培养规定时间(24 h)后，用注射器从装置顶端气垫中间抽出气体样品，再将注射器插入到气相色谱的注射口内，同时用手压住注射器的活塞以抵消气相色谱内的压力，整个注射过程要快，迅速压下活塞以拉回注射器的针头。通过比较样品与标准气的总峰面积，将检测器放入的输出(mV)转换成土壤 CO_2 浓度。一般情况下，抽出的气体样品也可储存于先行抽真空的小气瓶或小气袋中，一批样品集中测定。

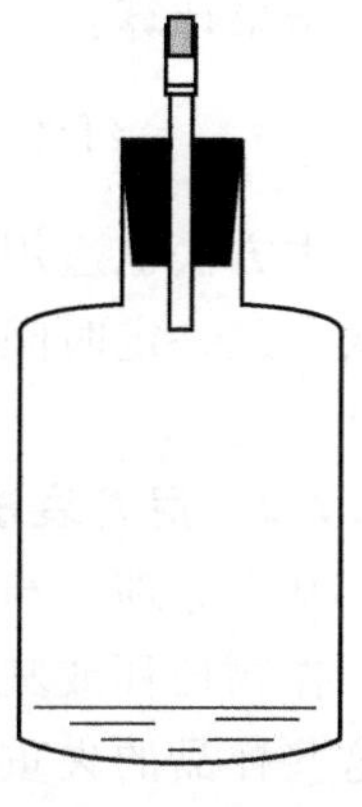

图 6 - 3　土壤呼吸作用的抽气培养装置

与其他方法相比，气相色谱法可能会低估土壤呼吸速率达 45% (Knoepp and Vose, 2002)。测量持续时间也会显著影响呼吸速率，因为土壤释放的 CO_2 会随气室内 CO_2 浓度增加而降低。当测量时间从 10 min 增加到 30 min 时，粗沙和细沙土壤 CO_2 通量被低估 15%，湿细沙被低估 10% (Pumpanen *et al.*, 2004)。气相色谱法的最大优点是一个气体样品能同时测量几种气体成分，如 CH_4、CO_2 和 NO_x。

6.1.2　纤维素分解作用

自然界中存在大量纤维素，它是组成植物组织的主要成分。土壤中植物残体的分解，主要是由微生物进行的。分解纤维素的微生物有好氧的和厌氧的，但主要还是由好氧细菌进行，这些分解纤维素的微生物对纤维素的分解作用应视为自然界碳素循环的基础。

6.1.2.1　埋布片法

基本原理：将已知质量的布片埋于土壤中，经过一段时间，由于土壤中纤维素分解菌的作用，布条的质量减轻了，由单位时间布片失去的质量计算出土壤的纤维素分解作用强度。

实验材料：布条，1 g/L 的 H_2SO_4 溶液。

操作步骤：

1）埋片的处理：将白布剪成 7 cm × 3 cm 大小的布条，置于 1 g/L 的 H_2SO_4 溶液中，煮沸，直至布条与碘液不呈蓝色反应为止（表明布条上淀粉已除净）；取出布条用水洗去多余的酸，用铅笔标上号码，烘干，称重，备用。

2）将 100 g 新鲜土壤分为两份，先将 1 份放于培养皿（直径 9 cm）中，然后将称过质量的布条平铺其上（勿使重叠），再将另一份土壤置于其上，盖上皿盖，于 28℃恒温箱中培养。

3）10 d 后取出布条，仔细洗去附着的土粒，烘干，称重。

结果计算：

$$纤维素分解强度 = \frac{布条原重 - 培养后布条重}{布条原重} \times 100\%$$

本方法也适用于田间测定。将已知质量的布条按试验要求埋入土壤的不同层次，经一定时间后，取出布条按上述方法求出田间条件下的纤维素分解作用强度。

6.1.2.2 尼龙袋法

基本原理：与前法相似，所不同处在于供试样品系采自自然环境的枯枝落叶、作物秸秆或其他待研究的新鲜植物组织，将它们装于尼龙袋埋入土中。根据这些样品的失重，求得纤维素分解作用强度。此法适于不同生态系统中碳素转化研究。

实验材料：特制的网、尼龙袋。

操作步骤：

1）将特制的网悬挂在森林的近地面处，收集自然落下的枯枝落叶，经风干至含水量为 10%~12%；或收集根据研究目的而采用的作物秸秆或其他类型的植物组织。

2）称取这些植物组织样品若干克放入尼龙袋，将袋固定并分布在供研究的土壤范围内。

3）按要求的时间（如六周）后从土壤中取出尼龙袋，在清除矿物质和可见动物之后，测定袋内含物的干重。根据干重损失量计算纤维素分解作用强度。

6.1.3 土壤产甲烷作用

基本原理：在自然界的许多厌氧环境中，如水田土壤、湿地、湖底及沼气池等生境中都存在产甲烷菌，它们和发酵性细菌、产氢产乙酸细菌、同型产乙酸细菌一起，可将有机物质转化为 CH_4 和 CO_2。通过气相色谱法测定甲烷气体含量，可以了解淹水土壤产甲烷活性。

材料试剂：水田土壤、标准甲烷气体、产甲烷菌培养基（配方详见附录）、血清瓶、微量注射器、气相色谱仪（附氢焰检测器或热导检测器）。

操作步骤：

1）称取15 g新鲜土壤放入装有30 mL产甲烷菌培养基的血清瓶中，应注意在打开血清瓶上的异丁基胶塞时要立即充无氧 N_2，不使外界的空气进入血清瓶内。盖好胶塞，35 ℃培养4～15 d，培养时间取决于样品中产甲烷菌数量和活性。培养结束后，用1 mL气密性好的注射器从血清瓶中抽取0.5 mL气样，用气相色谱仪测定。

2）在同样条件下用已知不同浓度的标准甲烷气体注入气相色谱仪，出峰后测量峰高或峰面积，绘制标准曲线。然后根据样品的峰高或峰面积，对照标准曲线求出甲烷气体的含量。

结果计算：

$$产甲烷活性=\frac{甲烷含量\times 气相体积\times 10^6}{22.4\times 干土重\times 培养天数}，单位\ \mu mol/(g\cdot d)$$

6.2　土壤氮转化作用

6.2.1　土壤氮素矿化作用

土壤中的含氮有机物主要有蛋白质、多肽、氨基酸、氨基糖、尿素、核酸中的嘌呤、嘧啶碱基等，植物无法直接利用这些含氮有机物中的氮素，必须先经过微生物分解之后才能吸收。土壤有机态氮向无机态氮的转化称为矿化作用。

6.2.1.1　土壤氨化作用

微生物分解含氮有机物产生氨的生化过程叫做氨化作用。

（1）土壤培养法

基本原理：加入一定量的蛋白胨于土壤中，培育后因氨化微生物分解释放的氨，用康维(Conway)微量扩散分析法或蒸馏滴定法测定其含量(有条件的话,用自动分析仪测定)，以土壤中氨的量表示土壤氨化作用强度。

试剂配制：

1）加有混合指示剂的20 g/L的硼酸溶液(即吸收剂)：称取特级硼酸20 g，溶于200 mL质量分数为98%的乙醇溶液和700 mL蒸馏水中。称取溴甲酚绿0.033 g和甲基红0.066 g溶于100 mL质量分数为98%的乙醇溶液，制成混合指示剂。加20 mL混合指示剂于上述溶液中，充分混合后，用0.05 mol/L NaOH调节到溶液呈紫红色，pH约5.0，用蒸馏水稀释到1 L，摇匀备用。

2）0.002 5 mol/L H_2SO_4 标准溶液：按常规方法配制0.05 mol/L H_2SO_4 标准溶液，用前再准确稀释到0.002 5 mol/L。

3）120 g/L 的 MgO 悬浊液（碱性试剂）：称取经 500～600 ℃灼烧过的 MgO 12 g，放入 100 mL 蒸馏水中（摇匀后使用）。

4）阿拉伯胶溶液：阿拉伯胶（称取 10 g 粉状阿拉伯胶，溶于 15 mL 蒸馏水中）∶甘油∶饱和 K_2CO_3 =10∶10∶5 混合即成（最好放置在盛有浓 H_2SO_4 的干燥器中，以除去氨）。

操作步骤：

1）称过 2 mm 筛的新鲜土样 10～15 g，置入 50～200 mL 的三角瓶或广口瓶中。

2）按 20 g/L 的浓度标准加入蛋白胨（或加蛋白胨溶液）。若在湿润状态培育，其含水量调节到最大持水量的 50%～60%；若在淹水状态培育，则土表有 1～3 cm 厚的水层。

3）用聚乙烯薄膜或橡皮塞封闭容器口，置恒温室培养。

4）按试验要求定期取出几瓶土样，用下述方法分析其中的氨。

① 分析前样品按水∶土 =5∶1（或 10∶1）的量加入 1 mol/L KCl 溶液，于振荡机上浸提 1 h，过滤，取滤液用康维微量扩散分析法测定氨。可采用普通扩散皿或甲基丙烯树脂制康维微量分析装置。

② 用移液管准确吸取氨态氮含量在 100 μg 以下的待测液 1～5 mL 入康维皿的外室（成滴状，不要散及全室）。

③ 再用微量吸管吸取吸收剂 1 mL 入内室（需全面摊开）。

④ 皿的外缘上涂好阿拉伯胶水，把新配成的 MgO 悬浊液搅匀，用吸管吸收 3 mL 加入外室（不要与待测液相遇），立即盖好皿盖，沿水平位置轻轻地旋转摇动，使外室中的溶液充分混合，并用橡皮筋扎好。

⑤ 将康维皿置于 25～30 ℃恒温箱内培养，待氨扩散完毕（24～36 h）后取出。取下皿盖上的橡皮筋，轻轻除去皿盖，内室加蒸馏水 1 mL（滴定值在 1 mL 左右者可免加），用微量滴定管以 0.002 5 mol/L H_2SO_4 滴定。

⑥ 上述测定中，至少设置试剂空白 3 个，应先滴定空白，然后以空白的终点颜色为标准滴定样品，样品滴定值减去空白值即为待测液的实际值。

1 mL 0.002 5 mol/L H_2SO_4 标准溶液对应于 70.04 μg 的 NH_4^+ – N。

（2）土壤悬液法

基本原理：用一定质量土壤接种到含有机氮的液体培养基中，经培养过程中氨化菌的作用，有机氮转化为氨，用半微量蒸馏法测定培养液中增加的氨量，作为土壤氨化作用强度指标。

试剂配制：120 g/L 的 MgO 悬浊液（与前述扩散法的配制相同）、液状石蜡油（化学纯）、20 g/L 的硼酸 – 混合指示剂（与前述扩散法的配制相同）、0.01 mol/L HCl 标准溶液、氨化菌培养液（详见附录牛肉膏蛋白胨培养液）。

操作步骤：

1）在 10 mL 氨化菌培养液中接 10^{-1} 土壤悬液 1 mL，28 ℃培养 48 h，取出过滤。

2）取滤液 5 mL，从半微量定氮蒸馏装置的小漏斗处注入装置的蒸馏瓶中，再用注射器加入 MgO 悬浊液 10 mL、液状石蜡油 1 mL，用水洗漏斗，使蒸馏瓶内体积达 40 mL 左右。

3）将盛有 5 mL 硼酸－混合指示剂溶液的 100 mL 三角瓶置于冷凝器的承接管下端，通蒸汽蒸馏 5 min 后，取下硼酸吸收液的三角瓶，用 0.01 mol/L 标准 HCl 溶液滴定至由绿色变为粉红色。

结果计算：

$$NH_4^+ - N = \frac{\text{消耗标准盐酸体积} \times \text{标准盐酸摩尔浓度} \times 14}{\text{取液量}}，\text{单位 mg/L}$$

6.2.1.2　土壤氮素净矿化作用

基本原理：土壤净的氮矿化作用是土壤总的氮矿化作用和微生物对氮的固定作用之差，可以通过测定单位时间内土壤无机氮含量的变化来估算。

材料试剂：100 mL 烧杯、聚乙烯薄膜（$<40\ \mu m$ 厚）、2 mol/L KCl、测定无机氮所需试剂。

操作步骤：

1）供试土壤的处理：田间采得土样后装于聚乙烯袋，带回实验室后低温保存（2～5℃）并尽快进行土样处理并过 4 mm 筛。

2）培养：称取 2 份相当于 10 g 干土量的土样，装于 100 mL 烧杯中。其中一份立即用 50 mL 2 mol/L KCl 提取和过滤。另一份用聚乙烯薄膜覆盖（减少水分丢失但保持气体交换）并在 25 ℃下黑暗中培养，土壤水分丢失用去离子水或蒸馏水补充到最初的含水量。28 d 后，加 50 mL 2 mol/L KCl 提取和过滤。

3）测定：连续蒸馏法定量分析（见 6.2.1.1）或氮素自动分析仪测定 $NH_4^+ - N$ 和（$NO_3^- + NO_2^-$）－N 含量。

结果计算：

$$\text{净矿化作用} = (NH_4^+ - N + NO_3^- - N + NO_2^- - N)_t - (NH_4^+ - N + NO_3^- - N + NO_2^- - N)_0$$

6.2.1.3　土壤氮素总矿化作用

土壤总的氮矿化作用是土壤实际的氮矿化作用。目前有 ^{15}N 自然丰度技术、^{15}N 示踪技术、^{15}N 稀释技术等 3 种技术可用来研究总的氮矿化作用，这里只介绍使用较好的 ^{15}N 稀释技术。

基本原理：土壤中加入 $^{15}NH_4^+$ 后进行培养，由于有机氮的矿化作用，$^{15}NH_4^+$ 不断被矿化出来的 $^{14}NH_4^+$ 稀释，根据单位时间的 $^{15}NH_4^+$ 稀释率可以估算出总的氮矿化作用。

材料试剂：1 mL 注射器、土样采集器(直径 >4 cm,深度 <15 cm)、^{15}N 标记的$(NH_4)_2SO_4$ 溶液(N 浓度大约为 30 mg/L,^{15}N 高度富集——例如 99%)、2 mol/L KCl、测定无机氮所需试剂、测定^{15}N 丰度的质谱仪。

操作步骤：

1）土壤收集：用土样采集器按一定宽度和深度采集 2 份原状土样，并在上下两端盖上盖子，置于阴凉处。

2）^{15}N 注射：把原状土柱倒置，取下上面的盖子，向土柱中插入注射针(针头里预先放入不锈钢金属线以免土粒堵塞针头)，直到针头距离土样的另外一端 1 cm 之内。用注射器吸取 1 mL ^{15}N 标记的$(NH_4)_2SO_4$ 溶液，然后把注射器和针头连接起来(之前从针头里取出金属线)。小心推进注射器，并慢慢地把注射器和针头向外拔，直到所有的$(NH_4)_2SO_4$ 溶液被加到土壤中去。重复这个步骤使 6 mL$(NH_4)_2SO_4$ 溶液被均匀地注射到原状土柱中去。这个方法可以使^{15}N 标记基本上均匀地分布在 4 cm ×9 cm 的土柱中。若是更大的土柱则需要注射更多^{15}N 标记物。

3）田间培养：把一份^{15}N 标记物原状土柱转正并重新埋到土里，培养 1 ~ 3 d。另一份土柱则在塑料袋里混合均匀。称取 15 g 土样加入 75 mL KCl 振荡，提取，过滤。被埋的土柱培养结束后，用相同的方法振荡，提取，过滤。提取液用来分析无机氮和^{15}N 富集原子百分数。

4）测定：连续蒸馏法定量分析(见 6.2.1.1)或自动分析仪测定 NH_4^+-N 含量。^{15}N 丰度用质谱仪测定。

结果计算：

$$\text{总的矿化作用} = \frac{[NH_4^+]_0 - [NH_4^+]_t}{t} \times \frac{\log\left(\dfrac{APE_0}{APE_t}\right)}{\log\left(\dfrac{[NH_4^+]_0}{[NH_4^+]_t}\right)}$$

式中：t 为培养时间(d)；APE_0 为初始 NH_4^+ 库^{15}N 过剩原子百分数；APE_t 为 t 天时 NH_4^+ 库^{15}N 过剩原子百分数；APE 为一个氮库中^{15}N 添加前后的^{15}N 原子百分数之差；$[NH_4^+]_0$ 为 0 天时 NH_4^+ 总浓度(mg/kg)；$[NH_4^+]_t$ 为 t 天时 NH_4^+ 总浓度(mg/kg)；^{15}N 原子丰度 = $^{15}N/(^{14}N + ^{15}N)$摩尔比例 ×100%。

6.2.2 土壤硝化作用

施入土壤的铵态肥料以及土壤中有机物产生的氨，常有一部分或大部分被氧化成硝酸。这种作用称为硝化作用。硝化作用包括由氨转化为亚硝酸和由亚硝酸转化为硝酸的两个连续过程，其相应参与的微生物分别为氨氧化细菌(亚硝化细菌,*Nitrosobacteria*)和硝酸化细菌(*Nitrobacteria*)，总称硝化细菌。由硝化细菌引起的硝化作用是自然界氮素循环中微生物作用的重要环节之一，与氮素的有效利用甚为相关；关于因硝化作用引起的环境污染问题，亦日益受到研究者们的重视，因此测定硝化作用有重要意义。

6.2.2.1　土壤培养法

基本原理：根据定量的铵态肥料在土壤中转化为 NO_3^- - N 或（NO_3^- + NO_2^-）- N 占总矿态氮的百分率来估计土壤中的硝化作用强度，反映的是土壤硝化潜力。

主要试剂：

1）20 g/L 的硼酸 - 混合指示剂：与前述扩散吸收法的配制相同。

2）10 mol/L NaOH 溶液：称取 400 g 化学纯 NaOH 于烧杯中，加水溶解并冷却后稀释至 1 L，储于塑料瓶中保存。

3）锌 - $FeSO_4$ 还原剂：将化学纯 $FeSO_4 \cdot 7H_2O$ 50 g 和锌粉 10 g 共同磨细（或分别磨细，分别保存，此粉剂数年不变质，用时按比例混合），通过 0.25 mm 筛，盛于棕色瓶中备用（易氧化，只能保存一星期）。

4）0.01 mol/L HCl 标准溶液。

操作步骤：

1）供试土壤的处理：采得土样后立即通过 2 mm 筛，装于乙烯袋或用乙烯薄膜覆盖的瓶内，储存于阴冷处。当土壤太湿过筛有困难时，可摊开阴干（但不宜过干至发白），然后过筛。

2）培养：称取相当于 20 g 干土量的样土，装于大小适当的容器内（50 ~ 100 mL 广口瓶或三角瓶），每只瓶中按 100 g 干土 25 mg N 的比例加入 $(NH_4)_2SO_4$ 溶液。根据试验目的，调节土壤湿度（或淹水或持水量的 60%）。同时设置不加 $(NH_4)_2SO_4$ 的对照处理（或加等量的 Na_2SO_4）。然后立即用乙烯薄膜盖好瓶口，30 ℃恒温培养。培养 0、3、6、9、14、21、28 d 时，分别取出 3 ~ 4 瓶测定其 NH_4^+ - N 和（NO_3^- + NO_2^-）- N 含量。分析时应取全瓶土样，以减少误差。为消除瓶间差异，各瓶土壤应均一处理，并尽量做到试验条件一致。

3）测定：传统方法如下，有条件的情况下建议使用流动分析仪直接测定。

① 用 200 mL 1 mol/L KCl 溶液（pH7.0）将瓶内样土全部洗到 500 mL 三角瓶内，振荡浸提 30 min，过滤。

② 取滤液若干 mL。用连续蒸馏法定量分析其中的 NH_4^+ - N 和（NO_3^- + NO_2^-）- N，即按前述方法先蒸馏其中的 NH_4^+ - N，再用同一份剩余蒸馏液中加入 1.2 g 锌 - $FeSO_4$ 还原剂，使蒸馏液中的（NO_3^- + NO_2^-）- N 还原为 NH_4^+ - N，另取一份 20 g/L 硼酸吸收液，吸收再蒸馏时产生的氨。

③ 用0.01 mol/L HCl分别滴定两份吸收液中的氨量，按前述方法计算其含量。

$$NH_4^+ - N = \frac{(V - V_0) \times c \times 14}{\text{干土重}} \times 1\,000，\text{单位 mg/kg}$$

式中：V 为滴定样品消耗标准盐酸的体积(mL)；V_0 为滴定空白消耗标准盐酸的体积(mL)；c 为标准盐酸的摩尔浓度；14为1 mmol氮的质量(mg)。

结果计算：

$$\text{硝化率} = \frac{(NO_3^- + NO_2^-) - N}{\text{矿态氮总量}} \times 100\%$$

在土壤培养法中，为了消除土壤硝化作用的停滞阶段，以求符合田间氮素代谢的实际情况，需制备富集了硝化细菌的土壤，即在供试土壤中按每100 g干土20 mg N的浓度标准添加尿素(必要时再加P、K、Mg)，充分混匀，调节pH和水分后，装入塑料袋内，28～30 ℃恒温培养三周。培养结束后，移入大型瓷漏斗内，用蒸馏水淋洗去除产生出来的硝酸，反复操作2～3次，在多数情况下，即可得到硝化细菌饱和的土壤。最后，在瓷漏斗上(注意不使表面过干)抽气通风一昼夜，去除剩余水分，通过2 mm筛，供培养用。

6.2.2.2 土壤悬液法

基本原理：将一定量土壤悬液接种到硝酸化细菌培养基中，由于土壤中硝酸化细菌的作用，使亚硝酸氧化成硝酸。用培养基中亚硝酸的消失量占原始培养基中亚硝酸含量的百分率作为硝酸化作用强度指标。

材料试剂：

1）硝酸化细菌培养基：详见附录硝酸化细菌培养基。

2）格利斯试剂：①对氨基苯磺酸试剂：溶解0.6 g对氨基苯磺酸于70 mL沸蒸馏水中，冷却后加入20 mL浓盐酸，然后稀释成100 mL，储于棕色瓶中，保存于冷处备用。②α-萘胺试剂：溶解0.6 g α-萘胺于含1 mL浓盐酸的蒸馏水中，然后稀释至100 mL，储于棕色瓶中，保存于冷处备用。

3）亚硝酸根标准溶液：称取1.500 g分析纯亚硝酸钠于烧杯中，加蒸馏水溶解后洗入1 L量瓶中，再加蒸馏水至刻度，摇匀。此溶液中亚硝酸根浓度为1 000 mg/L。用时以此液配成稀的亚硝酸根标准溶液($NO_2^- - N$浓度为0.01 mg/mL)。

4）20 g/L的醋酸钠溶液。

操作步骤：

1）在150 mL三角瓶中盛30 mL硝酸化细菌培养基，灭菌。

2）冷却后的培养基接种10^{-1}土壤悬液1 mL，28 ℃培养15 d，取出过滤。

3）用比色法测定滤液中的亚硝酸含量。

① 取滤液 1 mL(取决于滤液中亚硝酸量)于 50 mL 容量瓶中，稀释至约 40 mL，加入 1 mL 对氨基苯磺酸试剂，放置 10 min，然后加入 1 mL α - 萘胺试剂、1 mL 醋酸钠溶液，显色 10 min 后，用分光光度计(波长 520 nm)比色测定。

② 同时吸取亚硝酸根标准溶液(NO_2^- - N 浓度为 0.01 mg/mL)0.5、1、2、3、4、5 mL，分别放入 50 mL 容量瓶中，与待测标本同样条件进行比色，根据标准系列的透光度绘制标准曲线，查出待测标本中亚硝酸根浓度。

③ 与此同时，用同一方法测定原始培养液中亚硝酸根含量。

结果计算：

$$NO_2^- - N = 比色浓度 \times 比色体积 \times 稀释倍数，单位\ mg/kg$$

$$硝化率 = \frac{原始\ NO_2^-\ 量 - 培养后\ NO_2^-\ 量}{原始\ NO_2^-\ 量} \times 100\%$$

6.2.2.3　纯菌培养法

这里介绍的是淹水条件下欧洲亚硝化单胞菌(*Nitrosomonas europaea*)硝化活性的测定法。

材料试剂：供试菌株(欧洲亚硝化单胞菌)、培养欧洲亚硝化单胞菌的培养基(配方详见附录)、比色用各种试剂同前。

操作步骤：

1) 称 10 g 土壤于 250 mL 锥形瓶中，灭菌，然后用 50 mL$(NH_4)_2SO_4$ 溶液(相当于 400 mg N/L,溶于 0.05 mol/L 磷酸盐缓冲液,pH7.0;使用前通过微孔滤器,分开灭菌)淹没土壤。

2) 将欧洲亚硝化单胞菌纯种接种于灭过菌的培养基中，当细胞悬浊液的光密度(波长 610 nm)为 0.07 时，相当于溶液中有 280 mg NO_2^- - N/L，将菌悬液离心，并用 0.01 mol/L 磷酸缓冲液洗涤。

3) 洗涤后，细胞再悬浮在 50 mL 缓冲液中，取一部分该悬浮物接种到灭菌淹水土壤中，接种后的土壤充分混合，30 ℃静置培养。

4) 培养后于 0、3、6 d 取一部分上清液离心，将细胞和溶液分开。

5) 用比色法分析溶液中的 NO_2^- - N。分析步骤与上述土壤悬液法相同。

6.2.2.4　土壤总硝化作用

以上方法测定的都是土壤净硝化作用。土壤总硝化作用是土壤实际的硝化作用，是净硝化作用和微生物固定的 NO_3^- - N 之和，也可以用 ^{15}N 稀释技术来研究。

基本原理：土壤中加入 $^{15}NO_3^-$ 后进行培养，在培养过程中，$^{15}NO_3^-$ 不断被硝化出来的 $^{14}NO_3^-$ 稀释，根据单位时间的 $^{15}NO_3^-$ 稀释率可以估算出总的氮硝化作用。

材料试剂：

2 mol/L KCl、1 mL 注射器、土样采集器（直径 >4 cm，取样深度 <15 cm）、^{15}N 标记的 KNO_3 溶液（N 浓度约为 30 mg/L，^{15}N 高度富集——例如 99%）、测定无机氮所需的试剂、测定 ^{15}N 丰度的质谱仪。

操作步骤：

1）土壤收集：用土样采集器按一定宽度和深度采集 2 份原状土样，并在上下两端盖上盖子，置于阴凉处。

2）^{15}N 注射：把原状土柱倒置，取下上面的盖子，向土柱中插入注射针（针头里预先放置不锈钢金属线以免土粒堵塞针头），直到针头距离土样的另外一端 1 cm 之内。用注射器吸取 1 mL ^{15}N 标记的 KNO_3 溶液，然后把注射器和针头连接起来（之前从针头里取出金属线）。小心推进注射器，并慢慢地把注射器和针头向外拔，直到所有的 KNO_3 溶液被加到土壤中去。重复这个步骤使 6 mL KNO_3 溶液被均匀地注射到原状土柱中去。这个方法使 ^{15}N 标记基本上均匀地分布在 4 cm × 9 cm 的土柱中。若是更大的土柱则需注射更多的 ^{15}N 标记物。

3）田间培养：把一份 ^{15}N 标记物原状土柱转正并重新埋到土里，培养 1～3 d。另一份土柱则在塑料袋里混合均匀。称取 15 g 土样加入 75 mL KCl 振荡，提取，过滤。被埋的土柱培养结束后，用相同的方法振荡，提取，过滤。提取液用来分析无机氮和 ^{15}N 富集原子百分数。

4）测定：连续蒸馏法定量分析（见 6.2.2.1）或氮素自动分析仪测定 $NO_3^- - N$ 含量。^{15}N 丰度用质谱仪测定。

结果计算：

$$\text{总的硝化作用} = \frac{[NO_3^-]_0 - [NO_3^-]_t}{t} \times \frac{\log\left(\dfrac{APE_0}{APE_t}\right)}{\log\left(\dfrac{[NO_3^-]_0}{[NO_3^-]_t}\right)}$$

式中：t 为培养时间（d）；APE_0 为初始 NO_3^- 库 ^{15}N 过剩原子百分数；APE_t 为 t 天时 NO_3^- 库 ^{15}N 过剩原子百分数；APE 为一个氮库 ^{15}N 添加前后的 ^{15}N 原子百分数之差；$[NO_3^-]_0$ 为 0 天时硝态氮总浓度（mg/kg）；$[NO_3^-]_t$ 为 t 天时硝态氮总浓度（mg/kg）；^{15}N 原子丰度 = $^{15}N/(^{14}N + ^{15}N)$ 摩尔比例 × 100%。

6.2.3 土壤反硝化作用

反硝化作用是还原硝酸和亚硝酸后放出 NO、N_2O、N_2 的纯异化还原作用。该作用是氮素循环的重要环节，与土壤中肥料氮素的有效利用有直接的关系，并涉及环境污染问题。因此，测定土壤反硝化作用强度有其实际意义。

6.2.3.1　硝酸盐消失法

基本原理：于土壤中加入一定量的硝酸盐，经厌氧培养后，由硝酸根的消失率代替测定反硝化作用发生的含氮气体的方法，以研究土壤的反硝化作用强度。这是基于在绝对无氧条件下，未加外来碳源时，从热力学考虑，由于同化 $NO_3^- -N$ 而造成硝酸盐的消失是无意义的。因为由硝酸盐还原为 NH_4^+ 比还原为 N_2 需要更多的能量，还因为一个氮原子结合为细菌生物物质大约需要加入 7 个碳原子，这样，最低的 C/N 比将必须是 7/1。因此，在不存在外加能源，或外加能源不超过完成反应至 CO_2 和 N_2、按化学计算所需达到的 C/N 比率时，土壤培养过程中硝酸盐的消失是反硝化作用的恰当标志。

主要试剂：

1）酚二磺酸显色剂：将 3 g 结晶纯酚与 20 mL 浓 H_2SO_4 相混合，将瓶口稍盖，置沸水中，100 ℃加热 6 h，这样所得的试剂在冷却后可能有结晶析出。为了使其变成溶液，可以重新加热，但不能加水。

2）1∶1 的 NH_4OH 溶液。

3）硝态氮标准溶液：0.721 8 g KNO_3(分析纯)溶于水，定容至 1 L。此溶液硝态氮浓度为 0.1 mg/mL；再稀释 10 倍，即浓度为 0.01 mg/mL。

4）6 g/L 的 Ag_2SO_4 溶液：6 g Ag_2SO_4 溶于水，稀释定容至 1 L。

5）0.5 mol/L $CuSO_4$ 溶液：125 g $CuSO_4 \cdot 5H_2O$ 溶于水，稀释定容至 1 L。

6）0.01 mol/L $CuSO_4$ 溶液：将 0.5 mol/L $CuSO_4$ 溶液 200 mL 和 6 g/L 的 Ag_2SO_4 溶液 1 L 混合，用水稀释至 10 L。

7）CaO 和 $MgCO_3$(固体)。

8）质量分数为 10% 的 H_2O_2 溶液(或用无硝酸盐的活性炭,提取时一起加入)。

操作步骤：

1）称取过 2 mm 筛的土壤 10～20 g，置于 25 mL(或 50 mL)三角瓶中，加入一定量 KNO_3(土壤中 C/N 比须小于 7)，使土表有薄的淹水层。

2）将三角瓶置真空干燥器中，抽真空，灌入氮气，如此反复数次，使干燥器内无氧。干燥器底部还可放若干毫升焦性没食子酸，吸收残余的氧。以美蓝作氧化还原指示剂。

3）此干燥器置恒温室培养，于第 0、1、3、5 d 取出土样，用比色法测样品中剩余硝态氮。

① 按 1∶5 的土水比例加入 0.01 mol/L 的 $CuSO_4$ 提取剂浸提土壤，振荡 10 min 后静置。

② 将上部澄清液倒入另一只三角瓶内，并向其中加入 0.2 g CaO，以沉淀

过剩的铜离子，同时加入 0.5 g $MgCO_3$，以沉淀过剩的银离子。然后振荡 5 min，过滤备用。

③ 吸取滤液若干毫升(硝态氮含量不低于 0.01 mg)于瓷蒸发皿中，在水浴上蒸发至干(若有腐殖质的颜色,应湿润后用质量分数为 10% 的 H_2O_2 溶液氧化)，加 1 mL 酚二磺酸于干的残渣上，并用圆头玻棒搅动。10 min 后加水约 15 mL，再加 1∶1 NH_4OH 溶液使溶液呈碱性反应，以显黄色不再加深为标志。

④ 将以上黄色溶液移入 50 mL(或 100 mL)容量瓶中，加水至刻度，摇匀。于分光光度计上用波长 420 nm 进行比色。

⑤ 硝态氮标准曲线的绘制：分别取 10 mg/L 硝态氮标准液 2、5、10、15 mL 于瓷蒸发皿中，在水浴上蒸干，与待测液相同操作，进行显色，比色，绘制成标准曲线。

结果计算：

$$NO_3^- - N\ 浓度 = \frac{比色浓度 \times 比色体积 \times 稀释倍数}{样品重}，单位\ mg/kg$$

$$硝态氮消失率 = \frac{加入的硝态氮量 - 培养后剩余硝态氮量}{加入的硝态氮量} \times 100\%$$

6.2.3.2 乙炔抑制法

基本原理：在一个密闭的系统里，利用乙炔来阻碍 N_2O 向 N_2 的转化，测定一定时间内 N_2O 浓度的增加，来反映土壤反硝化活性。

仪器材料：

GC－ECD(装有电子俘获器的气相色谱)、乙炔气体(已除去丙酮)、惰性气体(氦气或氩气)、带隔膜橡皮塞的 250 mL 三角瓶。

操作步骤：

1）田间新鲜土壤过 4 mm 筛，去掉小石块及植物残留物。

2）称取 2 份相当于 20 g 干土量的土样，装于 250 mL 烧瓶中。用去离子水调节土壤水分到田间持水量，用橡皮塞密封。

3）用惰性气体冲洗并替换烧瓶的上面空间部分。抽取烧瓶空间部分气体的 10%，并用去丙酮的乙炔代替。

4）在 20 ℃下培养土壤 24 h。分别在培养 1、2、4、6 h 后，抽取 9 mL 气体样品。

5）用气相色谱测定各个培养时期的 N_2O 浓度。

6）在培养结束时，向三角瓶中加入 100 mL 2 mol/L KCl，振荡提取，测定提取液的 NO_3^- 浓度。若 NO_3^- 供应降低，N_2O 的生成量也会减少。

结果计算：

$$N_2O - N_t = \frac{V_{N_2O_t} \times P \times 28.013\,4}{R \times T \times 干土重}，单位\ mg/kg$$

式中：N_2O-N_t 为时间 t 时 N_2O-N 的浓度；$V_{N_2O_t}$ 为时间 t 时 N_2O-N 在瓶中的体积(μL)；P 为气压(kPa)；28.013 4 为 1 mol N_2O-N 的质量(g)；R 为通用气体常数[8.314 51 L·kPa/(mol·K)]；T 为温度(K)。

6.2.4 土壤固氮作用

空气中的氮气虽然占空气质量的 75.54%，但植物和大多数微生物都不能直接利用它作为氮素营养，自然界中只有一部分微生物具有利用氮气作为营养的能力，它们可以将分子态氮还原为氨，然后进一步同化为氨基酸和蛋白质。分子态氮在生物体内还原为氨的过程，称为生物固氮作用。根据固氮微生物与高等植物的关系，可以将它们分为自生固氮微生物和共生固氮微生物两个类型，相应地将固氮作用分为自生固氮作用和共生固氮作用两个类型。由生物固氮作用所形成的氮素化合物是土壤中氮素的主要来源。据报道，工业固氮一年约提供 4 000 万吨氮肥，而生物固氮每年贡献 1 亿吨，说明生物固氮对农业生产有着重要意义。

6.2.4.1 土壤培养法

基本原理：向土壤中加入一定量的葡萄糖，作为土壤中固氮微生物的能源物质，经培养一定时间后，由于土壤中固氮微生物的活动，固定大气中氮气，使土壤中含氮量增加，计算每 100 g 土壤中增加的氮量，作为固氮作用强度指标。

主要试剂：

1）K_2SO_4 - 催化剂混合物：称取 100 g K_2SO_4，10 g $CuSO_4 \cdot 5H_2O$ 和 1 g Se 粉，在玛瑙研钵中磨碎，过 0.177 mm 筛，混匀，放在棕色瓶中保存。消煮时，用量为 0.37 g/mL H_2SO_4。

2）硼酸 - 混合指示剂溶液：配制方法详见本章 6.2.1.1。

3）10 mol/L NaOH 溶液。

4）0.01 mol/L HCl 标准溶液。

操作步骤：

1）称取 50 ~ 100 g 过 2 mm 筛孔的新鲜土壤，放入灭菌的 100 或 150 mL 烧杯中，加入 1 ~ 2 g 葡萄糖，拌匀，加入蒸馏水至持水量的 60%。置 25 ~ 28℃恒温室培养 30 d，其间要及时补足失去的水分。

2）30 d 后取出培养的土样，立即烘干磨碎过 0.149 mm 筛，测定其中的全氮量。利用 CNS 分析仪或以下凯氏定氮法测定土壤全氮：

① 称取过 0.149 mm 筛的土样 1.5 g，置 50 mL 凯氏瓶中，加 5 mL 蒸馏水，摇动混合数分钟，放置 30 min。

② 瓶中加入 3.3 g K_2SO_4 - 催化剂混合物和 8 mL 浓 H_2SO_4，摇动瓶子，

使样品全部浸泡在 H_2SO_4 中，立即在凯氏瓶颈上放一小漏斗。

③ 将瓶子移到电炉上，先低温加热，当水分被除去开始冒烟时增高消化温度，待溶液呈清亮后再消煮 2 h。

④ 消化液冷却后全部洗入 50 mL 容量瓶中，定容、摇匀。

⑤ 吸出一定量该溶液，通过半微量定氮仪的小漏斗注入蒸馏器中，用少量蒸馏水将沾附于小漏斗的待测液洗入蒸馏器；再加入 10 mol/L NaOH 溶液 15 mL，又用洗涤瓶洗小漏斗，再通过蒸汽蒸馏 5 ~ 8 min，蒸馏液吸收在一只盛 5 mL 20 g/L 硼酸 - 混合指示剂吸收液的三角瓶中，用 0.01 mol/L HCl 滴定，终点颜色变化由绿变粉红。记下 HCl 消耗体积数。

计算土壤全氮量：

$$N=\frac{(\text{样品消耗盐酸体积}-\text{空白消耗盐酸体积})\times\text{盐酸摩尔浓度}\times 14}{\text{干土重}}\text{，单位 mg/kg}$$

3）与此同时另取一份未经培养的土壤，按上述方法测定其中的全氮量，作为对照。以培育前后含氮量之差计算出每 1 kg 干土中固定氮的质量(g)，表示土壤固氮作用强度。

6.2.4.2 土壤悬液法

基本原理：在含能量物质的无氮培养液中接种土壤悬液，经培养后，由于土壤固氮微生物的作用，培养液中含氮量增加，根据每消耗 1 g 糖所固定氮的质量(mg)，作为土壤固氮作用强度指标。

材料试剂：

1）无氮培养基(配方详见附录)。

2）测定全氮的各种试剂：详见上述土壤培养法。

3）质量分数为 95% 的 H_2SO_4：加浓 H_2SO_4 1 L 于蒸馏水 50 mL 中(在冷水浴中)。

4）2 g/L 的蒽酮溶液：溶解蒽酮 0.2 g 于 100 mL 质量分数为 95% 的 H_2SO_4 中。该溶液不稳定，久置即变黑，须当天使用当天配制。

5）葡萄糖标准溶液：精确称取干燥化学纯葡萄糖 0.1 g，溶于100 mL 蒸馏水中，即成为含葡萄糖 1 mg/mL 的溶液，试验时再稀释至所需浓度。

操作步骤：

1）在装有 20 mL 无氮培养基(已灭菌)的三角瓶中，接种 10^{-1} 土壤悬浮液 1 mL。

2）该三角瓶置旋转式摇床上，于 25 ~ 28 ℃ 振荡培养，15 d 后全部培养液洗入一只 50 mL 凯氏瓶中。分析培养液中全氮量。

① 加 5 mL 质量分数为 95% 的 H_2SO_4 于培养液中，将凯氏瓶移至电炉上，先低温加热除去水分至发烟时，从电炉上取下，冷却。

② 加入 2.5 g K_2SO_4 - 催化剂混合物于以上冷却液，再放置电炉上增高温度消化，待消化液呈清澈后再消化 2 h。

③ 分析消化液中的全氮量。方法同上。

3）与此同时，接种等量的 10^{-1} 土壤悬浮液于同样的无氮培养液中，不经培养立即按上述步骤测定其全氮量作为对照。

4）同时用蒽酮法分析培养前后培养液中的含糖量。

① 将培养液过滤，视滤液中糖的含量进行稀释，取稀释后的滤液 1 mL（含糖量应在 10 ~ 100 μg 之间），缓缓加入蒽酮试剂 6 mL，摇匀后置于沸水中加热 10 min，使之显色，然后以冷水使试管冷却，用 540 ~ 620 nm 滤光片比色。

② 用同样方法做一系列标准葡萄糖溶液（20、40、60、80、100 μg/mL）和空白（蒸馏水）试验，绘出标准曲线。

③ 由标准曲线查出样品中含有相当于多少葡萄糖的含糖量。

5）以培养前后培养液中含氮量和含糖量之差，换算成每消耗 1 g 葡萄糖固定氮的质量（mg），表示土壤固氮作用强度。

6.2.4.3　乙炔还原法

基本原理：自从发现微生物固氮酶具有还原乙炔为乙烯的作用之后，很多研究者就采用乙炔还原法代替凯氏法或 ^{15}N 法，进行固氮作用的研究。此法的灵敏度为凯氏法的 10 万倍、^{15}N 法的 1 000 倍，且操作方便，测定迅速，费用比 ^{15}N 法低。不过它是一种间接测定法，如下式所示：

$$3C_2H_2 + 6H^+ + 6e^- \longrightarrow 3C_2H_4$$

$$N_2 + 6H^+ + 6e^- \longrightarrow 2NH_3$$

理论上说，在供给等量还原物质的情况下，还原 3 mol 乙炔即相当于还原 1 mol 氮，理论换算比值是 3∶1（C_2H_2∶N_2）。也有人采用反应产物 3 mol 乙烯与 2 mol 氨的比率，其理论值为 1.5∶1（C_2H_4∶NH_3）。前一种情况下，还原的乙炔和产生的乙烯是呈等摩尔关系的，因此 3∶1 的比率也可以作实测到的乙烯量和氮分子的比率。以下着重介绍此法在土壤固氮能力测定中的应用。

操作步骤：

1）称取混合均一的土样 10 ~ 20 g，置于三角瓶内，塞上橡皮塞。将一针头插入橡皮塞，针的另一端与真空泵相连，用氩或氦等不含乙炔的惰性气体置换三角瓶内的空气。

2）导入预先配好的含乙炔（预先已除去丙酮）混合气体。气体组成可随着试验目的而变，但均须相应改变 O_2 与 Ar 的比率。旱地土壤样品是采用 O_2 20%、CO_2 0.04%、C_2H_2 10% 及 Ar 69.96% 的气体组成。如进行厌氧性乙炔还原力的测定，则需要去除 O_2 代之以 Ar。在保持一个大气压的条件下培养。

与此同时设置不含乙炔、其他同样处理的空白对照。

3）欲测定藻类和光合细菌的乙炔还原力，须在光照下培养。若无其他特殊目的，则置于暗处培养。培养温度通常为 25～30℃。培养时间因研究对象而异，在测定土壤的乙炔还原力时，5 h 之内的培养时间与乙炔还原力呈线性关系，超过 24 h，结果就往往偏高。

4）待测样品培养一定时间后，用气体分析注射器采集气体样品，再用气相色谱测定反应产物乙烯的浓度。

结果计算：

从理论上说，固氮酶还原 3 分子乙炔为乙烯时，相当于还原 1 分子氮为氨。若 3∶1(C_2H_2∶N_2)理论值适用于供试样品的固氮酶系，现设 1 g 土壤每天还原 1.5 nmol 乙炔为乙烯，即可算出一年一公顷土壤的固氮量：

$$1.5/3 \times 28/10^9 \times 2 \times 10^9 \times 365 = 10.22\ \mathrm{kg/(hm^2 \cdot a)}$$

氮气的相对分子质量约为 28，换算为 nmol 即须除以 10^9。1 hm^2 土壤质量为 2×10^9 g。1 年 365 天，1 年固氮量即为 10.22 kg。不过实际上不一定能达到 3∶1 的理论值，只有同时用 ^{15}N 法测定各种样品的 C_2H_2 和 N_2 的实际比值，方能求得正确的固氮量。

据报道，在水田土壤中得到了与理论值相近似的结果，但在稻根和田面水中测得的数值与理论值则不一致。旱地土壤的实测值是 3.1～8.6。大豆根瘤测定值在 5.4～8.4 范围内。这样用乙炔还原法测得的结果推断实际的固氮量时，必须同 ^{15}N 法并用，对此在测定中必须给予充分注意。

6.3 土壤磷、铁、硫转化作用

6.3.1 土壤磷转化作用

土壤中磷素可分为有机磷和无机磷两大类，其中无机磷主要以 Ca、Mg、Fe、Al 等形态结合为磷酸盐，有机磷以植素、卵磷脂、核酸、磷脂为主。这些化合态磷不能被植物直接吸收，植物只能吸收有效态无机磷，而土壤中有效态无机磷不超过全磷量的 5%。因此土壤磷素含量不能作为土壤磷素供应水平的确切指标。上述这些以迟效性状态存在的、难溶解性有机的或矿质的磷化合物，一部分通过微生物的生命活动，可被转变为植物易吸收的简单无机磷化合物。通过测定经微生物释放的这一部分有效磷的含量，可作为土壤中有机磷或无机磷转化强度指标。

基本原理：在土壤中加入一定量的有机磷化合物（卵磷脂或核酸）或难溶性无机磷（磷灰石），经培育一定时间后，用比色法测定释放出的有效磷量。

根据培育后有效磷占全磷的百分数作为磷素转化强度指标。

材料试剂：

1）磷转化强度基础培养基：

成　分	含　量	成　分	含　量
葡萄糖	10 g	NaCl	0.3 g
$CaCO_3$	5 g	KCl	0.3 g
$(NH_4)_2SO_4$	0.5 g	$MnSO_4$	微量
$MgSO_4 \cdot 7H_2O$	0.3 g	蒸馏水	1 L

2）磷标准溶液：准确称取45 ℃烘过4～8 h的分析纯磷酸二氢钾0.219 7 g于小烧杯中，用少量水溶解，将溶液全部洗入1 L容量瓶中，用水定容至刻度，摇匀，此即为50 mg/L的磷标准溶液。吸50 mL该溶液稀释至500 mL，即为5 mg/L的磷标准液（不能长期保存）。

3）钼锑储存液：取蒸馏水约400 mL，放入浸在冷水里的1 L烧杯中，然后缓缓注入153 mL浓H_2SO_4，并不断搅拌，冷却至室温。另称取$(NH_4)_6Mo_7O_{24} \cdot 4H_2O$ 10 g溶于约60 ℃的300 mL蒸馏水中，冷却。然后将H_2SO_4溶液徐徐倒入$(NH_4)_6Mo_7O_{24}$溶液中，不断搅拌，再加入100 mL 5 g/L酒石酸锑钾（$KSbOC_4H_4 \cdot 0.5H_2O$）溶液，用蒸馏水稀释至1 L，摇匀，储于试剂瓶中，避光储存。此储存液含10 g/L $(NH_4)_6Mo_7O_{24}$，2.75 mol/L H_2SO_4。

4）钼锑抗混合显色剂：于100 mL钼锑储存液中，加入1.5 g左旋（旋光度+21°～+22°）抗坏血酸，此试剂有效期24 h，宜在用前配制。

5）卵磷脂的制备：取新鲜烘干（50 ℃）的蛋黄，磨碎，以乙醇反复抽提数次，过滤，将乙醇液浓缩（50 ℃），以丙酮沉淀。用乙醇重溶，再用丙酮沉淀，以丙酮洗至淡黄色。最后用乙醇溶解，备用。

操作步骤：

1）取35 mL培养基于200 mL三角瓶中（测定有机磷转化强度时，加入卵磷脂乙醇溶液1 mL；测定无机磷转化强度时，加入磷灰石粉35 mg），高压蒸汽灭菌30 min。

2）灭菌后的培养基中接种10^{-1}土壤悬浮液1 mL，30 ℃恒温培养。

3）培养21 d后，取出过滤，滤液中加入0.1 mol/L HCl 15 mL，然后振荡15 min，再加无磷活性炭1 g（测无机磷的转化可以不加），充分摇匀，抽滤至滤液清亮为止。

4）用比色法测定滤液中的有效磷量：

① 取滤液5～10 mL（视滤液中磷含量而定），置于50 mL量瓶中，加钼锑抗混合显色剂5 mL，加水定容至刻度，充分摇匀，静置30 min。

② 30 min 后在光电比色计上用红光滤光板比色，或用分光光度计比色（波长 660 nm）。比色时须同时做空白测定。

③ 与此同时绘制磷标准曲线，分别吸取 5 mg/L 磷标准溶液 0、1、2、3、4、5 mL 于 50 mL 容量瓶中，每一量瓶磷的浓度即为 0、0.1、0.2、0.3、0.4、0.5 mg/L，再逐个加入钼锑抗混合显色剂 5 mL，然后与待测液一样进行比色，绘制曲线。

④ 结果计算：

$$磷含量 = \frac{比色浓度 \times 比色体积 \times 分取倍数}{培养液中加入的磷化合物总量}，单位 \ mg/kg$$

5）卵磷脂全磷测定：

① 取上述卵磷脂乙醇溶液 1 mL，放入 50 mL 凯氏分解瓶中，加入浓 H_2SO_4 7 mL，$CuSO_4$、K_2SO_4 混合物（1∶9）0.2 g，加热分解，至溶液变为淡绿色为止。

② 上液冷却后，用蒸馏水洗至 250 mL 容量瓶中，稀释至刻度，摇匀。用上述比色法测定该溶液中磷量。

6）磷灰石全磷测定

① 准确称取磷灰石样品 0.1 g（精确至 0.000 1 g），放入 50 mL 三角瓶中，加蒸馏水 2 ~3 mL，再用注射器加 9 mL 浓盐酸和 3 mL 浓硝酸，立即在瓶口插入小漏斗。

② 将瓶移至电炉上，用低温加热至糊状，再加浓硝酸 5 mL，再蒸发至糊状，除去剩余的氯离子，然后加 20 g/L 硼酸 2 mL 以络合氟离子，最后用注射器加 2 mL 浓硝酸及蒸馏水 15 mL，继续煮沸溶解残渣，冷却。

③ 将三角瓶中消化液连同不溶残渣洗入 250 mL 容量瓶中，加水定容至刻度，摇匀。用上述比色法测定溶液中全磷量。

结果计算：

$$土壤磷转化强度 = \frac{有效磷量}{培养基全磷量} \times 100\%$$

6.3.2 土壤铁转化作用

铁是有机体必需的元素之一。植物在缺铁土壤中生长得很差，大部分微生物的发育也需要铁。土壤中铁的代谢主要是氧化还原反应，该反应有生物反应和化学反应。亚铁氧化为高铁即由具特异性作用的铁细菌在好氧和微好氧条件下所进行的；高铁还原为亚铁除了由高铁还原菌所引起的以外，还由于植物和微生物的生命活动使得土壤的氧化还原电位下降，这也是一个重要原因。土壤中还有一些腐生细菌，对铁素的沉淀可能起重要作用，在其利用有机铁盐时吸收了有机部分，将铁剩下来，形成铁锈。因此，测定土壤中 Fe^{2+}（或 Fe^{3+}）就可以测知一定时期内的平均微生物活性。这对水稻田或潜育土壤以及土壤腐蚀作用的研究都很有意义。

6.3.2.1 淹水土壤中铁还原活性的测定法

据报道，提取土壤中 Fe^{2+} 的浸提液的 pH 过低时，就会与土壤中的还原性物质反应，使 Fe^{3+} 还原为 Fe^{2+}。反之，pH 过高或者中性，浸提过程中 Fe^{2+} 被氧化，以致浸提很不完全。下面介绍用比较简易的醋酸钠缓冲液提取，再用邻啡罗啉比色法测提取液中的 Fe^{2+}。用 Fe^{2+} 测 Fe 还原活性，可以得到各时期代谢活性的相对值。

基本原理：在 pH2 ~9 范围内，两价铁与邻啡罗啉反应生成橙红色的络合物 $[(C_{12}H_8N_2)_3Fe]^{2+}$，借此进行比色。溶液颜色可数日不变。其反应式如图所示。

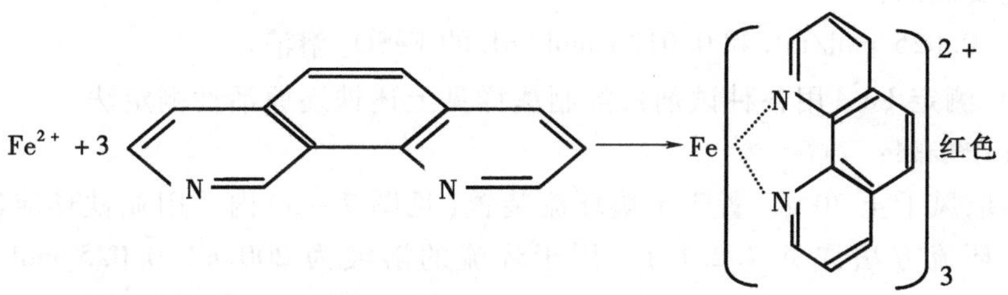

试剂配制：

1）1 mol/L 醋酸钠缓冲液（pH3.0）：称取优级纯醋酸钠，溶于 500 mL 蒸馏水中，分次加入 1∶1 盐酸约 150 mL，将 pH 调到 3 后，加蒸馏水至溶液量约为 900 mL 时，再把 pH 准确地调到 3.0，然后定容到 1 L。

2）醋酸钠溶液：称 10 g 醋酸钠（$CH_3COONa \cdot 3H_2O$）溶于水中，定容至 100 mL。

3）1 g/L 的邻啡罗啉溶液：称 1 g 邻啡罗啉，溶于 1 L 蒸馏水中。

4）亚铁标准溶液：称 0.864 0 g 化学纯的 $(NH_4)_2Fe(SO_4)_2 \cdot 12H_2O$，溶于蒸馏水中，加浓 H_2SO_4 5 mL，定容至 1 L。该溶液亚铁离子浓度为 100 mg/L。

操作步骤：

1）称取风干土 4 g 至 20 ~30 mL 试管中加水淹没土壤，加塞保温培养一定时间后，用 50 mL 1 mol/L 醋酸钠缓冲溶液，把样品洗入 100 mL 三角瓶中，振荡 5 min，过滤到 100 mL 容量瓶中，定容至刻度，摇匀备用。同时，称取土壤直接用 50 mL 1 mol/L 醋酸钠缓冲溶液提取过滤，作为对照。

2）定容后的滤液，用邻啡罗啉比色法测定其 Fe^{2+} 含量。其步骤如下：

① 取一定量浸提液（视 Fe^{2+} 含量而定），置 50 mL 容量瓶中，加入 100 g/L 的醋酸钠溶液 8 mL，使溶液的 pH 为 5，再加邻啡罗啉水溶液 10 mL，显色，

定容，摇匀。半小时后在分光光度计上比色，波长选用 570 nm，读取透光度。

② 将 100 mg/L 亚铁标准溶液稀释制成 1、2、3、4、5 mg/L 的标准溶液，再以待测液的透光度在标准曲线上查得相应浓度。

结果计算：

$$Fe^{2+}\text{还原强度} = \frac{\text{比色浓度} \times \text{比色体积} \times \text{稀释倍数}}{\text{干土重}}\text{，单位 mg/kg}$$

6.3.2.2 环流土壤中铁氧化活性的测定法

旱地状态下微生物的氧化活性，难以用同样的两价铁定量法来测定。因为在一般土壤 pH 条件下存在着空气的氧化作用，往往掩蔽了微生物的氧化作用。以下介绍采用土壤环流装置，在强酸性条件下测定土壤微生物的铁氧化活性的具体做法。

主要试剂：

1）0.025 mol/mL 和 0.0125 mol/mL 的 $FeSO_4$ 溶液。

2）测定 Fe^{2+} 用各种试剂：配制法详见上述铁还原活性测定法。

操作步骤：

称取风干土 20 g，置于土壤环流装置(见图 7－5)内，用亚铁环流液进行环流，环流方法详见 7.2.1.1。用于环流的溶液为 200 mL 0.025 mol/mL 和 0.0125 mol/mL 的 $FeSO_4$ 溶液，而且其 pH 保持在 3.0。每 24 h 测定一次环流液中的 Fe^{2+}(方法如前述)。有资料表明，环流 8 d 过程，Fe^{2+} 氧化有一停滞期，8 d 之后用水淋洗土壤，再用 $FeSO_4$ 溶液进行第二次环流，停滞期消失，Fe^{2+} 氧化率明显增高。

结果计算：

$$Fe^{2+}\text{氧化活性} = \frac{\text{环流前 } Fe^{2+}\text{ 含量} - \text{环流后 } Fe^{2+}\text{ 含量}}{\text{环流前 } Fe^{2+}\text{ 含量}} \times 100\%$$

6.3.3 土壤硫转化作用

硫是植物和微生物的重要营养元素，是一些必需氨基酸及某些维生素和辅酶等的成分。硫素供应不足会影响氮素的同化、蛋白质的合成，进而影响作物产量和蛋白质质量。微生物对土壤中硫素的转化起了重要的推动作用，硫化细菌和硫磺细菌能将蛋白质腐解和有机硫化物分解时形成的硫化氢氧化成硫磺或 H_2SO_4，这一过程叫硫化作用。H_2SO_4 可被植物和微生物直接吸收，又能增加土壤中各种矿物质的溶解性，提高磷、钾、钙的可给性；同时还可被硫酸还原细菌还原为硫化物，这一过程叫反硫化作用。

在缺氧条件下，由反硫化细菌形成的硫化氢如果在土壤中积累起来，对作物根系有毒害作用。例如，水稻秧田施用有机肥料不均匀时，便会产生硫化氢，从而造成水稻烂秧。因此，测定土壤中硫化细菌、反硫化细菌的生命活动作用强度，有着实际意义。以下只介绍淹水条件下的硫酸盐还原作用，包括 SO_4^{2-} –S、游离 H_2S 以及硫化物态 S 的定量方法。

6.3.3.1　SO_4^{2-} –S 的定量

基本原理：根据 SO_4^{2-} 与 $BaCl_2$ 反应形成 $BaSO_4$ 沉淀，然后用比色法测定该悬浊液，与标准溶液进行比较。

$$SO_4^{2-} + Ba^{2+} \longrightarrow BaSO_4(\text{白色沉淀})$$

试剂配制：

1）$BaCl_2$ 溶液：183 g $BaCl_2$ 溶解于 500 mL 蒸馏水中（混浊时要过滤）。

2）无水乙醇。

3）SO_4^{2-} 标准溶液：溶解 0.907 1 g K_2SO_4 于蒸馏水中，定容至 1 L，摇匀。此溶液 SO_4^{2-} 浓度为 0.5 mg/mL，若将其稀释 10 倍，即得 0.05 mg/mL 的标准溶液。

4）2.5 g/L 的阿拉伯胶溶液：称取 0.75 g 阿拉伯胶和 0.3 g 安息香酸（防腐剂），加入 300 mL 沸水中，充分搅拌，冷却后，放置过夜，将上部澄清溶液倒进试剂瓶中，弃去底部沉淀。

5）1∶1 盐酸溶液。

操作步骤：

1）土壤中 SO_4^{2-} –S 的提取。称取相当于 10 g 干土的淹水土壤，置于 200 mL 三角瓶中，加 1 mol/L NH_4Cl（KCl）约 100 mL（连同土样中的水共 100 mL），振荡 30 min 后，用 6 号滤纸过滤。吸取滤液 15 mL，加 1 mol/L NaOH 1.5 mL，静置一夜，形成 $Fe(OH)_3$ 沉淀后，用 5 号滤纸过滤，滤液备用。

2）吸取除去 $Fe(OH)_3$ 后的待测液 5 mL 于 10 mL 烧杯中。加 6 滴 1∶1 盐酸、5 mL 无水乙醇和 2 mL 2.5 g/L 的阿拉伯胶溶液，搅匀。

3）从烧杯壁缓缓加入 5 mL 氯化钡溶液，用磁力搅拌器搅拌，或用玻棒以一定的方式和速度充分搅拌，刚好 1 min（±5 s）。

4）静置 5 min 后，在分光光度计上以 420 nm 波长测定光密度。若用光电比色计时，则用蓝紫色滤光板。

5）绘制标准曲线。于 100 mL 烧杯中分别加入含有 SO_4^{2-}（0.05 mg/mL）的标准溶液 0、1、3、5、7、9 mL，最后分别用蒸馏水补足至 25 mL，再按上述步骤进行比色测定，制标准曲线。

结果计算：

$$SO_4^{2-}\text{ 转化强度} = \frac{\text{比色浓度} \times \text{比色体积} \times \text{稀释倍数}}{\text{干土重}}\text{，单位 mg/kg}$$

6.3.3.2　游离 H_2S 和硫化物态 S 的定量

基本原理：由于硫化物体系的 E_h 比较低，很易氧化，测定时必须避免与空气接触，有时必须在完全与空气隔绝的条件下进行。硫化物的定量就是把各种形态的硫化物以 H_2S 形态驱出的问题，系在定量各种形态的硫化物时，用醋酸锌溶液收集 H_2S 形态 S，再用碘量法或比色法测定。

试剂配制：

1）醋酸锌溶液：无水醋酸锌 50 g 和醋酸钠（$NaAc \cdot 3H_2O$）12.5 g 溶于水中，定容到 1 L。

2）对氨基－二甲苯－苯胺磺酸盐 2 g，加水 1 500 mL，再加 H_2SO_4 400 mL，冷却定容到 2 L。

3）硫酸亚铁铵 25 g，加 H_2SO_4 5 mL 和水 195 mL，溶解后过滤，滤液备用。

4）硫化物标准溶液：称取 $Na_2S \cdot 9H_2O$ 0.75 g，溶于水中，定容至 1 L（1 mL 溶液含 0.1 mg H_2S-S，即 100 mg/L）。用碘量法定 S，将此溶液作为原液，测定稀释后使用。

5）0.01 mol/L 碘溶液：1.269 g 碘溶于含有 10 g KI 的 20 mL 溶液中，溶解后再加水定容至 1 L，摇匀，备用。

6）0.01 mol/L $Na_2S_2O_3$ 溶液：2.482 g $Na_2S_2O_3 \cdot 5H_2O$ 和 0.1 g $Na_2CO_3 \cdot 10H_2O$ 溶于蒸馏水中，稀释至 1 L，备用。

7）质量分数为 10% 的 HCl 溶液。

操作步骤：

1）硫化物态 S 以 H_2S 形态驱出：称取一定质量的湿土置于大试管 A（直径 2.5 cm × 长度 20 cm）中，按图（图 6－4）塞上装有三个玻璃管的橡皮塞，塞

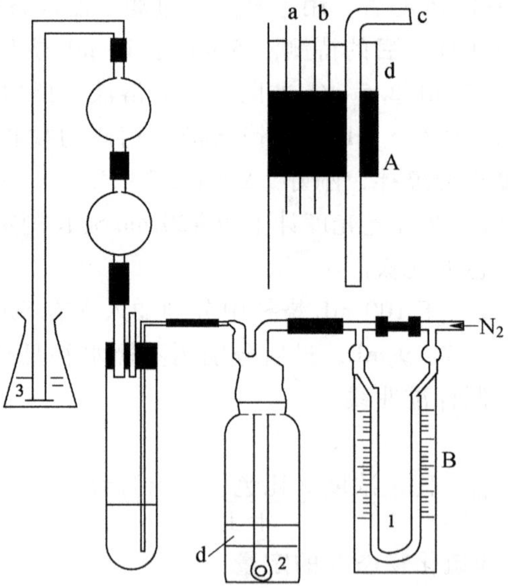

图 6－4　驱除和吸收 H_2S 的装置

上封有液体石蜡(d)，将(c)与通入 N_2 的 B 装置相连，从(c)导入 N_2 气，置换出管内的空气。从(b)加入锌粉 5 g 和质量分数为 10% 的 HCl 溶液 20 mL，即产生 H_2 和 H_2S。将(a)管与吸收装置(3)相连。再将(c)管慢慢降下直达管底，然后调节流量计(1)，以每分钟 700 mL 的速率导入 N_2 20 ~ 50 min，导入的 N_2 通过气体洗涤器(2)，其上亦有液体石蜡(d)。发生的 H_2S 由吸收液(3)吸收，再用碘量法或比色法测吸收液中 H_2S-S 的量。通入 N_2 时间矿质土壤以 20 ~ 30 min 为宜，黑泥土等较黏重土壤须 50 min。

2）吸收液 H_2S 的分析：

① 碘量法：在 H_2S 吸收液中，加入 0.01 mol/L 碘溶液 2 ~ 5 mL，再加质量分数为 10% 的 HCl 溶液 5 mL，然后用 0.01 mol/L 硫代硫酸钠滴定剩余的碘液。0.01 mol/L $Na_2S_2O_3$ 溶液 1 mL 相当于 H_2S-S 0.16 mg。

结果计算：

$$H_2S-S\ 浓度 = \frac{c_{Na_2S_2O_3} \times (V_0 - V) \times 0.16}{干土重}，单位\ mg/kg$$

式中：$c_{Na_2S_2O_3}$ 为 $Na_2S_2O_3$ 溶液浓度；V_0 为加入碘液体积；V 为剩余碘液消耗 $Na_2S_2O_3$ 溶液体积。

② 比色法：少量硫化物可用下述比色法测定。先吸取醋酸锌溶液 10 mL，置于 100 mL 容量瓶中，加水 60 ~ 70 mL，用吸管的前端吸取一定量待测液，插入容量瓶的溶液中释放出待测液。或是同样地吸取已经吸收了 H_2S 的醋酸锌溶液，置于 100 mL 容量瓶中，用水稀释到大约 70 mL。在该液中加入对氨基二甲苯胺溶液 10 mL，加水摇匀，再加硫酸亚铁铵溶液 2 mL，加塞后再摇匀，静置 10 min，加水定容至 100 mL，24 h 内比色(波长 660 nm)。

结果计算：

$$H_2S-S = \frac{比色浓度 \times 比色体积 \times 稀释倍数}{干土重}，单位\ mg/kg$$

6.4　土壤酶活性的测定

土壤作为“类生命体”，几乎所有的生物化学反应都是由酶驱动的，在碳、氮、硫、磷等元素的生物循环中都有土壤酶的作用。土壤酶是土壤新陈代谢的重要因素，它与生活着的微生物细胞一起推动着物质转化。土壤酶包括存在于活细胞内的胞内酶和存在于土壤溶液中或吸附在土壤颗粒表面的胞外酶，主要来自于微生物细胞，也可以来自动植物残体。土壤中累积的酶类型很多，已知的可分为氧化还原酶类、转移酶类、水解酶类和裂解酶类等，每一类中又有许多种，其主要类型及功能见表 6 - 1。

表 6－1 土壤酶主要类型及功能

酶类编号	名 称	功 能
氧化还原酶		
1.1.1.1	脱氢酶(dehydrogenase)	$XH_2 + A \longleftrightarrow X + AH_2$
1.1.3.4	葡糖氧化酶(glucose oxidase)	葡萄糖 + O_2 $\longleftrightarrow$ 葡萄糖酸 + H_2O
1.7.3.3	尿酸氧化酶(urate oxidase)	尿酸 + O_2 $\longleftrightarrow$ 尿囊素，CO_2，其他产物
1.7.99.4	硝酸还原酶(nitrate reducatase)	$NO_3^- \longleftrightarrow NO_2^-$
	固氮酶(nitrogenase)	$N_2 \longleftrightarrow 2NH_3$
1.10.3.2	漆酶(laccase)	苯酚 + O_2 $\longleftrightarrow$ 苯醌 + H_2O
1.10.3.3	抗坏血酸氧化酶(ascorbate oxidzase)	抗坏血酸 $\longleftrightarrow$ 脱氢抗坏血酸
1.11.1.6	过氧化氢酶(catalase)	$2H_2O_2 \longleftrightarrow 2H_2O + O_2$
1.11.1.7	过氧化物酶(peroxidase)	还原态有机物 + H_2O_2 $\longleftrightarrow$ 氧化态有机物 + H_2O
1.12.7.1	氢化酶(hydrogenase)	$H_2 \longleftrightarrow H_2O$
1.14.18	酚氧化酶(phenol oxidase)	苯酚 + $1/2O_2$ $\longleftrightarrow$ 苯醌 + H_2O
转移酶		
2.4.1	糖基转移酶(transglycosylase)	$n(C_{12}H_{22}O_{11}) + HOR \longleftrightarrow H(C_6H_{10}O_5)_nOR + n(C_6H_{12}O_6)$
2.6.1	氨基转化酶(transaminase)	$R_1R_2-CH-NH_2 + R_3R_4CO \longleftrightarrow R_1R_2-CO + R_3R_4-CH-NH_2$
2.8.1.1	硫氰酸酶(rhodanese)	$S_2O_3^{2-} + CN \longleftrightarrow SCN^- + SO_3^{2-}$
水解酶		
3.1.1.3	脂肪酶(lipase)	甘油三酸酯 $\longleftrightarrow$ 甘油 + 脂肪酸
3.1.3.1	酸性磷酸酶(acid phosphatase)	磷酸酯 + H_2O $\longleftrightarrow$ $ROH + H_3PO_4$
3.1.3.2	碱性磷酸酶(alkaline phosphatase)	磷酸酯 + H_2O $\longleftrightarrow$ $ROH + H_3PO_4$
3.1.4	焦磷酸酶(prophosphatase)	焦磷酸盐 + H_2O $\longleftrightarrow$ $2PO_4^{3-}$
3.1.6.1	硫酸酯酶(sulifatase)	硫酸酯 + H_2O $\longleftrightarrow$ $ROH + H_2SO_4$
3.2.1.1	淀粉酶(amylase)	$\alpha-1,4-$葡聚糖键的水解
3.2.1.4	纤维素酶(cellulase)	$\beta-1,4-$葡聚糖键的水解
3.2.1.6	葡聚糖酶(1,3－β－glucanase)	$\beta-1,3-$葡聚糖键的水解
3.2.1.8	木聚糖酶(xylanase)	$\beta-1,4-$木聚糖键的水解
3.2.1.14	几丁质酶(chitinase)	
3.2.1.20/21	葡萄糖苷酶(glucosidase)	$\alpha-$或$\beta-$葡聚糖苷 $\longleftrightarrow$ ROH + 葡聚糖
3.2.1.22/23	半乳糖苷酶(galactosidase)	$\alpha-$或$\beta-$半乳糖苷 $\longleftrightarrow$ ROH + 半乳糖
3.2.1.26	转化酶/蔗糖酶(invertase)	蔗糖 $\longleftrightarrow$ 葡萄糖 + 果糖
3.4	蛋白酶(protease)	蛋白质水解
3.5.1.1	天冬酰胺酶(L－asparaginase)	天冬酰胺 $\longleftrightarrow$ 天冬氨酸 + NH_4^+
3.5.1.2	谷氨酰胺酶(L－glutaminase)	谷氨酰胺 $\longleftrightarrow$ 谷氨酸 + NH_4^+
3.5.1.4	酰胺酶(amidase)	单羧酸酰胺 + H_2O $\longleftrightarrow$ 单羧酸 + NH_4^+
3.5.1.5	脲酶(urease)	尿素 $\longleftrightarrow$ $2NH_3 + CO_2$
3.5.4.4	腺苷脱氨酶(adenosine deaminase)	腺苷 $\longleftrightarrow$ NH_4^+ + 次黄嘌呤核苷
裂解酶		
4.1.1	氨基酸脱羧酶(aminoacid decarboxylase)	天冬氨酸 $\longleftrightarrow$ 丙氨酸，谷氨酸 $\longleftrightarrow$ $\gamma-$氨基丁酸

注：R 表示烷基、芳基或糖基；XH_2 表示氢供体有机化合物；A 表示氢受体。

由于在土壤中难以将生活细胞的酶活性同不依赖生活细胞的土壤酶活性完全区别开来，因此在研究土壤酶上有不少困难。一般的方法是由加入抑制剂或经 γ 射线照射土壤，再加入一定基质，于一定条件下培养，测定单位时间内反应产物生成量或所加基质减少量，然后依据测定结果来表示土壤酶活性。土壤酶活性测定受样品处理(贮藏方式及温度、灭菌方法)、测定条件(温度、缓冲液类型和 pH、底物种类、离子强度)等多种因素的影响，因此定量提取并测定土壤酶活性非常困难，一般要求在严格控制的条件下进行，如一定的温度、pH 缓冲体系以及底物浓度等。

6.4.1　氧化还原酶活性

6.4.1.1　脱氢酶(dehydrogenase)

即 AH: B 氧化还原酶，它能自一定的基质中析出氢而进行氧化作用。脱氢酶能催化脱氢反应，作为氢的中间传递体，在有机物的氧化还原反应中起重要作用。土壤脱氢酶活性易被存在于土壤中的胞外酚氧化酶，或能催化脱氢酶反应的无机化合物所掩盖。Chander 和 Brookes(1991)发现铜可与反应终产物——三苯基甲臜(triphenyl formazan,TPF)进行非生物反应，导致污染土壤中脱氢酶活性的测定结果偏低。虽然脱氢酶易受土壤管理的影响，但由于它不能以复杂的形态积累于土壤中，因而不太适合作为指示土壤质量变化的指标，与土壤呼吸、微生物生物量无显著的相关性。脱氢酶的种类因电子供给体和接受体的特性而有不同，某些能将氢直接传递给分子态氧，而另一些则是传递给某些受体，如次甲基蓝、甲基蓝等。其总反应式表示为：

$$MH_2 \longrightarrow M + 2H^+ + 2e^-$$

基本原理：利用 2,3,5 - 三苯基四唑氯化物(2,3,5 - triphenyltetrazolium chloride,TTC)为基质，在土壤中与脱氢酶产生的氢反应形成红色的三苯基甲臜，用比色法测定其形成量作为土壤脱氢酶的活性指标。基质的还原过程如下：

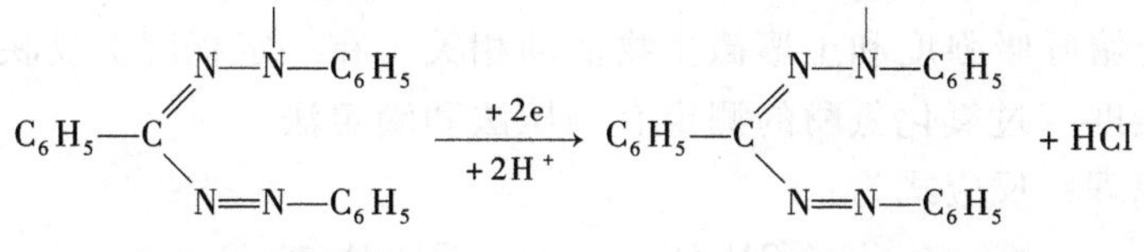

三苯基四唑氯化物　　　　三苯基甲臜(红色)

试剂配制：

1) 0.5 mol/L 三(羟甲基)氨基甲烷 - 盐酸缓冲液，pH7.6：2 mol/L 三(羟甲基)氨基甲烷溶液 50 mL 与 1 mol/L HCl 溶液 75 mL 混合，加蒸馏水 75 mL，定容到 200 mL。

2）5 g/L 的 TTC 溶液：TTC 0.5 g 溶于 0.5 mol/L 三(羟甲基)氨基甲烷 - 盐酸缓冲液中，定容到 100 mL。

3）甲醇。

4）三苯基甲臜标准溶液：称取三苯基甲臜 30 mg，用甲醇定容到 100 mL，此溶液的质量浓度即为 1 μg/mL。再用甲醇稀释该溶液，配制成质量浓度 25、50、75、100、150 ng/mL 的标准溶液。

操作步骤：

1）称取通过 2 mm 筛的土样 5 g 于带塞试管(7 mm × 150 mm)中，加入 TTC 溶液 5 mL，充分混合。

2）同时设置对照，即在试管内加入三(羟甲基)氨基甲烷 - 盐酸缓冲液 5 mL 以代替土壤与 TTC。

3）将以上试管置暗处 30 ℃保温培养 6 h。

4）培养结束后，分次加入甲醇 100 mL，移入带塞三角瓶中，用振荡机上下振荡 1 h，过滤。

5）取滤液用分光光度计(波长 485 nm)测定其光密度，以甲醇作为空白。

6）用上述同样方法测定不同浓度三苯基甲臜标准溶液，绘制标准曲线。

7）根据减去空白的光密度查标准曲线，即可求出产生的三苯基甲臜的量，该量即表示脱氢酶活性。根据形成 1 mg 三苯基甲臜需要 150.35 μL H，也可用转移 H 的体积表示。即脱氢酶活性亦可按下式计算：

$$\text{土壤脱氢酶活性} = \frac{c \times V \times 150.35}{\text{干土重}}，\text{单位 μL/(g·6 h)}$$

式中：c 为滤液中甲臜的浓度(mg/mL)；V 为滤液的体积(mL)；150.35 为将甲臜量换算为氢的体积(μL)的系数。

6.4.1.2 过氧化氢酶(catalase)

过氧化氢酶能促进过氧化氢对各种化合物的氧化。几乎在所有的生物体内都有过氧化氢酶，在某些细菌里，其数量约为细胞干重的 1%。土壤过氧化氢酶活性与土壤呼吸强度和土壤微生物活动相关，在一定程度上反映了土壤微生物过程的强度。过氧化氢酶的测定有测压法和滴定法。

基本原理：反应式为：

$$2H_2O_2 \longrightarrow O_2 + 2H_2O$$

测压法是测定过氧化氢分解时析出的氧量，方法简单，但准确性较差。滴定法则是定量滴定酶促反应后剩余的过氧化氢量，此法测定结果较好。

试剂配制：

1）质量分数为 0.3% 的 H_2O_2 溶液：按 1∶100 将质量分数为 30% 的 H_2O_2

用水稀释。

2） 1.5 mol/L H_2SO_4。

3） 0.1 mol/L $KMnO_4$ 溶液：称取化学纯 $KMnO_4$ 0.316 1 g，溶于 1 L 无 CO_2 蒸馏水中，储于棕色瓶中，备用。

操作步骤：

1） 称取 5 g 过 1 mm 筛的风干土样，置于 150 mL 三角瓶中，注入 40 mL 蒸馏水和 5 mL 质量分数为 0.3% 的 H_2O_2 溶液。

2） 同时设置对照，即三角瓶中注入 40 mL 蒸馏水和 5 mL 质量分数为 0.3% 的 H_2O_2 溶液，而不加土样。

3） 塞紧瓶塞，置于 120 r/min 往返式摇床上，振荡 30 min。

4） 随即注入 5 mL 1.5 mol/L H_2SO_4 以终止反应，用致密滤纸过滤。

5） 取滤液 25 mL，用 0.1 mol/L $KMnO_4$ 溶液滴定至微红色。

土壤过氧化氢酶活性以单位土重消耗 0.1 mol/L $KMnO_4$ 的体积(mL)表示。

6.4.1.3　硝酸还原酶(nitrate reductase)

在硝酸还原酶和亚硝酸还原酶的作用下，土壤中硝态氮可还原成氨。测定土壤中这些酶的活性可以了解土壤氮转化中脱氮作用的强度。另外，硝酸还原酶还参与土壤中铁的还原作用。

基本原理：硝酸盐在硝酸还原酶、亚硝酸还原酶和羟氨还原酶的催化作用下转化成氨，反应前后硝态氮的变化反映出土壤硝酸还原酶的活性，硝态氮的变化可用酚二磺酸比色法测定。

试剂配制：

1） 10 g/L KNO_3 溶液：10.0 g KNO_3 溶于去离子水，稀释至 1 L。

2） 10 g/L 葡萄糖($C_6H_{12}O_6$)溶液：10.0 g 分析纯葡萄糖溶于去离子水，稀释至 1 L。

3） 碳酸钙($CaCO_3$)。

4） 铝钾矾($AlK(SO_4)_2$)饱和溶液。

5） 酚二磺酸溶液：取 3 g 重蒸酚与 20.1 mL 浓 H_2SO_4 混合，在沸水浴上回流加热 6 h。

6） 100 g/L NaOH 溶液：50 g NaOH 溶于去离子水，稀释至 500 mL。

7） 0.1 mg/mL KNO_3 标准溶液：16.305 2 g 重结晶 KNO_3 溶于去离子水并定容至 1 L，此溶液浓度为 100 g/L，使用前将其稀释至 0.1 mg/mL。

仪器设备：

分光光度计，恒温培养箱，100 mL 三角瓶，50 mL 容量瓶，瓷蒸发皿，水浴(100 ℃)。

操作步骤：

1）取1 g新鲜土样（<2 mm）于100 mL减压三角瓶中，加20 mg $CaCO_3$和1 mL KNO_3溶液，混匀后加1 mL葡萄糖溶液。抽气3 min，轻摇三角瓶，30℃恒温培养24 h。培养结束后加50 mL去离子水和1 mL铝钾矾溶液，混匀后过滤。

2）取20 mL滤液于瓷蒸发皿上蒸干，加1 mL酚二磺酸溶液溶解处理10 min，再加15 mL去离子水，用100 g/L NaOH溶液调至微黄色，最后转移至50 mL容量瓶中，定容后于400～500 nm处比色。采用于180 ℃加热3 h灭菌的土壤作为对照。

3）标准曲线：吸取50 mL KNO_3标准溶液（0.1 mg/mL）于瓷蒸发皿中，同上在沸水浴上蒸干，加入2 mL酚二磺酸溶液溶解处理10 min，加去离子水定容至50 mL，此时溶液中NO_3^-－N的含量为0.01 mg/mL。吸取此溶液5～40 mL于50 mL容量瓶中，用100 g/L的NaOH溶液调至微黄色，定容后在分光光度计上于400～500 nm处比色。

结果计算：

$$土壤硝酸还原酶活性=\frac{c\times V\times f}{干土重}，单位\ mg/(g\cdot 24h)$$

式中：c为样品溶液中NO_3^-－N含量（mg/mL）；V为待测的体积（50 mL）；f为分取倍数。

6.4.1.4 多酚氧化酶（polyphenoloxidase）

多酚氧化酶能酶促一、二及三元酚的氧化。氧化的最终产物是醌。其反应式：

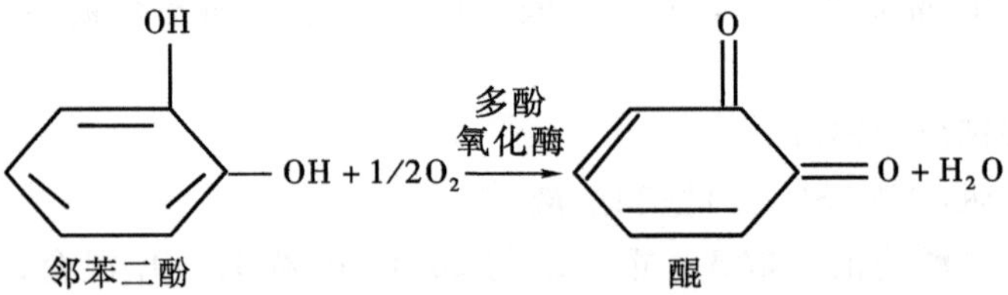

土壤中芳香族有机化合物转化为腐殖质组分的过程中，氧化酶特别是多酚氧化酶起着重要作用。另有研究表明，多酚氧化酶的活性与土壤腐殖化程度呈负相关。因此，测定土壤多酚氧化酶的活性，能在一定程度上了解土壤的腐殖化进程。

基本原理：土壤中基质邻苯三酚，经多酚氧化酶的酶促作用生成红紫棓精（purpuro gallin），用乙醚萃取，萃取液经紫外光谱比色，测得红紫棓精的量，即可表示多酚氧化酶的活性。

试剂配制：

1）10 g/L 的1,2,3－邻苯三酚溶液。

2）柠檬酸－磷酸缓冲液(pH4.5)。

3）乙醚。

4）0.5 mol/L HCl。

5）重铬酸钾标准液：取0.75 g $K_2Cr_2O_7$ 溶于1 L 0.5 mol/L HCl(相当于50 mL乙醚中含5 mg红紫棓精)。

操作步骤：

1）称取1 g过1 mm筛的风干土样置于带磨口瓶塞的50 mL容量瓶中，注入基质(10 g/L邻苯三酚溶液)10 mL，摇匀。

2）将瓶置于30 ℃恒温箱中培养3 h。

3）培养结束后，往瓶中加入4 mL柠檬酸－磷酸缓冲液，并加乙醚至刻度。

4）用力振荡容量瓶，使邻苯三酚溶液经酶促作用所生成的红紫棓精，从培养液的水相被萃取到乙醚相中。

5）用分液漏斗将以上容量瓶中溶液分开，取含溶解红紫棓精的着色乙醚进行紫外光谱比色(用1 cm石英槽和波长为430 nm的滤光片)。

6）另设置无邻苯三酚溶液的土壤和邻苯三酚溶液做对照，进行同样步骤并比色。

7）根据用 $K_2Cr_2O_7$ 得出的标准曲线，查得红紫棓精的量。

土壤多酚氧化酶活性以单位土重单位时间产生的红紫棓精质量(mg)表示。

6.4.2　水解酶活性

6.4.2.1　转化酶(invertase)

转化酶存在于所有土壤中，它能酶促蔗糖分子中果糖残基内的β－葡萄糖苷碳原子处的键裂解，使蔗糖水解成葡萄糖和果糖。土壤的转化酶活性，与土壤中的腐殖质、水溶性有机质和黏粒的含量以及微生物的数量及其活动呈正相关。随着土壤熟化程度的提高，转化酶的活性亦增强。人们常用土壤的转化酶活性来表征土壤的熟化程度和肥力水平。

基本原理：土壤转化酶活性的测定，有化学法和物理法。化学法是测定蔗糖水解时生成的还原己糖的量。物理法是测定含蔗糖基质的反应混合物与土壤作用后偏振角的变化。以下只介绍一种化学测定方法。

试剂配制：

1）甲苯。

2）200 g/L 的蔗糖溶液、330 g/L 的KI溶液、磷酸盐缓冲液(pH5.5)，用水稀释的 H_2SO_4(1:3)。

3）菲林溶液：(a)34.64 g $CuSO_4 \cdot 5H_2O$ 溶于蒸馏水，并稀释至500 mL；(b)173 g $C_4H_4KNaO_6 \cdot 4H_2O$ 和 50 g NaOH 溶于蒸馏水中，并稀释至 500 mL。临使用前，将溶液(a)与(b)按 1∶1 混合。

4）0.1 mol/L 硫代硫酸钠：24.82 g $NaS_2O_3 \cdot 5H_2O$ 和 1 g $Na_2CO_3 \cdot 10H_2O$ 溶于蒸馏水中，并稀释至 1 L。

5）淀粉指示剂：0.5 g 淀粉溶于少量水，混以 10 mL 煮沸的 250 g/L 的 NaCl 溶液，并煮沸 1 min。

操作步骤：

1）称取 10 g 过 1 mm 筛的风干土样，置于 100 mL 容量瓶中，加 1.5 mL 甲苯(泥炭沼泽土用甲苯 5 mL)，在室温下放置 15 min。

2）注入 200 g/L 的蔗糖溶液和磷酸盐缓冲液(pH5.5)各 10 mL。将瓶中内容物仔细混合，置 37 ℃恒温箱中保温。

3）培养23 h 后，用加热至 38 ℃的水将瓶中混合物稀释至刻度(甲苯应浮在刻度以上)，充分混合后重新置于恒温箱中。

4）再培养 1 h 后，取 20 mL 未经过滤的透明液，测定其还原糖。

5）每一组测定，设置无蔗糖溶液土壤和蔗糖溶液为对照。

6）还原糖测定法：

① 往 100 mL 三角瓶中注入 10 mL 菲林溶液和 20 mL 供试液(泥炭沼泽土和良好熟化的土壤取 5 mL)，并混以 20 mL 蒸馏水。

② 将以上三角瓶在沸腾的水浴中放置 10 min。

③ 由水浴中取出三角瓶，于自来水流下冷至 25 ℃，再往瓶中注入 3 mL 330 g/L 的碘化钾溶液和 4 mL 稀 H_2SO_4(1∶3)。

④ 注入 0.5 mL 淀粉指示剂，用 0.1 mol/L 硫代硫酸钠滴定以上混合液，滴定进行至蓝色消失。

⑤ 土壤转化酶活性以单位土重消耗 0.1 mol/L 硫代硫酸钠的毫升数(对照与试验测定之差)表示。

6.4.2.2 脲酶(urease)

大多数细菌、真菌和高等植物具有脲酶。它是一种酰胺酶，能酶促有机质分子中肽键的水解。土壤的脲酶活性与土壤的微生物数量、有机物质含量、全氮和速效氮含量呈正相关。人们常用土壤的脲酶活性表征土壤的氮素状况。

基本原理：脲酶是一种高度专性的酶，能酶促尿素的水解形成 CO_2 和 NH_3，因此可以测定产生的氨或二氧化碳的量，或测定基质尿素的减量，以表示脲酶的活性。以下介绍测定产生的氨量的方法。

试剂配制：

1）甲苯。

2）100 g/L 的尿素溶液。

3）柠檬酸盐缓冲液：368 g $C_6H_8O_7 \cdot H_2O$ 溶于 600 mL 蒸馏水，295 g 氢氧化钾溶于水。将两溶液合并，用 1 mol/L NaOH 调 pH 至 6.7，用水稀释至 2 L。

4）苯酚钠溶液：(a)62.5 g 苯酚溶于少量乙醇，加 2 mL 甲醇和 18.5 mL 丙酮，用乙醇稀释至 100 mL；(b)17 g NaOH 溶于 100 mL 水。将两溶液保存在冰箱里。使用前将溶液(a)与(b)各 20 mL 混合，用蒸馏水稀释至 100 mL。

5）次氯酸钠溶液：用水稀释试剂，至活性氯的质量浓度为 9 g/L，溶液稳定。

6）标准溶液：(a)0.471 7 g $(NH_4)_2SO_4$ 溶于水，稀释至 1 L(N 浓度 100 μg/mL)；(b)往 500 mL 容量瓶中分别注入 10、25、40、60、75 及 90 mL 溶液(a)，并用蒸馏水稀释至刻度。在 10 mL 每一溶液(b)中，分别含有 20、50、80、120、150、180 μg 的 NH_4^+ - N。这些溶液用于测定并绘制标准曲线。

操作步骤：

1）取 10 g 过 1 mm 筛的风干土样，置于 100 mL 容量瓶中，加 2 mL 甲苯。

2）甲苯处理后 15 min，往瓶中注入 10 mL 100 g/L 的尿素溶液和 20 mL 柠檬酸盐缓冲液(pH6.7)，仔细混合。

3）将瓶在 38 ℃恒温箱中放置 3 h。

4）培养 3 h 后，用加热至 38 ℃的蒸馏水稀释至刻度(甲苯应浮在刻度以上)，摇荡，将悬液过滤。滤液备用。

5）与此同时，对每一土样设置用水代替基质的对照；对整个试验，设置无土壤的对照，以检验试剂的纯度。

6）取滤液 1 mL 置于 50 mL 容量瓶中，用蒸馏水稀释至 10 mL，然后加入 4 mL 苯酚钠溶液，并立即加入 3 mL 次氯酸钠溶液。加入每一试剂后，立即将混合物仔细混合。

7）混合后 20 min，将混合物体积稀释至刻度。

8）用 1 cm 比色杯，在分光光度计上于 578 nm 处测定颜色深度(靛酚的青色能在 60 min 内保持稳定)。用供试样品所得的消光值减去对照样品消光值的差，根据标准曲线求出氨态氮量。

9）土壤脲酶活性以每单位土重产生的 NH_4^+ - N 的毫克数表示。

注意，当脲酶活性为 3～80 μg NH_4^+ - N/g 时，本法能获得可靠结果。若脲酶活性小于 3 μg NH_4^+ - N/g，培养时间需增至 24 h。

6.4.2.3　磷酸酶(phosphatase)

磷酸酶能酶促有机磷化合物的水解。试验表明，土壤微生物对于土壤含磷有机物质的矿化起着主要的作用；某些高等植物的根系也有磷酸酶活性。土壤的磷酸酶活性可以表征土壤的肥力状况(特别是磷的状况)。

基本原理：土壤磷酸酶活性的测定，常用各种磷酸一酯作为基质。应用最多的是酚酞磷酸酯、苯磷酸酯、甘油磷酸酯、α-或β-萘磷酸酯和p-硝基苯磷酸酯等的水溶性钠盐。当它们被酶促水解时，能析出无机磷和基质的有机基团，其反应：

$$R{-}O{-}\underset{ONa}{\overset{ONa}{P}}{=}O \xrightarrow[+H_2O]{磷酸酶} R{-}OH + Na_2HPO_4$$

式中：R 指酚酞、苯酚、甘油、α-或β-萘酚、p-硝基苯酚等。因此磷酸酶活性的测定是测定基质水解后的无机磷或酚的部分。这里介绍的方法是测定基质水解时生成的酚量。该法可用于测定各种磷酸酶的活性：碱性磷酸酶用 pH10 的硼酸盐缓冲液，中性磷酸酶用 pH7 的柠檬酸盐缓冲液，酸性磷酸酶用 pH5 的醋酸盐缓冲液。

试剂配制：

1) 甲苯。

2) 磷酸苯二钠溶液：6.75 g 磷酸苯二钠($C_6H_5PO_4Na_2 \cdot 2H_2O$)溶于水，并稀释至 1 L(1 mL 含 25 mg 酚)。

3) 醋酸盐缓冲液(pH5)。

4) 柠檬酸盐缓冲液(pH7)。

5) 硼酸盐缓冲液(pH9 与 pH10)。

6) Gibbs 试剂：200 mg 2,6-双溴苯醌氯酰亚胺(2,6-dibromoquinone chlorimide,$C_6H_2Br_2ClNO$)溶于乙醇，并稀释至 100 mL。

7) 标准溶液：(a)母液：1 g 酚溶于蒸馏水中，并稀释至 1 L，溶液保存在暗色瓶中；(b)工作液：10 mL(a)液稀释至 1 L(1 mL 含 10 μg 酚)。

操作步骤：

1) 取 10 g 过 1 mm 筛的风干土样于 100 mL 容量瓶中，用 1.5 mL 甲苯处理(泥炭土用 5 mL 甲苯)。

2) 处理 15 min 后，注入 10 mL 磷酸苯二钠溶液和 10 mL 相应的缓冲液(依磷酸酶的性质确定)。

3) 仔细混合后，将反应混合物置于 37 ℃恒温箱中。

4) 培养 3 h 后，用加热至 38 ℃的水将瓶中内容物稀释至刻度(甲苯应浮在刻度以上)，再用致密滤纸过滤。

5) 对每一土样，设置用水代替基质的对照。

6) 比色程序：

① 取滤液 1 mL 于 100 mL 容量瓶中，加 5 mL 相应的缓冲液(根据酶的性

质确定），用水稀释至25 mL，加1 mL Gibbs试剂。

② 将反应物仔细混合，静置20 min。这时溶液呈现青色。

③ 用水将瓶中混合物稀释至刻度，并在24 h内，用1 cm液槽，在分光光度计上于578 nm处测定颜色的深度，读取消光值。

④ 以供试样品所得消光值减去对照样品消光值的差，根据标准曲线，求出酚量。当酚含量小于50 mg时，用2～4 cm液槽进行比色。

土壤磷酸酶活性以单位土重单位时间形成酚的质量（μg）表示。

6.4.2.4 纤维素酶（cellulase）

纤维素酶是水解纤维素中$\beta-1,4$葡聚糖的葡糖苷键的酶，具有液化和糖化的功能。

基本原理：利用葡萄糖氧化酶作用于纤维素酶反应产物葡萄糖上，由过氧化物酶催化葡萄糖氧化（脱氢）产生的H_2O_2，与还原型色素间的氧化还原反应，将产生的氧化型色素进行比色定量。

试剂配制：

1）柠檬酸－磷酸盐缓冲液（pH5.0）：先配制0.2 mol/L磷酸氢二钠和0.1 mol/L柠檬酸溶液，两者以10.3∶9.7容积比混合。每升缓冲液中加抑菌剂青霉素G 71.2 mg。

2）醋酸缓冲液（pH4.2）：配制0.2 mol/L HAc和0.2 mol/L NaAc溶液，两液以14.7∶5.3容积比混合。

3）邻－联甲苯胺·二盐酸溶液（色素溶液）400 mg，溶于150 mL醋酸缓冲液中。

4）葡萄糖氧化酶试剂：采用从丝状菌中分离出的葡萄糖氧化酶标准品，称取400 mg，与过氧化物酶20 mg，溶于少量醋酸缓冲液中，与色素溶液混合后，再加醋酸缓冲液到300 mL。

5）葡萄糖标准溶液：称取无水葡萄糖100 mg，置于100 mL容量瓶中，加蒸馏水定容到100 mL。以此为原液配制成1、0.25、0.5、1.0 mg/L标准溶液。

6）纤维素粉末：将胶体状的微结晶纤维素混以羧甲基纤维素的钠盐，并烘干（或采用Abisel R. C. 581纤维素）。

操作步骤：

1）称取通过2 mm筛的土样10 g，置于250 mL三角瓶中（6个重复），其中2个重复不加纤维素作为对照，另4个重复各加纤维素200 mg，充分混合。

2）各瓶内加入柠檬酸、磷酸缓冲液20 mL，用石蜡密封，50 ℃培养48 h。

3）用3 000 r/min的速度离心15 min。

4）吸取上清液 0.5 mL，加葡萄糖氧化酶试剂 3 mL。用比色计于波长 365 nm 测定光密度。

5）制作标准曲线，吸取葡萄糖标准液 0.5 mL，加入葡萄糖氧化酶 3 mL，室温放置 45 min 后，立即（在 20 min 内）用同样波长测定光密度，绘成标准曲线。

6）用减去空白的光密度查标准曲线，求出葡萄糖的量。

$$\text{土壤纤维素酶活性}=\frac{c\times V\times f}{\text{干土重}}\text{，单位 }\mu g/(g\cdot 48h)$$

式中：c 为样品中葡萄糖含量（μg/mL）；V 为土壤悬浮液体积（3.5 mL）；f 为分取倍数（40）。

6.4.2.5 蛋白酶（protease）

蛋白酶是水解酶类的一种，它水解蛋白质为肽，最终形成氨基酸。

基本原理：蛋白酶可催化蛋白质的肽键的水解反应：

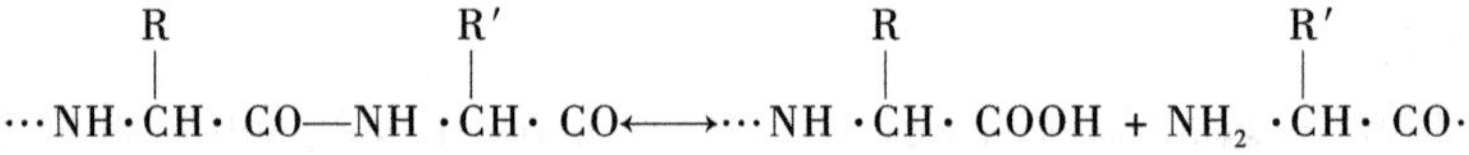

产生的氨基酸也包括游离状态的酪氨酸。比色测定酪氨酸的量，可作为土壤蛋白酶的活性指标。

试剂配制：

1）基质的制备：取精制过的酪素 1～2 g，溶于 160 mL 0.05 mol/L 的 Na_2HPO_4 缓冲液中，加温并调节 pH 至 5.8～7.8，稀释至 200 mL。酪素的精制法：将酪素溶解于 pH8～9 的水中，再用醋酸调节 pH 至 4.8，使其沉淀，用质量分数为 75% 的乙醇溶液洗涤，然后再用无水乙醇洗一次，干燥。取少量沉淀溶于水中，用 Folin 试剂检查是否呈蓝色反应，如为蓝色，则需重复精制。

2）蛋白质沉淀剂：称取 100 g 三氯醋酸溶解在 1 L 蒸馏水中。

3）0.55 mol/L 碳酸钠：称取 Na_2CO_3 58.3 g，用部分蒸馏水加热溶解后，定容至 1 L。

4）0.55 mol/L Na_2HPO_4 缓冲液：称取 Na_2HPO_4 7.098 g 溶于少量水中，定容至 1 L。

5）Folin 试剂：于 2 L 磨口回流装置内加入钨酸钠（$Na_2WO_4\cdot 2H_2O$）100 g，钼酸钠（$Na_2MoO_4\cdot 2H_2O$）25 g，蒸馏水 700 mL，85% 磷酸 50 mL，浓盐酸 100 mL，轻微回流煮沸 10 h。然后加入硫酸锂 150 g，蒸馏水 50 mL 和溴水 5 滴，摇匀，去除冷凝器后，再煮沸约 15 min，以除去多余的溴。冷后若仍有绿色，需再加溴水，再煮沸除去过量的溴。冷后加蒸馏水稀释至 1 L，混合均匀，过滤。试剂应无绿色，呈金黄色。储于棕色瓶中。

6）酪氨酸标准溶液：称取先于 105℃ 干燥箱中烘干 3 h 达恒重的酪氨酸

0.1 g，逐步加入0.1 mol/L HCl溶液使之溶解，定容至100 mL，即得1 g/L的酪氨酸溶液。用0.1 mol/L HCl将其稀释为100 mg/L的酪氨酸溶液，保存于冰箱中。此溶液可制备不同浓度标准酪氨酸溶液。

操作步骤：

1）取25 mL酪氨酸基质溶液于100 mL三角瓶中，于30 ℃恒温水浴中保温。

2）加入5 g新鲜土壤，1 mL甲苯，混合均匀后，置30 ℃恒温箱中，培养48 h。

3）取出三角瓶，加25 mL蛋白质沉淀剂，放置30 min，待蛋白质沉淀后用干滤纸过滤。

4）取一定滤液，用Folin比色法测其酪氨酸量。

做法如下：吸取滤液2 mL于试管中，加入0.55 mol/L Na_2CO_3 5 mL，1∶3 Folin试剂1 mL，立即振荡。将试管放入30 ℃恒温水浴中，显色30 min。用分光光度计在波长680 nm下测定光密度。由标准曲线查出其酪氨酸量。

6.4.2.6　脂肪酶(lipase)

脂肪酶是长链羧酸，最常见的天然脂肪酸是顺式不饱和脂肪酸衍生物。在有氧的条件下，脂肪酸每次断裂为两碳片段(β－氧化)，逐步降解为 CO_2 和 H_2O。在厌氧条件下，脂肪酸常常在环境中累积。

基本原理：脂肪酶与4－甲基散形酮庚酸(4－MUH)作用，形成荧光4－甲基散形酮(4－MU)，根据荧光强度估算酶的活性。该方法的主要优点是培养时间较短。

试剂配制：

1）乙二醇－甲基醚(EGME, $C_5H_{12}O_3$)。

2）4－甲基散形酮庚酸(10 mmol/L)：58 mg 4－甲基散形酮庚酸溶于10 mL EGME中，用EGME稀释至20 mL，于－20 ℃下存放。此溶液用前配制。

3）Tris缓冲液(0.1 mol/L $C_4H_{11}NO_3$, pH7.5)：12.11 g三羟甲基氨基甲烷(Tris)溶液溶于700 mL去离子水，用0.1 mol/L HCl溶液调节pH至7.5，用去离子水稀释至1 L。

4）4－甲基散形酮(MU)标准液(10 mmol/L $C_{10}H_8O_3$)：176 mg MU溶于70 mL EGME中，用EGME定容至100 mL。此溶液在4 ℃下可存放3～5 d。

仪器设备：

荧光计，可调试恒温水浴，离心机及离心管，三角瓶。

操作步骤：

1）取1 g新鲜土样(<2 mm)于250 mL三角瓶中，加45.00 mL Tris缓冲

液，盖上瓶塞，在30℃下于水浴振荡器中培养10 min。加入5 mL 4－甲基散形酮庚酸溶液，充分混匀，同上培养10 min。取出在冰水中冷却后，2 ℃下离心，用荧光计测定4－甲基散形酮的含量，激发波长为450 nm。做空白对照时，底物在反应瓶置于冰水后加入。

2）标准曲线：按1:100的比例，用去离子水稀释4－甲基散形酮标准液。取1 g土壤样品于系列反应瓶中，加45.00 mL Tris缓冲液和0、1、2、3、4、5 mL稀释的4－甲基散形酮标准液，分别补充去离子水5、4、3、2、1、0 mL至总体积为50 mL，然后按上述样品分析的操作步骤测定，此标准液中4－甲基散形酮的浓度分别为：0、10、20、30、40、50 nmol/L，注意每个土壤需做一个标准曲线。

结果计算：

$$\text{土壤脂肪酶活性}=\frac{MU}{\text{干土重}}，\text{单位 nmol/(g}\cdot\text{10 min)}$$

式中：MU为样品中的4－甲基散形酮的浓度(nmol/L)。

注意事项：

该方法存在的问题是反应后土壤中MU的提取可能不完全，因为土壤无机和有机胶体对其有吸附作用。土壤中脂肪酶活性还可用C_8、C_9和C_{12}链取代的MU酰基酯进行测定。

6.4.2.7 酰胺酶(amidase)

酰胺酶是催化酰胺类化合物水解生成氨和相应羧酸的酶，广泛存在于动物、植物和微生物体内。酰胺酶作用于C－N键而不是肽键，酰胺酶对脂肪族酰胺化合物有专性，不能作用于芳香族氨基化合物。酰胺酶可以分解某些可用作氮肥的氨基化合物(如草酰胺和甲酰胺等)，因此，它在土壤中的分布、特性以及动力学性质等值得注意和重视。

基本原理：土壤样品与甲酰胺溶液培养一定时间，水解所产生的铵离子，是土壤酰胺酶活性的指标。

试剂配制：

1）甲苯。

2）Tris缓冲液(0.1 mol/L $C_4H_{11}NO_3$, pH8.5)：12.2 g三羟甲基氨基甲烷(Tris)溶液溶于800 mL去离子水，用0.1 mol/L H_2SO_4调节pH至8.5，用去离子水稀释至1 L。

3）0.05 mol/L甲酰胺($HCONH_2$)溶液：2.0 mL甲酰胺(ρ = 1.133 g/mL)(或2.95 g乙酰胺或3.65 g丙酰胺)溶于少量上述Tris缓冲液，再用Tris缓冲液稀释至100 mL，混匀，4℃保存。

4）氯化钾－醋酸双氧铀混合溶液(2.5 mol/L KCl, 5 mmol/L UO_2

($(C_2H_3O_2)_2$)：2.12 g 醋酸双氧铀 $UO_2(C_2H_3O_2)_2 \cdot 2H_2O$ 溶于 700 mL 去离子水，再溶解 188 g KCl 于该溶液中，用去离子水稀释至 1 L。此溶液不宜久放，应用前配制。

5）蒸馏法测定氨的试剂参见 6.2.1.1。

仪器设备：50 mL 刻度试管，水浴，蒸馏装置，蒸馏瓶等。

操作步骤：

1）取 5.00 g 新鲜土壤(<2 mm)于 50 mL 刻度试管中，加 0.2 mL 甲苯和 9 mL Tris 缓冲液，混匀后加入 1.00 mL 甲酰胺溶液，摇匀后盖上塞子，于 37 ℃下培养 2 h(如果采用乙酰胺或丙酰胺溶液作为底物，由于其水解速度较慢，需培养 24 h)。培养结束后，加入 35 mL 氯化钾 – 醋酸双氧铀混合溶液，混匀后静置冷却至室温(约需 5 min)，再用氯化钾 – 醋酸双氧铀混合溶液稀释至刻度，盖上瓶塞，混匀。同时作空白对照，注意应在甲酰胺溶液加入之前加氯化钾 – 醋酸双氧铀混合溶液。

2）吸取 20.00 mL 样液于 100 mL 蒸馏瓶中，采用蒸馏法测定样液中的氨含量，参见 6.2.1.1 土壤悬液法测定土壤氨化作用。

结果计算：

$$\text{酰胺酶活性} = \frac{c \times V}{\text{干土重}}，\text{单位 } \mu g/(g \cdot 2h)$$

式中：c 为测定的土壤悬液中 NH_4^+ – N 含量($\mu g/mL$)；V 为土壤悬液体积(50 mL)。

注意事项：

1）在 Tris 缓冲液中，酰胺酶分解释放 NH_4^+ 的数量，要比在磷酸、柠檬酸以及改进通用缓冲液中高得多，而且未发现土壤对铵的固定。

2）0.05 mol/L 的底物浓度可以满足土壤中酰胺酶测定的要求，在此浓度下，酶可以被底物饱和，酶促反应基本符合零级反应。

3）65 ℃酰胺酶失活，体系中加入甲醛和甲苯会降低酶的活性。

4）NaF、$NaAsO_2$ 等对酰胺酶活性有抑制作用，F^- 的抑制作用表明酰胺酶需要 Ca^{2+} 或 Mg^{2+}。Tris 缓冲液中含有 5 mmol/L K^+、Na^+、NH_4^+、NO_3^-、NO_2^-、N_3^-、Cl^-、CN^-、S^{2-}、SO_4^{2-} 等离子时，对土壤酰胺酶活性的测定没有影响。As^{3+} 是酰胺酶的竞争性抑制剂，As^+、Hg^+ 以及 Se^{4+} 等是酰胺酶的非竞争性抑制剂。

6.4.2.8　L – 天冬酰胺酶(L – asparaginase)

L – 天冬酰胺酶(全称为 L – 天冬酰胺氨基水解酶)在土壤氮的矿化中起着重要作用，催化 L – 天冬酰胺的水解反应，产生天冬氨酸和氨，土壤矿化过程中释放的 NH_4^+ 相当一部分来自于酰胺化合物(天冬酰胺和谷酰胺)的水解，酸解后的腐殖质中7.3%~12.6%的氮是以酰胺形态存在的。Frankenberger 和 Tabatabai(1991a)提出了一种测定L－天冬酰胺酶活性的方法，该方法快速简易且较敏感，他们用此方法测定不同层次土壤中L－天冬酰胺酶活性，发现酶活性随取样深度和有机碳含量的降低而减小，与土壤有机碳和全氮含量以及酰胺酶和脲酶活性呈显著正相关，而与土壤黏粒或沙粒含量没有显著的相关性。

基本原理：L－天冬酰胺溶液与土壤培养一定时间后，水解产生的铵与土壤酰胺酶活性呈线性关系。

仪器设备：容量瓶，培养箱或37 ℃恒温水浴器，蒸馏装置。

试剂配制：

1）甲苯。

2）Tris 缓冲液（0.1 mol/L $C_4H_{11}NO_3$，pH8.5）：12.2 g 三羟甲基氨基甲烷（Tris）溶液溶于800 mL去离子水，用0.1 mol/L H_2SO_4调节pH至8.5，用去离子水稀释至1 L。

3）0.05 mol/L L－天冬酰胺（$C_4H_8N_2O_3$）溶液：3.30 g L－天冬酰胺溶于Tris缓冲液，微加热使之彻底溶解，再用Tris缓冲液稀释至50 mL。

4）KCl－Ag_2SO_4 混合溶液：100 mL Ag_2SO_4 溶于700 mL去离子水，再称取188 g KCl溶于此溶液，用去离子水稀释至1 L。该混合溶液KCl浓度为2.5 mol/L，Ag_2SO_4 质量浓度为0.1 g/L。

5）测定氨的试剂参见6.2.1.1测定。

操作步骤：

1）称取5 g新鲜土样（<2 mm）于50 mL刻度试管中，加0.2 mL甲苯和9 mL Tris缓冲液，混匀后加入1 mL L－天冬酰胺溶液，混匀，37 ℃下培养2 h后，加入35 mL KCl－Ag_2SO_4 混合溶液，混合均匀，静置冷却至室温（约需5 min），用KCl－Ag_2SO_4 混合溶液定容，混匀。

2）吸取20.00 mL用蒸馏法测定氨含量（参见6.2.1.1）。同时做空白对照，在加入L－天冬酰胺溶液前，加入KCl－Ag_2SO_4 混合溶液。

结果计算：

$$L－天冬酰胺溶液活性 = \frac{c \times V}{干土重}，单位 \mu g/(g \cdot 2\ h)$$

式中：c 为测定的土壤悬液中 NH_4^+－N 含量（μg/mL），V 为土壤悬液体积（50 mL）。

注意事项：

1）0.05 mol/L L－天冬酰胺溶液可以满足测定土壤L－天冬酰胺酶活性的需要，在此浓度下，L－天冬酰胺酶被L－天冬酰胺饱和，反应速率符合零级动力学反应。

2）5 g 样品是测定土壤 L－天冬酰胺酶活性的最佳样品用量，超过 5 g，可能由于底物浓度较低或产物（NH_4^+ 或天冬氨酸）对酶活性的抑制作用，样品用量与氨释放量不呈线性关系。

3）酶活性与培养时间呈线性关系，催化反应至少在 3 h 内为零级反应，但培养时间更长时，就不是零级反应。因此，测定土壤 L－天冬酰胺酶活性时，选择 2 h 培养时间较为合适。

4）反应最适温度为 60 ℃，超过 65℃酶开始失活。Frankenberger 和 Tabatabai（1991b）发现 9 个土壤中 L－天冬酰胺酶催化反应的活化能为 20.2～34.1 kJ/mol，平均 26.6 kJ/mol。在 10～50 ℃范围内，8 个土壤中 L－天冬酰胺酶的温度系数为 1.12～1.70，平均 1.39。

5）甲苯处理土壤 L－天冬酰胺酶的活性比未经甲苯处理的土壤高，可能是由于甲苯存在时，微生物细胞膜对底物和酶反应产物的透性发生改变。

6）$HgCl_2$、对（氯汞）苯甲酸和碘乙酸等，对 L－天冬酰胺酶活性有影响，说明自由的巯基是维持酶活性不可缺少的组分。在 Tris 缓冲液中，含有 5 mmol/L K^+、Na^+、Mn^{2+}、NO_3^-、PO_4^{3-} 等离子时，对 L－天冬酰胺酶活性的测定影响不大，Ca^{2+} 和 Mg^{2+} 对土壤 L－天冬酰胺酶活性有激活作用。

6.4.2.9　β－葡萄糖苷酶（β－glucosidase）

β－葡萄糖苷酶（全称为 β－D－葡糖苷葡糖水解酶）是微生物将纤维素分解为葡萄糖的限制酶，在土壤中比 α－葡萄糖苷酶更普遍。下面介绍用对硝基酚－β－D－葡萄糖苷作底物，测定 β－葡萄糖苷酶活性的方法，用此方法测定的土壤 β－葡萄糖苷酶的 K_m 值范围为 1.3～2.4 mmol/L。土壤中 β－葡萄糖苷酶的活性与有机质含量呈显著正相关，在 70 ℃时丧失活性。

仪器设备：分光光度计，三角瓶，恒温水浴，摇床，滤纸。

试剂配制：

1）pH6.0 通用缓冲液：2.42 g 三羟甲基氨基甲烷（$C_4H_{11}NO_3$）、2.32 g 马来酸（$C_4H_4O_4$）、2.80 g 柠檬酸（$C_6H_8O_7$）和 1.26 g 硼酸（H_3BO_3）溶于 100 mL 1 mol/L NaOH 溶液中，稀释至 200 mL，滴加 0.1 mol/L HCl 至 pH6.0，再稀释至 1 L。

2）Tris 缓冲液（0.1 mol/L $C_4H_{11}NO_3$，pH8.5）：12.2 g 三羟甲基氨基甲烷（Tris）溶液溶于 800 mL 去离子水，用 0.1 mol/L H_2SO_4 调节 pH 至 8.5，用去离子水稀释至 1 L。

3）对硝基酚－β－葡糖苷（PNG）溶液（25 mmol/L $C_{12}H_{15}O_9N$）：0.377 g PNG 溶于 40 mL 通用缓冲液中，用相同的缓冲液稀释至 50 mL，4 ℃储存。

操作步骤：

称取 5 g 新鲜土样（＜2 mm）于 50 mL 刻度试管中，加 1.25 mL 甲苯、

20 mL通用缓冲液和5 mL PNG溶液，盖上瓶塞，充分摇匀，于37℃培养1 h。加5 mL 0.5 mol/L $CaCl_2$ 溶液和20.00 mL pH12.0的Tris缓冲液，摇匀，迅速用快速滤纸过滤，滤液在400 nm处比色测定。做空白对照时，必须在培养结束之后，加 $CaCl_2$ 溶液和Tris缓冲液之前加入底物PNG溶液。每个样品必须做一个空白对照和三次重复。标准曲线的制作参见6.4.2.3测定。

结果计算：

$$\beta-\text{葡萄糖苷酶活性}=\frac{c\times V}{\text{干土重}}，\text{单位 }\mu g/(g\cdot h)$$

式中：c 为样品对硝基酚的含量(μg/mL)；V 为土壤悬液体积(mL)。

注意事项：

1）β－葡萄糖苷酶活性的最适pH为5～6.8，最适温度为60 ℃，甲苯可激发 β－葡萄糖苷酶活性。

2）4 ℃时，PNG溶液可稳定数天。

6.4.2.10 几丁质酶(chitinase)

几丁质是 N－乙酰基－葡糖胺在 β－(1,4)键的聚合物，是昆虫、甲壳动物外骨骼及多种真菌细胞壁中的主要物质。几丁质转化为乙酰基葡萄糖胺的酶促反应，可由两种水解酶催化——几丁质酶chitinase和chitobiase。几丁质酶在自然界中很常见，由细菌、真菌、植物以及食用几丁质物质的动物消化腺产生。在植物体内，这种酶可由微生物侵染诱导产生而累积。由根际细菌释放的几丁质酶，在植物病原菌的生物控制中起着重要作用。土壤中几丁质酶的活性与土壤含氮量呈正相关，酶活性随土壤深度的增加而降低。

基本原理：土壤样品与几丁质溶液培养一定时间后，水解生成的 N－乙酰葡萄糖胺与几丁质酶活性呈线性关系。

仪器设备：离心机，离心管，纤维素透析管，分光光度计，聚丙烯布(＜70 μm)，水浴(100 ℃)，三角瓶，容量瓶，摇床。

试剂配制：

1）几丁质悬液：15 g几丁质与200 mL浓盐酸混合，室温下搅拌3 h，然后将悬液在真空下用聚丙烯布过滤，滤液在水流中过夜透析后离心，弃去上清液，沉淀(几丁质)重新用去离子水溶解。重复上述透析过程，直至几丁质悬浮液的pH为5.5～6.0。测定几丁质的烘干质量后，用去离子水配制50 g/L几丁质悬浮液，超声波匀化后，加入0.2 g/L叠氮化钠溶液，于4 ℃下存放。

2）0.12 mol/L磷酸盐缓冲溶液(pH6.0)：16.13 g KH_2PO_4、0.2 g $Na_2HPO_4\cdot 2H_2O$ 和0.2 g NaN_3 于700 mL去离子水，用稀NaOH或稀HCl调节pH至6.0，用去离子水稀释至1 L。

3）0.8 mol/L硼酸缓冲液(pH9.1)：4.95 g H_3BO_3 溶于40 mL 0.8 mol/L

KOH 溶液，加 20 mL 去离子水，用 0.8 mol/L KOH 调节 pH 至 9.1，用去离子水稀释至 100 mL。

4）2 mol/L KCl 溶液：149.12 g KCl 溶于去离子水，并稀释至 1 L。

5）4-（二甲氨基）苯甲醛（DMBA）（$C_9H_{11}NO$）储备液：10 g DMBA 溶于 87.5 mL 浓醋酸和 12.5 mL 浓盐酸的混合液中，4 ℃下存放。

6）DMBA 稀释液：将 DMBA 储备液与浓醋酸按 1∶4 比例混合。此溶液应在用前配制。

7）*N*-乙酰葡糖胺标准液（22.5 mol/L $C_8H_{15}NO_6$）：0.5 g *N*-乙酰葡糖胺溶于去离子水，定容至 100 mL。此溶液用前配制。

操作步骤：

1）取 5.00 g 新鲜土壤（<2 mm）于 200 mL 三角瓶中，加 25 mL 磷酸盐缓冲液和 25 mL 几丁质溶液，盖上橡皮塞，37℃培养 16 h 后，加入 50 mL KCl 溶液，并在室温下振荡 30 min（100 r/min），过滤。空白对照在培养结束后迅速加入底物。

2）取 2.00 mL 滤液于 50 mL 三角瓶中，加 6.00 mL 去离子水和 1.60 mL 硼酸缓冲液，于沸水浴中放置 3 min，冷却至室温，加入 20.00 mL DMBA 稀释液，充分混匀后，在 35 ℃下培养 30 min，于 585 nm 处比色测定（应在 20 min 内完成）。

3）标准曲线：分别吸取 0、0.5、1.0、2.0、3.0、4.0 mL *N*-乙酰葡糖胺标准溶液于 50 mL 容量瓶中，加 12.5 mL 磷酸缓冲溶液和 25 mL KCl 溶液，用去离子水定容至 50 mL。吸取上述溶液各 2.0 mL 于 10 mL 玻璃试管中，同上加入等量的去离子水、硼酸缓冲液和 DMBA 溶液，进行比色测定。*N*-乙酰葡糖胺的最后浓度分别为 0、25、50、100、150 和 200 μg/mL。

结果计算：

$$土壤中几丁质酶活性 = \frac{c \times V}{干土重}，单位\ \mu g/(g \cdot 16h)$$

式中：*c* 为样品中 *N*-乙酰葡糖胺的浓度（μg/mL）；*V* 为土壤悬浮液总体积（mL）。

注意事项：

酶促反应在 4～24 h 内呈线性关系，加入 KCl 溶液可以浸提出较多的反应产物——乙酰葡萄糖胺。

6.4.2.11　芳基硫酸酯酶（arylsulphatase）

芳基硫酸酯酶催化有机硫酸酯水解为 SO_4^{2-}。土壤芳基硫酸酯酶的 K_m 值为 0.2～0.95 mmol/L，并随土壤类型而变化。土壤硫酸酯酶的活性随土壤深度的增加而降低，与土壤有机碳、全氮及阳离子交换量呈显著正相关。土壤风干可提高芳基硫酸酯酶的活性。无机硫[SO_4^{2-}、S(IV)、S(VI)]以及PO_4^{3-}、AsO_4^{3-}、MoO_4^{2-}等对土壤中硫酸酯酶活性都有较强的抑制作用。由于表层土壤中硫以有机硫形式存在，因此硫酸酯酶对于土壤硫素循环及其植物有效性有重要意义。

基本原理：用对硝基酚硫酸盐作底物，与土壤培养一段时间后，水解产生对硝基酚用比色法测定。

设备试剂：参见6.4.2.3和6.4.2.9。

操作步骤：

1）称取5 g新鲜土样（<2 mm）于50 mL刻度试管中，加1.25 mL甲苯和20 mL醋酸缓冲液和5 mL对硝基酚硫酸盐，混匀，盖上瓶塞，在37 ℃下培养1 h。再加入5 mL 0.5 mol/L $CaCl_2$溶液和20 mL 0.5 mol/L NaOH溶液，混匀，过滤，400 nm处比色。空白对照应在加入$CaCl_2$和NaOH溶液之后加底物，并迅速过滤。

2）标准曲线制作：参见6.4.2.3磷酸酶活性测定。

结果计算：

$$\text{芳基硫酸酯酶活性} = \frac{c \times V}{\text{干土重}}，\text{单位 } \mu g/(g \cdot h)$$

式中：c为测定的样品中的对硝基酚含量（μg/mL）；V为土壤溶液体积（mL）。

注意事项：

醋酸缓冲液体系中所测定的酶活性比其他缓冲溶液要高。加入甲苯（0.1～1.0 mL）会使酶活性升高。

6.4.3 转移酶和裂解酶活性

土壤中除了水解酶和氧化还原酶，还有转移酶和裂解酶，这两类酶在土壤的物质转化中也起着重要的作用。例如在转氨酶的作用下，氨基酸的氨基转移形成新的氨基化合物。已发现的土壤转移酶类有果聚糖蔗糖酶和硫氰酸酶等；裂解酶有天门冬氨酸脱羧酶、谷氨酸脱羧酶和色氨酸脱羧酶等。

6.4.3.1 果聚糖蔗糖酶（levansucrase）

果聚糖蔗糖酶也称为6-果糖基转移酶，在果聚糖蔗糖酶的作用下，果聚糖水解为蔗糖和葡萄糖，蔗糖可用乙醇沉淀析出，再经酸水解生成的果糖与间苯二酚反应呈橙色，然后比色测定其含量。

试剂配制：

1）100 g/L蔗糖（$C_{12}H_{22}O_{11}$）溶液：10 g蔗糖溶于100 mL去离子水中。

2）10 g/L果聚糖（$C_{6n}H_{11n+1}O_{4n}$）溶液：1 g果聚糖溶于100 mL去离子水中。

3）甲苯，质量分数为95%的乙醇溶液。

4）10 g/L 氯化钙（$CaCl_2 \cdot 2H_2O$）溶液：1 g 氯化钙于100 mL 去离子水中，储棕色瓶中。

5）酸性试剂：130 g 甘油、100 mL 浓盐酸、50 mL 去离子水和52 mg $CuSO_4 \cdot 5H_2O$ 混合。

6）果糖（$C_6H_{12}O_6$）标准液：配制浓度为0.02～1 mg/mL 的果糖系列水溶液。

仪器设备：分光光度计，恒温培养箱，水浴锅，50 mL 三角瓶，离心机，离心管。

操作步骤：

取3 g 新鲜土壤（<2 mm）于50 mL 三角瓶中，加2 mL 甲苯和10 mL 蔗糖溶液，摇匀后，盖紧塞子，于37℃恒温箱中培养7天后离心。取1 mL 上清液于另外一个离心管中，加3 mL 质量分数为95%的乙醇溶液和1滴氯化钙溶液，摇匀后离心。倾去上清液，将蔗糖沉淀重新溶于1 mL 去离子水中，再倾去上清液，反复进行3～4次。最后将沉淀转移至60～70 ℃水浴上，待干燥后冷却，溶于2 mL 预先煮沸的去离子水中。取0.5 mL 于试管中，加5 mL 酸性试剂和1 mL 间苯二酚溶液，摇匀，塞紧后在沸水浴上加热1～2 min，冷却后在450 nm 处比色。同时做用0.5 mL 去离子水代替底物的对照。

结果计算：

$$\text{土壤果聚糖蔗糖酶活性} = \frac{c \times V \times 48}{\text{干土重}}，\text{单位 mg/(g·7d)}$$

式中：c 为样品溶液中果糖含量（mg/mL）；V 为待测液的体积（6.5 mL）；48为分取倍数。

6.4.3.2　L－组氨酸氨裂解酶（L－histidine ammonialyase）

L－组氨酸氨裂解酶催化L－组氨酸，进行不可逆非氧化性脱氨作用，生成尿酐酸酯和氨，其反应式如下：

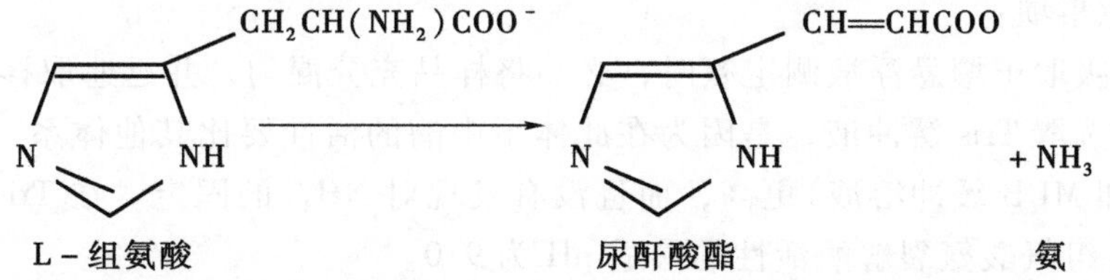

土壤中L－组氨酸占土壤水解产物中总氨基酸的10%左右，是含咪唑弱碱基且R基团的pH接近7.0的唯一的氨基酸。在许多酶促反应中，L－组氨酸中的咪唑基可充当亲核性基团与底物结合。土壤中的L－组氨酸氨裂解酶活性与表土的有机碳（$r = 0.70$）和全氮（$r = 0.55$）含量呈显著正相关（Frankenberger and Johanson,1983)，而与土壤 pH、阳离子交换量，以及黏粒和沙粒的含量等没有相关性。这种酶主要存在于表土中，酶活性随土壤剖面深度而降低。土壤风干后，L－组氨酸氨裂解酶的活性平均降低 18%。

仪器设备：50 mL 容量瓶，恒温水浴，蒸馏装置等。

试剂配制：

1）甲苯。

2）Tris 缓冲液(0.1 mol/L $C_4H_{11}NO_3$，pH9.0)：12.2 g 三羟甲基氨基甲烷(Tris)溶液溶于 800 mL 去离子水，用 0.1 mol/L H_2SO_4调节 pH 至 9.0，用去离子水稀释至 1 L。

3）L－组氨酸溶液(0.5 mol/L $C_6H_9N_3O_2$)：5.22 g 一水盐酸 L－(＋)组氨酸溶于 50 mL Tris 缓冲液中，混匀，4 ℃下储存。

4）氯化钾－醋酸双氧铀混合溶液：2.12 g $UO_2(C_2H_3O_2)\cdot 2H_2O$ 溶于约 700 mL 去离子水中，加 188 g KCl，用去离子水稀释至 1 L，充分混匀。此溶液中的氯化钾浓度为 2.5 mol/L，醋酸双氧铀的浓度为 5 mmol/L。此溶液应在使用前配制。

操作步骤：

称取 5 g 新鲜土样(＜2 mm)于 50 mL 刻度试管中，加 0.2 mL 甲苯和 9 mL Tris 缓冲液，摇匀约 5 s。加入 1 mL L－组氨酸溶液，摇匀后盖上瓶塞(约 5 min)，用 $KCl-UO_2(C_2HO_2)_2$ 溶液稀释至 50 mL，混匀后，迅速吸取 20 mL 于 100 mL 蒸馏瓶中，依据 6.2.1.1 的方法测定 NH_4^+－N 含量。同时做空白对照，但注意在加入 $KCl-UO_2(C_2HO_2)_2$ 溶液之后再加入 L－组氨酸溶液。

结果计算：

$$\text{L－组氨酸氨裂解酶活性} = \frac{c \times V \times f}{\text{干土重}}\text{，单位 μg/g}$$

式中：c 为土壤悬浮液中 NH_4^+－N 含量(μg/mL)；V 为土壤悬浮液体积(50 mL)；f 为分取倍数(2.5)。

注意事项：

1）吸取土壤悬浮液测定氨时，必须将样品充分混匀，并迅速取样。

2）选取 Tris 缓冲液，是因为在此体系中酶的活性要比其他体系(如磷酸、柠檬酸和 MUB 缓冲溶液)更高，而且没有发现对 NH_4^+ 的固定。在 Tris 缓冲体系中 L－组氨酸氨裂解酶活性的最适 pH 为 9.0。

3）加入甲苯可以抑制尿酐酸酶活性，这种酶能使尿酐酸酯降解为 NH_3 和 L－咪唑酮－5－丙酸盐。

4）土壤中 L－组氨酸氨裂解酶活性并不符合 Michaelis－Menten 动力学方程，最初反应速率与底物浓度为 S 形曲线，酶活性超过 $1/2v_{max}$后呈对数增长。

本方法所使用的底物浓度不会限制反应速率，在此浓度下酶催化反应接近零级反应。

5）在本实验条件下，L－组氨酸氨裂解酶催化释放的 NH_4^+ －N 量在 168 h 内呈线性增加，加入甲苯后 48 h 内微生物对酶活性的干扰较小。

6）土壤中 L－组氨酸氨裂解酶活性与温度的曲线显示，80 ℃时酶活性最高，在 85 ℃时酶失活。

7）苯基醋酸铅对镁的抑制作用表明，巯基是维持 L－组氨酸氨裂解酶活性位点必不可少的基团，加入巯基化合物如 2－巯基乙醇和 L－巯基丙氨酸等，会提高 L－组氨酸氨裂解酶的活性；而甲醛处理土壤显著降低酶活性。5 mmol/L K^+、Na^+、Cl^-、NO_2^-、PO_4^{3-}、SO_4^{2-} 等离子，对 L－组氨酸氨裂解酶的活性没有影响，NaF 和 $NaAsO_2$ 处理的土壤对酶活性有抑制作用。F^- 的抑制作用表明，这种酶需要 Ca^{2+} 或 Mg^{2+} 维持其活性。

第 7 章　土壤微生物的原位研究

土壤微生物学的基本内容是研究微生物在土壤中的生命活动规律，所以研究土壤微生物活性以原位观测为佳，微生物个体生态学研究如果不采用原位研究技术就很难达到目的。由于实验技术上的困难，诸多研究长期以来难以达到原位测定的要求。目前除进行土壤微生物的显微观察以及微生物区系特别是根际的原位观测外，不得不采用一些模拟装置，以便在尽可能接近自然条件的情况下进行研究。从某种意义上说，模拟体系是研究微生物转化某一特定基质或研究影响微生物活性的环境条件所必不可少的研究手段。近年来，稳定同位素示踪技术和稳定同位素核酸探针技术在土壤微生物原位研究中有了较大的发展。据此，本章将依次介绍土壤微生物的观察、模型生态系统以及稳定同位素技术的应用。

7.1　土壤微生物的观察

土壤微生物的观察是认识土壤微生物的关键手段之一，也是从个体形态和细胞结构层面上开展土壤微生物原位研究的重要手段。土壤是一种复杂的有机 - 无机复合体，为了对土壤微生物获得更为全面的认识，需要采用不同的方法观察附着于土壤颗粒上的微生物。本节主要介绍土壤微生物观察的一些常用方法，如微生物细胞的观察、微生物区系的观测以及根际微生物作用过程的检查等。

7.1.1　土壤微生物细胞的观察

微生物个体很小，最小的细菌不到 0.2 μm，须经显微镜放大后方可观察到它的形态。现有的显微观察方法很多，而显微样品的制备是显微观察的基础，样品的制备方法又取决于观察目的和显微镜类型。本节重点介绍细胞染色观察法、细胞电镜观察法及湿法安装观察法。

7.1.1.1　细胞染色观察法

微生物细胞的染色及形态结构的观察是微生物学实验中十分重要的基本技

术。因为微生物(尤其是细菌)细胞小而透明，当把细菌悬浮于水滴内，用光学显微镜观察时，由于菌体和背景没有显著的明暗差，因而难以看清它们的形态，更不易识别其结构，故用普通光学显微镜观察细菌时往往要先将细菌进行染色，借助于颜色的反衬作用，可以更清楚地观察到细菌的形态及其某些细胞结构。为了研究微生物的形态特征和鉴别不同类群的微生物，常用染色方法主要包括简单染色、革兰氏染色、芽孢染色、荚膜染色、鞭毛染色和拟核染色等。

染色观察法是先在载玻片上将微生物细胞样品固定、染色，再通过显微镜观察其形态及内部结构。操作过程是：首先在载玻片上将细胞的液态悬浮物涂抹成薄膜，在空气中晾干，制成涂片，然后在火上略微加热几秒钟使其固定在载玻片上，最后用能看见细胞细节的染料将涂片染色。有许多不同的染料供选择，但通常将它们分为带正电荷的碱性染料(basic dye)和带负电荷的酸性染料(acidic dye)。带负电荷的细胞成分(如核酸)吸引碱性染料，带正电荷的细胞成分(如一些膜)吸引酸性染料。因为固定和染色过程会杀死生物，所以观察到的是非存活生物。

染色也可分为正染色(positive)和负染色(negative)。正染色的染料附着在样品上并给它染色，而背景不会被染色。最重要的一种正染色类型是简单染色法(simple stain)，该法使用如亚甲蓝单一染料，会导致所有的细胞和细胞成分呈现相同的颜色，与未被染色的背景形成对比。简单染色法对微生物细胞大小和形态的估计以及细胞计数非常有用。与此相反，负染色是对背景染色，突出显现样品的轮廓。一般来说，负染色的染料带负电荷且被许多细胞的带负电荷表面所排斥，如酸性染料印度墨水(India ink)。但是所有这些类型的染色都没有正染色重要，因为利用正染色可以看到微生物的内部细节。

鉴别染色法(differential stain)是利用初染和复染两种不同染料的染色法。革兰(H. C. Gram)发明的革兰氏染色法(Gram stain)是最常见的鉴别染色法，它利用结晶紫和番红染料将细菌分为两个主要的类型：革兰氏阳性菌呈现紫色，革兰氏阴性菌呈红色。在上述两种情况下，鉴别染色是由于细胞壁成分的不同造成的。对于许多从土壤分离出来的细菌来说，革兰氏染色可能是非决定性的，这些微生物的革兰氏染色具有变异性。在这种情况下，红色和紫色的细胞都可以看见，如普通的土壤微生物——节杆菌属的某些种类。

此外，还有许多特殊染色法(special stain)。这些特殊染色法用来鉴别特定的细胞成分，例如，细菌荚膜和孢子。抗酸性染色法(acid - fast stain)可以用来鉴别难以染色的细菌，这些生物不能被普通染料(如结晶紫)染色。例如，分枝杆菌由于细胞表面具有霉菌酸，因而属于抗酸细菌，但用石炭酸品红染色后，即使用酸也不能脱色。分枝杆菌是一些人类严重疾病(包括肺结核和麻风病)的致病因子，同时也是普通土壤分离菌，虽然生长缓慢，但似乎有降解许多有机污染物的能力，因而有着特殊的重要性。

7.1.1.2 细胞电镜观察法

光学显微镜是从事微生物学研究的主要工具，但限于分辨力，在其视野中经常会“遗漏”许多微生物。电子显微镜的问世弥补了这一缺陷，即便在放大率相同的条件下，其分辨率仍要高于光学显微镜。用于微生物研究的电子显微镜有扫描电镜和透视电镜两种，就分辨率而言，透视电镜高于扫描电镜20～50倍。扫描电镜多用于研究土壤颗粒表面的微生物状况，透视电镜则用于研究土壤－植物根系中微生物状况，有时二者结合使用。电子显微镜法的主要操作程序在于确定合适的制片方法以及与之相关联的样品处理。各种显微镜的比较见表7－1。现各选择一种方法介绍。

表7－1 各种显微镜的比较

显微镜		最大实际放大率	分辨率	重要特性
可见光作为光的来源	明视野显微镜	2 000×	0.2 μm	用于活的和保藏染色样品的普通多用途显微镜，样品呈黑色，视野呈白色；提供很好的细胞细节
	暗视野显微镜	2 000×	0.2 μm	对观察活的、未染色的样品最好，样品亮，视野暗，提供内部细胞细节的样品轮廓
	相差显微镜	2 000×	0.2 μm	用于活样品，样品衬托在灰色背景下，极好的内部细胞细节
	干涉显微镜	2 000×	0.2 μm	提供明亮的颜色，高对比度，活样品的三维影像
紫外线作为光的来源	荧光显微镜	2 000×	0.2 μm	样品用荧光染料染色或与荧光抗体结合，释放出荧光；特异性使这种显微镜成为极好的诊断工具
电子光束成像显微镜	透射电子显微镜（TEM）	1 000 000×	0.5 nm	可在高放大率下观察样品的断面，能展现最详细的细胞和病毒的内部细节，仅仅用于保藏的物质
	扫描电子显微镜（SEM）	1 000 000×	10 nm	可在高放大率下观察整个样品，能展示外部细节和细胞的排列，一般用于保存的物质

1）扫描电镜切片制作方法(Locci - Quaroni 法)：将采集的原状土柱装入一个管中，此管再放入烧杯内，向烧杯中喷冷冻剂氟利昂，将其冷冻。如需加速土柱的冰冻过程，可在喷洒氟利昂之前，向原状土柱内注入少量水分。取出管中冰冻的土柱，用刀片将其切成若干小片，放入圆盘中，置圆盘于金属架上，在真空条件下向样品喷镀金 - 钯合金，或铜或铝。此切片即可供扫描电镜检测。

2）透视电镜切片制作方法(Jenny - Grossenbacher 法)：将已萌发的大麦种子播在装满斑脱土(bentonite clay)和人造沸石(permutite sand)的管内，将水分调至田间持水量，放置数日后，管中黏土之间的孔隙已为液体单分子所充塞，黏土则坚如岩石，用专门的金刚石锯或刀片将管中的黏土柱切成薄片(10 ~ 50 nm)，供透视电镜检测。

7.1.1.3　湿法安装观察法

湿法安装(wet mount)可用于观察活微生物细胞，即将细胞悬浮在水、盐水或其他液体媒质中，液体维持生存力并允许细胞移动，可以在一个有盖玻片的简单载玻片或是有特殊构造的载玻片上完成。在后一种情况下，含有样品的液滴可以放置在玻璃盖玻片上，然后将凹面朝下的载玻片放在盖玻片上。倒置盖玻片和载玻片，液滴会悬挂在盖玻片上。因为凹面朝下，液滴不会受载玻片的影响，这样会产生悬滴(hanging drop)。悬滴载玻片在监测细菌游动性方面很有用。相差或 DIC(differential interference contrast，微分干涉相差)显微镜经常使用湿法安装来使样品的对比度最大化。尽管在湿法安装中可以确定形态，但因为微生物是运动的，而且缺少样品和周围媒介之间的对比和细节，所以通常情况下比较困难。

7.1.2　土壤微生物区系的原位观测

土壤微生物区系的原位观测具有十分重要的研究价值，因为它能够减少人为采样及有关测定过程对观测结果的干扰。这里介绍的方法主要有切片观察法、埋片观察法、颗粒镜检法、毛细管法以及尼龙网法等。

7.1.2.1　切片观察法

采用土壤切片的技术可以在土壤不受干扰的情况下进行微生物研究，从而揭示出微生物与土壤微域环境之间的关系。现将制作土壤切片的方法介绍如下。

材料设备：

1）冷杉胶或加拿大树胶、不饱和聚酯树脂。

2）催化剂 H(用于冷固化法)：500 g/L 的过氧化环已酮糊状溶液(溶剂为邻苯二丁酯)。

3）促进剂E：60 g/L 的环烷酸钴溶液(溶剂为苯乙烯)。

4）脱模剂聚苯乙烯-二甲苯溶液：聚苯乙烯树脂10 g加二甲苯100 mL。

5）黏片剂环氧树脂：6101 环氧树脂10 g，邻苯二甲酸二丁酯(增塑剂)1 g，三乙烯四胺(固化剂)1.5 mL，丙酮(稀释剂)2 mL，室温超过30 ℃时，固化剂用量可减少为1 mL。

6）土壤切片机、磨片机。

7）金刚砂：150、200、600级。

制片步骤：

1）土样采集：采集若干大小约10 cm×10 cm×2 cm 的原状土块(土块视土壤层次特征而定)，风干后用钢锯条、刀子等工具将样本小心锯切为2.5 cm×3 cm×0.5 cm 的小块，将磨片的一面向上，轻轻浸入容器内的液氮，使其快速冰冻，并进行冷冻干燥，备用。

2）土块的浸渍和固化：有热固化和冷固化，下面介绍冷固化方法。

① 配制浸渍剂：所有配制用具均需干燥无水汽。先用量杯量取不饱和聚酯树脂，按其量的4%(容量比)徐徐滴入催化剂H，并不断搅拌均匀。待搅匀后再徐徐滴入促进剂E(用量见表7-2)，并搅拌均匀。配制后即可倾入分液漏斗中。冷固化法浸渍剂的配制应在土样减压抽气前或抽气时进行，不宜早配。

表7-2 促进剂E用量标准

室温/℃	一般土样 (每100 mL 不饱和聚酯树脂毫升数)	黏重致密土样 (每100 mL 饱和聚酯树脂毫升数)
10~15	0.250(5滴)	0.200
16~18	0.200(4滴)	0.150
19~22	0.150(3滴)	0.100
23~26	0.100(2滴)	0.075
27~30	0.075(1.5滴)	0.050
30~33	0.050(1滴)	0.025
>33	0.025(0.5滴)	0.010

② 浸渍容器和脱模剂的涂刷：浸渍容器可采用玻璃质、瓷质、铝质、聚苯乙烯质容器。其大小以恰好能放入土样为宜。容器内壁力求平滑无凹凸，上部不能小于下部，以便脱模。内壁不够光滑的容器，应预先涂刷脱模剂，即用毛笔将脱模剂涂刷于内壁，放置半小时后即干燥成膜。

③ 土样的浸渍：将冷冻干燥后的土块小心移入涂过脱模剂的容器内，工作面向上。将已配好的浸渍剂沿容器壁徐徐倒入浸渍容器内，灌胶量相当于三个土样厚度的高度，灌胶后将浸渍土样置于避风(但不能加盖)和无阳光直射

处，最好置于通风橱内(但不能通风)。

④ 固化：冷固化最适温度为 15 ~ 25 ℃，室温低于 15 ℃时，将会固化不良。浸渍土壤的冷固化，从加入促进剂至树脂变为凝胶态，按上述配方约需 6 h，然后开始固化变硬，完全固化则需几天。

3）固化土块的磨片制片：

① 切片：切块厚度以 0.5 cm 左右为宜，不要太薄，以免磨片时磨块变形。切片时应注意切块有无遇水"胀化"现象，以决定磨片时是否用煤油作磨片液。

② 黏片：黏片前必须仔细检查磨块的磨面是否平整，否则需重磨，一定要十分平整后才能黏片。黏片时将环氧树脂涂于土块磨面上，然后将干净载玻片在酒精灯头上略烘去水汽，立即黏于磨面上并轻轻挤压，赶出气泡。黏片后必须平放，室温下放置 2 ~ 3 d 即可磨片。

③ 磨片：先用 150 级的金刚砂将土面磨光，再用 200 级的金刚砂细磨，最后再用 600 级的研磨，磨片的厚度以 50 nm 为宜。

④ 盖上盖玻片，用冷杉胶或加拿大树胶封闭。

4）制作成功的土壤切片，于显微镜下观察，可以得知不同微生物的排列，进一步研究其与土壤微域环境间的关系。

7.1.2.2　埋片观察法

将一洁净的载玻片与土壤紧贴在一起培养，微生物即在玻片的表面发育。通过此玻片即可定性检查土壤微生物区系，直接观察田间和实验室的土壤，并揭示某些微生物与土粒之间的相互关系。

材料仪器：

1）有机物质(通常是蛋白胨、豆科植物粉或其他一些含氮量高的物质)。

2）直径 5 ~ 10 cm、高 8 ~ 10 cm 的玻璃容器，100 mL 的烧杯、载玻片、剖面刀。

3）孟加拉红染色液。

4）光学显微镜。

操作方法：

1）制备土样：称 100 g 待测土壤于玻璃容器内，加入 1 g 有机质，充分混匀后，使土壤湿度接近田间持水量(即饱和水分的土壤在 1 000g 离心后所能保持的含水量，此时土壤对水分的吸持力约为大气压的一半，和田间持水量非常接近)。如在田间进行测定，则需选择在水分易于保持的地段内进行。

2）用剖面刀在土壤中划一窄缝，将清洁(或表面铺有 2% 琼脂)的载玻片垂直插入土内，露出地表 20 ~ 30 mm，用颜色作好标记，并覆盖之，以防土壤干燥。

3）一周后取出载玻片，用水浸洗载玻片，以去除大的土粒，并将载玻片风干，用盂加拉红热染 10 min。

4）洗去载玻片上多余的染料，晾干后在显微镜下检查细菌和丝状体的形态及着色状况，并观察微生物细胞在载玻片上的分布。

除上述方法外，还有两种方法与此法相似，简介如下：

1）将一洁净的载玻片贴在一块土壤上用力按紧，使土壤贴印在载玻片上，贴印时间为 20 s，然后取出玻片，干燥、固定、用赤癣红染色后镜检。

2）将一载玻片贴在塑泥上培养，可按照试验要求随时观察培养中的变化：

① 塑泥的制备：称取 100 g 供试土壤，加上一定比例的能源物质(根据实验目的而定)，加水使达到稠泥团的湿度。

② 方法：将稠泥装满在直径为 10 cm 的培养皿内，用载玻片或湿抹刀使表面光滑。将此培养皿不加盖放在盛有少许水的玻璃缸里保温培养，玻璃缸加盖以防水分迅速干燥。塑泥表面有利于好氧微生物的繁殖而塑泥深处则利于厌氧微生物的繁殖。用盖玻片埋于塑泥表面或较深处，以印取法进行显微镜检查。

7.1.2.3 颗粒镜检法

此法可用于观察微生物细胞在土壤有机或无机颗粒上的排列状况，特别适宜于观察个体较小的微生物体。土壤染色装置如图 7－1 所示。

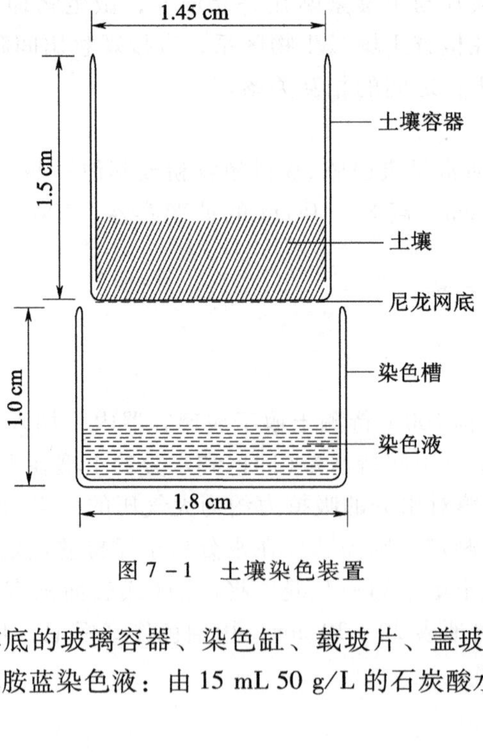

图 7－1 土壤染色装置

材料试剂：

1）以尼龙网作底的玻璃容器、染色缸、载玻片、盖玻片。

2）石炭酸－苯胺蓝染色液：由 15 mL 50 g/L 的石炭酸水溶液，1 mL 60 g/L

的苯胺蓝水溶液及 4 mL 冰醋酸混合组成，放置 1 h 后，过滤备用。

3）吖啶橙染色液：≤2 g/L 的吖啶橙水溶液。

4）10 g/L 的焦磷酸钠溶液。

操作方法：

1）土壤染色：将土壤置于以尼龙网作底的玻璃容器内，再将此玻璃容器浸入染色缸内染色。

① 若用石炭酸 - 苯胺蓝染色，可按下述方法进行：将装有土壤的玻璃容器浸入盛有石炭酸 - 苯胺蓝染色液的染色缸内 1 h，然后取出，用水洗去多余的染色液，必要时可用质量分数为 95% 的乙醇溶液脱水。用此染色液染色，镜检时可使微生物细胞与其背景（土壤颗粒）形成很好的对比，视野清晰可辨。

② 若用吖啶橙染色液染色，则按下述方法进行：将装有土壤的玻璃器皿浸入盛有吖啶橙染色液的染色缸内，在室温下浸置 3 min（染色液用量按 0.6 mL/g 土计算），接着用 10 g/L 的焦磷酸钠溶液漂洗 30 s，然后镜检。此法便于分辨活细胞与死细胞。因为死细胞缺乏细胞质膜，染色液易浸入其内，故在紫外线下染色后的死细胞呈红色；相比之下，染色液较难浸入活细胞体内，因此它们呈绿色。然而，染色液的浓度、微生物细胞的本性及其活力都会影响染色的效果和色泽，所以，在实际应用中还需加以注意。

2）制备镜检片：将上述染色后的土壤颗粒小心转移至特制载玻片的水滴中。该特制玻片系由一层无色琼脂所覆盖。琼脂厚度要超过最大颗粒的直径，以致使在用盖玻片将颗粒压入琼脂时，这些颗粒的上表面大约都在同一焦距平面上，便于在 100 倍油浸透镜下观察（如图 7 - 2）。如果载玻片不用琼脂覆盖到足够厚度，则会有一部分颗粒不处于焦点。

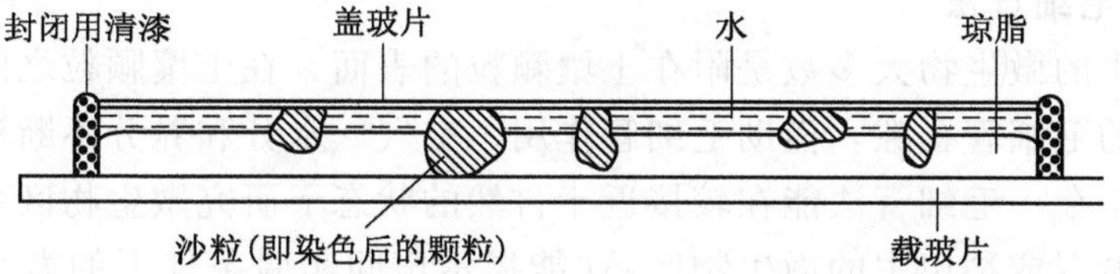

图 7 - 2　检查染色颗粒上细菌的方法

此外，用清漆将盖玻片封闭在载玻片上，以防止观察时样品的水分蒸发。由此制得带有染色颗粒的载玻片即可进行镜检。

3）菌量计算：每一土样制备 8 张玻片，每张玻片用 100 倍油浸透镜观察 10 个颗粒，记录菌细胞数量及颗粒长轴和短轴的长度。设颗粒为椭圆形或球形，则可计算其面积。由此可以测定每平方厘米的细胞数和生长菌落的有效面积百分数。而且，如果知道每克土中沙粒的平均数量，则可计算每克土细菌的总数。有人用直接观察法获得矿质和有机质颗粒上的细菌数量（表 7 - 3），说明直接观察的菌数高于琼脂平板法获得的菌数。

表 7－3 矿质和有机质颗粒上的菌数

（1 g A_1 层沙丘土壤）

土样	有机质含量/%	有机颗粒占总颗粒/%	稀释平板法	荧光显微镜（吖啶橙）					A∶D
				矿质颗粒		有机质颗粒		总数	
			菌数 A	菌数 B	/%	菌数 C	/%	菌数 D	
1	4.3	14.9	9.8×10^5	3.9×10^5	36	7.0×10^5	64	1.09×10^6	1∶1.1
2	2.9	13.4	8.3×10^5	4.0×10^5	43	5.3×10^5	57	9.3×10^5	1∶1.2

根据细菌的大小还可计算颗粒被细菌拓殖所覆盖的面积。

由表 7－4 可见，有机质颗粒上的细菌约占 60%，说明可拓殖的表面占 15%，那么，可拓殖的总有效面积实际百分数约为 0.042%。

表 7－4 细菌覆盖土壤颗粒的面积

（设细菌平均大小为 1.0 μm×0.8 μm）

	土壤剖面			土壤剖面	
	A_1	C		A_1	C
颗粒数/g（沙）	5.6×10^4	5.6×10^4	细菌密度/cm^2	2.57×10^4	3.30×10^4
沙粒的表面积/($cm^2\cdot g^{-1}$)	72.24	72.45	拓殖面积/%	0.02	0.026
细菌数/g（沙）	1.85×10^6	2.39×10^5			

7.1.2.4 毛细管法

土壤中的微生物大多数是附在土壤颗粒的表面，在土壤颗粒之间则布满着纵横交错的毛细管孔隙。借助毛细管作用，空气、水分和养分不断流动，保证微生物的生存。毛细管法能在较接近于自然的状态下研究微生物区系，特别适用于研究淤泥或稻田中的微生物区系（能揭示田间实验条件下的微生物区系和微动物区系），也是地质微生物学研究的理想方法。

材料试剂：

1）特制的毛细管板（宽：小型 5～6 mm，大型 8～10 mm；长：9～11 mm），每块板上有五条毛细管（长方形，小型的筛孔大小为 0.65 mm×0.20 mm，大型的为 1.0 mm×0.3 mm）（图 7－3）。

2）毛细管支架套（图 7－3）。

3）2 g/L 琼脂液、50 g/L 的石炭酸－赤癣红染色液。

操作方法：

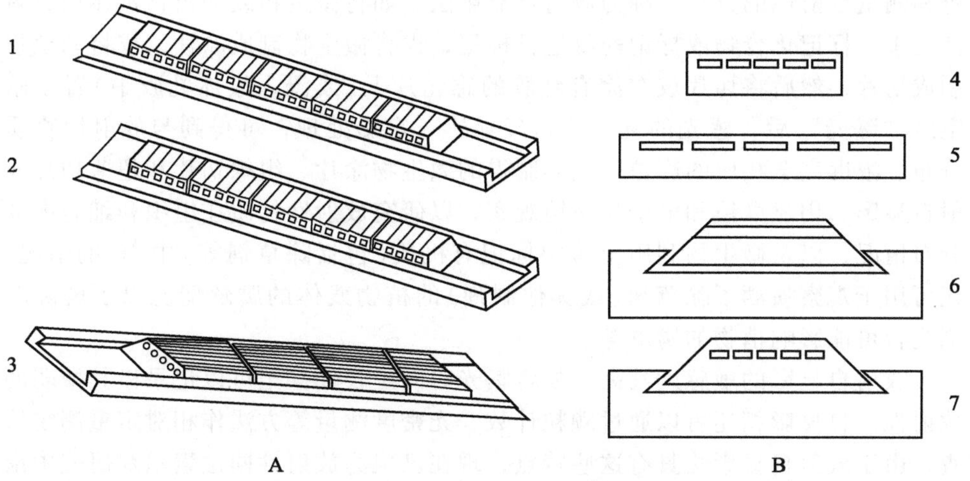

图 7－3　毛细管装置的整体、横切面及其支架

A. 装置整体：1，2. 毛细管横向于支架　3. 毛细管纵向于支架

B. 装置横切面：4，5. 毛细管 1、2 横切面　6. 毛细管 1、2 与支架横切面　7. 毛细管 3 与支架横切面

先将毛细管板灭菌，然后浸入已熔化的 2 g/L 的琼脂溶液内，由于毛细管作用，琼脂即紧贴于毛细管内壁上。将毛细管板按图的形式插入毛细管支架套中，然后分别插入田间土壤，经数日或数月后取出，用 50 g/L 的石炭酸－赤癣红染色镜检。

7.1.2.5　尼龙网法

毛细管法虽有很多优点，但需要特制的毛细管板，限制了它的广泛采用。尼龙网法与毛细管法有相似之处，而且已被许多研究者所采用。方法的基本思路是：尼龙网的网眼犹如土壤的孔隙，土壤中的液体、气体以及作物的细根可以自由地扩展，真菌亦能正常发育于其间。因此埋入土壤中的尼龙网片，经一定时间以后，能与土壤环境平衡，而排列整齐的尼龙网眼又便于观察真菌的数量及类型。

尼龙网片：10 cm × 15 cm，1 cm^2 有 125 个孔眼。

操作方法：

将若干片尼龙网规整地埋入田间土壤中，经一定时间后，从中取出 5 片尼龙网，即可镜检真菌的发育，每一张尼龙网片通常应观察 20 个网眼，并统计含菌丝网眼的百分数，以表示真菌生长的状况。为了便于观察，在观察前亦可进行染色。

7.1.2.6　显微放射自显影法

放射性同位素所产生的核射线，能使照相乳胶感光，因而可用感光银粒的所在部位和黑度判断放射性示踪剂的位置和数量。这种利用感光乳胶记录、检查和测量放射性的方法，称为放射自显影法。如将微生物或动植物机体用放射性元素、标记化合物或标记药物进行标记，再将微生物制成涂片，或将动植物制成切片，然后将切片放在涂有乳胶的感光片上(或浸入液体乳胶中)置于暗室经“曝光”后，感光的乳胶片再经显影、定影处理，可得到与放射性物质分布、浓度完全相应的影像。这样制得的微生物涂片、组织切片和超薄切片放射自显影，用显微镜和电子显微镜观察，以研究放射性物质在组织和细胞内的分布情况，以及微生物利用土壤中标记有机质(包括除草剂等)中^{14}C的情况；还可用于观察喷洒了除草剂(或其他制剂)的植物残体的腐解情况以了解除草剂是否可能影响植物的腐解等。

放射自显影的敏感度甚高，如将曝光时间延长，甚至可以记录极其微弱的放射性。自显影相还可以通过颗粒计数、光密度测量等方法作相对定量测定检查。由于放射自显影法具有这些特点，现在已成为放射性同位素示踪研究中最常用的方法之一，应用非常广泛。以下就一个实例简单介绍该研究方法。

材料要求：

1）放射性同位素制剂：取放射强度为3.7×10^5 Bq/mL 的水溶液，置于密封容器中，高压灭菌。

2）水样(可以是污水,也可以是特定化合物与微生物悬液等)、藻红染色液。

3）离心机、玻璃烧杯、载玻片、1 000 倍以上显微镜等。

4）感光乳剂：由银盐(卤化物)与明胶组成，要求对核射线有足够的敏感度以提高自显影的效率，此外要求银盐颗粒有足够的细度以提高自显影分辨率。

① 银盐：经核射线作用而感光的物质，主要是银的卤化物如溴化银。由于配方和制作方法不同，有多种型号(表 7－5)，以适应不同需要。如天津感光胶片厂生产的专用核乳胶，核 2 型适用于 α 线自显影，核 4 型适用于 β 线自显影。在实际工作中，有时也用 X 线片和幻灯正片。国外还用特制的带有片基的乳胶玻璃板，使用时将其乳胶层连同片基剥离下来，切成一定大小贴于切片上。

表 7－5 自显影常用感光材料性能

种　类	特　点	备　注
核乳胶	银粒直径 0.1～0.4 μm(平均为 0.2 μm)，银盐的浓度较大，敏感度高，分辨力好，所得自显影可供高倍显微镜观察	有液体乳胶、乳胶干板、脱底乳胶膜等产品
X 线片	银粒直径 0.5～3 μm，片基两面皆涂有乳胶，敏感度高，分辨力差，所得自显影可供肉眼或放大镜观察	
幻灯正片	片基一面涂有乳胶，敏感度较差，分辨力较 X 线片稍高，所得自显影可供低倍镜观察	

② 明胶：明胶不但是银盐的敏化剂（提高银盐的敏感度），而且能使银盐结晶分散开来，防止银盐颗粒在显影时簇集所造成的分辨力降低。

③ 乳胶的保存：所有感光乳胶都有一定的有效期限，过期乳胶有灰雾，因而以在有效期限内使用为宜，平时保存应注意避光、防潮、防热以免曝光、霉坏和增加灰雾。液体乳胶应放在冰箱中保存，保存时周围不能有放射性物质。

5）显影液：由显影剂、促进剂、保护剂和抑制剂所组成。下面介绍几种配方（表7-6，表7-7）。

表7-6　天津感光胶片厂核子乳胶显影液

	适用于核2型乳胶	适用于核4型乳胶		适用于核2型乳胶	适用于核4型乳胶
水（50 ℃）	750 mL	750 mL	无水碳酸钠（Na_2CO_3）	37.5 g	37.5 g
米吐尔	2 g	2 g	溴化钾（KBr）	5 g	10 g
无水亚硫酸钠（Na_2SO_3）	75 g	75 g	蒸馏水	加至1 L	加至1 L
对苯二酚	8 g	8 g			

表7-7　适于薄层核乳胶、X线片、幻灯正片等的Kodak显影液

	Kodak D-19	Kodak D-19b		Kodak D-19	Kodak D-19b
水（50 ℃）	500 mL	500 mL	无水碳酸钠（Na_2CO_3）	52.5 g	48 g
米吐尔	2 g	2 g	溴化钾（KBr）	5 g	4 g
无水亚硫酸钠（Na_2SO_3）	90 g	72 g	蒸馏水	加至1 L	加至1 L
对苯二酚	8 g	8.8 g			

6）定影液：主要成分为海波，其作用为溶去未感光的银盐，配方见表7-8。

表7-8　酸性坚膜定影液

成　分	含　量	成　分	含　量
水（50 ℃）	600 mL	硼酸（H_3BO_3）（结晶）	7.5 g
结晶低亚硫酸盐（海波）	240 g	钾矾	15 g
无水亚硫酸钠（Na_2SO_3）	15 g	蒸馏水	加至1 L
质量分数为28%的醋酸溶液	48 mL		

显影液和定影液在配制时必须注意将药品按配方所列前后顺序依次加入，并在前一种药品完全溶解后，再加入后一种药品。显影液配成后需使用加盖棕色瓶避光低温保存。

操作方法：

1）在 250 mL 烧杯中加入 200 mL 水样，将放射性同位素制剂放入水样，在暗室内培养 4 ~6 h，使水样中的微生物吸收溶液中的放射性物质；离心，将沉淀洗涤数次，洗净菌体。

2）按一般菌体染色程序，将洗净的菌体涂抹在载玻片上，火焰固定，然后用藻红染色液进行染色；在暗室将染色后的载玻片浸在感光乳剂中，或用滴涂法将乳胶滴在载玻片上，或将可剥离的乳胶层膜用湿贴法贴于载玻片上。于低温暗室内放置数日，使之充分感光。

3）将感光的载玻片浸入 20 ℃的显影液中 20 s 显像。注意：应在暗室中操作。

4）再浸入 20 ℃的定影液中 1 min。在蒸馏水中浸 30 s 后，静置干燥。用油镜头镜检，菌体为黑色，吸收示踪剂部位为红色，感光度以红色的深浅表示。

7.1.3 根际微生物的观测

在土壤－植物生态系统中，根际微生物与植物相互作用规律的观察与研究对农业生产实践具有非常重要的指导意义。这里作一简单介绍。

7.1.3.1 植物根系与微生物相互作用检查法

除生活在土壤中的微生物以外，有些微生物也可以侵染植物根部。以下介绍的是一种可以观察微生物侵染早期根表变化情况的方法。此法亦可用以观察根毛与根瘤菌之间的相互关系。

材料试剂：

1）载玻片、盖玻片、25 mL 玻璃管(39 mm×125 mm)若干。

2）无氮植物营养液：0.1 g $CaCl_2$，0.12 g $MgSO_4 \cdot 7H_2O$，0.1 g KH_2PO_4，0.15 g Na_2HPO_4，0.005 g 柠檬酸铁，微量的 Mn、Cu、Zn、B、Mo，溶于 1 L 水中，最后 pH 应为 6.5。

3）质量分数为 95% 的乙醇溶液、2 g/L 的福尔马林溶液、2 g/L 的升汞溶液、3 ~4 g/L 的琼脂溶液。

4）发芽两天后的植物种子若干粒。

操作方法：

1）发芽植物种子的准备：将供试的种子，用质量分数为 95% 的乙醇溶液、2 g/L 的福尔马林溶液以及 2 g/L 的升汞溶液进行连续表面消毒，再用蒸馏水反复洗涤数次。将种子放在无菌水内发芽(室温)。2 d 后移至载玻片上。

2）植物营养液的准备：植物营养液分装在 25 mL 玻璃试管中，塞上棉塞，121 ℃灭菌 20 min。

3）操作：在载玻片的一侧滴加 6 ~ 7 滴含有琼脂的植物营养液，静置片刻后，将已发芽的植物种子根尖置于琼脂内，盖上盖玻片。然后将此载玻片垂直放入盛有植物营养液的试管内，并加入几滴根瘤菌悬液。将试管置于 25 ℃、有光照的条件下培养，经一定时间后进行观察。观察前取出载玻片，先用灭菌滤纸吸去多余的溶液，再用相差显微镜镜检。每次观察后及时记录，连续观察一定时间后即可推测根毛与根瘤菌间的相互作用规律。

7.1.3.2　根系观察箱法

为了直接观察植物根际中微生物的发育，可应用玻片丛生法。将玻片置于特殊的根系观察箱内，使生长的植物根系铺展在玻片上，使之在其上显出痕迹，然后进行镜检。

材料试剂：

玻璃根系观察箱(宽 5 ~6 cm,高 20 ~25 cm,长 30 cm,任何一边均可方便拆除)，载玻片。

操作方法：

将玻璃根系观察箱内装满土壤或石英砂，栽培植物。为了使植物根系能紧贴于玻璃箱的玻壁上生长，应将玻壁倾斜放置，倾斜角度为 40° ~ 45°。根系由于地心引力作用，呈垂直方向，触及玻壁而紧贴于玻壁表面生长。在箱内壁不同深度安置载玻片。经一定时间后，取出长满根系的载玻片，弃去根系，染色或不染色，在显微镜下观察根系遗留在载玻片上的痕迹，用以确定根区微生物的分布状况。

7.2　模型生态系统的应用

模型生态系统的大小和结构可根据研究目的设计和组建，但模拟并不是拼凑，也不是一般的多种微生物混合培养，它具有自然真实性，是大自然生态系统的一个缩影，并尽可能接近自然状况下生态系统的正常结构和功能。例如，一个完整的水稻土生态系统包括水稻根系及其根际土壤以及没有根系的缺氧本体土壤两个不同的区域(图 7 -4A)，生态系统的表面是浅淹水层，其下几毫米的表土是有氧与缺氧的界面，这一界面也环绕根系而存在，而离开根际的土体是缺氧的，可以利用这些模型系统研究土壤和根际中进行的物质氧化和还原作用。

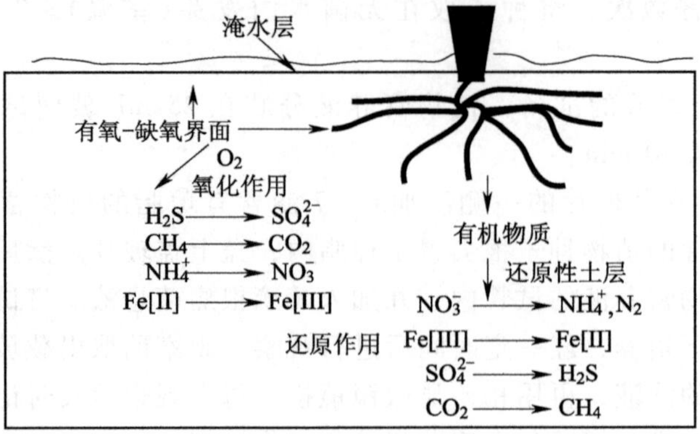

A

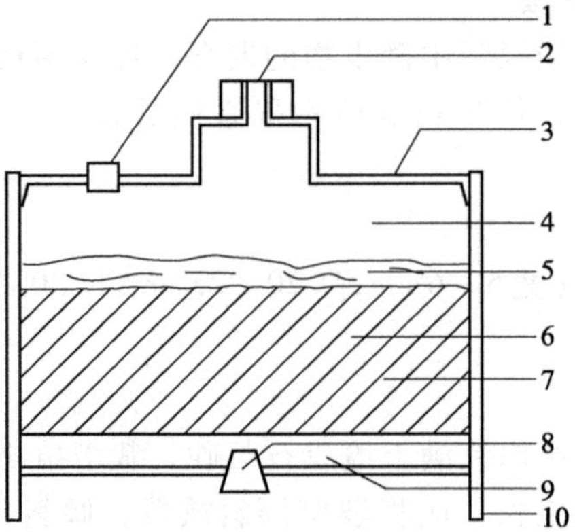

B

图 7-4　模型生态系统示例

A. 剖析图　B. 示意图：1. 气流孔塞　2. 抽气隔膜　3. 螺旋盖　4. 空间　5. 枯枝落叶层(新鲜有机质)　6. 未扰动的完整土层　7. 可移动尼龙网(筛孔 3 mm)　8. 排水孔塞　9. 排水室　10. 底脚

缩影方法也不是简单地把自然小样本搬到实验室研究，有时需要对某些次要环境因素做简化或舍弃，但在主要方面仍保持高度的真实性。例如，某种土壤的缩影，根据研究目的可以只包括该土壤的主要成分；有些物体在田间条件下虽然经常出现，而进行室内缩影研究时则可省略，如土表的昆虫或微小脊椎动物。当然，在进行缩影研究时最好尽量精确地模拟自然生态系统。图 7-4B 是一个研究新鲜有机物分解的简单缩影模型(高 16 cm，内径 15 cm 的聚氯乙烯管套)，它既接近于自然条件，又能控制环境的变量，内装完整的、保持原有土层的一段土柱，其上为枯枝落叶，可通入正常气体并定时取样分析有机质的损失和 CO_2 产生量。

本节收集了土壤微生物研究的一些模拟体系，包括研究微生物转化特定基质速率的环流装置，研究根系代谢对土壤微生物影响的人工根际模拟体系，研究稻田土壤固氮酶活性、甲烷排放潜势、水稻根际固氮作用与反硝化作用的测定装置，研究大气温室气体升高的 FACE(free air component enrichment,开放式空气组分增高)装置，以及原位测定田间土壤呼吸强度的系列装置等。

7.2.1　环流装置

环流装置最初用于研究土壤硝化作用，后经改进逐步扩展为研究土壤中有机物和无机物转化的模拟装置，也可直接研究基质的转化及选择性地培养富集微生物。其基本原理是：环流装置体系(包括土壤柱、供试基质溶液、机械动力等几个主要组成部分)通过压缩机或泵施以加压或抽吸等机械力，使供试基质溶液持续地、反复循环地通过土壤柱渗滤。当溶液通过土柱时，经土中微生物代谢活动，基质得到转化，在不扰乱土柱的情况下定期取出渗滤液样品，分析其中残留基质及其代谢产物含量，按实验要求计算基质的转化率，或选择性富集培养微生物。

7.2.1.1　Audus 环流装置(1946)

Audus 环流装置如图 7－5 所示。土壤置于玻管 P 中的上下两层玻璃棉垫之间。环流的基质溶液(如研究硝化作用，则用硝化菌培养液)放在分液漏斗 F 中，于 A 处用真空泵给以稳定的小吸力抽气。该吸力经毛细管 R_1、R_2 及 P 中的土柱又传递至 T 管中的环流液，从而使空气由支管 S 吸入，在 S 的基部分开一段液柱，该液柱被吸引向上至管 T，并泄在土柱的顶部。当溶液泄出时，T 管中的张力随之消失，溶液又上升至 S 管的基部，直至其达到分液漏斗 F 中溶液的水平位置。此刻空气又被吸入，在 S 的基部再分开一段液柱，于是前一过程又重新进行。泄在土柱顶部的液体随吸入的空气流，经过土柱而渗滤进入分液漏斗 F 中，如此不断循环，可按实验要求定期由 S 管处取出环流液供分析。

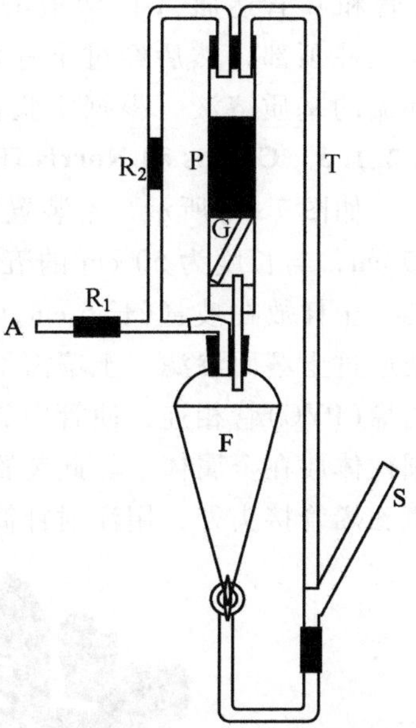

图 7－5　Audus 环流装置

7.2.1.2　Collin 和 Sims 环流装置(1956)

如图 7－6 所示，本装置包括 500 mL 的平底烧瓶 A，该瓶的瓶颈用 D 管(长 15 cm，内径 2.5 cm)代替。使管 D 的底部作刺状缩小，以阻碍土柱落入瓶内。支管弯曲处 C 为直角，并向上延伸与瓶的高度一样。在管 C 与瓶底熔合点 B 处管道缩小(内径 1～2 mm)，以限制液体由 C 管处移动进入瓶 A。若 B 处缩小的直径大于 2 mm 时，空气直接进入瓶 A 而不进入管 E，以致基质溶液无法进入环流。管 E 的直径为 7 mm，上端固定在烧瓶的瓶颈上，下端垂直地熔封在 H 处。用微型空压机定时地从侧管 W 的进口 G 通入空气。管 W 与管 C 用橡皮管 F 相连。W 管内填有棉花，通入的空气得以过滤，亦可减弱气流，该压缩空气使溶液进入 E 管。

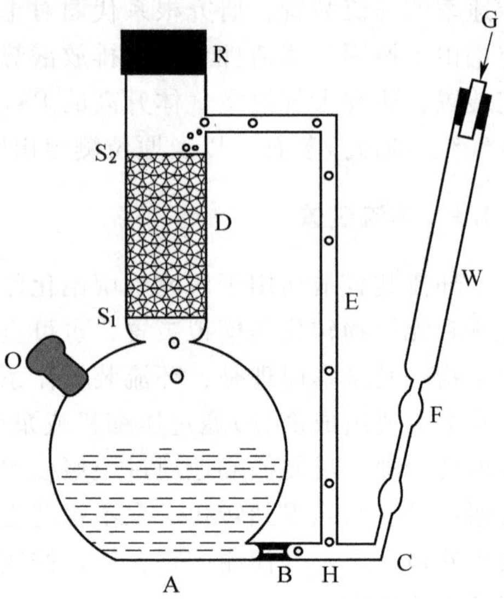

图 7－6 Collin 环流装置

取土样（30～50 g，呈屑块状）于管 D 中的玻璃棉垫 S_1 上，另一棉垫 S_2 放在土柱顶部，以阻止土壤因灌注基质溶液而成泥浆。经短支管 O 处注入 300 mL 基质溶液（如研究硝化作用，可用 0.01 mol/L 硫酸铵溶液）至瓶 A 中，使溶液经毛细管又上升至 E 管和 C 管达瓶 A 内溶液的水平高度。通过压入的气流，使 E 管中溶液泄在土柱顶部，然后经过土柱滤液至 A 中，如此不断环流。定期从 O 处取出环流的基质溶液，根据实验目的，分析需要的部分。

7.2.1.3 Cripps 和 Norris 环流装置（1969）

如图 7－7 所示，本装置包括两端各有一个圆片做成的圆柱体，圆片直径 15 cm，与长度为 50 cm 的五个金属棒相连，用马达沿其长轴旋转，每分钟 1 转。土样放在玻管（长 6 cm，内径 1 cm）中，玻管两端塞有玻璃棉。为使基质溶液通过土壤而渗滤，土壤需呈屑状结构，用土量为 1 g。玻管两端与一段聚氯乙烯（PVC）管相连，使管中放入基质溶液 8～10 mL。这样构成的环，环绕着圆柱体放在金属棒上。此装置可容纳 30 个环。分析时可打开每环的玻管与聚氯乙烯管接头处，用注射针筒取出基质溶液进行分析。

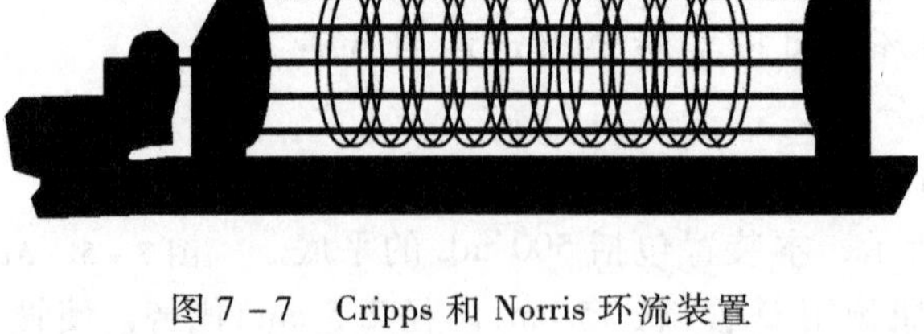

图 7－7 Cripps 和 Norris 环流装置

所用基质溶液应根据试验目的而配制。装置的优点是：①体积小，一次可研究多个土样而无需较大的培养位置；②本装置属封闭系统，适用于研究易挥发的芳香类化合物。装置的缺点在于一旦有氧化作用时，环内气体组成立即发生变化。

7.2.2　根际装置

根际是特殊的生态环境，根际中物质转化及其去向不同于非根际土壤。因此，对该活跃区养分转化的研究至关重要，需有特定的装置。下文将介绍一种研究水稻根际中的固氮作用和反硝化作用的装置，以及另一种研究水稻土甲烷排放的装置。

7.2.2.1　稻田土壤固氮酶活性测定装置

基本原理：利用乙炔还原法测定固氮酶活性的原理见 6.2.4.3，这里需进一步说明的是原位测定问题。所谓原位测定是指在未改变作物－土壤体系的自然状态下直接获得的酶活性。由于塑料袋装置可方便地用于生长着植物的田间或盆钵，又可同时抽空袋内气体和注入已知量的乙炔，故经一定时间后，固氮酶使乙炔被还原为乙烯，根据乙烯生成量即可得到原位情况下的固氮酶活性。装置如图 7－8 所示。

乙炔还原法的广泛应用为探求土壤固氮活性的动态情况提供了很大方便，特别是对原位测定具有一定意义。美国威斯康星大学的伯利斯(R. H. Burris)首先提出用塑料袋装置测试栽培植物的土壤固氮活性。这一装置比硬质容器有更多的优点。对于涉及整个植物体系的研究，或需同时测量许多大样品的乙炔还原作用，或涉及抽出和灌入气体的步骤时，硬质容器的应用受到很多限制，而塑料袋法则可有效地弥补这些缺陷。利用塑料袋装置将乙炔还原技术应用于测定根区固氮酶活性，发现种稻土壤比不种稻土壤具有较高的固氮活性，并揭示了不同水稻品种根区的固氮活性具有明显差异。该装置存在的问题是塑料袋可渗透气体，培育期间是否为绝对处于厌氧条件，尚需进一步研究考证。

1）制备用于测试的气体样品：将生长着水稻的盆钵(高 10 cm, 直径 10 cm)装进厚 0.102 mm、长宽为 30 cm × 37 cm 的聚乙烯袋，在袋子靠近开口端切去 V 字形的一小块(图 7－8A)，然后封闭切除后的袋口，留下小的进气口，从而制得用于测试的袋子。通过进气口(即袋子的顶角)插入聚乙烯气体进口管，并将其固定在袋口上。通过聚乙烯管由袋内抽出空气直至袋子收缩粘贴于袋口上。再将聚乙烯管连接两个气体流量计以制备混合气体，一个流量计连接空气压缩钢瓶，另一个连接乙炔钢瓶，由流量计中的两个浮子调节流速，分别以 600 mL/min 和 2 400 mL/min 的速率同时导入乙炔和空气，然后夹紧聚乙烯管，再由装置上取下装有盆钵的塑料袋，立即用塞子塞紧聚乙烯管的上端(该塞子可用针头戳穿)。这样即完成了供测试气体样品的制备工作。

2）分析气体样品：采用带氢火焰离子化检测器的气相色谱仪。按要求时

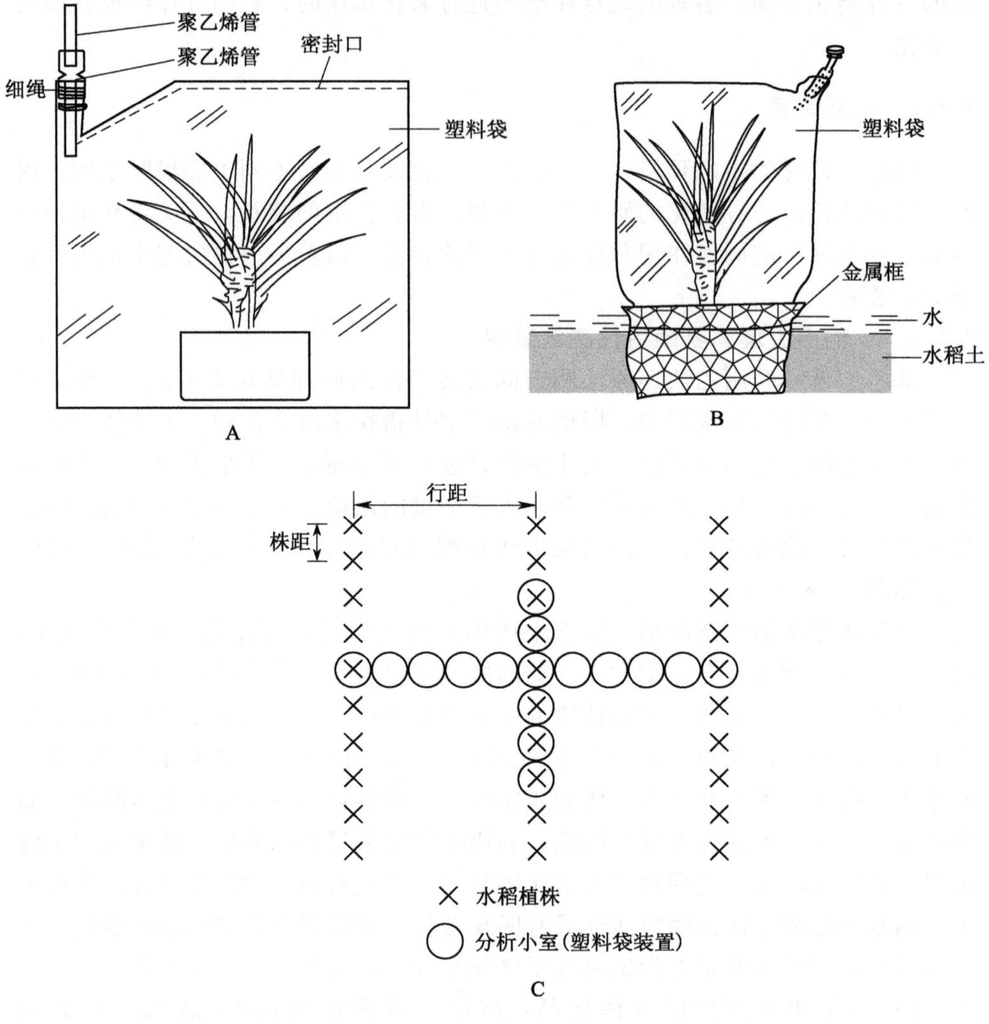

图 7-8　固氮酶活性测定装置

A. 盆栽测定装置　B. 田间测定装置　C. 田间塑料袋装置设置示意图

间用气体注射针穿入聚乙烯管上端的塞子，移取 0.5 mL 样品，按以下条件测固氮酶活性：100~120 目 Porapak R 填充 150 cm × 0.3 cm 不锈钢色谱柱，柱温约 60 ℃，注射口温度 105 ℃，检测温度 180 ℃，氮气流速 30 mL/min，氢气流速 30 mL/min，压缩空气流速 300 mL/min。

3）田间条件下测试稻丛和行间固氮酶活性：将特制金属框埋于田间，框内种水稻（框用于测行间固氮酶活性则不种稻），稻苗长至一定时期，再将塑料袋套上植株并固定在金属框内（图 7-8B），或按图 7-8C 所示的位置装若干个供测定用的塑料袋。其余测定步骤与用于盆栽者相同。

7.2.2.2　水稻土甲烷排放通量测定装置

基本原理：在不扰动土壤和植株的情况下，将种植水稻的稻田土壤密封，稻田排放甲烷使得密封箱内甲烷浓度增加，在不同时间测定密封箱内的甲烷浓度，即可推测稻田甲烷排放速率。采集气体的装置如图 7－9 所示。根箱底座有边槽(D)，用于采样时加水以隔绝外界空气，密闭气室。采样箱 E 内置微型风扇使箱内气体及时混合均匀，侧面有采样通气孔。采样前先在边槽加入水，放上采样箱后，同时开启气体混合设备，然后用针筒抽取采样箱内一定体积的气体，注入气袋或气瓶。采样箱密闭期间一般测定 3 或 5 次气体浓度，并同时记录每次采样的具体时间和箱内气温。气体样品采集后应立即分析，若无法及时测定可冷藏保存。

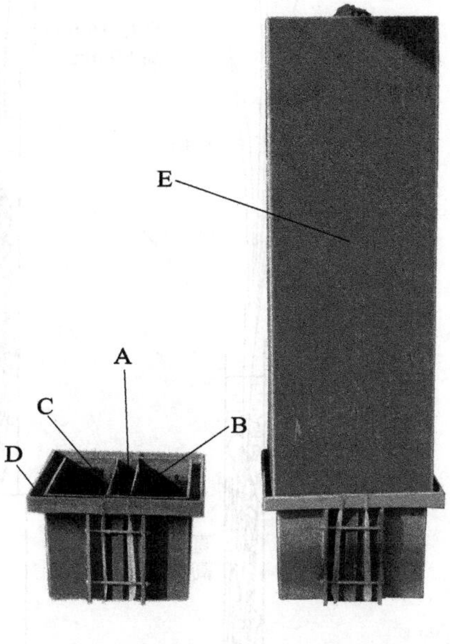

图 7－9　水稻土甲烷排放通量测定装置

甲烷排放通量计算公式如下：

$$F = \frac{M}{V_0} \times \frac{P}{P_0} \times \frac{T_0}{T} \times H \times \frac{\mathrm{d}c}{\mathrm{d}t}$$

式中：M 为测定气体的摩尔质量；V_0 为标准状态下气体的摩尔体积，即 22.41 L/mol；P_0 和 T_0 为理想气体标准状态下的空气压力和气温(分别为 1.013 kPa 和 273 K)；P 和 T 为采样时箱内的实际气压和气温；H 为采样箱内气室高度；$\mathrm{d}c/\mathrm{d}t$ 为箱内气体浓度随时间变化的回归直线斜率，即可认为是土壤排放该气体的速率。

同时，分室根箱可以模拟根际和非根际微域环境，用以分析根际和非根际土壤中微生物对环境响应的差异。如上图 7－9，用尼龙网把根箱分隔为 3 个室。中间 A 室为根室，植物生长于 A 室，根系被尼龙网限制在 A 室内，并能在两侧尼龙网上形成根垫。两侧 B 室和 C 室为土室，只添加供试土壤。试验时可以同时采集根室和土室的土壤，分别分析根际和非根际微生物的动态变化，探讨水稻根际和非根际土壤甲烷排放过程的差异。

7.2.2.3　水稻根际固氮作用与反硝化作用测定装置

基本原理：装置如图 7－10 所示。该设计的特点之一在于用小试管盛土培育水稻幼苗，这种长有幼苗的土柱即根际环境；特点之二是在不扰乱土壤的情况下，使整个土壤－植物体系可处于完全无氧的状态。通过对该体系注入乙

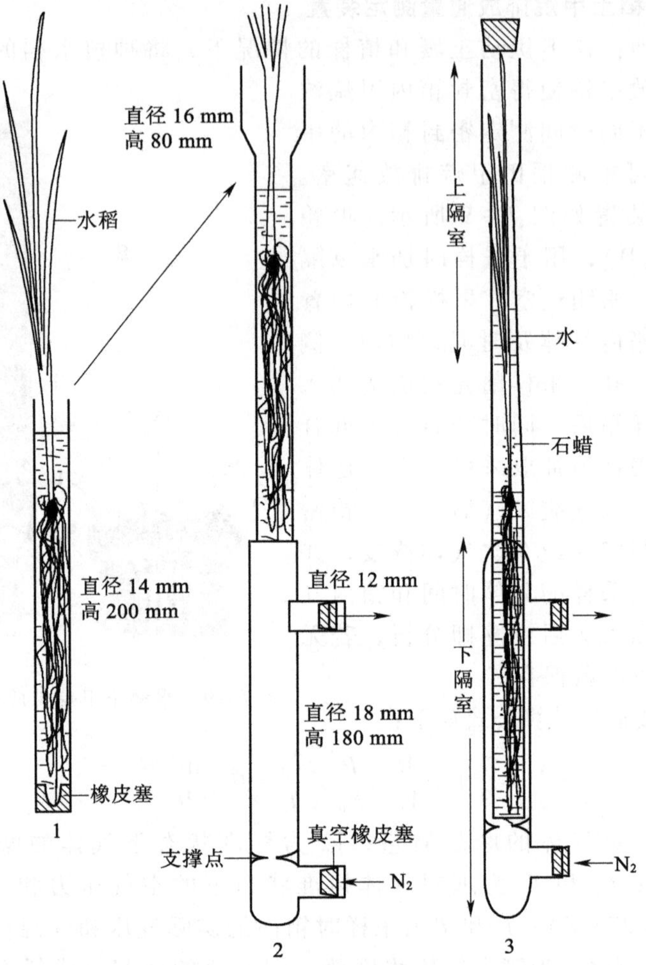

图 7－10 根际中气体代谢的测定装置(Raimbault)

炔，经固氮酶作用后，即可根据该体系产生的气体组成，了解固氮酶活性；特点之三在于装置又可处于与大气相通的状况，通过预先向装置中注入 N_2O 以诱导 N_2O 还原酶，而后取出经诱导过 N_2O 还原酶的土样置于血清瓶中，再注入已知量的 N_2O，由于 N_2O 还原酶的作用，使 N_2O 还原为 N_2，可根据 N_2O 的减少量，测定反硝化作用。

1）制备培养管：于 14 mm × 200 mm 的硬质玻管（一端用橡皮塞塞紧）中盛水稻土 15 g 左右，淹水，播种水稻种子，在温室生长。

2）制作由两个玻管熔合在一起的特殊装置：上管（200 mm × 14 mm 内径）的顶部较宽（80 mm × 16 mm 内径），下管（180 mm × 18 mm 内径）经过熔融与上管相连，下管有两个支管，支管紧塞真空塞。为了能支撑土柱，下支管的上面有向内凹的支撑点。

3）培养过三周的土壤－植物体系移入特殊装置：用10 mL注射器穿入上述熔合管下管的一只真空塞，抽气，使熔合管的下隔室部分真空，以便生长着植物的土柱滑入上述特殊装置的上隔室，当土柱的下端达到两隔室间的结合处时，真空情况立即消失，土柱逐渐下滑至下隔室，搁置在支撑点上。然后用注射针穿入真空塞，通入纯N_2至下隔室，约5 s，以形成厌氧环境。

4）检查装置是否存在氧气：用1/3固体蜡和2/3液体石蜡组成的石蜡油，熔融后放若干毫升在土柱上部，再用纯N_2灌至下隔室。在凝固了的石蜡上面加入1 cm厚水层。在代谢活动旺盛时，检查其是否漏气及存在其他缺陷（装置中每隔室的气体体积约为22 mL）。充N_2之后，抽出气体样品，用气相色谱仪检查其是否还含有氧气。

5）测定两种代谢作用：

① N_2的固定作用：用真空塞塞紧上隔室的顶端，同时注射2.2 mL乙炔（总体积的10%）于两个隔室中。反应若干时间后，用1 mL塑料针筒同时由两个隔室的大气中移取0.5 mL样品，然后按6.2.4.3固氮酶活性测定方法进行测定计算。

② 反硝化作用：在特殊装置中设有两个处理，其一种植作物，另一未种作物。为诱导N_2O还原酶，通过下隔室的真空塞注入2.5 mL N_2O，打开上隔室的塞子，使植物暴露于大气中，光照14 h后，拔出土柱置于250 mL血清瓶中，每瓶三个土块，5次重复。将血清瓶的气体抽空，充以氦（He）气，以保证厌氧状态，用塑料针筒注射80 μmol/mol N_2O（2.5 mL）和1 mL氪（Kr）气于瓶内作内标。在以后的24 h期间，用具有热导池式鉴定器的气相色谱仪测定剩余的N_2O。根据N_2O的还原活性，计算反硝化作用。

7.2.2.4　人工根际模拟体系

基本原理：在无菌条件下水培植物，把由此获得的植物根系代谢液注入具有一定渗透速率的半透膜袋内，将袋悬挂在盛有土壤的盆钵中央，膜袋内根系代谢液通过膜扩散至周围的土壤，因此，膜及其周围土壤即为人工根际环境。通过分析黏附在膜上的土壤及距离膜的土壤中微生物的数量、组成及活性，即可了解根系代谢对土壤微生物活性的影响及人工根际中微生物的发育情况。装置如图7－11所示。

1）植物根系代谢液的制取

① 如图7－11A所示，广口瓶（1）内盛植物水培溶液，塞上具有10个孔的软木塞（2），两个孔径（3,5）为8 mm，插入通气玻管，其余8个孔的孔径较小，插入玻棒，然后用棉花（6,7）包扎严实，121 ℃蒸汽压力灭菌30 min，备用。

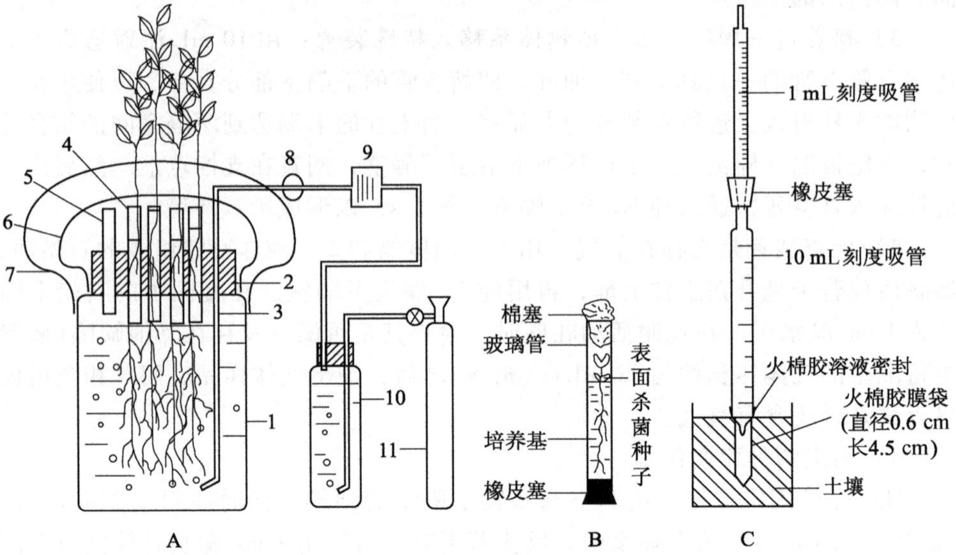

图 7-11　无菌水培装置(A)、无菌幼苗培养管(B)与火棉胶膜袋渗透速率的测定装置(C)

② 取与上述小孔径同样粗细的、长 5.1 cm 的玻管，一端用橡皮塞塞紧，注入含有 3 g/L 琼脂的水培营养液，水培液高度不超过玻管长度的 3/4，塞上棉花(图 7-11B)，121 ℃灭菌 15 min，冷却，无菌条件下于其内播种表面灭菌的植物种子，4~6 d 后，用放大镜和显微镜检查，去掉污染的玻管。

③ 将长有幼苗的玻管表面消毒后，将其 3/4 浸入质量分数为 95% 的乙醇溶液并迅速通过火焰，再拔去橡皮塞，立即用镊子轻轻掀起灭过菌的广口瓶上的棉花，并取下软木塞上的小玻棒，迅速将带幼苗的玻管插入拔除了小玻棒的孔径(4)内，再用棉花扎紧，置恒温室培养。软木塞上的通气管与空气瓶(11)相连，每天通气 10~15 min。通入的空气需经棉花层(8,9)和硫酸瓶(10)过滤，以减少污染(图 7-11A)。

④ 幼苗长大后撕破棉花(6,7)，让幼苗生长在空气中。移植后生长 25 d，取出植物，留下的溶液用无菌蒸馏水调至原体积，并经赛次滤器过滤，滤液承接在经灭菌的瓶中，备用。

2）火棉胶膜袋的制作

根据需要取一端稍细的试管，将封闭端浸入火棉胶溶液深约 4 cm(亦可视情况而定)。取出试管，让管上过多的溶液滴下。沾有火棉胶的试管在大拇指和食指间转动，使火棉胶均匀包裹于其上。静置约 5 min 使之干燥，小心地由管上取下火棉胶膜，浸入质量分数为 95% 的乙醇溶液中消毒 5 min，再用无菌水洗至无乙醇。置无菌蒸馏水中，备用。

3）膜渗透性的测定

将以上制备的膜袋固定在灭菌的 10 mL 吸管尖端。吸管和膜袋都注满以上制备的根系代谢液，并用火棉胶液将膜袋封闭在吸管上。另取一支 1 mL 刻度吸管，注入溶氧代谢液，并用一橡皮塞固定在 10 mL 吸管的另一端。膜袋与吸管按垂直方向进行固定，并将膜袋悬挂在盆的中央（图 7 - 11C）。盆内土壤按试验要求调节至不同含水量。在一定体积下，单位时间内代谢液通过膜的扩散速率，可由 1 mL 吸管直接读出。应用的膜其扩散速率不超过 0.02 mL/h。

4）根系代谢液对土壤微生物活性的影响

含根系代谢液的膜袋置于土壤中培育 15 d 后，取黏附在膜上的土壤（人工根际）和距离膜较远的土壤（对照），根据需要选择分析项目，如微生物数量、组成、活性及供试土传病害的病原菌等，从而取得根系代谢液影响微生物的资料。

7.2.3　温室气体升高模拟装置

在大的空间尺度研究土壤微生物对全球变化的响应一直受限于技术发展，传统模拟大气 CO_2 浓度升高的技术主要通过提高温室、培养箱或开顶式气箱（open top chamber, OTC）中 CO_2 的浓度来实现，从而观察植物生理、生化等一系列的变化。但是相应的试验条件如温度、风速、湿度、降雨等因素与自然条件相距甚远，很难准确获取土壤微生物对大气 CO_2 升高的真实响应规律，所取得的研究结果预测自然环境中 CO_2 浓度对生态系统的影响具有较多的不确定性。FACE（free air component enrichment，开放式空气组分增高）技术是目前研究自然状况下土壤微生物对全球变化响应的理想手段，如大气 CO_2 升高或近地层 O_3 浓度增高等变化。

7.2.3.1　大气 CO_2 浓度升高 FACE 系统

大气 CO_2 增加引起的温室效应和对生物过程的影响，是全球气候变化与农业生产的重要问题。20 世纪 80 年代末发展的开放式空气 CO_2 浓度增高技术是一个相对大尺度的模拟未来 CO_2 增加的开放体系。与传统技术相比，FACE 圈内外没有任何隔离设施，气体可以自由流通，因此系统内部通风、光照、温度、湿度等条件十分接近自然生态环境。目前 FACE 技术已经成为研究大气 CO_2 浓度增高条件下生态系统响应的最理想手段，被称之为未来世界的一个窗口。FACE 研究已涉及森林、草地、农田等生态系统，研究的作物对象有小麦、棉花、玉米、水稻等。

FACE 研究的成功在很大程度上依赖于系统中 CO_2 的目标浓度在时间和空间上的保证。为了保证 CO_2 浓度在目标浓度范围内需要不断补充 CO_2，不仅要建立排气系统，同时要配备 CO_2 浓度的监测和控制平台。如图 7－12 所示，根据大气 CO_2 浓度、风向、风速、作物冠层高度及昼夜等因素的变化调节 CO_2 气体释放的速度及方向，实现 FACE 圈的 CO_2 浓度稳定高于外围大气。在此基础上，通过采集 FACE 条件和对照条件下的土壤样品，或在田间原位条件下开展有机质分解、温室气体排放等试验，并分析土壤微生物群落组成和功能变化的演替规律，可阐释未来大气 CO_2 浓度升高下，生态系统重要过程响应与反馈的微生物作用机制。

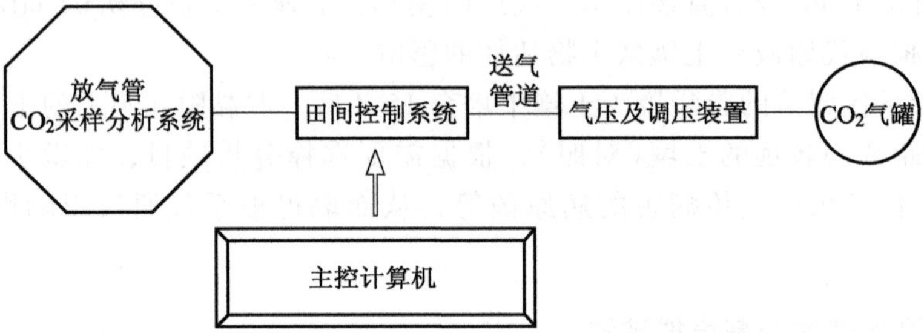

图 7－12　开放式空气 CO_2 浓度增高的模型生态系统示意图

7.2.3.2　近地层 O_3 浓度升高 FACE 系统

近几十年来，人为活动导致近地层臭氧浓度不断增高，以每年 0.5% 的速率增长。当前，大气臭氧浓度一般为 50～60 nmol/mol，局部大气中瞬时臭氧浓度可达到或超过 100～200 nmol/mol，城市大气中臭氧浓度可超过背景浓度 10 倍以上，最大时臭氧浓度更高达 200～400 nmol/mol。尽管臭氧在大气中的含量很少，但它对地球气候和地表生态系统的影响却非常大，对植物的生长发育和产量都有严重影响，同时也会直接或间接地影响土壤微生物。

臭氧 FACE 系统的基本装置与 CO_2 浓度升高 FACE 系统相似，主要区别在于 CO_2 采用干冰，而臭氧由臭氧发生器实时产生，其基本原理是：加压使得空气达到一定高压，并击穿空气，空气中的分子被电离，其中的氧气分子被电离后产生由三个氧原子结合而成的臭氧分子。此外，采取高精度的 O_3 模拟装置，我们得以模拟臭氧浓度的 24 h 变化规律。与 CO_2 相比，臭氧本身即可能强烈影响微生物在土壤中的生命活动规律。目前，通过联合传统和现代土壤微生物研究方法，进行开放式模拟系统中臭氧浓度升高下土壤微生物的响应规律研究，也将阐释未来臭氧浓度升高情况下，生态系统重要过程响应与反馈的微生物作用机制。

7.2.4　土壤呼吸的田间原位测定装置

田间条件的土壤呼吸是指未受扰动的土壤中产生 CO_2 的净代谢作用，主要包括：土壤微生物呼吸、植物根系呼吸、土壤有机质的分解以及土壤动物的呼吸。此外，含碳矿物质的化学氧化作用也可能产生 CO_2。精确测量 CO_2 通量是土壤呼吸研究的前提。可是，CO_2 的传输只有在存在浓度梯度和压力梯度的条件下才会发生。而土壤是一种非常复杂的介质，其组成具有强烈的时空变异特性，CO_2 在复杂土壤介质中的传输特性使得精确测量土壤原位呼吸强度非常困难。

目前原位测定土壤呼吸最常用的是气室法，即通过在土壤表面直接测定 CO_2 通量，结合是否有穿过气室的空气循环，来推测土壤 CO_2 排放强度。气室技术又分为动态法和静态法。动态气室法允许空气在气室和传感器之间循环以测量气室内 CO_2 浓度随时间的变化量，传感器通常为红外气体分析仪(infrared gas analyzer,IRGA)。目前在野外条件下最常用的方法是封闭式动态气室法(closed dynamic chamber, CDC)和开放式动态气室法(open dynamic chamber, ODC)，前者把土壤表面完全封起来，测量短时间内气室内 CO_2 浓度的变化；后者采用连续通风的近稳态模式进行测量，测定流过的空气中 CO_2 浓度的微小变化。

7.2.4.1　封闭式动态气室法(CDC)

封闭式动态气室法(CDC)是田间测定土壤呼吸的常用方法，通常使用一个与密闭气室大小相符的套环，将其插入土壤一定深度以减少 CO_2 泄露，然后将密闭气室置于套环之上。由于土壤向外释放 CO_2，使气室内 CO_2 浓度上升，CO_2 浓度增加的速率与土壤 CO_2 通量成正比，通常是用红外气体分析仪测量气室内 CO_2 浓度随时间的增加量来确定土壤呼吸速率，同时，为保证气室内空气的均匀性，通常采用隔膜式空气取样泵将室内空气以一定流速进行循环，在一个较短时间内(1 ~ 15 min)，分别在开始和结束时测定这两个点上的 CO_2 浓度，气室中 CO_2 浓度的增量即可以用来估算出土壤 CO_2 通量(F)，公式如下：

$$F = \frac{c_f - c_i}{\Delta t A}$$

式中：c_i 是初始 CO_2 浓度；c_f 是最终 CO_2 浓度；Δt 是测量时间；A 是气室所覆盖的土壤面积。

在一次测量中，如果测了多个数据点，那么气室内 CO_2 浓度的逐渐增加可以用以下线性回归方程进行拟合，呼吸速率可根据下述公式的斜率 b 估算：

$$F = \frac{bV}{A}$$

式中：V 是系统体积(包括气室和导气管)。

7.2.4.2　开放式动态气室法(ODC)

封闭式系统是根据一定时间内 CO_2 浓度的变化估算土壤 CO_2 通量，而开放式动态气室法通过差分方法估算 CO_2 通量。开放式动态气室法是指空气从气室的入口进入，流经气室再从出口流出。由于土壤呼吸作用释放 CO_2，因此流出气室的空气 CO_2 浓度要高于进入气室的空气 CO_2 浓度。假设呼吸速率和穿过气室的气流速率是恒定的，那么土壤呼吸速率可通过下式估算出来：

$$F = \frac{U_o c_o - U_e c_e}{A}$$

式中：c_o 是离开气室的空气 CO_2 浓度；c_e 是进入气室的空气 CO_2 浓度；U_e 是进入气室的空气流速；U_o 是离开气室的空气流速；由于土壤呼吸作用增加了 CO_2 浓度，因此 U_o 与 U_e 的值是不同的；A 指气室所覆盖的土壤面积。

开放式动态气室法测定土壤原位呼吸强度取决于流动空气中 CO_2 浓度差值，即气室入口处和出口处空气中 CO_2 浓度的差值。研究表明，气室内与外空气之间 1.0 Pa 的压力差也可能对土壤 CO_2 通量测定造成很大误差。因此，需要特别注意的是：开放式动态气室系统的设计要保证在气室内部与大气之间的压力差达到最小限度，以消除任何进出气室的质量流量。

7.2.4.3 封闭式静态气室法(CSC)

封闭式静态气室法(closed static chamber,CSC)是将气室覆盖在一定面积的土壤上，在一定时间内用气室内的化学吸收剂吸收土壤排放的 CO_2。吸收 CO_2 的化学试剂包括碱(NaOH 或 KOH)溶液或碱石灰(由 NaOH 和 $Ca(OH)_2$ 组成)。碱石灰吸收法原理是：将 105 ℃下烘干的碱石灰(1.5～2.0 目)装在一个广口瓶中，置于封闭气室内的土壤表面上，同时用圆筒封一些碱石灰做空白对照以计算 CO_2 通量。24 h 后移走碱石灰吸收剂，烘干，再次称重计算所吸收的 CO_2 量。碱溶液吸收法是指在一定时间内，通过 NaOH 或 KOH 溶液吸收密封的气室内由土壤释放的 CO_2 测定土壤呼吸。吸收结束后用稀 HCl 滴定 NaOH 或 KOH 溶液至特定 pH，计算碱溶液吸收的 CO_2 总量。土壤呼吸速率(F)是根据吸收时间内(t)所捕获的 CO_2 总量计算：

$$F = \frac{c_{trap} - c_{blank}}{\Delta t A}$$

式中：c_{trap} 指在封闭期间吸收的 CO_2 量；c_{blank} 指空白对照碱溶液吸收的 CO_2 量，对照用来消除由于碱溶液污染带来的误差；A 是指气室所覆盖的土壤面积。

碱溶液吸收法估算的土壤呼吸速率受溶液浓度、体积、气室大小和吸收面积的影响。此外，静态气室法测得的土壤呼吸速率对吸收时间非常敏感，随时间的增加而明显降低，其误差可达 10 倍之多[24～276 mg CO_2/(m^2 · h)]。碱吸收法测定土壤呼吸速率通常是在较长吸收时间内得到的，一般不超过 24 h。目前，封闭式静态气室法测定土壤呼吸的最佳条件是：①最佳碱溶液浓度为 0.5 ~ 1.0 mol/L；②碱溶液吸收剂的容量应为估计所释放的 CO_2 量的 3 倍；③多数情况下，露出的碱溶液吸收的面积与释放的土壤面积之比为 20%，吸收效率较高，但是当需要保持气室内 CO_2 浓度尽可能接近大气 CO_2 浓度时，这个比值可能会改变；④气室应密封良好，不能通风，使气室与周围环境的 CO_2 交换达最小；⑤测量时间不能低于 12 h，最好是 24 h，以减小由于最初条件不稳定和气室造成的温度干扰所引起的误差。

7.2.4.4　微气象法

常用的微气象法指涡度协方差法和波文比/能量平衡法（Bowen - ratio/energy balance, BREB）。微气象法通过间接方法估算土壤原位呼吸，其测定原理是：土壤表面的气体通过涡旋进行传输，即从土壤表面到测量高度处气体颗粒的取代是通过涡旋完成的。涡度协方差法是通过测定垂直风速波动与 CO_2 混合比之间的协方差来确定大气与植物冠层交界面的 CO_2 净交换速率。波文比/能量平衡法是基于表面能量平衡原理，即假设显热、潜热、CO_2 和动量的湍流交换系数是相似的，由水蒸气、CO_2 和热量之间的通量 - 梯度关系来计算净 CO_2 通量。用波文比/能量平衡法计算的 CO_2 通量的精确性受假定相等的湍流交换系数和输入变量的测量误差的影响，如净辐射、温度和湿度梯度。其他的微气象法包括空气动力学法（the aerodynamic）、涡度积累法（eddy accumulation）、质量平衡法（mass balance）、双重示踪法（dual tracer）和表面更新法（surface renewal），这里不再细述。

同气室法相比，涡度协方差法和波文比/能量平衡法属非破坏性的微气象法，对土壤表面的微环境影响最小。这两种方法更为准确地反映了“自然”湍流条件，能在较长时期内针对较大面积的研究对象连续测定 CO_2 通量，是大尺度下原位测定土壤呼吸的理想工具。微气象法的成功应用取决于一些环境条件，如较大的、均质的、上风向的风浪区长度和大气稳态等。微气象法通常不适合小尺度的测量，与其他方法相比，花费也比较高。当下层湍流较小、覆盖区难以识别的时候，涡度协方差法很难测出下层的通量。当测量地点稳态条件的存储和碳通量对流同时存在时，夜间的通量也需要校正。因此，通过涡度协方差通量和气室法测量之间的相互关系来校准和估算较大面积的土壤 CO_2 通量，是较为常用的手段。然而，也有一些研究结果表明开放式动态气室法是测定土壤呼吸最可靠的一种方法。目前土壤原位呼吸测量的最佳方法仍没有形成一致的看法。研究者需结合实验目的，综合考虑不同方法的优缺点，设计合理的技术路线来原位测定土壤呼吸（表 7 - 9）。

表 7-9 土壤原位呼吸测定方法比较

方法	原理	优点	缺点
开放式动态气室法	入口和出口之间 CO_2 的浓度差	如果没有人为干扰，测量的精确度很高，并具有较高时间分辨率；可连续稳定地测量	对气室内外的压力差比较敏感；气室内达到稳定状态所需时间较长；需要电力供应；需要差分的气体分析仪和质量流量控制器
封闭式动态气室法	通过气室内 CO_2 浓度增加而形成时间梯度	使用便携式系统，采样地点灵活、适用范围广，能够比较准确测定 CO_2，适用于测定瞬时和整段时间 CO_2 的排放速率	设备比较昂贵，气室内 CO_2 浓度增加改变扩散梯度，空气流通速率和气室内外的压力差对测定造成负面影响
封闭式静态气室法	用碱液或碱石灰吸收	设备简单，费用低，易在野外操作，有利于多次重复测定，并将样品带回实验室分析；可全面测量日变化，样品可带回实验室分析	CO_2 浓度增加对扩散过程的影响会降低测量精确性；长时间的封闭/暴露引起室内微环境的改变，并易产生边缘效应；土壤呼吸速率低的情况下，测定的结果比真实值高，在土壤呼吸速率高的情况下测定的结果比真实值偏低
微气象法	依据气象学原理测定地表气体排放通量，如涡流中的 CO_2 混合比	不受生态系统类型限制，无破坏性，对土壤系统几乎不造成干扰；在自然湍流条件下测定，可代表大的空间异质性，适合测定大尺度 CO_2 排放量	要求土壤表面的异质性和地形条件相对简单，测定土壤 CO_2 排放的准确度很大程度上受到大气、土壤表面和仪器设备的影响；大气风向可能发生昼夜变化，使得测定方法本身造成一定误差；很难区分不同来源的土壤呼吸强度

7.3 稳定性同位素技术的应用

构成生命的基本元素几乎都具有相应的同位素。与放射性同位素相比，稳定同位素安全、无污染且易控制。由于元素与其同位素的物理化学性质基本一致，自 20 世纪 20 年代以来，稳定同位素示踪技术极大地推动了生命科学发展(如著名的 DNA 半保留复制试验)。近年来，稳定同位素示踪技术在生态学领域的应用得到迅猛发展，从大尺度(如较长时间尺度上土壤有机质周转速率)到小尺度(如微生物驱动生态过程的同位素分馏效应)，再到微尺度(如稳定同位素标记自然环境中微生物核酸 DNA/RNA)，稳定同位素示踪技术得到广泛关注和应用，本节将对此做一些初步的介绍。

7.3.1　稳定同位素示踪技术

目前元素周期表中元素已达100多种。原子是构成各种元素的最基本单位，由带正电荷的原子核和带负电荷的电子组成，其中原子核又由质子和中子组成。元素的化学性质及其在周期表的位置由质子数决定。在中子和质子组成的原子核内，质子数相同，中子数不同的这一类原子称为同位素。它们在周期表上占有同一位置，化学行为几乎相同，但原子质量或质量数不同，从而其质谱行为、放射性转变和物理性质(例如在气态下的扩散能力)有所差异。同位素的表示是在该元素符号的左上角注明质量数(质子数与中子数之和)。根据物理特性，同位素可分为放射性和稳定性两种形式。放射性同位素如：^{3}H、^{14}C 经历自身的衰变过程并放射出辐射能，具有物理半衰期。尽管放射性同位素在放射治疗医学、影像医学和生命科学研究中得到了广泛应用，但由于它的辐射会对人体产生潜在的不良作用，其应用受到了严格的限制。稳定性同位素如^{13}C、^{15}N 无放射性，物理性质稳定，以一定比例存在于自然界，对人体无害，随着分析测试手段的不断发展，近年来稳定同位素示踪技术在科学研究中得到了广泛使用。

除磷以外，几乎所有具有生物学意义的元素如碳、氢、氧、氮和硫等均存在两种，甚至几十种以上的稳定性同位素形式，即具有相同质子数，但中子数不同，且不具放射性的元素形式。磷的同位素已发现的共有 13 种，包括从^{27}P到^{39}P，其中只有^{31}P 最为稳定，其他同位素都具有放射性。通常认为一种元素的同位素在物理学、化学和生物学方面的性质是相同的，但同时具有不同的核物理性质。所以，某元素的任一同位素形式(不论放射性还是稳定性)及其构成的化合物，与自然界存在的相应元素及其化合物具有基本相同的物理、化学和生物学性质。这就是医学、生命科学和农学等研究中利用同位素示踪法的基本原理。然而，严格来讲，一种元素的各种同位素之间与自然界普遍存在的相应元素本身的物理化学性质实际上并不完全相同，尤其是原子量较小的元素，其同位素之间的原子质量差异较大，例如，^{2}H 是^{1}H 的两倍，^{3}H 是^{1}H 的三倍，使它们在物理学、化学及生物学的性质上表现出一定的差异，这种由同位素不同而引起性质差异的现象泛称为同位素效应。质谱分析技术的快速发展，使得同位素效应在生命科学中得到广泛应用。例如，C_4 和 C_3 植物的 $\delta^{13}C$ 值分别为 $-12‰$和 $-27‰$，根据土壤有机碳稳定同位素自然丰度 $\delta^{13}C$ 的变化规律，研究者即可推测 C_4 和 C_3 植物对土壤有机质周转速率的影响规律。

7.3.1.1　碳稳定同位素测定土壤有机质周转速率

稳定性同位素^{13}C 的自然丰度，即原子百分数为 1.11%，由于稳定同位素的自然丰度变化较小，通常用 $\delta^{13}C$ 值作为描述样品与标准化合物 ^{13}C 天然丰度变异的指标，$\delta^{13}C=(R_{样品}/R_{标准}-1)\times 1\,000$，其中 R 为 $^{13}C/^{12}C$ 比值。标准化合物通常为 Pee Dee Belemnite(箭石,简称 PDB)。植物同化大气 CO_2 产生光合产物合成生物有机体，并通过植物根系将同化的光合产物转运到土壤地下部分，增加土壤有机质含量。因此，大气 CO_2 的 $\delta^{13}C$ 值和植物光合作用途径是决定植物各部分器官和土壤 $\delta^{13}C$ 值的基础。大气 CO_2 的 $\delta^{13}C$ 值为 $-7‰$。由于形成 $^{13}C-{}^{12}C$ 键比形成 $^{12}C-{}^{12}C$ 键需要更多的能量，所以植物进行光合作用时，依据光合路径的不同，不同的羧化酶优先利用 $^{12}CO_2$、排斥 $^{13}CO_2$ 的程度不同，导致其光合产物 $\delta^{13}C$ 值与大气 CO_2 的 $\delta^{13}C$ 值相比，均有不同程度降低。C_3 植物(小麦、大豆、水稻等)通过卡尔文循环(Calvin - Benson photosynthetic pathway)RuBP 羧化酶固定大气 CO_2，在羧化作用中，由于酶反应造成的同位素分馏导致其光合产物的 $\delta^{13}C$ 值明显下降，为 $-40‰\sim-23‰$，平均值为 $-27‰$左右。C_4 植物(玉米、高粱和甘蔗等)通过哈奇 - 斯莱克循环(Hatch - Slack pathway)PEP 羧化酶固定大气 CO_2，其 $\delta^{13}C$ 值下降较少，为 $-19‰\sim-9‰$，平均值为 $-12‰$。此外，C_3 和 C_4 植物的 $\delta^{13}C$ 值都有一定的范围，因此不同 C_3 或 C_4 植物的 $\delta^{13}C$ 值之间必然有一定的差异，其中 C_3 植物之间 $\delta^{13}C$ 值的最大差异为 17‰，C_4 植物为 10‰。但一般而言，同种植物不同器官或组织的 $\delta^{13}C$ 值差异不大。相同气候条件下生长的 C_3 和 C_4 植物，其 $\delta^{13}C$ 值差异为 12‰ ~ 14‰，这是 $\delta^{13}C$ 值分析土壤有机质周转速率的基础。

土壤有机质主要来源于植物残体和脱落物，因此，一般而言土壤有机质的 $\delta^{13}C$ 值与其上所长植物 $\delta^{13}C$ 值十分接近。长期生长 C_3 植物的土壤，其有机质的 $\delta^{13}C$ 多为 $-29‰\sim-24‰$，如寒带、温带及森林土壤；长期生长 C_4 植物的土壤，其有机质的 $\delta^{13}C$ 多为 $-14‰\sim-12‰$，如热带草原和稀树大草原土壤。长期生长 C_3 植物的土壤可称为 C_3 土壤，长期生长 C_4 植物的土壤可称为 C_4 土壤。将 C_4 植物种植于 C_3 土壤，或将 C_3 植物种植于 C_4 土壤，经过一段时间后，根据单位时间内 $\delta^{13}C$ 的变化程度，可以推算土壤有机质的周转速率或比较不同土壤有机质组分(如富里酸和胡敏酸)的更新速率。

设 t_0 为植物 B 取代植物 A 的起始时间，t 为栽培植物 B 后的任一时间。在 t_0 以前，植物 A 是土壤有机质的来源，因而土壤有机质在起始时刻的 $\delta^{13}C$ 值与植物 A 的 $\delta^{13}C_{(A)}$ 相同。随着时间 t 的增加，B 植物不断向土壤提供新鲜有机质 B_t，来源于植物 A 的有机质 A_t 相对含量(C_A)百分比降低，而来源于植物 B 的有机质相对含量(C_B)百分比增加。由于植物 A 和 B 的 $\delta^{13}C_{(A)}$ 和 $\delta^{13}C_{(B)}$ 值不同，其植物残体或脱落物进入土壤使得土壤 $\delta^{13}C_t$ 发生改变。任一时间土壤总有机碳来源于植物 B 和植物 A，因此得到：

$$C_A + C_B = 1$$

任一时间 t 土壤总有机碳 $\delta^{13}C_t$ 值来源于植物 B 和植物 A 的植物残体和脱落物，因此得到：

$$\delta^{13}C_t = \delta^{13}C_{(A)} \times C_A + \delta^{13}C_{(B)} \times C_B$$

由于任一时间土壤 $\delta^{13}C_t$ 值均可测定，植物 A 和 B 的 $\delta^{13}C_{(A)}$ 和 $\delta^{13}C_{(B)}$ 值可视为常数(单一植物的 $\delta^{13}C$ 随生长时间或种植年限变化较小)。因此，通过上面两个公式即可以明确植物 B 取代植物 A 种植于土壤后，任一时间 t 的 C_B 值，即土壤有机碳中来自于植物 B 残体和脱落物的比例。

测定原理：$\delta^{13}C$ 测定是通过使干燥的样品在密封的有过量氧气的石英玻璃管中燃烧，使样品中所有的碳都转化为 CO_2，然后通过低温蒸馏(或液氮冷阱冷却)使产生的 CO_2 与其他的燃烧产物分离，得到纯净 CO_2 后采用同位素质谱仪测定 ^{13}C 原子百分含量，并通过前面描述的公式换算为 $\delta^{13}C$ 值。

测定方法：植物样品测定无需预处理。对于土壤样品，需要预先除去其中的碳酸盐。具体方法如下：首先将风干土样过 0.1 mm 孔径筛，用百万分之一天平称取含 400 ~ 800 μg 有机碳的土样(20 ~ 40 mg 土壤)置于铝箔中封口，放进自动进样转盘测定。采用 MAT - 251 型质谱仪测定 ^{13}C 原子百分比，并换算为 $\delta^{13}C$ 值。

方法评价：在大的时空尺度下，土壤有机碳 $\delta^{13}C$ 的变化规律是目前研究 C_3/C_4 为主要植物类型生态系统有机质长期动力学变化规律的最佳参数。然而，在小的时间尺度上，该方法可能存在一定的缺陷。例如，该方法假设种植于土壤上的植被类型最初和最终都是单一的 C_3 或 C_4 植物，而实际上在植被演替格局的变化过程中会有相当大的时空变异性及 C_3 与 C_4 植物分布的交错性，难以在任意时间或地点对处于平衡状态下的两种植被进行采样分析，选用具有相似土壤类型、地貌特征、植被分布和土地利用条件下的土壤有机碳 $\delta^{13}C$ 值作为替代，或采用植物残体和凋落物的 $\delta^{13}C$ 值进行计算，更能准确反映土壤有机碳的周转过程(陈世苹等,2002)。

最近，研究者通过观测土壤氮稳定同位素组成变化，表明土壤的氮同位素组成可能为黄土高原环境变化示踪提供指示，进一步深入研究氮稳定同位素示踪自然生态系统氮循环过程的方法与原理，将为重建气候环境变化和自然生态系统氮循环过程提供有力工具(刘卫国和王政,2008)。

7.3.1.2　氮稳定同位素分析微生物的同位素分馏效应

元素的稳定同位素之间化学性质几乎完全一致，物理性质略有差异(如在气相中的传导率、分子键能、生化合成和分解速率等)，主要原因是重同位素与轻同位素在零位能上的差别，其量子机械效应也有微小差异。轻同位素具有较高的零位能，形成的化学键比重同位素形成的化学键弱，这一原理控制着同位素在环境中的反应并引起同位素分馏，或称为同位素效应。

微生物驱动土壤重要生态过程，微生物的同位素分馏作用可称为动力学同位素分馏(kientic isotope fractionation)。微生物的同位素分馏效应指：一般而言，生物总是优先利用底物中的轻稳定同位素，与初始反应物相比，导致底物残余物中重同位素富集，而反应产物中的轻同位素不断富集。微生物同位素分馏效应发生的前提是：反应底物足够多，不会限制反应进程。影响微生物同位素分馏效应的主要因素有微生物的代谢途径、辅酶作用、同位素质量差异和反应物组成等。不同的微生物代谢途径代表不同的生物化学反应，造成了同位素分馏的显著差异。

微生物的同位素分馏程度可用同位素分馏因子(fractionation factor)衡量，一般用 α 表示。

$$\alpha = \frac{R_r}{R_p}$$

式中：R_r 和 R_p 分别表示反应物和产物的重同位素与轻同位素比值(如$^{15}N/^{14}N$)。

由此可得出，在没有同位素分馏作用的情况下，$\alpha = 1$。然而，通常情况下轻同位素化合物(如$^{14}NH_3$)被微生物(如氨氧化细菌)优先利用，导致 $\alpha > 1$。

此外，微生物的同位素分馏因子 ε 也可通过 δ 值计算，而非同位素比值来表示：

$$\alpha_{A/B} = \frac{\delta_A + 1\,000}{\delta_B + 1\,000}$$

$$\varepsilon = (1 - \alpha) \times 10^3$$

式中：δ_A 和 δ_B 分别表示反应物 A 和产物 B 的 δ 值，但这一公式仅适用于开放的反应体系，即不断加入底物，反应物数量对反应进程无影响。在密封的反应体系，微生物的同位素分馏因子 ε 通常根据 Rayleigh 公式计算(Mariotti *et al.*, 1981)：

$$\delta_r = \delta_{ri} + \varepsilon \times \ln(1 - f)$$

$$\delta_p = \delta_{ri} - \frac{\varepsilon \times (1 - f) \times \ln(1 - f)}{f}$$

式中：δ_{ri}表示反应物 r 在初始时刻($t = 0$)的 δ 值；δ_p 和 δ_r 分别表示反应某时刻(t)产物 p 和残留反应物 r 的 δ 值；f 表示反应某时刻(t)反应产物占初始时刻底物的比例($0 < f < 1$)。因此，同位素分馏因子 ε 可通过以下公式计算：

$$\varepsilon = \frac{\delta_r - \delta_{ri}}{\ln(1 - f)}$$

$$\varepsilon = \frac{f \times (\delta_{ri} - \delta_p)}{(1 - f) \times \ln(1 - f)}$$

由于式中 δ_{ri} 为常数，因此，通过计算不同反应 t 时刻，反应物的 δ_r 值与 $\ln(1-f)$，并通过线性回归得到斜率，即同位素分馏因子 ε。此外，也可通过计算不同反应时刻、反应产物的 δ_p 值和 $\frac{f}{(1-f)\times\ln(1-f)}$，并通过线性回归得到斜率，即同位素分馏因子 ε。

以氨氧化细菌氧化氨态氮为例（Casciotti *et al.*，2003），反应过程为：$NH_3 \rightarrow NO_2^-$，其同位素分馏因子为 ε_{AMO}，根据公式 $\delta_r = \delta_{ri} + \varepsilon \times \ln(1-f)$ 可得方程如下：

$$\delta^{15}NO_2^- = \delta^{15}NH_{4(0)}^+ + \frac{\varepsilon_{AMO}\times(1-f)\times\ln(1-f)}{f}$$

式中：$\delta^{15}NO_2^-$ 为某培养时刻(t)液体培养基内 NO_2^- 的 δ 值；$\delta^{15}NH_{4(0)}^+$ 为培养零时刻液体培养基内初始浓度 NH_4^+ 的 δ 值；f 表示培养时刻(t)反应产物 NO_2^- 占培养零时刻 NH_4^+ 初始浓度的比例。

此外，在氨单氧化酶（AMO）作用下，微生物氨氧化过程首先产生 NH_2OH，然后 NH_2OH 被羟胺氧化还原酶（HAO）转化为 NO_2^-，尽管羟胺氧化还原酶与氨单氧化酶相互影响，然而，由于羟胺极不稳定，在液体培养基中几乎无法检测，因此，羟胺对氨氧化产物 NO_2^- 的同位素分馏影响被忽略不计，氨氧化过程被简化为一步反应。如表 7－10 所示，研究者选择 5 种不同的氨氧化细菌进行研究，在不同时间分别测定液体培养基中 NO_2^- 的浓度和 δ 值，以及 NH_4^+ 浓度，得到不同培养时刻 f 值以及 $\delta^{15}NO_2^-$，通过计算 $\delta^{15}NO_2^-$ 和 $(1-f)\times\ln(1-f)/f$ 的线性回归方程，其斜率即为氨氧化微生物氧化氨态氮过程的同位素分馏因子 ε_{AMO}。

表 7－10　氨氧化细菌氧化氨态氮过程的微生物同位素分馏因子比较

氨氧化细菌	初始 NH_4^+ 浓度 /(μmol · L^{-1})	氨态氮氧化速率 /(μmol · h^{-1})	同位素分馏因子 ε_{AMO}
Nitrosomonas marina	2 000	20.9 ± 1.4	(14.2 ± 3.6)‰
Nitrosomonas sp. C－113a	2 000	15.4 ± 1.5	(19.1 ± 1.2)‰
Nitrosospira tenuis	1 000	12.0 ± 2.5	(24.6 ± 1.4)‰
Nitrosomonas eutropha	1 000	23.5 ± 1.2	(32.8 ± 1.7)‰
Nitrosomonas europaea	1 000	21.1 ± 0.2	(38.2 ± 1.6)‰

通过对表 7－10 中氨氧化细菌氨氧化过程的关键功能基因 *amoA*（氨单氧化酶）进行分析，进一步发现，氨氧化微生物同位素分馏因子差别越小，其 *amoA* 基因之间的遗传进化关系越近（Casciotti *et al.*，2003）。然而，其内在的生物化学机理迄今尚无明确答案。需要指出的是，目前微生物同位素分馏效应的研究以碳稳定同位素居多。随着分析测试手段的不断提高，通过研究微生物同位素分馏效应，原位重建土壤重要生态过程的动力学过程，可能会获

得更大发展。

7.3.2 稳定同位素核酸探针技术

据估算，现有技术条件下，每克土壤最多含有100亿微生物个体，100万种不同的微生物(Gans *et al.*,2005)，因此，从这些难以计数的土壤微生物中，原位鉴别重要生态过程的微生物驱动者，单就技术角度而言，在20年前仍是难以想象的(Schmidt,2006)。然而，采用近年来得到广泛关注的“稳定同位素核酸探针”技术(Radajewski *et al.*,2000)，我们能利用稳定同位素示踪复杂环境中的微生物核酸DNA/RNA，在分子水平鉴定生态系统重要过程的微生物驱动者。

7.3.2.1 稳定同位素核酸探针的技术原理

稳定同位素核酸探针(DNA/RNA - based stable isotope probing,DNA/RNA - SIP)，简言之，即采用“稳定同位素”原位标记环境样品中“特定微生物核酸DNA/RNA”，采用分子生物学方法分析稳定同位素标记的核酸DNA/RNA，揭示复杂生态系统重要过程的微生物驱动机理。其基本原理与1958年证明DNA半保留复制的Meselson - Stahl实验类似，主要区别在于DNA半保留复制实验必须以纯菌为研究对象，证明子代DNA来源于父代DNA；而“稳定同位素核酸探针”以复杂环境样品如土壤为研究对象，标记复杂环境中特定微生物的核酸DNA/RNA，揭示自然环境重要生态过程的微生物驱动者。

“稳定同位素核酸探针”的基本技术路线如图7 - 13所示。

采用稳定同位素^{13}C - 标记底物培养复杂环境样品(如土壤)，因为合成代谢是所有生命的基本特征之一，土壤中利用该“^{13}C - 标记底物”的微生物细胞不断分裂、生长、繁殖，并利用^{13}C底物合成^{13}C标记的生物质如核酸(DNA/RNA)；提取土壤样品中^{13}C - 核酸和^{12}C - 核酸总DNA/RNA混合物，超高速密度梯度离心分离获得核酸^{13}C - DNA/RNA；进一步分析核酸^{13}C - DNA/RNA，鉴别土壤中驱动碳循环重要生态过程的微生物驱动者。目前绝大多数研究采用^{13}C稳定同位素标记底物。除非特别指出，本节中稳定同位素皆表示^{13}C。最近以^{15}N和^{18}O为基础的“稳定同位素核酸探针”也被成功应用于微生物驱动的土壤生态过程研究(Schwartz,2007；Buckley *et al.*,2008)。

(1) 技术特点

以DNA或RNA为基础的稳定同位素核酸探针技术各有特色(Friedrich,2006;Whiteley *et al.*,2006)。DNA储存细胞所有的遗传信息，是物种保持进化和世代繁衍的物质基础。DNA - SIP要求微生物细胞不断分裂繁殖，产生的子代细胞同化稳定同位素标记底物，合成标记的核酸DNA。DNA - SIP的优点是：标记

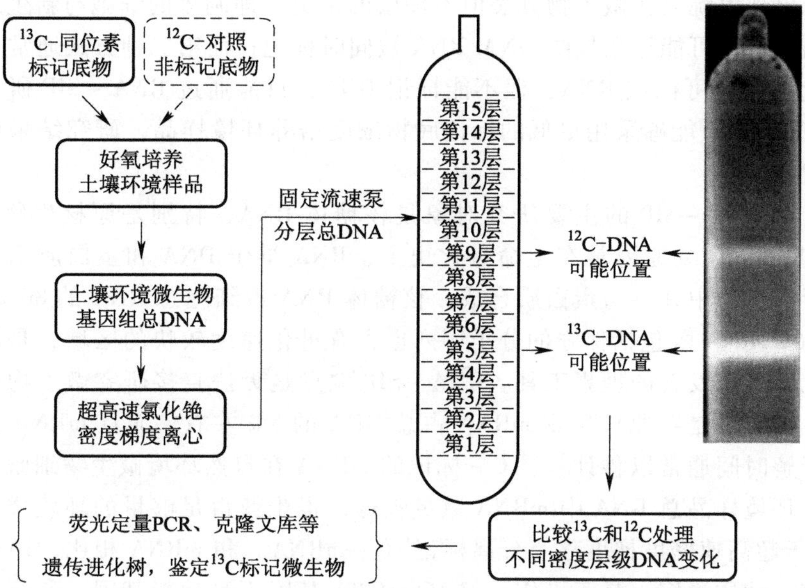

图 7－13　“稳定同位素核酸探针”技术示意图

的^{13}C－DNA 一定来自新产生的子代微生物细胞，是证明微生物原位生长并驱动生态过程的最直接证据；同时，DNA 较为稳定，可以同时分析 16S rRNA 和 mRNA 基因，在分子水平上鉴定生态过程的微生物驱动者。DNA－SIP 的缺点是：目标微生物必须通过分裂的方式大量繁殖并合成新的核酸 DNA。然而，自然环境中微生物数量巨大，能被微生物利用的底物浓度通常很低，原位状况下微生物大量分裂繁殖的可能性较小，因此，经常需要使用较高浓度的标记底物，刺激环境中目标微生物的分裂生长，获得足够量的^{13}C－DNA，然而，高浓度底物培养环境样品可能导致研究结果与原位自然环境的实际情况不相吻合。

在一定程度上，RNA－SIP 能克服 DNA－SIP 的缺点：自然环境中特定功能微生物发挥作用的同时，即使没有大量增殖生长，但其功能基因得到表达并在核糖体内合成蛋白质，获得标记的^{13}C－RNA 则表明微生物可能具有较强的活性。例如，甲烷氧化微生物氧化甲烷的方式可能有两种：①甲烷氧化微生物数量显著增加：微生物细胞分裂增殖，产生的子代新细胞氧化标记甲烷，生物质如核酸被^{13}C 所标记；②甲烷氧化微生物在数量上没有明显变化：单个的微生物细胞具有较强活性，关键功能基因(*pmoA*)的信息转录传递到 mRNA，mRNA 再将信息翻译并合成甲烷单氧化酶，氧化甲烷，同时核糖体 RNA 特别是 16S rRNA 参与蛋白质合成并发挥重要作用，RNA 特别是核糖体 RNA 在甲烷氧化过程中被^{13}C 所标记。第一种甲烷氧化方式通常要求大量标记的$^{13}CH_4$－C 被微生物所同化，可通过 DNA－SIP 和 RNA－SIP 研究，此外，甲烷氧化过程中也可能出现甲烷氧化微生物分裂但不增殖的情况，即凋零的细胞与新生细胞数量相当，同样可能导致核酸 DNA/RNA 被同时标记；而第二种方式通常只需氧化少量甲烷即可标记 RNA，但不能标记 DNA，只能通过 RNA－SIP 研究。因此，RNA－SIP 能够采用更低的标记底物浓度培养环境样品，研究结果更接近原位状况。

目前 RNA－SIP 的主要研究对象是核糖体 RNA，特别是原核生物的 16S rRNA 基因。主要原因是在生命进化史上，RNA 早于 DNA 和蛋白质出现，存在于所有生物中并参与蛋白质合成，核糖体 RNA 占细胞总 RNA 的 80% 左右，其中 16S rRNA 既包括保守的分子序列也含有进化速度较快的区域，是研究生物进化和系统发育的理想工具。RNA－SIP 缺点是无法直接研究微生物的功能基因，其原因是：原核生物 mRNA 占总 RNA 的 5% 左右，而且 mRNA 极不稳定，降解时间通常以秒计算，^{13}C－标记的 mRNA 在自然环境微生物细胞中降解较快，环境样品总 RNA 中 mRNA 数量较低，很难获得足够量的环境样品 mRNA 用于超高速密度梯度离心分离标记 ^{13}C－mRNA。和 mRNA 相比，16S rRNA 数量多，性质稳定，易于操作，但 16S rRNA 基因不是功能基因，研究者只能通过 16S rRNA 基因序列构建系统发育树鉴别微生物，进而根据已知的亲缘微生物推测标记微生物可能具有的生理生化特性及其在原位环境中的生态功能。目前仅有的 mRNA－SIP 研究报道来自于地下水多环芳烃（萘）降解微生物（Huang *et al.*，2008），另以甲烷氧化菌为基础的 mRNA－SIP 纯菌株试验最近也获得成功；然而，目前尚无特别有效的技术手段克服 mRNA 半衰期短、降解快的难题，mRNA－SIP 的实际应用仍存在较大的技术难度。

（2）技术核心

“稳定同位素核酸探针”的技术核心是有效分离并确定环境样品中稳定同位素标记的微生物 ^{13}C－DNA/RNA，可分为两个部分：①超高速密度梯度离心分离环境样品总 DNA/RNA 中的 ^{12}C－DNA/RNA 和 ^{13}C－DNA/RNA；②如何鉴定所得 DNA/RNA 为稳定同位素标记的核酸 ^{13}C－DNA/RNA，即确定超高速离心后 ^{13}C－标记核酸 DNA/RNA 在离心试管内的位置，并进行后续分子生物学分析。换言之，超高速密度梯度离心分离总 DNA/RNA 后，如何分析、鉴定哪一个目标密度层级中富集了大量标记微生物 ^{13}C－DNA/RNA，即如何判定图 7－13 中的第 5 层级富集了大量 ^{13}C－DNA/RNA，是“稳定同位素核酸探针”技术的核心，也是难点。主要原因是土壤含有难以计数的微生物，然而，多数情况下，能够利用稳定同位素标记底物，合成 ^{13}C－DNA/RNA 的微生物占土壤微生物总量的比例较小。例如，土壤氨氧化细菌约为土壤微生物的百万分之几，甚至更低，即使在大量外源铵态氮刺激下，土壤中大量繁殖的氨氧化细菌仍然可能不足微生物总量的千分之几，导致稳定同位素标记的氨氧化细菌 ^{13}C－DNA/RNA 仅占土壤总 DNA/RNA 很小的一部分(Jia and Conrad,2009)。因此，土壤总 DNA/RNA 经超高速密度梯度离心分离^{12}C - DNA/RNA 和^{13}C - DNA/RNA 后，明确鉴定微量的^{13}C - DNA/RNA 在离心试管中所处的位置，通常具有较大的难度。目前主要通过一些间接方法确定超高速离心后^{13}C - DNA/RNA 在离心试管内的位置。

传统方法采用溴化乙锭染色鉴别稳定同位素标记的环境微生物^{13}C - DNA。将土壤总 DNA、氯化铯和适量溴化乙锭混合后超高速密度梯度离心，由于^{12}C - DNA 和^{13}C - DNA 具有不同的浮力密度，如图 7 - 13 所示，它们将分别富集于试管内不同位置，即^{13}C - DNA 主要富集在试管下部浮力密度较高的氯化铯溶液中，^{12}C - DNA 富集于试管上部浮力密度较小的氯化铯溶液。大多数试验的经验表明，超高速密度梯度离心后，试管内^{12}C - DNA 和^{13}C - DNA 之间的距离大约为 1 cm。紫外线直接观察下，即可判定^{12}C - DNA 和^{13}C - DNA 的准确位置，进一步采用带针头的注射器，直接在含有^{13}C - DNA 的试管壁部位扎孔并取出^{13}C - DNA 进行后续分析，即可在分子水平鉴定同化了标记底物的环境微生物。然而，该方法主要用于纯菌微生物的研究，如经典的 DNA 半保留复制实验。对于环境样品而言，实际操作性不强。主要原因如前所述，土壤中被标记微生物 DNA 通常仅占土壤微生物 DNA 总量的很小一部分，标记微生物基因组 DNA 仅占土壤总微生物基因组 DNA 总量很小的一部分。超高速密度梯度离心后，肉眼通常很难清楚观察到^{13}C - DNA。此外，紫外线照射对微生物 DNA 具有不可修复的损害，导致后续的^{13}C - DNA 分子分析产生巨大误差，而^{13}C - DNA 分子生物学分析则是稳定同位素核酸探针研究的核心内容。土壤微生物核酸总 RNA 含量通常远低于 DNA，因此，紫外照射直接观察稳定同位素核酸标记^{13}C - RNA 的难度可能更大，迄今尚未见报道，同时 RNA - SIP 采用三氟乙酸铯溶液作为离心介质，而三氟乙酸铯溶液具有紫外吸收特点，严重干扰对标记 RNA 的判定。对于纯菌或环境样品，目前基于功能基因 mRNA 的稳定同位素核酸探针技术尚处于探索阶段。

“密度梯度层级分离”是目前分离^{13}C - DNA/RNA 和^{12}C - DNA/RNA 广泛采用的方法。具体见随后的操作指南(Manefield *et al.*,2002a;Manefield *et al.*,2002b)。其基本原理是：标记的微生物基因组^{13}C - DNA 和未标记的^{12}C - DNA 密度不同，超高速密度梯度离心下，氯化铯溶液介质在离心管内由顶部至底部形成一个连续的密度梯度，由于^{13}C - DNA 具有较高的浮力密度，超高速离心后，^{13}C - DNA 通常富集在试管下部特定的浮力密度处(约为 1.74 g/mL)，而绝大多数^{12}C - DNA 将出现在浮力密度较低的试管上部(1.69 ~ 1.72 g/mL)，进一步采用精确固定流速泵，有效分离超高速离心试管内不同浮力密度层级的^{13}C 和^{12}C - DNA。

需要特别指出的是，即使在^{13}C - DNA/RNA 含量最大的目标层级中，^{13}C

原子百分比也很难达到100%，主要原因是：绝大多数环境样品具有较高的微生物多样性，很可能包括高GC含量微生物，高GC含量微生物DNA同样具有较高的浮力密度，可能随着^{13}C－DNA一起进入浮力密度较高的目标层级，导致测定的^{13}C－DNA原子百分比低于100%的理论值。因此，在^{13}C－DNA含量最大的密度层级中，标记微生物基因组DNA占土壤总DNA的含量可能变化很大，可能在10%～100%之间波动。通常可通过构建克隆文库进行粗略估算，即采用通用细菌或古菌引物构建克隆文库并测序鉴定，计算标记微生物占所有微生物的百分比。例如，湿地土壤甲烷氧化细菌含量较高，超高速密度梯度离心分离后得到的^{13}C－DNA目标层级中，90%以上的DNA可能来自标记的甲烷氧化微生物；对于农田土壤氨氧化细菌而言，由于其背景含量较低，仅有20%左右的总DNA可能来自于标记的氨氧化微生物。最后，稳定同位素标记底物浓度、环境样品的培养条件、超高速离心条件都可能对^{13}C－DNA的有效分离和鉴定产生影响。据此，"稳定同位素核酸探针"实验通常必须设置一个^{12}C－标记底物对照培养，同时分析对照样品相应浮力密度层级的DNA，与^{13}C－标记底物对照培养做比较，准确判定含有标记^{13}C－DNA的密度层级。

此外，理论上鉴别^{13}C－DNA/RNA最有效的方法是：同位素质谱分析仪直接测定超高速离心试管内不同浮力密度位置DNA/RNA的^{13}C原子百分比，然而，质谱直接分析^{13}C－DNA/RNA的方法尚不成熟，极低的DNA/RNA样品总量是目前质谱分析的最大困难。通常0.5～2 μg土壤宏基因组DNA/RNA用于超高速密度梯度离心，如前所述，标记微生物一般占土壤微生物总量的比例较小，因此，含有稳定同位素标记核酸^{13}C－DNA/RNA的目标层中通常仅含少量^{13}C－DNA/RNA，不能满足质谱分析的样品量要求。同时，质谱分析仪价格昂贵，推广性较差。

7.3.2.2　稳定同位素核酸DNA探针技术(DNA－SIP)

材料试剂：

1）琼脂糖，Tris碱，乙醇，盐酸，氢氧化钠，糖原(20 mg/mL)，矿物油，溴化乙锭溶液(10 mg/mL)。

2）Tris－HCl（1.0 mol/L，pH8.0），制备方法：溶解121.1 g Tris碱于800 mL去离子水，盐酸调节pH至8.0，去离子水定容为1 L。

3）GB缓冲液(含0.1 mol/L Tris－HCl(pH8.0)，0.1 mol/L KCl，1.0 mmol/L EDTA)，制备方法：加入50 mL Tris－HCl(1 mol/L)，3.75 g KCl和1.0 mL 0.5 mol/L EDTA于400 mL去离子水，去离子水定容至500 mL，0.2 μm滤膜过滤并灭菌。

4）质量分数为65%的乙醇溶液：加入365 mL质量分数为95%的乙醇溶液于135 mL去离子水。

5）Tris - EDTA，制备方法：去离子水配制 10 mmol/L Tris - HCl（pH8.0）、1 mmol/L EDTA（pH8.0）的 TE 缓冲液，并灭菌。

6）氯化铯溶液（层级分离不同密度梯度核酸 DNA）：溶解 603 g 氯化铯于 500 mL（最终体积）GB 缓冲液（可加热至 30 ℃促进氯化铯溶解），室温 20 ℃下，其密度为 1.88～1.89 mg/mL；或者溶解 50 g CsCl 于 30 mL GB 缓冲液（该方法配制的最终体积大于 30 mL），其密度约为 1.85 g/mL，其光反射指数约为 1.415 3。

7）氯化铯溶液（溴化乙锭染色分离 ^{13}C - 标记核酸 DNA）：溶解 250 g 氯化铯于 250 mL 去离子水；该溶液与溴化乙锭混合后，密度约为 1.55 g/mL。

8）PEG6 000 溶液：去离子水溶解 150 g PEG 6 000 和 46.8 g NaCl，并定容至 500 mL；0.2 μm 滤膜过滤并灭菌。

9）TE 饱和 1 - 丁醇溶液：加 TE 于 100 mL 1 - 丁醇中，直至饱和。

仪器设备：

1）超高速离心机（Beckman Coulter, cat. no. 392049）。

2）超高速离心机转子（ultracentrifuge rotor, Vti 65.2, Beckman Coulter, cat. no. 362 754）。

3）5.1 mL 超高速离心试管（Beckman, cat. no. 342412）。

4）超高速离心试管密封仪（Beckman Coulter, cat. no. 349646）。

5）恒定流速泵［high - performance liquid chromatography（HPLC）syringe pump］。

6）19 号和 23 号针头：1 mL、2 mL 以及 20 mL 注射器；橡皮管（1.5 mm 直径，1.5 mm 壁厚）。

7）折射仪（ATAGO - R - 5 000, UNI - IT, Tokyo, Japan）。

8）紫外灯，高速离心机，1.5 mL Eppendorf 离心试管。

操作步骤：

1）环境样品培养及核酸 DNA 回收

① 加入适量的稳定同位素标记底物于环境样品并于适当条件下培养，标记环境样品中目标微生物基因组 DNA，同时设置对照实验，采用非标记底物培养环境样品目标微生物。

注意事项：原位研究微生物在自然环境的新陈代谢途径要求尽可能保持样品的原始状态，尽可能降低培养过程对环境样品中背景微生物的干扰。因此，最理想的培养方式是采用最少的标记底物培养环境样品，得到最小量的，但超高速密度梯度离心能有效分离的标记核酸 ^{13}C - DNA。目前的经验估算，每克土壤或底泥环境微生物需同化 5～500 mmol 标记底物，而每升海水微生物需同化 1～100 mmol 标记底物，以获得足够量的目标微生物 ^{13}C - DNA，并得到有效分离。此外，研究表明每克土壤氧化 0.2 mmol^{13}C 标记甲烷或 0.7 μmol^{13}C 标记二氧化碳即可获得足够^{13}C - DNA 用于“稳定同位素核酸探针”技术分析。因此，针对不同实验目的，一般需要通过预备实验明确理想的标记底物浓度。另外，通过破坏性采样，在不同培养时间开展 DNA - SIP 研究，比较不同培养时间目标微生物的变化，可以显著提高“稳定同位素核酸 DNA 探针”技术的成功率。然而，设计不同时间梯度实验将显著增加工作量。

② 提取标记底物处理和对照处理的环境样品基因组总 DNA。

注意事项：如果^{13}C - DNA 将进一步用于构建环境基因组学克隆文库，DNA 提取过程中需特别注意减少核酸切断(shearing)。氯化铯超高速密度梯度离心对约 50 kb 基因组 DNA 片段的影响可忽略不计。此外，总 DNA 中可能会存在一些 RNA，但 RNA 的存在对 DNA 下游分析影响较小，可忽略不计。

③ 采用分光光度计或荧光定量测定环境样品基因组 DNA。

注意事项：环境样品 DNA 通常含有一定量的杂质，如腐殖酸。因此，建议采用 PicoGreen 荧光定量测定 DNA，以取得较为准确的数据。

2）超高速密度梯度离心分离环境样品基因组^{13}C - DNA 和^{12}C - DNA

方法一：密度梯度层级分离获得^{13}C - DNA

① 混合环境样品基因组 2.0 μg DNA 和适量 GB 缓冲液，使得最终体积达到 1.2 mL。

注意事项：目前研究认为最佳 DNA 用量范围为 0.5 ~5 μg。

② 将配制好的氯化铯溶液与 GB/DNA 混合，使得最终体积达到 6 mL。

注意事项：将步骤①中 DNA 和 GB 的混合液 1.2 mL 与 4.8 mL 的氯化铯溶液相混合，总体积达到 6 mL。1.2 mL DNA/GB 的计算依据为：GB/DNA 混合液体积 Y，离心前超高速离心溶液密度 X_1，氯化铯溶液密度 X_2，加入氯化铯溶液体积 X_3。公式为：$Y = (X_2 - X_1) \times X_3 \times 1.52$。离心前的溶液(氯化铯、GB 和 DNA 的混合液)密度一般为 1.725 g/mL。然而，理论计算结果通常很难达到理想的密度。因此，超高速离心前，通常需要加入适量的 GB 或者氯化铯溶液调节离心溶液的密度，使之达到 1.725 g/mL。

③ 头尾倒置离心溶液若干次，使之混合均匀。

④ 将离心溶液缓缓加入超高速离心试管。

注意事项：尽可能采用较长的(>6 cm)针头，将离心溶液吸入至一次性 10 mL 注射器，然后将针头轻轻接触超高速离心试管的底部侧面，缓缓将离心溶液注入离心试管。尽可能将离心试管充满，至少至试管颈部，防止超高速离心过程中试管爆裂。

⑤ 平衡离心试管，注满离心溶液后的超高速离心试管之间的质量误差应小于 10 mg。

注意事项：平衡离心试管时，将未密封的离心试管与密封试管的小帽盖一起称重。

⑥ 离心试管特制小帽扣住试管至颈部，使用试管密封器，密封离心试管。

注意事项：氯化铯溶液中的DNA较为稳定，因此，试管密封后可置于4 ℃冰箱存放数周后离心。

⑦ 将离心试管放入超高速离心转子Vti 65.2，并使用螺帽将试管密封于转子中。

⑧ 超高速密度梯度离心条件为：转速44 100 r/min(约177 000g)、20 ℃、真空状态下离心40～48 h。离心机启动的加速度参数设置为最大；离心终止的制动速度设置为零，使得离心转速由44 100 r/min自然降速为零，尽可能形成稳定的不同密度梯度层级。

注意事项：首先，建议在超高速离心开始后0～2 h内，观察离心转速是否达到指定目标44 100 r/min，通常如果试管在离心过程发生破裂，转子失去平衡，离心转速很难达到设置速度，此时应尽快停止离心；其次，个别情况下，虽然试管出现破裂的微缝，略有离心溶液渗出，但离心机仍能正常运转，根据我们的经验，离心结束后，该样品可靠性较低，需要重复进行超高速离心分析；最后，选用特定的转子超高速密度梯度离心一定时间后，离心试管内离心溶液沿着水平方向逐渐形成纵向垂直而稳定的不同密度梯度(不同梯度沿着重力方向互相平行)，在零减速停止过程中，纵向垂直的不同密度梯度由于重力的作用，密度较大的梯度首先“坍塌”至试管底部，逐次形成了沿水平方向的不同密度梯度层级。稳定后的密度梯度不会随着离心时间的增加而发生明显变化，因此，虽然不建议长时间如72 h的离心过程，但是一般离心时间可以根据实验设计控制在45 h左右，不需要严格界定。

⑨ 超高速离心结束后，及时进行超高速离心试管溶液密度梯度分层，获取^{13}C-DNA。

注意事项：超高速离心结束后，离心试管内形成不同的密度梯度，从转子中取出离心试管过程中，尽最大可能轻拿轻放，减少对密度梯度的干扰。通常如果试管发生较剧烈的振荡或碰撞后，如极端情况下脱手跌落于实验台，该样品即失去分析价值，需要重新超高速密度梯度离心分离^{13}C-DNA和^{12}C-DNA。

⑩ 将离心后的超高速密度梯度离心试管固定于三脚架上，在超高速离心试管底部放置12～15个1.5 mL Eppendorf试管，使用23号针头，在试管底部扎一个小孔，然后在试管顶部，如未填充离心溶液的空隙处，扎入另外一个23号针头，该针头通过试管与恒定流速泵相连，随后启动恒定流速泵，通过恒定流速泵将水溶液或矿物油以固定流速源源不断注射入离心试管内，导致离心试管内形成固定的压力，使得试管内不同密度层级的DNA以稳定的流速依

次从试管底部的针孔处流出，并置换到超高速离心试管底部的 Eppendorf 试管内(Neufeld *et al.* ,2007)。

注意事项：固定离心试管前，首先调节试管夹、三角平台、恒定流速泵的位置。同时，注意不能将试管固定太紧或太松。如试管固定过紧，内部可能形成一定压力，在试管底部扎孔拔出针头后，可能导致离心溶液立即流出试管；如试管固定太松，操作过程中易将试管跌落于实验平台，导致实验失败。此外，可以在试管上部首先插入 23 号针头，然后在试管底部扎孔拔出针头后，立即启动恒定流速泵，开始置换过程；或者在试管底部先插入针头，但不拔出，待与恒定流速泵相连的针头插入试管上部，拔出试管底部针头，启动恒定流速泵，置换试管内不同密度层级 DNA。特别需要提到的是，针头扎孔是超高速密度梯度离心溶液分层的关键步骤，也是较容易出问题的环节，例如，用力过猛可能导致离心试管剧烈振荡；用力不够则针头长时间内接触离心试管但无法进入，这两种情况下都可能影响超高速密度梯度离心后试管内不同密度梯度层级 DNA 分布，易导致目标层级的^{13}C - DNA 受到其他密度层级^{12}C - DNA 污染。因此，最好在实验开始前，对超高速离心管扎孔过程反复练习，经验表明 Beckman 离心试管较 Sorvell 离心试管容易扎孔。此外，试管底部扎孔过程中，针头插入位置应尽量在试管底部正中位置，或者最为靠近底部的位置，使得不同密度梯度层级的 DNA 离心溶液从试管底部，而不是试管侧壁方向流出，易于使用 Eppendorf 试管收集。

⑪ 恒定流速泵的流速通常设置约为 312.5 μL/min，启动恒定流速泵后，由于矿物油或者水溶液将注入超高速离心试管顶部，形成恒定的压力，超高速离心试管内不同密度层级的 DNA 将随着氯化铯溶液由试管底部小孔流出，从试管底部第一滴溶液流出开始计时，1 min 内将有 312.5 μL 离心溶液 DNA 进入超高速离心试管底部的 Eppendorf 试管；每隔 1 min 即更新放置于超高速离心试管底部 Eppendorf 试管的位置，均匀收集从超高速离心试管流出的不同密度层级的 DNA；通常可以得到 14 ~ 16 个不同密度层级的 DNA 用于后续分析。

注意事项：如采用 Sorvell 超高速离心机以及 TVP 转子，密度梯度分离的参数略有不同。固定流速泵的流速为：750 μL/min，每隔 30 s 即更换超高速离心试管底部的 Eppendorf 试管，收集 375 μl 的超高速离心溶液，得到 14 ~ 16 个不同密度层级的离心溶液用于后续分析。另外，固定流速泵的流速可设置为 500 μL/min，每 30 s 收集一次超高速离心溶液，共计得到 22 ~ 25 个不同密度层级的离心溶液用于后续分析。然而，后一种方法工作量较大，实验表明：将超高速密度梯度离心溶液分层为 14 ~ 16 或 22 ~ 25 个不同密度层级分离^{13}C - DNA 和^{12}C - DNA，结果一致。

⑫ 折光仪分析 Eppendorf 试管内不同密度层级离心溶液的密度。

注意事项：超高速离心前，环境样品基因组 DNA、GB 缓冲液和氯化铯溶液混合液的密度通常为 1.725 g/mL；超高速离心后，离心试管内不同层级（不同位置）的离心溶液，即置换到 Eppendorf 试管内的离心溶液密度变化范围为：1.690～1.770 g/mL。通常需要 75 μL，或最低 50 μL 的样品量测定光反射指数，测定前需注意模式设置，将测定值统一调节为某一特定温度（如 20 ℃）下光反射指数。折射仪测定的光反射指数与离心溶液密度之间的经验公式需预先测定：配制 1.650～1.850 g/mL 密度梯度的氯化铯和 GB 混合液，测定其光反射指数，得到光反射指数与密度之间的经验回归公式，并计算超高速离心溶液不同层级的密度。配制新的氯化铯溶液后，该经验公式通常需要进行校正，有研究曾使用如下经验公式：$y = 17.0066x^2 - 36.8684x + 19.9749$，其中 x 为光反射指数，y 为离心溶液的密度（g/mL）。

⑬ 加入 1 μL 糖原（20 μg）和 2 倍体积的 PEG6 000 溶液于离心溶液中，头尾倒置若干次混匀溶液，室温静置 2 h 或者 37 ℃水浴加热 1 h 沉淀 DNA。

⑭ 在 15～20 ℃下 13 000*g* 高速离心 30 min，除去上清液。

⑮ 加入 500 μL 质量分数为 65% 的乙醇溶液清洗 DNA 沉淀，如步骤⑭所述，离心 10 min，除去上清液，室温干燥沉淀 DNA 约 15 min，并溶于 30 μL TE 缓冲液，零下 20 ℃保存。

方法二：溴化乙锭染色直接分离环境样品 ^{13}C－DNA

① 混合 DNA（5～10 μg）溶液和适量 GB 缓冲液于 15 mL 带盖试管中，使最终体积达到 1.0 mL。

注意事项：用于超高速离心的环境基因组 DNA 量主要取决于被标记微生物占环境样品微生物总量的百分比。已有研究表明，0.7～1.9 μg 的纯菌基因组 DNA 用于超高速离心后，即可在紫外下观察到 ^{13}C－DNA 条带（Neufeld *et al.*, 2007）。然而，经验表明溴化乙锭染色直接分离 ^{13}C－DNA 需要使用大量的环境样品基因组 DNA 进行超高速密度梯度离心分离。

② 加入 1.0 g 氯化铯粉末，轻轻振荡使之溶解于 DNA/GB 缓冲液。

③ 加入 4.3 mL 氯化铯溶液（1.0 g/mL）和 110 μL 溴化乙锭（10 mg/mL），轻轻将试管头尾倒置数次，使得 DNA、GB、氯化铯缓冲液混合均匀。

④ 平衡离心试管，重复方法一中的步骤⑤到步骤⑨，超高速密度梯度离心分离环境样品中的 ^{13}C－DNA。

⑤ 将离心后的超高速密度梯度离心试管固定于三脚架上，使之直接面对紫外光源。

注意事项：如方法一步骤⑩所述，固定离心试管前，首先调节试管夹和三角平台的位置。同时注意不能将试管固定太紧，使试管内部产生额外压力；或者太松，使试管在操作过程中容易脱落试管夹。

⑥ 在离心试管顶部，扎入一个19号针头并固留于试管，平衡试管内外压力。

注意事项：如方法一步骤⑩所述，针头插入过程是一个较为关键，但易出错的环节，因此，实验前需反复练习。另外，针头插入方向应形成一定角度，即向外的一端上翘，使得针头插入后试管内溶液不会流出，此外，也可以平行插入，但需特别注意用力过猛使针头从一端穿透另外一端，扎伤手指。

⑦ 打开紫外灯，在紫外下观察^{12}C-DNA和^{13}C-DNA的位置，在离心试管^{12}C-DNA和^{13}C-DNA位置用记号笔作标记，并关掉紫外灯。

注意事项：大多数情况下，^{13}C-DNA占环境样品基因组总DNA的比例较小，在紫外下很难看到标记^{13}C-DNA形成一个明亮的条带，根据经验估算，^{13}C-DNA条带通常位于^{12}C-DNA条带1~2 cm下方。此外，可以采用标记底物培养纯菌微生物，获得几乎100%标记的^{13}C-DNA进行超高速密度梯度离心作为对照，然后根据纯菌基因组^{13}C-DNA的位置，推测环境样品标记^{13}C-DNA可能存在于相同位置。需要注意的是，不同微生物GC含量略有差异，超高速密度梯度离心后，其标记^{13}C-DNA在离心试管内的位置可能略有不同。因此，尽量选择与目标微生物GC含量相似的纯菌微生物^{13}C-DNA作为对照。鉴于环境样品总DNA中^{13}C-DNA含量较少，人为提高环境样品中^{13}C-DNA含量，如加入一定量的"非目标标记微生物纯菌^{13}C-DNA"，可能将环境样品中目标微生物^{13}C-DNA从^{12}C-DNA中有效分离(Gallagher *et al.*,2005)。此外，紫外光照射对人体有一定的危害，操作过程应采用恰当的防护措施。同时，紫外照射对DNA具有不可修复的损伤作用，很可能严重影响后续^{13}C-DNA分子分析，因此，应尽量减少紫外照射离心试管内DNA的时间。

⑧ 在^{13}C-DNA标记处约2 mm以下的超高速离心试管位置，插入一个带有19号针头的2 mL注射器；缓缓从离心试管内抽出约0.5 mL离心溶液，并将注射器和针头固留于离心试管上。

注意事项：在吸取^{13}C-DNA过程中，可打开紫外灯，观察试管内^{13}C-DNA条带的逐渐消减，适时停止^{13}C-DNA离心溶液的抽取，减少位于其上部^{12}C-DNA可能造成的污染。另外，如步骤⑦所述，肉眼无法清楚观察到^{13}C-DNA条带情况下，可以在^{12}C-DNA条带下方1~2 cm处抽取^{13}C-DNA离心溶液；或采用纯菌^{13}C-DNA作为对照，在和纯菌^{13}C-DNA条带相同的位置抽取离心溶液。

⑨ 打开紫外灯，观测离心试管内^{12}C-DNA条带的位置变化并做标记，关闭紫外灯，在标记下方约2 mm处，插入一个带有19号针头的2 ml注射器；缓缓从离心试管内抽出约0.5 mL离心溶液。

注意事项：如步骤⑧所述，在吸取^{12}C－DNA 过程中，可打开紫外灯，观察试管内^{12}C－DNA 条带的逐渐消减，适时停止^{12}C－DNA 离心溶液的抽取。然而，紫外可能对 DNA 造成一定的损伤，同时，位于离心试管上方的^{12}C－DNA 很难被位于下方的^{13}C－DNA 所污染。因此，抽取^{12}C－DNA 离心溶液的过程中，可以不采用紫外照射观察^{12}C－DNA 条带的消失。

⑩ 从超高速离心试管上取出注射器，并将含有^{12}C－DNA 和^{13}C－DNA 的离心溶液分别转入 1.5 mL Eppendorf 试管。

⑪ 加入同等体积 TE 饱和的 1－丁醇于^{12}C－DNA 和^{13}C－DNA 的离心溶液；头尾倒置数次使得溶液混合均匀，20 ℃下 13 000g 离心 5 min，除去上清液。

⑫ 重复步骤⑪若干次，直至 1－丁醇的上清液的粉红色消失。

⑬ 氯化铯/DNA 溶液总体积大约为 400 μL；重复方法一的步骤⑬～⑮，除去氯化铯，获得^{13}C－DNA 和^{12}C－DNA 进行后续分子生物学分析。

注意事项：溴化乙锭 DNA 染色并超高速离心后，可在紫外下直接观察，或者推测^{13}C－DNA 条带的位置，直接获得^{13}C－DNA 进行分子分析；环境样品总 DNA 经密度梯度层级分离后，则必须鉴定哪一个密度层级中含有大量富集的目标微生物^{13}C－DNA，用于后续分析。

3）鉴定超高速密度梯度离心后富集有大量^{13}C－标记核酸 DNA 的密度层级

① 电泳或荧光定量测定不同密度层级总 DNA：获得不同密度层级 DNA 后，使用约 5 μL DNA 溶液到 10 g/L 琼脂糖凝胶上电泳，如在浮力密度较高的层级，DNA 较多，表明微生物基因组 DNA 被标记并在超高速离心下进入试管下部。$^{13}CO_2$ 培养下，浮力密度较重的层级（如图 7－13 中的 5、6 或 7 层）总 DNA 含量明显高于$^{12}CO_2$ 培养下对应层级中的总 DNA 量，表明$^{13}CO_2$ 培养下微生物基因组 DNA 被标记并被离心至浮力密度较高的这一层级；同时，由于环境样品中大量微生物不利用标记底物，其 DNA 不能被标记，因此在浮力密度较小的层级（如第 8、9 或 10 层）也会出现较为明亮的^{12}C－DNA 条带。此外，可以采用 PicoGreen 荧光精确定量不同浮力密度层级总 DNA 含量，进一步提高电泳结果的可靠性。

注意事项：PicoGreen 定量或者电泳鉴定^{13}C－DNA 的方法适用性可能较小。主要原因是，通常标记微生物占环境微生物总量的比例较小，即便在超高速离心条件下标记微生物 DNA 被成功分离，由于其数量很小，通常很难检测。例如，若标记微生物占环境微生物总量高达 1%，2 μg 环境样品总 DNA 用于超高速离心，理论上 20 ng DNA 被标记，超高速离心后，20 ng 标记 DNA 溶于 30 μL TE 缓冲液，DNA 含量约为 0.7 ng/μL，因此，稳定同位素标记的^{13}C－DNA通常很难在凝胶上形成肉眼可视的清楚条带。尽管PicoGreen的检测限远高于电泳，通常也很难准确定量如此小的DNA含量。此外，由于环境样品基因组DNA主要为^{12}C－DNA，超高速离心后试管内部通常形成一个较为弥散的^{12}C－DNA条带，使得不同密度层级都具有一定含量的^{12}C－DNA，因此，尽管^{13}C－DNA可能被有效分离到浮力密度较高的层级，但^{13}C－DNA含量对该密度层级的总DNA含量影响较小，PicoGreen精确定量不同密度层级的DNA后，浮力密度较高的层级可能不会出现一个异常高的^{13}C－DNA总量峰值。

② 分子指纹图谱方法分析不同密度层级总DNA：获得不同密度层级DNA后，根据标记微生物的不同，选择古菌或细菌通用引物PCR扩增不同密度层级微生物基因组总DNA。目前常用的分子指纹图谱方法主要有聚丙烯酰胺凝胶电泳(DGGE)和末端限制性片段长度多态性分析(T－RFLP)。例如，(a)使用带GC夹的细菌或古菌引物扩增不同密度层级总DNA，进行DGGE分子指纹图谱分析。通常情况下，对于^{12}C对照处理，不同密度层级DNA群落结构的分子指纹图谱保持稳定；对于^{13}C标记处理，重密度层级DNA的细菌或古菌指纹图谱与轻密度层级DNA的细菌和古菌指纹图谱具有明显的差异，表明重密度层级DNA中可能含有大量的^{13}C标记DNA。(b)使用FAM标记的细菌或古菌引物扩增不同密度层级总DNA，进行T－RFLP多样性分析，采用和DGGE相似的比较方法，初步推测重密度层级是否含有标记^{13}C－DNA以及标记实验的可靠性。

注意事项：质谱分析不同密度层级^{13}C－DNA原子丰度，是界定"稳定同位素核酸探针"技术成功与否最为直接有效的方法，然而，由于技术手段的限制，分子指纹图谱分析是目前判定"稳定同位素核酸探针"技术可靠性时广泛使用的方法。由于技术本身的限制，分子指纹图谱分析界定"稳定同位素核酸探针"可靠性具有一定的局限性。(a)分子指纹图谱分析方法的灵敏度较低。环境样品中微生物通常数以百万计，采用古菌或细菌通用引物的DGGE和T－RFLP只能检测环境样品中数量上占优势的微生物。"稳定同位素核酸探针"技术研究的目标微生物通常在数量上不占优势，但具有较为重要的生态和环境功能。因此，目标微生物同化利用^{13}C－底物后发生的微小变化，很难被DGGE或T－RFLP分子指纹图谱方法所鉴别。例如，超高速离心后，由于可能发生的"拖尾"现象以及不同微生物基因组DNA浮力密度变化较大，环境样品基因组^{12}C－DNA可能会遍布于不同浮力密度层级中，导致重密度层级中标记微生物基因组^{13}C－DNA仅占该密度层级中总DNA很小一部分，根据克隆文库分析，我们的研究发现重密度层级中标记硝化细菌仅占该密度层级总DNA的20%，因此，该密度层级中80%以上的微生物可能属于非标记微生物，换言之，由于不同浮力密度层级中未标记^{12}C – DNA 含量最低仅为 80%，因此，在不同密度层级中 DNA 组成的主体为非标记微生物，分子指纹图谱方法可能无法检测到数量上不占优势的标记微生物的变化。(b)分子指纹图谱方法本身也具有一定的局限性，例如，同一个样品在不同时间 PCR 扩增后进行 DGGE 或 T – RFLP 分析，分子指纹图谱可能产生微小的系统误差，因此，不同密度层级 DNA 的细菌或古菌指纹图谱的微小差异也可能是由于分析误差所产生，并不能表明目标微生物的基因组 DNA 被^{13}C – 标记底物所标记。(c)采用功能性基因特异引物，对不同密度层级 DNA 进行分析，比较标记实验和对照实验的重密度层级 DNA 分子指纹图谱，或者标记实验不同密度层级 DNA 的分子指纹图谱，也能粗略判定重密度层级 DNA 中是否含有相当数量、足够分析的^{13}C – DNA。然而，研究结果也表明功能基因的 DGGE 分析不能明确鉴别^{13}C – DNA 在离心试管内的准确位置。

③ 实时定量 PCR 分析不同密度层级总 DNA：我们的研究发现，采用目标微生物的功能基因特异引物，实时定量不同密度层级 DNA 中细菌或古菌的数量变化，也可界定超高速离心后^{13}C – DNA 高度富集的密度层级。其基本原理是，超高速密度梯度离心后，绝大多数目标微生物的^{13}C – DNA 将会进入试管底部重浮力密度层级中，采用特异的目标微生物引物，定量不同密度层级 DNA 中目标微生物的含量，明确超高速离心后不同密度层级中目标微生物的分布规律。例如，通过功能基因引物或 16S rRNA 基因的特异引物，如能在重浮力密度层级中检测出大量目标微生物的特异基因，进一步对比^{12}C 底物对照实验，如在重浮力密度层级中未能检测出目标微生物，则清楚表明目标微生物基因组 DNA 被成功标记，并被有效分离(图 7 – 14)。此外，该方法很有可能发现前所未知的重要功能微生物。例如，采用特异引物明确^{13}C – DNA 大量富集的浮力密度层级后，通常可以采用古菌或细菌的 16S rRNA 基因通用引物进行 PCR 扩增，构造克隆文库并进行基因序列的比较，可能发现一些前所未知的重要功能微生物。

注意事项：和分子指纹图谱方法相比，该方法直接针对“目标微生物”的功能基因，采用高度灵敏的实时定量 PCR 测定不同密度层级中目标微生物的数量，显著提高了“稳定同位素核酸探针”技术的可靠性。该方法的核心是：实时定量 PCR 的“分子标尺”，即功能基因或 16S rRNA 基因引物对目标微生物的扩增具有高度的专一性。然而，采用特异引物定量研究目标微生物也具有一定的局限性，尤其是采用“稳定同位素核酸探针”技术研究环境微生物在生态系统食物链中碳氮循环过程的作用。例如，采用^{13}C 标记的葡萄糖培养土壤样品，葡萄糖代谢过程产生^{13}C 标记的次生代谢产物可能被大量不同的土壤微生物利用，数量众多的土壤微生物基因组 DNA 可能被^{13}C 标记，很难采

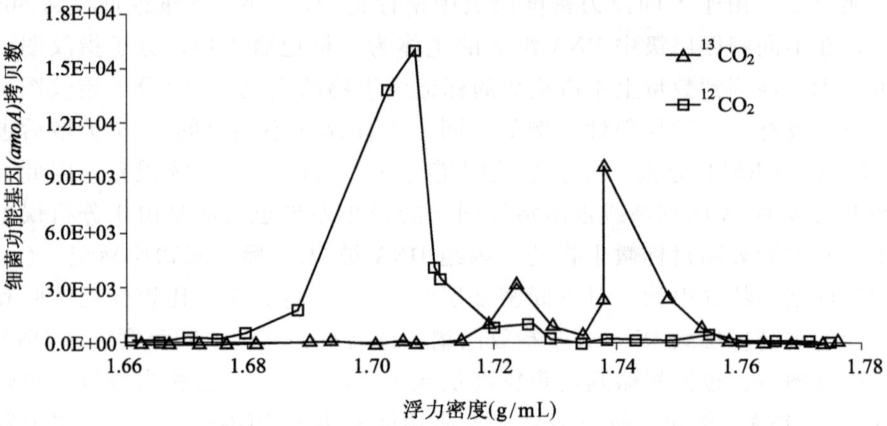

图 7-14 实时定量 PCR 分析标记微生物功能基因在不同浮力密度层级的分布规律及含有 ^{13}C-DNA 密度层级的鉴定(Jia and Conrad,2009)

用单一的功能基因或 16S rRNA 基因特异引物，同时研究众多目标微生物在不同密度层级中的分布规律。以 16S rRNA 为基础的“稳定同位素核酸探针”技术，即 RNA-SIP，可能是解决这一问题的有效手段，具体内容见 7.3.2.3。此外，据估算 90% 至 99% 以上的环境微生物无法在实验室得到分离，绝大多数功能微生物在原位状况下的新陈代谢路径仍不清楚。因此，我们无从得知哪一种微生物可能利用稳定同位素标记底物，无法设计特异的功能引物，只能通过选择性定量目标微生物，明确目标微生物在不同密度层级中的分布规律，同时判定“稳定同位素核酸探针”技术的可靠性。

4）分子分析重浮力密度层级中稳定同位素标记的环境微生物基因组 ^{13}C-DNA

① 克隆文库构建：通过超高速离心分离并获得 ^{13}C-DNA 后，目前大多数研究采用细菌或古菌的 16S rRNA 基因通用引物扩增标记 ^{13}C-DNA，建立细菌或古菌 16S rRNA 基因克隆文库并进行序列分析，随后构建系统发育树，鉴别被标记微生物。

② 环境基因组学研究：如前所述，我们对原位状况下绝大多数微生物的新陈代谢过程尚不清楚，同时，重浮力密度层级可能仅含有少量的 ^{13}C-DNA，构建环境基因组学克隆文库通常具有较大难度(Dumont and Murrell,2005)。借助目前较为成熟的全基因组 PCR 扩增技术，以 ^{13}C-DNA 为模板，可获得大量基因组 DNA，构建大片段载体的环境基因组学文库，有可能发现前所未知的标记底物同化微生物，加深我们对生态环境过程的微生物机制认识。

7.3.2.3 稳定同位素核酸 RNA 探针技术(RNA-SIP)

材料试剂：

1）无核酸酶液：用于配制实验所需的全部试剂。

2）琼脂糖，Tris 碱－硼酸盐 EDTA 缓冲液，异丙醇，乙醇，甲酰胺。

3）反转录 PCR 试剂盒；牛血清白蛋白(20 mg/mL)；SYBR Green Ⅰ(稀释 10 000 倍后使用)；RiboGreen RNA 定量仪。

4）糖原(20 mg/mL)；矿物油；溴化乙锭溶液(10 mg/mL)；HCl；NaOH。

5）去离子甲酰胺：分装后置于－20 ℃冰箱，溶解后不能反复使用。

6）Tris－EDTA，Tris－HCl，GB 缓冲液(Gradient Buffer)，配制方法同 DNA－SIP。

7）三氟乙酸铯(cesium trifluoracetate,CsTFA)溶液(层级分离不同密度梯度核酸 RNA)：密度约为 2.0 g/mL。

仪器设备：

1）超高速离心机(Beckman Coulter,cat. no. 392049)。

2）超高速离心机转子(ultracentrifuge rotor,Vti 65.2,Beckman Coulter,cat. no. 362754)。

3）5.1 mL 超高速离心试管(Beckman,cat. no. 342 412)。

4）超高速离心试管密封仪(tube sealer,Beckman Coulter,cat. no. 349 646)。

5）恒定流速泵[high－performance liquid chromatography(HPLC) syringe pump]。

6）19 号和 23 号针头：1 mL、2 mL 以及 20 mL 注射器；橡皮管(1.5 mm 直径,1.5 mm 壁厚)。

7）折射仪(ATAGO－R－5000,UNI－IT,Tokyo,Japan)。

8）荧光定量 PCR 仪，高速离心机，1.5 mL Eppendorf 离心试管。

操作步骤：

1）稳定同位素 ^{13}C－标记底物培养环境样品，提取并纯化环境样品总 RNA

① 根据不同的研究问题，设计田间或室内培养实验。加入适量稳定同位素标记底物于环境样品开展培养实验，刺激目标微生物生长并标记环境样品中目标微生物 RNA，同时设置对照实验，采用非标记底物培养环境样品目标微生物。

注意事项：苯酚降解菌的纯菌标记实验表明，从环境样品 ^{12}C－RNA 成功分离得到 ^{13}C－RNA 的前提是，培养完成后环境样品中目标微生物 ^{13}C－RNA 原子丰度高于 15%(Manefield *et al.*,2002b;Whiteley *et al.*,2007)。根据已有的 RNA 标记试验数据，培养实验结束后土壤环境样品脂质脂肪酸 ^{13}C 原子丰度大于 6% 以上(Qiu *et al.*,2008)，目标微生物核酸 RNA 可能被大量标记并得到成功分离。换言之，环境样品脂质脂肪酸 ^{13}C 原子丰度 >6%，目标微生物的 ^{13}C－RNA 原子丰度即可能高于 15% 的阈值并通过超高速离心得到有效分离。和 DNA 相比，以

RNA 为基础的稳定同位素核酸探针技术具有更高的灵敏度，采用低浓度的标记底物培养，即可能获得足够量的标记^{13}C-RNA 用于分析。此外，通过破坏性采样，在不同培养时间进行稳定同位素 RNA 探针分析，比较不同培养时间目标微生物的变化，可以优化“稳定同位素核酸 RNA 探针”实验技术。

② 恰当培养时间后，提取环境样品总 RNA。

注意事项：如果同时研究环境样品基因组 DNA 和 RNA，一般首先提取环境样品核酸（DNA 和 RNA 混合物），部分核酸样品用于 DNA 分析（RNA 的存在对 DNA 下游分析的影响较小），另一部分核酸样品采用 DNA 降解酶除去 DNA 后，通过 QIAGEN RNA 纯化试剂盒获得纯化 RNA 样品进一步分析。

③ 琼脂糖凝胶分析核酸和 RNA，通常在凝胶上会看到 16S rRNA 与 23S rRNA 的完整条带，如图 7-15 所示。

注意事项：凝胶电泳后 16S rRNA 的条带位置通常小于 1 500 bp，主要由于 RNA 存在二级结构，即发夹结构（hairpin），使其在琼脂糖凝胶上的移动速率加快。此外，RNA 样品可在 -80 ℃长期保存，在 -20 ℃保存一个月不变性。

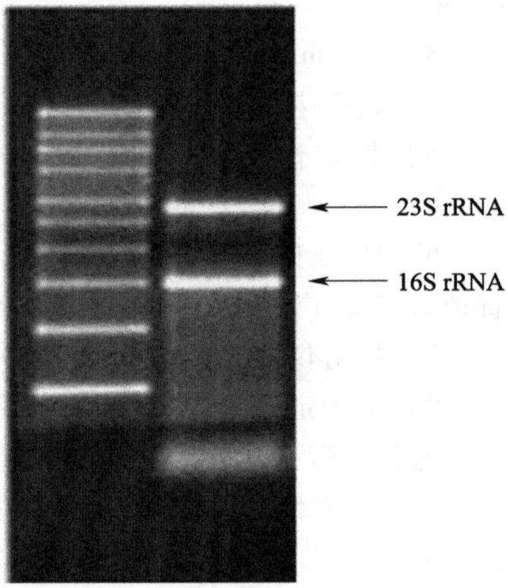

图 7-15 大肠杆菌总 RNA 凝胶电泳（摘自 http://www.ambion.com/）

④ RiboGreen RNA 试剂盒定量测定环境样品总 RNA。

注意事项：尽管某些样品 RNA 提取液中可能含有一定的腐殖酸，超高速离心后腐殖酸将沉淀于试管底部，对 RNA 后续分析的影响可以忽略不计；RiboGreen RNA 试剂盒定量环境样品总 RNA 具有较高的可靠性，然而该试剂盒价格昂贵。因此，不同处理的环境样品 RNA 也可以采用 Nano-Drop 或分光光度计予以定量。此外，Nano-Drop 定量 RNA 所需进样量仅为1 μL，准确度似乎也高于普通分光光度计。最后，加入适量的无核酸酶水，将不同处理环境样品 RNA 调节至相同浓度（如 50 ng/μL），有利于下一步的密度梯度分离。

2）超高速密度梯度离心

① 缓缓吸取 4.5 mL CsTFA（2.0 g/mL）于一次性试管，加入 175 μL，10 μL环境样品 RNA 提取液（约 500 ng），515 μL GB 缓冲液，使得最终体积达到 5.2 mL，头尾倒置充分混合溶液。

② 调节混合溶液密度至 1.79 g/mL。

注意事项：离心前的混合溶液密度理论值约为 1.79 g/mL。然而，实际密度通常与理论计算有一定的出入。因此，超高速离心前，通常需要加入适量的 GB 或者 CsTFA 调节离心溶液的密度，使之达到 1.79 g/mL。

③ 头尾倒置离心溶液若干次，使之混合均匀。

④ 将离心溶液缓缓加入至超高速离心试管。

注意事项：尽可能采用 6 cm 左右或更长的针头，将离心溶液吸入至一次性注射器后，然后将针头轻轻接触超高速离心试管的底部侧面，同时缓缓将离心溶液注入离心试管。尽可能将离心试管充满，至少至试管颈部以上，防止超高速离心过程中试管爆裂。根据实验经验，与 DNA－SIP 相比，RNA－SIP 离心溶液的密度较高，一般不会出现试管破裂现象。

⑤ 平衡离心试管，使得注满离心溶液后的不同超高速离心试管之间的质量误差小于 10 mg。

注意事项：平衡离心试管时，将未密封的离心试管与拟密封试管的特制小帽盖一起称重平衡。

⑥ 离心试管特制小帽扣住试管至颈部，使用试管密封器，密封离心试管。

⑦ 离心试管放入超高速离心转子 Vti 65.2，并使用螺帽将试管密封于转子中。

⑧ 超高速密度梯度离心，离心条件为：转速 39 000 r/min（约 130 000g），20 ℃，真空状态下离心 65 h。离心机加速度参数设置为最大；尽量缩短超高速离心由启动速度零达到目的转速所需时间；离心结束后，减速参数设置为零，离心转速由 39 000 r/min 自然降速为零。

注意事项：首先，建议在超高速离心开始后 0～2 h 内，观察离心转速是否达到指定目标 39 000 r/min，通常如果试管在离心过程发生破裂，转子失去平衡，离心转速很难达到设定速度，此时应尽快停止离心；其次，个别情况下，虽然试管发生破裂，但离心机仍能正常运转，根据实验经验，离心结束后，该样品可靠性较低，需要重复进行超高速离心分析；最后，选用特定的转子超高速密度梯度离心一定时间后，离心试管内不同密度梯度逐渐稳定。稳定后的密度梯度不会随着离心时间的增加而发生明显变化，^{13}C－RNA 与 ^{12}C－RNA 之间的距离很难进一步拉开，因此，虽然不建议长时间的离心过程，但是一般离心时间可以根据实验设计控制在 65 h 左右，不需要严格界定。

⑨ 超高速离心结束后，立即进行不同密度梯度层级分离获取 ^{13}C－RNA。

注意事项：超高速离心结束后，离心试管内形成不同的密度梯度，从转子中取出离心试管过程中，尽最大可能轻拿轻放；减少对已形成的密度梯度干扰。通常如果试管发生较剧烈的振荡或碰撞后，如极端情况下脱手跌落于实验台，该样品即失去分析价值，需要重新超高速密度梯度离心分析。

⑩ 将离心后的超高速密度梯度离心试管固定于三脚架上，如前面DNA-SIP所述，在超高速离心试管底部放置12~15个1.5 mL Eppendorf试管，使用23号针头，在试管底部扎一个小孔，然后在试管顶部扎入另外一个23号针头，该针头通过橡胶管与恒定流速泵相连，随后启动恒定流速泵，通过恒定流速泵将水溶液或者矿物油以恒定流速源源不断注射入离心试管内，同时将离心试管内不同密度层级的RNA置换到超高速离心试管底部的Eppendorf试管内。

注意事项：固定离心试管前，首先调节试管夹、三角平台、恒定流速泵的位置。同时，注意不能将试管固定太紧，或者太松。如试管固定过紧，内部可能形成一定压力，在试管底部扎孔拔出针头后，可能导致离心溶液立即流出试管；如试管固定太松，操作过程中易将试管跌落于实验平台，导致实验失败。此外，可以在试管上部首先插入23号针头，然后在试管底部扎孔拔出针头，立即启动恒定流速泵，待第一滴溶液流出试管后，立即计时开始置换过程；或者在试管底部首先插入针头，但不拔出，待与恒定流速泵相连的针头插入试管上部，拔出试管底部针头，启动恒定流速泵，置换试管内不同密度层级RNA。特别需要提到的是，针头扎孔是超高速密度梯度离心溶液分层的关键步骤，也是较容易出问题的环节，例如，用力过猛可能导致离心试管剧烈振荡；用力不够则针头长时间内接触离心试管但无法进入。两种情况下都可能影响超高速离心后试管内不同密度梯度层级RNA分布，容易导致目标层级的^{13}C-RNA受到其他密度层级^{12}C-RNA污染。因此，最好在实验开始前，对超高速离心管扎孔过程反复练习。此外，试管底部扎孔过程中，针头插入位置应尽量在试管底部，或者最靠近底部的位置扎孔，使得不同密度梯度层级的RNA溶液从试管底部，而不是试管侧壁方向流出，易于收集。

⑪ 恒定流速泵的流速通常设置为312.5 μL/min，启动固定流速泵后，由于矿物油或者水溶液将注入超高速离心试管顶部，形成恒定的压力，超高速离心试管内不同密度层级的RNA将随着CsTFA溶液由试管底部小孔流出，从试管底部第一滴溶液流出开始计时，每分钟内将有312.5 μL离心溶液RNA进入超高速离心试管底部的1.5 mL Eppendorf试管；每分钟即更新超高速离心试管底部Eppendorf试管的位置，均匀收集从超高速离心试管流出的不同密度层级的RNA。通常可以得到12~15个不同密度层级的RNA用于后续分析。

注意事项：恒定流速泵的流速可设置为500 μL/min，每半分钟收集一次超高速离心溶液，共计得到22~25个不同密度层级的离心溶液用于后续分析。然而，后一种方法工作量较大，通常情况下将超高速密度梯度离心溶液分层为

12 ~ 15 个不同密度层级即可将 ^{13}C - RNA 和 ^{12}C - RNA 有效分离。最后，可以向恒定流速泵的水溶液中加入适量的染液，直接观察有色水溶液置换不同密度层级 RNA 溶液的过程。

⑫ 折光仪分析 Eppendorf 试管内离心溶液密度。

注意事项：通常需要 75 μL，或最低 50 μL 的样品量测定光反射指数。测定前，需特别注意将光反射指数测定仪的模式调节至“nD - TC”，并由低到高依次测定离心试管上部至下部不同密度层级溶液的光反射指数。超高速离心前混合溶液的密度通常为 1.79 g/mL；超高速离心后，离心试管内不同层级(不同位置)的离心溶液，即 Eppendorf 试管内的离心溶液密度变化范围为：1.710 ~ 1.850 g/mL。经验估算：^{12}C - RNA 和 ^{13}C - RNA 在 CsTFA 介质中浮力密度分别为 1.79 和 1.82 g/mL。折射仪测定的光反射指数与密度之间的经验公式需要预先测定：使用精密天平，配制 1.680 ~ 1.880 g/mL 密度梯度的 CsTFA 和 GB 混合液，测定其光反射指数，得到光反射指数与密度之间的经验回归公式，通过该公式计算超高速离心溶液不同层级的密度。需特别注意的是：每次配制离心溶液过程中，Formamide 和 GB 使用量可能发生轻微变化，影响经验公式的可靠性，因此，建议对经验公式经常校正。有研究曾使用如下公式：$y = 384.440\,60\,x^2 - 1\,031.008\,36x + 692.654\,94$，其中 x 为光反射指数，y 为离心溶液的密度(g/mL)。

⑬ 加入 2 倍体积的异丙醇溶液于 1.5 mL Eppendorf 试管内不同密度层级的离心溶液；头尾倒置若干次使之混合均匀并于 -20 ℃ 放置 30 min。也可将混合溶液放置于零下 20 ℃ 长期存放。

⑭ 4 ℃下以最大转速(14 000 r/min)离心 30 min；考虑到 RNA 数量较少，沉淀后无法用肉眼清楚观察，离心过程需特别注意将试管盖置于相同的方向，将 RNA 沉淀于不同试管内的相同位置，方便后续操作。

⑮ 弃去上清液，并用 150 μL 质量分数为 65% 的冰乙醇溶液洗涤 RNA 离心沉淀，在最大转速下离心 5 min。

⑯ 弃去绝大多数上清液后，最大转速离心 1 min，使用 20 μL 移液枪缓缓吸取剩余的上清液，并弃去。

⑰ 自然干燥 RNA 沉淀物后，将其溶解于 30 μL TE 后零下 20 ℃或 80 ℃冰箱保存。

⑱ 分子分析不同密度层级 RNA，鉴定不同浮力密度层级离心溶液中的 ^{13}C - RNA。

注意事项：通常采用一步 RT - PCR 试剂盒以 RNA 为模板直接进行下游分析如荧光定量实时 PCR。然而，RNA 的反复冻融过程可能不利于样品的多次分析，使结果重现性下降。因此，可将所有样品在严格控制的同一条件下反转录为 cDNA，根据实验目的，反转录过程可采用古菌或细菌的通用引物或随机引物。以 cDNA 为模板进行下游分析。

3）鉴定超高速密度梯度离心后富集有大量^{13}C－标记核酸 RNA 的密度层级

① 电泳或荧光定量不同密度层级总 RNA：获得不同密度梯度层级 RNA 后，可通过 RiboGreen RNA 定量试剂盒定量不同密度层级总 RNA。该方法对于以纯菌为基础的 RNA－SIP 比较可靠，甲醇利用细菌^{13}C－RNA 或产甲烷古菌^{12}C－RNA 在 CsTFA 介质超高速离心后，绝大多数 RNA 富集于重浮力密度或轻浮力密度层级（Lueders *et al.*，2004）。然而，对于环境样品而言，考虑到仅有 500 ng 环境样品总 RNA 用于超高速密度梯度离心，不同密度层级，特别是重密度梯度层级离心溶液中总 RNA 量可能较低，和其他密度层级 RNA 总量相比，差异不显著，很难确定超高速密度梯度离心后^{13}C－RNA 在试管中的准确位置。

② 分子指纹图谱方法分析不同密度层级总 RNA：获得不同密度梯度层级 RNA 后，根据标记微生物的不同，选择古菌或细菌通用引物 RT－PCR 扩增不同密度层级微生物 16S rRNA 基因。重密度层级 RNA 主要由目标微生物^{13}C－RNA 组成，轻密度层级 RNA 主要由非标记微生物^{12}C－RNA 组成，因此，不同密度层级微生物的分子指纹图谱具有明显的差异，特别是标记微生物的特征图谱会发生明显变化，据此推测该微生物可能被标记。目前常用的分子指纹图谱方法主要有聚丙烯酰胺凝胶分析（DGGE）和末端限制性片段长度多态性分析（T－RFLP）。

注意事项：质谱分析不同密度层级 RNA 的^{13}C 原子丰度，是判定目标微生物核酸标记程度、界定 RNA－SIP 成功与否最直接有效的方法，然而，由于标记 RNA 总量一般较低，极少的 RNA 样品总量使得质谱直接分析^{13}C 原子丰度具有较大难度，分子指纹图谱分析是目前判定超高速离心后^{13}C－RNA 在试管中准确位置广泛使用的方法。例如，采用古菌 16S rRNA 基因通用引物，分析不同密度层级 RNA 群落结构 T－RFLP 的变化规律，研究者发现 RC－I 难培养产甲烷古菌特征谱（T－RF＝394 bp）在重密度层级 RNA 中异常增加，RC－I 产甲烷古菌占该密度层级微生物总量的比重显著增加，表明 RC－I 产甲烷古菌 RNA 可能被标记并通过超高速密度梯度离心进入密度约为 1.808 和 1.816 g/mL 的密度层级（Lu and Conrad，2005）。然而，由于技术本身的限制，分子指纹图谱方法界定^{13}C－RNA 准确位置具有一定的局限性。例如，研究发现不同密度层级 RNA 的古菌T－RFLP 变化规律几乎完全一致，而细菌 T－RFLP 的变化规律似乎表明 T－RF 片段大小为 231 和 238 bp 的细菌 RNA 可能被标记。然而，进一步的实时荧光定量 PCR 分析则表明古菌而不是细菌核酸 RNA 被大量标记（Schwarz *et al.*，2007）。

③ 实时定量 PCR 分析不同密度层级总 RNA：2004 年研究者以细菌和古菌纯菌株为对象，实时荧光定量 PCR 分析不同密度层级 RNA 中细菌或古菌 16S rRNA 基因的数量变化，清楚表明超高速离心后 ^{12}C - RNA 和 ^{13}C - RNA 得到有效分离(Lueders *et al.* ,2004)。对于环境样品，该方法可能是目前 RNA - SIP 研究古菌、鉴定 ^{13}C - RNA 高度富集密度层级比较可靠的方法。对于细菌为基础的 RNA - SIP，标记乙酸培养湖泊底泥 18 d 后，在重浮力密度 RNA 中检测出大量古菌 16S rRNA 基因，而细菌 16S rRNA 则仍然富集于轻浮力密度层级，表明大量古菌而不是细菌 RNA 被标记(或仅有少量细菌被标记)，然而，通过比较细菌或古菌在重浮力密度层级和轻浮力密度层级的 T - RFLP 分子指纹图谱，则得出完全相反的结论(Schwarz *et al.* ,2007)。因此，超高速离心后，鉴定高度富集 ^{13}C - 标记核酸 RNA 的密度层级，需结合试验目的，采用不同方法综合比较后得出较为可靠的结论。

4) 分子分析稳定同位素标记的环境微生物 ^{13}C - RNA

克隆文库构建：超高速密度梯度离心分离并鉴别 ^{13}C - RNA 后，通常采用构建克隆文库的方法分析 ^{13}C - RNA 和 ^{12}C - RNA 的微生物群落组成，并比较二者的差别，推测可能被 ^{13}C 底物所标记的微生物。此外，新一代高通量测序技术的快速发展，使得研究者可能规避 PCR 扩增，直接对标记 ^{13}C - RNA 进行测序分析，采用环境转录组学技术鉴别未知的重要功能微生物。然而，目前仍没有基于 RNA - SIP 的环境转录组学报道(Shi *et al.* ,2009)。

第 8 章　土壤微生物的应用技术

微生物由于具备生长周期短且易于大规模培养等优点，因此被作为一种重要的资源长期应用于农业生产的各个领域，近年来以微生物肥料、微生物农药等为代表的新型农业技术取得了长足进步。与此同时，微生物在环境领域也显示了巨大的应用潜力，包括环境监测、土壤修复、固废处理、水气净化等方面。限于本书篇幅，本章仅举例介绍微生物肥料、微生物农药以及微生物修复等与土壤质量及农业生产密切相关的应用技术。

8.1　微生物肥料

微生物肥料的原理是利用微生物的生命活动来增加土壤中氮素或有效磷、钾等的含量，或将土壤中一些作物不能直接利用的物质转换成可被吸收利用的营养物质，或提供作物的生长刺激物质，或抑制植物病原菌的活动等，从而提高土壤肥力、改善作物营养、增加作物产量。国家农业行业标准《微生物肥料术语》(NY 1113—2006)对微生物肥料的定义为：含有特定微生物活体的制品，应用于农业生产，通过其所含微生物的生命活动，增加植物养分的供应量或促进植物生长，提高产量，改善农产品品质及农业生态环境。微生物肥料肥效的发挥既受其自身质量因素(如所含有效菌数、活性大小等)的影响，又受外界其他生态因子(如土壤水分、有机质、pH 等)的制约，所以在选择和应用上都应注意合理性。

在施用上，菌肥须与当地耕作、水分管理等农业技术措施密切配合，一般不与化学肥料同时施用。此外，菌肥宜单独储存，不宜久置，最好随制随用、随买随用，施用前应存放在阴凉干燥处低温保存，以免降低其存活率和感染力，避免受热、潮及阳光直接照射。施用方法一般有拌种、浸种、蘸根、基施、追施、沟施和穴施，以拌种最为简便、经济、有效。拌种方法是先将固体菌肥加清水调至糊状，或液体菌剂加清水稀释，然后与种子充分拌匀，稍晾干后播种，并立即覆土。种子需要消毒时应选择对菌肥无害的消毒剂，同时做到种子先消毒后拌菌剂。

目前，微生物肥料主要包括微生物接种剂（生产工艺如图 8－1 所示）、复合微生物肥料和生物有机肥等，生产中常用的微生物接种剂有固氮菌类、解磷菌类、解钾菌类、光合细菌类、菌根真菌类、抗生菌类、根际促生菌类及复合菌类等。以下列举一些微生物肥料的典型类型予以介绍。

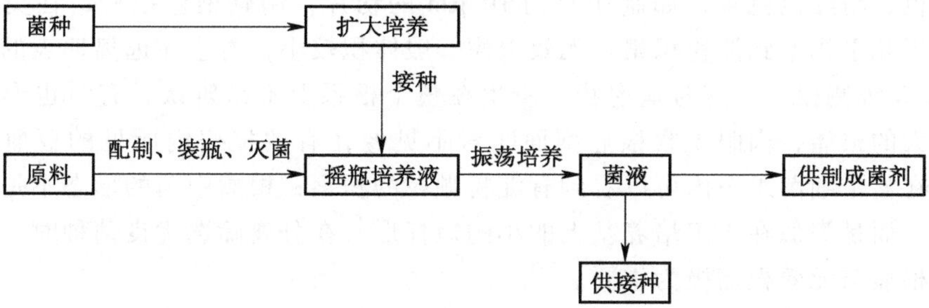

图 8－1　工艺流程

8.1.1　固氮菌、解磷菌及解钾菌

氮肥一直是农业生产中的首要问题，大气中氮约占 78%，但必须合成氨后才能供植物利用，化学氮肥在高温（>500 ℃）高压（>20 MPa）下由 N_2 和 H_2 合成，需要消耗大量能源。磷和钾是许多发展中国家农业生产重要的限制因素，提高土壤中磷和钾的利用效率具有战略性意义。因此，使用相应的微生物肥料具有重要的生产实践意义，以下依次介绍固氮菌、解磷菌及解钾菌。

（1）固氮菌

生物固氮过程不需要消耗燃料或电等能源。据估计，每年的生物固氮量约为 2.4×10^8 t，占全球固氮量的 75%，远远高于工业转化的氮量（Glaser *et al.*，2002）。能进行固氮的只有原核生物，已发现 100 多个属中有固氮菌种，根据与植物的疏密关系划分为共生固氮、联合固氮和自生固氮三个体系，其中以根瘤菌与豆科植物共生体系固氮能力最强，占生物固氮总量的 60% 以上。1888 年荷兰学者贝叶林克（M. W. Beiljerinck）第一次获得了根瘤菌的纯培养物，1889 年波兰学者柏拉兹莫夫斯基（A. Prazmowski）用根瘤菌纯培养物接种豆科植物，形成了根瘤（root nodule），此后用纯培养的根瘤菌剂接种豆科植物在很多国家推广，并成为一项重要的农业增产技术。我国在豆科作物和豆科绿肥上应用根瘤菌接种措施已有 50 多年的历史，新中国成立初期在华北推广花生根瘤菌剂，接着在东北推广大豆根瘤菌剂，后又在长江流域应用紫云英、苜蓿、苕子等根瘤菌剂。目前，根瘤菌剂已在全国各地广泛推广，尤其是在豆科作物栽培上。

根瘤菌的形态呈“Y”、“X”字形、棍棒状和椭圆状，即所谓的类菌体型(bacteroid-type)，并能够看出菌体染色深浅不一。通常情况下，固氮能力较强的根瘤为有效根瘤，不能固氮或固氮极少、对寄主只是寄生关系的根瘤为无效根瘤。有效根瘤的体积较大，并多着生在近于地表的好氧条件部位，如将其剖面切开可用肉眼观察到类菌体组织中存在根瘤特有豆血红蛋白(leghemoglobin)的红色、粉红色色素，如制作厚约10 μm的切片，用碘染色镜检，在类菌体组织里几乎找不到淀粉积累。无效根瘤一般体积较小，着生在远离地表的下部第2、3级侧根上，有时呈泡状，着生在整个根系上不易辨认，有时也形成异常肥大的根瘤，肉眼观察根瘤剖面时看不见像在有效根瘤内所见的豆血红蛋白，在整个细菌组织内可以看到有淀粉颗粒的积累；根瘤中菌的形态不是类菌体型，而是类似在人工培养基上的小的短杆形。在分离筛选优良菌种时，鉴别有效根瘤与无效根瘤极为重要。

高效根瘤菌的选育与生产应用，需要实现根瘤菌的纯培养。从根瘤中直接分离是获得纯培养的最简便方法。根瘤采集时间以春天至初夏最为合适。盆栽植物的根瘤采集方法是先用胶管把水缓慢注入盆钵，洗去沙子，再从盆钵里拔出植物根和根瘤；在田间采集根瘤，要尽量挖取较多的根际土壤。将拔取的植物根系放入水中，用手小心地解开缠绕部分，同时除去黏在根上的沙粒或土粒。记录根瘤的大小、形状及着生部位等形态特征。当采集羽扇豆、大豆等植物紧贴在主根上着生的根瘤时，要用锋利的刀具将根瘤连同主根组织一起切下。另外，在取体积很小和像无效根瘤那样着生在一级侧根上的根瘤时，要将4~5 mm的根一起取下。

然而，接种根瘤菌并不意味着对任何豆科寄主植物都会增加产量或提高品质，因为根瘤菌结瘤是一个竞争结瘤的过程，众多因素影响其结瘤和共生固氮的效率，如土壤条件、土著根瘤菌、植物品种、根瘤菌剂本身以及植物与根瘤菌的相互作用等，所以筛选豆科植物与根瘤菌共生固氮优良组合一直是生物固氮研究领域中的热点。研究表明，根瘤菌与豆科植物的共生关系因生态环境的差异而呈现出多样性，要使豆科植物获得最佳固氮效率，不仅要考虑根瘤菌与寄主之间的匹配关系，还应考虑当地的土壤环境条件，即必须既针对植物品种，又针对生态环境进行根瘤菌与宿主的最佳匹配，以期获得最好的共生效果(陈文新等,2002)。

当然，所接种的根瘤菌在土壤中生存定殖能力的强弱也直接影响其接种的效果。影响根瘤菌定殖的因素很多，归纳起来有两类：一类是非生物因素，包括土壤类型、pH、含水量和Ca^{2+}含量等土壤理化性质；另一类是生物学因素，包括根瘤菌的接种数量、土著根瘤菌群体类型和数量、植物根系分泌物等(曹景勤,1994;陈文新等,2002;康俊梅等,2008)。根瘤菌在根际的定殖水平、定殖动态、适应性及竞争结瘤关系研究对于提高根瘤菌增产效果的稳定性具有重要意义，这也是目前根瘤菌分子生态学研究的前沿课题。提高根瘤菌接种剂增产效率的主要方法是选用固氮效率和竞争能力较高的优良菌株，因而筛选高效固氮根瘤菌仍然是一项具有重要意义的工作。此外，改造共生固氮菌，构建高效重组根瘤菌也可能有助于提高根瘤菌的固氮效率，从而有效提高宿主植物的固氮量。

根瘤菌接种剂种类和剂型研究是生物固氮推广应用工作的重要一环。菌剂的商业生产通常取决于以下因素：一是生产菌株的增产效果，二是生产成本，三是保存后的有效活菌数，四是剂型和使用方法。根瘤菌剂主要有琼脂、固体粉剂、颗粒、液体和冻干等 5 种主要剂型(吴红慧和周俊初,2004)：①琼脂剂型是最早应用的菌剂，在 20 世纪 20 年代，美国已用草炭菌剂取代了它。②固体粉剂型主要以草炭、蛭石或珍珠岩等为吸附剂，由于有效期较长和菌数较高，已为大多数生产厂家采用，并成为目前根瘤菌剂生产的主要剂型(刘保平和周俊初,2006)。为保持泥炭菌剂的质量，成品一般宜在低温保藏。③颗粒菌剂是将根瘤菌液或浓缩液喷在草炭、多孔石膏、方解石或白云石颗粒上制作而成，特别适合于机械播种或在种子拌有化学药剂时使用。④液体菌剂是将液体发酵的根瘤菌液直接用于接种的剂型。⑤冻干菌剂是用冷冻干燥技术除去细胞水分制成，国外已有商品出售。为提高根瘤菌接种效果，可采用钼肥和磷肥拌种。当用过磷酸钙拌种时，应将过磷酸钙和至少等量的泥土混匀后再拌种，以防止对根瘤菌的伤害。

(2) 解磷菌

土壤中存在大量能够将植物难以吸收利用的磷转化为可吸收利用形态的微生物，即解磷菌或称溶磷菌(phosphate-solubilizing microorganisms,PSM)。有人把其中能够矿化有机磷化合物的称之为有机磷微生物，把能够将植物难以吸收的无机磷酸盐转化为可直接吸收利用形态的微生物，称之为无机磷微生物，但实际上很难将它们分得清楚。具有解磷能力的微生物包括细菌、真菌和放线菌，在土壤中的数量，受土壤物理结构、有机质含量、土壤类型、土壤肥力、耕作方式和措施等因素的影响(尹瑞龄,1988;林启美等,2000;赵小蓉和林启美,2001)。土壤解磷菌具有活化难溶性磷的作用和促进作物生长的效果，对于农业生产具有重大的理论和实践意义。解磷菌的解磷作用为作物生长提供了较多的磷元素，被认为是中低肥力土壤上促进植物生长的最重要机制之一(Chabot *et al.*,1996)。Belimov 等(1995)发现，磷细菌与固氮菌单一接种或混合接种都能够提高大麦产量，二者交互作用可为作物提供比较平衡的营养并改善作物根系对氮、磷的吸收。

解磷菌中的有些种类除了具有溶磷活性外，还能分泌植物激素，对作物生长具有刺激作用。Barea 等(1976)从植物根际分离出 50 株磷细菌，发现有 43

株产吲哚乙酸(IAA)，29 株产赤霉素(GA)，45 株产细胞分裂素类(CK)物质，其中 20 株具有分泌 IAA、GA 和 CK 等 3 种植物激素的能力。此外，磷细菌还具有抑制土壤中病原菌生长、降低植物病害的作用。Chang 和 Kommedahl (1968)等的田间试验结果表明，以具有解磷能力的枯草芽孢杆菌作为玉米种子包衣能够显著抑制由红粉镰刀菌引起的玉米苗腐病，防病效果与杀菌剂拌种相同。Vassileva 等(2006)认为，解磷菌具有生防作用是因为代谢产物中存在 IAA，可能与谷胱甘肽转移酶同时参与植物的防御反应，抑制病原菌孢子萌发和菌丝生长。

尽管解磷菌促进作物生长的机制还不很清楚，但并不影响把这些微生物作为生物肥料进行使用。最早的商品化解磷菌肥料是前苏联筛选出的一株巨大芽孢杆菌(*B. megaterium* var. *phosphaticum*)，它被广泛地用于前苏联和东欧各国。解磷菌制剂的浓度一般为 10^6 个/mL，但不同解磷菌有所差异，有的仅为 10^5 个/mL，有的要求达到 10^8 个/mL。解磷菌的接种方法有浸种、根系接种、制成菌剂等多种，但具体哪种方法更好目前还没有见到详细的比较研究(赵小蓉等,2001)。

(3) 解钾菌

土壤作为一个天然钾库，耕层含钾量约为 26 100 kg/hm^2，而 90% 至 98% 以上的钾存在于钾长石和云母等硅酸盐矿物中，不能直接被植物吸收利用，这就形成了土壤既富钾又缺钾的现象(钟冬梅和马光庭,2006)。土壤中能分解硅酸盐类矿物的细菌被称为硅酸盐细菌(silicate bacteria)，也称钾细菌(解钾菌)，主要有环状芽孢杆菌(*Bacillus circulans*)、胶质芽孢杆菌(*Bacillus mucilaginosus*)和土壤芽孢杆菌(*Bacillus edaphicus*)3 种，它们不仅能分解长石、云母等硅酸盐类的原生态矿物，还能分解磷灰石中的磷素，使土壤中难溶性的钾、磷、硅等元素转变为可溶性，从而有利于农作物的营养吸收，达到促进作物生长、增产等效应。

显然，开发以钾细菌为主要成分的生物钾肥并应用于农业生产具有重要意义。20 世纪 50 年代，钾细菌制剂(生物钾肥)对作物的增产效果在前苏联已有广泛研究。近年来，国内大量田间试验也表明生物钾肥对各种喜钾作物如甘薯、烟草、水稻等有明显的增产作用。作为微生物肥料，其在根际的定殖及在作物生长周期的成活率是人工接种菌剂能否有效提高作物产量的重要因素。相对于其他微生物肥料，钾细菌制剂在农作物根际的存活率还是很高的，施用量可以比其他菌肥少一些，可作基肥、追肥，也可蘸秧根施用。

8.1.2 菌根真菌

菌根真菌对植物具有综合有益效应，将高效菌根真菌接种剂接种到植物上实现菌根化，是一种环境友好的绿色生物技术。这里重点介绍菌剂的生产技术。

（1）外生菌根菌剂

外生菌根真菌最基本的应用是在育苗造林上，将组培苗或实生苗菌根化，采用穴播、混播于苗床或混拌于营养钵中，或制成浆进行蘸根（栾庆书，1994，2000；刘润进和李晓林，2000；花晓梅，2001；于富强等，2002）。目前在林业生产上直接应用的技术主要是接种法，一般是在树木移栽和苗木移栽时将菌根菌体引入栽植穴和树木、苗木一同栽培，使菌体与树木、苗木建立共生关系，从而促进林木生存、生长。菌体接种在树木、苗木移栽时常采用以下两种方式：一是实行菌根接种，如树木、苗木带土球栽植以及营养袋苗木造林等；二是实行菌土接种，将菌土带入栽植坑和苗木、树木一起培养，如苗木栽植时带一些起挖时的原土等。这二项技术通称菌体接种技术。世界上许多国家和地区都规定在特定环境下造林，必须采用菌根化的苗木。例如，美国规定在湿草原地区育苗造林必须对苗木进行接种，为此还专门成立了菌根技术公司，专门为林木菌根化提供菌根生物制剂。

在外生菌根菌剂的生产中，菌种的扩大繁殖是首要环节，只有这样才能实现菌剂生产的规模化和商品化。菌种扩大繁殖的基础是一级菌种，或称“原种”，直接来源于外生菌根真菌子实体，或菌根、菌索或子实体孢子等繁殖体，经分离纯化后获得的纯净菌丝体。实际生产中使用的“原种”都是一级菌种经转管形成的同源原种。外生菌根菌剂常用的生产方法有固体发酵、液体发酵和液体深层发酵等（栾庆书，1994；刘润进和李晓林，2000；花晓梅，2001），以下分别予以介绍。

1）固体发酵法：将植物废料和其他填充料配以必需的碳源、氮源等营养物质及水分，混合搅拌形成培养基质，经高温灭菌后直接接入菌种，保持一定的湿度、温度及光照条件，培养一段时间后，进行加工即得到固体菌剂。生产固体菌剂所用的培养基材料有棉籽壳、锯末、椰衣、稻草、玉米粉、麦麸、甘蔗渣、小麦及泥炭等，常用的填充剂有蛭石、浮石、珍珠岩及沙、土壤等。

2）液体发酵法：在人工控制营养条件下，利用摇床或通气设备条件，使菌种于液体营养状态下进行繁殖。如利用洁净的甘蓝或马铃薯 100 g，用 1 L 清水煮沸后过滤，取其汁液并按 3 g/L 的浓度标准加入葡萄糖和微量的维生素 B_1，混匀后高温消毒，接入菌种进行培养。待菌丝体长好后，用消毒研钵碾碎菌丝体制成悬浮液，接入通气的液体培养基中进行再次扩大培养。液体培养获得的菌丝体可以直接制成液体菌剂，用于苗木接种，或生产其他类型的菌剂。此外，还可将菌丝体于较低温度下储存或风干保存备用。

3）液体深层发酵法：深层发酵培养是利用专门的发酵设备，在摇床培养基础上进行进一步的扩大培养。深层发酵一般经过 2 ~ 3 个工艺流程：一级发酵(摇瓶发酵,即上述的液体发酵)后利用专门的发酵罐进行二级发酵(于最佳培养液中直接接入 4% ~ 5% 的一级发酵物)，大规模生产中还可进行三级发酵。无论是二级还是三级发酵，其发酵物都是营养液和菌丝体的混合物。这种发酵产物可直接制成液体菌剂用于苗木接种，或进一步生产其他类型菌剂。

目前，外生菌根菌剂类型主要有固体菌剂、液体菌剂、粉剂、片剂、丸剂和颗粒剂等：

1) 固体菌剂：外生菌根菌接种于固体原料与填充料混合物(添加适量营养物质)，经固体发酵而获得，适合于生长速度快、竞争力强的菌种。生产工艺相对简单，但发酵周期长，菌丝体易老化，而且由于体积较大，菌剂含菌量相对较低。固体菌剂可以撒施或穴施。撒施主要用于苗床，于播种前撒入；穴施可用于育苗容器、苗床、苗圃和大田，挖好定植穴后放入菌剂，然后播种。

2) 液体菌剂：根据菌剂中接种物的种类可分为 3 种形式：以菌丝体为主的液体菌剂，通过摇床或发酵罐液体发酵而得；以孢子悬浮液为主的液体菌剂；子实体经匀浆粉碎后加入清水或营养液制成的悬浮液液体菌剂。液体菌剂的有效期较短，不易贮藏和运输，使用时可以采用注射、淋根、蘸根，或制成泥浆后进行苗木蘸根等方法。

3) 粉剂：主要是外生菌根菌孢子添加磨细的蛭石、滑石粉等填充料制成。能产生大量担孢子而且易收集的菌种，如豆马勃属(*Pisolithus* spp.)，可以考虑制成粉剂。粉剂型菌剂易保存、易运输，使用方便。

4) 片剂和颗粒剂：外生菌根菌孢子添加磨细的填充料混匀后，用机械的方法加工成片状或颗粒状。这类菌剂易保存、易运输，使用方便。一般在育苗或移栽时，每株放入 1 ~ 2 粒即可。

5) 丸剂(胶粒型菌剂)：将液体发酵后的菌丝体经过固化工艺处理制成胶粒状，该产品综合了固体与液体菌剂的优点，不仅增加了菌剂的效力，而且延长了菌剂的有效期，是目前较先进的菌剂形式。

近年来研究和发展的胶囊技术是以海藻酸盐为载体，将多种生物繁殖材料包埋在其中，主要流程为：首先用发酵罐发酵生产菌根菌菌丝体，而后将菌丝体包埋于海藻酸盐溶液中，加工成形。一般菌丸呈凝胶状，直径 2 ~ 3 mm，球形，其优点是菌种在胶囊条件下不仅继续存活，而且保持侵染能力，又方便运输、储存与使用(花晓梅,2001)。从外生菌根真菌应用研究的发展趋势来看，采用工业发酵的原理，工业化批量生产真菌纯培养的菌丝体菌剂，具有巨大的经济效益，同时可满足市场对菌根菌剂的大量需求。

(2) 丛枝菌根菌剂

丛枝菌根(AM)真菌的宿主十分广泛，陆地上 80% 以上的植物都可以被

AM 真菌侵染，所以 AM 真菌大量存在于农田、林地、草原等各种生态环境中，甚至在各种逆境(如盐碱地、退化土壤、煤矿废弃地、污染土壤)中也有一定分布。已经证实，AM 对宿主植物具有很多有益作用。AM 以菌丝形式来扩大根系吸收范围，增加植物对矿质营养尤其是磷素的吸收，从而显著改善植物的营养状况，提高作物的品质。它还能够提高植物的抗逆性(如耐盐碱、抗寒旱、抗重金属污染)，增强植物对土传病害的免疫能力。影响丛枝菌根在生产上推广应用的关键技术问题主要有优良菌株的筛选、菌种的繁殖以及菌剂的生产等。由于其专性共生的性质，AM 真菌纯培养研究至今尚未取得突破性进展，目前仍沿用活植物根系作为其主要繁殖方法。AM 真菌的繁殖和菌剂的生产方法主要有以下几种(陈应龙等,1997;刘润进和李晓林,2000;杨晓红等,2004)：

1) 盆栽培养法：丛枝菌根真菌繁殖体以孢子、菌丝体、根内泡囊、已形成菌根的根段等多种形式存在，盆栽法获得的是这些繁殖体的混合菌剂。迄今为止，来自丛枝菌根植物盆栽培养的根段和孢子仍然是最广泛和最可靠的菌剂。盆栽基质是繁殖菌种和培养宿主的载体，是盆栽培养最关键的影响因素，要求疏松、保水、透气，一般采用石英沙、蛭石、泥炭、沙、土壤等的混合基质，需要注意的是各种培养基质的营养元素特别是磷含量直接影响菌根发育和孢子形成，速效磷含量应低于 20 mg/kg。此外，盆栽基质颗粒的大小也影响 AM 真菌繁殖体的数量。如摩西球囊霉(*Glomus mosseae*)盆栽培养的最佳培养基质是沙: 土 =1:1 或沙: 土: 蛭石: 沸石 =2:1:1:1 的混合基质，基质中的速效磷浓度以 10 mg/kg 为宜。盆栽基质的酸碱度控制在 pH5 ~7，经 121 ℃湿热灭菌 1 ~2 h，或 1 Mrad 的 γ 射线灭菌后，将待繁殖的 AM 菌种接种于基质上，宿主植物的种子经表面灭菌后播种于该培养基质中。适于盆栽活体繁殖或保存 AM 真菌的宿主植物多选择根系发达的多年生草本植物或一年生植物，如三叶草、苜蓿、烟草、苏丹草、百喜草、玉米、高粱、韭菜、葱等。

盆栽培养法的缺点是生产需要宽敞的空间和较长的时间，生产出的接种剂繁殖体数量少、容积大、笨重，不便于运输或携带。

2) 培养基培养法：将宿主植物(如三叶草、番茄等)种子表面消毒，用灭菌蒸馏水洗去消毒液后，在琼脂培养基上催芽萌发；将 AM 真菌的孢子表面灭菌(用灭菌蒸馏水漂洗多次)后，于低温下无菌蒸馏水中保存，待种子萌发并长出侧根时，将 10 ~15 个准备好的孢子移入侧根附近的培养基上，室温条件下培养，当 AM 真菌侵染根系并在根系中大量繁殖时，即实现了 AM 真菌在无机培养基中的扩繁。一定时间后，取出宿主植物，将根系洗净、晾干、剪成小段，即为无杂菌的 AM 真菌根段菌剂，根段中含有菌种的菌丝、孢子、丛枝和泡囊等多种繁殖体。

3) 静止营养液培养法：用漂浮在营养液面上的聚乙烯支持网筛和放在网

筛中的沙基质，宿主植物的种子和 AM 真菌孢子放在此基质上进行培养，菌丝和根系在营养液中生长，菌丝侵染根系形成菌根，菌丝也可在营养液中大量繁殖。获得的菌根和营养液都可以作为接种剂。这种方法需要一定的装置，成本较高，实际应用中有较大的局限性。另有一种近于半水培的静止营养液培养法，将河沙过 3 mm 筛，水淘洗风干，干燥灭菌(180 ℃,2 h)后作固定基质，以大量元素减少 10 倍的 Hoagland 液为营养液，将接种了 AM 真菌的宿主植物盆栽容器浸于稀释的 Hoagland 液中，定期补充和更换营养液。由于宿主植物生长在透气保水的灭菌河沙中，培养的接种剂质量较高，可用于科研或生产上小面积应用所需接种剂的生产。

4）营养流动液培养法：将预接种 5% 以上的 AM 真菌宿主植物固定在营养液槽中，槽内铺黑色塑料膜，槽中营养液淹没根系，大量元素减少 10 倍的 Hoagland 营养液以 8 ~ 10 L/min 的流速循环流动，定期检测循环液的养分浓度和 pH。这种方法用于工厂化生产 AM 菌剂，尽管没有了土壤微生物的污染，但由于根系长期浸泡在液体中，不利于根系和真菌的呼吸，对菌剂的繁殖速度和质量仍然有一定的影响。

5）气雾培养法：将预接种 5% ~10% 的宿主植物架在空中，再用架设在根系周围的喷头每隔数秒钟对根系喷雾营养液，保持根系 100% 湿度，以满足根系对水分和营养的需求。研究表明，对于 AM 菌剂的气雾生产来讲，泵和喷嘴系统是最普通和最可靠的。超声波雾化系统中，如果营养液雾滴太大，AM 菌剂质量就不如传统雾化皿系统和喷嘴喷雾系统，如果将雾滴控制在直径 1 μm时，超声波雾化系统生产的 AM 菌剂质量就较传统雾化皿系统和喷嘴喷雾系统高。但总的来说，雾化培养系统对营养液要求的参数较多，尤其是对磷和 pH 的控制十分严格。

6）大田培养法：这是生产上大面积应用所需大量菌剂而常采用的方法。通常选用地势较高、排水良好的沙壤地，并且最好靠近要进行接种的大田。用福尔马林溶液(150 mL/m^2)或甲基溴(83 g/m^2)熏蒸，将表层土(0 ~ 30 cm)消毒，然后再将宿主植物的种子和 AM 真菌接种源一起播种到土壤中，宿主植物多选用三叶草或苜蓿，接种物的用量应根据其侵染势而定。管理方法同常规作物管理，但需要注意控制肥料用量，尤其是磷肥，因为肥力过高会影响 AM 真菌对植物的侵染和在根系内的扩展，而且要尽量少用农药，尤其是杀菌剂。在播种初期，浇水切勿大水漫灌。播种 10 ~ 12 周后，即可挖出表层 20 cm 的土壤，直接应用或经过加工处理后作为接种剂。

目前 AM 真菌主要是采用活植物的根系在基质中繁殖的，因此菌剂样品通常是以载体基质形式进行保存。收获时，剪去植株地上茎叶部分，将根系剪碎，同基质一起晾干，然后用塑料袋或布袋将含有繁殖体(孢子、菌丝、侵染的根段等)的培养基质装好，在室温或 4 ℃低温条件下保存。室温下保存菌种时间不宜过长，超过 6 个月应及时用盆栽法再进行繁殖。生产的或经过加工的 AM 菌剂(尤其是经过一段时间储存)，在使用前必须进行质量检验，测定接种势。通常认为 AM 菌剂的接种势越大，菌剂质量越高。

8.1.3 根际促生菌

植物根际能够促进植物生长、防治病害、增加作物产量的微生物被称为根际促生菌(plant growth promoting rhizobacteria,PGPR)。自从 1978 年以来，已发现包括假单胞菌属、芽孢杆菌属、农杆菌属、黄杆菌属、沙雷氏菌等 20 多个种属的根际微生物具有防病促生的潜能，其中被认为最具有应用前景是荧光假单胞菌(Keel *et al.* ,1996;Kang *et al.* ,1998;胡江春等,2004;王光华和 Raaijmakers,2004;Schisler *et al.* ,2004)。虽然关于 PGPR 在促进植物生长、增加作物产量，有效地用于植物病害的生物防治方面已积累了大量的案例，但 PGPR 的防病促生机制极其复杂，其本质尚有待进一步研究。基于已有结果，其作用机制归纳为：与其他微生物相比在根部能更有效地定殖、对有害微生物的抗生作用和在根际的营养竞争特别是对铁的竞争处于优势、可分泌植物激素、能诱导植物产生系统抗性和分泌降解病原微生物的酶等(陈晓斌等,2002;陈晓斌和张炳欣,2000)。

PGPR 优良菌株一般从植物的根际微生物中筛选，主要是细菌中筛选，有 10% 左右的几率。以生态学原理看，从非病原习居地(源)取样筛选颉颃菌，可能获得较高的成功率，而放线菌、芽孢杆菌具颉颃活性的比例最高。从海洋微生物资源中筛选 PGPR 较土壤微生物资源中筛选微生物有更大的优越性，主要表现为几率大、活性高、生防效果好。PGPR 的抗生作用主要是通过产生抗生物质抑制作物病原菌和非寄生性根际有害微生物，从而促进植物生长发育。因此筛选或构建 PGPR 优良菌株时，在实验室分析测定能有效抑制病原菌或非病原性(如产毒素)菌株的颉颃作用是十分重要的。Broadbent 等(1971)经过广泛调查，检测 3 500 株有抗生现象的微生物后，认为它们之中只有 4% 能成为土壤中有效生物防治剂；一些微生物能有效抑制琼脂平板上的病原菌，对土壤中的同样有效；在琼脂平板上对病原菌无抑菌效果的微生物，在土壤中同样无效。当然，在筛选获得的 PGPR 优良菌株的基础上，对其进行诱变育种，或基因克隆、基因敲除，获得新的高效低毒的生产菌株是十分必要的(胡江春等,2004)。

PGPR 生物制剂产业化前景广阔，产业化品种主要有活体制剂和 PGPR 代谢产物制剂两种。①活菌制剂即应用 PGPR 活菌体直接进行植物病害的防治，目前国内外活体 PGPR 生物制剂主要有粉剂和颗粒剂两种，影响其应用的主要障碍是菌剂的稳定性和商品货架期短。芽孢杆菌由于具有抗逆性非常强的芽孢，能较好地克服这一障碍。此外，选择适合的材料和结构，如利用微胶囊生物技术，可能有助于提高 PGPR 菌种的稳定性(Hanson *et al.* ,2004;Schisler *et al.* ,2004;王光华和 Raaijmakers,2004)。②PGPR 代谢产物制剂是应用 PGPR 菌株在深层发酵过程中的代谢产物，产品类型包括抗生素类、激发子类，或两者兼而有之的复合型产品。抗生素类产品直接针对植物病原菌，主要为抑菌或杀菌，包括抗生素、细菌素、溶菌酶等。激发子类产品针对寄主植物，主要作用是激发寄主植物产生防卫反应。微生物来源的激发子有寡糖类、寡聚糖类、肽类、小分子蛋白、脂肪类和糖蛋白类等。

尽管 PGPR 已在某些作物上成功得到应用，但在推广应用时都会碰到田间生防效果不稳定问题，这已成为 PGPR 菌株商品化应用的一个最大制约因素(陈晓斌等,2002)。影响 PGPR 作用的因素很多，其中最重要的原因是菌株在根部的定殖差异，另一个重要原因是在植物根际即原位状况下，PGPR 产生的与防病作用密切相关的次生代谢产物的不稳定或失活。目前，提高用于种子处理的菌剂量是提高 PGPR 根部定殖水平进而提高生防效果的策略之一。Bull 等(1991)发现菌株 *P. fluorescens* 2 - 79 在小麦根上建立的种群大小直接与小麦种子上的初始接种浓度有关。但是，通过提高接种剂量提高根部定殖水平始终是有限的，而且某些菌株浓度过高会产生毒副作用，如产生 phl(2,4 - 二乙酰藤黄酚)的假单胞菌用于小麦种子处理时，若浓度超过每粒种子 5×10^8 CFU 时，则会抑制种子萌发，同时还提高了种子处理的成本(Osburm *et al.* ,1989;陈晓斌等,2002)。

克服 PGPR 作用不稳定性，提高定殖水平和生防效果的另一策略是菌株的复配与混配。研究发现，不同荧光假单胞菌菌株混配后防治小麦全蚀病的效果和小麦产量增幅均明显优于单株处理(Weller *et al.* ,1983)，Raupach 和 Kloepper(1998)利用不同 PGPR 菌株在黄瓜上的试验也获得相同的结论。其原因可能在于不同的 PGPR 菌株混配后其基因型和表型的多样性更适应根际在整个生长季中的变化，从而有利于其在根部的定殖和存活；其次也可能由于菌株混配后，其对病原和植物作用机制的多样性，如抗生作用、诱导抗性等的互补(王光华和 Raaijmakers,2004)。此外，生防和化学保护结合是克服 PGPR 作用不稳定性的又一途径。例如，将芽孢杆菌(*Bacillus* spp.)、假单胞菌(*Pseudomonas* spp.)和多菌灵混配后对小麦全蚀病和棉苗猝倒病的防效结果显示，混合物对两种病害的防效均有提高(牛赡光等,1999,2000;杨合同等,2002)，但低剂量的化学农药易使靶标病原产生抗性是需要考虑的问题。

在提高 PGPR 根部定殖和次生代谢产物生防活性方面，DNA 重组技术显示了令人振奋的前景。在一些限定的植物 - 病原互作体系中(如温室)，遗传改良后的假单胞菌属生防菌株被证明更有效，田间条件下也有类似的结论，并有应用的例子(陈晓斌和张炳欣,2000;陈晓斌等,2002)。此外，从生态平衡角度，综合考虑环境、寄主植物、土著微生物(病原、腐生菌)等因素，建立包括 PGPR 在内的微生物新的生态平衡和生防体系也是一个发展方向(陈晓斌等,2002;王光华和 Raaijmakers,2004)。

8.1.4　微生物有机肥

当前，随着微生物学、肥料学、生态学等研究工作地不断深入，人们已经把微生物、肥料和环境作为一个整体来研究，微生物肥料的应用由单一菌种向复合菌种发展，单纯微生物菌剂向复合生物肥料发展，单一剂型向多元剂型发展。微生物有机肥料(也称生物有机肥)是在微生物肥料基础上发展起来的一种高效、无毒、无污染、无公害的新型肥料，集有机肥料与微生物肥料优点于一身，一般是由特定功能微生物与主要以动植物残体(如畜禽粪便、农作物秸秆等)为来源并经无害化处理、腐熟的有机物料复合而成的一类兼具微生物肥料和有机肥效应的肥料，有别于仅利用自然发酵(腐熟)所制成的有机肥。微生物有机肥产品除了含有较高的有机质外，还含有具有特定功能的微生物，这是此类产品的本质特征。

有机物料的前处理是微生物有机肥料生产的重要技术环节。目前微生物有机肥料生产主要是利用养殖场的畜禽粪便或农作物秸秆等作为原材料，或利用草炭、腐殖酸、骨粉、饼粕等，也包括一些发酵工业的下脚料、生活垃圾等。对这些物料的无害化或腐熟是整个生产的关键环节，只有彻底腐熟的物料才有利于后加入功能菌的存活并发挥作用。在发酵、腐熟过程中，物料的水分、C/N 比、温度等的调节及腐熟剂的使用是生产工艺的关键，特别是菌剂的应用直接影响着物料发酵的周期及腐熟程度。如何缩短堆制时间，促进堆肥的快速腐熟，是有机废弃物堆肥化中亟待解决的问题。由于传统发酵腐熟过程是一个由自然微生物参与的生理生化过程，堆料中天然的微生物种类、数量和活性因原料来源的不同存在很大差异，而且随机性很大，仅仅依靠这些自然微生物进行发酵、堆肥的腐熟时间往往很长，而且腐熟质量不稳定，难以满足现代工厂化堆肥快速发酵的要求。因此，一些从堆肥或其他地方中分离出来的具有催腐能力的高温菌、中温菌，包括放线菌、真菌和细菌，被用作接种剂加入堆肥，以促进木质素、纤维素等的降解，加速腐殖质化过程，提高堆肥效率，同时一些除臭功能的菌株也被加入堆肥中，以控制堆肥过程中臭气的产生和氮素损失，提高堆肥产品的肥效。

菌种是微生物肥料产品的核心，对微生物有机肥而言也是如此。生产过程中，有两个环节涉及微生物的使用，一是在腐熟过程中加入促进物料分解、腐熟兼具除臭功能的非病原腐熟菌剂，由复合菌系组成，常见菌种有芽孢杆菌、乳酸菌、酵母菌、放线菌、青霉、木霉、根霉等；二是在物料腐熟后加入的功能菌，以固氮菌、解磷菌、钾细菌、乳酸菌、假单胞菌、芽孢杆菌、放线菌、光合细菌等为主，在产品中发挥特定的肥料效应。当然，如何减少加入的无机养分对功能菌的影响也是必须考虑的一个重要问题(薛德林等,2005;沈德龙等,2007)。有研究表明，发酵过程中添加稻草粉、豆粕粉时，对发酵产物中有益微生物的生长繁殖及酶活性都有积极的作用，从而提高微生物有机肥的质量，这对优化微生物有机肥生产工艺有重要的参考价值。

微生物有机肥料的产品剂型多是粉剂，也有经圆盘造粒、滚筒造粒或挤压造粒的。颗粒产品克服了粉剂产品外观差、层次低及使用中随风飘扬的缺点，提高了产品的商品性，但也提高了企业的生产成本，并对有效菌的存活产生了一定的影响。

8.2　微生物农药

微生物农药主要包括微生物杀虫剂、农用抗生素和微生物除草剂 3 大类。微生物杀虫剂主要包括细菌制剂如苏云金杆菌(*Bacillus thuringiensis*,Bt)、青虫菌等，真菌制剂如白僵菌、霉菌制剂等，病毒制剂如杆状病毒等。目前被登记作为农药的微生物杀虫剂有细菌 8 种、真菌 10 种、病毒 17 种，均已投放市场。其中，苏云金杆菌杀虫剂是目前研究最深入、应用最广泛和产量最大的微生物杀虫剂。事实上，细菌杀虫剂有 100 多种，其中被开发成产品投入实际使用的除了 Bt 菌剂以外，还有球形芽孢杆菌(*Bacillus sphericus*)、日本金龟子芽孢杆菌(*Bacillus popilliae*)和缓病芽孢杆菌(*Bacillus lentimorbus*)，其中日本金龟子芽孢杆菌和缓病芽孢杆菌分别能使蛴螬产生 A 型乳状病和 B 型乳状病，从而发挥杀虫作用，而球形芽孢杆菌毒株对库蚊(culex)、按蚊(anophelex)有强毒性。

已记载的杀虫真菌约有 100 属，800 多种，目前研究较多的主要有白僵菌、绿僵菌、拟青霉、座壳孢菌和轮枝菌等种类。白僵菌是我国研究时间最长和应用面积最广的真菌杀虫剂，具有较广的杀虫谱，能寄生于 700 多种昆虫和 13 种螨类，大面积用于防治松毛虫、玉米螟和水稻叶蝉等害虫；主要有球孢白僵菌(*Beauveria bussiana*)和卵孢白僵菌(*Beauveria tenella*)等。绿僵菌也是一种广谱的昆虫病原菌，如金龟子绿僵菌(*Metarhizium anisopliae*)可用于防治地下害虫、天牛、飞蝗、蚊幼虫等。此外，病毒杀虫剂是一类以昆虫为寄主的病毒类群，虽研究开发比细菌杀虫剂晚，但近年来发展迅速，应用比较普遍的有核型多角体病毒、颗粒体病毒和基因工程棒状病毒等(谭云峰,2005;An *et al.*, 2006;曾智等,2008)。

8.2.1　苏云金杆菌

苏云金芽孢杆菌(Bt)是一种革兰氏阳性细菌，在《伯杰氏细菌鉴定手册》第九版中归属于第二类第十八群，为芽孢杆菌属的一个种。至 2005 年 1 月，已报道的苏云金杆菌亚种有 94 个，血清型 71 个(王广君,2005)。已分离的 Bt 菌株超过了 5 万株，Bt 的杀虫范围已经扩大到包括大量农林及卫生害虫在内的无脊椎的 4 个门和节肢动物门中 9 个目的生物。Bt 产品主要以两种形式应用于生产：①发酵培养 Bt 菌株，产生芽孢和晶体毒素，然后制成不同的农药剂型作为微生物杀虫剂，在田间直接喷洒或者和其他农药化肥共同施用；②将 Bt 杀虫基因分离出来，构建 T－DNA 载体，转入植物，构建转基因抗虫植物。

目前登记注册的 Bt 杀虫剂已经超过上百种，大部分都是以野生 Bt 菌株为基础生产的。但近几十年来的生产与应用实践证明，以天然菌株作为生产菌的苏云金杆菌制剂也不可避免地存在一些弊端，突出表现在：杀虫谱窄、多种害虫并发的控制效果较差；毒力低、对高龄害虫无效；持效期短；大面积单一制剂的反复应用会导致昆虫抗性的产生等。从 20 世纪 80 年代中后期以来，随着对苏云金杆菌遗传学和分子生物学的深入研究，构建具有优良性能的重组菌株成为国内外微生物农药发展的一个方向。从构建 Bt 工程菌的目的来分析，主要包括拓宽杀虫谱、提高毒力、延长持效期等几个方面(Brizzard *et al.*,1991；Choi *et al.*,2000；乐超银等,2000；Lee *et al.*,2002；朱晨光等,2003)。

将不同杀虫活性的杀虫晶体蛋白(insecticidal crystal protein,ICP)基因进行体外重组，从而构建具有广谱杀虫活性的工程菌，成为 Bt 工程菌研究的一个主要方向，采用的技术手段包括接合转移、重组质粒电击转化、位点特异性重组等。苏云金杆菌杀虫活性主要依赖于菌体中 ICP 的种类及其表达量，目前提高 Bt 工程菌杀虫活性的主要方法包括不同杀虫蛋白之间的协同增效、利用辅助蛋白、ICP 的改造等。在对某些蛋白的结构以及不同结构域的生物学功能有了比较清楚的了解之后，可以通过定点诱变、随机突变、结构域互换等手段构建一些高毒力的 ICP 基因，并将其转入受体菌株中，从而提高其杀虫毒力。此外，还可以通过增加基因的拷贝数、改造启动子的结构、增加 ICP 基因的稳定性、在消除(或部分消除)质粒或无芽孢的受体菌中表达 ICP 基因等其他方法来提高工程菌的毒力(余健秀等,1999；Sayyed *et al.*,2001；汤慕瑾等,2001,2003；Whalon *et al.*,2003)。

近年来，昆虫对不同种类 ICP 的抗性越来越引起人们的重视，这有可能成为限制 Bt 杀虫剂发展的一个主要障碍。研究表明，不同 ICP 在昆虫中肠上皮细胞上的识别位点可能存在差异，作用机制也可能不同(赖云松等,2008)。在小菜蛾中 Cry1Ba、Cry1Ca 与 Cry1Aa、Cry1Ab、Cry1Ac、Cry1F 等蛋白的识别位点不同，因而可以利用识别位点的差异将上述蛋白进行组合，可克服小菜蛾对 Cry1Aa、Cry1Ab 等蛋白的抗性(Liu *et al.* ,1998;王广君,2005)。此外，人们发现 Bt 在营养期分泌一类新型杀虫毒蛋白即营养期杀虫蛋白(vegetative insectieidal protein,VIP)，该发现使得 Bt 杀虫剂在杀虫活性、杀虫范围方面得到很大突破，一定程度上克服了许多害虫对 Bt 内毒素低敏感或不敏感的弊端。VIPs 是一个极为丰富且具有巨大潜力的资源，现已成为 Bt 研究的热点，对于苏云金杆菌的进一步开发和利用具有重要意义(Estruch *et al.* ,1996;Peng *et al.* ,2007;刘辰等,2008)。

8.2.2　微生物除草剂与农用抗生素

微生物除草剂是将杂草的病原菌接种在杂草上，使其感病死亡，从而达到消灭杂草的目的，目前我国农业生产上应用的有除莠剂“鲁保一号”等。农用抗生素则主要是应用微生物的代谢产物——抗生素来防治农作物病害，目前已应用的农用抗生素有链霉素、土霉素、放线酮、赤霉素、井冈霉素、阿维菌素等。利用抗生素防治农业害虫的研究始于 20 世纪 50 年代初，当时有研究发现了抗真菌抗生素——抗霉素 A 具有杀虫和杀螨活性。60 年代后，人们开始有目的地筛选以杀虫为目的的新抗生素，相继筛选到了紫莱霉素(porfiromycin)、密旋霉素(pactamycin)、普拉星隆(prasinom)及四抗菌素(tetranactin)等有实用价值的杀虫活性物质。进入 80 年代以来，杀虫抗生素逐渐成为抗生素研究领域的一个热点。

近 5 年报道的新抗生素有 3 000 多种，其中杀虫抗生素占了大约 5%。阿维菌素是目前已知的最具代表性的抗生素类杀虫剂，以其作为主要成分的复配制剂目前已有 80 多个。该产品杀虫谱广，不易产生抗性，对多种害虫和害螨都具有良好的防效，已实现大规模产业化，我国仅 2005 年的年产值就突破 13 亿元。此外，国内进入产业化开发、年产值超过 1 000 万元的品种有井冈霉素、硫酸链霉素、农抗 120、多抗霉素、宁南霉素、中生菌素等，还有浏阳霉素、杀蚜素、华光霉素、南昌霉素、韶关霉素和梅岭霉素等，均已完成小试和毒性测试，明确了化学结构。截至 2006 年 1 月，我国已登记注册(商品化)的农用抗生素类产品 24 种，原药生产企业 50 多家，复配生产企业 120 多家(朱昌雄和宋渊,2006)。

8.3　微生物修复

目前，土壤污染、污水废水排放、固体废弃物堆积、大气污染等已成为全球性的环境问题。摆在全人类面前最迫切的任务是修复已遭破坏的地球，保持人类与大自然的和谐相处以及经济和社会的可持续发展。土壤微生物由于具有高比表面值、繁殖迅速、种类繁多、代谢类型多样、易变异、适应性强等特点，在环境治理中可发挥不可替代的巨大作用。例如，对于受污染土壤，微生物修复技术利用天然存在的或人工培养的微生物功能群(包括土著微生物、外来微生物和基因工程菌 3 大类)，在适宜环境条件下，通过促进或强化微生物代谢功能，从而达到降低有毒污染物活性或降解有毒污染物成无毒物质的目的，现已成为污染土壤生物修复技术的重要组成部分和生力军。

微生物修复可分为原位(生物通气法、耕地处理等)和异位(堆肥法、生物反应器等)两种，前者是指对污染土壤在污染地原位进行修复，修复过程主要依赖于污染土壤自身或外源微生物的自然降解能力和人为创造的合适降解条件；后者是指将污染土壤搬动或输送到他处进行修复，但搬动和输送是低限度的，而且更强调人为控制和创造更加优化的降解环境。目前一般多采用原位修复，但异位修复具有更多人为调控和优化处理的特点，在受污染土壤较浅、易于挖掘或污染地地球化学特性阻碍原位修复的情况下，就采用异位修复(Susan，1993；Frodrickson，1993；丁克强等，2000；孙铁珩等，2001；王红旗等，2006)。

微生物修复技术的应用领域很广，这里主要介绍微生物对有机污染物的降解、对重金属(或类金属)的转化、对生物污染的防治以及对复合污染的修复。

8.3.1　微生物对有机污染物的降解

微生物修复的实质是生物降解，即微生物对物质(特别是有机污染物)的分解作用。微生物擅长利用天然的有机物质作为营养和能源，此外也包括一些人工合成的化合物，尽管这些有机物与天然化合物极不相同，但由于微生物在长期的演化和进化过程中形成了一个巨大的“酶库”，只要新合成的有机物可利用，这个酶库就将其作为进一步消化的原料。已突变的酶类，则具有催化利用新底物的能力，具有这些酶类的微生物就可以降解其他生物不能降解的基质，从而获得生长优势或定居新生态区的能力(Glaser *et al.*，2002)。另外，微生物之间还能通过对污染物的共代谢作用或传递降解性质粒，加速对污染物的降解转化。但是，微生物对有机污染物的转化并不是总朝着有利于消除污染物的方向进行。如 DDT(4,4 - 二氯二苯三氯乙烷)在微生物作用下形成的 DDE(少一个氯原子)，比 DDT 更稳定且难以降解，而且水溶性强。因此，只有深入了解微生物对污染物的降解机制和代谢途径，才能有效利用微生物清除这些污染物。

生物地球化学过程产生了大量各种结构的有机化合物，但几乎每种都可作为微生物的能源物质或细胞组分而被利用。然而随着石油工业的飞速发展，新产生的成千上万用于工业或农业的化学有机合成物，包括许多卤代脂肪族和芳香族化合物、硝基芳烃、邻苯二甲酯等，正以不同的渠道进入土壤或其他环境。这些新合成的化合物在自然界中没有明显的类似物，被称为生物异源物质，在有氧或无氧条件下都很稳定。一般情况下，微生物降解有机物时多菌混用比单菌作用更有效，对异源物质更是如此。微生物的群体作用更能抵抗污染物生物降解中的有毒产物，因为它们中的一种或者几种可以解毒。当一种新的可生物转化有机物进入环境后，微生物先经过一段时间的适应，随后快速进行生物降解作用，各类微生物分别降解一部分有机物，经过数种微生物的接力作用，最后可以使有机物完全矿化。

有机污染物降解菌的分离采用含有机污染物的无机盐培养基、富集培养基，配方参见附录。称取 2 g 有机污染土壤，接种于新鲜的 100 mL 含相应有机污染物的液体无机盐培养基中，在 30 ℃、150 r/min 摇床振荡培养 3 ~ 5 d 后，吸取 1 mL 转接至新鲜的上述培养基(必要时,有机污染物浓度也可逐渐增加)，连续富集，每周转接 1 次，多次转接后，用稀释平板分离法在富集培养基上分离，反复划线分离得到菌株。所得菌株重新转接至含有机污染物的无机盐液体培养基上，以验证菌株的降解能力。观察记录菌种的生长状况、菌落特征、镜检菌体的形态结构，以及生理生化和生态特征，革兰氏染色、芽孢染色及鞭毛染色以及菌种鉴定。筛选到菌种后，需要判断能否应用于修复实践中。

在生物修复实践中，通常将几种方法加以优化组合，从而形成新的处理系统，达到提高处理效果、扩大适用范围的目的，如土壤微生物与土壤动物(如蚯蚓等)的联合修复、土壤微生物与植物的联合修复等。利用微生物和植物共同作用进行修复被称为植物 - 微生物联合修复技术(phytobial remediation)，植物根部为微生物提供良好的生长环境，根的分泌物和脱落物对根际微生物的生长具有促进作用，从而加快污染物的生物降解过程(姚槐应和黄昌勇,2006)。此外，植物根区的菌根真菌有独特的酶系统和代谢途径，可以降解一些不能被细菌单独降解的污染物。菌根真菌与降解菌修复、植物修复的综合运用是土壤生物修复新的重要研究方向。

8.3.2 微生物对重(类)金属的转化

土壤微生物种类繁多、数量庞大，在重金属(这里同时适用类金属,下文略)的地球化学循环中起着积极的推动作用。微生物可以对土壤中的重金属进行固定、移动或转化，改变它们在土壤中的环境化学行为，可促进有毒、有害物质解毒或降低毒性，从而达到生物修复的目的。重金属污染土壤的微生物修复主要包括生物富集(如生物积累、生物吸附)和生物转化(如生物氧化还原、甲基化与去甲基化以及重金属的溶解和有机络合配位降解)。研究表明，许多微生物，包括细菌、真菌和藻类可以生物积累(bioaccumulation)和生物吸附(biosorption)环境中的多种重金属和核素，主要表现在胞外络合、沉淀以及胞内积累 3 种形式，其作用方式又可分为以下 6 种：①金属磷酸盐、金属硫化物沉淀；②细菌胞外多聚体；③金属硫蛋白、植物螯合肽和其他金属结合蛋白；④铁载体；⑤真菌来源物质对金属的去除；⑥衍生、诱导或分泌的微生物产物与金属去除。由于微生物对重金属具有很强的亲和吸附性能，有毒金属离子可以沉积在细胞的不同部位或结合到胞外基质上，或被轻度螯合在可溶性或不溶性生物多聚物上。一些微生物如动胶菌、蓝细菌、硫酸盐还原菌以及某些藻类，能够产生胞外聚合物如多糖、糖蛋白等大分子量阴离子基团，与重金属离子形成络合物。

土壤中重金属抗性菌的筛选采用有氮改良基础培养基、富集培养基，配方参见附录。分离方法如下：称取 2 g 重金属污染土壤(或非污染土壤)，接种于新鲜的 100 mL 含相应重金属的液体无机盐培养基中，30 ℃、150 r/min 振荡培养 3 ~ 5 d 后，吸取 1.0 mL 转接至新鲜的上述培养基(必要时,重金属浓度也可逐渐增高)，连续富集，每周转接 1 次，多次转接后，用稀释平板分离法在富集培养基上分离，反复划线分离得到菌株。所得菌株重新转接至含重金属的无机盐固体培养基上，以验证菌株的抗性。然后，对有明显功能的菌种进行鉴定。筛选到菌种后，应进一步判断能否应用于修复实践中。

重金属污染土壤中存在一些特殊微生物类群，它们对有毒金属离子不仅具有抗性，同时也可以对重金属进行生物转化，主要作用机制包括微生物通过对重金属的生物氧化和还原、甲基化与去甲基化以及重金属的溶解和有机络合配位降解转化重金属，改变其毒性，从而形成某些微生物对重金属的解毒机制。如硫酸盐还原细菌通过将硫酸盐还原成硫化物，从而与重金属 Cd 形成沉淀，降低了重金属的活性。已发现包括梭菌、脉孢菌、假单胞菌细菌等和许多真菌在内的微生物具有甲基化汞的能力；铜绿假单胞菌、金黄色葡萄球菌、大肠埃希氏菌等能使无机汞和有机汞转化为单质汞。

微生物也可通过改变重金属的氧化还原状态，使重金属化合价发生变化，改变重金属的稳定性。在细菌作用下，氧化还原可能是最有希望的有毒废物生物修复系统。微生物能氧化土壤中多种金属元素，某些自养细菌如硫铁杆菌(*Thiobacillus ferrobacillus*)能氧化 As、Cu、Mo 和 Fe 等，假单胞杆菌属能使 As、Fe 和 Mn 等发生氧化，从而降低这些金属元素的活性。有研究表明，土壤中分布着多种可以使铬酸盐和重铬酸盐还原的微生物，如产碱菌属、芽孢杆菌属、棒杆菌属、肠杆菌属、假单胞菌属和微球菌属等，这些菌能将高毒性的 Cr^{6+} 还原为低毒性的 Cr^{3+}，其中以阴沟肠杆菌(*Enterobacter cloacae*)HO1 菌株的研究最为深入。现在 Cr 污染的治理主要集中于微生物修复方面，即利用原土壤中的土著微生物或向污染环境补充经过驯化的高效微生物，在优化的操作条件下，通过生物还原反应，将 Cr^{6+} 还原为 Cr^{3+}，从而修复被污染土壤。

目前，微生物与植物等的综合运用是生物修复重金属污染的有效手段。例如，有学者利用 Zn 的超积累植物结合植物根际细菌的应用结果表明，重金属可得到明显的活化，并提高了植物对 Zn 的吸取。白建峰等(2007)的研究表明，配合耐 As 的 PGPR 菌，可明显提高蜈蚣草对 As 污染土壤的修复效果。此外，丛枝菌根也具有较强的络合重金属元素的能力，当土壤中重金属含量过高时，菌根可以提高宿主植物对这些重金属离子的耐性。例如，王发园等(2005)的实验表明，接种 AM 真菌可以促进海州香薷向地上部转运 Cu，提高其地上部分 Cu 吸收量。黄艺等(2000)进行的油松幼苗接种菌根盆栽试验发现，接种外生菌根菌显著降低了根际重金属的生物有效性，缓解重金属对寄主植物的毒害作用。

8.3.3 微生物对生物污染的防治

土壤生物污染是指一个或几个有害的生物种群从外界环境入侵土壤并大量繁衍，改变土壤生物区系稳定结构并破坏生态系统原有的动态平衡，对土壤健康和生态系统造成不良影响，同时促成事实的或潜在的土壤质量退化、生态环境恶化的现象。土壤生物污染相当程度上是病原微生物的入侵，土壤一旦遭遇病原微生物污染，必会引发严重的生态后果，如破坏土壤功能，导致农业减产，同时还通过食物链对动植物和人体健康造成危害，引发人畜疾病。然而，微生物在自然界中往往是以群体的形式存在，在每个微生物群体中微生物种与种之间存在着各种各样的关系。植物病害的生物防治就是利用土壤环境中的有益微生物产生颉颃病原微生物的颉颃物质，或寄生于病原微生物，或通过竞争土壤营养遏制病原微生物的滋生，或通过代谢产物诱导植物产生抗病性等作用，达到防治病害的目的(Handelsmna and Stabb,1996)。颉颃微生物由于其兼具了保护生态和抗病的双重功效，在植物病害防治中发挥着巨大的作用，从而得到了世界各国研究者的重视。

植物病害生物防治的最重要部分是利用颉颃微生物对病原菌的抗生作用，主要有以下几种方式：①分泌纤维素酶、木聚糖酶、果胶酶、葡聚糖酶、蛋白酶、几丁质酶等水解酶，溶解菌体达到防治病害的目的；②产生颉颃蛋白质或肽类物质，其中包括多种细菌产生的细菌素等；③通过产生种类、结构多样的抗生素或抗生素类物质作用于病原微生物，包括损害细胞膜机能、抑制蛋白质合成、阻抑能量代谢系统、影响细胞分裂等；④其他还包括产生具有抗菌作用的如氨类、有机酸、过氧化氢酶等初始代谢途径中的副产品和其他次生代谢物等。

目前多种颉颃微生物制剂已经商品化，并且为了使颉颃菌分泌颉颃物质产量提高或者同时表达多种颉颃物质，很多研究者利用基因工程技术对颉颃菌进行了遗传改良，获得了不错的效果，应用较多的生防细菌主要有芽孢杆菌(*Bacillus* spp.)、假单胞菌(*Pseudomonas* spp.)、土壤放射杆菌(*Agrobacterium radiobacter*)等。而用在植物病害生物防治的放线菌主要是链霉菌属(*Streptomyces* spp.)及小单胞菌属(*Micromonospora* spp.)，国内应用最为成功和广泛的生防菌"5406"就是细黄链霉菌；已广泛应用的另一种放线菌活体制剂 Mycostop 也属于链霉菌属，是由芬兰的 Kemira 于 1989 年从泥煤中分离到的灰绿链霉菌的孢子和菌丝制成的制剂。颉颃真菌迄今研究应用较多的是木霉属(*Trichoderma* spp.)，目前已商业化的产品主要有哈茨木霉菌株及少量的绿色木霉菌株。

研究表明，颉颃菌从实验室走向田间是一个复杂的过程。①首先是菌剂的研制。阻碍许多生防菌田间应用的一个重要问题是菌剂的货架贮藏期短，特别是由假单胞菌制成的生防菌剂，这一问题表现得更为突出，但可以将此类菌剂制成干粉剂型，以延长其贮藏期。由于能够产生耐热抗逆的芽孢，芽孢杆菌菌剂的研制和剂型的加工相对简单得多，这也是市场上由芽孢杆菌开发的菌剂较多的一个主要原因。②其次是颉颃微生物在植物根际土壤的定殖受到大环境温度、湿度，以及土壤微生态环境的影响，在不同地区和土壤类型条件下，颉颃菌的稳定性及颉颃能力差异比较大。这个问题的解决需要通过加强生防菌生态学的研究，如运用分子生物学技术，了解生防菌株在植物根际或叶际的定殖情况；运用先进的分析测试手段，检测生防菌产生的颉颃物质的作用阈值。③避免植物病原菌对生防菌的颉颃物质产生抗性。在自然界，病原菌的抗药性广泛存在，要避免病原菌抗性产生，最好采用混合菌株研制颉颃菌剂。

8.3.4　微生物对复合污染的修复

土壤污染物主要包括重金属、类金属、有机污染物、生物污染物、放射性物质等，但在土壤中这些污染物的污染效应往往是以复合污染的形式表现出来的。目前对复合污染有多种定义，其核心内容都是指 2 种或 2 种以上的污染物在同一个时空内产生作用。由于土壤污染物的多样性，复合污染也有多种类型。1939 年，Bliss 将复合污染的交互作用分为加和作用、协同作用和颉颃作用(何勇田和熊先哲,1994)，多种污染物的交互作用使得复合污染的机理更加复杂，大大增加了研究和修复的难度。

微生物修复的机理包括细胞代谢、表面生物大分子吸收转运、生物吸附(利用活细胞、无生命的生物量、多肽或生物多聚体作为生物吸附剂)、空泡吞饮、沉淀和氧化还原反应等，而植物与微生物的联合修复，特别是植物根系与根际微生物的联合作用，呈现出了良好的修复效果。根际是受植物根系影响的根-土界面的一个微区，一方面，植物根部的表皮细胞脱落、酶和营养物质的释放，为微生物提供了更好的生长环境，增加了微生物的活动和生物量；另一方面，根际微生物群落能够增强植物对营养物质的吸收，提高植物对病原的抵抗能力，合成生长因子以及降解腐败物质等，这些对维持土壤肥力和植物的生长都是必不可少的。另外，土著或外接的菌根真菌可以促进或调节菌根化植物的生长及其对重金属的吸收转运或对有机污染物的降解转移等，这种利用菌根的修复方式被称为菌根修复(mycorrhizoremediation)，它是植物与微生物联合修复的技术代表，越来越受重视。

随着对土壤污染认识的深入以及对环境保护和人类健康要求的提高，对污染土壤的微生物修复也就提出了更高的要求。而在土壤这样不均一的复杂体系中，想要通过单一的方法达到修复的目的面临着很大的困难，物理、化学、生物等多种技术的综合利用将会成为未来的发展趋势。就现有技术来看，还存在着以下几方面的问题(庄绪亮,2007)：①研究主要集中在实验室或小规模的模拟试验上，在复杂条件下的大规模实际应用的效果还需要进一步验证，如何加快科学研究向应用甚至商业化的转化也是亟待解决的难题；②较少见各种修复手段对土壤中土著微生物的影响以及修复生物对生物多样性带来的威胁方面的研究，修复风险是现实存在的，对风险进行评估并将其控制在一定的范围之内，也是未来修复必须要考虑的问题；③不同的修复手段在修复周期、成本及副作用等方面存在着差异，需要将现有的技术进行有效的整合或者发展出新的更为有效的修复手段。

第9章　实验设计与数据分析处理

实验设计与数据处理是数理统计学中的一个重要分支，它是以概率论、数理统计及线性代数为理论基础，结合一定的专业知识和实践经验，研究如何经济、合理地安排实验方案以及如何系统、科学地分析处理实验结果的一项科学技术。科学严谨的实验设计与准确得当的数据分析可以揭示被研究事物的内在规律。实验设计是研究计划中关于研究方法与步骤的一项重要内容，是实验过程的依据、数据处理的前提，也是提高科研成果质量的一个重要保证。实验数据处理产生的效果可以用一个上升的结论来说明：数据—信息—知识—规律，即一般性的规律可以从大量个例中总结，这就是科学发现中常用的归纳法。当然，数据处理过程的繁琐和枯燥也很令人头痛，掌握一些数据处理方法就会事半功倍。

9.1　实验设计

实验是开展科学研究工作必不可少的手段，可分为实验设计、实验实施、数据收集和数据分析等步骤，其中实验设计是决定实验成功与否的关键环节，也是提高实验质量的重要基础。实验设计是根据研究的目的和要求，在实验开始之前制定研究进程计划和具体实施方案，其主要内容是如何合理地安排实验、取得数据，然后进行综合的科学分析，从而达到尽快获得最优方案的目的。实验设计方法主要讨论如何合理地安排实验并对实验所得的数据进行分析等，现已被广泛应用于各个领域。如果实验设计合理，就能用较少的实验次数，在较短的时间内达到预期的实验目标。总之，如何合理地安排实验方案是值得研究的一个重要课题。

9.1.1　实验设计的要素和原则

处理因素、受试对象和实验效应是实验设计的三个基本要素，它们贯穿于整个实验过程，从不同侧面影响着实验结果，在实验设计中必须予以足够重视。实验的设计应遵循以下一些原则：

1）随机原则：即运用“随机数字表”、“随机排列表”或计算机产生的“伪随机数”实现随机化。

2）对照原则：只有通过设立对照才能清楚地看出实验因素在当中所起的作用，当处理本身夹杂着重要的非处理因素时，还需设立仅含该非处理因素的对照。

3）重复原则：即在相同实验条件下必须做多次独立重复实验，一般认为重复5次以上的实验才具有较高的可信度。

4）平衡原则：应充分发挥具有各种知识结构和背景的人的作用，群策群力，进而提高实验设计方案的均衡性。实验设计过程中要注意时间上的分配，只有在时间上分配好了，才不会出现一段时间特别忙而一段时间特别闲的情况。

5）弹性原则：即在时间分配图上留有空缺。适当的空缺是非常必要的，只有这样才能富有弹性地实施实验计划，并不断地调整自己的实验进度。

6）最经济原则：即最优选择方案，包括资金使用、人力时间损耗等，必要时可以预测一下实验的产出和投入的比值，这个比值越大越好，当然是以你所拥有的实验条件作基础的。

9.1.2 正交实验设计

正交实验设计(orthogonal experimental design)是一种研究多因素、多水平的高效、快速、经济设计方法，从全面实验中根据正交性挑选出部分有代表性的点(具备“均匀分散,齐整可比”的特点)进行实验。因素愈多，水平数愈多，正交实验设计方法减少实验次数的效益愈明显。这一方法具有完成实验要求所需的实验次数少、数据点的分布很均匀和易对实验结果进行分析从而引出有价值的结论等特点，日益受到科学工作者的重视，在实践中获得了广泛的应用。

日本著名的统计学家田口玄一(Genichi Taguchi)将正交实验选择的水平组合列成表格，称为正交表。正交表是一整套规则的设计表格，各列水平数均相同的正交表可称单一水平正交表，这类正交表名称的写法为：

$$L_8(2^7)$$

7——正交表的列数
2——每一列的水平数
8——实验的次数
L——正交表的代号

常用的单一水平正交表有很多，二水平表有 $L_4(2^3)$、$L_8(2^7)$、$L_{16}(2^{15})$、$L_{32}(2^{31})$；三水平表有 $L_9(3^4)$、$L_{27}(3^{13})$，四水平表有 $L_{16}(4^5)$，五水平表有

$L_{25}(5^6)$等。表9-1中的$L_9(3^4)$表示需做9次实验，最多可观察4个因素，每个因素均为3水平。

表9-1　正交表$L_9(3^4)$

No.	*1*	*2*	*3*	*4*
1	1	1	1	1
2	1	2	2	2
3	1	3	3	3
4	2	1	2	3
5	2	2	3	1
6	2	3	1	2
7	3	1	2	2
8	3	2	1	3
9	3	3	2	1

各列水平数不相同的正交表，叫混合水平正交表，很多混合水平的表在实际中也十分有用，如$L_8(4\times2^4)$、$L_{16}(4^4\times2^3)$、$L_{16}(4^3\times2^6)$、$L_{16}(4^2\times2^9)$、$L_{16}(4\times2^{12})$、$L_{16}(8^1\times2^8)$、$L_{18}(2\times3^7)$等。$L_{16}(4^3\times2^6)$表示要求做16次实验，允许最多安排三个4水平因素，六个2水平因素。正交表具有以下两项性质：一是每一列中，不同的数字出现的次数相等。例如在两水平正交表中，任何一列都有数码“1”与“2”，且任何一列中它们出现的次数是相等的；二是任意两列中数字的排列方式齐全而且均衡。例如在两水平正交表中，任何两列(同一横行内)有序对子共有4种：(1,1)、(1,2)、(2,1)、(2,2)，每种对数出现次数相等。

(1) 选择正交表的基本原则

一般是先确定实验的因素、水平和交互作用，后选择适用的L表。在确定因素的水平数时，主要因素宜多安排几个水平，次要因素可少安排几个水平。在选择L表时：

1) 先看水平数：若各因素全是2水平，就选$L_*(2^*)$表；若各因素全是三水平，就选$L_*(3^*)$表。若各因素的水平数不相同，就选择适用的混合水平表。

2) 每一个交互作用在正交表中应占一列或二列：为了对实验结果进行方差分析或回归分析，还必须至少留一个空白列，作为“误差”列，在极差分析中可作为“其他因素”列处理。

(2) 正交实验的表头设计

表头设计是正交设计的关键，承担着将各因素及交互作用合理安排到正交表的各列中的重要任务。表头设计的主要步骤如下：

1）确定列数：根据实验目的，选择处理因素与不可忽略的交互作用，明确其共有多少个数。当每个实验号无重复，只有 1 个实验数据时，可设 2 个或多个空白列，作为计算误差项之用。

2）确定各因素的水平数：一般二水平（有、无）可作因素筛选用；也可适用于实验次数少、分批进行的研究。三水平可观察变化趋势，选择最佳搭配。

3）选定正交表：根据确定的列数与水平数选择相应的正交表。由于同水平的正交表有多个，一般只要表中列数比考虑需要观察的个数稍多一点即可。

4）表头安排：优先考虑交互作用不可忽略的处理因素，按照不可混杂的原则，将它们及交互作用首先在表头排妥，而后再将剩余各因素任意安排在各列上。例如，某实验考察 4 个因素 A、B、C、D 及 A×B 交互作用，各因素均为 2 水平，现选取 $L_8(2^7)$ 表，由于 A、B 两因素需要观察其交互作用，故将二者优先安排在第 1、2 列，根据交互作用表查得 A×B 应排在第 3 列，于是 C 排在第 4 列，由于 A×C 交互在第 5 列，B×C 交互作用在第 6 列，虽然未考查 A×C 与 B×C，为避免混杂之嫌，D 就排在第 7 列。

5）组织实施方案：根据选定正交表中各因素占有列的水平数列，构成实施方案表，按实验号依次进行，共做 n 次实验，每次实验按表中横行的各水平组合进行。如 $L_9(3^4)$ 表，若安排四个因素，第一次实验 A、B、C、D 四因素均取 1 水平，第二次实验 A 因素 1 水平，B、C、D 取 2 水平……第九次实验 A、B 因素取 3 水平，C 因素取 2 水平，D 因素取 1 水平。实验数据记录在该行末尾。整个设计过程可归纳为："因素顺序上列、水平对号入座，实验横着做"。

（3）正交实验结果的分析方法

正交实验方法不仅能使实验次数减少，而且能够用相应的方法对实验结果进行分析并引出许多有价值的结论。采用正交实验法进行实验，如果不对实验结果进行认真的分析，并引出应该引出的结论，那就失去用正交实验法的意义和价值。无论极差分析法、方差分析法还是回归分析法，都可以明确地引出一些结论。

1）极差分析法：极差指的是各列中各水平对应的实验指标平均值的最大值与最小值之差。极差法分析正交实验结果可引出以下结论：在实验范围内，实验指标随各因素的变化趋势以及各因素对实验指标的影响大小顺序（与各列极差 D 的数值的大小顺序代表相同）；实验指标最适宜的操作条件（适宜的因素水平搭配）以及进一步研究的可能方向。

2）方差分析方法：与极差法相比，方差分析方法可以多引出一个结论：各列对实验指标的影响是否显著，在什么水平上显著。

3）回归分析方法：用逐步回归方法来处理实验数据，目的是为了得到有多种用途的数学回归式。大多数的实际问题都是多因素的、非线性的问题，正交实验设计方法特别适合于解决多因素的实验问题。用回归分析方法对正交实验结果进行分析的一个优点是：安排实验方案时因不考虑交互作用而选择较小的正交表，并不影响后来通过回归分析将客观存在着的交互作用找出。

用逐步回归方法来回归正交实验的数据时不仅得到一个回归式，而且也能引出一些结论：凡是在最后所得的回归式中被选入并且被保留下来的都是在 F 检验中显著的项；凡是没有在最后的回归式中出现的项，就是未被选入或者选入后又被剔除的项，也是在 F 检验中不显著的项；凡是在回归式出现的两个因素(自变量)相乘的项，都是必须考虑的交互作用；反之，则可以认为该交互作用不存在；标准回归系数的绝对值愈大，该项对因变量 y 值的影响愈大。

9.1.3　均匀实验设计

正交实验设计法的优点是实验的次数少，但若考察的因素数和水平数——特别是水平数较多时，该法的实验次数仍然很多。例如要考察 5 个因素的影响，每个因素有 5 个水平，用因素水平全面搭配方法需做 $5^5=3\ 125$ 次实验，用正交表安排也至少要做 25 次实验。正交实验设计方法的实验次数之所以不能减至更少，是因为考虑了实验的均衡分散性和整齐可比性，每一列中，同一水平至少出现 2 次。如果不考虑实验数据的整齐可比性，只考虑让数据点在实验范围内均匀分散，则将实验次数减少至比正交实验设计方法更少还是有可能的，如 12 次甚至 5 次即可。这种单纯地从数据点分布均匀性出发的实验设计方法，称为均匀实验设计方法。

均匀设计(uniform design)是方开泰教授和王元院士在 1978 年共同提出，1994 年正式出版。多年来，在诸多行业的众多领域中获得成功的应用。每因素容纳较多的水平，用多元回归分析等数理统计手段对实验结果进行定量分析，按均匀设计表即 U 表安排实验，用更少的实验次数获取更多的信息。均匀实验设计方法是用“均匀设计表”来安排实验，均匀设计表名称的表示方法及其意义如下：

均匀设计表的代号　　**表的列数**

$$U_n(t^q)$$

实验的次数　　**每列的水平数**

（1）均匀实验设计方法的特点

1）采用均匀实验设计后工作量少，这是均匀实验设计的一个突出的优点。如要考察 4 个因素的影响，每个因素 5 个水平。若用正交实验设计法，宜用正交表 $L_{25}(5^6)$，需做 25 次实验。若用均匀实验设计方法，可用表 9－2 所示的“均匀设计表” $U_5(5^4)$来安排实验，只需进行 5 次实验，比正交实验设计法的实验工作量少得多。实验次数明显减少的主要原因是均匀实验设计表有一个特点：在表的每一列中，每一个水平必出现且只出现一次。

表 9－2 均匀实验设计表 $U_5(5^4)$

实验号	列号			
	1	2	3	4
1	1	2	3	4
2	2	4	1	3
3	3	1	4	2
4	4	3	2	1
5	5	5	5	5

2）均匀设计表中各列的地位不一定是平等的，因素安排在表中的哪一列不是随意的，需根据实验中要考察的实际因素数，依照附在每一个均匀设计表后的“使用表”来确定因素应该放在哪几列。

3）因为均匀设计表无整齐可比性，所以需用回归分析方法来处理实验数据。

4）在均匀实验设计中，随着水平数的增加，实验次数只有少量的增加，如水平从 9 增加到 10 时，实验次数也从 9 增加到 10。这也是均匀实验设计一个很大的优点。一般认为，当因素的水平数 >5 时，就宜选择均匀实验设计方法。

（2）均匀设计实验结果的分析

先求出回归式。若求回归式用的不是逐步回归法，则应做两件事：

1）对回归式进行显著性检验；

2）对各个回归系数进行显著性检验。

将影响不显著的项剔除后，重新进行回归。不论回归是否使用了逐步回归的方法，都要对回归式各项对 y 影响的大小进行排队，找出主要矛盾和次要矛盾。

（3）正交设计和均匀设计的优缺点

正交设计和均匀设计是目前最流行的两种实验设计方法，它们各有所长，相互补充，给使用者提供了更多的选择。

1）正交设计具有正交性，可以估计出因素的主效应，有时也能估出它们的交互效应。均匀设计是非正交设计，它不可能估计出方差分析模型中的主效应和交互效应，但是它可以估出回归模型中因素的主效应和交互效应。

2）正交设计用于水平数不高的实验，因为它的实验数至少为水平数的平方。而用均匀设计只需水平数次实验，所以均匀设计适合于多因素、多水平实验。

3）正交设计的数据分析程序简单，有一个计算器就可以了，且“直观分析”可以给出实验指标 y 随每个因素的水平变化的规律；且每个实验水平都重复相同次数，可以消除部分实验误差的干扰。均匀设计的数据要用回归分析来处理，有时需用逐步回归等筛选变量的技巧，非使用电脑不可。

概括地讲，正交实验设计可以将主要因素和次要因素做出较明确的估计，它可利用的正交表有不同的形式，可以有针对性地对因素进行实验研究；而均匀实验设计可容纳的因素数与因素水平数较多，适合用来进行实验条件的考察。

9.1.4　其他实验设计方法

除了正交设计和均匀设计外，较常用的实验设计方法还有回归正交设计法、单纯形优化法和双水平单纯形优化法等。面对不同的任务与问题，选择的实验设计方法也应有所不同。各种实验设计方法都有自己的特点和优点，由于篇幅的限制，不可能一一详细讨论。下面再简单介绍几种应用较为广泛的实验设计方法。

9.1.4.1　回归正交实验设计

单纯的正交实验设计只能获得各因素水平之间的定性关系，如果要建立尽可能逼近客观实际的多元定量关系，可选用将正交实验设计与回归分析结合起来的回归正交实验设计，即通过安排一个合理的正交实验，以建立相应的回归模型，借以进行统计分析，按多项式回归模型的次数可分为一次回归的正交设计和二次回归的正交设计。这里仅介绍最简单常用的一次回归正交实验设计。

一次回归的正交设计主要运用二水平正交表安排实验，在安排实验时，要对每个因素(Z_j)水平进行编码，即对因素水平的取值做如下线性变换：

$$x_j = \frac{Z_j - Z_{0j}}{\Delta_j}$$

式中：$Z_{0j} = \dfrac{Z_{j1} + Z_{j2}}{2}$称为因素的零水平，$\Delta_j = \dfrac{Z_{j2} - Z_{j1}}{2}$称为因素的变化区间。由此建立了 Z_j 与 $x_j(j = 1, 2, \cdots, m)$ 的对应关系：$Z_j = Z_{j1}$ 与 $x_j = -1$ 相对应；$Z_j = Z_{j2}$ 与 $x_j = +1$ 相对应。

编码前，因素水平值在区间 $[Z_{j1}, Z_{j2}]$ 内变化，经编码之后，编码值 x_j 在区间 $[-1, +1]$ 间变化，将响应值 y 原来对 Z_1，Z_2，…，Z_m 的回归问题，转化为 y 对 x_1，x_2，…，x_m 的回归问题，只需在编码空间选择实验点进行回归设计。经编码之后，所有因素的上水平（Z_{j1}）和下水平（Z_{j2}）的取值分别变成了 -1 和 1，那么在任意二水平正交表中因素的 1 水平取值仍为 1，2 水平取值为 -1。这样就把普遍的二水平正交表改造为用于回归正交设计的正交表了。经编码改造后的正交表仍具有正交性。

用改造后的正交表安排实验，使实验数据的统计分析具有一定的优越性质。经编码之后，所有因素的取值均是 -1 和 1，它们在所研究的区域内是平等的，使所求的回归系数不受各因素的单位与取值的影响，回归系数的大小直接反映了该因素影响的大小，回归系数的符号反映了因素影响的性质，而且正交表中因素之间的交互作用列，可直接用表中相应列的对应元素相乘来得到，非常方便。由回归式可以确立各因素水平之间的最优搭配。

一次回归正交实验设计能减少实验次数：一次回归正交实验设计表是由两水平的正交表演变过来的（将两水平正交表中的水平"2"改为" -1"），因此，跟三水平的正交表相比，实验次数将大大减少。如在要采用三水平的正交实验设计表，基本因素数为 4 个，交互作用数为 12 个，总实验次数为 81 个，而比采用的一次回归正交实验设计要多做 61 组实验，由此可见，在考虑交互作用的情况下，一次回归正交实验设计与正交实验设计相比能大大减少实验次数。

回归方程的检验，只相对于剩余方差估计值而言，并不能保证在被研究的区域内回归方程与实测值是否拟合得很好，为了检验回归方程的拟合程度，必须在零水平（$Z_{01},Z_{02},\cdots,Z_{0m}$）上再安排若干次重复实验。

9.1.4.2　单纯形优化法

单纯形优化法与正交实验法及均匀设计法不同之处，每一次选用的实验条件是根据前一次实验的结果来选定的，对实验条件逐步进行调整，最后达到最优化，因此，它是一种动态调优方法。它的特点是计算简单，不受因素数目的限制。

单纯形是指多维空间中的一种凸图形，它的顶点数比空间维数多 1，二因素组成的单纯形是一个三角形，三因素组成的单纯形为一个四面体，n 个因素组成的单纯形是一个由（$n+1$）个顶点构成的超多面体。单纯形优化法是利用图形的对称原理将单纯形向前推移，即将实验中欲去掉的效果最坏的实验点，沿经过单纯形的形心点的延长线按步长做反射，经过若干次的推移之后，找出最优的实验条件。

在实验测量中，总是存在实验误差，因此，当单纯形在推移过程中，如果响应值的变化位于实验误差范围内，表明实验条件已达到最优化，可以停止单纯形的推移。因此，也可以根据实验误差的要求来建立单纯形推移的收敛准则。

9.1.4.3　双水平单纯形优化法

单水平的单纯形优化法可以用来确定最佳的实验条件，但不能判断各因素对响应值影响的相对大小。从实际工作来看，需要了解各因素对响应值影响的相对大小，以便在实验中有针对性地控制各因素的影响。对于主要影响因素，应严格加以控制，而对于影响不明显的因素，则可以不予考虑，以减少实验工作量。而采用双水平单纯形优化法，则可以估计各因素效应的相对大小。

双水平单纯形各顶点取值的变化规律是，初始点各因素均取各自的第 1 水平，以后各点依次逐渐改取第 2 水平，然后取它的平均值。若各实验点的响应值为 y_k，$k=1,2,3,\cdots,n+1$，由此可求得 D_{i+1} 与 D_i 两实验点响应值之差 $\Delta y_{(i+1)i}=y_{i+1}-y_i$，$i=1,2,3,\cdots,n$，再由差值 $\Delta y_{(i+1)i}$ 分别计算各因素的效应值。例如由差值 Δy_{21} 可以计算第 1 个因素的效应值，由差值 Δy_{32}，并代入已求得的第 1 个因素的效应值，可以计算出第 2 个因素的效应值，由差值 Δy_{43}，并代入已求得的第 2 个因素的效应值，可以计算出第 3 个因素的效应值，依此类推，由差值 $\Delta y_{(n+1)n}$，并代入已求得的第 $(n-1)$ 个因素的效应值，可以计算出第 n 个因素的效应值。

9.2　数据分析处理

实验数据处理中不可缺少的环节是记录和整理观测数据，以便对实验进行全面的分析和讨论，从中找出所研究问题的规律和结论，这就是实验数据处理的目的。实验数据的记录与计算都有一定规则。数据记录一般可疑数为最后一位，有 ±1 个单位的误差。在计算过程中，估计数字与估计数字或估计数字与准确数字之和差积商仍为估计数字；加减法计算结果，其小数点以后保留的位数，应与参加运算各数中小数点以后位数最少者相同；乘除法计算结果，其有效数字保留的位数，应与参加运算各数中有效数字位数最少者相同；乘方、开方的有效数字与其底的有效数字位数相等。在进行具体的数字运算前，按照一定的规则进行数字修约(舍去有效位数后面多余的尾数)。现在被广泛使用的数字修约规则主要有“四舍五入”规则和“四舍六入五留双”规则。按照规则进行数字修约时，应一次修约到指定的位数，不可以进行数次修约，否则将有可能得到错误的结果。

需要注意的是，并不是实验中观测到的所有数据都可以使用。在实际分析测试中，常常出现一组测定值中某一两个测定值比其余测定值明显偏大或偏小的现象，对于此类可疑的测定值，如果查明是由实验技术上的失误引起的，不管这样的测定值是否为异常值都应舍弃。但是，有时由于各种缘故未必能从技术上找出它出现过失的原因，就需要对它进行统计检验，以便从统计上判明可疑值是否为异常值。如果一旦确定为异常值，就应从这组测定中将其拿掉。对于可疑值究竟是极值还是异常值的检验，实质上就是区分随机误差和过失误差的问题。因为随机误差遵从正态分布的统计规律，在一组测定值中出现大偏差的概率很小的。在已知标准差的情况下，可直接用 2σ(置信度 95.5%)或 3σ(置信度 99.7%)作为取舍依据；而在未知标准差的情况下，要由测定值本身来计算总体标准差 σ，并依次来检验该组测定值中是否混有异常值，判别方法有许多，如狄克逊(Dixon)检验法、格鲁布斯(Grubbs)检验法、科克伦(Cochran)最大方差检验法等。

实验的目的是为了解决理论或实际问题，如总结规律、检验假说等，只有极少数情况下是简单数据积累。因此，实验获得的数据是否有效、能否使用以及如何有效使用都需要通过统计学方法来实现。数据分析过程计算量比较大，现在大都采用软件实现，如 EXCEL、SPSS、SAS、MATLAB 等。EXCEL 界面较为友好，但统计功能比较单一，不适于较复杂的模型分析；SPSS 和 SAS 都有比较强的专业性，SPSS 功能比较强大，也采用图形界面，友好性方面要强于全部由编程语言进行操作的 SAS，但其主要缺点是数据输出不能用 Word 等文字处理工具直接打开；SAS 在数据管理和数据前期处理方面的功能强大，但界面不够友好，很多功能要编程实现；MATLAB 采用图形界面，功能比较强大，但是 MATLAB 既是一种编程环境，又是一种程序设计语言，也需要一定编程基础。本节只介绍常见数据分析在 EXCEL 和 SPSS 中的实现以及典范对应分析在 Canoco 软件中的快速实现。

9.2.1 显著性检验

显著性检验强调实验误差在分析每因子对指标影响中所起的作用。如果某因子对指标的影响不显著，那么，讨论实验指标随它的变化趋势是毫无意义的。因为在某因子对指标的影响不显著时，即使从实验数据可以看出该因子水平变化时，对应的实验指标的数值也在以某种“规律”发生变化，但那很可能是由于实验误差所致，将它作为客观规律是不可靠的。

在使用 EXCEL 进行数据分析时，要经常用到 EXCEL 中的一些函数(内置公式)和数据分析工具。EXCEL 提供的组数据分析工具称为“分析工具库”，在建立复杂的统计分析时，使用现成的数据分析工具可以节省很多时间，只需为每一个分析工具提供必要的数据和参数，该工具就会使用适宜的统计或数学函数，在输出表格中显示相应的结果，其中一些工具在生成输出表格时还能同时产生图表。如果要浏览已有的分析工具，可以单击“工具”菜单中的“数据分析”命令。如果“数据分析”命令没有出现在“工具”菜单上，则必须运行“安装”程序来加载“分析工具库”。安装完毕之后，必须通过“工具”

菜单中的“加载宏”命令，在“加载宏”对话框中选择并启动它。

（1）单样本显著性检验

单样本统计检验有对平均数进行显著性检验的 t 检验（总体标准差未知）和 u 检验（总体标准差已知）和对变异性（总体标准差）进行显著性检验的 χ^2 检验。这三种检验可以在 EXCEL 中轻松实现，具体步骤为：点击工作表中待分析数据的任一单元格，在“工具”菜单的“数据分析”子菜单中选择对应的检验模块即可。

（2）两个样本差异显著性检验

在实际工作中，常常选择处理和对照两个样本进行比较实验，不同样本之间是否存在足够显著的差异性是所关心的重点。此时在检验平均数是否存在差异之前要先进行方差检验——F 检验，并依据 F 检验的结果来决定平均数差异检验的方法。当标准差已知时，两个平均数间差异的显著性采用 u 检验；而如果标准差尽管未知但是相等时，两个平均数间差异的显著性采用成组数据 t 检验。本节所涉及的检验工具同样可以在 EXCEL 软件的“工具”菜单的“数据分析”子菜单中选用。

9.2.2　方差分析

方差分析（analysis of variance，ANOVA）由英国统计学家 R. A. Fisher 首先提出，以 F 命名其统计量，故方差分析又称 F 检验。方差分析是平均数差异显著性检验的一种引申，可以同时判断多组数据平均值之间差异的显著性。方差分析的应用条件为：各样本须是相互独立的随机样本；各样本来自正态分布总体；各总体方差相等，即方差齐。大多数土壤微生物研究的实验数据都能满足以上要求。

（1）完全随机设计的单因素方差分析

完全随机设计（亦称单因素实验设计）的单因素方差分析（one-way ANOVA）用于完全随机设计的多个样本均数间的比较，其统计推断是推断各样本所代表的各总体均数是否相等。此方法是对双均值检验（如 t 检验）的扩充。检验假定总体是服从正态分布的，总体方差是相等的，并且随机样本是独立的。单因素方差分析工具可以在 EXCEL 软件的“工具”菜单的“数据分析”子菜单中选用，输出结果中 F 列是 F 统计量的计算结果，如果四个总体均值相等的假设成立的话，它应该服从 F 分布，即近似为 1，它是最终的计算结果，通过将它与一定置信水平下的 F 临界值 F_{crit} 比较，可以判断均值相等的假设是否成立。

（2）固定效应模型单因素方差多重比较

假定对一个固定效应模型经过方差分析后的结论是处理间存在差异，也不代表每对处理间都存在差异，要搞清哪些对处理间存在显著性差异，必须在各处理平均数之间进行一对一的多重比较。多重比较方法很多，常用的有 Duncan 法和最小显著差(LSD)法，这两种方法可以在 SPSS 中实现。具体步骤为：打开菜单 “Compare means”，选择 “Independent-samples T Test”；在弹出的窗口中选择因子 “Factor” 和因变量 “Dependent”，点击 “PostHoc...” 按钮进行两两比较选项选择，选择 LSD 分析和 Duncan 分析选项后，点击 “Continue” 按钮回到上一窗口；点击 “OK” 按钮计算获得 LSD 分析和 Duncan 分析结果，其中 “Sig” 栏为 P 值。

(3) 随机区组设计的两因素方差分析

随机区组设计又称两因素实验设计，将受试对象先按配比条件配成配伍组，每个配伍组有三个或三个以上受试对象，再按随机化原则分别将各配伍组中的受试对象分配到各个处理组。此种情况下应该调用 EXCEL 软件 “工具” 菜单 “数据分析” 子菜单中的 “方差分析：无重复双因素分析” 工具。如果同一受试对象不同时间重复多次测量所得到的资料称为重复测量数据(repeated measurement data)，对该类资料两因素方差分析需选用 “方差分析：可重复双因素分析” 工具。

9.2.3 线性相关与一元线性回归分析

线性相关分析是描述两变量间是否有直线关系以及线性关系的方向和密切程度的分析方法。一元线性回归分析方法是描述两变量间依存变化的常见方法。

(1) 线性相关

线性相关又称简单相关，用于双变量正态分布(bivariate normal distribution)资料，如果两个随机变量中，一个变量由小到大变化时，另一个变量也相应地由小到大(或由大到小)地变化，并且测得两变量组成的坐标点在直角坐标系中呈直线趋势，就称这两个变量存在线性相关关系。两变量间的线性相关关系用相关系数 r 描述，它是说明有直线关系的两变量间相关关系密切程度和相关方向的统计指标。相关系数 r 没有单位，在 $-1 \sim +1$ 范围内变动，其绝对值愈接近 1，两个变量间的线性相关愈密切，愈接近 0，相关愈不密切。在有些统计软件中，常给出 r^2，有时便于区别记为 R^2。

线性相关分析在 EXCEL 软件中的实现：首先用鼠标点击表中待分析数据的任一单元格，选择 “工具” 菜单的 “数据分析” 子菜单，在弹出窗口中选择 “相关系数” 选项并填写完 “相关系数” 对话框，单击 “确定” 按钮即可得到各个变量的相关系数矩阵。

注意事项：

① 并非任何有联系的两个变量都属线性联系，可能的话在计算相关系数之前首先利用散点图判断两变量间是否具有线性联系。

② 有些研究中，一个变量的数值随机变动，另一个变量的数值却是人为选定的。故一个变量的数值为人为选定时不应作相关分析。

③ 相关分析要有实际意义，两变量相关并不代表两变量间一定存在内在联系。

④ 分层资料不要盲目合并作线性相关分析，否则可能得到错误结论。

⑤ 作相关分析时，必须剔除异常点。

⑥ 相关系数需要进行假设检验：相关系数 r 是样本相关系数，它只是总体相关系数的估计值。由于抽样误差的影响，即使从相关为0的总体作随机抽样，所得 r 值，也不一定等于零。故当计算机算出 r 值后，接着应做总体相关系数为0的假设检验（t 检验），以判断两变量的总体是否有线性相关关系。

（2）一元线性回归分析

回归分析是数据分析的有力工具，它能揭示变量之间的相互关系，因此在实验设计的数据分析中成为主要的手段之一。一元线性回归是处理两个变量之间关系的最简单的模型，属双变量分析的范畴。如果某一个变量随着另一个变量的变化而变化，并且它们的变化在直角坐标系中呈直线趋势，就可以用一个直线方程来定量地描述它们之间的数量依存关系，这就是一元线性回归分析。一元线性回归分析中两个变量的地位不同，其中一个变量是依赖另一个变量而变化的，因此分别称为因变量和自变量，习惯上分别用 y 和 x 来表示，其中 x 可以是规律变化的或人为选定的一些数值（非随机变量），也可以是随机变量，前者称为Ⅰ型回归，后者称为Ⅱ型回归。应用一元线性回归分析需要满足一定的条件：两变量的变化趋势呈直线趋势；因变量 y 属于正态随机变量；对于Ⅰ型要求对于每个选定的 x、y 都有一个正态分布的总体，并且这些总体的方差都相等（equal variance）；对于Ⅱ型回归，要求 x、y 服从双变量正态分布。

线性回归分析在EXCEL软件中的实现：①选择“工具”菜单的“数据分析”子菜单，双击“回归”选项，弹出回归分析对话框（如果需要为预测值和观察值生成一个图表,则选中“线形拟合图”复选框）。②分别在 x 值输入区域和 y 值输入区域输入对应的单元格区间，并选择“标志”和“线性拟合图”两个复选框，然后单击“确定”按钮即可。结果可以分为四个部分：第一部分是回归统计的结果包括多元相关系数、可决系数 R^2、调整之后的相关系数、回归标准差以及样本个数；第二部分是方差分析的结果包括可解释的离差、残差、总离差和它们的自由度以及由此计算出的 F 统计量和相应的显著水平；第三部分是回归方程的截距和斜率的估计值以及它们的估计标准误差、t 统计量大小双边拖尾概率值，以及估计值的上下界；第四部分是样本散点图，包括样本的真实散点图和根据回归方程进行样本历史模拟的散点。

注意事项：

① 作回归分析要有实际意义，不能把毫无关联的两种现象，随意进行回归分析；另外，即使两个变量间存在回归关系时，也不一定是因果关系，必须结合专业知识作出合理解释和结论。

② 绘制散点图后，若出现一些特大特小的离群值(异常点)，则应及时复核检查，对错误数据，应予以修正和剔除。

③ 回归直线不要外延：一元线性回归的适用范围一般以自变量取值范围为限，超过自变量取值范围所计算的 y 称为外延。若无充足理由证明，超出自变量取值范围后一元线性回归关系仍成立时，应该避免随意外延。

④ 一元线性回归方程需要进行假设检验：回归系数的检验亦即是回归关系的检验，又称回归方程的检验，其目的是检验求得的回归方程在总体中是否成立，即是否样本代表的总体也有一元线性回归关系。我们知道即使 x、y 的总体回归系数 b 为零，由于抽样误差的原因，其样本回归系数 b 也不一定为零，因此，需作 b 是否为零的假设检验，方法可采用方差分析(其基本思想是将应变量 y 的总变异 SS 总分解为 SS 回归和 SS 剩余,然后利用 F 检验来判断回归方程是否成立)或 t 检验(基本思想是利用样本回归系数 b 与总体均数回归系数进行比较来判断回归方程是否成立)。

(3) 线性相关与一元线性回归的区别与联系

线性相关与一元线性回归的区别主要有：

① 资料要求不同：相关要求两个变量是双变量正态分布；回归要求因变量 y 服从正态分布，而自变量 x 是能精确测量和严格控制的变量。

② 统计意义不同：相关反映两变量间对等的伴随关系，不一定有因果关系；回归则反映两变量间的依存关系，有自变量与因变量之分，这种依存关系可能是因果关系或从属关系。

③ 分析目的不同：相关分析的目的是把两变量间直线关系的密切程度及方向用一统计指标表示出来；回归分析的目的则是把自变量与因变量间的关系用函数公式定量表达出来。

线性相关与一元线性回归的联系主要有：

① 变量间关系的方向一致：对同一资料，其 r 与 b 的正负号一致。

② 假设检验等价：对同一样本，$t_r = t_b$，由于 t_b 计算较复杂，实际中常以 r 的假设检验代替对 b 的检验。

③ r 与 b 值可相互换算。

④ 用回归解释相关：相关系数的平方 r^2 称为决定系数，是回归平方和与总的离均差平方和之比。回归平方和越接近总平方和，则 r^2 越接近 1，说明引

入相关的效果越好。

9.2.4 多元分析处理中的主成分分析

多元分析处理的是多指标的问题，由于指标太多，使得分析的复杂性增加。观察指标的增加本来是为了使研究过程趋于完整，但反过来说，为使研究结果清晰明了而一味增加观察指标又让人陷入混乱不清。由于在实际工作中，指标间经常具备一定的相关性，故人们希望用较少的指标代替原来较多的指标，但依然能反映原有的全部信息，于是就产生了主成分分析、对应分析等方法。

主成分分析(principal component analysis,PCA)是一种掌握事物主要矛盾的统计分析方法。在一般情况下，我们并不能直接找出事物的关键变量。这时可用原有变量的线性组合来表示事物的主要方面。通过主成分分析，压缩数据空间，将多元数据的特征在低维空间里直观地表示出来。PCA 方法的一大好处是对数据进行降维的处理，可以达到降维从而简化模型或是对数据进行压缩的效果，同时最大限度地保持了原有数据的信息。PCA 方法的另一个优点是，它是完全无参数限制的，在 PCA 的计算过程中完全不需要人为地设定参数或是根据任何经验模型对计算进行干预，最后的结果只与数据相关，与用户是独立的。但是，在非高斯分布的情况下，PCA 方法得出的主成分可能并不是最优的。

主成分分析可以通过 SPSS 软件来实现：首先，激活数据管理窗口，定义各变量名，按顺序输入相应数值，建立数据库。激活“Statistics”菜单选“Data Reduction”的“Factor. . . ”命令项，弹出“Factor Analysis”对话框。在对话框左侧的变量列表中选变量，点击“➤”钮使之进入“Variables”框。点击“Descriptives. . . ”钮，弹出“Factor Analysis：Descriptives”对话框，在“Statistics”中选“Univariate descriptives”项要求输出各变量的均数与标准差，在“Correlation Matrix”栏内选“Coefficients”项要求计算相关系数矩阵，并选“KMO and Bartlett’s test of sphericity”项，要求对相关系数矩阵进行统计学检验。点击“Continue”钮返回“Factor Analysis”对话框。

点击“Extraction. . . ”钮，弹出“Factor Analysis：Extraction”对话框，在系统提供因子提取方法中可以选用“Principal components”方法，之后点击“Continue”钮返回“Factor Analysis”对话框。

点击“Rotation. . . ”钮，弹出“Factor Analysis：Rotation”对话框，系统有 6 种因子旋转方法可选(旋转的目的是为了获得简单结构,以帮助我们解释因子。可以选正交旋转法)。之后点击“Continue”钮返回“Factor Analysis”对话框。

点击“Scores...”钮，弹出“Factor Analysis：Scores”对话框，系统提供3种估计因子得分系数的方法(可选“Regression”)，选择之后点击“Continue”钮返回“Factor Analysis”对话框，再点击“OK”钮即完成分析。

在输出结果窗口中，系统首先输出各变量的均数(mean)与标准差(std dev)。接着输出相关系数矩阵(correlation matrix)。使用主成分分析法得到 n 个因子，在因子矩阵(factor matrix)中，变量与某一因子的联系系数绝对值越大，则该因子与变量关系越近。或者因子矩阵也可以作为因子贡献大小的度量，其绝对值越大，贡献也越大。

在 Final Statistics 一栏中显示各因子解释掉方差的比例，也称变量的共同度(communality)。共同度从 0 到 1，0 为因子不解释任何方差，1 为所有方差均被因子解释掉。一个因子越大地解释掉变量的方差，说明因子包含原有变量信息的量越多。接着是经正交旋转后的因子负荷矩阵(rotated factor matrix)和因子转换矩阵(factor transformation matrix)。旋转的目的是使复杂的矩阵变得简洁。

最后，回到数据窗口，软件将第一因子的因子分用变量名 fac _ 1、第二因子的因子分用变量名 fac _ 2 存入原始数据库中。这些值既可用于模型诊断，也可以将其转入 EXCEL 绘制主成分因子载荷图。

图 9－1 是三种不同土地利用方式土壤 BIOLOG 碳源利用主成分因子分析图，其中横坐标为统计软件计算出的主成分因子 1，其解释的方差占总方差的 36.1%，纵坐标为统计软件计算出的主成分因子 2，其解释的方差占总方差的 22.5%。图中 GH 处理土壤样品在主成分因子 1 上与 OF、RW 两个处理有明显区分，表明 GH 处理土壤微生物群落碳源利用特征与其他两种利用方式的土壤存在显著差异。

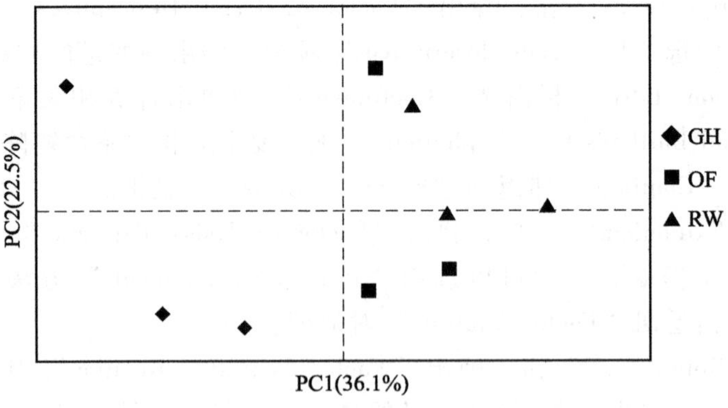

图 9－1 主成分因子示例图(Shen *et al.*，2008)

9.2.5　聚类分析

聚类分析是根据研究对象的特征对研究对象进行分类的多元分析技术的总称。聚类分析的大部分应用都属于探测性的研究，最终结果是产生研究对象的分类，通过对数据的分类研究还能产生假设。聚类分析也能用于证实性目的，对于通过其他方法确定的数据分类，可以应用聚类分析进行检验。

SPSS 的快速聚类过程适用于对大样本进行快速聚类，尤其是对形成的类别特征(各变量值范围)有了一定认识时，此聚类方法使用起来更加得心应手。首先定义变量，输入数据。然后按 Analyze、Classify、Hierarchical Cluster Analysis 顺序逐一单击鼠标键，展开对话框，在“Hierarchical Cluster Analysis”后面的矩形框中，选择参与聚类分析的数值型变量，单击上面一个向右箭头按钮，使选中的变量名移到右面的“Variables”下面的矩形框中。

点击“Statistics”，在出现对话框中选取“Agglomenration Schedule”，然后点击“Continue”按钮返回主对话框后，点击“Plots”，在弹出的对话框中激活“Dendrogram”选项。然后点击“Continue”按钮返回主对话框后，点击“Method”，在弹出的对话框中，“Cluster Methods”栏中选取“Between-groups linkage”，在“Interval”对话框中选取“Euclidean distance”选项。回到主对话框中单击按钮“OK”，系统立即执行该命令。在输出窗中显示结果。

目前最常用的表示方法是树状图(dendrogram)，它的优点是可以完全反映系统聚类中逐级聚合的全部过程。图 9－2 中横线代表菌株，分支点称节点，各节点对应的数字表示聚合群的相似程度。

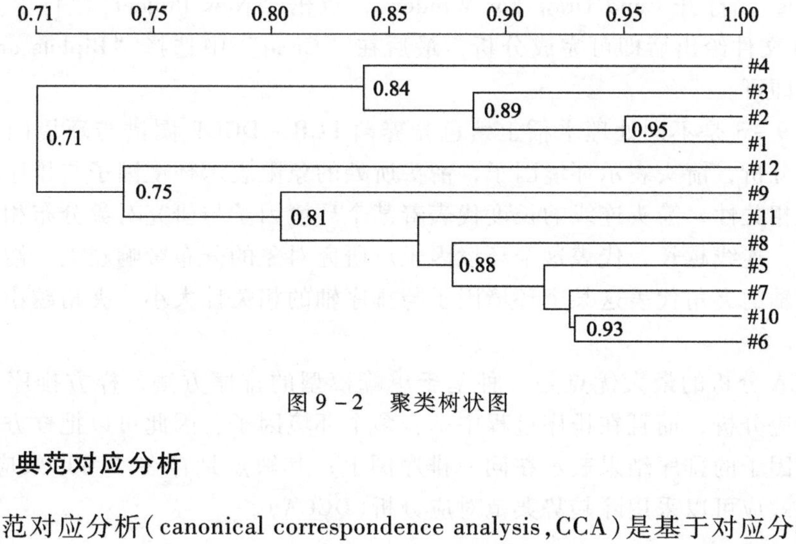

图 9－2　聚类树状图

9.2.6　典范对应分析

典范对应分析(canonical correspondence analysis,CCA)是基于对应分析发展

而来的一种排序方法，将对应分析与多元回归分析相结合，每一步计算均与环境因子进行回归，又称多元直接梯度分析。其基本思路是在对应分析的迭代过程中，每次得到的样方排序坐标值均与环境因子进行多元线性回归。CCA 要求两个数据矩阵，一个是生物数据矩阵，一个是环境数据矩阵。首先计算出一组样方排序值和种类排序值（同对应分析），然后将样方排序值与环境因子用回归分析方法结合起来，这样得到的样方排序值既反映了样方种类组成及生态重要值对群落的作用，同时也反映了环境因子的影响，再用样方排序值加权平均求种类排序值，使种类排序坐标值也间接地与环境因子相联系。

结果可信性：查看累计贡献率及环境与研究对象前两个排序轴之间的相关性。CCA 分析所得到的累计贡献率是所有环境因子的贡献率。每个环境因子的贡献率可这样获得：生成三个矩阵，第一个是物种样方矩阵，第二个是目标环境因子矩阵，第三个是剔除目标环境因子矩阵后的环境因子矩阵。分别输入 Canoco 软件中，这样 CCA 分析得到的特征根贡献率即是单个目标环境因子的贡献率。

典范对应分析算法可使用 Canoco 软件快速实现。具体步骤如下：首先，分别创建结果因子和环境因素的 EXCEL 表格，然后，打开 WcanoImp 程序，从 EXCEL 软件复制结果和环境数据后点击 "Save" 按钮，可以生成原始数据文件；打开 Canoco For Windows，选择 "file"，然后选择 "New project"，分别选择好刚才新建的 Species 和 Environment 数据，点击 "Next"，选择 "CCA"，继续点击 "Next" 直到完成，然后保存 *.con 文件，不关闭程序，选择 "analysis"。打开 Cano Draw For Windows，点击 "New Project"，将上步生成的 .con 文件给出后即可完成分析，最后在 "Creat" 中选择 "Biplots and Joint Plots" 即可。

图 9-3 是不同处理水稻土紫色光养菌 PCR-DGGE 图谱与环境因子的典范对应分析，箭头表示环境因子，箭头所处的象限表示环境因子与排序轴之间的正负相关性，箭头连线的长度代表着某个环境因子与研究对象分布相关程度的大小，连线越长，代表这个环境因子对研究对象的分布影响越大。箭头连线与排序轴的夹角代表这某个环境因子与排序轴的相关性大小，夹角越小，相关性越高。

CCA 分析的最大优点是一种基于单峰模型的排序方法，样方排序与对象排序对应分析，而且在排序过程中结合多个环境因子，因此可以把样方、对象与环境因子的排序结果表示在同一排序图上；其缺点是存在"弓形效应"，克服弓形效应可以采用除趋势典范对应分析（DCCA）。

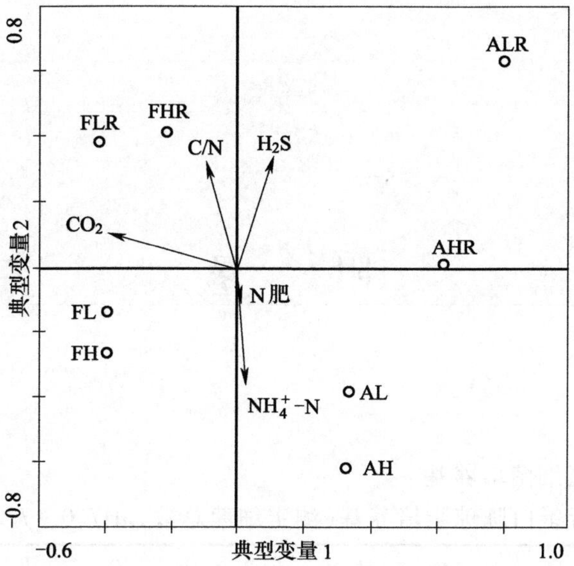

图 9-3　典范对应分析示例图（Feng *et al.*，2009）

附　录

一、培养基配方

1. 异养好氧细菌培养基

(1) 牛肉膏蛋白胨琼脂培养基(测定细菌总数,pH7.0～7.2)

成分	含量	成分	含量
蛋白胨	5 g	水	1 L
牛肉膏	3 g	琼脂	18 g

(2) 牛肉膏蛋白胨麦芽汁琼脂培养基(分离土壤芽孢杆菌)

以等量的牛肉膏蛋白胨琼脂与糖度为 7 Brix 的麦芽汁琼脂在临用时熔化混合使用。麦芽粉的制备法:取普通大麦浸泡 24 h,置于木筐内,上面盖湿布,控制在 20 ℃左右,每天冲水 1～2 次,至芽长为麦粒长度的 1～1.5 倍,即可晒(烘)干磨成粉。麦芽糖化法:每千克麦芽干粉加 3 kg 水,55 ℃糖化,加碘至不呈蓝色为止(6～7 h),再煮沸 30 min,使蛋白质沉淀,调节 pH 至中性,以纱布过滤后,将滤液倒入量筒,静置过夜,然后用虹吸法吸出上清液,用糖度计测定之,用水稀释至所需浓度,分装三角瓶,121 ℃灭菌 20 min,备用。

(3) 生孢培养基(鉴别是否形成芽孢,pH7.2,110 ℃灭菌 30 min)

成分	含量	成分	含量
蛋白胨	1 g	$(NH_4)_2SO_4$	0.2 g
葡萄糖	1 g	$MgSO_4 \cdot 7H_2O$	0.2 g
酵母膏	0.7 g	水	1 L
K_2HPO_4	1 g	琼脂	20 g

2. 异养厌氧细菌培养基

(1) 高泽(Гаузе)有机氮琼脂培养基(pH7.2)

成　分	含　量	成　分	含　量
葡萄糖	10 g	牛肉膏	3 g
蛋白胨	5 g	水	1 L
NaCl	5 g	琼脂	15 g

(2) 蛋白胨无机盐琼脂培养基(pH7.2)

成　分	含　量	成　分	含　量
蛋白胨	10 g	$FeSO_4 \cdot 7H_2O$	0.05 g
牛肉膏	3 g	10 g/L $(NH_4)_2SO_4$ 溶液	10 mL
葡萄糖	2 g	水	1 L
$MgSO_4 \cdot 7H_2O$	0.5 g	琼脂	15 g

3. 放线菌培养基

(1) 改良高氏Ⅰ号培养基(pH7.2 ~7.4)

成　分	含　量	成　分	含　量
淀粉	20 g	NaCl	0.5 g
KNO_3	1 g	$FeSO_4 \cdot 7H_2O$	0.01 g
K_2HPO_4	0.5 g	水	1 L
$MgSO_4 \cdot 7H_2O$	0.5 g	琼脂	18 g

注：淀粉先加少量冷水调成糊状再加入。临用时(灭菌后)每 100 mL 培养基加 30g/L $K_2Cr_2O_7$ 溶液 0.3 mL，以抑制细菌和真菌的生长。

(2) 淀粉铵琼脂培养基

成　分	含　量	成　分	含　量
可溶性淀粉	10 g	$MgSO_4 \cdot 7H_2O$	1 g
$CaCO_3$	3 g	NaCl	1 g
$(NH_4)_2SO_4$	2 g	水	1 L
K_2HPO_4	1 g	琼脂	18 g

注：淀粉先加少量冷水调成糊状再加入。

(3) 马铃薯-蔗糖琼脂(PDA)培养基

成分	含量	成分	含量
200 g/L 马铃薯浸出液	1 L	琼脂	18 g
蔗糖	20 g		

注：200 g/L 马铃薯浸出液的制备：称取去皮马铃薯块 200 g，加水 1 L 煮至马铃薯块能被玻棒戳破为止。用双层纱布过滤取汁，补足原来的水量。

(4) 根瘤中放线菌的分离培养基(pH6.8)

成分	含量	成分	含量
葡萄糖	20 g	NaCl	0.1 g
蛋白胨	10 g	$CaSO_4$	0.005 g
KH_2PO_4	0.3 g	酵母浸汁	100 mL
K_2HPO_4	0.2 g	蒸馏水	900 mL
$MgSO_4 \cdot 7H_2O$	0.2 g	琼脂	18 g

4. 真菌培养基

(1) 马丁(Martin)培养基

成分	含量	成分	含量
葡萄糖	10 g	水	1 L
蛋白胨	5 g	10 g/L 孟加拉红溶液	3.3 mL
KH_2PO_4	1 g	琼脂	18 g
$MgSO_4 \cdot 7H_2O$	0.5 g		

注:临用时(灭菌后)每 100 mL 培养基加 10 g/L 链霉素溶液 0.3 mL。

(2) 查彼克(Czapek)培养基(pH7.0)

成分	含量	成分	含量
蔗糖	30 g	KCl	0.5 g
$NaNO_3$	2 g	$FeSO_4 \cdot 7H_2O$	0.01 g
K_2HPO_4	1 g	水	1 L
$MgSO_4 \cdot 7H_2O$	0.5 g	琼脂	18 g

(3) 马铃薯-蔗糖琼脂培养基(PDA)：同放线菌培养基之(3)。

(4) 综合马铃薯培养基(pH6.0)

成　分	含　量	成　分	含　量
20 g/L 马铃薯浸出液	1 L	$MgSO_4 \cdot 7H_2O$	1.5 g
葡萄糖	20 g	硫胺素	微量
K_2HPO_4	3 g	琼脂	15

5. 酵母菌培养基

(1) 麦芽汁培养基

将去除啤酒花的麦芽汁稀释至糖度 12 Brix。按 15 g/L 的浓度标准加入琼脂，110 ℃灭菌 30 min。

(2) 酵母膏培养基(pH4.8～5.5)

成　分	含　量	成　分	含　量
葡萄糖	10 g	蒸馏水	1 L
蛋白胨	5 g	琼脂	40 g
酵母膏	3 g		

6. 好氧自生固氮菌培养基

(1) 瓦克斯曼(Waksman)77 号培养基(pH7.0)

成　分	含　量	成　分	含　量
葡萄糖	10 g	$FeCl_3 \cdot 6H_2O$	微量(10 g/L 溶液 2 滴)
K_2HPO_4	0.5 g	蒸馏水	1 L
$MgSO_4 \cdot 7H_2O$	0.2 g	10 g/L 刚果红溶液	5 mL
NaCl	0.2 g	琼脂(精制)	18 g
$MnSO_4 \cdot 4H_2O$	微量(10 g/L 溶液 2 滴)		

注：先调 pH7.0 后再加刚果红。

(2) 阿须贝(Ashby)培养基(pH6.8～7.0)

成　分	含　量	成　分	含　量
甘露醇	10 g	NaCl	0.2 g
$CaCO_3$	5 g	$CaSO_4 \cdot 2H_2O$	0.1 g
KH_2PO_4	0.2 g	蒸馏水	1 L
$MgSO_4 \cdot 7H_2O$	0.2 g	琼脂(精制)	18 g

7. 厌氧自生固氮菌培养基

成　分	含　量	成　分	含　量
葡萄糖	20 g	$MnSO_4 \cdot 4H_2O$	0.01 g
K_2HPO_4	1 g	$FeSO_4 \cdot 7H_2O$	0.01 g
$MgSO_4 \cdot 7H_2O$	0.5 g	蒸馏水	1 L
NaCl	0.25 g		

8. 无氮液体培养基(用于测定土壤固氮强度)

成　分	含　量	成　分	含　量
葡萄糖	15 g	$CaHPO_4$	0.2 g
$CaCO_3$	5 g	$(NH_4)_6Mo_7O_{24} \cdot 4H_2O$	0.005 g
NaCl	1.5 g	H_3BO_3	0.005 g
K_2HPO_4	0.3 g	$FeCl_3$	微量
$MgSO_4 \cdot 7H_2O$	0.3 g	蒸馏水	1 L
K_2SO_4	0.2 g		

9. 根瘤菌培养基

(1) 甘露醇酵母汁琼脂(YMA)培养基(pH6.8 ~7.0)

成　分	含　量	成　分	含　量
甘露醇	10 g	NaCl	0.1 g
$CaCO_3$	3 g	10 g/L 酵母汁	100 mL
K_2HPO_4	0.5 g	蒸馏水	900 mL
$MgSO_4 \cdot 7H_2O$	0.2 g	琼脂	18 g

注：分离纯化根瘤菌时，去掉 $CaCO_3$，加入 4 g/L 刚果红 10 mL；由于根瘤菌菌落不吸收色素，而杂菌吸收刚果红而呈红色菌落，以区别杂菌。也可加入 10 g/L 结晶紫溶液 1.0 mL，以抑制杂菌。

(2) 根瘤菌培养基(pH7.0)

成　　分	含　　量	成　　分	含　　量
葡萄糖	10 g	5 g/L 刚果红	5 mL
$CaCO_3$	1.5 g	10 g/L 硼酸	2 mL
酵母膏	1.0 g	10 g/L 钼酸钠	2 mL
K_2HPO_4	0.5 g	蒸馏水	1 L
$MgSO_4 \cdot 7H_2O$	0.2 g	琼脂	18 g
NaCl	0.1 g		

10. 茎瘤固氮菌培养基

成　　分	含　　量	成　　分	含　　量
乳酸钠	10 g	NaCl	0.05 g
K_2HPO_4	1.1 g	$CaCl_2$	0.04 g
酵母膏	1 g	$FeCl_3 \cdot 6H_2O$	0.004 g
KH_2PO_4	0.87 g	蒸馏水	1 L
$MgSO_4 \cdot 7H_2O$	0.1 g	琼脂	18 g

11. 弗兰克菌培养基

（1）S 培养基（pH6.8）

成　　分	含　　量	成　　分	含　　量
葡萄糖	10 g	$CaCl_2$	0.1 g
酶解酪蛋白	4 g	微量元素液	1.0 mL
K_2HPO_4	0.3 g	柠檬酸铁液	1.0 mL
$MgSO_4 \cdot 7H_2O$	0.2 g	蒸馏水	1 L

注：柠檬酸铁液：10 g/L 柠檬酸 +10 g/L 柠檬酸铁。

微量元素液配方如下所示：

成　　分	含　　量	成　　分	含　　量
H_3BO_3	1.5 g	$CuSO_4 \cdot 5H_2O$	0.1 g
$MnSO_4 \cdot 4H_2O$	0.8 g	$CoSO_4 \cdot 7H_2O$	0.01 g
$ZnSO_4 \cdot 7H_2O$	0.6 g	蒸馏水	1 L
$(NH_4)_6Mo_7O_{24} \cdot 4H_2O$	0.2 g		

(2) S + Tw 培养基

S 培养基按 2 g/L 的浓度标准添加吐温 80。

(3) Qmod 培养基(pH6.8)

成分	含量	成分	含量
葡萄糖	10 g	KCl	0.2 g
胰蛋白胨	5 g	$CaCO_3$	0.1 g
K_2HPO_4	0.3 g	柠檬酸铁液	1 mL
$MgSO_4 \cdot 7H_2O$	0.2 g	脂类补充物	1 mL
NaH_2PO_4	0.2 g	蒸馏水	1 L

注：柠檬酸铁液同上；脂类补充物为磷酸胆酯 500 mg 加入无水乙醇 50 mL，溶解后加蒸馏水 50 mL。

(4) Bap 培养基(用于观察孢囊、泡囊和测定固氮酶活性)

成分	含量	成分	含量
丙酮酸钠	1.1 g	$CaCl_2$	0.01 g
丙酮酸	0.5 g	微量元素液	1 mL
KH_2PO_4	0.95 g	Fe · Na · EDTA 液	1 mL
K_2HPO_4	0.87 g	Akkerman's 维生素液	1 mL
NH_4Cl	0.5 g	蒸馏水	1 L
$MgSO_4 \cdot 7H_2O$	0.1 g		

注：Fe · Na · EDTA 液 = 5.56 g $FeSO_4 \cdot 7H_2O$ + 7.45 g $Na_2 \cdot EDTA$ + 1 L 蒸馏水。

Akkerman's 维生素液如下表所示：

成分	含量	成分	含量
烟酸	50 mg	维生素 B_1	10 mg
维生素 B_6	50 mg	叶酸	10 mg
维生素 B_5	10 mg	蒸馏水	1 L
维生素 B_2	10 mg		

12. 联合固氮菌培养基

(1) 德贝赖纳(Döbereiner)半固体无氮培养基

成　分	含　量	成　分	含　量
琥珀(苹果)酸钠	0.5 g	NaCl	0.1 g
KH_2PO_4	0.4 g	$Na_2MoO_4 \cdot 2H_2O$	0.002 g
$MgSO_4 \cdot 7H_2O$	0.2 g	5 g/L B.T.B 溶液	5 mL
$CaCl_2$	0.2 g	蒸馏水	1 L
K_2HPO_4	0.1 g	无氮琼脂	3 g
$FeCl_3$	0.1 g		

注：无氮琼脂制备方法：将琼脂剪碎，在流水下冲洗 1～2 d，用大型布氏漏斗抽滤，收集琼脂，放入质量分数为 95% 的乙醇溶液煮沸，再将悬浮液抽滤至乙醇抽干为止，于白瓷盘中风干，呈粉状、白色的洁净琼脂。5 g/L 麝香草酚蓝(bromthymol blue, B.T.B)溶液：称取 0.5 g B.T.B 溶于 100 mL 质量分数为 95% 的乙醇溶液中，呈红色，pH6.0～7.6。本培养基用于分离时，每试管装 6 mL；用于单菌落分离与固氮酶活性测定时，琼脂增至 18 g。

(2) 葡萄糖酸钠酵母汁培养基

成　分	含　量	成　分	含　量
葡萄糖酸钠	10 g	酵母汁(1∶10)	100 mL
K_2HPO_4	0.5 g	蒸馏水	900 mL
$MgSO_4 \cdot 7H_2O$	0.2 g	无氮琼脂	18 g
NaCl	0.1 g		

13. 氨化细菌培养基(pH7.0)

成　分	含　量	成　分	含　量
蛋白胨	5.0 g	$MgSO_4 \cdot 7H_2O$	0.5 g
KH_2PO_4	0.5 g	蒸馏水	1 L
K_2HPO_4	0.5 g		

14. 硝化细菌培养基

(1) 氨氧化细菌(亚硝化细菌)培养基(pH7.2)

成　分	含　量	成　分	含　量
$CaCO_3$	5 g	$MgSO_4 \cdot 7H_2O$	0.03 g
$(NH_4)_2SO_4$	2 g	$MnSO_4 \cdot 4H_2O$	0.01 g
K_2HPO_4	0.75 g	蒸馏水	1 L
NaH_2PO_4	0.25 g		

（2）硝酸化细菌培养基

成　分	含　量	成　分	含　量
$NaNO_2$	1 g	$MgSO_4 \cdot 7H_2O$	0.03 g
Na_2CO_3	1 g	$MnSO_4 \cdot 4H_2O$	0.01 g
K_2HPO_4	0.75 g	蒸馏水	1 L
NaH_2PO_4	0.25 g		

（3）欧洲亚硝化单胞菌培养基

成　分	含　量	成　分	含　量
Na_2HPO_4	13.5 g	$MgSO_4 \cdot 7H_2O$	0.1 g
$(NH_4)_2SO_4$	2.5 g	$CaCl_2 \cdot 2H_2O$	0.005 g
KH_2PO_4	0.7 g	螯合态铁	0.1 mg
$NaHCO_3$	0.5 g	蒸馏水	1 L

15. 反硝化细菌培养基（pH7.2～7.5）

成　分	含　量	成　分	含　量
柠檬酸钠	5 g	KH_2PO_4	1 g
KNO_3	2 g	$MgSO_4 \cdot 7H_2O$	0.2 g
K_2HPO_4	1 g	水	1 L

16. 好氧纤维素分解菌培养基——赫奇逊（Hutchinson）培养基（pH7.2）

成　分	含　量	成　分	含　量
$NaNO_3$	2.5 g	$CaCl_2 \cdot 2H_2O$	0.1 g
KH_2PO_4	1 g	$FeCl_3$	0.01 g
$MgSO_4 \cdot 7H_2O$	0.3 g	水	1 L
NaCl	0.1 g	琼脂	18 g

17. 厌氧纤维素分解菌培养基

（1）磷酸铵钠培养基

成　分	含　量	成　分	含　量
$CaCO_3$	5 g	$MgSO_4 \cdot 7H_2O$	0.5 g
$NaNH_4HPO_4$	2 g	$CaCl_2 \cdot 6H_2O$	0.3 g
蛋白胨	1 g	蒸馏水	1 L
KH_2PO_4	1 g		

(2) 依姆歇涅茨基(Имшенецкий)培养基

成　分	含　量	成　分	含　量
蛋白胨	2.5 g	牛肉膏	1.5 g
$CaCO_3$	2 g	蒸馏水	1 L

(3) 奥梅梁斯基(Omeliansky)培养基

成　分	含　量	成　分	含　量
$CaCO_3$	2 g	$MgSO_4 \cdot 7H_2O$	0.5 g
$(NH_4)_2SO_4$	1 g	NaCl	0.2 g
K_2HPO_4	1 g	蒸馏水	1 L

18. 光合细菌培养基

(1) 常规配方

成　分	含　量	成　分	含　量
CH_3COONa	2 g	$MgSO_4 \cdot 7H_2O$	0.5 g
$(NH_4)_2SO_4$	1 g	酵母膏	0.2 g
K_2HPO_4	0.5 g	水	1 L
KH_2PO_4	0.5 g		

(2) 紫色硫细菌培养基(pH7.0)

成　分	含　量	成　分	含　量
CH_3COONa	1 g	$MgCl_2$	0.2 g
NH_4Cl	1 g	酵母膏	0.2 g
$Na_2S \cdot 9H_2O$	1 g	水	1 L
K_2HPO_4	0.5 g		

(3) 紫色非硫细菌培养基 1(pH7.0)

成　分	含　量	成　分	含　量
CH_3COONa	2 g	$MgCl_2$	0.2 g
NH_4Cl	1 g	$CaCl_2 \cdot 2H_2O$	0.1 g
NaCl	1 g	酵母膏	0.1 g
K_2HPO_4	0.4 g	水	1 L

(4) 紫色非硫细菌培养基 2(pH7.0)

成　分	含　量	成　分	含　量
CH_3COONa	2.5 g	$MgSO_4 \cdot 7H_2O$	0.2 g
$NaHCO_3$	1 g	$CaCl_2 \cdot 2H_2O$	0.1 g
NH_4Cl	1 g	酵母膏	0.1 g
NaCl	1 g	水	1 L
K_2HPO_4	0.2 g		

19. 产甲烷菌培养基

(1) 配方 1

成　分	含　量	成　分	含　量
NaCl	12 g	酵母浸膏	2 g
$(NH_4)_2SO_4$	6 g	胰酶解酪蛋白	2 g
K_2HPO_4	6 g	L-半胱氨酸盐	0.5 g
KH_2PO_4	6 g	$Na_2S \cdot 9H_2O$	0.5 g
$NaHCO_3$	5 g	$CaCl_2 \cdot 2H_2O$	0.16 g
$MgSO_4 \cdot 7H_2O$	2.5 g	$FeSO_4 \cdot 7H_2O$	0.002 g
HCOONa	2.5 g	微量元素液	10 mL
CH_3COONa	2.5 g	蒸馏水	1 L

注：固体培养基中需按 18 g/L 的浓度标准添加琼脂。

微量元素液配方(KOH 调 pH7.0)如下所示：

成　分	含　量	成　分	含　量
NaCl	10 g	$CaCl_2$	0.1 g
$MgSO_4 \cdot 7H_2O$	3 g	$CuSO_4 \cdot 5H_2O$	0.01 g
氮川三乙酸	1.5 g	$Na_2MoO_4 \cdot 2H_2O$	0.01 g
$MgSO_4 \cdot 7H_2O$	0.5 g	H_3BO_3	0.01 g
$ZnSO_4 \cdot 7H_2O$	0.1 g	$AlK(SO_4)_2$	0.01 g
$CoSO_4$	0.1 g	蒸馏水	1 L

（2）配方2（在厌氧条件下配制，pH7.0~7.2）

成　分	含　量	成　分	含　量
HCOONa	4 g	$MgCl_2$	0.08 g
CH_3COONa	4 g	1 g/L 刃天青溶液	0.8 g
K_2HPO_4	3.2 g	CH_3OH	4 mL
NH_4Cl	0.8 g	H_2/CO_2	体积比为 4:1
酵母膏	0.8 g	土壤浸出液	240 mL
半胱氨酸	0.4 g	水	800 mL

注：土壤浸出液：取土壤 50 g，加水 200 mL，121 ℃煮 1 h，滤纸过滤后加水补足到 200 mL。

20. 硫化细菌培养基

成　分	含　量	成　分	含　量
$Na_2S_2O_3 \cdot 5H_2O$	5.0 g	NH_4Cl	0.1 g
$NaHCO_3$	1 g	$MgCl_2$	0.1 g
Na_2HPO_4	0.2 g	水	1 L

21. 反硫化细菌培养基

成　分	含　量	成　分	含　量
乳酸钠或酒石酸钾钠	5 g	K_2HPO_4	1 g
天冬氨酸	2 g	$FeSO_4 \cdot 7H_2O$	0.01 g
$MgSO_4 \cdot 7H_2O$	2 g	蒸馏水	1 L

22. 有机磷细菌培养基（pH7.0 ~ 7.5）

成　分	含　量	成　分	含　量
葡萄糖	10 g	NaCl	0.3 g
$CaCO_3$	5 g	卵磷脂	0.2 g
$(NH_4)_2SO_4$	0.5 g	$MnSO_4 \cdot 4H_2O$	0.03 g
$MgSO_4 \cdot 7H_2O$	0.3 g	蒸馏水	1 L
$FeSO_4 \cdot 7H_2O$	0.3 g	琼脂	15~18 g
KCl	0.3 g		

23. 无机磷细菌培养基（pH7.0~7.5）

成　分	含　量	成　分	含　量
葡萄糖	10 g	$MgSO_4 \cdot 7H_2O$	0.3 g
$Ca_3(PO_4)_2$	10 g	$FeSO_4 \cdot 7H_2O$	0.03 g
$(NH_4)_2SO_4$	0.5 g	$MnSO_4 \cdot 4H_2O$	0.03 g
NaCl	0.3 g	蒸馏水	1 L
KCl	0.3 g	琼脂	15 ~ 18 g

24. 硅酸盐培养基(分离钾细菌,pH7.0 ~ 7.5)

成　分	含　量	成　分	含　量
蔗糖	5 g	$CaCO_3$	0.1 g
Na_2HPO_4	2 g	$FeCl_3$	0.005 g
土壤矿物	1 g	蒸馏水	1 L
$MgSO_4 \cdot 7H_2O$	0.5 g	琼脂	15 ~ 18 g

注：土壤矿物：取适量土壤，先去除大的有机残体，然后加 6 mol/L HCl(土液比1∶10)煮沸 30 min，过滤，用蒸馏水淋洗至无氯离子。

25. 铁细菌培养基(pH7.0 ~ 7.5)

成　分	含　量	成　分	含　量
柠檬酸铁铵	10 g	$NaNO_3$	0.5 g
$MgSO_4 \cdot 7H_2O$	0.5 g	$CaCl_2$	0.2 g
$(NH_4)_2SO_4$	0.5 g	蒸馏水	1 L
K_2HPO_4	0.5 g		

26. 无机盐含有机污染物培养基(pH7.0)

成　分	含　量	成　分	含　量
K_2HPO_4	1 g	$CaCl_2$	0.02 g
KH_2PO_4	1 g	100 g/L $FeCl_2$ 溶液	2 滴
NH_4NO_3	1 g	蒸馏水	1 L
$MgSO_4 \cdot 7H_2O$	0.5 g		

注：需加入一定浓度的分析纯有机污染物；固体培养基按 18 g/L 的浓度标准添加琼脂。

富集培养基(pH7.2～7.4)如下：

成分	含量	成分	含量
蛋白胨	10 g	琼脂	20 g
NaCl	5 g	蒸馏水	1 L
牛肉膏	3 g		

27. 有氮改良基础培养基(pH7.2)

成分	含量	成分	含量
蔗糖	10 g	$CaCO_3$	0.5 g
K_2HPO_4	2 g	酵母膏	0.5 g
$(NH_4)_2SO_4$	1 g	NaCl	0.1 g
$MgSO_4 \cdot 7H_2O$	0.5 g	蒸馏水	1 L

注：需加入一定浓度的重金属污染物；固体培养基按 18 g/L 的浓度标准添加琼脂。

富集培养基(pH7.2～7.4)如下：

成分	含量	成分	含量
蛋白胨	10 g	琼脂	20 g
NaCl	5 g	蒸馏水	1 L
牛肉膏	3 g		

28. 区分微生物营养型的基础培养基(pH7.0)

成分	含量	成分	含量
葡萄糖	1 g	$MgSO_4 \cdot 7H_2O$	0.2 g
K_2HPO_4	1 g	NaCl	0.1 g
KNO_3	0.5 g	$FeCl_3$	0.01 g
$CaCl_2$	0.1 g	蒸馏水	1 L

29. 生长素培养基(区分微生物营养型的基础培养基＋下列成分)

成　分	含　量	成　分	含　量
半胱氨酸	0.05 g	泛酸	100 μg
肌醇	0.5 g	尼克酸	100 μg
吡哆醇	200 μg	维生素 B_{12}	2 μg
核黄素	200 μg	生物素	0.1 μg
硫胺素	100 μg	蒸馏水	1 L

30. 土壤浸出液琼脂培养基(pH7.4)

成　分	含　量	成　分	含　量
蛋白胨	1 g	$MgSO_4 \cdot 7H_2O$	0.05 g
酵母浸膏	1 g	$FeCl_3$	0.01 g
$(NH_4)_2HPO_4$	0.5 g	土壤浸出液	250 mL
K_2HPO_4	0.4 g	琼脂	15 g
$CaCl_2$	0.1 g	水	750 mL

注：土壤浸出液：取土壤 50 g，加水 200 mL，121 ℃煮 1 h，滤纸过滤后加水补足到 200 mL。

二、常用酸碱溶液的配制

名　称	相对分子质量	相对密度	质量分数/%	摩尔浓度/(mol·L^{-1})	配 1 L 1 mol/L 溶液所需体积/mL
盐酸(HCl)	36.47	1.19	37.2	12.0	84
		1.18	35.4	11.8	
		1.10	20.0	6.0	
硫酸(H_2SO_4)	98.09	1.84	95.6	18.0	14
		1.18	24.8	3.0	
硝酸(HNO_3)	63.02	1.42	70.98	16.0	63
		1.40	65.3	14.5	
		1.20	32.36	6.1	

续表

名　称	相对分子质量	相对密度	质量分数/%	摩尔浓度/($mol \cdot L^{-1}$)	配 1 L 1 mol/L 溶液所需体积/mL
冰乙酸(CH_3COOH)	60.05	1.05	99.5	17.4	59
乙酸(CH_3COOH)		1.075	80.0	14.3	
磷酸(H_3PO_4)	98.06	71.1	85.0	5，10，15（依反应定）	22（依 5 mol/L 计）
氨水(NH_4OH)	35.05	0.90	28(NH_3)	15	67
		0.904	27.0	14.3	70
		0.91	25.0	13.4	
		0.96	10.0	5.6	
氢氧化钠溶液(NaOH)	40.0	1.5	50.0	19	53

注：常用化学试剂的规格：

一级：保证试剂(G. R.)，

二级：分析纯试剂(A. R.)，

三级：化学纯试剂(C. P.)，

四级：实验试剂(L. R.)，

生物试剂(B. R. 或 C. R.)。

三、常用固态化合物溶液的配制

名　称	相对分子质量	目标浓度/($mol \cdot L^{-1}$)	配 1 L 溶液所需的质量/g
草酸($H_2C_2O_4 \cdot 2H_2O$)	126.08	0.500	63.04
柠檬酸($H_3C_6H_5O_7 \cdot H_2O$)	210.14	0.033	7.00
氢氧化钾(KOH)	56.10	5.000	280.50
氢氧化钠(NaOH)	40.00	1.000	40.00
碳酸钠(Na_2CO_3)	106.00	0.500	53.00
磷酸氢二钠($Na_2HPO_4 \cdot 12H_2O$)	358.20	1.000	358.20
磷酸二氢钾(KH_2PO_4)	136.10	0.067	9.08
重铬酸钾($K_2Cr_2O_7$)	294.20	0.017	4.903 5

续表

名　　称	相对分子质量	目标浓度 /(mol·L^{-1})	配 1 L 溶液所需的质量/g
碘化钾(KI)	166.00	0.500	83.00
高锰酸钾($KMnO_4$)	158.00	0.020	3.16
乙酸钠($NaC_2H_3O_2$)	82.04	1.000	82.04
硫代硫酸钠($Na_2S_2O_3 \cdot 5H_2O$)	248.20	0.100	24.82

四、常用消毒剂的配制

名　　称	配 制 方 法	用　　途
甲醛(福尔马林)	每立方米空间用 2～10 mL，加热熏蒸或喷洒；或甲醛 10 份 + 高锰酸钾 1 份，任其挥发	市售甲醛含量为 37%～40%，接种室消毒
质量分数为 70% 的乙醇	95% 乙醇 70 mL + 水 25 mL	皮肤消毒
质量分数为 5% 的石炭酸液(苯酚)	石炭酸 50 g + 蒸馏水 950 mL	接种室喷雾或器皿消毒
质量分数为 2% 的来苏尔(煤酚皂液)	50% 来苏尔 40 mL + 蒸馏水 960 mL	接种室消毒；擦洗桌面及器械
质量分数为 0.25% 的新洁尔灭	5% 新洁尔灭原液 50 mL + 蒸馏水 950 mL	皮肤及器皿消毒
质量分数为 2%～5% 的漂白粉液	20～50 g 漂白粉 + 水 1 L	喷刷接种室、培养室，以清除噬菌体污染
质量分数为 80% 的乳酸	每立方米用 1 mL 熏蒸	接种箱(室)消毒
高锰酸钾液	高锰酸钾与水 1:1 000(或 1 230)	皮肤及器皿消毒，应随用随配
硫磺	每立方米空间用 15 g 硫磺熏蒸	空气消毒
质量分数为 1%～3% 的石灰水(氢氧化钙)	1～3 g 氢氧化钙 + 水 100 mL	对病毒的消毒

五、常用酸碱指示剂的配制

名 称	pH 范围	颜色变化		使用浓度 /(g·L^{-1})	0.1 g 溶于 0.2 mol/L NaOH/mL*	备注
		酸	碱			
麝香草酚蓝(百里酚蓝)(thymol blue)	1.2~2.8	红	黄	0.4	10.75	一次变色
溴酚蓝 (bromophenol blue)	3.0~4.6	黄	蓝紫	0.4	7.45	
甲基红 (methyl red)	4.4~6.2	红	黄	0.2	18.60	
溴甲酚紫 (bromocresol purple)	5.2~6.8	黄	红紫	0.4	9.25	
溴麝香草酚蓝 (bromothymol blue)	6.2~7.6	黄	蓝	0.4	8.00	
酚红 (phenol red)	6.8~8.4	黄	红	0.2	14.20	
甲酚红 (cresol red)	7.2~8.8	黄	红	0.2	13.10	
麝香草酚蓝 (thymol blue)	8.0~9.6	黄	蓝	0.4	10.75	二次变色
酚酞 (phenol phthalein)	8.2~10.0	无色	红	0.2	—	

* 再用蒸馏水稀释至 250 mL。

六、常用分子生物学试剂的配制

1. 1 mol/L Tris 溶液

溶解 121.1 g Tris 碱于 800 mL 重蒸水中，冷至室温后加浓 HCl 调节溶液 pH 至所需值，加重蒸水定容至 1 L，分装后于 121 ℃灭菌，室温保存。

pH	7.4	7.6	8.0
加入 HCl 体积	约 70 mL	约 60 mL	约 42 mL

2. Tris 相关酸碱缓冲液

缓冲液名称	类型	每升加入			备注
Tris－乙酸（TAE）	50×浓储存液	242 g Tris 碱	57.1 mL 冰乙酸	100 mL 0.5 mmol/L EDTA（pH8.0）	使用时再稀释 50 倍
Tris－磷酸（TPE）	10×浓储存液	108 g Tris 碱	15.5 mL 质量分数为 85% 的磷酸（1.679 g/mL）	40 mL 0.5 mmol/L EDTA（pH8.0）	使用时再稀释 10 倍
Tris－硼酸（TBE）	5×浓储存液	54 g Tris 碱	27.5 g 硼酸	20 mL 0.5 mmol/L EDTA（pH8.0）	使用时再稀释 5 倍
Tris－甘氨酸	5×浓储存液	15.1 g Tris 碱	94 g 甘氨酸（电泳级）（pH8.3）	50 mL 100 g/L SDS（电泳级）	使用时再稀释 5 倍
		2×SDS 凝胶加样缓冲液 40 g/L SDS（电泳级）	100 mmol/L Tris · HCl（pH6.8） 2 g/L 溴酚蓝	200 mmol/L 二硫苏糖醇（DTT） 质量分数为 20% 的甘油	
碱性缓冲液	1×使用液	5 mL 10 mol/L NaOH	2 mL 0.5 mmol/L EDTA（pH8.0）		

3. Tris 缓冲盐（TBS）溶液

溶解 8 g NaCl、0.2 g KCl 和 3 g Tris 碱于 800 mL 重蒸水中，加入 0.015 g 酚红并用 HCl 调节溶液 pH 至 7.4，加重蒸水定容至 1 L，分装后于 121 ℃ 灭菌 20 min，室温保存。

4. 磷酸缓冲盐（PBS）溶液

溶解 8 g NaCl、0.2 g KCl、1.44 g Na_2HPO_4 和 0.24 g KH_2PO_4 于 800 mL 重蒸水中，用 HCl 调节溶液 pH 至 7.4，加重蒸水定容至 1 L，分装后于 121 ℃ 灭菌 20 min，室温保存。

5. 0.5 mol/L EDTA（pH8.0）

溶解 186.1 g $Na_2EDTA \cdot 2H_2O$ 于 800 mL 重蒸水中，用 NaOH 调节溶液 pH 至 8.0（约 20 g NaOH），加重蒸水定容至 1 L，分装后于 121 ℃ 灭菌 20 min，室温保存。

6. 3 mol/L 乙酸钠（sodium acetate）溶液

溶解 408.1 g 三水乙酸钠于 800 mL 重蒸水中，用冰乙酸调节溶液 pH 至 5.2 或用稀乙酸调节 pH 至 7.0，加重蒸水定容至 1 L，分装后于 121 ℃ 灭菌 20 min，室温保存。

7. 8 mol/L 乙酸钾（potassium acetate）溶液

溶解 785 g 乙酸钾于 800 mL 重蒸水中，定容至 1 L，分装后于 121 ℃灭菌 20 min，室温保存。

8. 3 mol/L 乙酸钾溶液(用于碱裂解)

在 60 mL 5 mol/L 乙酸钾溶液中加入 11.5 mL 冰乙酸和 28.5 mL 重蒸水，充分混合。

9. 10 mol/L 乙酸铵(ammonium acetate)溶液

溶解 770 g 乙酸铵于 800 mL 重蒸水中，定容至 1 L，分装后于 121 ℃灭菌 20 min，室温保存。

10. 1 mol/L HCl 溶液

加 86 mL 浓盐酸至 914 mL 重蒸水中，混合均匀。

11. 5 mol/L 氯化钠(NaCl)溶液

溶解 292 g 氯化钠于 800 mL 重蒸水中，定容至 1 L，分装后于 121 ℃灭菌 20 min，室温保存。

12. 1 mol/L 氯化钾(KCl)溶液

溶解 74.6 g 氯化钾于 800 mL 重蒸水中，定容至 1 L，分装后于 121 ℃灭菌 20 min，室温保存。

13. 1 mol/L 氯化镁($MgCl_2$)溶液

溶解 203.3 g $MgCl_2 \cdot 6H_2O$ 于 800 mL 重蒸水中，定容至 1 L，分装后于 121 ℃灭菌 20 min，室温保存。

14. 1 mol/L 氯化钙($CaCl_2$)溶液

溶解 220 g $CaCl_2 \cdot 6H_2O$ 于 800 mL 重蒸水中，定容至 1 L，分装后于 121 ℃灭菌 20 min，室温保存。

15. 10 mg/mL 溴化乙锭(EB)溶液

在 100 mL 重蒸水中加入 1 g 溴化乙锭，磁力搅拌数小时以确保其完全溶解，然后用铝箔包裹容器或转移至棕色瓶中，室温保存。

16. 酚/氯仿等体积混合液

把酚和氯仿等体积混合后用 0.1 mol/L Tris · HCl(pH7.6)抽提几次以平衡混合物，置于棕色玻璃瓶中，覆盖等体积的 0.01 mol/L Tris · HCl(pH7.6)。

17. 质量浓度 100% 三氯乙酸(TCA)溶液

在装有 500 g TCA 的试剂瓶中加入 227 mL 重蒸水，用磁力搅拌器搅拌至完全溶解(稀释液应在临用前配制)。

18. 100 g/L 十二烷基硫酸钠(SDS)溶液

溶解 100 g 电泳级 SDS 于 900 mL 重蒸水中，加热至 68 ℃助溶，加入几滴浓盐酸调节溶液 pH 至 7.2，加重蒸水定容至 1 L，分装后于 4 ℃保存。

19. 300 g/L 丙烯酰胺溶液

将 29 g 丙烯酰胺和 1 g *N*，*N'* - 亚甲双丙烯酰胺溶于 60 mL 重蒸水中，加热至 37 ℃溶解，加重蒸水至 100 mL。用 0.22 μm 孔径滤器过滤除菌，并查证该溶液的 pH 不大于 7.0，置于棕色瓶中，室温保存。

20. 100 mg/mL 氨苄青霉素溶液

称取 5 g 氨苄青霉素于 50 mL 塑料离心管中，加入 40 mL 灭菌重蒸水，充分混合溶解后定容至 50 mL，过滤除菌，分装后于 -20 ℃保存。

21. 50 mg/mL 卡那霉素溶液

称取 2.5 g 卡那霉素于 50 mL 塑料离心管中，加入 40 mL 灭菌重蒸水，充分混合溶解后定容至 50 mL，过滤除菌，分装后于 -20 ℃保存。

22. 25 mg/mL 异丙基 - β - D - 硫代半乳糖苷(IPTG)溶液

称取 1.2 g IPTG 于 50 mL 塑料离心管中，加入 40 mL 灭菌水，充分混合溶解后定容至 50 mL，过滤除菌，分装后于 -20 ℃保存。

23. 20 mg/mL X - Gal(5 - 溴 - 4 - 氯 - 3 - 吲哚 - β - 半乳糖苷)溶液

称取 1 g X - Gal 于 50 mL 塑料离心管中，加入 40 mL DMF(二甲基甲酰胺)，充分混合溶解后定容至 50 mL，过滤除菌，分装后于 -20 ℃保存。

24. 1 mol/L 二硫苏糖醇(DTT)溶液

称取 3.09 g DTT，溶解于 20 mL 0.01 mol/L 乙酸钠溶液(pH5.2)中，过滤除菌，分装后于 -20 ℃保存。或转移 100 mg 二硫苏糖醇至微量离心管，加入 0.65 mL 重蒸水配制成溶液，-20 ℃保存。

25. 2 mol/L 山梨(糖)醇(sorbitol)溶液

称取 36.4 g 山梨(糖)醇，溶解于足量重蒸水中，定容至 100 mL，过滤除菌，分装后于 - 20 ℃保存。

26. 1 mol/L 亚精胺(spermidine)溶液

称取 2.55 g 亚精胺，溶解于足量重蒸水中，定容至 10 mL，过滤除菌，分装后于 -20 ℃保存。

27. 1 mol/L 精胺(spermine)溶液

称取 3.48 g 精胺，溶解于足量重蒸水中，定容至 10 mL，过滤除菌，分装后于 -20 ℃保存。

28. 10 mg/mL 牛血清蛋白(BSA)

称取 0.10 g 牛血清蛋白(分子生物学试剂级,无 DNA 酶)，加入 9.5 mL 重蒸水中(为减少变性,须将蛋白加入重蒸水中,而不是将重蒸水加入蛋白中)，盖好盖后轻轻摇动，直至完全溶解，不要涡旋混合。加重蒸水定容至 10 mL，分装后于 -20 ℃保存。

29. 10 mg/mL RNA 酶(RNase)

称取 10 mg 胰蛋白 RAN 酶，加入 1 mL 10 mmol/L 的乙酸钠溶液(pH5.0)中，溶解后于水浴煮沸 15 min，使 DNA 酶失活，用 1 mol/L 的 Tris－HCl 缓冲液调 pH 至 7.5，于－20 ℃保存(配制过程要佩戴手套)。

30. 20 mg/mL 蛋白酶 K(proteinase K)

称取 200 mg 蛋白酶 K，加入 9.5 mL 重蒸水中，轻轻摇动，直至蛋白酶 K 完全溶解，不要涡旋混合，加重蒸水定容至 10 mL，分装后于－20 ℃保存。

31. 焦碳酸二乙酯(DEPC)处理水

100 mL 重蒸水中加入 100 μL DEPC，37 ℃水浴至少 12 h，然后 121 ℃灭菌 20 min，使残余的 DEPC 失活。DEPC 会与胺起反应，不可用 DEPC 处理 Tris 缓冲液。

32. 变性梯度凝胶电泳常用试剂

(1) 质量分数为 40% 的丙烯酰胺/甲叉双丙烯酰胺溶液(37.5∶1,4 ℃保存)

试　剂	用　量	试　剂	用　量
丙烯酰胺	38.93 g	加重蒸水到终体积	100 mL
甲叉双丙烯酰胺	1.07 g		

(2) 质量分数为 10% 的过硫酸铵溶液

试　剂	用　量
过硫酸铵	0.1 g
重蒸水	1.0 mL

(3) 质量分数为 6% 的变性梯度凝胶(4 ℃保存)

试　剂	30% 变性溶液	40% 变性溶液	60% 变性溶液	70% 变性溶液
质量分数为 40% 的丙烯酰胺/甲叉双丙烯酰胺溶液	15 mL	15 mL	15 mL	15 mL
50×TAE 缓冲液	2 mL	2 mL	2 mL	2 mL
去离子甲酰胺	12 mL	16 mL	24 mL	28 mL
尿素	12.6 g	16.8 g	25.2 g	29.4 g
加重蒸水到终体积	100 mL			

(4) 质量分数为 8% 的变性梯度凝胶(4 ℃保存)

试　剂	30% 变性溶液	40% 变性溶液	60% 变性溶液	70% 变性溶液
质量分数为40%的丙烯酰胺/ 甲叉双丙烯酰胺溶液	20 mL	20 mL	20 mL	20 mL
50×TAE缓冲液	2 mL	2 mL	2 mL	2 mL
去离子甲酰胺	12 mL	16 mL	24 mL	28 mL
尿素	12.6 g	16.8 g	25.2 g	29.4 g
加重蒸水到终体积	100 mL			

七、常用引物列表

菌　名	引　物		片　段	长　度	参考文献
细菌 16S rDNA	1	63f	GCCTAACACATGCAAGTC	47 bp	Yu *et al.*, 2004
		109r	ACGTGTTACTCACCCGT		
	2	63f	GCCTAACACATGCAAGTC	456 bp	
		518r	ATTACCGCGGCTGCTGG		
	3	357f	CCTACGGGAGGCAGCAG	162 bp	
		518r	ATTACCGCGGCTGCTGG		
	4	533f	GTGCCAGCAGCCGCGGTAA	375 bp	
		907r	CCGTCAATTCCTTTGAGTTT		
	5	357f	CCTACGGGAGGCAGCAG	379 bp	
		907r	CCGTCAATTCCTTTGAGTTT		
	6	954f	GCACAAGCGGTGGAGCATGTGG	416 bp	
		1369r	GCCCGGGAACGTATTCACCG		
	7	F ~ 968	AACGCGAAGAACCTTAC	434 bp	
		R1401	CGGTGTGTACAAGACCC		
	8	1070f	ATGGCTGTCGTCAGCT	323 bp	
		1392r	ACGGGCGGTGTGTAC		
	9	27f	AGAGTTTGATCCTGGCTCAG	1 476 bp	
		1492r	TACGGCTACCTTACGACTT		

续表

菌　名	引　物		片　段	长　度	参考文献
真菌 18S rDNA	1	nu-SSU-0817-5′	TTAGCATGGAATAATRRAATAGGA	420 bp	Borneman and Hartin, 2000
		nu-SSU-1196-3′	TCTGGACCTGGTGAGTTTCC		
	2	nu-SSU-0817-5′	TTAGCATGGAATAATRRAATAGGA	760 bp	
		nu-SSU-1536-3′	ATTGCAATGCYCTATCCCCA		
	3	EF4	GGAAGGGRTGTATTTATTAG	1 500 bp	Smit *et al.*, 1999
		EF3	TCCTCTAAATGACCAAGTTTG		
	4	EF4	GGAAGGGRTGTATTTATTAG	550 bp	
		Fung5	GTAAAAGTCCTGGTTCCCC		
真菌 28S rDNA		U1	GTGAAATTGTTGAAAGGGAA	260 bp	Sandhu *et al.*, 1995
		U2	GACTCCTTGGTCCGTGTT		
担子菌纲		ITS1-F	CTTGGTCATTTAGAGGAAGTAA	450-750 bp	Gardes and Bruns *et al.*, 1993
		ITS4	TCCTCCGCTTATTGATATGC		
子囊菌纲		ITS5	GGAAGTAAAAGTCGTAACAAGG	600 bp	Larena *et al.*, 1999
		ITS4A	CGCCGTTACTGGGGCAATCCCTG		
放线菌		F243	GGATGAGCCCGCGGCCTA	270 bp	Heuer *et al.*, 1997
		R513	CGGCCGCGGCTGCTGGCACGTA		
分枝杆菌属		MYCO66f	CATGCAAGTCGAACGGAAA	538 bp	Leys *et al.*, 2005
		MYCO66r	TGTGA GTTTTCACGAACA		
不动杆菌属		Ac436	TTTAAGCGAGGAGG	240 bp	Vanbroekh Oven *et al.*, 2004
		Ac676r	ATTCTACCATCCTCTCCC		
鞘氨醇单胞菌		Sphingo 108f	GCGTAACGCGTGGGAATCTG	312 bp	Leys *et al.*, 2004
		Sphingo 420r	TTACAACCCTAAGGCCTTC		

续表

菌名	引物		片段	长度	参考文献
假单胞菌属	嵌套一轮	PSF	TTAGCTCCACCTCGCGGC	960 bp	Elsas *et al.*, 2003
		PSR	GGTCTGAGGATGATCAGT		
	嵌套二轮	F968 - GC/PSR	5' - CGCCCGGGGCGCGCCCCGG GCGGGGCGGGGGCACGGGGGG AACGCGAAGAACCTTAC - 3'	290 bp	
硝化作用	16S rDNA	CTO189f A + B	GGAGRAAAGCAGGGGATCG	465 bp	Kowalchuk *et al.*, 1997
		CTO189f C	GGAGGAAAGTAGGGGATCG		
			CTO189F A + B: CTO 189F C = 2: 1		
		CTO654r	CTAGCYTTGTAGTTTCAAACGC		
	氨单加氧酶 *amo*A	amoA - 1F	GGGGHTTYTACTGGTGGT	491 bp	Rotthauwe *et al.*, 1997
		amoA - 2R	CCCCTCKGSAAAGCCTTCTTC		
	亚硝酸盐氧化酶 *nxr*A	F1370 F1nxrA	CAGACCGACGTGTGCGAAAG	322 bp	Wertz *et al.*, 2008
		F2843 R2nxrA	TCCACAAGGAACGGAAGGTC		
反硝化作用	膜靠硝酸盐还原酶 *nar*G	narG1960f	TAYGTSGGSCARGARAA	650 bp	Philippot *et al.*, 2002
		narG2650r	TTYTCRTACCABGTBGC		
	可溶性细胞质硝酸盐还原酶 *nap*A	Fnap	TTYYTNHSNAARA THATGTAYGG	890 bp	Flanagan *et al.*, 1999
		Rnap	TGYTGRTTRAANC CCATNGTCCA		

续表

菌　名	引　物		片　段	长　度	参考文献
反硝化作用	含铜离子的亚硝酸盐还原酶 *nir*K	nirK1F	GG(A/C)ATGGT(G/T)CC(C/G)TGGCA	515 bp	Braker *et al.*, 1998
		nirK5R	GCCTCGATCAG(A/G)TT(A/G)TGG		
	含细胞色素 cd_1 亚硝酸盐还原酶 *nir*S	nirS1F	CCTA(C/T)TGGCCGCC(A/G)CCGCGCGT	890 bp	
		nirS6R	CGTTGAACTT(A/G)CCGGT		
	一氧化氮还原酶 *nor*B	Ns - norB - 454F	TACTAYGARCCCTGGACTTACRA	256 bp	Hirayama *et al.*, 2005
		Ns - norB - 710R	ATGCGYGGSAWRTAGAAGWAMAMSA		
生物固氮	固氮酶铁蛋白 *nifH*	PolF	TGCGAYCCSAARGCBGACTC	360 bp	Poly *et al.*, 2001
		PolR	ATSGCCATCATYTCRCGGA		
光合细菌	*pufM*	557	TACGGSAACCTGTWCTAC	193 bp	Beja *et al.*, 2002
		750	CCATSGTCCAGCGCCAGAA		
硫还原细菌	*dsr AB*	DSR1F	ACSCACTGGAAGCACG	1 900 bp	Wagner *et al.*, 1998
		DSR4R	GTGTAGCAGTTACCGCA		
产甲烷菌	16S rDNA	A 109f	ACKGCTCAGTAACACGT	825 bp	Grosskopf *et al.*, 1998
		A 934b	GTGCTCCCCCGCCAATTCCT		
	16S rDNA	0357F	CCCTACGGGGCGCAGCAG	334 bp	Watanabe *et al.*, 2004
		0691R	GGATTACARGATTTCAC		
	16S rDNA	ARCH344F	ACGGGGTGCAGGCGCG	571 bp	Casamayor *et al.*, 2002
		ARCH915R	GTGCTCCCCCGCCAATTCCT		
	mcrA	MCRf	TAYGAYCARATHTGGYT	409 ~ 433 bp	Lueders *et al.*, 2001
		MCRr	ACRTTCATNGCRTARTT		

续表

菌名	引物		片段	长度	参考文献
甲烷氧化菌	*pmoA*	A189f	GGNGACTGGGACTTCTGG	525 bp	Holmes *et al.*, 1995
		A682b	GAASGCNGAGAAGAASGC		
	pmoA	A189f	GGNGACTGGGACTTCTGG	478 bp	Bourne *et al.*, 2001
		A650	ACGTCCTTACCGAAGGT		
	mmoX	mmoX882f	GGCTCCAAGTTCAAGGTCGAGC	522 bp	McDonald *et al.*, 1995
		mmoX1403r	TGGCACTCGTAGCGCTCCGGCTCG		
	mmoX	mmoX206f	ATCGCBAARGAATAYGCSCG	719 bp	Hutchens *et al.*, 2004
		mmoX886r	ACCCANGGCTCGACYTTGAA		
	mxaF	mxaF1003f	GCGGCACCAACTGGGGCTGGT	559 bp	McDonald *et al.*, 1997
		mxaF1561r	GGGCAGCATGAAGGGCTCCC		
			GACACCATGTGGTGGTTGGT		
烷烃单加氧酶基因	假单胞菌 *alkB*	Pp alk B－F	TGGCCGGCTACTCCGA TGATCGGAATCTGG	870 bp	Whyte *et al.*, 2002
		Pp alk B－R	CGCGTGGTGATCCGAG TGCCGCTGAAGGTG		
	不动杆菌 *alkM*	Ac alk M－F	CCTGTCTCATTTGGCG CTCGTTCCTACAGG	496 bp	
			GTGATGATCTGAATG TCGTTGTAACTGG		
	红球菌 *alkB2*	Rh alk B1－F	ATCTGGGCGCGTT GGGATTTGAGCG	629 bp	
		Rh alk B1－R	CGCATGGTGATCGCTG TGTGCCGCTGC		
	红球菌 *alkB2*	Rh alk B2－F	ACTCTGGCGCAG TCGTTTTACGGCC	552 bp	
		Rh alk B2－R	CCCACTGGGCA GGTTGGGCGCACCG		

续表

菌名	引物		片段	长度	参考文献
原儿茶酸	*pcaH*	Y3Ffor	CTGGTGGAGAT CTGGCAGGCCAATGC	212 bp	Buchan *et al.*, 2001
		Y3Frev	CGAAACGTGGATAT GCGCGGGCCGCCA		
几丁质酶	*chi*	Chi Afor	GGIGGITGGACI YTIWSIGAYCCITT	900 bp	LeCleir *et al.*, 2004
		Chi Arev	ATRTCICCRTCIGCRTC		
儿茶酚2,3-双加氧酶	*C23O*	C23O-ORF-F	AGGTGWCGTS ATGAAMAAAGG	934 bp	Junca and Pieper *et al.*, 2003
		C23O-ORF-R	TYAGGTSAKMAC GGTCAKGAA		
联苯双加氧酶	*bph*A	A13	ATGTTCGGCCAGCACATGACG	310 bp	Luepromchai *et al.*, 2002
		A1r	GTCAAGAGCGGCAGCAGGAC		
二羟基联苯双加氧酶	*bph*C		CTGCACTGCAACGAACGCCAC	182 bp	

八、最大或然数法测数统计表

1. 三次重复测数统计表

数量指标	细菌近似值	数量指标	细菌近似值	数量指标	细菌近似值
000	0.0	102	1.1	201	1.4
001	0.3	110	0.7	202	2.0
010	0.3	111	1.1	210	1.5
011	0.6	120	1.1	211	2.0
020	0.6	121	1.5	212	3.0
100	0.4	130	1.6	220	2.0
101	0.7	200	0.9	221	3.0

续表

数量指标	细菌近似值	数量指标	细菌近似值	数量指标	细菌近似值
222	3.5	302	6.5	322	20.0
223	4.0	310	4.5	323	30.0
230	3.0	311	7.5	330	25.0
231	3.5	312	11.5	331	45.0
232	4.0	313	16.0	332	110.0
300	2.5	320	9.5	333	140.0
301	4.0	321	15.0		

2. 四次重复测数统计表

数量指标	细菌近似值	数量指标	细菌近似值	数量指标	细菌近似值	数量指标	细菌近似值
000	0.0	113	1.3	231	2.0	402	5.0
001	0.2	120	0.8	240	2.0	403	7.0
002	0.5	121	1.1	241	3.0	410	3.5
003	0.7	122	1.3	300	1.1	411	5.5
010	0.2	123	1.6	301	1.6	412	8.0
011	0.5	130	1.1	302	2.0	413	11.0
012	0.7	131	1.4	303	2.5	414	14.0
013	0.9	132	1.6	310	1.6	420	6.0
020	0.5	140	1.4	311	2.0	421	9.5
021	0.7	141	1.7	312	3.0	422	13.0
022	0.9	200	0.6	313	3.5	423	17.0
030	0.7	201	0.9	320	2.0	424	20.0
031	0.9	202	1.2	321	3.0	430	11.5
040	0.9	203	1.6	322	3.5	431	16.5
041	1.2	210	0.9	330	3.0	432	20.0
100	0.3	211	1.3	331	3.5	433	30.0
101	0.5	212	1.6	332	4.0	434	35.0
102	0.8	213	2.0	333	5.0	440	25.0
103	1.0	220	1.3	340	3.5	441	40.0
110	0.5	221	1.6	341	4.5	442	70.0
111	0.8	222	2.0	400	2.5	443	140.0
112	1.0	230	1.7	401	3.5	444	160.0

3. 五次重复测数统计表

数量指标	细菌近似值	数量指标	细菌近似值	数量指标	细菌近似值	数量指标	细菌近似值
000	0.0	203	1.2	400	1.3	513	8.5
001	0.2	210	0.7	401	1.7	520	5.0
002	0.4	211	0.9	402	2.0	521	7.0
010	0.2	212	1.2	403	2.5	522	9.5
011	0.4	220	0.9	410	1.7	523	12.0
012	0.6	221	1.2	411	2.0	524	15.0
020	0.4	222	1.4	412	2.5	525	17.5
021	0.6	230	1.2	420	2.0	530	8.0
030	0.6	231	1.4	421	2.5	531	11.0
100	0.2	240	1.4	422	3.0	532	14.0
101	0.4	300	0.8	430	2.5	533	17.5
102	0.6	301	1.1	431	3.0	534	20.0
103	0.8	302	1.4	432	4.0	535	25.0
110	0.4	310	1.1	440	3.5	540	13.0
111	0.6	311	1.4	441	4.9	541	17.0
112	0.8	312	1.7	450	4.0	542	25.0
120	0.6	313	2.0	451	5.0	543	30.0
121	0.8	320	1.4	500	2.5	544	35.0
122	1.0	321	1.7	501	3.0	545	45.0
130	0.8	322	2.0	502	4.0	550	25.0
131	1.0	330	1.7	503	6.0	551	35.0
140	1.1	331	2.0	504	7.5	552	60.0
200	0.5	340	2.0	510	3.5	553	90.0
201	0.7	341	2.5	511	4.5	554	160.0
202	0.9	350	2.5	512	6.0	555	180.0

九、标准筛孔对照表

筛　号	筛　孔		弦的直径/mm	网目/cm	网目/英寸
	/mm	/英寸			
2.5	8.00	0.315	1.85	1	2.6
3	6.72	0.265	1.65	1.2	3.0
3.5	5.66	0.223	1.45	1.4	3.6
4	4.76	0.187	1.27	1.7	4.2
5	4.00	0.157	1.12	2	5.0
6	3.36	0.132	1.02	2.3	5.8
7	2.83	0.111	0.92	2.7	6.8

续表

筛号	筛孔 /mm	筛孔 /英寸	弦的直径/mm	网目/cm	网目/英寸
8	2.38	0.094	0.84	3	7.9
10	2.00	0.079	0.76	3.5	9.2
12	1.68	0.066	0.69	4	10.8
14	1.41	0.055 7	0.61	5	12.5
16	1.19	0.046 8	0.54	6	14.7
18	1.00	0.039 4	0.48	7	17.2
20	0.84	0.033 1	0.42	8	20.2
25	0.71	0.027 8	0.37	9	23.6
30	0.59	0.023 4	0.33	11	27.5
35	0.50	0.019 7	0.29	13	32.3
40	0.42	0.016 6	0.25	15	37.9
45	0.35	0.013 9	0.22	18	44.7
50	0.30	0.011 7	0.188	20	52.4
60	0.25	0.009 8	0.162	24	61.7
70	0.21	0.008 3	0.140	29	72.5
80	0.177	0.007 0	0.119	34	85.5
100	0.149	0.005 9	0.102	40	101
120	0.125	0.004 9	0.086	47	120
140	0.105	0.004 1	0.074	56	143
170	0.088	0.003 5	0.063	66	167
200	0.074	0.002 9	0.053	79	200
230	0.062	0.002 5	0.046	93	233
270	0.053	0.002 1	0.041	106	270
325	0.044	0.001 7	0.036	125	323

注：筛号数即为每英寸长度内的孔(目)数。

十、土壤中常见细菌、放线菌、真菌的检索表

(一) 土壤中常见细菌属的检索表

注：本表是对一般培养基(营养琼脂培养基、无氮培养基及无机氮培养基等)上的常见细菌主要特征的初步检索。表左侧为特征序号和特征内容，若细菌与该描述特征相吻合，则移至右侧数字对应的特征项，直至检索到属。

1. 细胞始终呈球状 …………………………………………………………… 2
   幼培养物的细胞呈杆状或螺旋状，而不呈球状 ………………………… 5
2. 在无氮培养基上生长旺盛，并固定大气氮 ……………………………… 3
   培养基中需要无机氮或有机氮才能生长 ………………………………… 4

3. 形成孢囊 …………………………………………………… 固氮菌属(*Azotobacter*)
不形成孢囊 …………………………………………………… 氮单胞菌属(*Azomonas*)
4. 革兰氏染色阳性或不稳定，接触酶阳性，氧化葡萄糖产酸
…………………………………………………… 微球菌属(*Micrococcus*)
5. 幼培养物的细胞为杆状，革兰氏染色阴性或不定；老培养物的细胞逐渐缩短成球状，革兰氏染色不定或阳性。杆状细胞呈多形态
…………………………………………………… 节细菌属(*Arthrobacter*)
老培养物和幼培养物间无上述变化 …………………………………………………… 6
6. 在适当条件下细胞内形成芽孢 …………………………………………………… 7
从不形成芽孢 …………………………………………………… 9
7. 细胞杆状 …………………………………………………… 8
细胞球状 …………………………………………………… 芽孢八叠球菌属(*Sporosarcina*)
8. 好氧或兼性厌氧，发酵产生除乳酸外的其他酸 …… 芽孢杆菌属(*Bacillus*)
9. 在豆科植物根上形成根瘤，并共生固氮 ………… 根瘤菌属(*Rhizobium*)
不在豆科植物根上形成根瘤共生固氮 …………………………………………………… 10
10. 能自生固定大气氮 …………………………………………………… 11
不能以氮气为氮源 …………………………………………………… 14
11. 细胞直径 >2 μm，多卵圆形，胞外产生黏液，生长迅速 ………… 12
细胞直径 <2 μm，胞外产生类似胶状物质，生长缓慢 ………… 13
12. 形成孢囊 …………………………………………………… 固氮菌属(*Azotobacter*)
不形成孢囊 …………………………………………………… 氮单胞菌属(*Azomonas*)
13. 类脂类颗粒在两端，接触酶阳性 …………… 拜叶林克氏菌属(*Beijerinckia*)
类脂类颗粒散在细胞内，数量较多，接触酶阴性
…………………………………………………… 德克斯氏菌属(*Derxia*)
14. 细胞杆状 …………………………………………………… 15
细胞螺旋状 …………………………………………………… 螺菌属(*Spirillum*)
15. 幼培养物革兰氏染色阴性 …………………………………………………… 16
幼培养物革兰氏染色阳性或不甚着色 …………………………………………………… 37
16. 在营养琼脂等培养基上产生明显的非水溶性色素 ………………… 17
在营养琼脂等培养基上不产生明显的非水溶性色素 ………………… 23
17. 菌苔紫色 …………………………………………………… 色杆菌属(*Chromobacterium*)
菌苔非紫色 …………………………………………………… 18
18. 菌苔红色 …………………………………………………… 19
菌苔黄色到橙色 …………………………………………………… 20
19. 发酵葡萄糖，周生鞭毛 …………………………… 沙雷铁氏菌属(*Serratia*)

不发酵葡萄糖，极生鞭毛 ························ 假单胞菌属(*Pseudomonas*)
20. 菌苔扩展成一薄层，细胞壁柔韧，滑行运动 ········ 噬胞菌属(*Cytophaga*)
菌苔不扩展成一薄层，细胞壁坚韧，如运动以鞭毛游动 ··············· 21
21. 发酵葡萄糖产酸 ··· 欧文氏菌属(*Erwinia*)
不发酵葡萄糖，氧化或对葡萄糖无作用 ································· 22
22. 极生鞭毛，产生的色素具有独特吸收峰(在石油醚中为 418、437 和 463 μm) ··· 黄单胞菌属(*Xanthomonas*)
23. 不发酵葡萄糖 ·· 24
发酵葡萄糖 ··· 29
24. 无鞭毛的短粗杆菌；对数期细胞直径 1.0 ~ 1.5 μm，杆状到球杆状，静止期细胞近球状，常表现为球状和球杆状细胞混杂；革兰氏染色阴性或略保留紫色。氧化酶阴性 ···························· 不动细菌属(*Acinetobacter*)
有鞭毛能运动或不具有上述形态特征 ······································ 25
25. 菌苔成皮革状，细胞可形成菌胶团······················ 动胶菌属(*Zoogloea*)
不具有上述性质 ·· 26
26. 极生鞭毛 ·· 27
周生鞭毛，1 根或多根·· 28
27. 氧化酶阴性或微弱，菌苔呈黄色，不还原硝酸盐
·· 黄单胞菌属(*Xanthomonas*)
不同时具有上述特性 ································ 假单胞菌属(*Pseudomonas*)
28. 产 3 - 酮基乳糖或使植物根异常增生 ··········· 土壤杆菌属(*Agrobacterium*)
不具有上述特性 ·· 产碱杆菌属(*Alcaligenes*)
29. 周生鞭毛或不运动，氧化酶阴性 ··· 30
30. 苯丙氨酸脱氨酶阳性 ································· 变形菌属(*Proteus*)
苯丙氨酸脱氨酶阴性 ··· 31
31. 运动 ·· 32
32. 发酵葡萄糖产酸产气，不产果胶酶 ·· 33
发酵葡萄糖产酸不产气或产果胶酶 ···················· 欧文氏菌属(*Erwinia*)
33. 利用柠檬酸为碳源，但可能迟缓 ·· 34
34. 发酵阿拉伯糖产酸 ··· 35
不发酵阿拉伯糖产酸 ································ 沙雷铁氏菌属(*Serratia*)
35. 发酵山梨醇产酸 ·· 36
不发酵山梨醇产酸 ······································ 哈夫尼菌属(*Hafnia*)
36. 甲基红试验阴性 ······································ 肠细菌属(*Enterobacter*)
37. 抗酸染色阳性 ································· 分枝杆菌属(*Mycobacterium*)

抗酸染色阴性 …………………………………………………………… 38

38. 分解纤维素 ……………………………… 纤维单胞菌属(*Cellulomonas*)

不分解纤维素 …………………………………………………………… 39

39. 对葡萄糖氧化，弱发酵或无作用。接触酶阳性 ……………………… 40

40. 幼龄细胞为规则的不分支长杆菌，链状排列，老培养物中常有类球状细胞 …………………………………………… 库特氏菌属(*Kurthia*)

幼龄细胞不具有上述形态 ………………………………………………… 41

41. 幼培养物的细胞为杆状，革兰氏染色阴性或不定；老培养物的细胞又转变为球状，革兰氏染色不定或阳性。杆状细胞呈多形态 …………………………………………………… 节细菌属(*Arthrobacter*)

杆状细胞呈多形态，但无明显的球状和杆状细胞互变的循环 ………………………………………… 棒状杆菌属(*Corynebacterium*)

（二）芽孢杆菌属中种的检索表(Ⅰ)

1. 接触酶：　阳性 …………………………………………… 2
　　阴性 …………………………………………… 16
2. V－P：　阳性 …………………………………………… 3
　　阴性 …………………………………………… 9
3. 厌氧琼脂上生长：　阳性 …………………………………………… 4
　　阴性 …………………………………………… 8
4. 在 50 ℃生长：　阳性 …………………………………………… 5
　　阴性 …………………………………………… 6
5. 在 70 g/L NaCl 溶液中生长：　阳性………… 地衣芽孢杆菌(*B. licheniformis*)
　　阴性………… 凝结芽孢杆菌(*B. coagulans*)
6. 从葡萄糖产酸产气（无机 N_2）：　阳性………… 多黏芽孢杆菌(*B. polymyxa*)
　　阴性 …………………………………………… 7
7. pH 5.7 生长：　阳性 ………… 蜡质芽孢杆菌(*B. cereus*)
　　阴性 ………… 蜂房芽孢杆菌(*B. alvei*)
8. 淀粉水解：　阳性 ………… 枯草芽孢杆菌(*B. subtilis*)
　　阴性 ………… 矮小芽孢杆菌(*B. pumilus*)
9. 在 65 ℃生长：　阳性 … 嗜热脂肪芽孢杆菌(*B. stearothermophilus*)
　　阴性 …………………………………………… 10
10. 淀粉水解：　阳性 …………………………………………… 11
　　阴性 …………………………………………… 14
11. 从葡萄糖产酸产气　阳性 ………… 软化芽孢杆菌(*B. macerans*)

（无机 N_2）： 阴性 …………………………………………… 12

12. 柠檬酸盐利用： 阳性 ………… 巨大芽孢杆菌（*B. megaterium*）
阴性 …………………………………………… 13

13. V－P 肉汁的 阳性 …………… 环状芽孢杆菌（*B. circulans*）
pH＜6.0： 阴性 ……………… 坚强芽孢杆菌（*B. firmus*）

14. 厌氧琼脂上生长： 阳性 ………… 侧孢芽孢杆菌（*B. laterosporus*）
阴性 …………………………………………… 15

15. 从葡萄糖产酸 阳性 ……………… 短小芽孢杆菌（*B. brevis*）
（无机 N_2）： 阴性…………… 球形芽孢杆菌（*B. sphaericus*）

16. 在 65 ℃生长： 阳性
… 嗜热脂肪芽孢杆菌（*B. stearothermophilus*）
阴性 …………………………………………… 17

17. 酪素分解： 阳性 ……………… 幼虫芽孢杆菌（*B. larvae*）
阴性 …………………………………………… 18

18. 孢子囊内有伴孢体： 阳性 ……… 日本甲虫芽孢杆菌（*B. popilliae*）
阴性 ………… 缓病芽孢杆菌（*B. lentimorbus*）

（三）芽孢杆菌属中种的检索表（Ⅱ）

群Ⅰ 孢子囊不明显膨大；孢子椭圆或柱状，中生到端生；革兰氏染色阳性

A. 在葡萄糖琼脂上生长的淡染色细胞的原生质中有未着色的球状体

1. 严格好氧；不产生 V－P ………… 巨大芽孢杆菌（*B. megaterium*）
2. 兼性厌氧；产生 V－P ………………… 蜡质芽孢杆菌（*B. cereus*）

a. 对昆虫致病 … 苏云金芽孢杆菌变种（*B. cereus* var. *thuringiensis*）
b. 根状生长物 ……… 蕈状芽孢杆菌变种（*B. cereus* var. *mycoides*）
c. 炭疽致病菌 ……… 炭疽芽孢杆菌变种（*B. cereus* var. *anthracis*）

B. 在葡萄糖琼脂上生长的淡染色细胞的原生质中没有未着色的球状体

1. 在 70 g/L NaCl 溶液中生长；在石蕊牛奶中不产酸

a. pH 5.7 生长；产生 V－P

（1）水解淀粉；硝酸盐还原到亚硝酸盐

（a）兼性厌氧；利用丙酸盐
…………………………… 地衣芽孢杆菌（*B. licheniformis*）

（b）好氧（在没有葡萄糖或 Eh 指示剂的 BBL 厌氧琼脂上不能进行厌氧生长）；不利用丙酸盐
…………………………………… 枯草芽孢杆菌（*B. subtilis*）

（2）不水解淀粉；不由硝酸盐还原到亚硝酸盐
…………………………………… 矮小芽孢杆菌（*B. pumilus*）

b. pH 5.7 不生长；不产生 V－P ……… 坚强芽孢杆菌(*B. firmus*)

2. 在 70 g/L NaCl 溶液中不生长；在石蕊牛奶中产酸

……………………………………………… 凝结芽孢杆菌(*B. coagulans*)

[该种菌株之间孢子膨大的孢囊特征是不定的,故被称为群 Ⅰ 和群 Ⅱ 的过渡类型]

群Ⅱ　孢子囊膨大；孢子中生到端生；革兰氏染色阳性，阴性或可变

A. 使糖类产气

1. 产生 V－P；从甘油形成二羟基丙酮

……………………………………………… 多黏芽孢杆菌(*B. polymyxa*)

2. 不产生 V－P；从甘油不形成二羟基丙酮

……………………………………………… 软化芽孢杆菌(*B. macerans*)

B. 不使糖类产气

1. 水解淀粉

a. 不形成吲哚

(1) 在 65 ℃不生长………………… 环状芽孢杆菌(*B. circulans*)

(2) 在 65 ℃生长 …… 嗜热脂肪芽孢杆菌(*B. stearothermophilus*)

b. 形成吲哚…………………………………… 蜂房芽孢杆菌(*B. alvei*)

2. 不水解淀粉

a. 接触酶阳性；在营养肉汁中有一系列变化

(1) 兼性厌氧；在葡萄糖肉汁培养物的 pH＜8.0

………………………………… 侧孢芽孢杆菌(*B. laterosporus*)

(2) 好氧；在葡萄糖肉汁培养物的 pH≥8.0

…………………………………… 短小芽孢杆菌(*B. brevis*)

b. 接触酶阴性；在营养肉汁中没有一系列变化

(1) 硝酸盐还原到亚硝酸盐；分解酪蛋白

…………………………………… 幼虫芽孢杆菌(*B. larvae*)

(2) 不由硝酸盐还原到亚硝酸盐；不分解酪蛋白

(a) 孢子囊含有伴孢体；在 20 g/L NaCl 溶液中生长

……………………………… 日本甲虫芽孢杆菌(*B. polilliae*)

(b) 孢子囊不含伴孢体；在 20 g/L NaCl 溶液中不生长

……………………………… 缓病芽孢杆菌(*B. lentimorbus*)

群Ⅲ　孢子囊膨大；孢子一般为球状，端生到亚端生；革兰氏染色阳性、阴性或可变

不水解淀粉；生长不需要尿素或碱性 pH

……………………………………………… 球形芽孢杆菌(*B. sphaericus*)

（四）放线菌目中科和属的检索表（Waksman，1961）

Ⅰ. 菌丝不发育或无，无孢子 ………………… 分枝杆菌科（Mycobacteriaceae）

Ⅱ. 真菌丝，断裂成细菌型节段，厌氧或微好氧
………………………………………………… 放线菌科（Actinomycetaceae）

Ⅲ. 真菌丝，向所有平面分裂，产生有时能游动的小球菌状体
………………………………………………… 嗜皮菌科（Dermatophilaceae）

Ⅳ. 真菌丝纵向分裂

1. 形成孢囊，有时也形成分生孢子 …… 游动放线菌科（Actinoplanaceae）

2. 无孢囊

［1］气生菌丝体在普通温度下无；分生孢子单个，生在纤细的基内菌丝体的侧支上；孢壁的主要成分为甘氨酸和内消旋二氨基庚二酸
……………………………… 小单孢菌科（Micromonosporaceae）

［2］气生菌丝上有分生孢子链；胞壁的主要组分为甘氨酸和L-2，6-二氨基庚二酸 ……………………… 链霉菌科（Sterptomycetaceae）

［3］气生菌丝有或无；菌丝有时断裂，分生孢子无或单生、成对或成串；孢壁含有内消旋二氨基庚二酸，但缺少大量的甘氨酸
……………………………………………… 诺卡氏菌科（Nocardiaceae）

（1）菌丝断裂呈细菌型节段，需氧 ……… 诺卡氏菌属（*Nocardia*）
…………………………………… 小多孢菌属（*Micropolyspora*）

（2）菌丝不断裂；有气生菌丝

A. 分生孢子单生 ………… 高温放线菌属（*Thermoactinomyces*）
……………………………… 高温单孢菌属（*Thermomonospora*）

B. 分生孢子成对生 …………………… 小孢菌属（*Microspora*）

C. 分生孢子串生 …………… 假诺卡氏菌属（*Pseudonocardia*）

（五）放线菌目分科分属检索表（中国科学院微生物研究所分类组，1975）

Ⅰ. 菌丝体多方向分裂形成或迭的立方体细胞 … 嗜皮菌科（Dermatophilaceae）

1. 人和动物皮肤寄生菌 ……………………… 嗜皮菌属（*Dermatophilus*）

2. 土壤微生物 ……………………………… 地嗜皮菌属（*Geodermatophilus*）

Ⅱ. 放线菌中的植物共生菌 ……………………… 弗兰克氏菌科（Frankiaceae）
…………………………………………………… 弗兰克氏菌属（*Frankia*）

Ⅲ. 基内菌丝体分裂成杆菌或球菌状小体 ……… 放线菌科（Actinomycetaceae）

1. 只有基内菌丝体，无气生菌丝体，厌氧 …… 放线菌属（*Actinomyces*）

2. 只有基内菌丝体，无气生菌丝体，好氧 ………… 罗氏菌属（*Rothia*）

3. 同放线菌属，但胞壁内有二氨基庚二酸，产丙酸
…………………………………………………… 蛛网菌属（*Arachnia*）

4. 过氧化氢酶阴性的土壤放线菌……………………农霉菌属(*Agromyces*)
5. 有时有气生菌丝体，两种菌丝体都断裂成不能运动的小体
………………………………………………………诺卡氏菌属(*Nocardia*)
6. 同5，但小体能运动 ………………………………厄氏菌属(*Oerskovia*)

Ⅳ. 基内菌丝体不断裂，只有气生菌丝体形成孢子链
………………………………………………………链霉菌科(Streptomycetaceae)
1. 孢子丝形状多种多样 …………………………链霉菌属(*Streptomyces*)
2. 形成菌核 …………………………………………钦氏菌属(*Chainia*)
3. 形成分生孢子器…………………………孢器放线菌属(*Actinopycnidum*)

Ⅴ. 孢子单个或成短链 ………………………………寡孢菌科(Paucisporaceae)
1. 只有基内菌丝体，无气生菌丝体，孢子单个生长
[1] 基内菌丝体不分裂 ………………小单孢菌属(*Micromonospora*)
[2] 基内菌丝体分裂 ……………原小单孢菌属(*Promicromonospora*)
2. 有基内和气生菌丝体
[1] 基内菌丝体分裂，两种菌丝体都产生单个孢子和短孢子链
………………………………………………小多孢菌属(*Micropolyspora*)
[2] 基内菌丝体不分裂
(1) 两种菌丝体上都产生单个孢子
……………………………高温放线菌属(*Thermoactinomyces*)
(2) 同(1)孢子柄两歧分支 ………双歧放线菌属(*Actinobifida*)
(3) 只在气生菌丝体上产生单个孢子
……………………………高温单孢菌属(*Thermomonospora*)
(4) 只在气生菌丝体上产生纵对的孢子
……………………………………小双孢菌属(*Microbispora*)
(5) 只在气生菌丝体上产生四孢短链
…………………………………小四孢菌属(*Microtetraspora*)

Ⅵ. 形成孢囊…………………………………游动放线菌科(Actinoplanaceae)
1. 孢囊在菌丝间形成 ……………………间孢囊菌属(*Intrasporangium*)
2. 孢囊在孢囊柄顶端形成
[1] 孢囊孢子能运动
(1) 孢囊近球形或不规则，通常无气丝，孢囊孢子具有极生或周生鞭毛 ……………………………游动放线菌属(*Actinoplanes*)
(2) 孢囊筒形、瓶形，孢囊孢子杆状；极生或周生鞭毛
…………………………………………小瓶菌属(*Ampulariella*)

(3) 孢囊球形，孢囊孢子杆状，弯曲；具侧生鞭毛
……………………………………………… 螺孢菌属(*Spirillospora*)

(4) 孢囊指状，孢囊内 2~3 个孢子，成一直行，能运动
……………………………… 指孢囊菌属(*Dactylosporangium*)

(5) 孢囊孢子成纵对，能运动 …… 游动双孢菌属(*Planobispora*)

(6) 孢囊成排并列，只含一能运动的孢囊孢子
……………………………… 游动单胞菌属(*Planomonospora*)

(7) 孢囊形状很不规则，孢囊孢子短杆状
……………………………… 无定形孢囊菌属(*Amorphosporangium*)

(8) 孢囊棒状，孢囊孢子常成对，带一根鞭毛
……………………………………………… 北里菌属(*Kitasatoa*)

[2] 孢囊孢子不能运动

(1) 孢囊近球形，孢囊孢子近球形或短杆状
……………………………… 孢囊链霉菌属(*Streptosporangium*)

(2) 孢囊棒状，只含一短孢子链
……………………………… 小耳孢囊菌属(*Microellobosporia*)

(3) 孢囊球形或长圆，带粗突出物，时常含 1~3 个孢囊孢子
……………………………………… 小棘孢菌属(*Microechinospora*)

(六) 土壤中常见真菌的特征与检索

Ⅰ. 菌丝单细胞，很少有分隔；无性孢子产生于孢子囊内；当性细胞出现时相结合形成休眠孢子、卵孢子或接合孢子 …… 藻状菌纲(Phycomycetes)

a. 无性孢子产生于圆形至圆柱形孢子囊内，不能游动，具接合孢子
……………………………………………………… 毛霉菌目(Mucorales)

b. 通常都有孢子囊存在，有时有拟分生孢子

c. 具囊轴，接合孢子裸露或具少数附属丝

d. 孢子囊壁均一，非角质化，易溶解

e. 只有一种孢子囊 ……………… (i)毛霉科(Mucoraceae)

ee. 有初生和次生孢子囊两种
……………………………… (ii)枝霉科(Thamnidiaceae)

dd. 孢子囊壁上部角质化，坚韧；下部壁薄，易溶解
……………………………… (iii)水玉霉科(Pilobolaceae)

cc. 无囊轴；接合孢子包在致密的菌丝内
……………………………… (iv)被包霉科(Mortierellaceae)

bb. 很少有孢子囊，常有拟分生孢子

c. 拟分生孢子单生；或小孢子囊生在特殊泡囊状的能育菌丝上
………………………………………… (v)笄霉科(Choanephoraceae)

cc. 拟分生孢子链状；或生在特殊的基细胞上
……………………………… (vi)头珠霉科(Piptocephalidaceae)

Ⅱ. 菌丝有分隔，无性孢子产生于分生孢子枝上，有性孢子有或没有

1. 有性孢子产生于子囊内，即子囊孢子 ………… 子囊菌纲(Ascomycetes)

a. 子囊包在固定的球形或瓶形子囊果内

b. 子囊果没有固定的孔口 ……………………… (a)曲霉目(Plectoascales)

c. 子囊散生于子囊果内

d. 子囊果壁呈松散的真菌状组织 …… (i)裸囊菌科(Gymnoascaceae)

dd. 子囊果壁膜质 ………………… (ii)散囊菌科(Eurotiaceae)

cc. 子囊丛状排列 …………………… (iii)暗绒菌科(Perisporiaceae)

bb. 子囊果有固定的孔口

c. 子囊壳暗色 ………………………………… (b)球壳目(Sphaeriales)

d. 子囊壳壁薄、膜质、子囊孢子成熟后子囊即消失

e. 子囊壳生长于基质表面，在孔口周围具长的分支状、钩状或螺旋状弯曲的附属丝 ……… (iv)毛壳菌科(Chaetomiaceae)

ee. 子囊壳通常埋藏于基质内，仅在近孔口附近具短的附属丝
…………………………………………… (v)粪丘壳科(Fimetariaceae)

dd. 子囊壳革质到炭质

e. 孔口乳头状或短喙状 ………… (vi)球壳科(Sphaeriaceae)

ee. 子囊壳具长喙状的头 …… (vii)长喙壳科(Ceratostomataceae)

cc. 子囊壳鲜色 ………………………… (c)肉座菌目(Hypocreales)

d. 没有子座，或有子座时子囊壳完全表露于外
……………………………………… (viii)肉座菌科(Hypocreaceae)

aa. 子囊着生于盘状的子囊果内 …………………… (d)盘菌目(Pezizales)

只有一个科 ………………………………… (ix)盘菌科(Pezizaceae)

2. 有性孢子产生于担子上，即担孢子 ………… 担子菌纲(Basidiomycetes)

3. 有性孢子尚未发现，无性孢子产生于各种形式的分生孢子枝上或分生孢子器内 ……………………………………… 半知菌纲(Fungi Imperfecti)

a. 具分生孢子

b. 分生孢子产生于球形、盘形或船形的分生孢子器内
……………………………………… (a)球壳孢目(Sphaeropsidales)
……………………………………… (i)球壳孢科(Sphaeropsidaceae)

bb. 分生孢子不在分生孢子器内

c. 分生孢子枝聚集在分生孢子盘内

………………………………………… (b)黑盘孢目(Melanconiales)

(ii)黑盘孢科(Melanconiaceae)

cc. 分生孢子枝不在分生孢子盘内 ……… (c)丛梗孢目(Moniliales)

d. 分生孢子枝散生，呈棉絮状；不呈孢梗束或分生孢子座

e. 分生孢子枝或分生孢子无色或鲜色

……………………………… (iii)丛梗孢科(Moniliaceae)

ee. 分生孢子枝及分生孢子均为暗色或二者之一为暗色

……………………………… (iv)暗色孢科(Dematiaceae)

dd. 分生孢子枝聚集成孢梗束或在分生孢子座内

e. 分生孢子枝束状，平行排列成孢梗束

………………………………………… (v)束梗孢科(Stilbaceae)

ee. 分生孢子梗不呈平行排列，而是形成近球形的无柄分生孢子座 ………………… (vi)瘤座孢科(Tuberculariaceae)

十一、国内外微生物菌种保藏机构网络信息

1. 国外微生物菌种保藏机构网址

[1] 世界培养物保藏联合会(World Federation for Culture Collections, WFCC, http://www.wfcc.info)

[2] WFCC 世界微生物数据中心(WFCC-MIRCEN World Data Center for Microorganisms, WDCM, http://wdcm.nig.ac.jp)

[3] 欧洲培养物保藏组织(European Culture Collections' Organization, ECCO, http://www.eccosite.org)

[4] 国际菌根真菌保藏中心(International Culture Collection of VA Mycorrhizal Fungi, INVAM, http://invam.caf.wvu.edu)

[5] 美国典型培养物保藏中心(American Type Culture Collection, ATCC, http://www.atcc.org)

[6] 美国农业部菌种保藏中心(Agricultural Research Service Culture Collection, ARS(used to be NRRL), http://nrrl.ncaur.usda.gov)

[7] 英国国家微生物菌种保藏中心(The United Kingdom National Culture Collection, UKNCC, http://www.ukncc.co.uk)

[8] 英国国家典型培养物保藏中心(National Collection of Type Cultures, NCTC, http://www.hpacultures.org.uk/collections/nctc.jsp)

[9] 英国国家工业、食品和海洋细菌菌种保藏中心(National Collections of Industrial, Food and Miarine Bacteria, NCIMB, http://www.ncimb.co.uk)

[10] 英国酵母菌种保藏中心(National Collection of Yeast Cultures,NCYC,http://www.ncyc.co.uk)

[11] 荷兰细菌菌种保藏中心(The Netherlands Culture Collection of Bacteria,NCCB,http://www.cbs.knaw.nl/nccb)

[12] 荷兰真菌菌种保藏中心(CentraalbureauvoorSchimmelcultures,Netherlands,CBS,http://www.cbs.knaw.nl)

[13] 比利时微生物菌种保藏中心(Belgian Coordinated Collections of Microorganisms,BCCM,http://bccm.belspo.be/index.php)

[14] 西班牙典型培养物保藏中心(Spanish Type Culture Collection,CECT,http://www.cect.org)

[15] 法国巴斯德研究所菌种保藏中心(Centre de Ressources Bilogigues de l' Institut Psateur,CIP,http://cip.pasteur.fr)

[16] 法国侯斯克夫菌种保藏中心(Roscoff Culture Collection,RCC,http://www.sb-roscoff.fr/Phyto/RCC)

[17] 德国微生物与细胞培养物保藏中心(German Collection of Microorganisms and Cell Cultures,DSMZ,http://www.dsmz.de)

[18] 德国柯赫研究所菌种保藏中心(Rebert Koch Institute,RKI,http://www.rki.de)

[19] 瑞典大学微生物菌种保藏中心(Culture Collection,University of Göteborg,CCUG,http://www.ccug.se)

[20] 芬兰赫尔辛基大学菌种保藏中心(Culture Collection,University of Helsinki,HAMBI,http://honeybee.helsinki.fi/mmkem/hambi)

[21] 俄罗斯微生物菌种保藏中心(All-Russian Collection of Microorganisms,VKM,http://www.vkm.ru)

[22] 俄罗斯国家工业微生物菌种保藏中心(Russian National Collection of Industrial Microorganisms,VKPM,http://www.genetika.ru)

[23] 日本国家技术与评价研究所生物资源中心(NITE Biological Resource Center,NBRC,http://www.nbrc.nite.go.jp/e)

[24] 日本微生物菌种保藏中心(Japan Collection of Microorganisms,JCM,http://www.jcm.riken.go.jp)

[25] 日本海洋生物技术研究所微生物保藏中心(Marine Biotechnology Institute Culture Collection,Japan,MBIC,http://www.wdcm.org/CCINFO/CCINFO.xml? 831)

[26] 韩国微生物菌种保藏中心(Korean Culture Center of Microorganisms,KCCM,http://www.kccm.or.kr)

[27] 韩国典型培养物保藏中心(Korean Collection of Type Cultures, KCTC, http://kctc.kribb.re.kr)

[28] 澳大利亚国家分析试验室菌种保藏中心(Australian Government Analytical Laboratories, AGAL, http://www.agal.gov.au)

[29] 澳大利亚南极微生物菌种保藏中心(Australian Collection of Antarctic Microorganisms, ACAM, http://wdcm.nig.ac.jp/CCINFO/CCINFO.xml? 571)

[30] 捷克微生物菌种保藏中心(Czech Collection of Microorganisms, CCM, http://www.sci.muni.cz/ccm)

[31] 保加利亚微生物菌种和细胞培养物保藏中心(National Bank for Industrial Microorganisms and Cell Cultures, Bulgaria, NBIMCC, http://nbimcc.cablebg.net)

[32] 波兰微生物菌种保藏中心(Polish Collection of Microorganisms, PCM, http://wdcm.nig.ac.jp/CCINFO/CCINFO.xml? 106)

[33] 匈牙利国家农业和工业微生物菌种保藏中心(National Collection of Agricultural and Industrial Microorganisms, Hungary, NCAIM, http://ncaim.kee.hu)

[34] 意大利酵母菌种保藏中心(Industrial Yeasts Collection, Italy, DBVPG, http://www.agr.unipg.it/dbvpg)

2. 国内微生物菌种保藏机构网址

[1] 中国微生物菌种保藏管理委员会(China Committee for Culture Collection for Microorganisms, CCCCM, http://micronet.im.ac.cn/database/aboutccccmc.html)

[2] 中国科学院典型培养物保藏委员会(The Committee on Type Culture Collection of Chinese Academy of Sciences, CTCCCAS, http://www.ctcccas.ac.cn)

[3] 中国典型培养物保藏中心(China Centre for Type Culture Collection, CCTCC, http://www.cctcc.org)

[4] 中国工业微生物菌种保藏管理中心(China Center of Industrial Culture Collection, CICC, http://www.china-cicc.org)

[5] 中国农业微生物菌种保藏管理中心(Agricultural Culture Collection of China, ACCC, http://www.accc.org.cn)

[6] 中国兽医微生物菌种保藏管理中心(Center for Veterinary Culture Collection, CVCC, http://wdcm.nig.ac.jp/CCINFO/CCINFO.xml? 129)

[7] 台湾生物资源保存及研究中心(Bioresource Collection and Research Center, BCRC, http://www.bcrc.firdi.org.tw/a_about_main.do)

十二、土壤系统分类检索表

1. 中国土壤系统分类中英文对照表

土纲	亚纲	土纲	亚纲
有机土	永冻有机土(Permagelic Histosols)	均腐土	岩性均腐土(Lithomorphic Isohumosols)
	正常有机土(Orthic Histosols)		干润均腐土(Ustic Isohumosols)
人为土	水耕人为土(Stagnic Anthrosols)		湿润均腐土(Udic Isohumosols)
	旱耕人为土(Orthic Anthrosols)	富铁土	干润富铁土(Ustic Ferrosols)
灰土	腐殖灰土(Humic Spodosols)		常湿富铁土(Perudic Ferrosols)
	正常灰土(Orthic Spodosols)		湿润富铁土(Udic Ferrosols)
火山灰土	寒性火山灰土 (Cryic Andosols)	淋溶土	冷凉淋溶土(Boric Argosols)
	玻璃火山灰土(Vitric Andosols)		干润淋溶土(Usitc Argosols)
	湿润火山灰土(Udic Andosols)		常湿淋溶土(Perudic Argosols)
铁铝土	湿润铁铝土(Udic Ferralosols)		湿润淋溶土(Udic Argosols)
变性土	潮湿变性土(Aquic Vertosols)	雏形土	寒冻雏形土 (Gelic Cambosols)
	干润变性土(Ustic Vertosols)		湿润雏形土(Aquic Cambosols)
	湿润变性土(Udic Vertosols)		干润雏形土(Ustic Cambosols)
干旱土	寒性干旱土(Cryic Aridosols)		常湿雏形土(Perudic Cambosols)
	正常干旱土(Orthic Aridosols)		湿润雏形土(Udic Cambosols)
盐成土	碱积盐成土(Alkalic Halosols)	新成土	人为新成土(Anthric Primosols)
	正常盐成土(Orthic Halosols)		沙质新成土(Sandic Primosols)
潜育土	永冻潜育土(Permagelic Gleyosols)		冲积新成土(Alluvic Primosols)
	滞水潜育土(Stagnic Gleyosols)		正常新成土(Orthic Primosols)
	正常潜育土(Orthic Gleyosols)		

2. 我国土壤地理发生分类与系统分类近似参比表

地理发生分类	系统分类	地理发生分类	系统分类
砖红壤	湿润铁铝土	燥红土	干润淋溶土
	湿润富铁土		干润雏形土
	湿润雏形土		干润富铁土
赤红壤	湿润富铁土		干润变性土
	湿润铁铝土	黄棕壤	湿润淋溶土
红壤	湿润富铁土		湿润雏形土
	湿润淋溶土		常湿雏形土
	湿润雏形土	黄褐土	湿润淋溶土
黄壤	常湿淋溶土	棕壤	湿润淋溶土
	常湿雏形土		湿润雏形土
	常湿富铁土	褐土	干润淋溶土

续表

地理发生分类	系 统 分 类	地理发生分类	系 统 分 类
褐土	干润雏形土	棕漠土	正常干旱土
暗棕壤	湿润雏形土	盐土	正常盐成土
	冷凉淋溶土	碱土	碱积盐成土
白浆土	湿润均腐土	紫色土	湿润雏形土
	冷凉淋溶土		正常新成土
灰棕壤	常湿雏形土	火山灰土	湿润火山灰土
	冷凉淋溶土		正常新成土
灰化土	腐殖灰土	草甸土	潮湿雏形土
	正常灰土		湿润雏形土
灰钙土	正常干旱土		寒冻雏形土
灰黑土	干润均腐土	泥炭土	正常有机土
	湿润均腐土	潮土	湿润雏形土
灰褐土	干润淋溶土		干润雏形土
	干润均腐土	砂姜黑土	潮湿变性土
黑土	湿润均腐土		潮湿雏形土
黑钙土	干润均腐土	沼泽土	正常潜育土
黑垆土	干润均腐土	水稻土	水耕人为土
棕钙土	正常干旱土	菜园土	旱耕人为土
	干润雏形土		岩性均腐土

参考文献

An, S. H., Shang, J. Y., Liu, Y. H., Kumar, V. S., Guo, Z. J., Wang, D., Yang, Z. N., Zhang, C. X. 2006. Characterization of a unique gene ORF135 from Helicoverpa armigera single nucleocapsid nucleopolyhedrovirus [J]. Virus Genes, 32: 21 – 26.

Anderson, J. P. E. and Domsch, K. H. 1978. A physiological method for the quantization measurement of microbial biomass in soil[J]. Soil Biology and Biochemistry, 10: 215 – 221.

Audus, L. J. 1946. A new soil perfusion apparatus[J]. Nature, 158: 419.

Bailey, L. D. and Beauchamp, E. G. 1973. Gas chromatography of gases emanating from a saturated soil system[J]. Canadian Journal of Soil Science, 53: 122 – 124.

Baker, D., Torrey, J. G., Kidd, G. H. 1979. Isolation by sucrose-density fractionation and cultivation in vitro of actinomycetes from nitrogen-fixing root nodules[J]. Nature, 281: 76 – 78.

Barea, J. M., Navarro, E., Montoya, E. 1976. Production of plant growth regulators by rhizosphere phosphate solubilizing bacteria[J]. Applied Bacteriology, 40: 129 – 134.

Barnett, H. L. and Hunter, B. B. 1972. Illustrated genera of imperfect fungi[M]. 3rd edition. Minnesota: Burgess Publishing Company. 240pp.

Barron, G. L. 1972. The genera of hyphomycetes from soil[M]. Huntington: Robert E. Krieger Publishing Company. 364pp.

Bartha, R. and Pramer, D. 1965. Feature of a flask and method for measuring the persistence and biological effects of pesticides in soil[J]. Soil Science, 100: 68 – 70.

Beard, W. E. and Guenzi, W. D. 1976. Separation of soil atmospheric gases by gas chromatography with parallel columns[J]. Soil Science Society of America

Journal, 40: 319 - 321.

Beja, O., Suzuki, M. T., Heidelberg, J. F., Nelson, W. C., Preston, C. M., Hamada, T. Eisen, J. A., Fraser, C. M., DeLong, E. F. Unsuspected diversity among marine aerobic anoxygenic phototrophs [J]. Nature, 2002, 415: 630 - 633.

Belimov, A. A., Kozheiniakov, A. P. and Chuvarlieva, C. V. 1995. Interaction between barley and mixed cultures of nitrogen fixing and phosphate-solubilizing bacteria[J]. Plant and Soil, 173: 29 - 37.

Biobertson, G. P., Klug, M. J. 1995. Fatty methyl ester (FAMEs) profiles as measures of soil microbial community structure[J]. Plant and Soil, 170: 99 - 113.

Block, S. S. 1977. Disinfection, sterilization, and preservation[M]. 2nd edition. Philadelphia: Lea and Febiger. 1049pp.

Borneman, J., Hartin, R. J. 2000. PCR primers that amplify fungal rRNA genes from environmental samples [J]. Applied and Environmental Microbiology, 66: 4356 - 4360.

Bourne D. G., McDonald, I. R., Murrell, J. C. 2001. Comparison of *pmo*A PCR primer sets as tools for investigating methanotroph diversity in three Danish soils [J]. Applied and Environmental Microbiology, 67: 3802 - 3809.

Bourrain, M., Achouak, W., Urbain, V., Heulin, T. 1999. DNA extraction from activated sludges[J]. Current Microbiology, 38: 315 - 319.

Braker, G., Boesefeldt, A., Witzel, K. P. 1998. Development of PCR primer systems for amplification of nitrite reductase genes(*nirK and nirS*) to detect denitrifying bacteria in environmental samples [J]. Applied and Environmental Microbiology, 64: 3769 - 3775.

Breed, R. E. S. 1977. Bergey's manual of determinative bacteriology[M]. 7th edition. London: Bailiere, Tindall and Cox, Ltd. 1529pp.

Breznak, A. 2002. A need to retrieve the not-yet-cultured majority[J]. Environmental Microbiology, 4: 4 - 5.

Brizard, B. L., Schnepf, H. E., Kronstad, J. W. 1991. Expression of the crylB crystal protein gene of *Bacillus thuringiensis*[J]. Molecular and General Genetics, 231(1): 59 - 64.

Broadbent, P., Baker, K. F., Waterworth, Y. 1971. Bacteria and actinomycetes antagonistic to fungal root pathogens in Australian soil[J]. Australian Journal of Biological Science, 24: 925 - 944.

Buchan, A., Neidle, E. L., Moran, M. A. 2001. Diversity of a ring-cleaving dioxygenase gene *pca*H in a salt marsh bacterial community[J]. Applied and Environmental Microbiology, 67: 5801-5809.

Buckley, D. H., Huangyutitham, V., Hsu, S. F., and Nelson, T. A. 2008. $^{15}N_2$-DNA-stable isotope probing of diazotrophic methanotrophs in soil[J]. Soil Biology and Biochemistry, 40: 1272-1283.

Bull, C. T, Weller, D. M., Thomashow, L. S. 1991. Relationship between root colonization and suppression of *Gaeumannomyces graminis* var. *tritici* by *Pseudomonas fluorescens* strain 2-79[J]. Phytopathology, 81: 954-959.

Bürgmann, H., Widmer, F., Sigler, W. V., Zeyer, J. 2003. mRNA extraction and reverse transcription-PCR protocol for detection of *nifH* gene expression by *Azotobacter vinelandii* in soil[J]. Applied and Environmental Microbiology, 69: 1928-1935.

Button, D. K., Schut, F., Quang, P., Martin, R., Robertson B. R. 1993. Viability and isolation of marine bacteria by dilution culture; theory; procedures, and initial results[J]. Applied and Environmental Microbiology, 59: 881-891.

Campbell, J. A. and Frascarelli, L. 1981. Measurement of CO_2 evolved from organic soil at different depths in situ[J]. Canadian Journal of Soil Science, 61: 137-144.

Casamayor, E. O., Massana, R., Benlloch, S., Ovreas, L., Diez, B., Goddard, V. J., Gasol, J. M., Joint, I., Rodriguez-Valera, F., Pedros-Alio, C. 2002. Changes in archaeal, bacterial and eukaryal assemblages along a salinity gradient by comparison of genetic fingerprinting methods in a multipond solar saltern[J]. Environmental Microbiology, 4: 338-348.

Casciotti, K. L., Sigman, D. M., Ward, B. B. 2003. Linking diversity and stable isotope fractionation in ammonia-oxidizing bacteria[J]. Geomicrobiology Journal, 20: 335-353.

Chabot, R., Antoun, H., Cescas, M. P. 1996. Growth promotion of maize and lettuce by phosphate solubilizing *Rhizobium leguminosarum* biovar. *Phaseoli*[J]. Plant and Soil, 184: 311-321.

Chander, K. and Brookes, P. C. 1991. Is the dehydrogenase assay invalid as a method to estimate microbial activity in copper-contaminated soils? [J]. Soil Biology and Biochemistry, 23: 909-915.

Chandler, D. P., Stults, J., Cebula, S., Schuck, B. L., Weaver, D. W.,

Anderson, K. K., Egholm, M., Brockman, F. J. 2000. Affinity purification of DNA and RNA from environmental samples with peptide nucleic acid clamps [J]. Applied and Environmental Microbiology, 66: 3438 - 3445.

Chang, I. P. and Rommedahl, T. 1968. Biological control of seedling blight of corn by coating kernels with antagonistic microorganisms[J]. Phytopathology, 58: 1395 - 1401.

Chang, S. J., Puryear, J., Cairney, J. 1993. A simple and efficient method for isolating RNA from pine trees[J]. Plant Molecular Biology Reporter, 11: 113 - 116.

Choi, J. Y., Woo, S. D., Lee, H. K., Hong, H. K., Je, Y. H., Park, J. H., Song, J. Y., An, S. H., Kang, S. K. 2000. High-level expression of canine parvovirus VP2 using Bombyx mori nucleopolyhedrovirus vector[J]. Archives of Virology, 145(1): 171 - 177.

Cleve, K. V., Coyne, P. I., Goodwin, E., Johnson, C., Kelly, M. 1979. A comparison of four methods for measuring respiration in organic material[J]. Soil Biology and Biochemistry, 11: 237 - 246.

Cody, R. M. 1989. Distribution of chitinase and chitobiase in *Bacillus*[J]. Current Microbiology, 19: 201 - 205.

Collin, F. M. and Sims, C. M. 1959. A compact soil perfusion apparatus[J]. Nature, 178, 1073 - 1074.

Connon, S. A. and Giovannoni, S. J. 2002. High-throughput methods for culturing microorganisms in very-low-nutrient media yield diverse new marine isolates [J]. Applied and Environmental Microbiology, 68: 3878 - 3885.

Cripps, R. E. D and Norris J. R. 1969. A soil perfusion apparatus[J]. Journal of Applied Bacteriology, 32: 259 - 260.

Devay, J. E. and Schothorst, W. C. 1963. Single-cell isolation and preservation of bacterial cultures[J]. Nature, 199: 775 - 777.

Domsch, K. H., Gams, W. Anderson T. H. 1980. Compendium of Soil Fungi [M]. London: Academic Press LTD. 859pp.

Donald, R., Nielsen, D. R., Macdonaid, J. G. N. 1978. Nitrogen in the Environment[M]. San Francisco, London. 528pp.

Dumont, M. G. and Murrell, J. C. 2005. Stable isotope probing: linking microbial identity to function[J]. Nature Reviews Microbiology, 3: 499 - 504.

Elsas, J. D., Garbeva, P., Veen, J. A. V. 2003. Assessment of the diversity and antagonism toward *Rhizoctonia solani* AG3, of *Pseudomonas* species in soil from different agricultural regimes[J]. FEMS Microbiology Ecology, 47: 51 - 64.

Estruch, J. J., Warren, G. W., Mullins, M. A., Nye, J., Craig, J. A., Koziel, M. G. 1996. Vip3A, a novel *Bacillus thuringiensis* vegetative insecticidal protein with a wide spectrum of activities against lepidopteran insects. Proceedings of the National Academy of Sciences of the United States of America, 93: 5389 - 5394.

Felske, A., Engelen, B., Nübel, U., Backhaus H. 1996. Direct ribosome isolation from soil to extract bacterial rRNA for community analysis[J]. Applied and Environmental Microbiology, 62: 4162 - 4167.

Feng, Y. Z., Lin, X. G., Wang, Y. M., Zhang, J., Mao, T. T., Yin, R., Zhu, J. G. 2009. Free-air CO_2 enrichment(FACE) enhances the biodiversity of purple phototrophic bacteria in flooded paddy soil[J]. Plant and Soil, 324: 317 - 328.

Fisher, M. M., Triplett, E. W. 1999. Automated approach for ribosomal intergenic spacer analysis of microbial diversity and its application to freshwater bacterial communities[J]. Applied and Environmental Microbiology, 65: 4630 - 4636.

Flanagan, D. A., Gregory, L. G., Carter, J. P., Karakas - Sen, A., Richardson, D. J., Spriro, S. 1999. Detection of genes for periplasmic nitrate reductase in nitrate respiring bacteria and in community DNA[J]. FEMS Microbiology Letters, 177: 263 - 270.

Fleming, J. T., Yao, W. H., Sayler, G. S. 1998. Optimization of differential display of prokaryotic mRNA: application to pure culture and soil microcosms [J]. Applied and Environmental Microbiology, 64: 3698 - 3706.

Frankenberger, W. T. J., and Johanson, J. B. 1983. Distribution of L - histidine ammonia-lyase activity in soils[J]. Soil Science Society of American Journal. 47: 347 - 353.

Frankland, J. C. and Lindley, D. K., Swift, M. J. 1978. A comparison of two methods for the estimation of mycelial biomass in leaf litter[J]. Soil Biology and Biochemistry, 10: 323 - 333.

Friedrich, M. W. 2006. Stable-isotope probing of DNA: insights into the function of uncultivated microorganisms from isotopically labeled metagenomes[J]. Current Opinion in Biotechnology, 17: 59 - 66.

Frodrickson, J. K., Bolton, H. Jr., Brockman, F. J. 1993. In-situ and on-site bioreclamation[J]. Environmental Science and Technology, 27(9): 1711 - 1716.

Gabor, E. M., Vries, E. J., Janssen, D. B. 2003. Efficient recovery of environmental DNA for expression cloning by indirect extraction methods [J]. FEMS Microbiology Ecology, 44: 153-163.

Gallagher, E., Mcguinness, L., Phelps, C., Young, L. Y., Kerkhof, L. J. 2005. ^{13}C-Carrier DNA shortens the incubation time needed to detect benzoate-utilizing denitrifying bacteria by stable-isotope probing[J]. Applied Environmental Microbiolology, 71: 5192-5196.

Gans, J., Wolinsky, M., Dunbar, J. 2005. Computational improvements reveal great bacterial diversity and high metal toxicity in soil [J]. Science, 309: 1387-1390.

Gardes, M. and Bruns, T. D. 1993. ITS primers with enhanced specificity for specificity for basidiomycetes: application to the identification of mycorrhiza and rusts[J]. Molecular Ecology, 2: 113-118.

Gentry, T. J., Wickham, G. S., Schadt, C. W., He, Z., Zhou, J. 2006. Microarray applications in microbial ecology research [J]. Microbial Ecology, 52: 159-175.

Gilbent, Q. J. and Bocock, K. L. 1962. Some methods of studying the disappearance and decomposition of leaf litter. *In*: Murphy, P. W. Progress in Soil Zoology[M]. London: Butterworths, 348-352.

Gilman, J. C. 1957. A Manual of Soil Fungi[M]. 2nd edition. Lowa: The Lowa State University Press. 450pp.

Glaser, B., Lehmann, J. and Zech, W. 2002. Ameliorating physical and chemical properties of highly weathered soils in the tropics with charcoal—A review [J]. Biology and Fertility of Soils 35: 219-230.

Gordon, R. E., Haynes W. C., Pang, C. H. N., Smith, N. R. 1973. The Genus *Bacillus*[M]. Washington, D. C.: U. S. Department of Agriculture. 283pp.

Grossbard, E. 1973. An autoradiographic technique to observe uptake and utilization by microorganisms of carbon-14 derives from labeled herbicides in soil [J]. Bulletin Ecology Research Communicaiton (Stockholm), 17: 275-276.

Grossbard, E. 1973. Autoradiographic technique in studies on the decomposition of plant residues labeled with carbon-14[J]. Bulletin Ecology Research Communication (Stockholm), 17: 279-280.

Grosskopf, R., Janssen, P. H., Liesack, W. 1998. Diversity and structure of the methanogenic community in anoxic rice paddy soil microcosms as examined by cultivation and direct 16S rRNA gene sequence retrieval[J]. Applied and Environmental Microbiology, 64: 960-969.

Grossman, L. and Moldave, K. 1968. Methods in Enzymology[M]. 12th edition, part B. New York: Academic Press. 195 - 206.

Handelsman, J. and Stabb, E. V. 1996. Biocontrol of soil borne plant pathogens [J]. Plant Cell, 8: 1855 - 1869.

Hanson, L. E. E. and Howell, C. R. 2004. Elicitors of plant defense responses from biocontrol strains of Trichoderm a virens[J]. Phytopathology, 94: 171 - 176.

Heuer, H., Krsek, M., Baker, P., Smalla, K. Wellington, E. M. H. 1997. Analysis of actinomycete communities by specific amplification of gene coding 16S rRNA and gel electrophoresis separation in denaturing gradients[J]. Applied and Environmental Microbiology, 63: 3233 - 3241.

Hirayama, H., Takai, K., Inagaki, F., Yamato, F., Suzuki, Y., Nealson, M., Horikoshi, K. 2005. Bacterial community shift along a subsurface geothermal water stream in a Japanese gold mine[J]. Extremophiles, 9: 169 - 184.

Holmes, A. J., Costello, A., Lidstrom, M. E., Murrell, J. C. 1995. Evidence that particulate methane monooxygenase and ammonia monooxygenase may be evolutionarily related[J]. FEMS Microbiology Letters, 132: 203 - 208.

Hu, H. Y., Lim, B. R., Goto, N., Fujie, K. 2001. Analytical precision and repeatability of respiratory quinones for quantitative study of microbial community structure in environmental samples[J]. Journal of Microbiological Methods, 47: 17 - 24.

Huang, W. E., Ferguson, A., Singer, A. C., Lawson, K., Thompson, I. P., Kalin, R. M. Larkin, M. J., Bailey, M. J., Whiteley, A. S. 2008. Resolving genetic functions within microbial populations: in situ analyses using rRNA and mRNA stable isotope probing coupled with single-cell raman-fluorescence in situ hybridization[J]. Applied Environmental Microbiolology, 75: 234 - 241.

Hutchens, E., Radajewski, S., Dumont, M. G., McDonald I. R, Murrell J. C. 2004. Analysis of methanotrophic bacteria in Movile Cave by stable isotope probing[J]. Environmental Microbiology, 6: 111 - 120.

Janos, D. P., Garamszegi, S., Beltran, B. 2008. Glomalin extraction and measurement[J]. Soil Biology and Biochemistry, 40: 728 - 739.

Janssen, P. H., Yates, P. S., Grinton, B. E., Taylor, P. M., Saito, M. 2002. Improved culturability of soil bacteria and isolation in pure culture of novel members of the divisions *Acidobacteria*, *Actinobacteria*, *Proteobacteria*, and *Verrucomicrobia*[J]. Applied and Environmental Microbiology, 68: 2391 - 2396.

Jenkinson, D. S and Powlson, D. S. 1976. The effect of biocidal treatments on metabolism in soil - V. A method for measuring soil biomass[J]. Soil Biology and Biochemistry, 8: 209-213.

Jenkinson, D. S., and Oades, J. M. 1979. A method for measuring adenosine triphosphate in soil[J]. Soil Biology and Biochemistry, 11: 193-199.

Jia, Z. and Conrad, R. 2009. Bacteria rather than Archaea dominate microbial ammonia oxidation in an agricultural soil[J]. Environmental Microbiology, 11: 1658-1671.

Johnson, L. F. and Curl, E. A. 1972. Methods for Research on Ecology of Soil-borne Plant Pathogens[M]. Burgess Publishing Company. 274pp.

Jones, P. C. T., Mollison, J. E., Quenouille, M. H. 1948. A technique for the quantitative estimation of soil microorganism[J]. Journal of General Microbiology, 2: 54-69.

Junca, H., and Pieper, D. H. 2003. Amplified functional DNA restriction analysis to determine catechol 2,3-dioxygenase gene diversity in soil bacteria[J]. Journal of Microbiological Methods, 55: 697-708.

Kaeberlein, T., Lewis, K., Epstein, S. S. 2002. Isolating "uncultivable" microorganisms in pure culture in a stimulated natural environment[J]. Science, 296: 1127-1129.

Kang, J. W., Carlson, R., Tharp, W., Schell, M. A., Jiang, Y. W. 1998. Characterization of genes involved in biosynthesis of a novel antibiotic from *Burkhol deria cepacia* BC11 and their role in biological control of *Rhizoctonia solani*[J]. Applied and Environmental Microbiology, 64: 3939-3947.

Keel, C., Schnider, U., Maurhofer, M., Voisard, J. L., Burger, U., Wirthner, P., Hass, D., Defago, G. 1992. Suppression of root diseases of by Pseudomonas fluorescens CHA0: Importance of secondary metabolite 2,4-diacetylphloroglucinol[J]. Molecular Plant Microbe Interaction, 5: 4-13.

Keel, C., Weller, D. M., Natsch, A., Defago, G., Cool, R. J., Thomashow, L. S. 1996. Conservation of the 2,4-diacetylphloroglucinol biosynthesis locus among fluorescent *Pseudomonas* strains from diverse geographic location[J]. Applied and Environmental Microbiology, 62: 552-563.

Knoepp, J. D. and Vose, J. M. 2002. Quantitative comparison of *in situ* soil CO_2 flux measurement methods[G]. Research Paper SRS-28. Asheville, NC, U. S. Department of Agriculture, Forest Service, Southern Research Station.

Kowalchuk, G. A., Stephen, J. R., De Boer, W., Prosser, J. I., Embley, T. M., Woldendorp, J. W. 1997. Analysis of ammonia-oxidizing bacteria of the beta subdivision of the class proteobacteria in coastal sand dunes by denaturing gradient gel electrophoresis and sequencing of PCR amplified 16S ribosomal DNA fragments [J]. Applied and Environmental Microbiology, 63: 1489 - 1497.

LaMontagne, M. G., Michel, F. C., Holden, P. A., Reddy, C. A. 2002. Evaluation of extraction and purification methods for obtaining PCR-amplifiable DNA from compost for microbial community analysis [J]. Journal of Microbiological Methods, 49(3): 255 - 264.

Larena, L., Salazar, O., Gonzalez, V., Julian, M. C., Rubio, V. 1999. Design of a primer for ribosomal DNA internal transcribed spacer with enhanced specificity for ascomycetes[J]. Journal of Biotechnology, 75: 187 - 194.

LeCleir, G. R., Buchan, A., Hollibaugh, J. T. 2004. Chitinase gene sequences retrieved from diverse aquatic habitats reveal environment-specific distributions[J]. Applied and Environmental Microbiology, 70: 6977 - 6983.

Lee, K. K. and Yoshida, T. 1977. An assay technique of measurement of nitrogenase activity in root zone of rice varietal screening by the acetylene reduction method[J]. Plant and Soil, 46: 127 - 134.

Lee, S. J., Park, S. Y., Lee, J. J., Yum, D. Y., Koo, B. T., Lee, J. K. 2002. Genes encoding the N - *acyl* homoserine lactone-degrading enzyme are widespread in many subspecies of *Bacillus thuringiensis*[J]. Applied and Environmental Microbiology, 68(8): 3919 - 3924.

Lehtola, M. J. E, Torvinen, E., Miettinen, I. T. 2006. Fluorescence in situ hybridization using peptide nucleic acid probes for rapid detection of *Mycobacterium avium* subsp. Avium and *Mycobacterium avium* subsp. Paratuberculosis in potable - water biofilms [J]. Applied and Environmental Microbiology, 72 (1): 848 - 853.

Leps, J. and Smilauer, P. 2003. Multivariate analysis of ecological data using CANOCO[M]. New York: Cambridge University Press. 267pp.

Leys, N. M., Ryngaert, A., Bastiaens, L. 2005. Occurrence and community composition of fast - growing *Mycobacterium* in soils contaminated with polycyclic aromatic hydrocarbons[J]. FEMS Microbiology Ecology, 51: 375 - 388.

Leys, N. M., Ryngaert, A., Bastiaens, L., Verstrate, W., Top, E. N., Springael, D. 2004. Occurrence and phylogenetic diversity of *Sphingomonas* strains in soils contaminated with polycyclic aromatic hydrocarbons [J]. Applied and Environmental Microbiology, 70: 1944 - 1955.

Liu, Y. B., Tabashnik, B. E., Moar, W. J., Smith, R. A. 1998. Synergism between *Bacillus thuringiensis* spore and toxins against resistant and susceptible diamondback moths (*Plutella xylostella*) [J]. Applied and Environmental Microbiology, 64(4): 1385 - 1389.

Lu, Y. and Conrad, R. 2005. *In situ* stable isotope probing of methanogenic archaea in the rice rhizosphere[J]. Science, 309: 1088 - 1090.

Lueders, T., Chin, K. J., Conrad, R., Friedrich, M. 2001. Molecular analyses of methyl-coenzyme M reductase α - subunit(*mcr*A) genes in rice field soil and enrichment cultures reveal the methanogenic phenotype of a novel archaeal lineage[J]. Environmental Microbiology, 3: 194 - 204.

Lueders, T., Manefield, M., Friedrich, M. W. 2004. Enhanced sensitivity of DNA - and rRNA - based stable isotope probing by fractionation and quantitative analysis of isopycnic centrifugation gradients[J]. Environmental Microbiology, 6(1): 73 - 78.

Luepromchai, E., Singer, A. C., Yang, C. H., Crowley, D. E. 2002. Interactions of earthworms with indigenous and bioaugmented PCB - degrading bacteria[J]. FEMS Microbiology Ecology, 41(3): 191 - 197.

Lukow, T., Dunfield, P. F., Liesack, W. 2000. Use of the T - RFLP technique to assess spatial and temporal changes in the bacterial community structure within an agricultural soil planted with transgenic and non-transgenic potato plants[J]. FEMS Microbiology Ecology, 32(3): 241 - 247.

Macura, J. 1960. The use of the continuous flow method for studying soil metabolism [C]. Transaction of 7th International Congress of Soil Science 2: 664 - 670.

Manefield, M., Whiteley, A. S., Griffiths, R. I., Bailey, M. J. 2002a. RNA stable isotope probing, a novel means of linking microbial community function to phylogeny[J]. Applied Environmental Microbiolology, 68: 5367 - 5373.

Manefield, M., Whiteley, A. S., Ostle, N., Ineson, P., Bailey, M. J. 2002b. Technical considerations for RNA - based stable isotope probing: an approach to associating microbial diversity with microbial community function [J]. Rapid Communications in Mass Spectrometry, 16: 2179 - 2183.

Mariotti, A., Germon, J. C., Hubert, P., Kaiser, P., Letolle, R., Tardieux, A., Tardieux, P. 1981. Experimental determination of nitrogen kinetic isotope fractionation: some principles; illustration for the denitrification and nitrification processes[J]. Plant and Soil, 62: 413 - 430.

Marmur, J. 1961. A procedure for isolation of deoxyribonucleic acid from microorganisms[J]. Journal of Molecular Biology, 3: 208-218.

Marmur, J. and Doty, P. 1962. Determination of the base composition of deoxyribonucleic acid from its thermal denaturation temperature[J]. Journal of Molecular Biology, 5: 109-118.

Martin, F. H., Castro, M. M., Tinoco, Jr. I. Base pairing involving deoxyinisine, implications for probe design [J]. Nucleic Acids Research, 1985, 13: 8927-8938.

Martin-Laurent, F., Philippot, L., Hallet, S., Chaussod, R., Germon, J. C., Soulas, G., Catroux, G. 2001. DNA extraction from soil: old bias for new microbial diversity analysis methods[J]. Applied and Environmental Microbiology, 67(5): 2354-2359.

McDonald, I. R., Kenna, E. M., Murrell, J. C. 1995. Detection of methanotrophic bacteria in environmental samples with the PCR[J]. Applied and Environmental Microbiology, 61(1): 116-121.

McDonald, I. R., Murrell, J. C. 1997. The methanol dehydrogenases structural gene *mxa*F and its use as a functional gene probe for Methanotrophs and Methylotrophs[J]. Applied and Environmental Microbiology, 63(8): 3218-3224.

McGinnis, M. R., Padhye, A. A., Ajello, L. 1974. Storage of stock cultures of filamentous fungi, yeasts and some aerobic actinomycetes in sterile distilled water[J]. Applied Microbiology, 28(2): 218-222.

Nakatsu CH, Torsvik V, Ovreas L. 2000. Soil community analysis using DGGE of 16S rDNA polymerase chain reaction products[J]. Soil Science Society of America Journal, 64: 1382-1388.

Neufeld, J. D., Vohra, J., Dumont, M. G., Lueders, T., Manefield, M., Friedrich, M. W., Murrell, J. C. 2007. DNA stable-isotope probing[J]. Nature Protocols, 2: 860-866.

Osburm, R. M., Schroth, M. N., Hancock, J. G., Hendson, M. 1989. Dynamics of sugar beet seed colonization by *Pythium ultimum* and *Pseudomonas* species: effects on seed and rot and damping-off[J]. Phytopathology, 79: 709-716.

Parkinson, D., Gray, T. R. G., Williams, S. T. 1971. Methods for Studying the Ecology of Soil Microorganisms[M]. Oxford: Blackwell Scientific Oxford and Edinburgh. 116pp.

Parr, J. F. and Smith, S. 1969. A multi-purpose manifold assembly. Use in evaluating microbiological effects of pesticides[J]. Soil Science, 107: 271-276.

Peng, D., Chen, S., Ruan, L., Yu, Z., Sun M. 2007. Safety assessment of transgenic *Bacillus thuringiensis* with VIP in secticidal protein gene by feeding studies[J]. Food and Chemical Toxicology, 45(7): 1179 -1185.

Philippot, L., Piutti, S., Martin - Laurent, F., Hallet, S., Germon, J. C. 2002. Molecular analysis of nitrate reducing community from unplanted and maize-planted soils[J]. Applied and Environmental Microbiology, 68: 6121 -6128.

Poly, F., Ranjard, L., Nazaret, A., Gourbiere, F., Monrozier, L. J. 2001. Comparison of *nifH* gene pools in soils and soil microenvironments with contrasting properties[J]. Applied and Environmental Microbiology, 67: 2255 -2262.

Pramer, D. and Schimidt, E. L. 1965. Experimental Soil Microbiology[M]. Kapoor: Burgess Publishing Company. 107pp.

Prerốt, A. R. 1961. Traite de Systematique Bacterienne[M]. Paris: Dunod. 771pp.

Pumpanen, J., Kolari, P., Ilvesniemi, H., Minkkinen, K., Vesala, T., Niinistö, S., Lohila, A., Larmola, T., Morero, M., Pihlatie, M., Janssens, I., Curiel, J., Grünzweig, J. M., Reth, S., Subke, J. A., Savage, K., Kutsch, W., Østreng, G., Ziegler, W., Anthoni, P. and Lindroth, A. 2004. Comparison of different chamber techniques for measuring soil CO_2 efflux[J]. Agricultural and Forest Meteorology, 123: 159 -176.

Qiu, Q., Noll, M., Abraham, W. R., Lu, Y., Conrad, R. 2008. Applying stable isotope probing of phospholipid fatty acids and rRNA in a Chinese rice field to study activity and composition of the methanotrophic bacterial communities in situ[J]. The ISME Journal, 2: 602 -614.

Radajewski, S., Ineson, P., Parekh, N. R., Murrell, J. C. 2000. Stable-isotope probing as a tool in microbial ecology[J]. Nature, 403: 646 -649.

Raimbault, M., Rinaude, G., Carcia, J. L., Bourean, M. 1977. A device to study metabolic gases in rice rhizosphere[J]. Soil Biology and Biochemistry, 9: 193 -196.

Ramaiha, N., Hill, R. T., Chun, J., Ravel, J., Matter, M. H. Straube, W. L., Colwell, R. R. 2000. Use of a *chiA* probe for detection of chitinase genes in bacteria from the Chesapeake Bay[J]. FEMS Microbiology Ecology, 34(1): 63 -71.

Raper, K. B., Thom, C., Fennel, D. I. 1949. A manual of the Penicillia[M]. Baltimore: The Williams and Wilkins Company. 825pp.

Rappe, M. S., Connono, S. A., Vergin K. L., Giovannoni, S. J. 2002. Cultivation of the ubiquitous SAR11 marine bacterioplankton clade[J]. Nature,

418: 630 -633.

Raupach, G. S. and Kloepper J. W. 1989. Mixtures of plant growth-promoting rhizobacteria enhance biological control of multiple cucumber pathogens[J]. Phytopathology, 88: 1158 -1164.

Robertson, G. P. and Klug, M. J. 1995. Fatty methyl ester(FAMEs) profiles as measures of soil microbial community structure[J]. Plant and Soil, 170: 99 -113.

Rotthauwe, J. H., Witzel, K. P., Liesack, W. 1997. The ammonia monooxygenase structural gene *amoA* as a functional marker: molecular fine-scale analysis of natural ammonia-oxidizing populations[J]. Applied and Environmental Microbiology, 63: 4704 -4712.

Sakuda, S. 1987. Structure of Allceamidins, novel insect chitinase in hibitors, produced by Actinomycetes[J]. Agricultural and Biological Chemistry, 51: 3251 -3259.

Sale, A. J. 1948. Fundamental Principles of Bacteriology[M]. 3rd Edition. New York, Toronto, London: Mcgraw-Hill Book Company, Inc. 730pp.

Sandhu, G. S., Kline, B. C., Stockman, L., Roberts, G. D. 1995. Molecular probes for diagnosis of fungal infections[J]. Journal of Clinical Microbiology, 33: 2913 -2919.

Sayyed, A., Crickmore, N., Wright, D. J. 2001. Cyt1Aa from *Bacillus thuringiensis subsp.* israelensis is toxic to the diamondback moth, Plutella xylostella, and synergizes the activity of Cry1Ac towards a resistant strain[J]. Applied and Environmental Microbiology, 67: 5859 -5861.

Schisler, D. A., Slininger, P. J., Behle, R. W., Jackson, M. A. 2004. Formulation of *Bacillus* spp. for biological control of plant diseases[J]. Phytopathology, 94: 1267 -1271.

Schmidt, T. M. 2006. The maturing of microbial ecology[J]. International Microbiology, 9: 217 -223.

Schwartz, E. 2007. Characterization of growing microorganisms in soil by stable isotope probing with $H_2{}^{18}O$[J]. Applied Environmental Microbiolology, 73: 2541 -2546.

Schwarz, J. I. K., Lueders, T., Eckert, W., Conrad, R. 2007. Identification of acetate-utilizing bacteria and archaea in methanogenic profundal sediments of Lake Kinneret(Israel) by stable isotope probing of rRNA[J]. Environmental Microbiology, 9: 223 -237.

Sessitsch, A., Gyamfi, S., Stralis - Pavese, N. 2002. RNA isolation from soil for bacterial community and functional analysis: evaluation of different extraction and soil conservation protocols[J]. Journal of Microbiological Methods, 51: 171 - 179.

Sharma, N., Sundarsan, Y., Sharma, R., Singh, G. 2008. RAPD analysis of soil microbial diversity in western Rajasthan[J]. Current Science, 94(8): 1058 - 1061.

Sharma, S., Radl, V., Hai, B., Kloos, K., Fuka, M. M., Engel, M., Schauss, K., Schloter, M. 2007. Quantification of functional genes from procaryotes in soil by PCR[J]. Journal of Microbiological Methods, 68: 445 - 452.

Shen, W. S., Lin, X. G., Gao, N., Zhang, H. Y., Yin, R., Shi, W. M., Duan, Z. Q. 2008. Land use intensification affects soil microbial populations, functional diversity and related suppressiveness of cucumber *Fusarium* wilt in China's Yangtze River Delta[J]. Plant and Soil, 306: 117 - 127.

Shi, Y., Tyson, G. W., DeLong, E. F. 2009. Metatranscriptomics reveals unique microbial small RNAs in the ocean's water column[J]. Nature, 459: 266 - 269.

Smit, E., Leeflang, P., Glandorf, V., van Elsas, J. D., Wernars, K. 1999. Analysis of fungal diversity in the wheat rhizosphere by sequencing of cloned PCR - amplified genes encoding 18S rRNA and temperature gradient gel electrophoresis [J]. Applied and Environmental Microbiology, 65: 2614 - 2621.

Stanier, R. Y., Adellberg, E. A. Ingrahm, J. L. 1976. The microbial world [M]. Englewood Cliffs, New Jersey: Prentice - hall, Inc. 871pp.

Starr, M. P. and Stephens, W. 1964. Pigmentation and taxonomy of the genus Xanthomonas[J]. Journal of Bacteriology, 87: 293 - 302.

Stevenson, B. S., Eichorst, S. A., Wertz, J. T., Schmidt, T. M., Breznak, J. A. 2004. New strategies for cultivation and detection of previously uncultured microbes [J]. Applied and Environmental Microbiology, 70: 4748 - 4755.

Susan, C. 1993. Bioremediation of soil contaminated with polynuclear aromatic hydrocarbons(PAHs): a review[J]. Environmental Pollution. 81: 229 - 249.

Sykes, G. and Skinner, F. A. 1973. Actinomycetales Characteristics and Practical Importance[M]. London: Academic Press. 339pp.

Thom, C. 1967. A Practical Manual of Soil Microbiology Laboratory Methods[M]. Rome: Food and Agriculture Organization of the United Nations. 69.

Thom, C. and Raper, K. B. 1951. A Manual of the Aspergillus[M]. 2nd edition.

Baltimore: The Williams and Wilkins Company. 373pp.

Timmonin, M. I. 1941. The interaction of higher plants and soil microorganisms. -3 Effects of by-products of plant growth on activity of fungi and actinomycetes[J]. Soil Science, 52: 395-413.

Torsvik, V. and Øvreås, L. 2002. Microbial diversity and function in soil: from genes to ecosystems[J]. Ecology and Industrial Microbiology, 5: 240-245.

Vaidya, R. J., Macmil, S. L., Vyas, P. R., Chhatpar, H. S. 2003. The novel method for isolating chitinolytic bacteria and its application in screening for hyperchitinase producing mutant of *Alcaligenes xylosoxydans*. Letters in Applied Microbiology, 36(3): 129-134.

Vanbroekhoven, K., Ryngaert, A., Wattiau, P., De Mot, R., Springael, D. 2004. Acinetobacter diversity in environmental samples assessed by 16S rRNA gene PCR-DGGE fingerprinting[J]. FEMS Microbiology Ecology, 50: 37-50.

Vassileva, N., Vassileva, M., Nikolaeva, I. 2006. Simultaneous P-solubilizing and biocontrol activity of microorganisms: potentials and future trends[J]. Applied and Environmental Microbiology, 71: 137-144.

Vos, P., Hogers, R., Bleeker, M., Reijans, M., van de Lee, T., Hornes M., Friters, A., Pot, J., Paleman, J., Kuiper, M., Zabeau, M. 1995. AFLP: A new technique for DNA fingerprinting[J]. Nucleic Acid Research, 23: 4407-4414.

Wagner, M.A., Roger, J., Flax, J. L., Brusseau, G.A., Stahl, D. A. 1998. Phylogeny of dissimilatory sulfite reductases supports an early origin of sulfate respiration[J]. Journal of Bacteriology, 180: 2975-2982.

Watanabe, I. and Lee, K. K. 1977. Non-symbiotic Nitrogen Fixation in Rice and Rice Fields. *In*: Ayanaba, A. and Dart. P. J. Biological Nitrogen Fixation in Farming System of the Tropics[M]. New York, Brisbane, Toronto: John Wiley and Sons Chichester. 377pp.

Watanabe, T., Asakawa, S., Nakamura, A., Kimura, M. 2004. DGGE method for analyzing 16S rDNA of methanogenic archaeal community in paddy field soil[J]. FEMS Microbiology Letters. 232: 153-163.

Weller, D. M. 1983. Colonization of wheat roots by a flurescent pseudomonad suppressive to take-all[J]. Phytopathology, 73: 1548-1553.

Wertz, S., Poly, F., Roux, X. L., Degrande, E. 2008. Development and application of a PCR-denaturing gradient gel electrophoresis tool to study the diversity of *Nitrobacter*-like *nxr*A sequences in soil[J]. FEMS Microbiology Ecology, 63: 261-271.

Whalon, M. E., Wingerd, B. A. 2003. Bt: mode of action and use[J]. Archives of Insect Biochemistry and Physiology, 54: 200-211.

Whiteley, A. S., Manefield, M., Lueders, T. 2006. Unlocking the 'microbial black box' using RNA-based stable isotope probing technologies[J]. Current Opinion in Biotechnology, 17: 67-71.

Whiteley, A. S., Thomson, B., Lueders, T., Manefield, M. 2007. RNA stable-isotope probing[J]. Nature Protocols, 2: 838-844.

Whyte, L. G., Schultz, A., van Beilen, J. B., Luz, A. P., Pellizari, V., Labbe, D., Greer, C. W. 2002. prevalence of alkane monooxygenase genes in arctic and antarctic hydrocarbon contaminated and pristine soils[J]. FEMS Microbiology Ecology, 41: 141-150.

Wilke, B. M., Gattinger, A., Frohlich, E., Zelles, L., Gong, P. 2004. Phospholipid fatty acid composition of a 2,4,6-trinitrotolune contaminated soil and an uncontaminated soil as affected by a humification remediation process [J]. Soil Biology and Biochemistry, 36: 725-729.

Yedidia, I., Benhamou, N., Chet, I. 1999. Induction of defense responses in cucumber plants(*Cucumis sativus* L.) by the biocontrol agent Trichoderm a harzianum[J]. Applied and Environmental Microbiology, 65(3): 1061-1070.

Yoshida, T. and Padre, B. C. 1974. Nitrification and denitrification submerged muahas clay soil. Soil Science and Plant Nutrition, 20: 241-247.

Yu, Z. T., Morrison, M. 2004. Comparisons of different hypervariable regions of *rrs* genes for use in fingerprinting of microbial communities by PCR-denaturing gradient gel electrophoresis [J]. Applied and Environmental Microbiology, 4800-4806.

Zarda, B., Hahn, D., Chatzinotas, A., Schönhuber W., Neef, A., Amann, R. I., Zeyer, J. 1997. Analysis of bacterial community structure in bulk soil by in situ hybridization[J]. Archives of Microbiology, 168: 185-192.

Zengler, K., Toledo, G., Rappe, M. S., Elkins, J., Mathur, E. J., Short, J. M., Keller, M. 2002. Cultivating the uncultured[J]. Proceedings of the National Academy of Sciences of the United States of America, 26: 15681-15686.

Zhang, T., and Fang, H. H. P. 2006. Applications of real-time polymerase chain reaction for quantification of microorganisms in environmental samples[J]. Applied Microbiology and Biotechnology, 70: 281-289.

Zhou, J. Z., Bruns, M. A., Tiedje, J. M. 1996. DNA recovery from soils of diverse composition[J]. Applied and Environmental Microbiology, 62(2): 316-322.

北京大学微生物教学小组. 1964. 微生物实验指导[M]. 北京: 人民教育出版社.

曹景勤. 1994. 影响三叶草根瘤菌生存条件的研究和分析[J]. 微生物学通报, 21(4): 199-201.

常金梅, 蔡芷荷, 吴清平, 张鲁斌. 2008. 菌种冷冻干燥保藏的影响因素[J]. 微生物学通报, 35(6): 959-962.

陈坚, 刘和, 李秀芬, 华兆哲. 2008. 环境微生物实验技术[M]. 北京: 化学工业出版社.

陈华癸, 陈文新, 李阜棣, 曹燕珍. 1981. 分析化学实验[M]. 北京: 人民教育出版社.

陈华癸, 樊庆笙. 1979. 微生物学[M]. 北京: 农业出版社.

陈华癸. 1962. 微生物学实验[M]. 北京: 农业出版社.

陈平雁. 2005. SPSS 13.0 统计软件应用教程[M]. 北京: 人民卫生出版社.

陈世苹, 白永飞, 韩兴国. 2002. 稳定性碳同位素技术在生态学研究中的应用[J]. 植物生态学报, 26(5): 549-560.

陈守文, 喻子牛等译(Glazer, A. N., Nikaido, H. 著). 2002. 微生物生物技术——应用微生物学基础原理[M]. 北京: 科学出版社.

陈文新, 李阜棣, 阎章才. 2002. 我国土壤微生物学和生物固氮研究的回顾与展望[J]. 世界科技研究与发展, 24(4): 6-12.

陈晓斌, 顾振芳, 周杭英. 2002. PGPR 生防作用的不稳定性及可能的改进策略[J]. 上海交通大学学报(农业科学版), 20(增刊): 89-92, 96.

陈晓斌, 张炳欣. 2000. 植物根围促生细菌(PGPR)作用机制的研究进展[J]. 微生物学杂志, 20(1): 37-42.

陈应龙, 弓明钦, 王凤珍, 陈羽. 1997. VA 菌根菌剂的生产及其接种潜力的测定. 热带亚热带土壤科学, 6(2): 113-120.

池振明. 1999. 微生物生态学[M]. 济南: 山东大学出版社.

褚启龙, 哈建利. 2008. Excel 在直线回归分析中的应用[J]. 实用预防医学, 15(1): 259-260.

丁鉴, 张忠泽, 杨志勇, 黄雅丽, 孙慧君, 苏风岩, 徐卿德, 李维光. 1982. 用高压液相色谱法测定链霉菌细胞 DNA G-C 克分子百分比[J]. 微生物学通报, 9: 283-285.

丁克强, 孙铁珩, 李培军. 2000. 石油污染土壤的生物修复技术[J]. 生态学杂志, 19(2): 50-55.

杜荣骞. 1985. 生物统计学[M]. 北京：高等教育出版社.
范濂. 1977. 培育作物新品种的田间试验方法[M]. 北京：科学出版社.
方开泰，马长兴. 2001. 正交与均匀实验设计[M]. 北京：科学出版社.
方心芳. 1962. 应用微生物学实验法[M]. 北京：中国财政经济出版社.
方中达. 1979. 植病研究方法[M]. 北京：农业出版社.
郭斌，吴晓磊，钱易. 2006. 提高微生物可培养性的方法和措施[J]. 微生物学报，46(3)：504－507.
何勇田，熊先哲. 1994. 复合污染研究进展[J]. 环境科学，15(6)：79－83.
胡洪营，童中华. 2002. 微生物醌指纹法在环境微生物群体组成研究中的应用[J]. 微生物学通报，29(4)：95－98.
胡江春，薛德林，马成新，王书锦. 2004. 植物根际促生菌(PGPR)的研究与应用前景[J]. 应用生态学报，15(10)：1963－1966.
胡君利，林先贵，褚海燕，尹睿，张华勇，苑学霞，朱建国. 2006. 土壤微生物对大气 CO_2 浓度升高的响应研究[J]. 土壤通报，37(3)：601－605.
湖北省微生物研究生生物固氮组. 1977. 紫云英根瘤菌抗药性菌株的获得与初步应用[J]. 微生物学报，17：217－221.
花晓梅. 2001. 林木菌根生物工程[J]. 世界林业研究，14(1)：22－29.
华中师范学院，东北师范大学，陕西师范大学. 1981. 分析化学实验[M]. 北京：人民教育出版社.
黄艺，陶澍，陈有鑑，张学青. 2000. 外生菌根对欧洲赤松苗(*Pinus sylvestris*)Cu、Zn 积累和分配的影响[J]. 环境科学，21(2)：1－6.
黄昌勇. 2000. 土壤学[M]. 北京：中国农业出版社.
姜丽芬，曲来叶，周玉梅，温逸馨. 2007. 土壤呼吸与环境[M]. 北京：高等教育出版社.
蒋志刚，李春旺，曾岩译(Quinn, G. P. 著). 2005. 生物实验设计与数据分析(中文版)[M]. 北京：高等教育出版社.
康俊梅，张丽娟，郭文山，杨青川，魏臻兴. 2008. 中苜 1 号紫花苜蓿高效共生根瘤菌的筛选[J]. 草地学报，16(5)：497－500.
赖云松，王亚，涂巨民. 2008. ICP 蛋白和 VIP 蛋白杀虫机理和毒性专一性的分子基础[J]. 华中农业大学学报(自然科学版)，27(5)：680－690.
乐超银，刘子铎，曾晓慧，邵宗泽，喻子牛. 2000. 苏云金芽孢杆菌杀虫晶体蛋白基因 *cry3A* 在鳞翅目特异菌株中的表达及杀虫特性[J]. 微生物学报，40(2)：139－142.
李阜棣，胡正嘉. 2007. 微生物学(第六版)[M]. 北京：中国农业出版社.
李顺鹏. 2002. 环境生物学[M]. 北京：中国农业出版社.

林启美，赵小蓉，孙焱鑫，姚军．2000．四种不同生态系统的土壤解磷细菌数量及种群分布[J]．土壤与环境，9(1)：34－37．
林万明，郭兆彪，高树德，刘聿太，梁家驷，洪俊华．1981．用热变性温度法测定细菌DNA中GC含量[J]．微生物学通报，5：245－247．
林万明．1993．PCR技术操作与应用指南[M]．北京：人民军医出版社．
林先贵，胡君利．2008．土壤微生物多样性的科学内涵及其生态服务功能[J]．土壤学报，45(5)：892－900．
林先贵．1991．土壤微生物学的研究进展和发展方向[J]．土壤，23(4)：210－213．
刘辰，谢柳，张文飞．2008．新型Bt杀虫蛋白：VIP杀虫的机理与植物转基因应用[J]．分子植物育种，6(6)：1031－1037．
刘保平，周俊初．2006．根瘤菌菌剂研究[J]．湖北农业科学，45(1)：57－61．
刘润进，陈应龙．2007．菌根学[M]．北京：科学出版社．
刘润进，李晓林．2000．丛枝菌根及其应用[M]．北京：科学出版社．
刘卫国，王政．2008．黄土高原现代植物－土壤氮同位素组成及对环境变化的响应[J]．科学通报，53(23)：2917－2924．
刘晓光，高克祥，康振生，何邦令．2007．生防菌诱导植物系统抗性及其生化和细胞学机制[J]．应用生态学报，18(8)：1861－1868．
龙祥祯等译(Ferguson, W. R.著)．1981．实用实验室设计[M]．北京：中国建筑工业出版社．
吕红线，郭利美．2007．工业微生物菌种的保藏方法[J]．山东轻工业学院学报，21(1)：52－55．
栾庆书，李立，李希桥．2000．中国外生菌根研究的20年成就[J]．辽宁林业科技，(6)：36－39．
栾庆书．1994．外生菌根真菌应用技术研究现状[J]．辽宁林业科技，(3－4)：67－69．
梅建风，王普，陈虹．2004．微生物菌种保藏机构网络信息[J]．微生物学通报，31(4)：128－130．
米红，张文璋．实用现代统计分析方法与SPSS应用[M]．2004．北京：当代中国出版社．
牛赡光，江树人，唐文华．1999．多菌灵对荧光假单胞杆菌的正向调控作用及其应用[J]．植物保护学报，26(2)：171－176．
牛赡光，江树人，唐文华．2000．多菌灵残留动态与荧光菌P32在棉花根际定殖及防治黄萎病的关系研究[J]．棉花学报，12(1)：22－26．
欧阳谅．1980．微生物学实验法[M]．南昌：江西人民出版社．

阮继生．1977．放线菌分类基础[M]．北京：科学出版社．

上海植物生理研究所固氮研究室译(Vincent,J. M. 著)．1970．根瘤菌实用研究手册[M]．上海：上海人民出版社．

沈德龙，曹凤明，李力．2007．我国生物有机肥的发展现状及展望[J]．中国土壤与肥料，131(6)：1 – 5．

沈世华，荆玉祥．2003．中国生物固氮研究现状和展望[J]．科学通报，48(6)：535 – 540．

孙铁珩，周启星，李培军．2001．污染生态学[M]．北京：科学出版社．309 – 368．

谭云峰．2005．我国微生物杀虫剂的研究应用及展望[J]．吉林农业科学，30(3)：62 – 65．

汤慕瑾，谭乐，余健秀，袁美妗，庞义．2003．苏云金芽胞杆菌杀虫晶体蛋白基因 *cry1Ab16* 的克隆及表达[J]．微生物学报，43(4)：417 – 423．

汤慕瑾，余健秀，李建华，庞义．2001．利用突变技术研究苏云金杆菌杀虫晶体蛋白的进展[J]．生物工程进展，21(4)：54 – 57．

唐家骏译(Эрлексова,E. B. 著)．1963．生物学中的放射自显影术[M]．北京：科学出版社．

唐五湘．2002．Excel 在统计中的应用[M]．北京：电子工业出版社．1 – 283．

涂序堂．2003．生物统计学中易混淆的几个概念[J]．江西教育学院学报，24(3)：39pp．

王大耜．1977．细菌分类基础[M]．北京：科学出版社．

王光华，Raaijmakers J. M．2004．生防细菌产生的颉颃物质及其在生物防治中的作用[J]．应用生态学报，15(6)：1100 – 1104．

王广君．2005．高效广谱苏云金芽孢杆菌工程菌的构建及杀虫晶体蛋白的研究[D]．北京：中国农业科学院．

王红旗，陈延君，孙宁宁．2006．土壤石油污染物微生物降解机理与修复技术研究[J]．地学前缘，13(1)：134 – 139．

王乃坤，江树华，曲志程．2003．正交实验设计方法在实验设计中的应用[J]．黑龙江交通科技，26(8)：89 – 90．

王曙光，侯彦林．2004．磷脂脂肪酸方法在土壤微生物分析中的应用[J]．微生物学通报，31(1)：114 – 117．

王曙光．2008．环境微生物研究方法与应用[M]．北京：化学工业出版社．

王子芳．1982．细菌 – 植物联合固氮的研究进展[J]．微生物学通报，9(4)：176 – 181．

魏景超．1979．真菌鉴定手册[M]．上海：上海科技出版社．

吴红慧，周俊初．2004．根瘤菌培养基的优化和剂型的比较研究[J]．微生物学通报，31(2)：14－19．
吴金水，林启美，黄巧云，肖和艾．2006．土壤微生物生物量测定方法及其应用[M]．北京：气象出版社．
武汉大学，复旦大学生物系微生物学教研室．1979．微生物学[M]．北京：人民教育出版社．
邢德峰，任南琪，王爱杰．2003．FISH技术在微生物生态学中的研究及进展[J]．微生物学通报，30(6)：114－119．
徐浩译(Gontcharoff, N. 著)．1971．异养细菌鉴定的检索与方法[M]．北京：科学出版社．
许光辉，郑洪元．1986．土壤微生物分析方法手册[M]．北京：农业出版社．
许丽娟，刘红魏，小武．2008．微生物菌种的保藏方法[J]．现代农业科技，16：99－101．
宣卿华．1960．细菌检验用培养基手册[M]．北京：人民卫生出版社．
薛德林，胡江春，张仲良，马成新，王伟，丁庆堂，金国龙，隋国斌，王书锦．2005．微生物有机肥料的研制、生产及应用[J]．腐殖酸，(2)：20－26．
阎逊译(Pochon, J. 著)．1945．土壤微生物学分析技术手册[M]．北京：科学出版社．
颜慧，蔡祖聪，钟文辉．2006．磷脂脂肪酸分析方法及其在土壤微生物多样性研究中的应用[J]．土壤学报，43(5)：851－859．
杨合同，唐文华，王加宁，徐砚珂，肖斌．2002．几丁质和杀菌剂对生物防治菌生长及其防治棉花病害效果的影响[J]．植物病理学报，32(4)：326－331．
杨晓红，孙中海，邵菊芳，仝瑞建．2004．丛枝菌根真菌培养方法研究进展[J]．菌物学报，23(3)：444－456．
姚槐应，黄昌勇．2006．土壤微生物生态学及其实验技术[M]．北京：科学出版社．
尹瑞龄．1988．我国旱地土壤的溶磷微生物[J]．土壤，20(5)：243－246．
于富强，刘培贵．2002．外生菌根研究及应用的回顾与展望[J]．生态学报，22(12)：2217－2226．
余健秀，庞义，李建华，余榕捷，汤慕瑾．1999．利用转座子 *Tn917* 构建杀虫Bt工程菌[J]．中山大学学报(自然科学版)，38(4)：52－57．
余素林，吴晓磊，钱易．2006．环境微生物群落分析的T－RFLP技术及其优化措施[J]．应用与环境生物学报，12(6)：861－868．
曾智，孙运军，钱荣华，丁学知，夏立秋．2008．我国微生物农药的研究应用现状与前景[J]．农业现代化研究，29(2)：254－256．

曾昭海. 2003. 紫花苜蓿高效根瘤菌筛选及田间鉴定方法研究[D]. 北京：中国农业大学.

张晶，张惠文，张成刚. 2005. 实时荧光定量 PCR 及其在微生物生态学中的应用[J]. 生态学报，25(6)：1445－1450.

张金屯. 2004. 数量生态学[M]. 北京：科学出版社.

张宽厚. 1962. 细菌生理学[M]. 北京：人民卫生出版社.

张龙翔，张庭芳，李令媛. 1981. 生化实验方法和技术[M]. 北京：人民教育出版社.

赵小蓉，林启美，孙焱鑫，张有山，王幼姗. 2001. 小麦根际与非根际解磷细菌的分布[J]. 华北农学报，16(1)：111－115.

赵小蓉，林启美. 2001. 微生物解磷的研究进展[J]. 土壤肥料，(3)：7－11.

郑华，欧阳志云，方治国，赵同谦. 2004. BIOLOG 在土壤微生物群落功能多样性研究中的应用[J]. 土壤学报，41(3)：456－461.

中国科学院林业土壤研究所微生物实验室主编. 1960. 土壤微生物分析方法手册[M]. 北京：科学出版社.

中国科学院南京土壤研究所. 1980. 土壤理化分析[M]. 上海：上海科学技术出版社.

中国科学院南京土壤研究所土壤微形态实验室. 1976. 用不饱和聚酯树脂制备土壤薄片的方法[J]. 土壤，4：329－333，336.

中国科学院南京土壤研究所土壤系统分类课题组，中国土壤系统分类课题研究协作组. 2001. 中国土壤系统分类检索(第三版)[M]. 合肥：中国科学技术大学出版社.

中国科学院微生物研究所《常见与常用真菌》编写组. 1973. 常见与常用真菌[M]. 北京：科学出版社.

中国科学院微生物研究所放线菌分类组. 1975. 链霉菌鉴定手册[M]. 北京：科学出版社.

中国科学院微生物研究所菌种保藏组. 1980. 菌种保藏手册[M]. 北京：科学出版社.

中国科学院微生物研究所细菌分类组. 1978. 一般细菌常用鉴别方法[M]. 北京：科学出版社.

中国土壤学会. 2007. 中国土壤科学的现状与展望[M]. 南京：河海大学出版社.

中国医学科学院第七研究室主编. 1977. 同位素技术及其在生物医学中的应用[M]. 北京：科学出版社.

钟冬梅，马光庭. 2006. 硅酸盐细菌在农业中应用的研究动态[J]. 广西农学报，23(3)：32－35.
钟荣亮，周乐民．1981．土壤呼吸的特性及电导法测定土壤呼吸强度的研究[J]．土壤肥料，5：36－38.
钟文辉，王薇，林先贵，尹睿，申卫收．2009．核酸分析方法在土壤微生物多样性研究中的应用[J]．土壤学报，46(2)：334－341.
周德庆，徐士菊．2006．微生物学精要·题解·测试[M]．北京：化学工业出版社.
周德庆．1993．微生物学教程[M]．北京：高等教育出版社.
周慧玲．1978．北京棒状杆菌等五种细菌的 DNA 中 G－C 含量的测定[J]．微生物学通报，18：134－139.
周慧玲．1978．细菌分类中的碱基对测定方法介绍[J]．微生物学通报，5：39－41.
周礼恺，张志明．1980．土壤酶活性的测定方法[M]．上海：上海科学技术出版社.
朱昌雄，宋渊．2006．我国农用抗生素的现状与发展趋势探讨[J]．中国农业科技导报，8(6)：17－19.
朱晨光，孙明，喻子牛．2003．带 *cry3 Aa* 启动子的 *aiiA* 基因在苏云金芽胞杆菌中的表达[J]．生物工程学报，19(4)：397－401.
庄绪亮．2007．土壤复合污染的联合修复技术研究进展[J]．生态学报，27(11)：4871－4876.

郑重声明